国外优秀食品科学与工程专业教材

WILEY

脂质组学
——脂质的综合质谱分析

著 | 【美】Xianlin Han

主译 | 王永华　许　龙　蓝东明

审译 | 韩贤林

中国轻工业出版社

图书在版编目(CIP)数据

脂质组学:脂质的综合质谱分析/(美)韩贤林(Xianlin Han)著;王永华,许龙,蓝东明主译.—北京:中国轻工业出版社,2019.6
国外优秀食品科学与工程专业教材
ISBN 978-7-5184-2382-8

Ⅰ.①脂… Ⅱ.①韩… ②王… ③许… ④蓝… Ⅲ.①脂类—高等学校—教材 Ⅳ.①Q54

中国版本图书馆 CIP 数据核字(2019)第 029296 号

Lipidomics: Comprehensive Mass Spectrometry of Lipids by Xianlin Han
ISBN: 9781118893128
Copyright © 2016 by John Wiley & Sons, Inc.
All Rights Reserved. Authorized translation from the English language edition published by John Wiley & Sons Limited. Responsibility for the accuracy of the translation rests solely with China Light Industry Press and is not the responsibility of John Wiley & Sons Limited. No part of this book may be reproduced in any form without the written permission of the original copyrights holder, John Wiley & Sons Limited.
Copies of this book sold without a Wiley sticker on the cover are unauthorized and illegal.

责任编辑:钟 雨
策划编辑:李亦兵 钟 雨　　责任终审:张乃柬　　封面设计:锋尚设计
版式设计:砚祥志远　　　　　责任校对:晋 洁　　　责任监印:张 可

出版发行:中国轻工业出版社(北京东长安街6号,邮编:100740)
印　　刷:三河市万龙印装有限公司
经　　销:各地新华书店
版　　次:2019年6月第1版第1次印刷
开　　本:787×1092　1/16　印张:22.5
字　　数:500千字
书　　号:ISBN 978-7-5184-2382-8　定价:80.00元
邮购电话:010-65241695
发行电话:010-85119835　传真:85113293
网　　址:http://www.chlip.com.cn
Email:club@chlip.com.cn
如发现图书残缺请与我社邮购联系调换
181360K1X101ZYW

译者名单

主　译：王永华　　　　华南理工大学
　　　　许　龙　　　　　华南理工大学
　　　　蓝东明　　　　　华南理工大学
译　审：韩贤林　　　　美国得克萨斯大学 Barshop 长寿与衰老研究所
参译人员：按姓氏笔划排序
　　　　马传国　　　　　河南工业大学
　　　　王永华　　　　　华南理工大学
　　　　王春艳　　　　　美国得克萨斯大学 Barshop 长寿与衰老研究所
　　　　许　龙　　　　　华南理工大学
　　　　李利君　　　　　河南工业大学
　　　　汪秀妹　　　　　莆田学院
　　　　宋丽军　　　　　塔里木大学
　　　　张　丽　　　　　塔里木大学
　　　　陆柏益　　　　　浙江大学
　　　　欧阳钢锋　　　　中山大学
　　　　郑明明　　　　　中国农业科学院油料作物研究所
　　　　孟祥河　　　　　浙江工业大学
　　　　胡长峰　　　　　浙江中医药大学
　　　　胡庆坤　　　　　中山大学
　　　　晏石娟　　　　　广东省农业科学院
　　　　徐昕荣　　　　　华南理工大学
　　　　黄俊龙　　　　　中山大学
　　　　覃小丽　　　　　西南大学
　　　　曾朝喜　　　　　湖南农业大学
　　　　操丽丽　　　　　合肥工业大学
　　　　魏　芳　　　　　中国农业科学院油料作物研究所

译者序

脂质作为人类赖以生存的重要营养素之一,包括脂肪酸、甘油脂、磷脂、鞘脂、固醇脂、异戊烯醇脂、糖脂和聚酮八大类。除了为机体提供所需的能量和必需脂肪酸以外,脂质还与许多疾病的发生和发展密切相关,在维持人类健康方面发挥着重要作用。脂质组学(Lipidomics)是研究各类脂质组成成分的检测方法及有关理论的一门科学,经过数十年的发展,在理论和实践方面都日趋完善,应用范围涉及食品科学、生命科学、生物化学、临床医学等领域。

韩贤林教授作为美国华人质谱学会主席,在当今国际脂质分析领域造诣颇深,经过数十年对于脂质分析的理论与实践研究,完成了《脂质组学——脂质的综合质谱分析》这部专著。该书系统地阐述了脂质的质谱分析技术,同时更加注重知识和技术的前沿性、系统性和实用性。本书共计四篇二十章,分别对脂质的物理化学特性、定性定量方法及脂质组学的应用进行了详细阐述。在翻译过程中,我们始终秉承"尊重原文、语言规范、术语统一"的原则,在保持原书风格和特点的前提下,作了相应的规范化调整,旨在将脂质分析领域的新知识、新技术、新应用传递给广大读者。

本书由王永华、许龙、蓝东明主译,共20章,其中序、前言、缩略词表和索引由许龙翻译,第1章由曾朝喜翻译,第2章由郑明明、魏芳翻译,第3章由宋丽军、张丽翻译,第4章由王永华翻译,第5章由王春艳翻译,第6章和第7章由胡长峰翻译,第8章和第9章由晏石娟翻译,第10章由许龙翻译,第11章和第12章由徐昕荣翻译,第13章由胡庆坤、欧阳钢锋翻译,第14章由黄俊龙、欧阳钢锋翻译,第15章由汪秀妹翻译,第16章由李利君、马传国翻译,第17章由孟祥河翻译,第18章由陆柏益翻译,第19章由操丽丽翻译,第20章由覃小丽翻译。全书由许龙统稿。

韩贤林教授在百忙之中对全部译稿进行了认真审阅,在此深表谢意!

本书可作为高等院校分析化学、生命科学、临床医学及食品科学等专业的硕士生、博士生的参考用书,也可供相关领域的科技工作者参考。

鉴于译者的阅历和水平有限,书中难免存在遗漏和不妥之处,恳请读者批评指正。

王永华

2019年2月

序

生物医学的发展方兴未艾，激动人心。回望过去的一百年，科学家们阐明了生物化学的基本复杂性，也初步认识了各种生物分子如 DNA、RNA、蛋白质、碳水化合物和脂质的相互作用。在过去的二十年中，得益于分子生物学以及质谱技术的发展，每个生物分子都经历了各自的生化复兴。如今，我们已经可以清晰地看到活细胞内的蛋白质、DNA 及其组装体的结构。然而，生物化学的发展也离不开对脂质基本性质及生物功能的认识。

脂质生物化学的发展推动了一门新兴学科——脂质组学的出现。在脂质生物化学分析中，通常是将非挥发性分子电离后，再将离子化产物引入到质谱仪中进行分析。电离过程采用的是电喷雾电离，基质辅助激光解吸/电离（MALDI）同样卓有成效。2002 年，这两种电离技术的发明者被授予诺贝尔化学奖。目前的质谱技术已经可以实现对所有生物脂质的分析。这意味着，以前无法研究的脂质，现在都可以实现精确测定，包括其相对分子质量、元素组成、含量和结构。

本书的作者韩贤林博士大胆涉足脂质组学领域，开创性地为脂质的质谱分析技术提供了重要的见解和丰富的信息，并为该领域的发展指明了方向。该领域盘根错节，不仅需要研究者有基础生物化学背景，还需要熟悉物理化学和气相离子化学。这种强大的物理化学工具有助于我们熟悉质谱实验的分析过程、仪器的各个参数及信息的含义。脂质存在于纷繁复杂的生物体系中，脂质组学包括脂质的结构鉴定、定量和定性分析。进入该领域前，我们需要了解如何提取、分离（高级色谱）脂质、获得质谱数据以及解析质谱数据。本书对这些内容以及其他方面进行了详细的介绍，相信本书能帮助读者进一步揭开生命的奥秘。

Robert C. Murphy 博士
科罗拉多大学杰出教授
2015 年 8 月

前　　言

　　从气相色谱法、薄层色谱法和核磁共振光谱法到质谱法，脂质分析由来已久。脂质分析特别是大规模的脂质分析一直都很有吸引力，但同时也颇具挑战。经过多年来脂质分析领域先驱的不懈努力，"脂质组学"一词诞生于21世纪早期，旨在研究生物体生长过程中或者接受刺激后，细胞内脂质代谢、运输以及稳态平衡改变的机制。具体而言，脂质组学涉及细胞内脂质的定性及定量，以及它们与体内其他脂质、蛋白质和其他基团的相互作用。因此，研究人员可以确定细胞内脂质的结构、功能、相互作用、动力学及其在病理生理期的变化。由于脂质组学的重要性、各项所需技术的发展以及其他组学的促进作用，这项科学应运而生。

　　历经了十多年的发展，脂质组学的分析方法日新月异。这一领域的进展和发现得到了许多出版物、知名期刊的特刊和专著的广泛认可。然而，直到现在，关于这些基础、技术、进步和应用的系统且详细的介绍仍然寥寥无几。这些材料对脂质组学的初学者和目前的研究人员都是必需的，有助于理解基本原理和现有手段，以便开发该领域研究的新方法。本书从根本上满足了这些要求，希望通过系统的介绍来填补这一空白。

　　一些技术已经用于生物体内脂质的定性和定量以及结构和功能的解析，而现代质谱技术[例如，电喷雾电离(ESI)和基质辅助激光解吸/电离]对脂质组学的发展起到了良好的推动作用。脂质的质谱分析在本学科中起着关键作用。因此，本书旨在介绍近年来脂质的质谱分析技术。其他技术如脂质分析，特别是与色谱法相关的方法，请参考 William W. Christie 和韩贤林的专著 *Lipid Analysis：Isolation，Separation，Identification and Lipidomic Analysis*。对经典质谱技术及其应用感兴趣的读者请参阅 Robert C. Murphy 博士的专著 *Mass Spectrometry of Lipids*。

　　脂质组学最重要的分析方法是基于 ESI 质谱(MS)开发的。这些方法分为两大类：①直接进样法，通常称为"鸟枪法脂质组学"；②HPLC-联用法，通常称为"基于 LC-MS 的脂质组学"。鸟枪法脂质组学的独特之处在于，脂质浓度在分析过程中始终保持不变，因此，所有脂质分子在离子源中所处的环境一致，有利于不同 MS 模式下的脂质分析，解决了其他高含量脂质对低含量脂质的"离子抑制"。此外，基于 LC-MS 的脂质组学利用分离方法很大程度上解决了这些难点。我在色谱分离和质谱领域积累了丰富的经验，并且会尽我所能介绍这两种脂质组学方法。此外，本书也详细讨论了各种方法的原理及优缺点。

　　本书分为四篇：导论、表征、定量和应用。第一篇介绍脂质、脂质组学和质谱的基础知识，涵盖了脂质组学的方法、脂质分析过程中质谱的变量因素，以及脂质组学数据处理所用的生物信息学工具。第二篇主要介绍脂质鉴定中的"模式识别"概念，对裂解机制不做详细阐述，这部分内容在 Robert C. Murphy 博士最近出版的 *Tandem Mass Spectrometry of Lipids：Molecular Analysis of Complex Lipids* 中有详细介绍。我认为，识别脂质裂解模式比解析裂解机制更容易。裂解模式的识别有助于通过实验设计实现脂质分子的定性和定量分析。适当的取样、脂质提取、内标添加、精确定量、数据解析等是第三篇的讨论内容。我全面讨论了影响定量精确度的潜在因素。此外，我还讨论了如何从代谢途径、脂质功能以及其他组学的角度来解析脂质组学数据。脂质组学在生物学和生物医学领域的应用是本书的最后一篇。我介绍了脂质组学在一些疾病模型中的应用，包括代谢综合征、神经系统疾病和神经退行性疾病以及癌症。这一篇还涉及脂质组学在植物和酵母菌株上的应用。最后，对脂质组学在亚细胞器和膜结构中的研究也进行了一定程度的讨论。

本书讨论的主题和参考资料只反映了我个人的兴趣、经验和接受的培训，并不一定是脂质组学领域的现状。本书并未阐述类固醇、维生素和其他复杂脂质如孕烯醇酮脂、糖脂、聚酮以及细菌和藻类的脂质组学。为保证引用的参考文献数量合适，在每个主题的讨论上均参考了最新的出版物和综述文章。本书的编写是建立在他人的大量研究基础之上的，很抱歉未能涵盖脂质组学领域所有研究者的内容和成果。本人真诚地希望本书的内容能够为脂质组学领域的工作者提供有用的见解和帮助，以促进本学科的发展。

感谢所有的同事，他们为本书的完成贡献了宝贵的时间和专业的见解，包括曾经和我一起在华盛顿大学医学院生物有机化学和分子药理学系工作的实验室同事以及目前在桑福德·伯纳姆Prebys医学发现研究所的实验室同事。我衷心感谢以前的同事Richard W. Gross和Kui Yang博士的支持，他们为本书的写作与我进行了激烈的讨论并提出了许多建设性意见。感谢Miao Wang和Chunyan Wang博士提供了大量的质谱数据；感谢Jessica Frisch-Daiello和Juan Pablo Palavicini博士进行了认真的校稿；感谢Imee Tiu女士为手稿写作提供的协助。此外，非常感谢Robert C. Murphy博士为本书作序。

书中呈现的图表引自本人已发表的文章。感谢作者和出版商允许我们转载这些材料。感谢美国国立卫生研究院（AG31675和GM105724）和桑福德·伯纳姆Prebys医学发现研究所对我工作的资金资助，帮助我在脂质组学领域继续前行。感谢他们对我研究工作的支持。本书的编写离不开他们的帮助。

韩贤林
佛罗里达州奥兰多市

缩 略 词 表

英文缩写	英文全称	中文全称
AD	Alzheimer's disease	阿尔茨海默病
AMPP	N-(4-aminomethylphenyl)pyridinium	N-(4-氨基甲基苯基)吡啶
AP	atmospheric pressure	大气压
aPC	alkyl-acyl PC (i.e., plasmanylcholine)	烃基-酰基磷脂酰胆碱(即醚键型磷脂酰胆碱)
aPE	alkyl-acyl PE (i.e., plasmanylethanolamine)	烃基-酰基磷脂酰乙醇胺(即醚键型磷脂酰乙醇胺)
ASG	acyl steryl glycosides	酰基甾(醇)基糖苷
BMP	bis(monoacylglycero)phosphate	双(单酰甘油)磷酸酯
CAS	Chemical Abstract Service	化学文摘服务
CDP	cytidine diphosphate	二磷酸胞苷
Cer	ceramide	神经酰胺
CHCA	α-cyano-4-hydroxycinnamic acid	α-氰基-4-羟基肉桂酸
ChEBI	Chemical Entities of Biological Interest	生物相关的化学实体
CID	collision-induced dissociation	碰撞诱导解离
CL	cardiolipin	心磷脂
DAG	diacylglycerol or diglyceride	二酰甘油或甘油二酯
DESI	desorption electrospray ionization	解吸电喷雾电离
DGD1	digalactosyl DAG synthase 1	双半乳糖甘油二酯合酶1
DGDG	digalactosyldiacylglycerol	双半乳糖甘油二酯
DHCer	dihydroceramide	二羟基神经酰胺
DHB	2,5-dihydroxybenzoic acid	2,5-二羟基苯甲酸
DMePE	N,N-dimethylphosphatidylethanolamine	N,N-二甲基磷脂酰乙醇胺
DMG	dimethylglycine	二甲基甘氨酸
DMS	differential mobility spectrometry	差分离子迁移谱
dPC	diacyl PC	二酰基 PC
dPE	diacyl PE	二酰基 PE
DRM	detergent-resistant membrane	抗洗涤膜
ER	endoplasmic reticulum	内质网
ESI	electrospray ionization	电喷雾电离
FA	fatty acyl or fatty acid	脂肪酰或脂肪酸
Fmoc	fluorenylmethoxylcarbonyl	芴甲氧羰酰

续表

英文缩写	英文全称	中文全称
FT ICR	Fourier transform ion cyclone resonance	傅立叶变换-离子回旋共振
G-3-P	glycerol-3-phosphate	甘油-3-磷酸
GalCer	galactosylceramide	半乳糖神经酰胺
GC	gas chromatography	气相色谱
GIPC	glycosylinositol phosphorylceramide	糖基化肌醇 磷脂酰神经酰胺
GluCer	glucosylceramide	葡糖基神经酰胺
GPL	glycerophospholipid(s)	甘油磷脂
HDL	high-density lipoprotein	高密度脂蛋白
HETE	hydroxyeicosatetraenoic acid	羟基二十碳四烯酸
HexCer	hexosylceramide	己糖基神经酰胺
HexDAG	hexosyl diacylglycerol (see also MGDG)	己糖基二酰甘油
HILIC	hydrophilic interaction chromatography	亲水相互作用色谱
HMDB	Human Metabolome Database	人类代谢组数据库
HPLC	high-performance liquid chromatography	高效液相色谱
HPTLC	high-performance thin layer chromatography	高效薄层色谱
IM-MS	ion-mobility MS	离子淌度质谱
IMS	imaging mass spectrometry	成像质谱
IP_3	inositol triphosphate	肌醇三磷酸
IPC	inositol phosphorylceramide	肌醇磷脂酰神经酰胺
IUPAC	International Union of Pure and Applied Chemistry	国际纯粹与应用化学联合会
KEGG	Kyoto Encyclopedia of Genes and Genomes	京都基因与基因组百科全书
LacCer	lactosylceramide	乳糖苷
LCB	long chain bases	长链碱基
LDL	low-density lipoproteins	低密度脂蛋白
LIT	linear trap	线性陷阱
LMSD	Lipid MAPS Structure Database	脂质代谢途径研究计划结构数据库
LOD	limit of detection	检测限
lysoGPL	lysoglycerophospholipid(s)	溶血甘油磷脂
lysoPA	lysophosphatidic acid	溶血磷脂酸
lysoPC	choline lysoglycerophospholipid(s)	溶血磷脂酰胆碱
lysoPE	ethanolamine lysoglycerophospholipid(s)	溶血磷脂酰乙醇胺
lysoSM	lysosphingomyelin	溶血鞘磷脂
MAG	monoacylglcyerol or monoglyceride	单酰甘油或甘油单酯
MALDI	matrix-assisted laser desorption/ionization	基质辅助激光解吸/电离

续表

英文缩写	英文全称	中文全称
MANOVA	multivariate analysis of variance	多变量方差分析
$m:n$	a fatty acyl chain containing m carbon atoms and n double bonds	含有 m 个碳原子和 n 个双键的脂肪酰基链
MDMS	multidimensional mass spectrometry	多维质谱
MDMS-SL	multidimensional mass spectrometry-based shotgun lipidomics	基于多维质谱的鸟枪法脂质组学
MGDG	monogalactosyldiacylglycerol	单半乳糖甘油二酯
MIPC	mannosyl-inositolphosphoceramide	甘露糖基-磷酸肌醇神经酰胺
$M(IP)_2C$	mannosyl-diinositolphosphoceramide	甘露糖基-磷酸二肌醇神经酰胺
M*M*ePE	N-monomethyl phosphatidylethanolamine	N-单甲基磷脂酰乙醇胺
MMSE	mini-mental state examination	简易智力状态检查
MS	mass spectrometric or mass spectrometry	质谱
MS/MS	tandem mass spectrometry	串联质谱
MTBE	methyl-tert-butyl ether	甲基-叔丁基醚
NEFA	nonesterified fatty acid(s)	游离脂肪酸
NLS	neutral loss scan or scanning	中性丢失扫描
NMR	nuclear magnetic resonance	核磁共振
OPDA	oxo-phytodienoic acid	氧代-植物二烯酸
PA	phosphatidic acid	磷脂酸
PC	choline glycerophospholipid(s)	磷脂酰胆碱
PCA	principal component analysis	主成分分析
PE	ethanolamine glycerophospholipid(s)	磷脂酰乙醇胺
PG	phosphatidylglycerol	磷脂酰甘油
PI	phosphatidylinositol	磷脂酰肌醇
PIP	phosphatidylinositol phosphate	磷脂酰肌醇磷酸
PIP_2	phosphatidylinositol diphosphate (or bisphosphate)	磷脂酰肌醇二磷酸
PIS	precursor-ion scan or scanning	前体离子扫描
PLA_2	phospholipase A2	磷脂酶 A2
PLC	phospholipase C	磷脂酶 C
PLD	phospholipase D	磷脂酶 D
PLS-DA	partial least square-based discriminant analysis	偏最小二乘判别分析
pPC	alkenyl-acyl PC (i.e., plasmenylcholine)	烯基-酰基 PC(即 plasmenylcholine)
pPE	alkenyl-acyl PE (i.e., plasmenylethanolamine)	烯基-酰基 PE(即 plasmenylethanolamine)
PS	serine glycerophospholipid(s)	磷脂酰丝氨酸
ROS	reactive oxygen species	活性氧

续表

英文缩写	英文全称	中文全称
Q	quadrupole	四极杆
QqQ	triple quadrupoles	三重四极杆
SAR	systemic acquired resistance	系统获得抗性
S1P	sphingoid-1-phosphate	鞘氨醇-1-磷酸
S/N	signal/noise	信噪比
SG	steryl glycosides	固醇糖苷
SIM	selected ion monitoring	选择离子监测
SIMS	secondary ion mass spectrometry	二次离子质谱法
SM	sphingomyelin	鞘磷脂
sn	stereospecific numbering	立体特异性顺序
SPE	solid phase extraction	固相萃取
SRM/MRM	selected/multiple reaction monitoring	选择/多重反应监测
ST	sulfatide	硫苷脂
TAG	triacylglycerol or triglyceride	三酰甘油或甘油三酯
THAP	2,4,6-trihydroxyacetophenone	2,4,6-三羟基苯乙酮
TLC	thin layer chromatography	薄层色谱
TOF	time of flight	飞行时间
U(H)PLC	ultra (high)-performance liquid chromatography	超(高)效液相色谱
UV	ultraviolet	紫外线
VLDL	very low-density lipoproteins	极低密度脂蛋白

目 录

第一篇 导 论

1 脂质与脂质组学 ·· 2
  1.1 脂质 ··· 2
    1.1.1 定义 ·· 2
    1.1.2 分类 ·· 3
  1.2 脂质组学 ··· 9
    1.2.1 定义 ·· 9
    1.2.2 脂质组学发展史 ··· 10
    参考文献 ·· 11

2 脂质组学的质谱分析 ··· 15
  2.1 电离技术 ··· 15
    2.1.1 电喷雾电离 ··· 16
    2.1.2 基质辅助激光解吸/离子化 ·· 22
  2.2 质量分析器 ··· 23
    2.2.1 四极杆质量分析器 ·· 23
    2.2.2 飞行时间质量分析器 ··· 24
    2.2.3 离子阱质量分析器 ·· 25
  2.3 检测器 ·· 26
  2.4 串联质谱技术 ··· 27
    2.4.1 产物离子分析 ·· 28
    2.4.2 中性丢失扫描 ·· 28
    2.4.3 前体离子扫描 ·· 28
    2.4.4 选择反应监测 ·· 29
    2.4.5 串联质谱技术 ·· 29
  2.5 质谱分析脂质的其他最新进展 ··· 31
    2.5.1 离子淌度质谱 ·· 31

2.5.2 解吸电喷雾电离 ……………………………………………………………… 32
　　参考文献 ………………………………………………………………………………… 33

3 基于质谱的脂质组学 ……………………………………………………………… 38
　3.1 引言 ………………………………………………………………………………… 38
　3.2 鸟枪法脂质组学 …………………………………………………………………… 38
　　3.2.1 直接进样装置 ………………………………………………………………… 38
　　3.2.2 鸟枪法脂质组学的特点 ……………………………………………………… 39
　　3.2.3 鸟枪法脂质组学 ……………………………………………………………… 40
　　3.2.4 优缺点 ………………………………………………………………………… 45
　3.3 基于LC-MS的脂质组学方法 ……………………………………………………… 47
　　3.3.1 概述 …………………………………………………………………………… 47
　　3.3.2 基于LC-MS的脂质组学方法 ………………………………………………… 48
　　3.3.3 优点和缺点 …………………………………………………………………… 52
　　3.3.4 LC-MS分离后脂质的鉴定 …………………………………………………… 52
　3.4 脂质组学中的MALDI-MS ………………………………………………………… 53
　　3.4.1 概述 …………………………………………………………………………… 53
　　3.4.2 脂质提取物的分析 …………………………………………………………… 53
　　3.4.3 优点和缺点 …………………………………………………………………… 54
　　3.4.4 MALDI-MS在脂质组学中的研究进展 ……………………………………… 54
　　参考文献 …………………………………………………………………………… 56

4 质谱技术在脂质组学应用中的变量因素 ……………………………………… 63
　4.1 引言 ………………………………………………………………………………… 63
　4.2 脂质提取过程中的变量因素(即多重提取条件) ………………………………… 63
　　4.2.1 pH …………………………………………………………………………… 63
　　4.2.2 溶剂极性 ……………………………………………………………………… 63
　　4.2.3 脂质固有的化学性质 ………………………………………………………… 64
　4.3 进样溶液中的变量因素 …………………………………………………………… 64
　　4.3.1 极性、组成、离子对以及其他变量 ………………………………………… 64
　　4.3.2 改性剂的含量及组成 ………………………………………………………… 65
　　4.3.3 进样溶液中的脂质浓度 ……………………………………………………… 69
　4.4 离子化过程中的变量因素 ………………………………………………………… 69
　　4.4.1 离子源温度 …………………………………………………………………… 69
　　4.4.2 喷雾电压 ……………………………………………………………………… 70
　　4.4.3 进样/流动相的流速 …………………………………………………………… 70
　4.5 MS/MS扫描监测过程中的结构单元 ……………………………………………… 72

  4.5.1 前体离子扫描中碎片离子的 m/z ································· 72
  4.5.2 中性丢失扫描中中性丢失片段的质量 ···························· 72
  4.5.3 产物离子质谱分析中的结构单元碎片 ···························· 73
 4.6 碰撞过程中的变量 ··· 73
  4.6.1 碰撞能量 ··· 73
  4.6.2 碰撞气压 ··· 74
  4.6.3 碰撞气体类型 ··· 76
 4.7 分离过程中的变量 ··· 77
  4.7.1 源内分离中的电荷性质 ·· 77
  4.7.2 LC 分离中的洗脱时间 ·· 79
  4.7.3 MALDI 中选择离子化的基质 ······································ 79
  4.7.4 离子淌度分离中的漂移时间(或碰撞截面) ·························· 80
 4.8 结论 ··· 81
 参考文献 ··· 81

5 生物信息学在脂质组学中的应用 ··· 86
 5.1 引言 ··· 86
 5.2 脂质文库和数据库 ··· 87
  5.2.1 脂质代谢途径研究计划(Lipid MAPS)结构数据库 ···················· 87
  5.2.2 基于结构单元概念的理论数据库 ·································· 88
  5.2.3 LipidBlast – 电子串联质谱库 ······································ 92
  5.2.4 METLIN 数据库 ··· 93
  5.2.5 人类代谢组数据库 ··· 93
  5.2.6 LipidBank 数据库 ··· 94
 5.3 用于自动化脂质数据处理的生物信息学工具 ································ 94
  5.3.1 LC-MS 谱图处理 ·· 94
  5.3.2 生物统计分析和可视化 ··· 95
  5.3.3 脂质种类结构的解释 ··· 96
  5.3.4 用于常见数据处理的软件包 ······································ 97
 5.4 脂质网络/通路分析和建模的生物信息学 ··································· 100
  5.4.1 脂质网络/通路的重建 ··· 100
  5.4.2 模拟用于解释生物合成途径的脂质组学数据 ······················ 100
  5.4.3 空间分布和生物物理背景建模 ··································· 102
 5.5 "组学"整合 ··· 103
  5.5.1 脂质组学与其他组学的整合 ····································· 103
  5.5.2 脂质组学为基因组学分析提供指引 ······························· 103
 参考文献 ··· 104

第二篇　脂质的表征

6　简介 ··· 110
　6.1　脂质结构表征 ··· 110
　6.2　脂质定性的模式识别 ·· 113
　　6.2.1　模式识别的基本原则 ··· 113
　　6.2.2　应用举例 ·· 114
　　6.2.3　小结 ·· 122
　　参考文献 ·· 122

7　甘油磷脂的裂解特征 ··· 125
　7.1　引言 ·· 125
　7.2　磷脂酰胆碱（PC） ··· 126
　　7.2.1　正离子模式 ··· 126
　　7.2.2　负离子模式 ··· 128
　7.3　磷脂酰乙醇胺（PE） ·· 130
　　7.3.1　正离子模式 ··· 130
　　7.3.2　负离子模式 ··· 131
　7.4　磷脂酰肌醇（PI）和磷脂酰肌醇磷酸 ··································· 133
　　7.4.1　正离子模式 ··· 133
　　7.4.2　负离子模式 ··· 133
　7.5　磷脂酰丝氨酸（PS） ·· 133
　　7.5.1　正离子模式 ··· 133
　　7.5.2　负离子模式 ··· 134
　7.6　磷脂酰甘油（PG） ··· 135
　　7.6.1　正离子模式 ··· 135
　　7.6.2　负离子模式 ··· 135
　7.7　磷脂酸（PA） ··· 136
　　7.7.1　正离子模式 ··· 136
　　7.7.2　负离子模式 ··· 136
　7.8　心磷脂（CL） ··· 136
　7.9　溶血甘油磷脂（lysoGLP） ··· 137
　　7.9.1　溶血卵磷脂（LPC） ·· 137
　　7.9.2　溶血磷脂酰乙醇胺（LPE） ··· 139
　　7.9.3　阴离子溶血甘油磷脂（anionic lysoGPL） ······················ 140
　7.10　其他甘油磷脂 ·· 140

7.10.1　*N*-酰基化磷脂酰乙醇胺 ································· 140
   7.10.2　*N*-酰基化磷脂酰丝氨酸 ································· 141
   7.10.3　酰基磷脂酸甘油 ··· 141
   7.10.4　双(单酰甘油)磷酸酯(BMP) ······························· 141
   7.10.5　环状磷脂酸 ··· 141
  参考文献 ·· 142

8　鞘脂的裂解特征 ·· 146
 8.1　引言 ·· 146
 8.2　神经酰胺 ·· 146
   8.2.1　正离子模式 ··· 146
   8.2.2　负离子模式 ··· 147
 8.3　神经鞘磷脂 ·· 148
   8.3.1　正离子模式 ··· 148
   8.3.2　负离子模式 ··· 149
 8.4　脑苷脂 ·· 149
   8.4.1　正离子模式 ··· 149
   8.4.2　负离子模式 ··· 150
 8.5　硫苷脂 ·· 151
 8.6　寡糖基神经酰胺与神经节苷脂 ·································· 152
 8.7　肌醇磷酸神经酰胺 ·· 153
 8.8　鞘脂的代谢产物 ·· 153
   8.8.1　鞘氨醇骨架 ··· 153
   8.8.2　1-磷酸鞘氨醇 ··· 154
   8.8.3　溶血鞘磷脂 ··· 155
   8.8.4　神经鞘氨醇半乳糖苷 ····································· 155
  参考文献 ·· 155

9　甘油脂的裂解特征 ··· 157
 9.1　引言 ·· 157
 9.2　甘油单酯 ·· 158
 9.3　甘油二酯 ·· 158
 9.4　甘油三酯 ·· 161
 9.5　己糖基甘油二酯 ·· 161
 9.6　其他糖脂 ·· 163
  参考文献 ·· 164

10 脂肪酸和改性脂肪酸的裂解特征 ········· 166
10.1 引言 ········· 166
10.2 游离脂肪酸 ········· 167
10.2.1 未衍生化的游离脂肪酸 ········· 167
10.2.2 衍生化的游离脂肪酸 ········· 169
10.3 改性脂肪酸 ········· 170
10.4 脂肪酸组学 ········· 172
参考文献 ········· 176

11 其他生物活性脂质代谢物的裂解特征 ········· 178
11.1 引言 ········· 178
11.2 酰基肉碱 ········· 178
11.3 酰基辅酶 A ········· 180
11.4 内源性大麻素 ········· 180
11.4.1 N-酰基乙醇胺 ········· 181
11.4.2 2-酰基丙三醇 ········· 181
11.4.3 N-酰基氨基酸 ········· 181
11.5 4-羟基烯醛 ········· 181
11.6 氯化脂质 ········· 183
11.7 固醇和氧固醇 ········· 184
11.8 脂肪酸-羟基脂肪酸 ········· 185
参考文献 ········· 186

12 脂质的质谱成像分析 ········· 189
12.1 引言 ········· 189
12.1.1 适用于脂质质谱成像的样品 ········· 190
12.1.2 样品处理/准备 ········· 190
12.1.3 基质的应用 ········· 190
12.1.4 数据处理 ········· 192
12.2 MALDI-MS 成像 ········· 193
12.3 二次离子质谱成像 ········· 195
12.4 DESI-MS 成像 ········· 196
12.5 离子淌度成像 ········· 197
12.6 脂质质谱成像分析的优点和缺点 ········· 197
12.6.1 优点 ········· 197
12.6.2 局限性 ········· 198
参考文献 ········· 198

第三篇 脂质的定量

13 样品前处理 ·· 206
- 13.1 引言 ·· 206
- 13.2 采样、储存及相关问题 ··· 206
  - 13.2.1 采样 ··· 206
  - 13.2.2 萃取前的样品储存 ·· 208
  - 13.2.3 最大限度地减少自动氧化 ·· 208
- 13.3 脂质萃取的原则与方法 ··· 209
  - 13.3.1 脂质的萃取原则 ··· 210
  - 13.3.2 内标 ··· 212
  - 13.3.3 脂质萃取方法 ·· 214
  - 13.3.4 脂质萃取过程中的注意事项 ······································· 217
  - 13.3.5 脂质萃取物的储存 ··· 218
- 参考文献 ·· 218

14 脂质组学中各个脂质的定量分析 ··· 221
- 14.1 引言 ·· 221
- 14.2 脂质质谱定量原理 ·· 223
- 14.3 脂质定量方法 ·· 225
  - 14.3.1 串联质谱法 ··· 225
  - 14.3.2 多维质谱"鸟枪法"脂质组学中的两步法定量 ················· 229
  - 14.3.3 选择离子监测模式(SIM) ··· 231
  - 14.3.4 选择反应监测模式(SRM) ······································· 233
  - 14.3.5 基于高准确度质谱的定量方法 ···································· 235
- 参考文献 ·· 237

15 影响脂质精确定量的因素 ·· 241
- 15.1 引言 ·· 241
- 15.2 脂质聚合 ·· 241
- 15.3 定量分析的线性动态范围 ··· 242
- 15.4 串联质谱法定量分析脂质时的基本要素 ································· 244
- 15.5 离子抑制 ·· 245
- 15.6 质谱基线 ·· 247
- 15.7 同位素的影响 ·· 247
- 15.8 定量分析所用内标的最小数量 ··· 249

15.9　源内裂解 ··· 250
　15.10　溶剂的质量 ·· 251
　15.11　脂质定量分析中的其他方面 ·· 251
　参考文献 ··· 251

16　数据质量控制与分析 ·· 254
　16.1　引言 ··· 254
　16.2　数据质量控制 ·· 255
　16.3　通过识别脂质代谢途径进行数据分析 ·· 256
　　16.3.1　鞘脂代谢途径网络 ··· 256
　　16.3.2　甘油磷脂的生物合成途径网络 ·· 256
　　16.3.3　甘油脂的代谢 ·· 259
　　16.3.4　不同脂质之间的相互关系 ··· 259
　16.4　基于脂质功能的数据分析 ··· 259
　　16.4.1　作为细胞膜成分的脂质 ··· 260
　　16.4.2　脂质作为细胞能量储存库 ··· 261
　　16.4.3　脂质信号分子 ·· 263
　　16.4.4　脂质在细胞内的其他作用 ··· 264
　16.5　由于样品不均匀性和细胞区室的存在导致的数据分析复杂性 ······· 265
　16.6　整合"组学"数据进行数据验证 ·· 266
　参考文献 ··· 267

第四篇　脂质组学在生物医学及生物学领域的应用

17　关于健康和疾病的脂质组学 ··· 272
　17.1　引言 ··· 272
　17.2　糖尿病和肥胖症 ·· 273
　17.3　心血管疾病 ··· 274
　17.4　非酒精性脂肪肝 ·· 275
　17.5　阿尔茨海默病 ·· 276
　17.6　精神疾病 ·· 278
　17.7　癌症 ··· 278
　17.8　营养学中的脂质组学 ··· 280
　　17.8.1　脂质组学在特殊膳食或挑战性试验研究中的应用 ················· 280
　　17.8.2　脂质组学在食品质量控制方面的应用 ·································· 281
　参考文献 ··· 281

18 植物脂质组学 ... 290
18.1 引言 ... 290
18.2 植物脂质组中的特殊脂质 ... 291
18.2.1 半乳糖脂 ... 291
18.2.2 鞘脂 ... 292
18.2.3 固醇及其衍生物 ... 293
18.2.4 硫脂 ... 294
18.2.5 脂质 A 及其中间体 ... 294
18.3 脂质组学在植物生物学中的应用 ... 294
18.3.1 应激诱导的植物脂质体变化 ... 294
18.3.2 植物生长发育过程中脂质体的变化 ... 298
18.3.3 脂质组学在基因功能表征中的应用 ... 299
18.3.4 脂质组学有助于改善转基因食品的质量 ... 301
参考文献 ... 301

19 酵母菌和结核分枝杆菌的脂质组学 ... 305
19.1 引言 ... 305
19.2 酵母脂质组学 ... 306
19.2.1 酵母脂质组质谱分析策略 ... 306
19.2.2 酵母脂质组的定量分析 ... 307
19.2.3 不同酵母菌株的脂质组学 ... 307
19.2.4 酵母脂质组学对脂质合成及功能的影响 ... 308
19.2.5 生长条件对酵母脂质组的影响 ... 311
19.3 结核分枝杆菌的脂质组学 ... 311
参考文献 ... 313

20 细胞器和亚细胞膜中的脂质组学 ... 316
20.1 引言 ... 316
20.2 高尔基体 ... 316
20.3 脂滴 ... 318
20.4 脂筏 ... 318
20.5 线粒体 ... 320
20.6 细胞核 ... 323
20.7 结论 ... 323
参考文献 ... 324

索引 ... 328

第一篇 导 论

脂质与脂质组学

1.1 脂质

1.1.1 定义

众所周知,脂质在生命活动中扮演着举足轻重的角色[1],其具有以下功能。
- 作为生物体内细胞膜的重要组成部分,为不同的细胞区室提供疏水隔离。
- 作为帮助实现跨膜蛋白功能的最佳基质。
- 作为信号传导过程中脂质第二信使的前体来源。
- 为生命活动存储和补充能量。

越来越多的证据表明,脂质与许多疾病(如糖尿病和肥胖、动脉粥样硬化和中风、癌症、精神失常、神经退行性疾病和传染性疾病)相关(详见第17章)。因此,目前的脂质研究已经形成了一门独特的新兴学科——脂质组学。

大多数的脂质由两部分组成:一部分呈疏水性("憎水"),难溶于极性溶剂(如水);另一部分呈极性或者亲水性("亲水"),易溶于极性溶剂。因此,脂质是两亲性分子(既有亲水部分,又有疏水部分)。然而也存在一些例外,如蜡、甘油三酯(TAG)、胆固醇、胆固醇酯,这些脂质除了羟基或羧基基团外,主要呈疏水性。

一般而言,脂质是生物有机体中一类多数不溶于水而溶于非极性溶剂的有机化合物。因此,任何来源于化石原料的石油产品或者合成的有机化合物都不属于脂质。事实上,脂质是生物细胞中的主要成分之一,是血清脂蛋白的主要成分。通常,脂质会与碳水化合物结合而形成脂多糖。

如果读者感兴趣的话,可以从其他文献中查阅"脂质"这个术语的历史渊源和早期定义[2]。其实,很难对脂质下一个精确的定义,目前也没有一个令人满意的或者被广泛接受的定义。因此,脂质的定义不尽相同。例如,韦氏词典将脂质定义为:"任何可以溶于非极性溶剂(如正己烷、氯仿和乙醚)并且与蛋白质和糖类一起作为生物细胞的主要结构成分的各种物质,包括脂肪、蜡、磷脂、脑苷脂及其相关的化合物和衍生物。"维基百科(http://en.wikipedia.org/wiki/Lipid)描述其为:"广义上讲,脂质为疏水性或两亲性的小分子。两亲性的脂质在水环境中会形成囊泡、脂质体或膜。"通常,教科书将脂质定义为:"一类天然存在的能迅速溶解于氯仿、苯、醚和醇等有机溶剂的化合物。"然而,这样的定义会误导读者,因为许多脂质在水中的溶解性可能比在有机溶剂中更好(例如,溶血性甘油磷脂、脂肪酰辅酶 A 和神经节苷脂)。

目前,脂质的最新定义是由"脂质代谢途径研究计划"(Lipid MAPS)联合会的脂质化学家提出的。他们根据脂质结构的来源将脂质定义为:脂质是一类完全或者部分由硫酯的碳负离子缩合(脂肪酸、聚酮化合物等)或由异戊二烯的碳正离子缩合(异戊烯醇、固醇类等)产生的疏水性或两亲性的小分子。本书采用的是这个定义及其推荐的分类法和命名法。

1.1.2 分类

不同的定义涉及的脂质分类方法不同。根据脂质疏水性的不同,可以简单地将脂质分为极性脂质和非极性脂质。非极性脂质包括脂肪酸及其衍生物(如长链醇和蜡)、甘油衍生脂质[如甘油单酯(MAG)、甘油二酯(DAG)、甘油三酯(TAG)(如油脂)]和类固醇。这些非极性脂质通常溶于非极性溶剂如正己烷、乙醚和酯中。极性脂质通常包含一个极性头基,如磷脂酰胆碱(PC)中的磷酸胆碱,一般能溶于极性相对较强的溶剂如醇甚至水中。

根据色谱分离特性,脂质可以分为简单脂质和复杂脂质[2]。简单脂质指的是那些经过水解主要产生两类初级产物的脂质(如脂肪酸及其衍生物、MAG);复杂脂质指的是那些能够产生三个或更多初级水解产物(如 PC、TAG、DAG)的脂质。这些水解产物包括脂肪酸、磷酸、有机碱、碳水化合物、甘油和其他组分。

根据脂质在细胞内的功能,脂质也可以分为:

- 膜脂质,主要用于构成细胞膜且通常其含量相对较高;
- 能量脂质,通常与能量储存和代谢相关;
- 生物活性脂质,作为脂质第二信使,通常含量很低。

根据脂质的化学特性,脂质可以分得更加详细。根据脂质化学结构的相似性,可以将含有相似分子结构的脂质归为一类。例如,与甘油骨架相连的部分为相似极性头基的脂质可以归为一类[例如,PC、磷脂酰乙醇胺(PE)、磷脂酰丝氨酸(PS)](图 1.1)。

根据各类脂质中连接方式或其他特性的不同,可以进一步将脂质分为多种亚类(图 1.2)。例如,在甘油磷脂(GPL)和甘油糖脂中,甘油骨架 sn-1 位(这里 sn 指立体定向的编号)上的氧原子常通过酯、烷基醚或者乙烯醚键与脂肪酰基链连接。根据国际纯粹与应用化学联合会(IUPAC)推荐的命名法,甘油磷脂可以根据连接方式的不同进一步分为不同的亚类[图 1.2(1)],分别为磷脂酰、醚磷脂酰、缩醛磷脂酰[3]。在本书中,这些亚类分别以前缀"d""a"和"p"作为缩写。迄今为止,在哺乳动物体内的脂质组中,仅在甘油磷脂酰胆碱、甘油磷脂酰乙醇胺和甘油磷脂酰丝氨酸(分别为 PC、PE 和 PS)中发现了醚磷脂酰、缩醛磷脂酰亚类,在磷脂酸(PA)和心磷脂(CL)中也可能存在这两种亚类。然而,在其他生物体内,这两种亚类也存在于其他脂质类别中。在甘油二酯和甘油三酯中也存在这些不同的连接方式。根据鞘氨醇碱基的 C4 和 C5 之间有无双键,可以将鞘脂大类分为鞘脂和二氢鞘脂两种亚类[图 1.2(2)]。

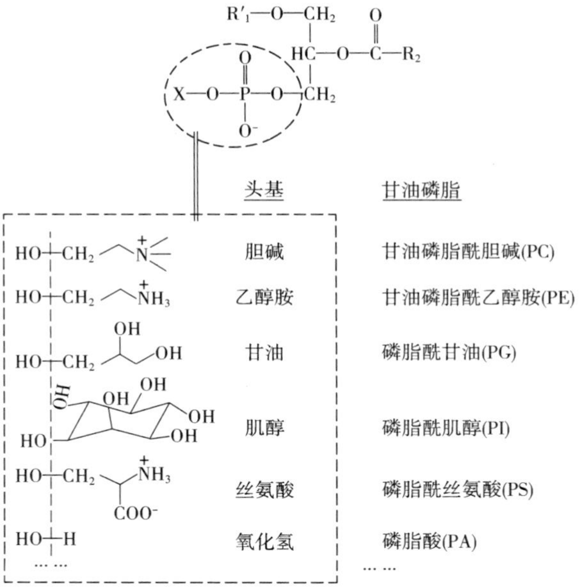

图 1.1 甘油磷脂

图中方框内所示为与磷酸基团相连的 X 残基的结构,这些结构决定着 GPL 的类别。根据文献中常用的形式及 Lipid MAPS 的推荐,各个 GPL 类别的缩写形式见括号内。

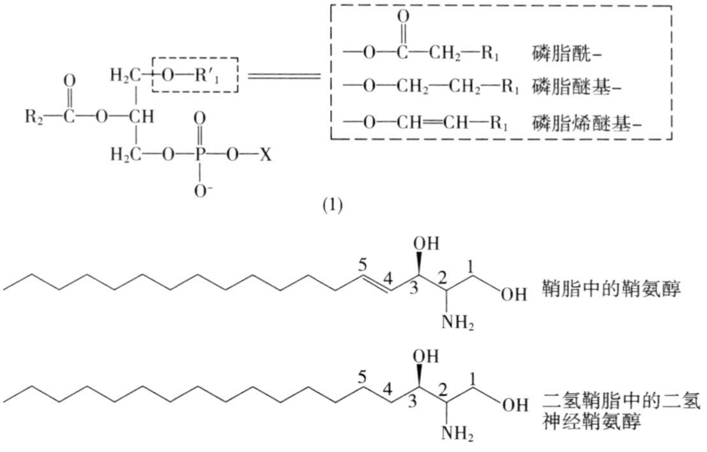

图 1.2 脂质亚类的结构

根据某一位置的连接方式或各类脂质独特的结构特征,脂质可以分为图中所示的几种亚类。①脂肪酰与甘油 $sn-1$ 位羟基的不同连接方式:酯键对应 phosphatidyl-亚类,醚键对应 plasmanyl-亚类,烯醚键对应 plasmenyl-亚类;②根据鞘氨醇碱基中 C4 和 C5 之间是否含双键,可将其分为鞘脂亚类和二氢鞘脂亚类。根据鞘脂碱基中其他的结构,还存在一些其他不常见的鞘脂亚类(图 1.6)。

根据脂质的化学性质,下面主要介绍脂质的两种分类方法。

1.1.2.1 脂质代谢途径研究计划

"脂质代谢途径研究计划"联合会将脂质分为八类,它们是:脂肪酰、甘油脂、甘油磷脂、鞘脂、固醇脂质、异戊烯醇脂、糖脂和聚酮化合物[7]。在这种综合分类法中,每种脂质都有唯一的 12 位数标识符,这不仅有助于脂质生物学的系统化,还能通过与其他大分子数据库相互兼容的方式将脂质及其性质进行编目。

脂肪酰是一类由乙酰辅酶 A(乙酰-CoA)引物与可能含有环状官能团和/或杂原子的丙二酰-CoA(或甲基丙二酰-CoA)基团通过链的延长而得到的一类分子。脂肪酰作为结构上最简单的脂质,其特征在于重复排列的亚甲基团。脂肪酰包括各种类别的脂肪酸、类花生酸、二十二烷酸、脂肪醇、脂肪醛、脂肪酸酯、脂肪酰胺、脂肪腈、脂肪醚和烃。一般而言,脂肪酰和脂肪酸是复杂脂质[例如,GPL、(糖)鞘脂、甘油脂和糖脂]的基本结构单元。目前,已有研究证明在复杂脂质中存在经过修饰的脂肪酰[8-10]。

甘油脂是一类只能被水解成甘油、糖基、脂肪酸和/或烷基的脂质,包括 MAG、DAG、TAG 和糖脂。前三者通常具有甘油骨架,脂肪酸链与甘油的羟基相连。然而,在某些中性脂质中也发现了低含量的通过醚键连接的脂肪醇[5-6]。IUPAC 将糖脂定义为一种脂肪酰基中含有糖苷键的脂质[3]。

甘油磷脂是一类甘油骨架的羟基至少与一分子磷酸酯化后得到的脂质。GPL 广泛存在于自然界中,是细胞膜的重要组成成分,同时也参与生物体新陈代谢与信号传递过程。GPL 的复杂性在于其不同的种类、亚类和单个分子的类别(不同脂肪酰基的结构)(图 1.1 和图 1.2)。顾名思义,GPL 中含有三种组分:"甘油-"(即在各个脂质中至少存在一分子甘油);"磷酸-"(即甘油的 sn-3 位羟基至少连接一分子磷酸或磷酸二酯);sn-1 和 sn-2 位的羟基不连接或连接一个或两个脂肪链。GPL 中与磷酸酯化的基团有超过十种形式(即有超过十种不同的种类)(图 1.1),脂肪酰基链的存在形式也有三十余种,它们的链长、不饱和度以及双键的位置各不相同。另外,脂肪酰基链与甘油的 sn-1 位羟基有三种不同的连接方式(即有三种不同的亚类)。因此,GPL 可能存在约 30000($10\times30\times30\times3$)种不同的形式。事实上,质谱分析已经检测到许多种脂质(如缩醛磷脂、CL、TAG)的存在[11-13]。

鞘脂是另外一种复杂的细胞脂质,其核心结构为长链鞘氨醇碱基[图 1.2(2)]。这些鞘氨醇碱基首先由丝氨酸和长链脂肪酰基辅酶 A 合成产生鞘氨醇,随后生成二氢神经酰胺,再进一步转化为神经酰胺、鞘磷脂、鞘糖脂或其他形式(图 1.3)。鞘脂的类别由与 C1 位上鞘氨醇碱基中的羟基连接的极性基团(也出现在 GPL 和糖脂中)决定。

固醇脂质是一组以四个稠环[图 1.4(1)]为核心结构的化合物,可进一步分为胆固醇及其衍生物、类固醇、开环甾体、胆汁酸及其衍生物等(图 1.4)[7]。胆固醇及其衍生物是哺乳动物体系中研究最广泛的固醇脂质,与 GPL 和鞘磷脂(SM)一起构成膜脂质的重要组分[14]。植物、真菌和水产品中存在着独特的固醇[7]。类固醇也具有与胆固醇同样的四个稠环的核心结构。作为激素和信号分子,类固醇具有不同的生物作用和功能[15]。开环甾体与类固醇类似,但因其含有已开环的苯环,故以"开环"为前缀[16]。胆汁酸主要是由肝脏中的胆固醇及其结合物(硫酸、牛磺酸、甘氨酸、葡萄糖醛酸等)合成的胆固醇-24-酸的衍生物[17]。

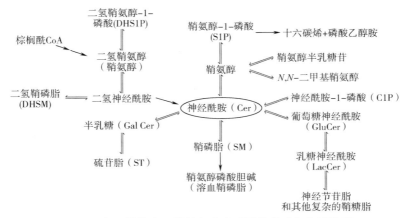

图 1.3　常见的鞘脂及其他相关脂质的简化路径和网络图

该途径源于日本京都基因和基因组百科全书(KEGG)。该途径表明鞘氨醇碱基核心结构及其衍生物的起源。其他种类的鞘氨醇碱可以通过替代棕榈酰 CoA 或用其他氨基酸替代丝氨酸从其他脂酰 CoA 进行生物合成。本书中使用的单个脂质种类的结构及其缩见图 1.6。

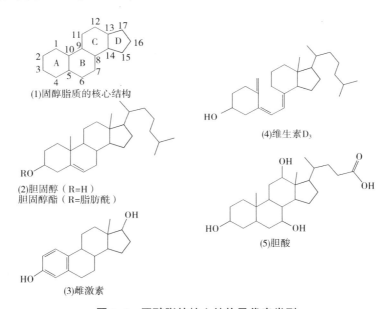

图 1.4　固醇脂的核心结构及代表类型

(1)大多数固醇或能生成固醇的化合物的核心结构(2)胆固醇(R＝H)和胆固醇酯(R＝脂肪酰基)的典型结构(3)类固醇的典型结构(即雌激素)(4)开环甾体的典型结构(即维生素 D_3)(5)胆汁酸的典型结构(即胆酸)。

　　除了上述的五类脂质外,还有三类其他的脂质,包括异戊烯醇脂(多聚异戊二烯醇脂)、糖脂和聚酮化合物,但这三类在现阶段的脂质组学中研究相对较少。异戊烯醇脂(多聚异戊二烯醇脂)主要是通过甲羟戊酸途径由五碳前体异戊烯基二磷酸酯和二甲基烯丙基二磷酸酯合成产生[18]。异戊烯醇脂可细分为类异戊二烯、醌类、对苯二酚[例如,泛醌、维生素 E、维生素 K]、多萜醇等[7]。糖脂是脂肪酸直接与糖骨架相连的脂质。在糖脂中,糖分子取代了甘油酯和 GPL 中的甘油骨架。糖脂可作为多聚糖或磷酸化衍生物出现。最常见的糖脂是革兰氏阴性细菌中脂多糖的脂质 A 组分的酰化葡糖胺前体[19]。脂质 A 分子是葡萄糖胺的二糖,其可与多达七个脂肪酰基链发生衍生化[19]。聚酮化合物是植物和微生物体内的代谢产物,具有多样化的天然产物结构,其中许多都具有脂质特征[7]。

本书中采用的脂质分类法具有以下关键特征。

- 对以甘油为骨架的脂质(例如,甘油脂和甘油磷脂)运用立体定向编号(sn)的方法[3]。酰基或烷基链通常与甘油的 sn-1 和/或 sn-2 号位相连,除了某些含有三个酰基或烷基链的脂质,或是含有一个以上甘油的脂质,以及古细菌脂质,它们的 sn-2 和/或 sn-3 号位与酰基或烷基链相连。

- 以鞘氨醇和鞘氨醇-4-烯胺(即鞘氨醇)作为鞘脂的核心结构,其余结构则默认为 d-赤型或 $2S,3R$ 构型和 $4E$ 几何构型(对鞘氨醇-4-烯胺而言)。

- 使用"d"和"t"作为鞘脂的缩写符号,其分别指代 1,3-二羟基和 1,3,4-三羟基长链碱基。

- 使用 E/Z 命名来定义双键的几何构型。

- 使用 R/S 命名(与 α/β 或 D/L 相对)来定义立体化学,但不适用于甘油(sn)和固醇核心结构上的取代基以及糖残基上的异头碳。这些特例严格遵循 α/β 命名方式。

- 使用通用术语"溶血(lyso)"表示在甘油脂和甘油磷脂中缺少一个酰基、O-烷基或 O-链烯基等基团。

1.1.2.2 结构单元化方法

(1)结构单元的概念及分类 在此分类方法中,大多数生物体内的脂质是一些结构单元的组合,这些结构单元代表着某些种类的水解产物及其类似物。根据 Lipid MAPS 的分类方法,这些结构单元包括脂肪酰基、各种极性头基[例如,磷酸酯(包括磷酸酯、磷酸胆碱、磷酸乙醇胺、磷酸甘油、磷酸丝氨酸和磷酸肌醇)和糖分子(例如,葡萄糖、半乳糖、乳糖)],以及一些核心结构骨架(例如,甘油、鞘氨醇碱和胆固醇)。基于此概念,整个脂质类别或其中某一类脂质可以用一个通用的化学结构来表示。

例如,所有以甘油为中心的脂质[例如,GPL 和甘油脂质(参见 Lipid MAPS 分类)]指的是三个不同的结构单元与甘油骨架的三个羟基结合后得到的脂质(图 1.5)。在此通用结构中,氢原子或脂肪酰基能够作为结构单元 I 和 II 与甘油的 sn-1 和 sn-2 位连接形成酯键、醚键或乙烯醚键。sn-3 位的结构单元 III 可以是氢原子、脂肪酰基,或是甘油脂中的各类糖环及其衍生物,或是 GPL 或溶血 GPL 中的磷酸酯。这里,脂肪酰基链通常含有 12~24 个碳原子,并具有不同的不饱和度或改性程度。

类似于以甘油为中心的脂质,大多数鞘脂能够用如图 1.6 所示的三个结构单元组成的通用结构来表示。结构单元 I 代表着与鞘氨醇碱基中 C1 位上的氧原子连接的各种不同极性基团。这些极性基团包括氢、磷酸乙醇胺、磷酸胆碱、半乳糖、葡萄糖、乳糖、硫酸化半乳糖/乳糖和其他复合糖基,分别对应于神经酰胺、神经酰胺磷酸乙醇胺、鞘磷脂、半乳糖神经酰胺(GalCer)、葡萄糖神经酰胺(GluCer)、乳糖神经酰胺(LacCer)、硫苷脂(ST)和其他鞘糖脂如神经节苷脂(图 1.6)。这些极性基团可以构成 20 余种鞘脂。结构单元 II 代表与鞘氨醇骨架中 C2 位上的伯胺基发生酰化反应的脂肪酰基链。各种脂肪酰基链都可以与这个位置相连,包括那些含有羟基(通常位于 α 或 Ω 位置)的脂肪酰基链(图 1.6)。结构单元Ⅲ代表所有鞘氨醇碱基中的脂肪链。该结构单元通过 C—C 键与鞘氨醇碱基中的 C3 位相连,并随着其烷基链长度及支链数、双键的数量及位置和是否含有羟基等特征而变化(图 1.6)。由于羟基有多重存在形式,所以脂肪链就存在 100 余种结构。因此,三个结构单元的组合可以产生至少 20 万(20×100×100)种鞘脂分子。仅仅是常见的脂肪链,就可以在理论上通过组合这三种结构单元得到成千上万种鞘脂[20]。目前,通过使用不同的脂质组学方法可以很容易地分析数十至数百种鞘脂[21-23]。

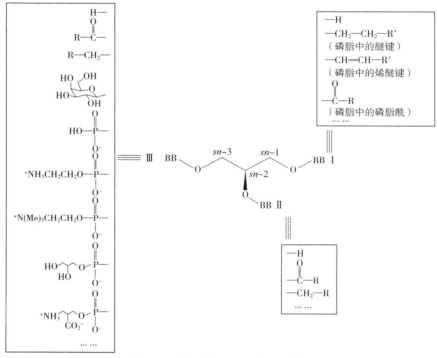

图 1.5 甘油脂和 GPL 的一般结构

甘油脂和 GPL 都以甘油分子为中心。三个结构单元(BB)与甘油的羟基相连(BB 种类见图中框内部分)。BB Ⅰ代表氢原子或脂肪酰基部分,可通过酯键、醚键或乙烯醚键与甘油的 sn-1 位置连接,并在甘油磷脂中相应地定义甘油磷脂的磷脂酰基亚类、醚键亚类或缩醛磷脂亚类。BB Ⅱ代表氢原子或脂肪酰基部分,结构单元Ⅱ可通过酯键、醚键或乙烯醚键与甘油的 sn-2 位置连接。BB Ⅲ代表氢原子、脂肪酰基、甘油脂中的各类糖环及其衍生物或甘油磷脂和溶血甘油磷脂中的磷酸酯。R′和 R 通常分别是含 12~20 和 13~21 个碳原子的无支链的饱和或不饱和脂肪链。

固醇是一类以四元稠合结构为核心并含有碳氢侧链和羟基的脂质。胆固醇是哺乳动物中主要的固醇脂,并且是细胞膜的重要组成成分。胆固醇的氧化和代谢产生大量羟固醇、甾体(类固醇)和胆汁酸等,其中许多产物是生物系统中重要的信号分子。脂蛋白颗粒中富含具有不同脂肪酰的胆固醇酯,如低密度脂蛋白(LDL)和极低密度脂蛋白(VLDL)。

(2)结构单元分类的意义 这种分类方法的意义在于:①为构建可拓展的理论脂质数据库做准备;②通过识别部分结构单元达到鉴别大量脂质的目的。值得庆幸的是,通过使用两种强大的串联质谱技术[即中性丢失扫描(NLS)和前体离子扫描(PIS)]可以识别出与

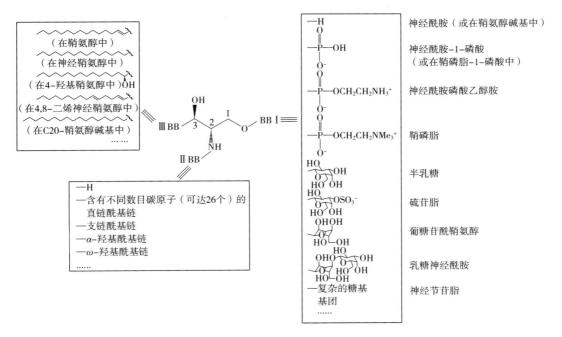

图1.6 鞘脂的一般结构具有三个结构单元

BB Ⅰ代表不同的极性部分(与鞘氨醇骨架C1位的氧相连)。如图所示,这些部分决定了鞘脂的极性头部分。BB Ⅱ代表着脂肪酰基部分(能被鞘氨醇骨架的C2位上的伯胺酰化),包括有羟基(通常位于α或Ω位置)和无羟基两种类型。BB Ⅲ代表存在于所有鞘氨醇碱基中的脂肪链,该结构单元通过C—C键与鞘氨醇碱基中的C3位相连,并随着其烷基链长度,不饱和度,双键的位置以及是否包含支链和额外的羟基而变化。

这些结构单元相对应的特征碎片[24]。这些用来识别脂质种类的技术及其应用程序会在第2章和第6章中详细介绍。

1.2 脂质组学

1.2.1 定义

细胞、器官或生物系统中化学性质不同的脂质的整个集合称为脂质组[25]。类比其他"组学"学科,脂质组学是基于分析化学的研究领域,广泛开展完整分子水平上的脂质组研究。脂质组学研究涉及以下内容:

- 准确地确定细胞内脂质的结构,包括原子数量、双键的数量和位置、核心结构和头部基团、单个脂肪酰基链以及每种异构体的区域特异性等。
- 精确定量通路中的各个脂质,通过比较分析来发现脂质生物标志物。
- 测定体内各个脂质与其他脂质、蛋白质和代谢物的相互作用。
- 通过揭示营养或治疗状况来预防和干预治疗疾病。

由于脂质组学研究的不同方向,一些脂质组学的子范畴也经常在文献中被命名为分子/结构脂质组学[26-28]、功能性脂质组学[29-30]、营养脂质组学[31]、动态脂质组学[32]、氧化脂质组学[33-34]、介质脂质组学[35]、神经脂质组学[36]、鞘脂组学[23,37-38]、脂肪酸组学[39]等,从而反映出研究者们在脂质组学研究中的侧重点。对脂质结构、质量水平、细胞功能以及在时空上的相互作用的分析可以为生理(如营养)或病理扰动或细胞生长过程中脂质的动态变化提供依据。因此,脂质组学通过识别细胞脂质信号传导、新陈代谢、运输和体内稳态的改变,在确定脂质相关疾病的潜在生化机制方面发挥着重要作用。

总体而言,脂质是一种生物代谢物。因此,脂质组学涵盖在"代谢组学"这一综合领域下。然而,相对于其他代谢物而言,脂质具有独特性和功能特异性,因此脂质组学可以作为一门独立的学科。例如,大多数细胞脂质都是经由有机溶剂提取得到的,所以这些组分可以很容易回收并与其他水溶性代谢物分离开来。随着脂质浓度的增加,脂质可在溶剂中形成聚集体(即二聚体、寡聚体、胶团、双分子层膜或其他聚集状态)[1]。这种独特的性质为通过质谱法(MS)定量分析各个脂质的完整形式带来了不小的困难。该问题将在第 15 章和第 16 章详细讨论。

细胞脂质组是变化的且高度复杂的,其中包括成千上万种脂质,总含量为 $10^{-18} \sim 10^{-9}$ mol/mg 蛋白质[20,38,40]。这些脂质属于不同的脂质大类和亚类,其链长、不饱和度、双键位置以及脂肪链中的支链各不相同。此外,造成细胞脂质组分析困难的原因还有以下因素,①在不同物种、细胞类型、细胞器、细胞膜和微结构域(例如,细胞膜穴样内陷和脂筏)中,脂质的种类和组成是完全不同的;②细胞脂质组是动态变化的,其受到营养状态、激素含量、健康状况和许多其他影响因素的影响[41]。

目前,脂质组学的研究主要集中在以下领域[42]。
- 鉴定新型脂质类别和分子种类。
- 开发定量方法,用于分析细胞、组织或生物流体中 $10^{-18} \sim 10^{-15}$ mol 水平的脂质。
- 用于阐明健康和疾病中的代谢适应的网络分析,有助于疾病状态诊断的生物标志物分析,以及治疗效果的测定。
- 在复杂器官中变化的脂质分布的组织图。
- 利用脂质组学数据进行自动化高通量处理和分子建模的生物信息学方法。

1.2.2　脂质组学发展史

虽然直到 21 世纪初,"脂质组"和"脂质组学"才出现在文献中,但研究人员早已开始大规模地在完整的分子水平上研究细胞脂质[43-52]。这些开创性的研究通过各种工具真正展现了脂质组学分析的可能性。最重要的是,这些研究还为鉴定细胞膜的结构和功能变化提供了切入点,这些变化介导机体对健康状况下的细胞适应和疾病状况下的细胞适应不良改变等过程产生生物应答,从而为脂质组学这门新学科的发展奠定了基础。质谱技术在脂质表征和分析中的作用可参见 Robert C. Murphy 博士于 1993 年撰写的经典著作[53]。

大多数早期研究聚焦于一种分子种类、一种脂质类别或是一个酶催化途径。在这些研究中,研究者们已清晰地意识到,各种脂质或各个脂质的代谢是相互交织在一起的。仅从一个孤立的系统,或者只关注某种或某类脂质来进行脂质代谢研究具有很大的局限性。应当采用一种系统的生物学方法从细胞器、细胞、器官、机体或物种等水平上开展整个脂质组的代谢研究。因此,采用一种全面的方法来研究脂质代谢的迫切需求极大地促进了脂质组学的出现并加速其发展。

脂质组学领域的科学家主要关注细胞脂质的结构、功能、相互作用和动力学并确认其所在的细胞组织(即亚细胞膜隔室和结构域)。据估计,细胞脂质组中的脂质数目达上万甚至上百万种[20,38,40]。因此,当细胞的生理机能(例如,营养状况、激素影响、健康状况、代谢水平)或病理状态(糖尿病、贫血、神经退行性疾病等)发生变化时,利用脂质组学就会发现大量脂质的含量及组成发生变化。然后通过生物信息学对这些信息进行处理,从而有助于深入了解细胞功能。因此,通过阐述细胞内脂质代谢、转运和稳态的变化,脂质组学在探索与脂质有关的生理或病理机制方面发挥着重要作用。

"脂质组学"这个专业术语于2001年第一次出现在专业文献中[25]。在2002年,Rilfors和Lindblom[54]提出"功能脂质组学"来指代"膜脂的功能研究"。2003年,该领域产生了多种不同的定义[41,55]、技术[41,56]和生物学应用[41,57-58]。Han和Gross首次提出,脂质组学是利用现代质谱技术来分析脂质内在化学性质的一门学科[41]。自此,该领域的研究得到了飞速发展。

许多现代技术[包括质谱(MS)、核磁共振(NMR)、荧光光谱、高效液相色谱(HPLC)和微流控装置]都已成功运用于脂质组学的研究中。对于上述技术在脂质组学中的应用可参考相应书籍[30]。由于新型仪器和技术的发展(详见第2章),质谱极大地促进了脂质组学的发展。该网站(http://lipidlibrary.aocs.org/)定期更新将现代质谱技术应用于脂质组学研究的论文,包括综述。某些关于脂质组学的焦点问题已在以下文献及专著中讨论:

- *Frontiers in Bioscience*, Volume 12, January 2007.
- *Methods in Enzymology*, Volumes 432 and 434, November 2007.
- *European Journal of Lipid Science and Technology*, Volume 111(1), January 2009.
- *Journal of Chromatography B*, Volume 877(26), September 2009.
- *Methods in Molecular Biology* (Springer Protocols), Volume 579-580, September 2011.
- *Biochimica et Biophysica Acta*, Volume 1811(11), November 2011.
- *Analytical Chemistry*, *Virtual Issue: Lipidomics*, http://pubs.acs.org/page/vi/2014/Lipidomics.html.
- *Analytical and Bioanalytical Chemistry*, Volume 407(17), July 2015.

该领域的专家和先驱们撰写的关于脂质分析和脂质组学的一些书籍也已出版[30,59-61]。本书将基于质谱分析技术,从基本原理、理论、定性和定量及相关应用等方面详细介绍脂质组学。

参考文献

1. Vance, D. E. and Vance, J. E. (2008) Biochemistry of Lipids, Lipoproteins and Membranes. Elsevier Science B. V., Amsterdam. pp 631.
2. Christie, W. W. and Han, X. (2010) Lipid Analysis: Isolation, Separation, Identification and Lipidomic Analysis. The Oily Press, Bridgwater, England. pp 448.
3. (a) IUPAC-IUB (1978) Nomenclature of Lipids. Biochem. J. 171, 21-35.
   (b) IUPAC-IUB (1978) Nomenclature of Lipids. Chem. Phys. Lipids 21, 159-173.
   (c) IUPAC-IUB (1977) Nomenclature of Lipids. Eur. J. Biochem. 79, 11-21.
   (d) IUPAC-IUB (1977) Nomenclature of Lipids. HoppeSeyler's Z. Physiol. Chem. 358, 617-631.

(e) IUPAC-IUB (1978) Nomenclature of Lipids. J. Lipid Res. 19, 114-128.

(f) IUPAC-IUB (1977) Nomenclature of Lip-ids. Lipids 12, 455-468.

(g) IUPAC-IUB (1977) Nomenclature of Lipids. Mol. Cell. Biochem. 17, 157-171.

4. Rezanka, T., Matoulkova, D., Kyselova, L. and Sigler, K. (2013) Identification of plasmalogen cardiolipins from Pectinatus by liquid chromatography-high resolution electrospray ionization tandem mass spectrometry. Lipids 48, 1237-1251.

5. Bartz, R., Li, W. H., Venables, B., Zehmer, J. K., Roth, M. R., Welti, R., Anderson, R. G., Liu, P. and Chapman, K. D. (2007) Lipidomics reveals that adiposomes store ether lipids and mediate phospholipid traffic. J. Lipid Res. 48, 837-847.

6. Yang, K., Jenkins, C. M., Dilthey, B. and Gross, R. W. (2015) Multidimensional mass spectrometry-based shotgun lipidomics analysis of vinyl ether diglycerides. Anal. Bioanal. Chem. 407, 5199-5210.

7. Fahy, E., Subramaniam, S., Brown, H. A., Glass, C. K., Merrill, A. H., Jr., Murphy, R. C., Raetz, C. R., Russell, D. W., Seyama, Y., Shaw, W., Shimizu, T., Spener, F., van Meer, G., VanNieuwenhze, M. S., White, S. H., Witztum, J. L. and Dennis, E. A. (2005) A comprehensive classification system for lipids. J. Lipid Res. 46, 839-861.

8. Thomas, C. P. and O'Donnell, V. B. (2012) Oxidized phospholipid signaling in immune cells. Curr. Opin. Pharmacol. 12, 471-477.

9. O'Donnell, V. B. and Murphy, R. C. (2012) New families of bioactive oxidized phospholipids generated by immune cells: Identification and signaling actions. Blood 120, 1985-1992.

10. Aldrovandi, M. and O'Donnell, V. B. (2013) Oxidized PLs and vascular inflammation. Curr. Atheroscler. Rep. 15, 323.

11. Yang, K., Zhao, Z., Gross, R. W. and Han, X. (2007) Shotgun lipidomics identifies a paired rule for the presence of isomeric ether phospholipid molecular species. PLoS ONE 2, e1368.

12. Kiebish, M. A., Bell, R., Yang, K., Phan, T., Zhao, Z., Ames, W., Seyfried, T. N., Gross, R. W., Chuang, J. H. and Han, X. (2010) Dynamic simulation of cardiolipin remodeling: Greasing the wheels for an interpretative approach to lipidomics. J. Lipid Res. 51, 2153-2170.

13. Han, R. H., Wang, M., Fang, X. and Han, X. (2013) Simulation of triacylglycerol ion profiles: Bioinformatics for interpretation of triacylglycerol biosynthesis. J. Lipid Res. 54, 1023-1032.

14. Bach, D. and Wachtel, E. (2003) Phospholipid/cholesterol model membranes: Formation of cholesterol crystallites. Biochim. Biophys. Acta 1610, 187-197.

15. Tsai, M. J. and O'Malley, B. W. (1994) Molecular mechanisms of action of steroid/thyroid receptor superfamily members. Annu. Rev. Biochem. 63, 451-486.

16. Jones, G., Strugnell, S. A. and DeLuca, H. F. (1998) Current understanding of the molecular actions of vitamin D. Physiol. Rev. 78, 1193-1231.

17. Russell, D. W. (2003) The enzymes, regulation, and genetics of bile acid synthesis. Annu. Rev. Biochem. 72, 137-174.

18. Kuzuyama, T. and Seto, H. (2003) Diversity of the biosynthesis of the isoprene units. Nat. Prod. Rep. 20, 171-183.

19. Raetz, C. R. and Whitfield, C. (2002) Lipopolysaccharide endotoxins. Annu. Rev. Biochem. 71, 635-700.

20. Yang, K., Cheng, H., Gross, R. W. and Han, X. (2009) Automated lipid identification and quantification by multi-dimensional mass spectrometry-based shotgun lipidomics. Anal. Chem. 81, 4356-4368.

21. Cheng, H., Jiang, X. and Han, X. (2007) Alterations in lipid homeostasis of mouse dorsal root ganglia induced by apolipoprotein E deficiency: A shotgun lipidomics study. J. Neurochem. 101, 57-76.

22. Jiang, X., Cheng, H., Yang, K., Gross, R. W. and Han, X. (2007) Alkaline methanolysis of lipid extracts extends shotgun lipidomics analyses to the low abundance regime of cellular sphingolipids. Anal. Biochem. 371, 135-145.

23. Merrill, A. H., Jr., Sullards, M. C., Allegood, J. C., Kelly, S. and Wang, E. (2005) Sphingolipidomics: High-throughput, structure-specific, and quantitative analysis of sphingolipids by liquid chromatography tandem mass spectrometry. Methods 36, 207-224.

24. Han, X. and Gross, R. W. (2005) Shotgun lipidomics: Electrospray ionization mass spectrometric analysis and quantitation of the cellular lipidomes directly from crude extracts of biological samples. Mass Spectrom. Rev. 24, 367-412.

25. Kishimoto, K., Urade, R., Ogawa, T. and Moriyama, T. (2001) Nondestructive quantification of neutral lipids by thin-layer chromatography and laser-fluorescent scanning: Suitable methods for "lipidome" analysis. Biochem. Biophys. Res. Commun. 281, 657-662.

26. Jung, H. R., Sylvanne, T., Koistinen, K. M., Tarasov, K., Kauhanen, D. and Ekroos, K. (2011) High throughput quantitative molecular lipidomics. Biochim. Biophys. Acta 1811, 925-934.

27. Llorente, A., Skotland, T., Sylvanne, T., Kauhanen, D., Rog, T., Orlowski, A., Vattulainen, I., Ekroos, K. and Sandvig, K. (2013) Molecular lipidomics of exosomes released by PC-3 prostate cancer cells. Biochim. Biophys. Acta 1831, 1302-1309.

28. Mitchell, T. W., Brown, S. H. J. and Blanksby, S. J. (2012) Structural lipidomics. In Lipidomics, Technologies and Applications. (Ekroos, K., ed.) pp. 99-128,

Wiley-VCH, Weinheim

29. Gross, R. W., Jenkins, C. M., Yang, J., Mancuso, D. J. and Han, X. (2005) Functional lipidomics: The roles of specialized lipids and lipid-protein interactions in modulatingneuronal function. Prostaglandins Other Lipid Mediat. 77, 52-64.
30. Feng, L. and Prestwich, G. D., eds. (2006) Functional Lipidomics. CRC Press, Taylor & Francis Group, Boca Raton, FL
31. Smilowitz, J. T., Zivkovic, A. M., Wan, Y. J., Watkins, S. M., Nording, M. L., Hammock, B. D. and German, J. B. (2013) Nutritional lipidomics: Molecular metabolism, analytics, and diagnostics. Mol. Nutr. Food Res. 57, 1319-1335.
32. Postle, A. D. and Hunt, A. N. (2009) Dynamic lipidomics with stable isotope labelling. J. Chromatogr. B 877, 2716-2721.
33. Kagan, V. E. and Quinn, P. J. (2004) Toward oxidative lipidomics of cell signaling. Antioxid. Redox. Signal. 6, 199-202.
34. Kagan, V. E., Borisenko, G. G., Tyurina, Y. Y., Tyurin, V. A., Jiang, J., Potapovich, A. I., Kini, V., Amoscato, A. A. and Fujii, Y. (2004) Oxidative lipidomics of apoptosis: Redox catalytic interactions of cytochrome c with cardiolipin and phosphatidylserine. Free Radic. Biol. Med. 37, 1963-1985.
35. Serhan, C. N. (2005) Mediator lipidomics. Prostaglandins Other Lipid Mediat. 77, 4-14.
36. Han, X. (2007) Neurolipidomics: Challenges and developments. Front. Biosci. 12, 2601-2615.
37. Merrill, A. H., Jr., Stokes, T. H., Momin, A., Park, H., Portz, B. J., Kelly, S., Wang, E., Sullards, M. C. and Wang, M. D. (2009) Sphingolipidomics: A valuable tool for understanding the roles of sphingolipids in biology and disease. J. Lipid Res. 50, S97-S102.
38. Han, X. and Jiang, X. (2009) A review of lipidomic technologies applicable to sphingolipidomics and their relevant applications. Eur. J. Lipid Sci. Technol. 111, 39-52.
39. Wang, M., Han, R. H. and Han, X. (2013) Fatty acidomics: Global analysis of lipid species containing a carboxyl group with a charge-remote fragmentation-assisted approach. Anal. Chem. 85, 9312-9320.
40. Yetukuri, L., Katajamaa, M., Medina-Gomez, G., Seppanen-Laakso, T., Vidal-Puig, A. and Oresic, M. (2007) Bioinformatics strategies for lipidomics analysis: Characterizationof obesity related hepatic steatosis. BMC Syst. Biol. 1, 12.
41. Han, X. and Gross, R. W. (2003) Global analyses of cellular lipidomes directly from crude extracts of biological samples by ESI mass spectrometry: A bridge to lipidomics. J. LipidRes. 44, 1071-1079.
42. Han, X., Yang, K. and Gross, R. W. (2012) Multi-dimensional mass spectrometry-based shotgun lipidomics and novel strategies for lipidomic analyses. Mass Spectrom. Rev. 31, 134-178.
43. Wood, R. and Harlow, R. D. (1969) Structural studies of neutral glycerides and phosphoglycerides of rat liver. Arch. Biochem. Biophys. 131, 495-501.
44. Wood, R. and Harlow, R. D. (1969) Structural analyses of rat liver phosphoglycerides. Arch. Biochem. Biophys. 135, 272-281.
45. Gross, R. W. (1984) High plasmalogen and arachidonic acid content of canine myocardial sarcolemma: A fast atom bombardment mass spectroscopic and gas chromatography-massspectroscopic characterization. Biochem-istry 23, 158-165.
46. Gross, R. W. (1985) Identification of plasmalogen as the major phospholipid constituent of cardiac sarcoplasmic reticulum. Biochemistry 24, 1662-1668.
47. Han, X., Gubitosi-Klug, R. A., Collins, B. J. and Gross, R. W. (1996) Alterations in individual molecular species of human platelet phospholipids during thrombin stimulation: Electrospray ionizationmass spectrometry-facilitated identification of the boundary conditions for the magnitude and selectivity of thrombin-induced platelet phospholipid hydrolysis. Biochemistry 35, 5822-5832.
48. Han, X., Abendschein, D. R., Kelley, J. G. and Gross, R. W. (2000) Diabetes-induced changes in specific lipid molecular species in rat myocardium. Biochem. J. 352, 79-89.
49. Maffei Facino, R., Carini, M., Aldini, G. and Colombo, L. (1996) Characterization of the intermediate products of lipid peroxidation in phosphatidylcholine liposomes by fast-atom bombardment mass spectrometry and tandem mass spectrometry techniques. Rapid Commun. Mass Spectrom. 10, 1148-1152.
50. Fenwick, G. R., Eagles, J. and Self, R. (1983) Fast atom bombardment mass spectrometry of intact phospholipids and related compounds. Biomed. Mass Spectrom. 10, 382-386.
51. Robins, S. J. and Patton, G. M. (1986) Separation of phospholipid molecular species by high performance liquid chromatography: Potentials for use in metabolic studies. J. Lipid Res. 27, 131-139.
52. McCluer, R. H., Ullman, M. D. and Jungalwala, F. B. (1986) HPLC of glycosphingolipids and phospholipids. Adv. Chromatogr. 25, 309-353.
53. Murphy, R. C. (1993) Mass Spectrometry of Lipids. Plenum Press, New York. pp 290.
54. Lindblom, G., Oradd, G., Rilfors, L. and Morein, S. (2002) Regulation of lipid composition in *Acholeplasma laidlawii* and *Escherichia coli* membranes: NMR studies of lipid lateral diffusion at different growth temperatures. Biochemistry 41, 11512-11515.
55. Lagarde, M., Geloen, A., Record, M., Vance, D. and Spener, F. (2003) Lipidomics is emerging. Bioch-

im. Biophys. Acta 1634, 61.
56. Lee, S. H., Williams, M. V., DuBois, R. N. and Blair, I. A. (2003) Targeted lipidomics using electron capture atmospheric pressure chemical ionizationmass spectrometry. Rapid Commun. Mass Spectrom. 17, 2168−2176.
57. Esch, S. W., Williams, T. D., Biswas, S., Chakrabarty, A. and Levine, S. M. (2003) Sphingolipid profile in the CNS of the twitcher (globoid cell leukodystrophy) mouse: Alipidomics approach. Cell. Mol. Biol. 49, 779−787.
58. Cheng, H., Xu, J., McKeel, D. W., Jr. and Han, X. (2003) Specificity and potential mechanism of sulfatide deficiency in Alzheimer's disease: An electrospray ionization massspectrometric study. Cell. Mol. Biol. 49, 809−818.
59. Byrdwell, W. C., ed. (2005) Modern Methods for Lipid Analysis by Liquid Chromatography/Mass Spectrometry and Related Techniques. AOCS Press, Champa-ign, IL.
60. Mossoba, M. M., Kramer, J. K. G., Brenna, J. T. and McDonald, R. E., eds. (2006) Lipid Analysis and Lipidomics: New Techniques and Applications. AOCS Press, Champaign, IL.
61. Ekroos, K., ed. (2013) Lipidomics: Technologies and Applications. John Wiley & Sons, Weiheim, Germany

脂质组学的质谱分析 2

质谱(MS)是一种通过研究单个分析物的质荷比(m/z)进行结构解析和定量的分析技术。质谱仪通常由离子源、质量分析器、检测器和数据处理系统组成(图2.1)。样品通过进样器进入离子源,第3章对其进行了进一步的描述。分析物在离子源中被离子化/"蒸发",然后通过质量分析器根据其质荷比(m/z)将气相中的离子分离并检测。数据处理系统检测到的信号将在质谱中显示,呈现离子强度与m/z的关系图。

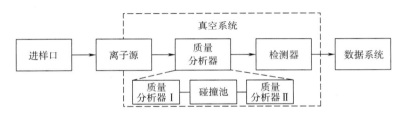

图2.1　质谱仪示意图

离子源可以处于真空或大气压下,质量分析器是大多数质谱仪的常见设置,其具有串联MS能力。

因此,质谱的原理是将物质电离产生分子、离子的相关碎片,根据它们的m/z分离这些离子,并测量各个离子的强度。在本章中,对脂质组学常用的质谱仪的基本组成部分,从离子源到检测器作了介绍。讨论了各种MS/MS技术及其相互关系。最后,总结了与脂质组学有关质谱的一些最新进展。

2.1　电离技术

分析物在质谱仪的离子源中被离子化。所得到的离子会被传送到质量分析器。目前已经开发出了许多电离技术,并且几乎所有的电离技术都可以用于脂质分析[1]。然而,脂质组学中,电喷雾电离(ESI)和基质辅助激光解吸/电离(MALDI)使用最为广泛。因此,本章只对这两种电离方式进行一定程度的讨论。如果想深入了解其他电离技术,可以参考Murphy[1]、Christie和Han[2]编写的专著。

2.1.1 电喷雾电离
2.1.1.1 电喷雾电离的原理

在 ESI 中,含有目标分析物的溶液通过进样口进入离子源。溶液在机械力的作用下通过入口端部的狭窄孔口形成泰勒锥体,并随后在电离室中喷射小液滴(图 2.2)。"电喷雾"是采用高电压来分散液体或在此过程中产生精细气溶胶。高电压下,喷雾气溶胶由于氧化/还原过程会携带电荷。如果正极电位施加到进样口的末端,并且质量分析器入口处出现负电位(这是正离子模式下的设置),则液滴带正电荷(图 2.2)。负离子模式下会发生相反的情况。在该过程和随后的过程中,由于施加高温或真空,溶剂会迅速蒸发(即去溶剂化)。溶剂从带电液滴中蒸发,尺寸减至瑞利极限时液滴变得不稳定。此时,随着液滴尺寸不断减小,电荷的静电斥力变得比保持液滴聚集的表面张力更强大[3],液滴因此变形。然后液滴经历库仑分裂,原始液滴"爆炸",产生许多更小更稳定的液滴。新的液滴经去溶剂化后并进一步发生库仑分裂。尽管电离和碎裂过程的许多物理、化学特征仍不清楚,但液滴表面张力和喷雾液滴上表面电荷的空间接近度是决定电离过程的关键因素。值得一提的是,大气压 ESI 技术采用电喷雾电离解吸,无需将分析物溶液引入到离子源(DESI)中。

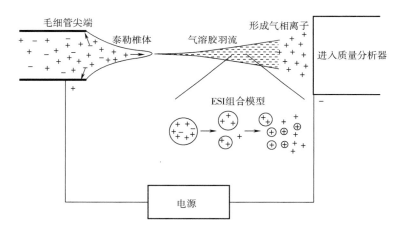

图 2.2 正离子模式下电喷雾电离的原理示意图

关于气相离子的形成,主要有以下三种理论解释:

- 第一种是离子蒸发模型[4-5]。当液滴达到一定的半径时,液滴表面的场强变得足够大,以协助溶剂化离子的解吸。
- 第二种是电荷残留模型[6]。电喷雾液滴会经历蒸发和裂变两个过程,最终导致子液滴平均只含有一个或更少分析物离子。剩余的溶剂分子蒸发后形成气相离子,留下带有电荷的液滴分析物。
- 第三种是激发组合残留带电场发射模型[7]。在该模型中,MS 检测的离子可以是加氢阳离子(即[M+H]$^+$)、其他阳离子(例如,加钠离子形成[M+Na]$^+$)或去除氢核形成的[M-H]$^-$。

普遍认为低相对分子质量离子通过离子蒸发机制释放到气相中[5],而较大的离子通过带电残留机制形成[8]。第三种模型在脂质的离子化中较为常见。

挥发性有机溶剂(例如,甲醇、氯仿、异丙醇)对去溶剂化有利,所以基于上述机制可以增强离子化。由于有机溶剂能增加脂质的溶解度,因此 ESI 的这一特性确实对利用 ESI-MS 进行脂质分析有利。此外,在脂质分析过程中,为了减小初始液滴大小及促进电离过程,通常可以在溶液中加入一些能够增加电导率的化合物(例如,甲酸、乙酸、乙酸铵),具体过程会在下面的内容中详细介绍。

对于脂质分析而言,ESI 的第三个模型可以修改为包含有离子键的化合物(图 2.3)。例如在 ESI 离子源(通常约 4kV)的高电势下,离子源中含有离子键的那些化合物可发生电荷分离[9-10]。具体而言,在正离子模式下,化合物的阳离子组分选择性地分散在电喷雾离子源中的细粒态气溶胶中,而化合物的阴离子组分选择性地保留在发射体的末端并作为电中性分子,最后经过氧化/还原过程后作为废弃物处理(图 2.3)[11]。类似地,在负离子模式中,化合物的阴离子组分选择性地分散在气相离子源中的细粒态气溶胶中,阳离子组分在氧化还原反应后将被移除并舍弃。因此,使用连续平衡流动相进行电喷雾的离子源在功能上与电泳装置在一定程度上类似[9-11]。

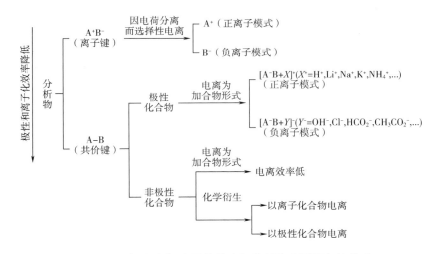

图 2.3 离子形成、离子化效率与分析物电子倾向的关系

共价连接的极性化合物加合离子的形成取决于溶液中阳离子(X^+)或阴离子(Y^-)的实用性以及 X^+(或 Y^-)与分析物的亲和力作用。

根据第三类模型,对于电中性的极性化合物,离子源可基于流动相中存在的抗衡离子产生气相离子。特别地,在高电场中,喷雾溶液中一些不带电但本身具有偶极子的化合物容易与小型阳离子(H^+、Li^+、NH_4^+、K^+)或阴离子(OH^-、Cl^-、甲酸盐、醋酸盐)(无论基质中是否存在)相互作用,在正离子或负离子模式下产生加合离子(图 2.3)。显然,对于这些电中性的化合物而言,离子化效率的高低取决于其自身固有的偶极子、加合物的电化学性质、基质中的小型离子浓度以及小型离子与分析物之间的亲和力[12]。

基于这个模型,可以根据脂质携带的电荷性质将脂质分为三大类。第一类是在弱酸性条件下(pH=5左右)至少带一个单位负电荷的脂质,这类脂质被称为阴离子脂质(例如,心磷脂、磷脂酸、磷脂酰甘油、磷脂酰肌醇及其多磷酸盐衍生物、磷脂酰丝氨酸、硫苷脂、酰基辅酶A、阴离子溶血甘油磷脂)。第二类是指在弱酸性条件下缺少一个净电荷但在碱性条件下带负电的脂质。因此,它们被称为弱阴离子脂质。这类脂质包括携带磷脂酰乙醇胺的脂质、游离脂肪酸及其衍生物、神经酰胺和胆汁酸。值得注意的是,因为大部分脂质离子含有一个磷酸根或者羧基,在一定pH条件下表现电负性,因此没有带一个单位净正电荷的脂质离子(即图2.3中的A^+)。其他的脂质属于第三类,它们虽然是电中性的,但具有极性或者可极化,这类脂质包括卵磷脂、溶血卵磷脂、鞘磷脂、己糖基神经酰胺、酰基肉碱、甘油二酯、甘油三酯、胆固醇和胆固醇酯。对于第三类中内在偶极子极性较小的脂质(例如,甘油二酯、胆固醇)和非极性的脂质,可以通过化学衍生的方法引入极性基团来提高离子化效率(图2.3)。

根据不同类别脂质的极性头基所带电荷性质的不同(图2.4),可以在质谱分析中对不同类别的脂质进行分离[12-15]。特别地,阴离子脂质因其本身含有一个离子键,在生理pH条件下,携带一个单位或更多净负电荷,所以在负离子ESI-MS条件下,可以直接从稀释的脂质溶液中选择离子化。对于弱阴离子脂质,可以在脂质提取物中添加少量氢氧化锂溶液(或其他合适的碱)将其调为弱碱性,然后通过负离子ESI-MS进行分析。对于第三类呈电中性但具有极性的脂质,可以按照上述步骤直接在正离子ESI-MS条件下对稀释的弱碱性脂质溶液进行分析。但是,第一类和第二类脂质在此环境下呈电负性,不能被离子化。一些电中性但具有极性的脂质可以不碱化,直接质子化或加钠盐进行分析。对于那些非极性或者弱极性或者缺乏特异性片段(即结构单元)的脂质,可以通过化学衍生化来提高极性,从而提高离子化效率,或者引入特异性片段提高MS/MS分析效率[16-19]。

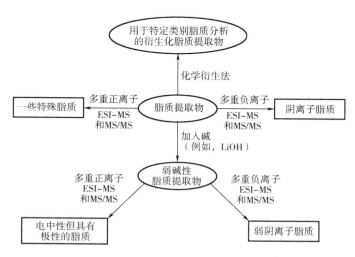

图2.4 对于来自生物样品粗提物的脂质体全面分析的实验方法示意图

这种直接在离子源中分离脂质类别(即源内分离[20])和离子交换色谱[21]、电泳对脂质分离的方法很相似。但是,和离子交换色谱和电泳相比,源内分离具有很多优点,如快速、直接、可重复、可避免像色谱分离中固有的干扰[22]。

以三种甘油磷脂(例如,PG、PE 和 PC)的混合物为例来证明源内分离的效果,三种脂质的摩尔比为 1:15:10,每种甘油磷脂中含有两种等摩尔浓度的不同分子(图 2.5)。ESI 质谱是在进样溶液中添加或不添加 LiOH 的情况下获得的。结果表明,在不添加碱的情况下,负离子模式下 PG 的电离选择性大约是 PE 的 30 倍,虽然 PG 的浓度比 PE 小 15 倍,但离子强度却比 PE 高两倍[图 2.5(1)]。此外,在正离子模式下,PC 的选择离子化优于另外两种磷脂[图 2.5(2)和(4)]。

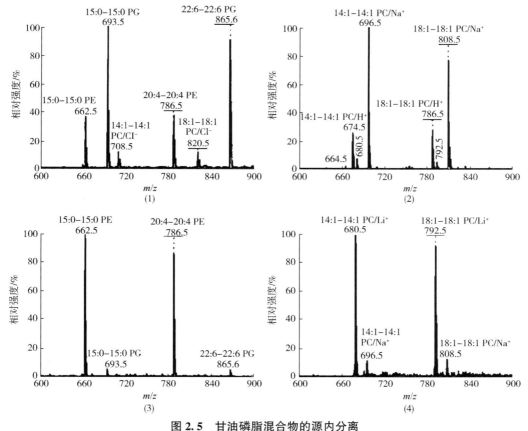

图 2.5　甘油磷脂混合物的源内分离

在 1:1 氯仿:甲醇($CHCl_3$/MeOH)中,混合物包含 di15:0 和 di22:6PG(各 1pmol/μL)、di14:1 和 di18:1PC(各 10pmol/μL)、di15:0 和 di20:4PE(各 15pmol/μL)。图(1)和图(3)分别为不添加及添加 LiOH 后在负离子模式下获得的质谱图,图(2)和图(4)分别为不添加及添加 LiOH 后在正离子模式下获得的质谱图。水平条表示经 ^{13}C 去同位素化后的离子峰强度,并且以分子质量较低的分子对各个类别中的脂质分子进行归一化处理[20]。

应该特别指出的是,虽然在不同的实验条件下,对于不同类别的脂质分子而言,其离子谱图各不相同,但一个类别中的各个分子的离子强度比几乎一致。例如,在不同的实验条件下,PE 的响应因子是差异显著的[图 2.5(1)和(3)]。然而,在校正 ^{13}C 同位素异构体的差异分布之后,各个 PE 之间的比率是基本不变的(例如,在 m/z 662.5 对应的 di15:0PE 与

图 2.5(1) 和图 2.5(3) 中的 786.5 对应的 di20:4PE[12],尽管这两个分子的链长和不饱和度存在较大差异。同样,各个 PC 之间的比率也保持恒定,如氯离子化的 di14:1 PC(m/z 708.5) 和 di18:1 PC(m/z 820.5)、质子化的 di14:1 PC(m/z 674.5) 和 di18:1 PC(786.5)、钠离子化的 di14:1 PC(m/z 696.5) 和 di18:1 PC(m/z 808.5)[图 2.5(4)],锂离子化的 di14:1 PC(m/z 680.5) 和 di18:1 PC(m/z 792.5)[图 2.5(4)]。这些结果表明,在特定条件下对分子离子进行全扫描时,一个类别中的各个分子的响应因子受脂肪链组成的影响非常小,具体见第 15 章中。因此,一个类别中的各个脂质可以用该类别中的一种内标通过离子强度比来进行定量分析。

这种源内分离的方法广泛应用于生物样品中脂质提取物的分析,且有助于实现各类脂质的全分析[12,13,15]。总之,根据这种方法,利用源内分离可以实现任何生物样本中各类脂质的质谱分析。

2.1.1.2 电喷雾离子化分析脂质的特点

在脂质分析中,电喷雾离子化除了具有能够分析不同种类的脂质以外,还存在以下特点。

首先,ESI 离子源对分析物的破坏性非常小,分析物的(准)分子离子被电离的过程中几乎不发生源内裂解。这种特征对脂质组学中脂质的质谱分析具有以下影响。

- 一般来讲,与存在大量源内裂解的方法相比,源内裂解越少,越有助于获得较高的 ESI-MS 离子强度。
- 在一定程度上,减少源内裂解有助于脂质的定量分析。由于碰撞诱导解离(CID)是一个依赖于分析物热力学的过程,而热力学又与分析物的结构相关。
- 在溶液中,脂质的溶剂加合物、二聚体及其他复合物的相互作用通常比较弱,ESI 能够检测到这些以非共价键结合形成的聚集体或复合物。因此,ESI-MS 能够用于研究脂质的相互作用和聚集现象。尽管这个特点已经在蛋白质组学中有许多应用[23],但是将其应用于研究脂质相互作用还处于初级阶段[24-25]。不久可能就会出现此方面的研究。然而,应该认识到,脂质的聚集状态会对脂质的定量带来许多困难(详见第 15 章)。
- 值得注意的是,在多数情况下,通过 ESI 源的参数设置可以调节源内裂解达到忽略不计的程度,但是如果需要,同样也可以通过改变离子源的条件使源内裂解发生[26-27]。此外,由于在离子源内不容易发生裂解,因此碰撞池内的碰撞诱导解离成为了一种实现脂质的定性和定量分析的必要工具。

第二,电喷雾离子化具有较强的适应性,适用的流速范围较为宽泛,对各种溶剂和改性剂包括酸、碱和缓冲溶液(例如,铵盐或者其他盐)均适用。事实上,在正离子或负离子模式下,添加改性剂有助于色谱分离和产生特定的脂质加合物,增加串联质谱仪中的离子化效率或分析灵敏度或两者兼而有之。

第三,由于中性脂质在离子源内易与小型阳离子和阴离子形成加合物,因此在电喷雾离子源中,几乎所有的非挥发性脂质都能被离子化。这个特性可通过化学衍生化进一步加强[16-19]。在脂质分析中,GC-MS 是一种分析易挥发性化合物常用技术,而 ESI-MS 是 GC-

MS 的较好补充。通常,细胞内的脂质没有携带净电荷(即电中性)或负电荷。因此,在负离子模式下(图 2.3),阴离子或弱阴离子脂质能够选择性产生去质子化形式 $[M-H]^-$;在一定的实验条件下,在正离子模式下,脂质也能够与两个加合物形成(准)分子离子 $[M-H+2X]^+$ (X 代表 H、NH_4、Na、K 等)(详见第二篇)。对于电中性脂质,在正离子模式下,ESI 倾向于形成 $[M+X]^+$($X=$H、NH_4、Na、K 等)形式的脂质加合物,在负离子模式下形成 $[M+Y]^-$($Y=$Cl、甲酸盐、醋酸盐等)形式的加合物(图 2.3)。小离子与脂质的亲和力有助于加合物的产生。分析溶液和进样系统中的离子是加合物形成的另一个主要因素。

最后,当在特定的实验条件下对极性脂质(例如 PC)进行 ESI-MS 分析时,由于其极性头基含有基本相同的固有电荷性质,因此它们的离子化效率(或响应因子)非常相近。因此,对于具有相似官能团和偶极矩的脂质,上述特征使得 ESI-MS 成为了该类脂质定量分析的有效工具,通过对比离子强度即可实现定量分析(详见第三篇)。

综上,ESI-MS 在脂质的分析中具有许多优点[12-13,28],例如,

- 基于不同脂质的电荷特性,通过有选择性地电离一类或一种特定的脂质,离子源可以用作分离设备,从而可在无需 LC 分离的情况下高效率分析不同的脂质和单个分子并且减少离子抑制。

- ESI-MS 对于脂质分析的灵敏度明显高于其他传统的质谱方法,可以使检测限(LOD)由 amol/μL(即 pmol/L)降低到 fmol/μL(即 nmol/L),并且会随着仪器灵敏度的改善而进一步降低。

- 在低浓度范围下可以有效避免脂质聚集,此时在实验误差范围内去除 ^{13}C 同位素后,极性脂质中各个分子的仪器响应因子基本相同。因此,一个极性脂质类别中的各个分子均可以通过比较其与该类别中的一种内标的离子峰强度来实现定量分析;或根据总离子流色谱峰面积通过外标法建立标准曲线进行定量分析。

- 极性脂质的离子峰强度(或离子数量)和其浓度之间的线性动态范围是非常宽泛的,这取决于脂质在低浓度下仪器的检测灵敏度和在高浓度下发生聚集时的浓度(详见第 15 章)。需要强调的是,对于没有大偶极子的脂质,需要预先确定各个分子的校正因子或校准曲线。也可以通过衍生化来增强难电离脂质的离子化效率(图 2.4)。

- 对于直接进样法(通常指鸟枪法脂质组学),在有内标存在的情况下,脂质提取物的定量分析结果能够轻易地获得>95%的重现性,这与样本的储存时间、实验室条件、检测人员以及仪器无关。这种高重现性保证了分析的准确性并且减少了重复样本的数量。

因此,基于 ESI-MS 的脂质分析已经成为在细胞细胞分裂、生长和疾病状态下研究细胞脂质组学必不可少的工具(见最近的综述[12,29-33])。

2.1.1.3 ESI 用于脂质分析的进展:纳喷-ESI 和离轴离子引入

通常,在流速为微升每分钟时,纳米电喷雾离子化(nano-ESI)(以下简称"纳喷离子化")优于常规电喷雾离子化,包括离子化效率高、粒子流稳定、离子抑制小和样品用量少[34-37]。因此,目前大多数商品化质谱仪上都配备了纳喷离子源。用于样品自动传输和进样的纳喷离子源装置将在 3.2.1 详细介绍。总的来说,本书中提到的 ESI 涵盖所有类型

的电喷雾技术,包括nano-ESI。

另一项问世的商业化离子源是实现大气压(AP)化学电离的离轴电场辅助喷雾设备[38]。这种离子源可以从中性分子中分离离子,而且可以完全去除溶剂,因此显著提高了离子化效率。特别地,在没有色谱分离的情况下,这种改进对于生物脂质提取物的全分析具有重要意义[12]。

2.1.2 基质辅助激光解吸/离子化

基质辅助激光解吸/离子化(MALDI)是质谱中使用的另一种软电离技术,主要涉及两步过程。首先,紫外(UV)激光束的发射会诱导产生解吸。在这个过程中,基质吸收激发过程中的紫外激光能量,导致基质上层($\sim 1\mu m$)的消融。消融过程中产生的热羽流中包括很多分子:中性或离子化基质分子、质子化或去质子化基质分子和基质簇(甚至是纳米液滴)。在第二个过程中,分析物分子被离子化(例如,在热羽流中质子化或去质子化)。MALDI 过程中被消融的基质分子参与分析物离子化的机制目前尚不清楚。Dreisewerd[39]详细综述了 MALDI 的解吸过程,可供读者参考。

一般来说,基质的电离是通过添加质子或其他小型阳离子,或吸收激光能量后丢失质子实现的。然后基质将电荷转移给分析物(例如,脂质分子)[40],即可检测到由中性分子[M]加合或丢失一个离子形成的准分子离子。例如,加合质子形成[M+H]$^+$,加合钠离子形成[M+Na]$^+$,或丢失质子形成[M-H]$^-$。在使用中性基质(如用于脂质分析的9-氨基吖啶和1,5-二氨基萘)来解释这一电离过程时[41-50],由于中性基质分子在将电荷转移到分析物之前不会首先被质子化和离子化,所以这一电离模型需要进一步改进。相反,由于中性基质(例如,9-氨基吖啶)吸收激光的能量后呈碱性,因此可以消耗分析物中的质子,进而有助于形成准分子离子。

早期的 MALDI 离子源处于高真空环境中。后来出现了大气压(AP)MALDI 离子源,与真空 MALDI 离子源相比,这种离子源可以在大气压环境下工作[51]。AP-MALDI 离子源中离子产生的原理与传统真空 MALDI 离子源类似。二者的主要区别在于 AP-MALDI 离子源在仪器真空室外的大气压条件下产生离子。在真空 MALDI 离子源中,离子通常在 1.33Pa 或更低的气压下产生,而 AP-MALDI 离子源则是在大气压下生成离子。

AP-MALDI 具有以下优点。

• AP-MALDI 离子源是一种外部电离源,可以很容易地与离子阱质谱仪[52]或其他任何配有 ESI 或 nano-ESI 离子源的质谱系统相互替换使用[51-52]。

• 由于在常压环境中进行操作,可以简单而快速地更换样品板。

• AP-MALDI 继承了特定质谱仪[如串联四极杆-飞行时间质谱(QqTOF)]的所有强大性能,包括高灵敏度、宽质量检测范围、MS/MS 多级扫描功能等。

• AP-MALDI 相对于真空 MALDI 的主要缺点是检测灵敏度有限;但目前该技术在离子转移上做了重要改进,显著提高了检测灵敏度[53]。

MALDI-MS 技术自20世纪80年代后期推出以来,已被广泛应用于脂质分析。第3章详细介绍了 MALDI-MS 技术的应用、优缺点以及其在脂质分析中的发展。

2.2 质量分析器

离子源中产生的离子被传送到质量分析器后,质量分析器会根据它们的质荷比(m/z)将其分离。尽管基于扇形磁场的分析器在质谱仪的发展中发挥着重要作用,但由于其体积大、性价比低以及相对难操作等原因,这类分析器在脂质组学分析中的应用非常少。傅里叶变换离子回旋共振(FTICR)分析器也是一类基于磁场的质量分析器。在脂质分析中,尽管它们的质量精确度和分辨率较高[54-55],但其在脂质组学中的应用现在已被新开发的基于轨道离子阱的质谱仪所取代,这主要是由于FTICR分析器的成本偏高以及操作和维护较为复杂。因此,下面的章节仅介绍四极杆(Q)、飞行时间(TOF)和离子阱等根据离子在电场中的行为来进行分离的质量分析器。

2.2.1 四极杆质量分析器

四极杆质量分析器的体积相对较小且价格便宜。通过使用振荡电场来选择性地稳定或破坏离子通过四个平行杆产生的射频(RF)四极场的路径[图2.6(1)]。只有质荷比(m/z)在一定范围内的离子才能一次性通过系统,但通过改变四极杆上的电压可以对较宽范围的质荷比(m/z)进行连续或分段的快速扫描。四极杆质量分析器担当着质量选择性过滤器的作用,因此也被称为传输四极杆。如果四极杆可以快速重复循环一定质量范围的扫描,该特定质量范围内的所有离子均可被检测到,且可以获得其全质谱图。

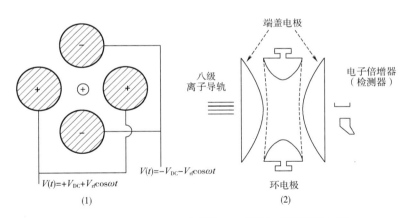

图2.6 四极杆(1)和离子阱(2)质量分析器的示意图

$V(t)$为时间t时的电压;V_{DC}是直流电压分量;$V_{rf}\cos\omega t$是射频电压分量。

三重四极杆(QqQ)质谱仪是一种常见的四极杆离子传输装置,它使用了三个串联的四极杆。第一个四极杆作为质量过滤器将特定的离子传输到作为碰撞池的第二个四极杆,离子与碰撞池中的氦气、氮气或氩气等惰性气体在此发生碰撞后裂解产生碎片离子,第三个四极杆也作为一个质量过滤器,依次将特定的碎片离子传输到检测器。因此,可以采用三重四极杆质谱仪进行各种类型的串联质谱(MS/MS)扫描。四极杆质量分析器具有以下优点。

- 质量分辨率:单位质量数或更高。
- 质量准确度:m/z 1000 时为 0.01%。
- m/z 范围:最高 4000。
- 线性动态范围:10^5。
- 扫描速度:~s。
- 效率(传输×占空比):<1%(扫描)至 95%。
- 与电离技术兼容:AP/真空(连续)。
- MS/MS:碰撞诱导解离(CID),能量为 eV。
- 成本:低到中等。
- 尺寸/重量:台式。

QqQ 型质谱仪是脂质组学中用于脂质分析的最常用仪器。其多功能性为利用 LC-MS 和鸟枪法脂质组分析平台(详见第 3 章)分析各种脂质提供了强大功能[14,56-58]。QqQ 型质谱仪可以通过选择性/多重反应监测(SRM/MRM)、中性丢失扫描(NLS)、前体离子扫描(PIS)和产物离子分析等方法来实现定性和定量分析,具有高选择性和宽线性动态范围等特点。但其质量精度和分辨率相对较低,通常只能实现对离子的二级串联质谱扫描[59],尽管可以通过诱导源内裂解等方式来实现串联质谱的三级扫描[60-63]。

2.2.2　飞行时间质量分析器

飞行时间质量分析器(TOF)利用电场来加速以相同电势飞过漂移管的离子,然后测定它们到达检测器所用的时间。TOF 分析器的原理是:如果质量为 m 的分析物带有电荷数 (z),则该化合物的动能($mv^2/2$)应等于电场(V)中该离子的势能,遵循能量守恒定律,

$$mv^2/2 = zeV \quad (2.1)$$

其中 e 为电子的电荷,v 为离子通过漂移管的速度。速度为

$$v = d/t \quad (2.2)$$

其中 d 为漂移管的长度,t 为离子通过漂移管到达探测器的时间。综上可得

$$m/z = 2eV(t/d)^2 \quad (2.3)$$

因此,分析物的质量可以从其飞行时间推导出来。例如,质量大的离子较质量小的离子到达检测器的时间长[64]。TOF 质量分析器具有以下优点。

- 质量分辨率:10^4。
- 质量准确度:0.0002%~0.005%。
- m/z 范围:无限制。
- 线性动态范围:10^4。
- 扫描速度:10^{-3}s。
- 效率(传输×占空比):1%~95%。
- 与电离技术兼容:AP/真空(连续/脉冲)。
- MS/MS:CID 碰撞,能量为 eV 或 keV。

- 成本:从低到高。
- 尺寸/重量:台式或落地式。

TOF 质量分析器已被广泛应用于脂质组学的脂质分析中[33,65-66]。虽然 TOF 技术一直都在改进,并能以高质量精度/分辨率、高灵敏度和高效率测定离子质量,但仅有 TOF 质量分析器的质谱仪在利用 MS/MS 进行脂质分析时存在一定困难。要克服这一困难,需要用到四极杆-飞行时间串联质谱(QqTOF)或线性离子阱-飞行时间串联质谱(LIT-TOF)等混合型质谱仪。

与 QqQ 和离子阱质量分析器相比,混合型质谱仪的发展在很大程度上改善了产物离子分析。例如,QqTOF 在测定产物离子时具有良好的质量准确度和分辨率,而 QqLIT 除了可以进行 NLS 和 PIS 分析外,还可以进行多级质谱扫描(MS^n)分析[59]。值得注意的是,QqTOF 质谱仪不能进行虚拟 NLS 和 PIS 分析,但可以从产物离子分析数据阵列中提取类似 NLS 和 PIS 的数据集。

2.2.3 离子阱质量分析器

三维离子阱(例如,Q 离子阱)与四极杆质量分析器的原理相同,但其主要是通过射频场在一个环电极和两个呈双曲面形的端盖电极组成的分析器内捕获并依次喷射离子[图2.6(2)]。线性四极杆离子阱与三维离子阱类似,但它是在二维空间捕获离子,而不是三维四极场。离子阱质量分析器具有以下优点。

- 质量分辨率:单位质量数(unit)。
- 质量准确度:0.01%。
- m/z 范围:2000。
- 线性动态范围:$10^2 \sim 10^5$。
- 扫描速度:~s。
- 效率(传输×占空比):<1%(扫描)至95%。
- 与电离技术兼容:AP/真空(连续/脉冲)。
- MS/MS:CID 碰撞,能量为 eV,能够进行多级质谱(MS^n)扫描,三分之一效应。
- 成本:低。
- 尺寸/重量:台式。

三维和线性离子阱分析器均被广泛应用于脂质组学分析[67-72]。一般来说,离子阱分析器具有较高的检测灵敏度和高通量分析的能力,并且可以实现多级串联质谱分析。但离子阱分析器的质量分辨率低,动态范围窄,且存在空间电荷效应,无法实现非常精确的质量测定或定量分析。Orbitrap 中的离子因静电作用而被捕获到围绕中心纺锤形电极的轨道上[73]。电极会限制离子的运动,使它们围绕中心电极轨道运动,并沿着中心电极的长轴来回振荡。该振荡产生图像电流,其频率取决于离子的质荷比。记录的图像电流经过傅里叶变换得到质谱图。Orbitrap 在 LIT-Orbitrap 或 Qq-Orbitrap 等混合型质谱仪中具有以下优点。

- 质量分辨率:$10^4 \sim 10^5$。
- 质量准确度:0.0001%~0.0005%。

- m/z 范围:4000~6000。
- 线性动态范围:10^2~10^5。
- 扫描速度:约 0.1s。
- 效率(传输×占空比):1%~95%。
- 与电离技术兼容:API。
- MS/MS:eV,能够进行多级质谱(MS^n)扫描。
- 成本:适中到高。
- 尺寸/重量:台式到落地式。

虽然 Orbitrap 分析器是高分辨率质谱仪系列中的最新成员,但它已经对脂质组学研究产生了重大影响[65,74-77]。其优点包括高灵敏度、高质量准确度/高分辨率、台式尺寸/重量,并且价格比 FTICR-MS 低廉许多。

2.3 检测器

检测器是质谱仪的最后一个组成部分,它记录离子经过或撞击表面时的感应电荷或产生的电流。通常会采用一些电子倍增器(例如,离散电子倍增器、连续打拿极电子倍增器和微通道倍增板)来放大信号,有时也会使用法拉第杯、闪烁光电倍增器以及戴利倍增器等其他类型的检测器。通常在特定时刻导入到检测器的离子数很少,所以要获得有意义的信号,需要相当大的放大倍数。因此,在现代商用仪器中普遍使用微通道板检测器[78]。这种类型的检测器是一个用于检测离子和撞击辐射的平面元件。由于微通道板检测器有许多独立的通道,所以它还可以提供空间分辨率[79]。在傅里叶变换离子回旋共振质谱(FTICR-MS)和轨道阱质谱仪(Orbitrap-MS)中,检测器通常由质量分析器/离子阱区域内的一对金属表面组成,并测量离子振荡通过时产生的电信号。在电极之间的电路中,不会产生直流电流,仅产生微弱的交流镜像电流[73,80]。表 2.1 列举了一些常用检测器之间的比较。

表 2.1 常用检测器的比较

检测器类型	优点	缺点
法拉第杯	耐用,灵敏度稳定,适合测量离子透过率	放大倍数较低(~10)
闪烁光电倍增器	极耐用,使用寿命长(大于 5 年),灵敏度高(~10^6)	对光敏感
电子倍增器(EM)	响应快,灵敏度高(~10^6)	使用寿命短(1~2 年)
高能电子倍增器 w/EM	对于质量大的物质具有较高灵敏度	可能折损电子倍增器的寿命
阵列检测器	响应快,灵敏度高,能进行同步测定	分辨率低(~0.2u),昂贵,使用寿命短(小于 1 年)
傅里叶变换离子回旋共振质谱仪(轨道阱)FT-MS(Orbitrap)	质量分析器可以作为高分辨率的检测器	仅用于特定仪器

2.4 串联质谱技术

与传统的电离技术(如电子或化学电离)不同,软电离技术(如 ESI 和 MALDI)在适当的实验条件下仅产生极小的源内裂解。如果使用得当,源内裂解碎片可以提供结构信息,但即使与色谱分离(即 LC-MS 脂质组学方法)相结合,也通常会有多种脂质分子同时进入离子源并被裂解(详见第 3 章),易导致脂质分析复杂化。因此,在脂质组学的脂质分析中,不产生源内裂解成为这些电离技术的一大优势。

采用这种软离子源的质谱仪进行脂质鉴别和表征时,在很大程度上依赖串联质谱分析。串联质谱分析需要质谱仪配备有多个质量分析器或离子阱。事实上,目前已发展了多种质量分析器的混合组合质谱模式,极大地促进了脂质组分析方法的发展[33,59]。

脂质组分析中常用的串联质谱模式主要有以下四种:产物离子分析、中性丢失扫描(NLS)、前体离子扫描(PIS)以及选择反应监测(SRM)(图 2.7)。如下所述,这些串联质谱技术的一般原理可以简单地通过三重四极杆质谱仪来进行解释。虽然采用不同质量分析器的质谱仪设置的参数有所不同,但其基本的化学原理是非常相似的。表 2.2 对这些技术进行了总结。

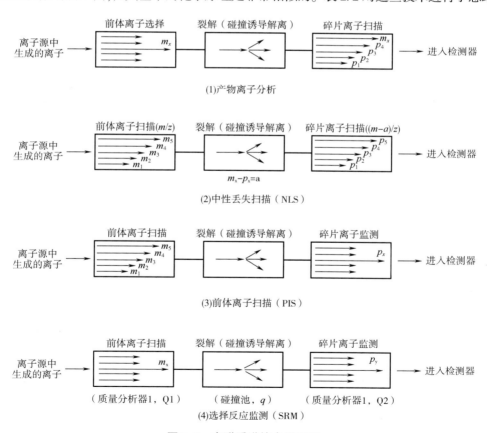

图 2.7 串联质谱技术原理图

CID 表示碰撞诱导解离,m_x 和 p_x($x=1,2,3\cdots\cdots$)分别代表前体离子和产物离子。字母"a"代表中性丢失扫描模式下中性丢失片段的质量。

表 2.2　　　　　　　　　　　　串联质谱中不同扫描模式的比较

模式	质量分析器1	质量分析器2	应用
产物离子分析	选择	扫描	获取前体离子的结构信息
前体离子扫描	扫描	选择	检测碰撞诱导解离后产生相同碎片离子的分析物
中性丢失扫描	扫描	扫描	检测碰撞诱导解离后丢失共同中性片段的分析物
选择反应监测	选择	选择	监测特定的碰撞诱导解离反应

2.4.1　产物离子分析

在产物离子分析模式中,通过设置参数使第一级质量分析器仅传输特定的离子,第一级质量分析器用于选择特定的前体离子(m_x)。所选离子经电势作用加速后动能升高,然后在碰撞池中与惰性气体(通常是氦气、氮气或氩气)碰撞后诱发碰撞加热,并产生碎片离子。前体离子经碰撞诱导解离后产生一些带有电荷的离子碎片(即产物离子),而其他的则是不带电荷的中性碎片,代表了前体离子和特定产物离子之间的质量差。然后利用第二级质量分析器检测得到产物离子(p_1、p_2、p_3等)的质荷比[图2.7(1)]。因此,可以根据产物离子重组和裂解规律并结合前体离子的质量来解析前体离子的结构。这种MS/MS分析模式可用于表征离子的裂解途径和分析离散分子离子的裂解动力学。该MS/MS技术可以依次对产生的产物离子进行多级串联质谱扫描(MS^n)。通过MS^n扫描技术结合质谱中分子裂解规律,可以获得化合物分子结构的关键信息,进而有利于各个脂质分子结构特征的确定和新型脂质分子的发现。这一扫描模式在脂质组分析中应用较多(详见第二篇)。

2.4.2　中性丢失扫描

在中性丢失的扫描模式下,第一级和第二级质量分析器同时扫描,在两个质量分析器之间设置恒定的质量差"a"。具体而言,第一级质量分析器连续传输特定离子(例如,m_x),该离子在碰撞池中发生碰撞诱导解离。第二级质量分析器设置为仅监测质量数为m_x-a的碎片离子[图2.7(2)]。当传输的前体离子经过碰撞诱导解离后产生产物离子(p_x)时,其中$p_x=m_x-a$(即前体离子丢失一个质量为"a"的中性片段),质谱仪仅记录前体离子(m_x)。该扫描模式主要是通过三重四极杆(QqQ)质谱仪来完成的。这种MS/MS扫描模式已经被广泛应用于鸟枪法脂质组学中,对检测具有相同中性丢失碎片的一类或一组脂质非常有效,这些碎片通常来源于一类或一组脂质特有的头基[14,81-83]。

2.4.3　前体离子扫描

在前体离子扫描模式下,第二级质量分析器集中监测碰撞诱导解离后生成的特定产物离子(p_x),第一级质量分析器扫描一定的质量范围内所有能产生该碎片离子的前体离子。具体而言,第一级质量分析器每次连续输出一个特定的离子;离子在碰撞池中发生碰撞诱导解离;第二级质量分析器设置为中只监测特定的碎片离子(p_x)[图2.7(3)]。在MS/MS扫描模式下,所有在碰撞诱导解离之后可以产生特定产物离子(p_x)的前体离子(m_1、m_2、m_3

等)都被记录下来[图2.7(3)]。这种扫描模式可以通过三重四极杆(QqQ)质谱仪或者把四极杆作为第一级质量分析器的许多其他混合型的质谱仪来实现。这种MS/MS扫描模式也被广泛应用于鸟枪法脂组学中,以便于有效检测碰撞诱导解离后产生特定产物离子的一类或一组脂质[14,81-83]。

2.4.4 选择反应监测

在SRM模式下,第一级和第二级质量分析器分别监测选定的前体离子和产物离子m_x和p_x[图2.7(4)]。具体而言,第一级质量分析器仅选择性地传输特定的离子(m_x);离子在碰撞池中发生碰撞诱导解离;而第二个质量分析器被设置为只监测一个特定的碎片离子(p_x)[图2.7(4)]。这种扫描模式主要由QqQ型质谱仪来完成,其中质量分析器Q1分离前体离子,q充当碰撞池,质量分析器Q2监测特定产物离子。前体/产物离子对通常称为子母离子对。该模式通过检测一对特定的子母离子对,具有高特异性和高灵敏度的特点。当第一级或第二级质量分析器或两者都被设置为监测多个离子以实现多个离子对的检测时,即被称为"多反应监测(MRM)",这种模式已被广泛使用。应该指出的是,使用这个术语来表示监测超过一级的产物离子是不准确的[84]。

应该强调的是,子母离子对必须预先确定,并且需要做大量的工作来确保所选择的子母离子对具有最大的特异性。此外,SRM可以被认为是前体离子扫描的一个特例,即第一级质量分析器固定检测某个质荷比,第二级质量分析器专注于特定产物离子的分析,或者是中性丢失分析,即两个质量分析器分别固定检测一对子母离子对。因此,从综合化学的角度来看,应当认识到,SRM模式只是其他三种MS/MS技术的特例,该扫描模式应用于LC-MS分析具有必不可少的独特优势。但由于可用于数据采集的时间有限,因此有效的占空比至关重要的。当质谱仪与LC联用时,SRM/MRM技术被广泛应用于脂组学分析中单个脂质分子的定量分析[57,85-87]。

2.4.5 串联质谱技术

前文中已经简要介绍了SRM/MRM模式与其他MS/MS模式的联系。事实上,其他MS/MS技术(即产物离子分析,NLS和PIS)之间也是相互关联的。这种相互关系为基于多维质谱的鸟枪法脂质组学(MDMS-SL)奠定了基础,并且可以用简化的模型系统进行示意说明,该模型系统包含一类脂质的三个分子离子(m_1、m_2和m_3)(图2.8)。

在该模型中,每一种分子离子都具有不同的质荷比(m/z),因此经碰撞诱导解离后的产物离子分析模式中会产生不同的质谱图。由于这些分子离子属于同一类的脂质,所以这些离子具有几乎相同的质谱裂解规律。我们假设这些分子离子裂解后产生三种特征的产物离子,如虚线框中所示(图2.8)。首先,这些分子离子产生了质量为a的共同中性碎片丢失的产物离子。这种丢失会使分子离子m_1、m_2和m_3分别产生产物离子p_{1a}、p_{2a}和p_{3a},其中$a=m_1-p_{1a}=m_2-p_{2a}=m_3-p_{3a}$。其次,这些分子离子也会产生共同的产物离子$p_c$(即,$p_{1c}=p_{2c}=p_{3c}=p_c$)。这两个特征通常来自于经碰撞诱导解离后产物离子分析中各类甘油磷脂的头部基团(详见第二篇)。最后,每个分子离子会从共有部分(例如,脂肪酰基链)产生特定的碎片离子。该特定的碎片离子导致分子离子 m_1、m_2 和 m_3 分别产生一系列产物离子 p_{1b}、p_{2b} 和 p_{3b}。可以通过碰撞诱导解离后的产物离子分析,结合这些碎片离子与每种分子离子的质荷比推断出每个脂质分子的结构,包括它的骨架(图 2.8)。

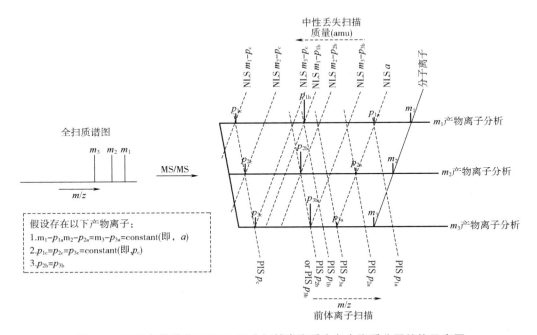

图 2.8 采用串联质谱(MS/MS)分析某类脂质中各个脂质分子结构示意图

为了简单起见,只举例说明了一类脂质中的三种脂质分子(全扫质谱图中 m_1、m_2 和 m_3)的结构分析过程,而实际在一类脂质中可能存在多达数百个的脂质分子。在这个模型中,类似于一类甘油磷脂的某类脂质,在质谱中产生质量为 a 的相同中性丢失碎片[即 $m_1-p_{1a}=m_2-p_{2a}=m_3-p_{3a}=a$($a$ 为常量)],和质荷比为 p_c 的共同碎片离子(即 $p_{1c}=p_{2c}=p_{3c}=p_c$),以及每个分子产生的特定产物离子(质荷比分别为 p_{1b}、p_{2b} 和 p_{3b}),特定离子 p_{1b}、p_{2b} 和 p_{3b} 可能不完全相同。共同的中性丢失片段和共同碎片离子都来自于每类脂质分子的头部基团,而每个脂质分子产生的特异性产物离子则代表了该分子的脂肪酰基部分的结构。可以结合这些碎片离子与每种分子离子的质荷比推断出每个脂质分子的结构。图中通过对分子离子的产物离子分析阐明了上述过程。特定分子离子与其碎片离子之间的中性丢失片段的扫描用细虚线表示,每个碎片离子的扫描用宽虚线表示。应该认识到,尽管在该模型中用中性丢失扫描(NLS)或前体离子扫描(PIS)对碎片进行分析比产物离子碎片分析更复杂,但分析生物样品时,采用 NLS 或 PIS 比产物离子分析更简单。

同一分子离子产生的一系列产物离子也可以在 NLS 模式下检测,因为各个产物离子是由其对应的分子离子丢失中性片段形成的。因此,在产物离子分析模式下检测到的所有产物离子可以按照 p_a、m_3-p_{3b}、m_2-p_{2b}、m_1-p_{1b}、m_3-p_c、m_2-p_c 和 m_1-p_c 递升次序的质量数在中性丢失扫描模式下被测定出来[细虚线(图 2.8)]。如果根据这些扫描碎片离子的质荷比绘制出一系列 NLS 质谱图,则沿着与每个分子离子(即 m_1、m_2 或 m_3)相交的黑色线条形成的虚拟质谱模拟了相应分子离子的产物离子质谱图。

同样,所有产物离子也可以在 PIS 模式下通过依次扫描质荷比为 p_c、p_{2b}、p_{3b}、p_{1b}、p_{3a}、p_{2a} 和 p_{1a} 递升次序的质量数来测定[宽虚线(图 2.8)]。因此,如果根据扫描碎片离子的质荷比绘制出这一系列 PIS 质谱图,则沿着与其中一个分子离子(即,m_1、m_2 或 m_3)交叉的黑色线条的虚拟质谱可以再次模拟出相应分子离子的产物离子质谱图。

这种用于分析一类脂质的简化模型说明了产物离子扫描、PIS 和 NLS 模式之间的相互关系。因此,所有特定产物离子的详细谱图可以通过在特定质量范围内对每个分子离子逐一进行产物离子分析或对中性碎片逐一进行中性丢失扫描、或对碎片离子逐一进行前体离子扫描得到。如上所述,每一种扫描模式都可以获得在特定质量范围内的单个脂质分子的所有产物离子谱图[29]。

QqTOF 型质谱仪已用于产物离子分析模式下获得完整的产物离子谱图[88,89]。使用 QqQ 型仪器在产物离子分析模式下获得完整的产物离子谱图是非常困难的,但是串联质谱技术各种扫描模式之间的关系使得我们可以结合 NLS 和 PIS 以获得完整的产物离子谱图。Han 和 Gross 等已经开发出了一套很完善的方法[14,15,83,90],通过利用 NLS 或 PIS 或二者的组合模式扫描特定结构单元,对生物样品中具有特定结构单元的某一类特定脂质(详见第 1 章)进行分析[14,83,90-93]。应该认识到,利用 NLS 或 PIS 或二者的组合模式扫描特定结构单元所产生的一系列虚拟产物离子质谱图不同于产物离子分析(详见第 3 章)。具体而言,对生物样本中的分析物进行分析时,为了产生一类脂质中所有分子离子的虚拟产物离子质谱图而需要的 NLS 和/或 PIS 数量更少(即更高的效率)[83]。

2.5 质谱分析脂质的其他最新进展

质谱仪的不同组件(例如,进样系统、离子源、分析器和检测器)基本上每年都会更新,一些新型仪器也相继问世。这些更新都已应用到脂质分析领域,而且这种趋势势必会持续下去。例如,赛默飞世尔科技有限公司的 Orbitrap Fusion(Lumos)Tribrid 质谱仪具有超高的质量准确度和分辨率以及友好的操作性能,因此将会为脂质组学领域的研究人员提供一些新的动力[94]。未来,脂质组学的研究将依赖具有自动化和高通量的技术,并更侧重于细胞水平上空间和时间变化的研究。这些领域的发展总体上将对脂质分析产生重大影响,特别是脂质组学。在本节中,我们将简要描述近年来质谱仪发展中的两种主要进展,即离子淌度质谱和解吸电喷雾电离。

2.5.1 离子淌度质谱

近十年来,离子淌度质谱(IM-MS)已发展成为一种重要的分析方法[95]。IM-MS 是一种基于载气缓冲气体中离子化分子的迁移率的差异来分离气相中离子化分子的分离技术,离子的迁移率与离子的差分电压或其他因素(即离子质量、电荷、尺寸和形状)有关[96]。例如,在传统漂移时间 IM-MS 中,不同离子在漂移管中的迁移时间不同,从而可以用来区分不同种类的分析物。离子的碰撞截面是指气体分子撞击离子的面积,其与离子的大小和形状直接相关,可以用来判断离子的质量和结构。碰撞截面越大,缓冲气体碰撞的面积就越大,并随后阻碍离子的漂移,导致离子需要更长的时间通过漂移管。因此,IM-MS 不仅提供了一种新的分离方法,还提供了分子形状(或结构)信息,因为这种分离除了基于分子质量之外,还基于其分子构象[97,98]。

IM-MS可以对包括结构异构体在内的复杂脂质混合物进行快速分析[99],并对脂质进行快速二维分析,其中每类脂质分子在IM-MS中的漂移时间和质荷比之间基本上呈线性关系[100,101]。在最近的一项研究中,Jackson等[66]利用基质辅助激光解吸电离-离子淌度/飞行时间-质谱(MALDI-IM/TOF-MS)对种类复杂的甘油磷脂混合物进行了分析,利用漂移时间和质荷比实现了甘油磷脂分子的快速二维分离。他们发现甘油磷脂分子的漂移时间与各个分子的脂肪酰基链长度、不饱和度、头部基团和阳离子化有关。此外,研究人员通过联合基质辅助激光解吸电离技术与离子淌度质谱,将间隔在几百微秒的脉冲聚焦激光解吸应用于样品中,以最少的前处理步骤,实现了直接探测组织和绘制其脂质分布图,并阐明脂质分子结构[101]。例如,该技术已成功应用于大鼠脑组织切片中甘油磷脂分子的直接分析,并且鉴定出包括PC、PE、PS、PI和SM等在内的22种甘油磷脂分子。该主题将在第12章中进一步讨论。

除了可以直接对组织样本进行脂质分析外,IM-MS在脂质组学中的重要性是多方面的。首先,通过在质谱仪中增加离子淌度池可以实现异构体、同位素和构象异构体的分离[97],从而可以高通量地鉴定新型脂质。此外,如文献[98]中证实的一样,在离子淌度池中引入手性试剂还可以实现手性异构体的分析。最后,IM-MS的占空比相对于LC分离来说更短,因此可以将这些技术相结合形成3D模式,如LC-IM-MS[102]。最近的一篇综述论文[103]详细讨论了IM-MS技术的原理及其在脂质组学中的应用,对这一研究领域感兴趣的读者具有极大的参考价值。

2.5.2 解吸电喷雾电离

解吸电喷雾电离(DESI)是一种常压电离技术,可直接应用于不同类型样品的质谱分析而不需要复杂的样品制备过程。该技术由Graham Cooks教授团队于2004年开发出来的[104]。DESI是两种MS电离方法[ESI和解吸电离(DI)]的组合。DESI中分析物的电离是通过向样品高速喷射由ESI产生的带电雾滴实现的,而不使用激光束或主离子束。由Prosolia Inc.公司制造的离子源如今已经商品化,可在市场上购买。雾化溶剂在施加高压后,由雾化器的内套管喷出,而雾化器的外套管则喷出高速气流(通常为N_2)。在高速气流的作用下,电喷雾产生的带电液滴迅速雾化并得到加速,碰撞到样品表面,使分析物发生化学溅射而从载体上解吸并发生电离,同时由于N_2的吹扫作用,含有分析物的带电液滴发生去溶剂化,产生的气态离子则通过传输通道进入质谱仪而被检测(图2.9)[105]。

DESI的电离机制主要有两种:一种适用于大分子化合物,而另一种适用于小分子化合物[105]。例如,对于低分子质量化合物如脂质,分析物的离子化是通过溶剂离子与分析物分子间的电荷(质子或电子)转移实现的。电荷转移主要包括以下三种途径:①溶液相溶剂离子与固相分析物在样品表面发生电荷转移;②气相溶剂离子与固相分析物在样品表面发生电荷转移;③气相溶剂离子与气相分析物在样品表面发生电荷转移。后一种电荷转移在样品具有较高的蒸气压时发生。影响DESI的离子化效率的原因很复杂,取决于多个因素,如样品的表面性质、电喷雾参数、喷雾溶剂组成和几何参数[如α、β和d(图2.9)]等[105]。

DESI-MS已被用于系统地评价甘油磷脂和鞘磷脂的特性[106]。已有研究系统和深入地考察了样品的表面性质和喷雾溶剂对于 DESI-MS 分析脂质的影响[106]。在该研究中,利用正离子和负离子模式对猪脑中的总脂质提取物进行了分析。在负离子模式下,去质子化 PS、PI 和 ST 类物质的离子占主导地位。而与 ESI-MS 类似,在正离子模式下 PC 的离子占主导地位。通过碰撞诱导解离可以对正离子和负离子模式下检测到的这些脂质分子的结构进一步进行确认[106]。

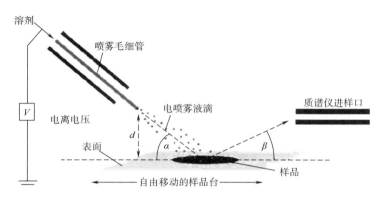

图 2.9 解吸电喷雾电离源示意图

字母"α""β"和"d"分别代表喷雾冲击角度、解吸离子收集角度以及喷嘴与表面之间的距离。

DESI 在脂质分析中具有许多优点,例如,不需要或只需要简单样品前处理,不需要添加基质,离子化过程在大气压环境下实现,脂质容易电离,操作方便等。因此,该技术非常适合用于生物样品如组织中磷脂、脂肪酸等可电离脂质分子的直接分析和质谱成像分析[105,107-109]。第 12 章将详细介绍这些内容。

参考文献

1. Murphy, R. C. (1993) Mass Spectrometry of Lipids. Plenum Press, New York. pp 290.
2. Christie, W. W. and Han, X. (2010) Lipid Analysis: Isolation, Separation, Identification and Lipidomic Analysis. The Oily Press, Bridgwater, England. pp 448.
3. Cole, R. B., ed. (2010) Electrospray and MALDI Mass Spectrometry: Fundamentals, Instrumentation, Practicalities, and Biological Applications. Wiley, Hoboken, NJ.
4. Iribarne, J. V. and Thomson, B. A. (1976) On the evaporation of small ions from charged droplets. J. Chem. Phys. 64, 2287-2294.
5. Nguyen, S. and Fenn, J. B. (2007) Gas-phase ions of solute species from charged droplets of solutions. Proc. Natl. Acad. Sci. U. S. A. 104, 1111-1117.
6. Dole, M., Mack, L. L., Hines, R. L., Mobley, R. C., Ferguson, L. D. and Alice, M. B. (1968) Molecular beams of macroions. J. Chem. Phys. 49, 2240-2249.
7. Hogan, C. J., Jr., Carroll, J. A., Rohrs, H. W., Biswas, P. and Gross, M. L. (2009) Combined charged residue-field emission model of macromolecular electrospray ionization. Anal. Chem. 81, 369-377.
8. De la Mora, J. F. (2000) Electrospray ionization of large multiply charged species proceeds via Dole's charged residue mechanism. Anal. Chim. Acta 406, 93-104.
9. Ikonomou, M. G., Blades, A. T. and Kebarle, P. (1991) Electrospray-ion spray: A comparison of mechanisms and performance. Anal. Chem. 63, 1989-1998.
10. Tang, L. and Kebarle, P. (1991) Effect of the conductivity of the electrosprayed solution on the electrospray current: Factors determining analyte sensitivity in electrospray mass spectrometry. Anal. Chem. 63, 2709-2715.
11. Gaskell, S. J. (1997) Electrospray: Principles and practice. J. Mass Spectrom. 32, 677-688.
12. Han, X. and Gross, R. W. (2005) Shotgun lipidomics: Electrospray ionization mass spectrometric analysis and quantitation of the cellular lipidomes directly from crude extracts of biological samples. Mass Spectrom. Rev. 24, 367-412.
13. Han, X. and Gross, R. W. (2003) Global analyses of cellular lipidomes directly from crude extracts of bio-

logical samples by ESI mass spectrometry: a bridge to lipidomics. J. LipidRes. 44, 1071–1079.

14. Han, X., Yang, J., Cheng, H., Ye, H. and Gross, R. W. (2004) Towards fingerprinting cellular lipidomes directly from biological samples by two-dimensional electrospray ionizationmass spectrometry. Anal. Biochem. 330, 317–331.

15. Han, X. and Gross, R. W. (2005) Shotgun lipidomics: Multi-dimensional mass spectrometric analysis of cellular lipidomes. Expert Rev. Proteomics 2, 253–264.

16. Leiker, T. J., Barkley, R. M. andMurphy, R. C. (2011) Analysis of diacylglycerol molecular species in cellular lipid extracts by normal-phase LC-electrospray mass spectrometry. Int. J. Mass Spectrom. 305, 103–109.

17. Wang, M., Fang, H. and Han, X. (2012) Shotgun lipidomics analysis of 4-hydroxyalkenal species directly from lipid extracts after one-step in situ derivatization. Anal. Chem. 84, 4580–4586.

18. Wang, M., Han, R. H. and Han, X. (2013) Fatty acidomics: Global analysis of lipid species containing a carboxyl group with a charge-remote fragmentation-assisted approach. Anal. Chem. 85, 9312–9320.

19. Wang, M., Hayakawa, J., Yang, K. and Han, X. (2014) Characterization and quantification of diacylglycerol species in biological extracts after one-step derivatization: Ashotgun lipidomics approach. Anal. Chem. 86, 2146–2155.

20. Han, X., Yang, K., Yang, J., Fikes, K. N., Cheng, H. and Gross, R. W. (2006) Factors influencing the electrospray intrasource separation and selective ionization of glycerophospholipids. J. Am. Soc. Mass Spectrom. 17, 264–274.

21. Gross, R. W. and Sobel, B. E. (1980) Isocratic high-performance liquid chromatography separation of phosphoglycerides and lysophosphoglycerides. J. Ch-romatogr. 197, 79–85.

22. DeLong, C. J., Baker, P. R. S., Samuel, M., Cui, Z. and Thomas, M. J. (2001) Molecular species composition of rat liver phospholipids by ESI-MS/MS: The effect of chromatography. J. Lipid Res. 42, 1959–1968.

23. Loo, J. A. and Robinson, C. V. (2004) Review of the 19th Asilomar conference on mass spectrometry: Bimolecular interactions: Identification and characterization of proteincomplexes. J. Am. Soc. Mass Spectrom. 15, 759–761.

24. Han, X. and Gross, R. W. (1994) Electrospray ionization mass spectroscopic analysis of human erythrocyte plasma membrane phospholipids. Proc. Natl. Acad. Sci. U. S. A. 91, 10635–10639.

25. Thomas, M. C., Mitchell, T. W. and Blanksby, S. J. (2005) A comparison of the gas phase acidities of phospholipid headgroups: experimental and computational studies. J. Am. Soc. Mass Spectrom. 16, 926–939.

26. Hsu, F. -F. and Turk, J. (1999) Structural characterization of triacylglycerols as lithiated adducts by electrospray ionizationmass spectrometry using low-energy collisionally activated dissociation on a triple stage quadrupole instrument. J. Am. Soc. Mass Spectrom. 10, 587–599.

27. Kim, H. Y., Wang, T. C. and Ma, Y. C. (1994) Liquid chromatography/mass spectrometry of phospholipids using electrospray ionization. Anal. Chem. 66, 3977–3982.

28. Zehethofer, N. and Pinto, D. M. (2008) Recent developments in tandem mass spectrometry for lipidomic analysis. Anal. Chim. Acta 627, 62–70.

29. Han, X., Yang, K. and Gross, R. W. (2012) Multi-dimensional mass spectrometry-based shotgun lipidomics and novel strategies for lipidomic analyses. Mass Spectrom. Rev. 31, 134–178.

30. Wenk, M. R. (2010) Lipidomics: New tools and applications. Cell 143, 888–895.

31. Blanksby, S. J. andMitchell, T. W. (2010) Advances in mass spectrometry for lipidomics. Annu. Rev. A-nal. Chem. 3, 433–465.

32. Dennis, E. A. (2009) Lipidomics joins the omics evolution. Proc. Natl. Acad. Sci. U. S. A. 106, 2089–2090.

33. Stahlman, M., Ejsing, C. S., Tarasov, K., Perman, J., Boren, J. and Ekroos, K. (2009) High throughput oriented shotgun lipidomics by quadrupole time-of-flight mass spectrometry. J. Chromatogr. B 877, 2664–2672.

34. Karas, M., Bahr, U. and Dulcks, T. (2000) Nano-electrospray ionization mass spectrometry: Addressing analytical problems beyond routine. Fresenius J. Anal. Chem. 366, 669–676.

35. Gangl, E. T., Annan, M. M., Spooner, N. and Vouros, P. (2001) Reduction of signal suppression effects in ESI-MS using a nanosplitting device. Anal. Chem. 73, 5635–5644.

36. El-Faramawy, A., Siu, K. W. and Thomson, B. A. (2005) Efficiency of nano-electrospray ionization. J. Am. Soc. Mass Spectrom. 16, 1702–1707.

37. Southam, A. D., Payne, T. G., Cooper, H. J., Arvanitis, T. N. and Viant, M. R. (2007) Dynamic range and mass accuracy of wide-scan direct infusion nanoelectrospray fouriertransform ion cyclotron resonance mass spectrometry-based metabolomics increased by the spectral stitching method. Anal. Chem. 79, 4595–4602.

38. Sjöberg, P. J. R., Bökman, C. F., Bylund, D. and Markides, K. E. (2001) Factors influencing the determination of analyte ion surface partitioning coefficients in electrosprayed droplets. J. Am. Soc. Mass Spectrom. 12, 1001.

39. Dreisewerd, K. (2003) The desorption process in MALDI. Chem. Rev. 103, 395–426.

40. Knochenmuss, R. (2006) Ion formation mechanisms in UV-MALDI. Analyst 131, 966–986.

41. Sun, G., Yang, K., Zhao, Z., Guan, S., Han, X. and Gross, R. W. (2008) Matrix-assisted laser desorption/i-

onization time-of-flight mass spectrometric analysis of cellular glycerophospholipids enabled by multiplexed solvent dependent analyte-matrix interactions. Anal. Chem. 80,7576-7585.

42. Fuchs, B., Bischoff, A., Suss, R., Teuber, K., Schurenberg, M., Suckau, D. and Schiller, J. (2009) Phosphatidylcholines and -ethanolamines can be easily mistaken in phospholipid mixtures: A negative ion MALDI-TOF MS study with 9-aminoacridine as matrix and egg yolk as selected example. Anal. Bioanal. Chem. 395,2479-2487.

43. Angelini, R., Babudri, F., Lobasso, S. and Corcelli, A. (2010) MALDI-TOF/MS analysis of archaebacterial lipids in lyophilized membranes dry-mixed with 9-aminoacridine. J. Lipid Res. 51,2818-2825.

44. Cheng, H., Sun, G., Yang, K., Gross, R. W. and Han, X. (2010) Selective desorption/ionization of sulfatides by MALDI-MS facilitated using 9-aminoacridine as matrix. J. Lipid Res. 51,1599-1609.

45. Lobasso, S., Lopalco, P., Angelini, R., Baronio, M., Fanizzi, F. P., Babudri, F. and Corcelli, A. (2010) Lipidomic analysis of porcine olfactory epithelial membranes and cilia. Lipids 45,593-602.

46. Eibisch, M. and Schiller, J. (2011) Sphingomyelin is more sensitively detectable as a negative ion than phosphatidylcholine: A matrix-assisted laser desorption/ionization time-of-flight mass spectrometric study using 9-aminoacridine (9-AA) as matrix. Rapid Commun. Mass Spectrom. 25,1100-1106.

47. Marsching, C., Eckhardt, M., Grone, H. J., Sandhoff, R. and Hopf, C. (2011) Imaging of complex sulfatides SM3 and SB1a in mouse kidney using MALDI-TOF/TOF mass spectrometry. Anal. Bioanal. Chem. 401,53-64.

48. Angelini, R., Vitale, R., Patil, V. A., Cocco, T., Ludwig, B., Greenberg, M. L. and Corcelli, A. (2012) Lipidomics of intact mitochondria by MALDI-TOF/MS. J. Lipid Res. 53,1417-1425.

49. Cerruti, C. D., Benabdellah, F., Laprevote, O., Touboul, D. and Brunelle, A. (2012) MALDI imaging and structural analysis of rat brain lipid negative ions with 9-aminoacridine matrix. Anal. Chem. 84,2164-2171.

50. Thomas, A., Charbonneau, J. L., Fournaise, E. and Chaurand, P. (2012) Sublimation of new matrix candidates for high spatial resolution imaging mass spectrometry of lipids: Enhanced information in both positive and negative polarities after 1,5-diaminonapthalene deposition. Anal. Chem. 84,2048-2054.

51. Laiko, V. V., Baldwin, M. A. and Burlingame, A. L. (2000) Atmospheric pressure matrix-assisted laser desorption/ionizationmass spectrometry. Anal. Chem. 72,652-657.

52. Laiko, V. V., Moyer, S. C. and Cotter, R. J. (2000) Atmospheric pressure MALDI/ion trap mass spectrometry. Anal. Chem. 72,5239-5243.

53. Galicia, M. C., Vertes, A. and Callahan, J. H. (2002) Atmospheric pressure matrix-assisted laser desorption/ionization in transmission geometry. Anal. Chem. 74,1891-1895.

54. He, H., Conrad, C. A., Nilsson, C. L., Ji, Y., Schaub, T. M., Marshall, A. G. and Emmett, M. R. (2007) Method for lipidomic analysis: p53 expression modulation of sulfatide, ganglioside, and phospholipid composition of U87 MG glioblastoma cells. Anal. Chem. 79,8423-8430.

55. Fauland, A., Kofeler, H., Trotzmuller, M., Knopf, A., Hartler, J., Eberl, A., Chitraju, C., Lankmayr, E. and Spener, F. (2011) A comprehensive method for lipid profiling by liquid chromatography-ion cyclotron resonance mass spectrometry. J. Lipid Res. 52,2314-2322.

56. Postle, A. D., Wilton, D. C., Hunt, A. N. and Attard, G. S. (2007) Probing phospholipid dynamics by electrospray ionisation mass spectrometry. Prog. Lipid Res. 46,200-224.

57. Quehenberger, O., Armando, A. M., Brown, A. H., Milne, S. B., Myers, D. S., Merrill, A. H., Bandyopadhyay, S., Jones, K. N., Kelly, S., Shaner, R. L., Sullards, C. M., Wang, E., Murphy, R. C., Barkley, R. M., Leiker, T. J., Raetz, C. R., Guan, Z., Laird, G. M., Six, D. A., Russell, D. W., McDonald, J. G., Subramaniam, S., Fahy, E. and Dennis, E. A. (2010) Lipidomics reveals a remarkable diversity of lipids in human plasma. J. Lipid Res. 51,3299-3305.

58. Massey, K. A. and Nicolaou, A. (2013) Lipidomics of oxidized polyunsaturated fatty acids. Free Radic. Biol. Med. 59,45-55.

59. Bou Khalil, M., Hou, W., Zhou, H., Elisma, F., Swayne, L. A., Blanchard, A. P., Yao, Z., Bennett, S. A. and Figeys, D. (2010) Lipidomics era: Accomplishments and challenges. Mass Spectrom. Rev. 29,877-929.

60. Hsu, F. F. and Turk, J. (2000) Structural determination of sphingomyelin by tandem mass spectrometry with electrospray ionization. J. Am. Soc. Mass Spectrom. 11,437-449.

61. Hsu, F. F. and Turk, J. (2001) Structural determination of glycosphingolipids as lithiated adducts by electrospray ionization mass spectrometry using low-energy collisional-activated dissociation on a triple stage quadrupole instrument. J. Am. Soc. Mass Spectrom. 12,61-79.

62. Hsu, F. F. and Turk, J. (2001) Studies on phosphatidylglycerol with triple quadrupole tandem mass spectrometry with electrospray ionization: fragmentation processes and structural characterization. J. Am. Soc. Mass Spectrom. 12,1036-1043.

63. Hsu, F. F., Turk, J., Rhoades, E. R., Russell, D. G., Shi, Y. and Groisman, E. A. (2005) Structural charac-

terization of cardiolipin by tandem quadrupole and multiple-stage quadrupole ion-trap mass spectrometry with electrospray ionization. J. Am. Soc. Mass Spectrom. 16,491–504.

64. Wollnik, H. (1993) Time-of-flight mass analyzers. Mass Spectrom. Rev. 12,89–114.

65. Ejsing, C. S., Moehring, T., Bahr, U., Duchoslav, E., Karas, M., Simons, K. and Shevchenko, A. (2006) Collision-induced dissociation pathways of yeast sphingolipids and their molecular profiling in total lipid extracts: A study by quadrupole TOF and linear ion trap-orbitrap mass spectrometry. J. Mass Spectrom. 41,372–389.

66. Jackson, S. N., Ugarov, M., Post, J. D., Egan, T., Langlais, D., Schultz, J. A. and Woods, A. S. (2008) A study of phospholipids by ion mobility TOFMS. J. Am. Soc. Mass Spectrom. 19,1655–1662.

67. Larsen, A., Uran, S., Jacobsen, P. B. and Skotland, T. (2001) Collision-induced dissociation of glycero phospholipids using electrospray ion-trap mass spectrometry. RapidCommun. Mass Spectrom. 15,2393–2398.

68. Zarrouk, W., Carrasco-Pancorbo, A., Zarrouk, M., Segura-Carretero, A. and Fernandez-Gutierrez, A. (2009) Multi-component analysis (sterols, tocopherols and triterpenic dialcohols) of the unsaponifiable fraction of vegetable oils by liquid chromatography-atmospheric pressure chemical ionization-ion trap mass spectrometry. Talanta 80,924–934.

69. Hsu, F. F. and Turk, J. (2010) Electrospray ionization multiple-stage linear ion-trap mass spectrometry for structural elucidation of triacylglycerols: Assignment of fatty acyl groups on the glycerol backbone and location of double bonds. J. Am. Soc. Mass Spectrom. 21,657–669.

70. Holcapek, M., Dvorakova, H., Lisa, M., Giron, A. J., Sandra, P. and Cvacka, J. (2010) Regioisomeric analysis of triacylglycerols using silver-ion liquid chromatography-atmospheric pressure chemical ionization mass spectrometry: Comparison of five different mass analyzers. J. Chromatogr. A 1217,8186–8194.

71. Hsu, F. F., Wohlmann, J., Turk, J. and Haas, A. (2011) Structural definition of trehalose 6-monomycolates and trehalose 6,6'-dimycolates from the pathogen Rhodococcus equi by multiple-stage linear ion-trap mass spectrometry with electrospray ionization. J. Am. Soc. Mass Spectrom. 22,2160–2170.

72. Tatituri, R. V., Brenner, M. B., Turk, J. and Hsu, F. F. (2012) Structural elucidation of diglycosyl diacylglycerol and monoglycosyl diacylglycerol from Streptococcus pneumoniae by multiple-stage linear ion-trap mass spectrometry with electrospray ionization. J. Mass Spectrom. 47,115–123.

73. Zubarev, R. A. and Makarov, A. (2013) Orbitrap mass spectrometry. Anal. Chem. 85,5288–5296.

74. Taguchi, R. and Ishikawa, M. (2010) Precise and global identification of phospholipid molecular species by an Orbitrap mass spectrometer and automated search engine Lipid Search. J. Chromatogr. A 1217,4229–4239.

75. Schuhmann, K., Herzog, R., Schwudke, D., Metelmann-Strupat, W., Bornstein, S. R. and Shevchenko, A. (2011) Bottom-up shotgun lipidomics by higher energy collisional dissociation on LTQ Orbitrap mass spectrometers. Anal. Chem. 83,5480–5487.

76. Nygren, H., Seppanen-Laakso, T., Castillo, S., Hyotylainen, T. and Oresic, M. (2011) Liquid chromatography-mass spectrometry (LC-MS)-based lipidomics for studies of body fluids and tissues. Methods Mol. Biol. 708,247–257.

77. Shahidi-Latham, S. K., Dutta, S. M., Prieto Conaway, M. C. and Rudewicz, P. J. (2012) Evaluation of an accurate mass approach for the simultaneous detection of drug andmetabolite distributions via whole-body mass spectrometric imaging. Anal. Chem. 84,7158–7165.

78. Dubois, F., Knochenmuss, R., Zenobi, R., Brunelle, A., Deprun, C. and Beyec, Y. L. (1999) A comparison between ion-to-photon and microchannel plate detectors. RapidCommun. Mass Spectrom. 13,786–791.

79. Wiza, J. (1979) Microchannel plate detectors. Nuclear Instr. Methods 162,587–601.

80. Marshall, A. G., Hendrickson, C. L. and Jackson, G. S. (1998) Fourier transform ion cyclotron resonance mass spectrometry: A primer. Mass Spectrom. Rev. 17,1–35.

81. Brugger, B., Erben, G., Sandhoff, R., Wieland, F. T. and Lehmann, W. D. (1997) Quantitative analysis of biological membrane lipids at the low picomole level by nano-electrospray ionization tandem mass spectrometry. Proc. Natl. Acad. Sci. U. S. A. 94,2339–2344.

82. Welti, R., Shah, J., Li, W., Li, M., Chen, J., Burke, J. J., Fauconnier, M. L., Chapman, K., Chye, M. L. and Wang, X. (2007) Plant lipidomics: Discerning biological function by profiling plant complex lipids using mass spectrometry. Front. Biosci. 12,2494–2506.

83. Yang, K., Cheng, H., Gross, R. W. and Han, X. (2009) Automated lipid identification and quantification by multi-dimensional mass spectrometry-based shotgun lipidomics. Anal. Chem. 81,4356–4368.

84. Sparkman, O. D. (2000) Mass Spectrometry Desk Reference. Global View Publishing, Pittsburgh, PA. pp 106.

85. Merrill, A. H., Jr., Sullards, M. C., Allegood, J. C., Kelly, S. and Wang, E. (2005) Sphingolipidomics: High-throughput, structure-specific, and quantitative analysis of sphingolipids by liquid chromatography tandem mass spectrometry. Methods 36,207–224.

86. Bielawski, J., Szulc, Z. M., Hannun, Y. A. and Bielawska, A. (2006) Simultaneous quantitative analysis of bioactive sphingolipids by high-performance liquid chromatography-tandem mass spectrometry. Methods 39,82–91.

87. Mesaros, C., Lee, S. H. and Blair, I. A. (2009) Targe-

ted quantitative analysis of eicosanoid lipids in biological samples using liquid chromatography-tandem mass spectrometry. J. Chromatogr. B 877,2736-2745.

88. Ejsing,C. S. ,Duchoslav,E. ,Sampaio,J. ,Simons,K. , Bonner,R. ,Thiele,C. ,Ekroos,K. and Shevchenko,A. (2006) Automated identification and quantification of glycerophospholipid molecular species by multiple precursor ion scanning. Anal. Chem. 78,6202-6214.

89. Schwudke,D. , Oegema,J. , Burton,L. , Entchev,E. , Hannich, J. T. , Ejsing, C. S. , Kurzchalia, T. and Shevchenko,A. (2006) Lipid profiling by multiple precursor and neutral loss scanning driven by the data-dependent acquisition. Anal. Chem. 78,585-595.

90. Han,X. and Gross,R. W. (2001) Quantitative analysis and molecular species fingerprinting of triacylglyceride molecular species directly from lipid extracts of biological samples by electrospray ionization tandem mass spectrometry. Anal. Biochem. 295,88-100.

91. Yang,K. ,Zhao,Z. ,Gross,R. W. and Han,X. (2009) Systematic analysis of choline-containing phospholipids using multi-dimensional mass spectrometry-based shotgun lipidomics. J. Chromatogr. B 877,2924-2936.

92. Su, X. , Han, X. , Mancuso, D. J. , Abendschein, D. R. and Gross,R. W. (2005) Accumulation of long-chain acylcarnitine and 3-hydroxy acylcarnitine molecular species in diabetic myocardium: Identification of alterations in mitochondrial fatty acid processing in diabetic myocardium by shotgun lipidomics. Biochemistry 44,5234-5245.

93. Han,X. , Yang,K. , Cheng,H. , Fikes,K. N. and Gross, R. W. (2005) Shotgun lipidomics of phosphoethanolamine-containing lipids in biological samples after one-step in situ derivatization. J. Lipid Res. 46,1548-1560.

94. Almeida, R. , Pauling, J. K. , Sokol, E. , Hannibal-Bach, H. K. and Ejsing, C. S. (2015) Comprehensive lipidome analysis by shotgun lipidomics on a hybrid quadrupole-orbitrap-linear ion trap mass spectrometer. J. Am. Soc. Mass Spectrom. 26,133-148.

95. Stach,J. and Baumbach,J. I. (2002) Ion mobility spectrometry-Basic elements and applications. Int. J. Ion Mobility Spectrom. 5,1-21.

96. Mclean,J. A. ,Schultz,J. A. and Woods,A. S. (2010) Ion mobility-mass spectrometry. In Electrospray and MALDI Mass Spectrometry: Fundamentals, Instrumentation, Practicalities, and Biological Applications. (Cole, R. B. ,ed.) pp. 411-439, John Wiley & Sons, Inc. , Hoboken,NJ.

97. Kanu, A. B. , Dwivedi, P. , Tam, M. , Matz, L. and Hill, H. H. , Jr. (2008) Ion mobility-mass spectrometry. J. Mass Spectrom. 43,1-22.

98. Howdle, M. D. , Eckers, C. , Laures, A. M. and Creaser,C. S. (2009) The use of shift reagents in ion mobility-mass spectrometry: Studies on the complexation of an active pharmaceutical ingredient with polyethylene glycol excipients. J. Am. Soc. Mass Spectrom. 20,1-9.

99. Kliman,M. ,May,J. C. and McLean,J. A. (2011) Lipid analysis and lipidomics by structurally selective ion mobility-mass spectrometry. Biochim. Biophys. Acta 1811,935-945.

100. Woods,A. S. ,Ugarov,M. ,Egan,T. ,Koomen,J. ,Gillig, K. J. ,Fuhrer,K. , Gonin, M. and Schultz, J. A. (2004) Lipid/peptide/nucleotide separation with MALDI-ion mobility-TOF MS. Anal. Chem. 76,2187-2195.

101. Jackson,S. N. and Woods,A. S. (2009) Direct profiling of tissue lipids by MALDI-TOFMS. J. Chromatogr. B 877, 2822-2829.

102. Sowell, R. A. , Koeniger, S. L. , Valentine, S. J. , Moon, M. H. and Clemmer, D. E. (2004) Nanoflow LC/IMS-MS and LC/IMS-CID/MS of protein mixtures. J. Am. Soc. Mass Spectrom. 15,1341-1353.

103. Paglia, G. , Kliman, M. , Claude, E. , Geromanos, S. and Astarita, G. (2015) Applications of ion-mobility mass spectrometry for lipid analysis. Anal. Bioanal. Chem. 407, 4995-5007.

104. Takats, Z. , Wiseman, J. M. , Gologan, B. and Cooks, R. G. (2004) Mass spectrometry sampling under ambient conditions with desorption electrospray ionization. Science 306,471-473.

105. Takats, Z. , Wiseman, J. M. and Cooks, R. G. (2005) Ambient mass spectrometry using desorption electrospray ionization (DESI): Instrumentation, mechanisms and applications in forensics, chemistry, and biology. J. Mass Spectrom. 40,1261-1275.

106. Manicke, N. E. , Wiseman, J. M. , Ifa, D. R. and Cooks, R. G. (2008) Desorption electrospray ionization (DESI) mass spectrometry and tandem mass spectrometry (MS/MS) of phospholipids and sphingolipids: Ionization, adduct formation, and fragmentation. J. Am. Soc. Mass Spectrom. 19,531-543.

107. Dill, A. L. , Ifa, D. R. , Manicke, N. E. , Ouyang, Z. and Cooks,R. G. (2009) Mass spectrometric imaging of lipids using desorption electrospray ionization. J. Chromatogr. B 877,2883-2889.

108. Lanekoff, I. , Heath, B. S. , Liyu, A. , Thomas, M. , Carson, J. P. and Laskin, J. (2012) Automated platform for high-resolution tissue imaging using nanospray desorption electrospray ionization mass spectrometry. Anal. Chem. 84,8351-8356.

109. Lanekoff, I. , Burnum-Johnson, K. , Thomas, M. , Short, J. , Carson, J. P. , Cha, J. , Dey, S. K. , Yang, P. , Prieto Conaway, M. C. and Laskin, J. (2013) High-speed tandem mass spectrometric in situ imaging by nanospray desorption electrospray ionization-mass spectrometry. Anal. Chem. 85,9596-9603.

基于质谱的脂质组学

3.1 引言

本章主要介绍了基于电喷雾电离(ESI)和基质辅助激光解吸电离(MALDI)技术(详见第2章)的脂质组学方法。尽管基质辅助激光解吸电离质谱(MALDI-MS)在脂质组学研究中占据十分重要的地位,但是,目前大多数脂质组学分析平台仍是基于ESI和MS/MS分析。

脂质溶液在进入电喷雾离子源的离子源室时,在机械力作用下形成喷雾,最终形成带电粒子。根据进入离子源室的脂质溶液是否处始终于恒定浓度,基于ESI-MS的脂质组学方法可分为两大类:(1)鸟枪法脂质组学:进入离子源的脂质溶液浓度处于恒定状态;(2)基于LC-MS的脂质组学:进入离子源的脂质溶液浓度不断变化。本章将对上述两种方法进行详细阐述。

3.2 鸟枪法脂质组学

3.2.1 直接进样装置

鸟枪法脂质组学最常用的装置就是注射器泵,它的成本相对较低,进样量可以低至每分钟几微升。通常情况下,进样溶液流速越高,流量越稳定,越有利于脂质组学分析,高品质的密封玻璃注射器泵可以较好的实现这一目的。该进样系统的主要缺点是难以实现脂质分析的自动化,进样毛细管的堵塞现象发生率高,维持高流量的样品消耗量也相对较大。

芯片的发展使直接进样法中脂质的ESI-MS分析发生了革命性的变化,从而实现了高通量和自动化。例如,Advion BioSciences公司开发的NanoMate装置(硅基纳米电喷射微芯片装置)利用一个由400个纳米电喷射发射器组成的ESI芯片,可以将流速控制在约100nL/min。该设备不仅可以实现进样的自动化,而且可以大大减少样品堵塞,减少样品量和交叉污染[1,2]。例如,5~10μL样品溶液,可以实现约一小时的持续稳定喷雾,从而保证了极小量样品的多次重复测量、高准确度和高重复性。在脂质测定过程中,D型芯片(喷嘴尺寸410μm)适宜使用"氯仿-甲醇-异丙醇(1:2:4,$V/V/V$)"溶剂体系,喷雾电压通常设定±1.2~1.4kV,背压0.2~0.4psi①,溶液体系为含有5mmol/L乙酸铵的"氯仿:甲醇(1:2,

---

① 1psi=6894.76Pa。

V/V)",进样的总脂质提取物浓度为 0.05μg 总蛋白/μL[2]。上述测定参数,包括溶剂组成和 NanoMate 设置,可以用作优化操作条件的参考,对于不同的仪器和应用,测定条件需要适当优化以实现特定组分的信号最大化。

基于芯片的进样系统的主要缺点是成本相对较高,并且在长时间自动分析过程中,会造成微量脂质样品的溶剂蒸发[2]。加入弱挥发性的溶剂(如异丙醇)有助于改善溶剂保存、脂质溶解度和离子化效率[3]。此外,采用薄铝箔密封样板或者采用 NanoMate 系统自带的冷却装置将样品板保存在低温(例如 4~10℃)条件下均可以有效减少样品中的溶剂损失。通过这些措施,密封的 96 孔板可以在 -20℃下保存 4 周,而不会出现明显的溶剂蒸发和脂质成分的改变[2]。将样品转入样品板的过程中需要使用耐有机溶剂的塑料枪头。如果成本允许,建议玻璃涂层板或枪头。

定量环进样(采用没有色谱柱的 LC 系统输送样品溶液)也常用于脂质组学分析,与直接进样有相似之处[4]。对于这种进样方法,由于溶剂通过定量环的过程中,定量环并不能持续维持恒定的脂质浓度,所以该方法不属于鸟枪法脂质组学的范畴。相比之下,采用 LC 分离后收集到的单个组分(包括来自 SPE 柱的组分)进行直接进样的方法,由于其能够维持样品溶液浓度恒定,因此属于鸟枪法脂质组学范畴。

3.2.2 鸟枪法脂质组学的特点

直接进样法起源于 20 世纪 90 年代初,主要用于有效地输送脂质样品,避免浓度、色谱和离子对的异常变化。2004 年,Han 和 Gross[9]以及 Ejsing 等[10]将基于直接进样的脂质测定方法命名为"鸟枪法脂质组学"。经过几年的发展,该技术已经成为脂质组学领域应用最广泛的方法之一,特别是在脂质的高通量分析方面[2,9,11-14]。鸟枪法脂质组学的原理是最大限度地利用各类脂质和各个脂质分子的化学和物理特性,以便于大规模地直接从生物样品的有机提取物中对细胞脂质组进行高通量分析[9]。

鸟枪法脂质组学的这些原理只能与直接进样的主要特征相结合,也就是说,在恒定浓度的溶液中进行脂质的 ESI-MS 分析。鸟枪法脂质组学的这一特征在脂质分析中具有许多优势,特别是在脂质分子的定量方面。其主要优点如下:首先,在恒定浓度条件下,维持脂质之间的恒定相互作用。因此,各个脂质在 ESI 源中的离子流是恒定的,从而维持一类脂质中各个分子之间的离子峰强度的比率恒定。在不同的实验条件(详见第 4 章)、不同的质谱仪以及不同的实验室,这个比率均维持恒定;其次,由于该条件下脂质之间的相互作用保持恒定,一类脂质中的各个分子之间以及不同类别的脂质分子之间的离子抑制是恒定的;第三,可以有效地将脂质聚集控制到最低水平,而脂质聚集现象正是影响脂质定量的重要因素。

鸟枪法脂质组学的独特之处(即 MS 分析是在恒定的脂质浓度下进行的)使我们能够具有充分的时间来提高质谱信号/噪声比(S/N),从而根据多种断裂技术(即产物离子分析、前体离子扫描(PIS)和中性丢失扫描(NLS))绘制详细的 MS/MS 图谱并进行多级 MS/MS 分析。在单次进样过程中保持溶剂与分析物比例恒定的情况下,改变仪器参数(例如,碰撞能量、碰撞气压、气体类型、离子迁移参数)(详见第 4 章)可以有效避免色谱洗脱时"在线"分析过程中的时间限制。

鸟枪法脂质组学的另一个主要特点是，一类脂质中的各个分子离子均可以显示在一个完整的质谱图中。然后通过与内标的比较，可以实现各个脂质分子的定性和定量。在特定的实验条件下，由于最小的源内裂解和选择性电离主要由极性头基的电荷性质决定，所以极性脂质的响应因子基本相同（详见第4章、第14章和第15章）。因此，直接在同一张质谱图中比较各个离子峰的强度与内标的强度，即可实现一类极性脂质中各个分子的定量。因此，这种脂质分析方法与液相色谱-质谱联用法（LC-MS）不同。具体而言，在鸟枪法脂质组学中，由于这些脂质出现相同的质谱中，可以采用前体离子扫描和中性丢失扫描（详见第2章）直接分析一类脂质中的各个分子或各类脂质。

3.2.3 鸟枪法脂质组学

鸟枪法脂质组学主要包括三种方法，即串联质谱鸟枪法脂质组学、高质量精度鸟枪法脂质组学和多维质谱鸟枪法脂质组学。

3.2.3.1 串联质谱鸟枪法脂质组学

不同类型的脂质通常具有与其头部基团相关联的特征质谱片段，根据这一原理，研究人员开发了一种鸟枪法脂质组学方法，即通过特定的 NLS 或 PIS 扫描来检测该特征片段对应的脂质分子[15]。经过 MS/MS 双重过滤后，质谱 S/N 比可以大大提高（通常超过一个数量级），该方法的工作流程参照文献[16]。Welti 等[17]提供的方案综合列出了可用于检测各类脂质（特别是植物脂质组学）的特征片段。

3.2.3.2 高质量精度鸟枪法脂质组学

目前，商业化的质谱仪[例如，四极杆飞行时间质谱仪（Q-TOF）或 Q-Exactive（即四极杆轨道阱）质谱仪]可以有效地增加检测灵敏度、分辨率和准确性[18-19]。因此，可以利用这些仪器快速地在小质量范围内（例如，一个或几个质量单元）逐渐进行子离子质谱分析，直到在整个质量范围内得到所有的碎片[3,20-22]。这些质谱仪具有很高的分辨率和准确性，可以准确记录碎片离子的质量，有助于减少假阳性结果，进而根据子离子直接进行脂质的定性和定量分析[3,22]。也可以从采集的子离子数据中提取特定的 PIS 和 NLS 质谱信息。"多产物离子扫描的高质量精度鸟枪法脂质组学""自上而下的脂质组学"或"自下而上的鸟枪法脂质组学"等术语常用来表示上述方法[21,23-24]。在进样溶液中有乙酸铵存在时，在正离子模式和负离子模式下均可以进行这些分析操作[25]。在多产物离子扫描的高质量精度鸟枪法脂质组学中，可以通过配套软件包（例如，LipidProfler[21]和 LipidInspector[22]）来处理数据，对 PIS 或 NLS 模式下得到的碎片信息进行生物信息学重建，从而对脂质分子进行定性。定量则可以通过比较碎片离子的强度与内标的强度来实现。基于高分辨/高精度的鸟枪法脂质组学的配套软件包有 LipidXplorer[26]和 ALEX[27]，分别用于处理全质谱和子离子质谱数据。Ekroos 等[2]详细阐述了这种脂质分析方法的工作流程。

3.2.3.3 多维质谱鸟枪法脂质组学

第三种广泛使用的鸟枪法脂质组学平台称为多维质谱（MDMS）鸟枪法脂质组

学[11,28-30]。该技术最大程度地利用了不同类别或亚类脂质固有的独特化学性质来分析脂质,包括低含量的脂质分子。样品制备过程中,根据不同类别和亚类的脂质分子之间疏水性和稳定性的差异进行提取(一种复合提取方法)[31]。例如,磷酸乙醇胺含有独特的伯氨基官能团,因此可以利用芴甲氧羰酰氯来标记细胞脂质组中含磷酸乙醇胺的脂质[32]。这些标记的脂质分子很容易丢失 Fmoc 基团,因此可以轻易地在 amol/μL 浓度水平上实现对这类脂质的定性和定量,灵敏度极高。

不同类别的脂质(主要是含有极性头基的脂质)具有不同的电荷性质,在多重实验条件来选择性电离某类脂质,可以在离子源中实现对各类脂质的分离(即源内分离[33]),这种分离方式的原理类似于电泳对不同 pI 的蛋白质进行分离的过程(详见第2章)。

在 MDMS 中,利用两种强大的串联质谱技术(即 NLS 和 PIS),通过增加中性丢失质量和碎片离子[9,11]可以得到脂质分子的结构单元信息,而这些结构单元完全可以用于脂质分子的鉴定[11,34]。因此,经碰撞诱导解离(CID)后,大多数脂质具有独特的裂解模式,而该裂解模式可以通过脂质的共价结构来预测[35-36]。来源于脂质头基的碎片离子或中性丢失头基产生的碎片离子均可用于脂质的鉴定。脂肪酰基(FA)链的 PIS 或 NLS 分析可以用于鉴定某一类脂质中的各个分子。

在全二维质谱中,通过逐一分析各个分子离子的产物离子,即可实现各个分子离子的鉴定。在整个质量范围内,随着质量或 m/z 的逐渐变化,NLS 和 PIS 均可以用于分析各类脂质的碎片信息,因为这些串联质谱技术是相互交织的(详见第2章)。在这些二维质谱图中,全质谱(即第一维)中的分子离子与第二维的交叉峰代表该分子离子的碎片。通过分析这些交叉峰(即各个碎片),即可确定特定分子、异构体及与其质量相同的分子的结构(如果存在)[11]。Han 和 Gross 将这些二维图谱称为二维 MS[11,28-29],因为它们与二维 NMR 光谱完全类似。二者之间唯一的区别在于前者是基于质量的,而后者则是基于频率的。

在整个质量范围内进行 NLS 或 PIS 分析是非常耗时的。解决此问题的一种方法是在特定质量范围内选择性地分析一类脂质的结构单元。通过采用上述 NLS 和 PIS 分析检测到的各类脂质的结构单元可以用其特征碎片来表示。具体来说,可以用 NLS 模式中特定的中性丢失碎片或 PIS 模式中碎片离子的含量来鉴定这些结构单元。这些结构单元的二维质谱图中,其垂直维度代表一个离散的质量或 m/z 单元,而不是一个连续的单元,只能有效地监测天然存在的结构单元。因此,通过表征一类脂质的碎裂模式(详见第二篇),即可用二维 MS 分析来鉴定该类别脂质中的各个分子。

例如,在阴离子模式下,从稀释的大鼠心肌脂质提取物溶液中鉴定阴离子 GPL 时,必须明确地确定全质谱图中质量范围在 m/z 550~1000 的所有离子对应的脂质分子。从中看出,阴离子 GPL 的头基结构单元除了源于 PS 中丝氨酸(87u)的中性丢失、PI 中磷酸肌醇的前体离子(m/z 241)和甘油磷酸(m/z 153)的前体离子外,也可能源于脂肪酰基链的脂肪酰羧酸盐。所有这些结构单元构成了二维质谱(图3.1)。一维(x 轴)是分子离子的质量,另一维(y 轴)是结构单元。第一维中的主分子离子与第二维中的交叉峰决定了该分子离子的结构单元。例如,图3.1中的虚线表示 m/z 885.7 处的分子离子仅与 PIS241(磷酸肌醇)、PIS153(甘油磷酸盐)、PIS283(18:0 FA)和 PIS303(20:4 FA)的结构单元相交,而这些脂肪酰片段的强度比>1。因此，从这些信息可以看出，该分子离子为 m/z 885.7 的 18:0-20:4 PI。显然，在此质量范围内，结构单元分析比产物离子分析更有效。

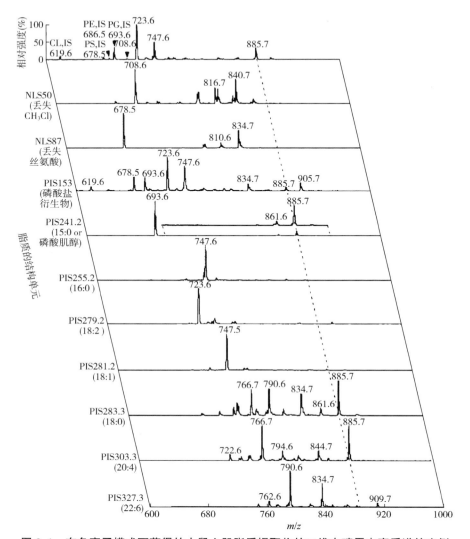

图 3.1 在负离子模式下获得的大鼠心肌脂质提取物的二维电喷雾电离质谱的实例

通过 PIS 和 NLS 在二维质谱中分析脂质结构单元之前，已经在负离子模式下获得了稀释的心肌脂质提取物的常规 ESI 质谱，如图所示。IS 表示内标；$m:n$ 表示含有 m 个碳原子和 n 个双键的脂肪酰基链。所有质谱扫描均为各个质谱经基峰归一化后显示的结果。

表 3.1 列出了一些使用 MDMS 根据 PIS 和 NLS 分析各类脂质结构单元的例子。在不同的实验条件下，根据不同离子化模式下各类脂质的加合物和离子化形式即可实现脂质的表征（详见第二篇）。因此，在不同的实验条件下，根据不同离子化模式下的特征碎片离子或中性丢失等信息来分析这些脂质加合物和离子化形式的结构单元，即可确定一类特定的脂质。应该认识到，可以采用多种互补的碎片模式来最大限度地降低高含量脂质鉴定的错误率，并提高极低含量脂质鉴定的正确率。

3 基于质谱的脂质组学

表 3.1 用于脂质鉴定的各类脂质的结构单元

脂质 [参考文献]	离子模式	扫描模式	酰基链(区域异构体)的扫描鉴定	第二步定量的初步扫描
PC [37]	$[M+Li]^+$	NLS 189.1, −35 eV	NLS(59.0+FA), −40 eV	NLS 183.1, 含多不饱和脂肪酰基链 −35 eV NLS 59.0, 缩醛分子 −24 eV NLS 189.1, 所有其他分子 −35 eV
lysoPC [37]	$[M+Na]^+$	NLS 59.0, −22 eV NLS 205.0, −34 eV	PIS 104.1, −34 eV PIS 147.1, −34 eV	NLS 59.0, −22 eV NLS 205.0, −34 eV
PE, lysoPE [32]	$[M-H]^-$ $[M-H+Fmoc]^-([M+C_{15}H_9O_2]^-)$	PIS 196.1, 50 eV NLS 222.2, 30 eV	PIS(FA−H), 30 eV	$[M-H+Fmoc]^-$: NLS 222.2, 30 eV
PI, lysoPI [29]	$[M-H]^-$	PIS 241.1, 45 eV	PIS(FA−H), 47 eV	PIS 241.1, 45 eV
PS, lysoPS [29]	$[M-H]^-$	PIS 87.1, 24 eV	PIS(FA−H), 30 eV	PIS 87.1, 24 eV
PG, PA, lysoPG, lysoPA [29]	$[M-H]^-$	PIS 153.1, 35 eV	PIS(FA−H), 30 eV	PIS 153.1, 35 eV
CL, mono-lysoCL [38]	$[M-2H]^{2-}$	高分辨全质谱	高分辨条件下的PIS(FA−H), 25 eV; 高分辨条件下的NLS(FA−H$_2$O), 22 eV	
TAG [28]	$[M+Li]^+$		NLS(FA), −35 eV	
SM [37]	$[M+Li]^+$	NLS 213.2, −50 eV	NLS(鞘氨醇骨架的中性片段)(如 NLS 256.2, 不含羟基的 d18:1 分子 32 eV)	NLS 213.2, −50 eV
Cer [39]	$[M-H]^-$	NLS(鞘氨醇骨架的中性片段)(如 NLS 256.2, 不含羟基的 d18:1 分子 32 eV)	NLS(鞘氨醇骨架的中性片段)(如 NLS 256.2, 不含羟基的 d18:1 分子 32 eV)	NLS(鞘氨醇骨架的中性片段)(如 NLS 256.2, 不含羟基的 d18:1 分子 32 eV)
HexCer [40,41]	$[M+Li]^+$	NLS 162.2, −50 eV	NLS(鞘氨醇骨架的中性片段)	NLS 162.2, −50 eV

续表

脂质[参考文献]	离子模式	扫描模式	酰基链(区域异构体的扫描鉴定)	第二步定量的初步扫描
ST [42]	[M-H]⁻	PIS 97.1, 65 eV		PIS 97.1, 65 eV
S1P [43]	[M-H]⁻	PIS 79.1, 24 eV		PIS 79.1, 24 eV
鞘氨醇碱基 [31]	[M+H]⁺	NLS 48.0, -18 eV		NLS 48.0, -18 eV
鞘氨醇半乳糖苷 [44]	[M+H]⁺	NLS 180.0, -24 eV	NLS(鞘氨醇骨架的中性片段)	NLS 180.0, -24 eV
胆固醇 [45]	[胆固醇甲氧基乙酸酯+MeOH+Li]⁺	PIS 97.1, -22 eV		PIS 97.1, -22 eV
脂酰肉碱 [46]	[M+H]⁺	PIS 85.1, -30 eV	PIS 85.1, 所有分子 -30 eV PIS 145.1, 所有含羟基分子 -30 eV	PIS 85.1, -30 eV
脂酰辅酶A [47]	[M-H]⁻, [M-2H]²⁻, [M-3H]³⁻	PIS 134.0, 30 eV	PIS 134.0, 30 eV	PIS 134.0, 30 eV

注:FA和(FA-H)分别代表游离脂肪酸和脂肪酰羧酸根阴离子。甘油磷脂的缩写见图1.1。

资料来源:摘自参考文献[30]。

理论上，为了充分研究电离条件对离子化效率和碰撞条件对碎裂过程或其他效应的影响，应该在实验中采用各种条件包括电离电压、电离温度、碰撞能量和碰撞气压等（详见第4章）。这些变量都可以在一定范围内进行调整。因此，在一组质谱图中，当MS的单个变量逐渐发生变化时，普通的二维质谱将会增加新的维度。所有这些维度构成了MDMS[11]。具体而言，MDMS被定义为在一系列变量条件下进行的全质谱分析，这些变量共同构成一个MDMS谱图。

目前，MDMS可以被分解成多个二维MS以便使用，在实验过程中一次只改变一个变量，其余变量均保持不变。计算机技术的发展势必会为三维MS或MDMS的使用带来便利，并且可以从MS分析中直接获取更多新信息，用于下一代基于计算机MDMS的鸟枪法脂质组学。

文献[30,48]中有对该技术工作流程和步骤的详细介绍。目前，对于细胞脂质组，该平台可以实现对超过40类脂质中的数千个脂质分子（包括许多位置异构体）的定性和定量分析[30,49]，占细胞脂质组质量水平的95%以上。此外，生物样本的用量也较少（例如，10~50mg组织、100万个细胞、100μL体液等），经溶剂提取后直接进行分析即可，并且可以做到自动化、无偏差且高通量[1,30]。

3.2.4 优缺点

3.2.4.1 基于串联质谱的鸟枪法脂质组学

这种方法的优点包括简单、高效、灵敏度高、易于管理和仪器设备成本低。目前商业化的三重四极杆（即QqQ）质谱仪可以通过一次MS/MS采集检测总脂质提取物中特定类别内的所有分子。这种鸟枪法脂质组学的方法实现了各类脂质中各个分子的综合鉴定。由于其巨大的优势，许多实验室已经采用这个平台进行脂质组学分析。这种方法的应用将会在后面的章节详细介绍。

尽管这种方法引起了广泛关注，但是也存以下不足，主要包括：
- 脂质的脂肪酰基难以识别。
- 特定的MS/MS扫描可能并不适用于目标类别的脂质，而这种非特异性可能会引入一些假象。
- 实验过程中和实验结束后改变的电离条件不易识别。
- 由于不同脂质类别内的各个脂质分子具有不同的裂解机制，精确定量目标脂质可能并不像预期的那么简单。

由于脂质的裂解取决于各类脂质的化学和物理特性（包括脂肪酰基链长度、双键数目、双键位置等），所以有必要选择至少两个能够涵盖目标脂质类别中各个分子差异的代表性脂质作为内标，这样有利于精确定量脂质[15]。

3.2.4.2 基于高质量精度的鸟枪法脂质组学

通过特定的质谱仪，鸟枪法脂质组学可以提供高效、广泛和灵敏的脂质测定。如果仪器的动态范围允许且软件包涵盖了所有脂质，这种方法可以实现细胞脂质组中任何脂质的非靶向分析。目前,这项技术已应用于许多生物学研究[19,25,50-53]。

对于该方法,应该在实验设计中考虑以下几点:
- 由于这种方法本质上是一种基于串联质谱技术的方法,所以在测定各类脂质时,都需要选择多个(至少两个)内标,如上一节所述。
- 非极性脂质中不同脂质的电离响应不同,因此对这些脂质进行定量时应该对不同的离子化响应进行校正。
- 线性动态范围的定量很大程度上取决于分析碎片离子的仪器。由于存在异构重叠现象,低丰度的碎片离子常受到高丰度的碎片离子的影响,或者在选定的质量范围内存在多种碎片形式。
- 还应考虑同位素碎片在选定质量范围内的影响。

3.2.4.3 基于多维质谱的鸟枪法脂质组学

基于 MDMS 的鸟枪法脂质组学克服了其他鸟枪法脂质组学方法的诸多局限,具有明显的优点。
- 直接从生物提取物中定性和定量各种脂质,其中质谱仪除了作为分析仪之外还用作分离装置,从而避免了对色谱的依赖。
- 与 LC-MS 方法相比,通过对无限时间帧的信号进行平均,可以大幅增加 S/N。
- 不需要预先了解任何与生物提取物中的脂质有关的信息,在各种质谱条件下(即 MDMS),使用 PIS 和/或 NLS 对脂质的结构单元进行原位分析和鉴定。
- 使用多维空间中的峰等高线,通过两步定量法(详见第 15 章)结合质量偏差和同位素分析以生物信息学的方式进行校正,有利于促进定量精准化。
- 合理地利用各类脂质的化学特性。例如,使用$[M-2H+1]^{2-}$同位素体分析 CL[38],使用 Fmoc 衍生化分析含磷酸乙醇胺的脂质[32],在动态脂质组学中使用特异性氘代胺选择性试剂对特定成分进行 PIS 分析[54],使用碱性水解有助于鞘脂的分析[31],以及使用远电荷碎裂进行脂肪酸组学分析[49]等。

基于 MDMS 的鸟枪法脂质组学以及其他鸟枪法脂质组学方法的局限性包括:
- 虽然基于 MDMS 的鸟枪法脂质组学利用了质谱仪固有的线性动态范围的四个数量级,但对于含量极低的脂质而言,目前的质谱仪普遍存在离子抑制现象,因此鸟枪法脂质组学灵敏度不高,必须要进行一定的富集。因此,一般情况下,鸟枪法脂质组学不适用于低含量或电离难度大脂质的分析。但是,这类脂质经过衍生化后可以通过 MDMS 鸟枪法脂质组学中进行检测。此外,基于 MDMS 的鸟枪法脂质组学同样适用于经过分离的样品。因此,色谱分离、液-液分配、固相萃取和其他富集方法,对于提高低含量脂质的检测限非常有利。
- 当脂质同分异构体的碎裂模式相同时,无法对其进行区分。
- 虽然基于 MDMS 的鸟枪法脂质组学能够在仪器灵敏度范围内以无偏差的方式识别和定量一类脂质中的各个脂质,但对于未知脂质,该方法的定性和定量效果并不理想,必须预先确定脂质的结构单元。与其他两种鸟枪法脂质组学方法相比,其工作效率相对较低。

3.3 基于 LC-MS 的脂质组学方法

3.3.1 概述

尽管 LC-MS 方法可能不是全脂质分析(即脂质组学)的最佳选择,但是 LC-MS 方法是目前最常用的脂质分析方法[55-57]。LC-MS 的基本原理是最大限度地利用 LC 分离技术以及 MS 高灵敏的检测能力。在脂质组学中成功开发 LC-MS 方法学并理解其原理通常需要考虑三个要素。

第一是选择合适的色谱柱并优化分离条件(例如,流动相及其梯度)以实现脂质类别、脂质分子或两者的最佳分离条件。所有类型的色谱柱,包括正相、反相、亲水相互作用(HILIC)、离子交换、亲和层析色谱柱等,甚至多维 LC 都可应用于脂质的分离[58]。一般而言,选择正相 HPLC 来分离不同类别的脂质,而反相 HPLC 则用于分离特定脂质类别中的不同脂质。然而,随着 HPLC 技术[例如,超高效液相色谱(UPLC)]的发展(包括填料的材料、粒度和填充技术的改进),仅需一步柱分离即可实现各种类别的脂质和各个脂质分子的有效分离。例如,一旦正相和反相 HPLC 取代逐级分离,UPLC 技术即可应用于脂质组学[27,59-60]。有关这些用于脂质分离的色谱柱的色谱信息参见 Christie 和 Han 编写的关于脂质分析的专著[61]。这些色谱技术的原理和代表性应用将在下一节中介绍。

第二是考虑 LC 洗脱条件与质谱仪的适当联用。例如,当 HPLC 与质谱仪联用时,流动相中的离子强度不能太高,因为离子抑制(详见第 15 章)对离子化效率的影响随着离子浓度特别是无机离子浓度的增加而变得严重。在某些实验条件下,必须在流动相中引入离子,例如在正相 LC 中引入电离改性剂以促进加合物形成或在反相色谱柱中采用离子梯度。使用低离子强度或挥发性酸(例如,甲酸或乙酸)、碱(例如,氢氧化铵、三甲胺、哌啶)或盐(例如,乙酸铵)优于非挥发性化合物。液质联用中 LC 的流速也很重要。与 LC 和 MS 联用相关的许多因素可参见 Niessen 博士编写的专著 *Liquid Chromatography-Mass Spectrometry*[62]。

第三个是设置 MS(或 MS/MS)参数,尽可能多地定性和定量洗脱的各个脂质分子。LC-MS 分析的特点是,洗脱液中的脂质浓度不断变化,脂质的鉴定和定量必须在非常有限的时间内进行。这些特征与鸟枪法脂质组学相反;因此,必须采用与鸟枪法脂质组学中完全不同的设置和方法。

采用 LC-MS 进行脂质分析时,与 MS 设置有关的有三种方法简述如下。

3.3.1.1 用于 LC-MS 的选择离子监测

LC-MS 的全脂质分析可以通过使用选择离子检测(SIM)进行,其中可以从总离子色谱中提取任何目标离子。这种方法可以检测出全部具有相同分子质量的脂质。具体而言,在洗脱过程中连续获取质谱信息,并且可以从色谱分离后所获取的数据阵列中提取目标离子。与其他检测模式相比,ESI-MS 检测与 HPLC 分离的结合以及 SIM 的高灵敏度,使得这种方法成为脂质特别是低含量脂质分析和定量过程中的优选方法。实际上,这种组合方法已经广泛应用于脂质鉴定。

该方法的局限性主要包括：
- 尽管根据标准曲线进行少量脂质的针对性分析是非常普遍的[64]，但用这种方法在大规模脂质定量方面的应用具有局限性[63]。
- 采用这种方法并不一定能明确鉴定各个提取离子。
- SIM中通常存在多种干扰，因此提取离子对目标化合物的特异性有待商榷。

为了减少离子提取出现错误，需要高精度/高分辨率的仪器。或者，各个脂质的分析可能仅限于已经预分离的一个脂质类别，例如人类皮肤中神经酰胺的分析就是一个典型的例子。Masukawa等[65]采用SPE分离神经酰胺后，用LC-MS对角质层中的神经酰胺进行了定量。根据m/z，采用SIM方法检测了182个分子离子，这些分子离子对应于角质层中不同的神经酰胺。

3.3.1.2 用于LC-MS的选择/多反应监测

作为PIS或NLS（详见第2章）的特例，选择/多反应监测（SRM/MRM）是检测特定离子的首选方法，因为它可以在很短的时间内完成。如果经过LC分离后不存在其他干扰，检测的碎片离子对前体是特异性的，此时SRM/MRM是非常具体的。

该方法的局限性包括：
- 需要预先确定各个脂质的洗脱时间。因此，除了限定离子对的时间外，这种方法不适用于分析没有预先确定洗脱时间的脂质。
- 这种方法只能确定包含限定离子对的脂质。

3.3.1.3 LC-MS的数据分析

在LC-MS分析中，无论使用何种类型的色谱柱，一类脂质中的各个分子或多或少都会在不同的时间洗脱出来。例如，在正相HPLC中，含有饱和脂肪酰基取代基的脂质通常比含有不饱和脂肪酰基取代基的脂质提前被洗脱出来；而在反相HPLC中，即使是氘代标记的同位素异构体也可以与未标记脂质分离开。因此，在LC-MS中，必须通过对特异性产物离子的MS分析来鉴定各个脂质。在数据分析过程中，应根据预先设定的条件，对单次洗脱过程中m/z已知的分子离子进行产物离子分析[66]。这是通过LC-MS对各个脂质进行定性和定量分析的一种理想方法，但也存在一定的局限性：

- 由于洗脱时间较短，鉴定所有洗脱出来的脂质仍然是非常困难的。因此，数据分析通常仅限于一些含量丰富的离子。
- 与UPLC类似，出于定量的目的，必须保证离子峰的形状正常，所以当洗脱时间变短时，很难通过该方法进行广泛的鉴定。

3.3.2 基于LC-MS的脂质组学方法

3.3.2.1 正相LC-MS

正相HPLC可根据分析物和色谱柱固定相之间的极性相互作用分离化合物。通常，正相LC中的固定相是未经改性的二氧化硅颗粒，其中游离的硅烷醇基团是发挥作用的官能团。然而,在脂质的 LC-MS 分析中,还经常使用经各种有机官能团修饰的硅烷醇基团,例如二醇、腈、硝基、甲基氰基或苯基氰基,通过化学键键合至表面。这种键合相使得分离更有效,可以明显改善峰拖尾,并且在采用流动相进行梯度洗脱的过程中,它们的平衡时间相对较短。

在最常见的分离模式中,常根据脂质分子中极性官能团的数量和性质(例如,酯键、磷酸根、羟基和胺基)来分离组分。由于脂质头基决定了其与固定相的极性相互作用,所以正相 HPLC 将脂质提取物分离成不同类别的脂质而不是将各个脂质分子分开。

通常使用氯仿和甲醇或正己烷和异丙醇组成的溶剂体系(有时也需要添加少量水)来分离不同类别的脂质。这些溶剂体系比较适用于 ESI 离子源。然而,由于氯仿具有毒性,因此在 LC-MS 中很少使用。无机盐与 MS 不相容,少量有机盐或酸可用作改性剂。通过使用组成恒定的流动相体系进行等度洗脱可以用于分离一类特定的脂质,但梯度洗脱(其中流动相的极性以一定规律增加)的通用性更强。

例如,Hermansson 等[63]使用的色谱柱为二醇修饰的二氧化硅柱(250mm×1.0mm,5μm),洗脱方式为等度洗脱,流动相体系为正己烷:异丙醇:水:甲酸:三乙胺(628:348:24:2:0.8,V/V),在负离子模式下进行质谱分析,监测的分子离子为[M-H]$^-$或[M+HCOO]$^-$。研究人员分离了常见的大多数类别的脂质,并开发了一种 MS 检测方法,通过洗脱时间和脂质质量的二维分析(即 SIM 方法)自动识别和定量超过 100 种脂质。

Lipid MAPS 联盟利用正相色谱法提供了详细的分离 GPL 的实验方案[67],其中采用的色谱柱为 Luna Silica 色谱柱(250mm×2.0mm,5μm 粒径),流动相为异丙醇:正己烷:碳酸氢铵(100mmol/L),梯度洗脱方式为二元非线性梯度洗脱,由流动相 A(58:40:2,V/V)至流动相 B(50:40:10,V/V)。在负离子模式下获得了 MS 图,采用 SIM 方法鉴定脂质,但没有给出检测到的脂质总数。

在一个利用正相 LC-MS 分析人类和猴子血浆脂质的例子中,使用的色谱柱为 Luna 硅胶柱(150mm×2.0mm,3μm 粒径),采用流动相 A(氯仿:甲醇:氢氧化铵 = 89.5:10:0.5)至流动相 B(氯仿:甲醇:氢氧化铵:水 = 55:39:0.5:5.5)的线性梯度洗脱方式[68]。用 MRM 方法在正离子和负离子 ESI 模式下采集质谱数据。在正离子模式下检测 PC、SM、神经酰胺和 Glu-Cer,并在负离子模式下检测 PE、PI、PS、PG、PA 和神经节苷脂 M3,研究中总共确定了 153 种脂质。

总体而言,当使用正相 LC-MS 进行脂质分析时,由于单个脂质类别的洗脱时间较短,所以在 MS 检测中一般选择 SIM 模式。尽管 MRM 方法的应用已有报道,然而在建立相应离子对方面仍需改进。由于洗脱时间有限,所以很难对一个脂质类别内的各个分子进行产物离子分析,这就造成了上述这种数据分析方法的应用受限。

3.3.2.2 反相 LC-MS

在反相 HPLC 中,根据分析物与非极性液体固定相和极性液体流动相的选择性相互作用实现分离。因此,与正相 LC 相比,反相 HPLC 对脂质的分离更多地基于脂肪酰基链的疏水性(例如,链长、双键数目和构型),并非脂质头基的极性。因此,不同种类但具有相同质荷比的脂质可能具有相似的疏水性,因此会导致脂质混合物的数据解析和定量变得复杂。由于这个原因,使用反相 LC 的脂质分析仅适用于特定类别的脂质,而不适用于所有的生物脂质提取物。

尽管在反相 HPLC 中使用了许多非极性固定相,但用于脂质分析最广泛和最重要的是粒径为 $3\sim10\mu m$ 的硅胶颗粒,长链碳氢化合物以共价键的形式结合在这些颗粒表面。其中,使用最广泛的固定相由十八烷基甲硅烷基(即 C18 或 ODS)组成。反相 LC 的流动相组成同样至关重要,当溶剂分子从键合链之间穿过时,通过分散力与它们相互作用,决定着它们的构象和结构。通常,流动相的主要组分为乙腈或甲醇,并且与改性剂(例如,有机盐、有机酸、有机碱或它们的组合)一同用于 LC-MS 分析。应该认识到,在强酸或强碱条件下,键合的长烷基链会发生水解,因此,分析的最佳 pH 为 $2\sim9$。

文献[56]详细综述了反相 LC 在脂质分析中的应用及发展,这里只给出几个使用 LC-ESI/MS 进行脂质分析的例子。

在之前的一项利用 LC-ESI/MS 开展的脂质分析中,Kim 等[69]在正离子模式下采用 SIM 方法确定了 PI、PS、PC、PE 和 SM,检测的离子为质子化或钠离子化形式。他们采用的流动相为含有 0.5% 氢氧化铵的水-甲醇-正己烷,色谱柱为 C18 色谱柱($150mm\times2.1mm$, $3\mu m$),采用 12:88:0~0:88:12 的线性梯度洗脱方式。

Khaselev 和 Murphy[70]将缩醛磷脂 PC 与自由基引发剂 2,2'-偶氮双(2-脒基丙烷)盐酸盐混合后检测到了 PC 的氧化形式。他们采用的色谱柱为 C18 色谱柱($150mm\times1.0mm$, $5\mu m$),流动相为甲醇:水:乙腈(60:20:20, $V/V/V$),含有 1mmol/L 醋酸铵的流动相作为 A 相,含有 1mmol/L 甲醇铵乙酸盐的流动相作为 B 相,流动相 B 从 0% 至 100% 呈线性梯度增加(40min),随后使用 100%B 等度洗脱 20min。他们通过前体离子监测以及产物离子分析检测了正离子和负离子模式下的氧化 PC 和多种氧化物。研究发现,缩醛磷脂 sn-2 位的多不饱和脂肪酸可能在 1'-链烯基位置以及最接近 sn-2 位的双键位置发生了特异性的自由基氧化。

在脂质 MAPS 提供的方案中,检测一个脂质类别中的各个脂质分子主要基于反相 LC-MS 实现的。例如,在类花生酸的分析方法中,使用 C18 色谱柱($250mm\times2.1mm$),梯度洗脱方式为从流动相 A(水:乙腈:甲酸=63:37:0.02, $V/V/V$)到流动相 B(乙腈-异丙醇,50:50, V/V)[71]。通过 MRM 方法检测到了各种类花生酸并通过内标做了定量分析。

Sommer 等[72]使用反相 LC-MS 或 LC-MS/MS 和 C18 毛细管色谱柱,利用正相 LC-MS 的离线模式对不同类别的脂质进行分离后,对包括脂肪酸组成在内的各个脂质分子进行了全面表征。相似的方法如在线或离线二维液相色谱也被 Byrdwell 用于总脂质分析[73]以及其他成分的分析[74-77]。

随着液相色谱仪和固定相的发展,UPLC 取代传统的反相液相色谱仪,成为了一种常用工具。UPLC 通过缩小粒径来提高色谱分辨率,利用新一代 HPLC 泵,泵压力能够达到 15000psi。许多研究人员试图用这种技术来取代正相和反相 HPLC 的连续分离[27,59-60,78]。例如,Laaksonen 等[27]使用 Acquity UPLC C18 色谱柱($50mm\times1.0mm$, $1.7\mu m$),流动相 A 为水(含 10mmol/L 乙酸铵和体积分数为 0.1% 的甲酸),流动相 B 为乙腈:异丙醇(5:2, V/V)(含 10mmol/L 乙酸铵和体积分数为 0.1% 的甲酸),在正离子模式下通过 18min 的梯度洗脱方式来分析人体血浆（10μL）中的脂质，共鉴定出132种脂质，包括PC、PE、SM、PS、TAG和胆固醇酯。

综上，利用反相色谱柱开展的LC-MS分析是一种非常有效的脂质分析方法，利用色谱柱将感兴趣的一类脂质分离后，再对该类别中的各个分子进行分析，而UPLC系统常用于全脂质分析。关于MS检测，前者更多地与MRM方法相关联，而SIM方法通常应用于后者。

3.3.2.3 亲水作用LC-MS

亲水作用液相色谱（HILIC）是一种正相液相色谱的变体。HILIC使用亲水固定相，但采用反相洗脱液。任何极性色谱表面都可用于HILIC分离，即使是非极性键合硅胶。通常，HILIC使用的流动相为含有少量水的乙腈。然而，任何可与水互溶的非质子溶剂（例如，四氢呋喃或二恶烷）都可以使用，也可以使用高浓度的醇。此外，通常使用一些离子添加剂（例如，乙酸铵和甲酸铵）作为改性剂来控制流动相的pH和离子强度。

关于HILIC的分离机制，通常认为流动相在极性固定相表面与非水流动相表面形成了富水层，形成液/液萃取系统。因此，分析物分布在这两层之间。与极性较小的化合物相比，极性较大的化合物与固定相水层的相互作用更强。因此，HILIC中的分离取决于分析物的极性和溶剂化程度，改性剂也会影响分析物的极性，从而影响保留时间。目前这种方法已经被广泛使用，特别适用于全脂质组学[75,77,79-82]。

例如，通过使用HILIC硅胶柱（50mm×2.1mm，1.8μm），流动相A为水（含有体积分数为0.2%的甲酸和200mmol/L甲酸铵），流动相B为乙腈（含有体积分数为0.2%甲酸），以特定的梯度洗脱方式，开发了一种用于快速定量鞘脂的方法[79]。该方法有效实现了鞘氨醇、二氢神经鞘氨醇、植物鞘氨醇、二甲基鞘氨醇、三甲基鞘氨醇、SM、Hex-Cer、LacCer、神经酰胺-1-磷酸和二氢神经酰胺-1-磷酸的分离。该方法优于反相LC-MS的方法，峰形良好且分析时间短。最重要的是，分析物与其内标可以共同被洗脱出来，可以避免由于离子相互抑制而导致的脂质测量结果偏高。

最近的一项研究使用配备有HILIC色谱柱的LC-MS/MS（150mm×2.1mm，3μm；Waters，Milford，MA）测定了lysoGPL，包括其异构体[83]。使用的流动相与上一段中描述的相同，采用特定的梯度洗脱方式。研究人员设计了详细的MRM方法。在该研究中，在血浆的68种lysoGPL中检测到了110个异构体，确定了皮肤样品中的43种lysoGPL的67种异构体。有趣的是，该研究显示，皮肤中存在的大多数lysoGPL是2-酰基异构体，而血浆中的主要种类为1-酰基异构体。

3.3.2.4 其他LC-MS方法

银离子或银盐色谱也是一种非常有效的脂质分析方法，其中银离子与双键π电子相互作用形成极性配合物，分子中双键的数量越多，形成的复合物就越强，其保留时间越长。这种类型的色谱结合MS分析已经成功应用于脂质的分析。例如，与MS联用的银离子LC用于TAG的异构体分析[84]、共轭亚油酸异构体的鉴定[85]以及其他脂肪酸异构体的分离鉴定等[86]。

手性色谱法广泛用于拆分类花生酸的手性异构体以及甘油二酯和甘油单酰的对映异构体。Ian Blair 教授对这项技术及其应用进行了系统的综述,包括使用 LC-MS 对这些脂质类别和各个脂质分子进行靶向分析[87-89]。

离子交换色谱常用于分离不同类别的脂质[90]。由于流动相中的离子强度较高,因此不能直接与质谱仪直接连接而进行脂质分析。然而,离子交换固相萃取柱可以用于脂质分离,然后采用反相 LC-MS 或鸟枪法脂质组学对特定脂质进行分析。

3.3.3 优点和缺点

LC-MS 分析的主要优点是色谱分离技术简化了脂质分离步骤。例如,正相色谱柱可以从脂质混合物中分离出单独的一类脂质,或者根据脂质疏水性的不同使用反相色谱柱来分离脂质。当然,没有一个色谱柱能够将生物脂质提取物按照各个种类完全分开。因此,可以通过组合不同类型的色谱柱以在线或离线等方式实现二维或多维分离[58,72]。一般而言,离线分离方法(包括分步分离)广泛用于不易离子化或低含量脂质的富集和分析。特别地,LC-MS 方法在新型脂质的发现中发挥着重要作用。

应该认识到以下几个与 LC-MS 分析相关的问题:

- 在 LC 分离过程中,通常在不同的洗脱时间测定分析物的离子化效率,而流动相组成的不同又会对离子化效率产生影响。
- 当使用正相 HPLC 色谱柱分离不同类别的脂质时,某一类脂质种的各个脂质分子并不是均匀分布在洗脱峰中(即,各个分子保留时间和峰形各不相同,因为其与固定相及所用离子对试剂的相互作用不同)。
- 通常利用反相 HPLC 色谱柱结合梯度洗脱来分离各种脂质。流动相组分的变化也可能导致电离不稳定性增加,还可能影响不同流动相洗脱时脂质的离子化效率。
- 反相 HPLC 的梯度洗脱通常采用水相开始洗脱,然而这通常会导致一些溶解性问题,因为反相 HPLC 通常用于将样品浓缩至水相中的溶解度极限,这会导致脂质分子发生聚集和离子化效率差异(详见第 15 章)。
- 通常,脂质在色谱柱上的损失存在差异[91]。
- 由于串联质谱本身的特性,在 SRM/MRM 方法中,不同分子的响应因子可能不同(详见第 15 章)。在这种情况下,应该根据不同脂质类别中的脂质分子的多样性来选择多种内标。

尽管 LC-MS 在发现和鉴定新型脂质特别是含量非常低的脂质分子方面应用广泛[92-95],然而上述问题也限制了 LC-MS 在脂质分析特别是其绝对定量方面的大规模应用。

3.3.4 LC-MS 分离后脂质的鉴定

在脂质鉴定过程中,色谱柱分离过程中的洗脱时间是需要考虑的一个重要因素。然而,必须通过产物离子 MS 分析来匹配各类脂质的独特碎裂模式,从而确定从色谱柱上洗脱出来的各个分子。经验不足的分析人员可以通过搜索产物离子质谱图的数据库来确定脂质结构。为此,一个包含脂质在不同电离模式下的结构、相对分子质量、同位素和 MS/MS

谱图等信息的数据库以及脂质在 LC 中可能的保留时间对脂质分析是至关重要的。这类似于 GC-MS 谱图库,可用于 GC-MS 分析后搜索感兴趣的化合物。第五章中对包含这些信息的一些数据库进行了阐述。因此,可以通过这些工具以及其他可用的信息手动或自动匹配脂质的断裂模式。然而,当一类脂质中的各个分子没有完全分开时,鉴定就会变得很复杂。在这种情况下,可以试图进一步将各个脂质分开,或者通过仔细分析几种标准品混合物的产物离子质谱图进行进一步分析。

3.4 脂质组学中的 MALDI-MS

3.4.1 概述

自 20 世纪 80 年代后期以来,MALDI-MS 就已经用于脂质分析[92,93]。MALDI-MS 可以分析几乎所有类型的脂质[例如,非酯化脂肪酸、甘油脂(如 DAG 和 TAG)、胆固醇及其衍生物、GPL 和鞘脂等],并且同样适用于氧化脂质和生物脂质提取物的研究[94-98]。通常,经典的 MALDI-MS 分析几乎都是在正离子模式下取得了较好的分析效果,大多数脂质显示出[M+H]$^+$、[M+Na]$^+$、[M+K]$^+$ 或其他正离子形式。通常,PC 在正离子 MALDI-MS 中的信号最好,然而这会对其他脂质的信号产生抑制。这种高灵敏度主要是由稳定的季铵基团引起的[99]。在负离子模式下,分子离子区域中的质谱较为简单,其中[M-H]$^-$ 离子通常占优势。然而,负离子模式下的源后裂解比正离子模式下的严重,并且在分析复杂脂质时,源后裂解产生的脂肪酰羧酸盐通常以基峰存在。这个问题造成酸性 GPL(例如,磷脂酰乙醇胺)的分析相对困难且灵敏度降低。因此,有必要采用 HPLC 或薄层色谱法(TLC)预先分离不同类型的脂质,然后在正离子或负离子模式下分析各类脂质中的各个分子[100]。

3.4.2 脂质提取物的分析

PC 和 SM 的正离子 MALDI-MS 分析通常显示两个准分子离子,分别对应其质子化形式或钠加合物。这些离子峰的强度比取决于基质中钠的含量。这些 GPL 的质子加合物在 m/z 184 处产生独特的片段,对应的是磷酸胆碱。然而,钠加合物则会产生多种碎片,如前所述[93],这与 ESI-MS/MS 获得的碎裂模式基本相同。尽管含有磷酸胆碱的脂质可以产生强烈的正离子信号,但这些分子在负离子模式下的解吸/电离非常差[99]。

PE 的正离子 MALDI 质谱的特征在于,丢失磷酸乙醇胺头基后会产生一个特定的碎片离子[93]。与正离子模式相比,PE 也可以在负离子模式电离,然其灵敏度相对较低。PE 的负离子 MALDI 质谱通常以 PE 的基质加合物为主。

PS 的阳离子 MALDI 质谱图中,除了存在质子化和钠离子化等形式外,通常还会出现一个对应于[M-H+2Na]$^+$ 的离子峰。此外,由于丢失磷酸丝氨酸头基产生的碎片离子(与 PE 相似)也存在于 PS 的正离子 MALDI 质谱中,表明极性头基的裂解是 GPL 裂解的主要途径[93]。PS 的负离子 MALDI 质谱图中的基峰为[M-H]$^-$,其他强度较高的离子峰为分子离子峰[M+Na-2H]$^-$ 和基质加合物。

MALDI-MS 不仅可以用于表征极性脂质[94],也可以用于表征非极性脂质如胆固醇和

TAG。TAG 的正离子 MALDI 质谱图中仅有其钠离子加合物。由于源后裂解,TAG 的 MALDI 质谱中也会出现由于丢失脂肪酰羧酸钠而形成的离子[93]。文献[101]中详细总结了采用 MALDI-MS 及相应基质检测的脂质类别,若读者有兴趣,可参考。以前,源后裂解通常用于检测极性脂质[93]。然而,随着 MALDI-TOF/TOF 和 MALDI Q-TOF 质谱仪的问世,通过 MALDI-MS 对脂质进行串联质谱分析变得可行[102-104]。

MALDI-MS 已经成功地应用于生物组织样品中脂质的直接分析(详见第 12 章)。

3.4.3 优点和缺点

MALDI-MS 在脂质分析方面具有许多优势[94,96],主要包括以下几点:

- MALDI-MS 分析速度快,单个样品的测定时间不超过 1min。
- MALDI-MS 易于操作,只需将脂质样品点样到 MALDI 板上即可。
- 与其他电离技术相比,MALDI-MS 的灵敏度较高,样品用量仅为皮摩尔级别。
- MALDI 点样板上的脂质样品通常可以做重复测定。
- MALDI-MS 分析中已实现从点样到数据采集的全自动化。

然而,这项技术在脂质组学[96]分析中也有许多缺点,包括:

- 基质化合物通常会被电离,导致低 m/z 区域的脂质分析变得复杂,例如,由于源后裂解产生并用于脂质结构表征的碎片。
- MALDI-MS 中的源后裂解有利有弊,它对脂质结构的鉴定非常有用,但由于不同脂质的裂解动力学存在差异,因此会导致定量困难。
- 由于各种脂质加合物和离子化形式的存在,使质谱分析变得复杂,并导致定性和定量分析的灵敏度降低。
- 结晶过程中通常会发生脂质聚集,导致脂质在样品点中的分布不均匀。
- MALDI-MS 对脂质分析的精确定量结果并不理想,因此,在脂质特别是脂质混合物的精确定量方面,MALDI-MS 应用效果欠佳。

因此,经典的 MALDI-MS 主要用于快速筛查样本中的脂质类型,其在脂质组学中的应用较少。

3.4.4 MALDI-MS 在脂质组学中的研究进展

3.4.4.1 使用新型基质

为了克服上述缺陷,科学家做出了大量的努力。为了改善脂质分析过程中点样点的均一性问题,可以在其中加入离子-液体(或离子-固体)基质[105-107]。一般而言,与常用基质相比,应用离子-液体基质具有多项优势。点样点的均一性是提高脂质分析重现性的关键,从而有利于通过 MALDI-MS 实现脂质的定量分析。

此外,还可以采用新型基质以及开发新的点样技术。在不同的酸性/碱性条件下,通过利用一种中性基质(即 9-氨基吖啶)即可实现对不同类别脂质的选择性分析[108-109]。使用极性较低的溶剂来使基质结晶,这样会增加脂质的溶解度,有利于脂质均匀分布(减少聚集)。这种中性基质极大地促进了负离子模式下脂质的解离/离子化,同时将源后裂解降至最低。与常用的基质[例如,α-氰基-4-羟基肉桂酸(CHCA)和 2,5-二羟基苯甲酸(DHB)]相比,由于激光能量的分散度更好,9-氨基吖啶中能够形成较大的共轭体系,这归因于源后裂解降低。该中性基质仅在低质量范围内产生低基质背景,这进一步增强了质谱分析的 S/N。通过采用 9-氨基吖啶,利用 ESI-MS 和 MALDI-MS 获得的生物提取物的谱图基本相同(图 3.2)。与"源内分离"的原理类似[33],许多类脂质都可以在正离子模式下实现高选择性电离,包括 PC、SM 和 TAG[108]。此外,在负离子模式下,这种中性基质对于电负性脂质(包括来源于哺乳动物组织样品中的 CL、PI 和 ST)的分析非常灵敏,并且不需要事先采用色谱分离技术[108,109]。研究表明,这种基质适用于分析不同来源的脂质[98,109-117]。因此,这种基质确实为利用 MALDI-MS 开展脂质组学分析提供了新的方向。类似地,另一种中性基质(即 1,5-二氨基萘、DAN)有效提高了 MALDI-MS 在正离子和负离子模式下分析脂质的灵敏度[118]。

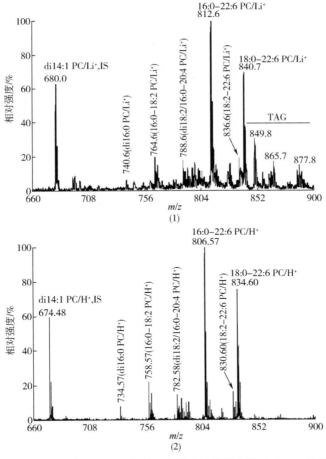

图 3.2 通过 ESI 或 MALDI 获得的小鼠心脏脂质提取物中 PC 的质谱图

利用改进的 Bligh-Dyer 法提取小鼠心肌脂质,(1) 在 LiOH 存在的条件下通过 ESI-MS 分析获得的结果;(2) 采用 9-氨基吖啶作为基质,溶剂为异丙醇/乙腈(60/40,V/V),通过 MALDI-MS 分析获得的结果。"IS"表示内标。

资料来源:摘自参考文献[108],经美国化学学会许可后转载。

3.4.4.2 （HP）TLC-MALDI-MS

为了解决酸性 GPL 分析过程中由于 PC 的离子抑制带来的困难[94]，研究表明，经过高效薄层色谱（HPTLC）分离的脂质类别可以直接利用 MALDI-MS 进行分析[119-121]。例如，Rohlfing 等[120]将甘油点在感兴趣的条带上后，很容易就检测到了 CL、PG、PE、PA、PC 和 SM。简言之，将展开的 HPTLC 板切成小块以适合样品板。将样品板放入质谱仪的离子源后直接进行质谱采集。然而，需要注意的是，相同的效果会导致样品快速消耗，并且还会增加二氧化硅污染离子源的可能性。采用相同的原理，研究人员开发了一种将 TLC 印迹与 MALDI-TOF/MS 结合的替代方法，实现了条带成像和各类脂质的定量[122-124]。

3.4.4.3 无基质激光解吸/电离方法

为了消除基质背景以及引入基质带来的其他影响和操作复杂等问题，研究人员开发了一种允许在表面发生软激光解吸/电离且不需要基质的方法。这些技术使用具有活性纳米结构的表面吸收激光能量，进而促进表面上的分析物的解吸/电离[125]。这些表面通常由碳或硅组成，代替了标准的 MALDI 点样板。许多类似的方法在文献中都有介绍，包括来自多孔硅的解吸/电离[126]、纳米线辅助激光解吸/电离[127]、纳米结构-引发剂质谱[128-131]和石墨辅助激光解吸/电离[132]，这些技术之间的主要区别在于底物类型。

例如，通过使用纳米结构-引发剂质谱，Patti 等[130]在 7-脱氢胆固醇还原酶的敲除小鼠模型中，原位鉴定了完整的胆固醇及其衍生物，为脑胆固醇的分布提供了清晰的图像。其他纳米材料（例如，银纳米粒子）也已用于分析组织样品中的脂质[133]。将胶体石墨薄膜置于大鼠脑组织上，通过石墨辅助激光解吸/电离质谱法可以直接进行脂质分析，从中检测到 22 种 HexCer，而用 MALDI-TOF/MS 仅检测到 8 种 HexCer[132]。利用化学法也可以实现对 HexCer 和 ST 的选择性分析。

总体而言，与标准的 MALDI 相比，这些方法的主要优点在于，最终谱图中的基质相关离子明显较少，极大地简化了低含量化合物（如非酯化脂肪酸）的检测，并显著提高了检测限[134-135]。

参考文献

1. Han, X., Yang, K. and Gross, R. W. (2008) Microfluidics-based electrospray ionization enhances intrasource separation of lipid classes and extends identification of individualmolecular species through multi-dimensional mass spectrometry: Development of an automated high throughput platform for shotgun lipidomics. Rapid Commun. Mass Spectrom. 22, 2115-2124.

2. Stahlman, M., Ejsing, C. S., Tarasov, K., Perman, J., Boren, J. and Ekroos, K. (2009) High throughput oriented shotgun lipidomics by quadrupole time-of-flight mass spectrometry. J. Chromatogr. B 877, 2664-2672.

3. Schwudke, D., Liebisch, G., Herzog, R., Schmitz, G. and Shevchenko, A. (2007) Shotgun lipidomics by tandem mass spectrometry under data-dependent acquisition control. Methods Enzymol. 433, 175-191.

4. Bowden, J. A., Bangma, J. T. and Kucklick, J. R. (2014) Development of an automated multi-injection shotgun lipidomics approach using a triple quadrupole mass spectrometer. Lipids 49, 609-619.

5. Han, X. and Gross, R. W. (1994) Electrospray ionization mass spectroscopic analysis of human erythrocyte plasma membrane phospholipids. Proc. Natl. Acad. Sci. U. S. A. 91, 10635-10639.

6. Duffin, K. L., Henion, J. D. and Shieh, J. J. (1991) Electrospray and tandem mass spectrometric characterization of acylglycerol mixtures that are dissolved in non-

polar solvents. Anal. Chem. 63, 1781-1788.

7. Kerwin, J. L., Tuininga, A. R. and Ericsson, L. H. (1994) Identification of molecular species of glycerophospholipids and sphingomyelin using electrospray mass spectrometry. J. Lipid Res. 35, 1102-1114.

8. Weintraub, S. T., Pinckard, R. N. and Hail, M. (1991) Electrospray ionization for analysis of platelet-activating factor. Rapid Commun. Mass Spectrom. 5, 309-311.

9. Han, X. and Gross, R. W. (2005) Shotgun lipidomics: Electrospray ionization mass spectrometric analysis and quantitation of the cellular lipidomes directly from crude extracts of biological samples. Mass Spectrom. Rev. 24, 367-412.

10. Ejsing, C. S., Ekroos, K., Jackson, S., Duchoslav, E., Hao, Z., Pelt, C. K. v., Simons, K. and Shevchenko, A. (2004) Shotgun lipidomics: High throughput profiling of the molecular composition of phospholipids ASMS Abstract Achieves, p 25.

11. Han, X. and Gross, R. W. (2005) Shotgun lipidomics: Multi-dimensional mass spectrometric analysis of cellular lipidomes. Expert Rev. Proteomics 2, 253-264.

12. Welti, R., Shah, J., Li, W., Li, M., Chen, J., Burke, J. J., Fauconnier, M. L., Chapman, K., Chye, M. L. and Wang, X. (2007) Plant lipidomics: Discerning biological function by profiling plant complex lipids using mass spectrometry. Front. Biosci. 12, 2494-2506.

13. Shevchenko, A. and Simons, K. (2010) Lipidomics: Coming to grips with lipid diversity. Nat. Rev. Mol. Cell Biol. 11, 593-598.

14. Han, X., Yang, K. and Gross, R. W. (2012) Multi-dimensional mass spectrometry-based shotgun lipidomics and novel strategies for lipidomic analyses. Mass Spectrom. Rev. 31, 134-178

15. Brugger, B., Erben, G., Sandhoff, R., Wieland, F. T. and Lehmann, W. D. (1997) Quantitative analysis of biological membrane lipids at the low picomole level by nano-electrospray ionization tandem mass spectrometry. Proc. Natl. Acad. Sci. U. S. A. 94, 2339-2344.

16. Welti, R. and Wang, X. (2004) Lipid species profiling: A high-throughput approach to identify lipid compositional changes and determine the function of genes involved in lipid metabolism and signaling. Curr. Opin. Plant Biol. 7, 337-344.

17. Samarakoon, T., Shiva, S., Lowe, K., Tamura, P., Roth, M. R. and Welti, R. (2012) Arabidopsis thaliana membrane lipid molecular species and their mass spectral analysis. Methods Mol. Biol. 918, 179-268.

18. Chernushevich, I. V., Loboda, A. V. and Thomson, B. A. (2001) An introduction to quadrupole-time-of-flight mass spectrometry. J. Mass Spectrom. 36, 849-865.

19. Ejsing, C. S., Moehring, T., Bahr, U., Duchoslav, E., Karas, M., Simons, K. and Shevchenko, A. (2006) Collision-induced dissociation pathways of yeast sphingolipids and their molecular profiling in total lipid extracts: A study by quadrupole TOF and linear ion trap-orbitrap mass spectrometry. J. Mass Spectrom. 41, 372-389.

20. Ekroos, K., Chernushevich, I. V., Simons, K. and Shevchenko, A. (2002) Quantitative profiling of phospholipids by multiple precursor ion scanning on a hybrid quadrupoletime-of-flight mass spectrometer. Anal. Chem. 74, 941-949.

21. Ejsing, C. S., Duchoslav, E., Sampaio, J., Simons, K., Bonner, R., Thiele, C., Ekroos, K. and Shevchenko, A. (2006) Automated identification and quantification of glycerophospholipid molecular species by multiple precursor ion scanning. Anal. Chem. 78, 6202-6214.

22. Schwudke, D., Oegema, J., Burton, L., Entchev, E., Hannich, J. T., Ejsing, C. S., Kurzchalia, T. and Shevchenko, A. (2006) Lipid profiling by multiple precursor and neutral loss scanning driven by the data-dependent acquisition. Anal. Chem. 78, 585-595.

23. Schwudke, D., Hannich, J. T., Surendranath, V., Grimard, V., Moehring, T., Burton, L., Kurzchalia, T. and Shevchenko, A. (2007) Top-down lipidomic screens by multivariate analysis of high-resolution survey mass spectra. Anal. Chem. 79, 4083-4093.

24. Schuhmann, K., Herzog, R., Schwudke, D., Metelmann-Strupat, W., Bornstein, S. R. and Shevchenko, A. (2011) Bottom-up shotgun lipidomics by higher energy collisional dissociation on LTQ Orbitrap mass spectrometers. Anal. Chem. 83, 5480-5487.

25. Ejsing, C. S., Sampaio, J. L., Surendranath, V., Duchoslav, E., Ekroos, K., Klemm, R. W., Simons, K. and Shevchenko, A. (2009) Global analysis of the yeast lipidome by quantitative shotgun mass spectrometry. Proc. Natl. Acad. Sci. U. S. A. 106, 2136-2141.

26. Herzog, R., Schwudke, D., Schuhmann, K., Sampaio, J. L., Bornstein, S. R., Schroeder, M. and Shevchenko, A. (2011) A novel informatics concept for high-throughput shotgun lipidomics based on the molecular fragmentation query language. Genome Biol. 12, R8.

27. Laaksonen, R., Katajamaa, M., Paiva, H., Sysi-Aho, M., Saarinen, L., Junni, P., Lutjohann, D., Smet, J., Van Coster, R., Seppanen-Laakso, T., Lehtimaki, T., Soini, J. and Oresic, M. (2006) A systems biology strategy reveals biological pathways and plasma biomarker candidates for potentially toxic statin-induced changes in muscle. PLoS One 1, e97.

28. Han, X. and Gross, R. W. (2001) Quantitative analysis and molecular species fingerprinting of triacylglyceride molecular species directly from lipid extracts of biological samples by electrospray ionization tandem mass spectrometry. Anal. Biochem. 295, 88-100.

29. Han, X., Yang, J., Cheng, H., Ye, H. and Gross, R. W. (2004) Towards fingerprinting cellular lipidomes directly from biological samples by two-dimensional

electrospray ionizationmass spectrometry. Anal. Biochem. 330, 317–331.
30. Yang, K., Cheng, H., Gross, R. W. and Han, X. (2009) Automated lipid identification and quantification by multi-dimensional mass spectrometry-based shotgun lipidomics. Anal. Chem. 81, 4356–4368.
31. Jiang, X., Cheng, H., Yang, K., Gross, R. W. and Han, X. (2007) Alkaline methanolysis of lipid extracts extends shotgun lipidomics analyses to the low abundance regime ofcellular sphingolipids. Anal. Biochem. 371, 135–145.
32. Han, X., Yang, K., Cheng, H., Fikes, K. N. and Gross, R. W. (2005) Shotgun lipidomics of phosphoethanolamine-containing lipids in biological samples after one-step in situ derivatization. J. Lipid Res. 46, 1548–1560.
33. Han, X., Yang, K., Yang, J., Fikes, K. N., Cheng, H. and Gross, R. W. (2006) Factors influencing the electrospray intrasource separation and selective ionization of glycerophospholipids. J. Am. Soc. Mass Spectrom. 17, 264–274.
34. Han, X. (2007) Neurolipidomics: Challenges and developments. Front. Biosci. 12, 2601–2615.
35. Song, H., Hsu, F. F., Ladenson, J. and Turk, J. (2007) Algorithm for processing raw mass spectrometric data to identify and quantitate complex lipid molecular species in mixturesby data-dependent scanning and fragment ion database searching. J. Am. Soc. Mass Spectrom. 18, 1848–1858.
36. Kind, T., Liu, K. H., Lee do, Y., Defelice, B., Meissen, J. K. and Fiehn, O. (2013) Lipid-Blast in silico tandem mass spectrometry database for lipid identification. Nat. Methods 10, 755–758.
37. Yang, K., Zhao, Z., Gross, R. W. and Han, X. (2009) Systematic analysis of choline-containing phospholipids using multi-dimensional mass spectrometry-based shotgun lipidomics. J. Chromatogr. B 877, 2924–2936.
38. Han, X., Yang, K., Yang, J., Cheng, H. and Gross, R. W. (2006) Shotgun lipidomics of cardiolipin molecular species in lipid extracts of biological samples. J. Lipid Res. 47, 864–879.
39. Han, X. (2002) Characterization and direct quantitation of ceramide molecular species from lipid extracts of biological samples by electrospray ionization tandem mass spectrometry. Anal. Biochem. 302, 199–212.
40. Han, X. and Cheng, H. (2005) Characterization and direct quantitation of cerebroside molecular species from lipid extracts by shotgun lipidomics. J. Lipid Res. 46, 163–175.
41. Hsu, F. F. and Turk, J. (2001) Structural determination of glycosphingolipids as lithiated adducts by electrospray ionization mass spectrometry using low-energy collisional-activated dissociation on a triple stage quadrupole instrument. J. Am. Soc. Mass Spectrom. 12, 61–79.
42. Hsu, F.-F., Bohrer, A. and Turk, J. (1998) Electrospray ionization tandem mass spectrometric analysis of sulfatide. Determination of fragmentation patterns and characterizationof molecular species expressed in brain and in pancreatic islets. Biochim. Biophys. Acta 1392, 202–216.
43. Jiang, X. and Han, X. (2006) Characterization and direct quantitation of sphingoid base-1-phosphates from lipid extracts: A shotgun lipidomics approach. J. Lipid Res. 47, 1865–1873.
44. Jiang, X., Yang, K. and Han, X. (2009) Direct quantitation of psychosine from alkaline-treated lipid extracts with a semi-synthetic internal standard. J. Lipid Res. 50, 162–172.
45. Cheng, H., Jiang, X. and Han, X. (2007) Alterations in lipid homeostasis of mouse dorsal root ganglia induced by apolipoprotein E deficiency: A shotgun lipidomics study. J. Neurochem. 101, 57–76.
46. Su, X., Han, X., Mancuso, D. J., Abendschein, D. R. and Gross, R. W. (2005) Accumulation of long-chain acylcarnitine and 3-hydroxy acylcarnitine molecular species in diabetic myocardium: Identification of alterations in mitochondrial fatty acid processing in diabetic myocardium by shotgun lipidomics. Biochemistry 44, 5234–5245.
47. Kalderon, B., Sheena, V., Shachrur, S., Hertz, R. and Bar-Tana, J. (2002) Modulation by nutrients and drugs of liver acyl-CoAs analyzed by mass spectrometry. J. Lipid Res. 43, 1125–1132.
48. Wang, M. and Han, X. (2014) Multidimensional mass spectrometry-based shotgun lipidomics. Methods Mol. Biol. 1198, 203–220.
49. Wang, M., Han, R. H. and Han, X. (2013) Fatty acidomics: Global analysis of lipid species containing a carboxyl group with a charge-remote fragmentation-assisted approach. Anal. Chem. 85, 9312–9320.
50. Zech, T., Ejsing, C. S., Gaus, K., de Wet, B., Shevchenko, A., Simons, K. and Harder, T. (2009) Accumulation of raft lipids in T-cell plasma membrane domains engaged in TCR signalling. EMBO J. 28, 466–476.
51. Klemm, R. W., Ejsing, C. S., Surma, M. A., Kaiser, H. J., Gerl, M. J., Sampaio, J. L., de Robillard, Q., Ferguson, C., Proszynski, T. J., Shevchenko, A. and Simons, K. (2009) Segregation of sphingolipids and sterols during formation of secretory vesicles at the trans-Golgi network. J. Cell Biol. 185, 601–612.
52. Klose, C., Ejsing, C. S., Garcia-Saez, A. J., Kaiser, H. J., Sampaio, J. L., Surma, M. A., Shevchenko, A., Schwille, P. and Simons, K. (2010) Yeast lipids can phase separate into micrometer-scale membrane domains. J. Biol. Chem. 285, 30224–30232.
53. Sampaio, J. L., Gerl, M. J., Klose, C., Ejsing, C. S., Beug, H., Simons, K. and Shevchenko, A. (2011) Mem-

brane lipidome of an epithelial cell line. Proc. Natl. Acad. Sci. U. S. A. 108,1903-1907.
54. Postle,A. D. and Hunt, A. N. (2009) Dynamic lipidomics with stable isotope labelling. J. Chromatogr. B 877,2716-2721.
55. Myers, D. S., Ivanova, P. T., Milne, S. B. and Brown, H. A. (2011) Quantitative analysis of glycerophospholipids by LC-MS:Acquisition,data handling, and interpretation. Biochim. Biophys. Acta 1811,748-757.
56. Brouwers, J. F. (2011) Liquid chromatographic-mass spectrometric analysis of phospholipids. Chroma-tography, ionization and quantification. Biochim. Biophys. Acta 1811,763-775.
57. Zoerner,A. A., Gutzki, F. M., Batkai, S., May, M., Rakers,C.,Engeli,S.,Jordan,J. and Tsikas,D. (2011) Quantification of endocannabinoids in biological systems by chromatography and mass spectrometry:A comprehensive review from an analytical and biological perspective. Biochim. Biophys. Acta 1811,706-723.
58. Guo, X. and Lankmayr, E. (2010) Multidimensional approaches in LC andMS for phospholipid bioanalysis. Bioanalysis 2,1109-1123.
59. Yin, P., Zhao, X., Li, Q., Wang, J., Li, J. and Xu, G. (2006) Metabonomics study of intestinal fistulas based on ultraperformance liquid chromatography coupled with Q-TOF mass spectrometry (UPLC/Q-TOF MS). J. Proteome Res. 5,2135-2143.
60. Rainville, P. D., Stumpf, C. L., Shockcor, J. P., Plumb, R. S. and Nicholson, J. K. (2007) Novel application of reversed-phase UPLC-oaTOF-MS for lipid analysis in complex biological mixtures: A new tool for lipidomics. J. Proteome Res. 6,552-558.
61. Christie, W. W. and Han, X. (2010) Lipid Analysis: Isolation, Separation, Identification and Lipidomic Analysis,The Oily Press,Bridgwater,England. pp 448.
62. Niessen, W. M. A. (1999) Liquid Chromatography-Mass Spectrometry. Marcel Dekker,Inc., New York.
63. Hermansson, M., Uphoff, A., Kakela, R. and Somerharju, P. (2005) Automated quantitative analysis of complex lipidomes by liquid chromatography/mass spectrometry. Anal. Chem. 77,2166-2175.
64. Liebisch, G., Drobnik, W., Reil, M., Trumbach, B., Arnecke, R., Olgemoller, B., Roscher, A. and Schmitz,G. (1999)Quantitative measurement of different ceramide species from crude cellular extracts by electrospray ionization tandemmass spectrometry (ESI-MS/MS). J. Lipid Res. 40,1539-1546.
65. Masukawa, Y., Narita, H., Sato, H., Naoe, A., Kondo, N., Sugai, Y., Oba, T., Homma, R., Ishikawa, J., Takagi, Y. and Kitahara, T. (2009) Comprehensive quantification of ceramide species in human stratum corneum. J. Lipid Res. 50,1708-1719.
66. Mann, M., Hendrickson, R. C. and Pandey, A. (2001) Analysis of proteins and proteomes by mass spectrometry. Annu. Rev. Biochem. 70,437-473.
67. Ivanova, P. T., Milne, S. B., Byrne, M. O., Xiang, Y. and Brown, H. A. (2007) Glycerophospholipid identification and quantitation by electrospray ionization mass spectrometry. Methods Enzymol. 432,21-57.
68. Shui, G., Stebbins, J. W., Lam, B. D., Cheong, W. F., Lam, S. M., Gregoire, F., Kusonoki, J. and Wenk, M. R. (2011) Comparative plasma lipidome between human and cynomolgus monkey: Are plasma polar lipids good biomarkers for diabetic monkeys? PLoS One 6,e19731.
69. Kim, H. Y., Wang, T. C. and Ma, Y. C. (1994) Liquid chromatography/mass spectrometry of phospholipids using electrospray ionization. Anal. Chem. 66,3977-3982.
70. Khaselev, N. and Murphy, R. C. (2000) Structural characterization of oxidized phospholipid products derived from arachidonate-containing plasmenyl glycerophosphocholine. J. Lipid Res. 41,564-572.
71. Deems, R., Buczynski, M. W., Bowers-Gentry, R., Harkewicz, R. and Dennis, E. A. (2007) Detection and quantitation of eicosanoids via high performance liquid chromatography-electrospray ionization-mass spectrometry. Methods Enzymol. 432,59-82.
72. Sommer, U., Herscovitz, H., Welty, F. K. and Costello, C. E. (2006) LC-MS-basedmethod for the qualitative and quantitative analysis of complex lipid mixtures. J. Lipid Res. 47,804-814.
73. Byrdwell, W. C. (2008) Dual parallel liquid chromatography with dualmass spectrometry(LC2/MS2) for a total lipid analysis. Front Biosci 13,100-120.
74. Nie, H., Liu, R., Yang, Y., Bai, Y., Guan, Y., Qian, D., Wang, T. and Liu, H. (2010) Lipid profiling of rat peritoneal surface layers by online normal-and reversed-phase 2D LC QToF-MS. J. Lipid Res. 51,2833-2844.
75. Lisa, M., Cifkova, E. and Holcapek, M. (2011) Lipidomic profiling of biological tissues using off-line two-dimensional high-performance liquid chromatography-mass spectrometry. J. Chromatogr. A 1218,5146-5156.
76. Fauland, A., Kofeler, H., Trotzmuller, M., Knopf, A., Hartler, J., Eberl, A., Chitraju, C., Lankmayr, E. and Spener, F. (2011) A comprehensive method for lipid profiling by liquid chromatography-ion cyclotron resonance mass spectrometry. J. Lipid Res. 52,2314-2322.
77. Wang, S., Li, J., Shi, X., Qiao, L., Lu, X. and Xu, G. (2013) A novel stop-flow two-dimensional liquid chromatography-mass spectrometry method for lipid analysis. J. Chromatogr. A 1321,65-72.
78. Sandra, K., Pereira Ados, S., Vanhoenacker, G., David, F. and Sandra, P. (2010) Comprehensive blood plasma lipidomics by liquid chromatography/quadrupole time-of-flightmass spectrometry. J. Chromatogr. A

1217, 4087-4099.
79. Scherer, M., Leuthauser-Jaschinski, K., Ecker, J., Schmitz, G. and Liebisch, G. (2010) A rapid and quantitative LC-MS/MS method to profile sphingolipids. J. Lipid Res. 51, 2001-2011.
80. Okazaki, Y., Kamide, Y., Hirai, M. Y. and Saito, K. (2013) Plant lipidomics based on hydrophilic interaction chromatography coupled to ion trap time-of-flight mass spectrometry. Metabolomics 9, 121-131.
81. Cifkova, E., Holcapek, M., Lisa, M., Ovcacikova, M., Lycka, A., Lynen, F. and Sandra, P. (2012) Nontargeted quantitation of lipid classes using hydrophilic interaction liquid chromatography-electrospray ionization mass spectrometry with single internal standard and response factor approach. Anal. Chem. 84, 10064-10070.
82. Cifkova, E., Holcapek, M. and Lisa, M. (2013) Nontargeted lipidomic characterization of porcine organs using hydrophilic interaction liquid chromatography and off-line two-dimensional liquid chromatography-electrospray ionization mass spectrometry. Lipids 48, 915-928.
83. Koistinen, K. M., Suoniemi, M., Simolin, H. and Ekroos, K. (2015) Quantitative lysophospholipidomics in human plasma and skin by LC-MS/MS. Anal. Bioanal. Chem. 407, 5091-5099.
84. Holcapek, M., Dvorakova, H., Lisa, M., Giron, A. J., Sandra, P. and Cvacka, J. (2010) Regioisomeric analysis of triacylglycerols using silver-ion liquid chromatographyatmospheric pressure chemical ionization mass spectrometry: Comparison of five different mass analyzers. J. Chromatogr. A 1217, 8186-8194.
85. Sun, C., Black, B. A., Zhao, Y. Y., Ganzle, M. G. and Curtis, J. M. (2013) Identification of conjugated linoleic acid (CLA) isomers by silver ion-liquid chromatography/in-lineozonolysis/mass spectrometry (Ag±LC/O3-MS). Anal. Chem. 85, 7345-7352.
86. Momchilova, S. M. and Nikolova-Damyanova, B. M. (2010) Separation of isomeric octadecenoic fatty acids in partially hydrogenated vegetable oils as p-methoxyphenacyl esters using a single-column silver ion high-performance liquid chromatography (Ag-HPLC). Nat. Protoc. 5, 473-478.
87. Lee, S. H., Williams, M. V. and Blair, I. A. (2005) Targeted chiral lipidomics analysis. Prostaglandins Other Lipid Mediat. 77, 141-157.
88. Mesaros, C., Lee, S. H. and Blair, I. A. (2009) Targeted quantitative analysis of eicosanoid lipids in biological samples using liquid chromatography-tandem mass spectrometry. J. Chromatogr. B 877, 2736-2745.
89. Lee, S. H. and Blair, I. A. (2009) Targeted chiral lipidomics analysis of bioactive eicosanoid lipids in cellular systems. BMB Rep. 42, 401-410.
90. Gross, R. W. and Sobel, B. E. (1980) Isocratic high-performance liquid chromatography separation of phosphoglycerides and lysophosphoglycerides. J. Chromatogr. 197, 79-85.
91. DeLong, C. J., Baker, P. R. S., Samuel, M., Cui, Z. and Thomas, M. J. (2001) Molecular species composition of rat liver phospholipids by ESI-MS/MS: The effect of chromatography. J. Lipid Res. 42, 1959-1968.
92. Marto, J. A., White, F. M., Seldomridge, S. and Marshall, A. G. (1995) Structural characterization of phospholipids by matrix-assisted laser desorption/ionization Fourier transformion cyclotron resonance mass spectrometry. Anal. Chem. 67, 3979-3984.
93. Al-Saad, K. A., Zabrouskov, V., Siems, W. F., Knowles, N. R., Hannan, R. M. and Hill, H. H., Jr. (2003) Matrix-assisted laser desorption/ionization time-of-flight mass spectrometry of lipids: Ionization and prompt fragmentation patterns. Rapid Commun. Mass Spectrom. 17, 87-96.
94. Schiller, J., Suss, R., Arnhold, J., Fuchs, B., Lessig, J., Muller, M., Petkovic, M., Spalteholz, H., Zschornig, O. and Arnold, K. (2004) Matrix-assisted laser desorption and ionization time-of-flight (MALDI-TOF) mass spectrometry in lipid and phospholipid research. Prog. Lipid Res. 43, 449-488.
95. Schiller, J., Suss, R., Fuchs, B., Muller, M., Zschornig, O. and Arnold, K. (2007) MALDI-TOF MS in lipidomics. Front. Biosci. 12, 2568-2579.
96. Fuchs, B. and Schiller, J. (2008) MALDI-TOF MS analysis of lipids from cells, tissues and body fluids. Subcell. Biochem. 49, 541-565.
97. Fuchs, B. and Schiller, J. (2009) Application of MALDI-TOF mass spectrometry in lipidomics. Eur. J. Lipid Sci. Technol. 111, 83-89.
98. Fuchs, B., Suss, R. and Schiller, J. (2010) An update of MALDI-TOF mass spectrometry in lipid research. Prog. Lipid Res. 49, 450-475.
99. Petkovic, M., Schiller, J., Muller, M., Benard, S., Reichl, S., Arnold, K. and Arnhold, J. (2001) Detection of individual phospholipids in lipid mixtures by matrix-assisted laser desorption/ionization time-of-flight mass spectrometry: Phosphatidylcholine prevents the detection of further species. Anal. Biochem. 289, 202-216.
100. Estrada, R. and Yappert, M. C. (2004) Regional phospholipid analysis of porcine lens membranes by matrix-assisted laser desorption/ionization time-of-flight mass spectrometry. J. Mass Spectrom. 39, 1531-1540.
101. Ellis, S. R., Brown, S. H., In Het Panhuis, M., Blanksby, S. J. and Mitchell, T. W. (2013) Surface analysis of lipids by mass spectrometry: More than just imaging. Prog. LipidRes. 52, 329-353.
102. Jackson, S. N., Wang, H. Y. and Woods, A. S. (2005) In situ structural characterization of phosphatidylcholines in brain tissue using MALDI-MS/MS. J. Am. Soc. Mass Spectrom. 16, 2052-2056.

103. Wang, H. Y., Jackson, S. N. and Woods, A. S. (2007) Direct MALDI-MS analysis of cardiolipin from rat organs sections. J. Am. Soc. Mass Spectrom. 18, 567–577.

104. Jackson, S. N., Wang, H. Y. and Woods, A. S. (2007) In situ structural characterization of glycerophospholipids and sulfatides in brain tissue using MALDI-MS/MS. J. Am. Soc. Mass Spectrom. 18, 17–26.

105. Li, Y. L., Gross, M. L. and Hsu, F. -F. (2005) Ionic-liquid matrices for improved analysis of phospholipids by MALDI-TOF mass spectrometry. J. Am. Soc. Mass Spectrom. 16, 679–682.

106. Jones, J. J., Batoy, S. M., Wilkins, C. L., Liyanage, R. and Lay, J. O., Jr. (2005) Ionic liquid matrix-induced metastable decay of peptides and oligonucleotides and stabilization of phospholipids in MALDI FTMS analyses. J. Am. Soc. Mass Spectrom. 16, 2000–2008.

107. Ham, B. M., Jacob, J. T. and Cole, R. B. (2005) MALDI-TOF MS of phosphorylated lipids in biological fluids using immobilized metal affinity chromatography and a solid ioniccrystal matrix. Anal. Chem. 77, 4439–4447.

108. Sun, G., Yang, K., Zhao, Z., Guan, S., Han, X. and Gross, R. W. (2008) Matrix-assisted laser desorption/ionization time-of-flight mass spectrometric analysis of cellular glycerophospholipids enabled by multiplexed solvent dependent analyte-matrix interactions. Anal. Chem. 80, 7576–7585.

109. Cheng, H., Sun, G., Yang, K., Gross, R. W. and Han, X. (2010) Selective desorption/ionization of sulfatides by MALDI-MS facilitated using 9-aminoacridine as matrix. J. Lipid Res. 51, 1599–1609.

110. Lobasso, S., Lopalco, P., Angelini, R., Baronio, M., Fanizzi, F. P., Babudri, F. and Corcelli, A. (2010) Lipidomic analysis of porcine olfactory epithelial membranes and cilia. Lipids 45, 593–602.

111. Dannenberger, D., Suss, R., Teuber, K., Fuchs, B., Nuernberg, K. and Schiller, J. (2010) The intact muscle lipid composition of bulls: An investigation by MALDI-TOF MS and 31P NMR. Chem. Phys. Lipids 163, 157–164.

112. Angelini, R., Babudri, F., Lobasso, S. and Corcelli, A. (2010) MALDI-TOF/MS analysis of archaebacterial lipids in lyophilized membranes dry-mixed with 9-aminoacridine. J. Lipid Res. 51, 2818–2825.

113. Angelini, R., Vitale, R., Patil, V. A., Cocco, T., Ludwig, B., Greenberg, M. L. and Corcelli, A. (2012) Lipidomics of intact mitochondria by MALDI-TOF/MS. J. Lipid Res. 53, 1417–1425.

114. Teuber, K., Schiller, J., Fuchs, B., Karas, M. and Jaskolla, T. W. (2010) Significant sensitivity improvements by matrix optimization: A MALDI-TOF mass spectrometric study of lipids from hen egg yolk. Chem. Phys. Lipids 163, 552–560.

115. Urban, P. L., Chang, C. H., Wu, J. T. and Chen, Y. C. (2011) Microscale MALDI imaging of outer-layer lipids in intact egg chambers from Drosophila melanogaster. Anal. Chem. 83, 3918–3925.

116. Marsching, C., Eckhardt, M., Grone, H. J., Sandhoff, R. and Hopf, C. (2011) Imaging of complex sulfatides SM3 and SB1a in mouse kidney using MALDI-TOF/TOF mass spectrometry. Anal. Bioanal. Chem. 401, 53–64.

117. Cerruti, C. D., Benabdellah, F., Laprevote, O., Touboul, D. and Brunelle, A. (2012) MALDI imaging and structural analysis of rat brain lipid negative ions with 9-aminoacridine matrix. Anal. Chem. 84, 2164–2171.

118. Thomas, A., Charbonneau, J. L., Fournaise, E. and Chaurand, P. (2012) Sublimation of new matrix candidates for high spatial resolution imaging mass spectrometry of lipids: Enhanced information in both positive and negative polarities after 1,5-diaminonapthalene deposition. Anal. Chem. 84, 2048–2054.

119. Fuchs, B., Schiller, J., Suss, R., Zscharnack, M., Bader, A., Muller, P., Schurenberg, M., Becker, M. and Suckau, D. (2008) Analysis of stem cell lipids by off-line HPTLC-MALDI-TOF MS. Anal. Bioanal. Chem. 392, 849–860.

120. Rohlfing, A., Muthing, J., Pohlentz, G., Distler, U., Peter-Katalinic, J., Berkenkamp, S. and Dreisewerd, K. (2007) IR-MALDI-MS analysis of HPTLC-separated phospholipid mixtures directly from the TLC plate. Anal. Chem. 79, 5793–5808.

121. Stubiger, G., Pittenauer, E., Belgacem, O., Rehulka, P., Widhalm, K. and Allmaier, G. (2009) Analysis of human plasma lipids and soybean lecithin by means of high-performance thin-layer chromatography and matrix-assisted laser desorption/ionization mass spectrometry. Rapid Commun. Mass Spectrom. 23, 2711–2723.

122. Goto-Inoue, N., Hayasaka, T., Taki, T., Gonzalez, T. V. and Setou, M. (2009) A new lipidomics approach by thin-layer chromatography-blot-matrix-assisted laser desorption/ionization imaging mass spectrometry for analyzing detailed patterns of phospholipid molecular species. J. Chromatogr. A 1216, 7096–7101.

123. Taki, T., Gonzalez, T. V., Goto-Inoue, N., Hayasaka, T. and Setou, M. (2009) TLC blot (far-eastern blot) and its applications. Methods Mol. Biol. 536, 545–556.

124. Goto-Inoue, N., Hayasaka, T., Sugiura, Y., Taki, T., Li, Y. T., Matsumoto, M. and Setou, M. (2008) High-sensitivity analysis of glycosphingolipids by matrix-assisted laser desorption/ionization quadrupole ion trap time-of-flight imaging mass spectrometry on transfer membranes. J. Chromatogr. B 870, 74–83.

125. Peterson, D. S. (2007) Matrix-free methods for laser desorption/ionization mass spectrometry. Mass Spectrom. Rev. 26, 19–34.

126. Wei, J., Buriak, J. M. and Siuzdak, G. (1999) Desorption-ionization mass spectrometry on porous silicon. Nature 399, 243-246.
127. Go, E. P., Apon, J. V., Luo, G., Saghatelian, A., Daniels, R. H., Sahi, V., Dubrow, R., Cravatt, B. F., Vertes, A. and Siuzdak, G. (2005) Desorption/ionization on silicon nanowires. Anal. Chem. 77, 1641-1646.
128. Northen, T. R., Yanes, O., Northen, M. T., Marrinucci, D., Uritboonthai, W., Apon, J., Golledge, S. L., Nordstrom, A. and Siuzdak, G. (2007) Clathrate nanostructures for mass spectrometry. Nature 449, 1033-1036.
129. Woo, H. K., Northen, T. R., Yanes, O. and Siuzdak, G. (2008) Nanostructure-initiator mass spectrometry: A protocol for preparing and applying NIMS surfaces for high-sensitivity mass analysis. Nat. Protoc. 3, 1341-1349.
130. Patti, G. J., Shriver, L. P., Wassif, C. A., Woo, H. K., Uritboonthai, W., Apon, J., Manchester, M., Porter, F. D. and Siuzdak, G. (2010) Nanostructure-initiator mass spectrometry (NIMS) imaging of brain cholesterol metabolites in Smith-Lemli-Opitz syndrome. Neuroscience 170, 858-864.
131. Patti, G. J., Woo, H. K., Yanes, O., Shriver, L., Thomas, D., Uritboonthai, W., Apon, J. V., Steenwyk, R., Manchester, M. and Siuzdak, G. (2010) Detection of carbohydrates and steroids by cation-enhanced nanostructure-initiator mass spectrometry (NIMS) for biofluid analysis and tissue imaging. Anal. Chem. 82, 121-128.
132. Cha, S. and Yeung, E. S. (2007) Colloidal graphite-assisted laser desorption/ionization mass spectrometry and MSn of small molecules. 1. Imaging of cerebrosides directly from rat brain tissue. Anal. Chem. 79, 2373-2385.
133. Hayasaka, T., Goto-Inoue, N., Zaima, N., Shrivas, K., Kashiwagi, Y., Yamamoto, M., Nakamoto, M. and Setou, M. (2010) Imaging mass spectrometry with silver nanoparticles reveals the distribution of fatty acids in mouse retinal sections. J. Am. Soc. Mass Spectrom. 21, 1446-1454.
134. Budimir, N., Blais, J. C., Fournier, F. and Tabet, J. C. (2006) The use of desorption/ionization on porous silicon mass spectrometry for the detection of negative ions for fatty acids. Rapid Commun. Mass Spectrom. 20, 680-684.
135. Muck, A., Stelzner, T., Hubner, U., Christiansen, S. and Svatos, A. (2010) Lithographically patterned silicon nanowire arrays for matrix free LDI-TOF/MS analysis of lipids. Lab Chip 10, 320-325.

质谱技术在脂质组学应用中的变量因素

4.1 引言

众所周知,一个成功的质谱实验取决于质谱仪的硬件(图 2.1),第 2 章也对此进行了详细的阐述。然而,实验过程中的影响因素众多,实验条件的优化和仪器参数的设置是开展质谱实验的关键。从样品制备、进样、分离、离子化到定性和定量,在实验条件和仪器设置的每一步都涉及到许多变量因素。除定量分析将会在第三篇阐述外,本章会对脂质分析中的各个变量因素进行一定程度的介绍。

4.2 脂质提取过程中的变量因素(即多重提取条件)

4.2.1 pH

在样品制备和脂质提取过程中,pH 是一个非常重要的因素,因为很多脂质分子的极性和电荷性质是由 pH 决定的。例如,PE 在酸性条件下带正电荷,而在碱性条件下带负电荷。另外还包括那些带磷酸、硫酸或者羧酸基团的酸性脂质分子(详见第 1 章)。当 pH>5 时,这些分子至少带一个单位的负电荷,在酸性更强的条件下则为电中性。因此,当样品提取时的 pH 条件改变时,不同脂质分子的极性和电荷都会随之发生变化。这些变化不仅会影响脂质提取过程中的回收率,而且还会影响离子化效率和离子形成的类型。实际操作过程中,酸性条件有利于酸性脂质分子(例如,PA)的提取,而中性条件更适合 PE 的提取。总脂的提取则需要在弱酸性条件下进行(详见第 13 章)。下面将讨论 pH 对离子化效率和离子形成的影响。

4.2.2 溶剂极性

脂质提取过程中,溶剂的极性对脂质的回收率有很大的影响。不同类型的脂质需要用不同类型的溶剂来提取。例如,非极性脂质[包括 TAG、胆固醇和胆固醇酯以及游离脂肪酸(NEFA)]常使用非极性溶剂(例如,正己烷、乙醚)来提取。根据 Folch 法(由 Bligh-Dyer 法改进而来)[1],大部分脂质都可以采用氯仿(或二氯甲烷)或甲基叔丁基醚(MTBE)来提取[2](详见第 13 章)。根据上述提取方法,采用一些固相萃取柱(例如,反相或亲和)或特殊溶剂,可以很大程度上从水相中回收强极性脂质(例如,酰基辅酶 A、酰基肉碱、溶血甘油磷脂、多磷酸磷脂酰肌醇、神经节苷脂)[3-5]。需要强调的是,在提取之前,每类脂质至少应加入一种内标,这对于定量分析而言是非常重要的。任何不完全的提取都可以在一定程度上用内标来抵消,因为各个脂质分子与内标之间提取效率的差异在很大程度上是次要因素。然而,对于外标法而言,脂质的完全提取对于精准定量至关重要。

4.2.3 脂质固有的化学性质

利用 MS 开展脂质组学分析的过程中,脂质分子固有的化学稳定性是样品制备中的一个重要因素。例如,在碱性条件下,含有鞘氨醇骨架或醚键连接的甘油脂比较稳定。因此,可在碱性条件下分离和富集鞘脂和含醚的溶血脂质,而所有通过酯键连接的甘油脂则会在该条件下水解[6-8]。相反,由乙烯基醚连接的脂质分子(即缩醛磷脂)(详见第 1 章)对酸性条件非常敏感。因此,根据这种化学不稳定性,可以通过对比酸性条件处理前后脂质样品的质谱图来区分缩醛磷脂与其异构体[9-11]。

同样地,可以根据不同官能团间反应活性的差异来分析脂质。例如,通过探索伯胺基的特异性反应,许多实验室已经开发了用于分析含伯胺基脂质[包括 PE 和溶血磷脂酰乙醇胺(lysoPE)]的方法[12-15]。此外,对于含有羟基的脂质分子,如氧化型胆固醇、DAG、MAG、花生四烯乙醇胺及其类似物,可以通过多种衍生化方法来提高离子化效率,并获得信息丰富的特征碎片[16-20]。通过将 N-(4-氨基甲基苯基)吡啶鎓或其他类似试剂与羧酸基团偶联形成酰胺键,可以灵敏地检测类花生酸,确定游离脂肪酸中双键的位置,甚至可以通过高通量的方式开展整个脂肪酸组学的分析[21-24]。通过利用 4-羟基烯醛分子与肌肽(一种二氨基酸)的反应活性,可以及时准确有效地监测这些脂质的氧化中间体[25]。通过对比缩醛磷脂和脂肪族链中乙烯基醚双键的反应活性,可以利用脂质在甲醇中经碘衍生化后产生的异构离子确定含有缩醛磷脂和含醚键的磷脂[15]。

综上,根据不同脂质分子固有的化学稳定性和反应活性的差异来分析脂质分子是一种有效的方法。从这个角度探究分析方法有助于实现脂质组学中各类脂质的选择性分析。

4.3 进样溶液中的变量因素

在第 3 章中,我们对那些用于将脂质样品溶液导入离子源(即样品入口)的各项工具及原理,进行了一定程度的讨论。本节将讨论脂质样品溶液在进入离子源之前的变量因素及其对质谱分析的影响。由于使用任何类型的进样口进样都会存在这些变量因素,因此这里的"进样"包括所有这些情况,但不适用于直接进样。

4.3.1 极性、组成、离子对以及其他变量

除了对 LC-MS 的分离效果有影响外,溶剂对脂质的溶解度及离子化效率也有很大影响。众所周知,脂质的溶解度很大程度上是由溶剂决定的。具体而言,大部分脂质难溶于极性溶剂(图 4.1);它们会随着浓度的增加而形成聚集体、胶束或囊泡,而处于聚集状态的

脂质不能被有效和定量地电离(详见第15章)。因此,为了实现最佳的实验条件,溶剂极性和组成是非常重要的因素。为此,熟悉脂质样品的化学和物理性质对于正确选择溶剂或溶剂混合物至关重要。如果需要,在鸟枪法脂质组学和LC-MS两种方法中,可以通过梯度混合的方法来实现两种溶剂组成的连续变化。目前,利用电喷雾电离质谱(ESI-MS)开展脂质组学分析时,最常用的溶剂体系是氯仿(或二氯甲烷)和甲醇1:2~2:1(V/V),在鸟枪法脂质组学中,可能还需要添加改性剂(例如,有机酸、碱或盐),而用于LC-MS分析的溶剂很大程度上由色谱模式决定。异丙醇是另一种常用的溶剂,常与氯仿和甲醇混合使用。

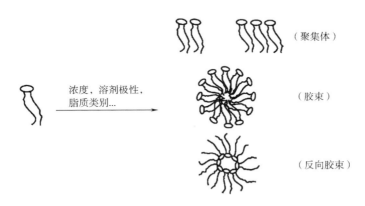

图4.1 脂质聚集示意图

注:影响脂质聚集的因素有很多,包括脂质浓度、脂质类别、脂质种类、溶剂极性和组成。

除了LC-MS中的分离过程,进样溶液中的离子对脂质的离子化也有显著影响。根据ESI-MS的原理(详见第2章),这些离子不仅影响脂质的离子化效率,而且还会改变脂质加合物的形成。进样溶液中的无机盐可能导致离子化电流不稳定,从而降低离子化效率。因此,一个清洁的提取过程(无水相污染)对于大多数鸟枪法脂质组学实验至关重要。应该认识到,钠离子无处不在(生物样品、玻璃试管、进样毛细管、固定相等),如果不添加其他改性剂,钠加合物可能是脂质主要的分子离子。即使添加了改性剂,在很多情况下仍然存在低强度的钠加合物。在某些情况下,这可能会使LC-MS的结果解析变得复杂。

4.3.2 改性剂的含量及组成

与进样溶液中的冗余离子类似,添加到进样溶液中的改性剂的化学和物理性质对脂质的电离灵敏度和效率以及分子离子峰都有显著影响。与阴离子脂质相比,改性剂对电中性脂质的影响较大(详见第1章)。例如,在正离子模式下,PC通常被电离为阳离子加合物,而在负离子模式下,则被电离为阴离子加合物。

在正离子模式下,酸性改性剂(例如,甲酸、乙酸)有利于脂质混合物中PC、SM和PE的质子化[图4.2(1)]。尽管不存在其他电中性脂质(如PC、SM或PE)时,其他酸性脂质(例如,PS、PI和PG)在酸性条件下也可以在正离子模式下电离[27],但实际上它们会被共存的电中性脂质抑制[图4.2(1)]。在负离子模式下,电中性脂质电离后与改性剂的阴离子基团形成加合物,或与 PC 和 SM 类似,电离后生成去甲基离子化合物,而酸性脂质则电离为去质子化形式;但在这种酸性条件下去质子化并不容易发生,因为酸性条件通常会抑制这些分子发生去质子化,且这种情况会随着酸性的增强而越发明显。此外,在负离子模式下,电中性脂质电离产生的阴离子加合物的质谱图是非常复杂的[图 4.2(2)],这种情况大大增加了阴离子脂质的同峰或同质异构离子被检测到的可能性。因此,负离子模式下电中性脂质的 ESI-MS 分析并不适用于鸟枪法脂质组学,且很少通过加酸性改性剂的方法来进行 LC-MS 分析。

添加中性改性剂(例如,乙酸铵、甲酸铵、氯化锂)后,含有磷酸胆碱的脂质(例如,PC 和 SM)在铵类改性剂或改性剂的阳离子加合物存在时发生质子化,而非两性脂质分子(例如,HexCer、TAG、DAG)在正离子模式下不形成或仅形成阳离子加合物[图 4.2(3)][28-29]。应该指出,质子化 TAG 分子的鉴定是根据质量匹配进行的,除此之外,没有其他证据表明其特征[30]。在正离子模式下,与电中性脂质相比,阴离子脂质的离子化效率差,因此其电离通常会被电中性脂质的阳离子加合物抑制[图 4.2(3)]。同样,在不存在 PC、SM 和 PE 或采用 LC-MS 分析的情况下,阴离子脂质仍然可以发生质子化或电离为阳离子加合物等形式[27]。含磷酸乙醇胺的脂质具有弱酸性(详见第 1 章)。因此,在正离子模式下,这些脂质的电离通常会发生在含磷酸胆碱的脂质和阴离子脂质之间。在负离子模式下,阴离子脂质(包括含磷酸乙醇胺的脂质)通常会被选择性地电离为去质子化形式,而含有磷酸胆碱的脂质可以在一定程度上电离为阴离子加合物[图 4.2(4)]。对于负离子模式下等摩尔混合物的分析,阴离子脂质的强度通常会大于含磷酸胆碱的脂质加合物的强度[31]。对于脂质混合物的 LC-MS 分析,这种类型的改性剂有利于正离子模式下含磷酸胆碱脂质的检测,也有利于负离子模式下阴离子脂质的检测。因此,这些类型的改性剂通常适用于所有色谱模式的 LC-MS 分析(详见第 3 章)。

添加碱性改性剂(例如,LiOH、NH_4OH)后,溶液中以去质子化形式存在的所有阴离子脂质(包括含磷酸乙醇胺的脂质)均不易在正离子模式下发生离子化,而在负离子模式下它们的离子化则会增强。与其他阴离子(例如,氯化物、乙酸盐、甲酸盐)不同,含磷酸胆碱的脂质不容易与 OH^- 形成加合物。因此,在正离子模式下含磷酸胆碱的脂质易发生质子化或形成阳离子加合物,而阴离子脂质包括含磷酸乙醇胺的脂质则需选择在负离子模式下用碱性改性剂离子化[图 4.2(5)和(6)]。由于所有阴离子脂质(包括含磷酸乙醇胺的脂质)在该条件下均以去质子化形式存在于溶液中,因此它们在负离子模式下的离子化效率与上述情况非常相似[31]。强度比很好地代表了这些脂质的摩尔比[图 4.2(6)]。该结果与添加酸性或中性改性剂时的情况恰好相反,与弱阴离子脂质(例如,含磷酸乙醇胺的脂质)相比,阴离子脂质如 PG 和 PS 会被选择性地电离[图 4.2(2)和(4)]。这些类型的选择离子化已成为上述源内分离技术的基础[31-33],并在第 2 章进行了总结。由于电中性脂质和阴离子脂质分别在正离子和负离子模式下的选择离子化,碱性改性剂也常用于脂质的 LC-MS 分析[34]。

除了改性剂种类对离子化灵敏度和选择性的显著影响外,其浓度也对离子化过程包括离子加合物的形成有显著影响。例如,负离子模式下 GPL 混合物[图 4.3(1)]的 ESI-MS 分析表明,当增加氢氧化锂(LiOH,一种改性剂)的浓度时,PG 对应的离子峰就会降低。这是由于加入 LiOH 后 PE 转变为阴离子形式,并且阴离子 PE 与阴离子 GPL 的离子化效率类

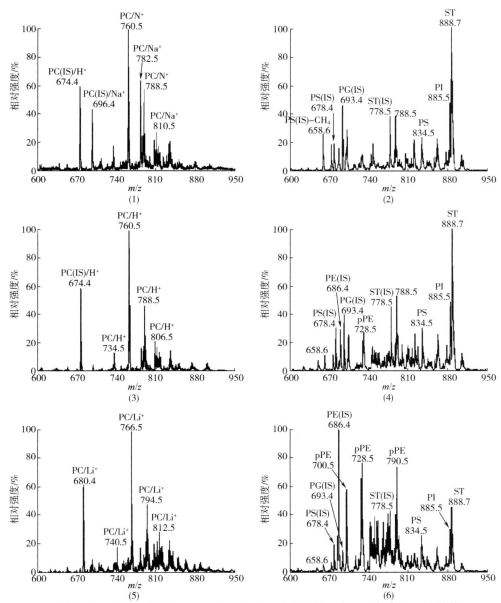

图4.2 在弱酸性、中性和弱碱性条件下获得代表性的正离子和负离子ESI质谱

48d的小鼠的脊髓脂质提取物的质谱分析结果[26]。在体积分数为0.5%乙酸[图4.2(1)和(2)]、5mmol/L乙酸铵[图4.2(3)和(4)]和10μmol/L氢氧化锂[图4.2(5)和(6)]存在下直接进样后获得的正离子和负离子ESI质谱。IS、pPE和ST分别代表"内标""缩醛磷脂酰乙醇胺"和"硫苷脂"。

似[35-37]。加入少量其他的碱性分子(包括氢氧化铵)也会出现类似的情况。负离子ESI质谱分析还表明,随着进样溶液中LiOH浓度的增加,氯离子化的PC对应的离子峰将会消失。这种现象可能是由于在上述条件下PE的选择性离子化和氢氧根离子存在时氯化物与PC结合率降低共同导致的结果。有趣的是,即使在LiOH的浓度检测上限时,谱图中也没有出现与羟基加合的PC对应的离子峰。因此,和氯离子、乙酸根或其他小阴离子不同,氢氧根离子与PC的亲和力是非常弱的。

在正离子模式下分析 GPL 混合物时,质谱图上的各个离子峰由 PC 的各种加合物组成[图 4.3(2)]。因此,与其他脂质不同,PC 可以被选择性地离子化。质谱图上质子化离子峰的消失是由于 LiOH 与质子发生了中和,锂化加合物的出现是由于增加 LiOH 后锂离子浓度增加所致。即使在相对较高的 LiOH 浓度下,钠离子化的 PC 对应的峰也持续存在,这表明体系中存在钠离子或钠离子与 PC 具有高亲和性或两种情况同时存在。

与图 2.5 所示的 GPL 混合物类似,在不同的实验条件下,不管是否存在会显著影响脂质分子离子峰的改性剂,各个脂质组分子离子峰之间的比值都不会受到影响。例如,不同的实验条件下,PE 的离子化效率显著不同,如图 4.2 所示。然而,各个 PE 分子之间的比例[例如,图 4.2(4) 和 (6) 中 m/z 686.4 对应的 di16:1 PE 与 m/z 790.5 对应的 18:0-22:6 PE] 基本保持不变。同样,质子化 di14:0 PC(m/z 674.4) 和 16:0-18:1 PC(m/z 760.5) 的比例[图 4.2(1) 和 (3)] 及其锂加合物(m/z 680.4 和 766.5) 的比例也都保持不变[图 4.2(5)]。图 4.3 所示为一些相似的结果。这些结果强烈表明,全质谱检测条件下,极性脂质组内分子的离子化效率(或响应因子)基本相同,脂肪酰基链对离子化效率的影响非常小。因此,极性脂质的定量可以通过比较其离子峰与内标的强度(即强度比)来实现(详见第 14 章)。然而,对于 LC-MS 分析而言,应该在测量之前对此比例进行验证,因为在采用流动相梯度洗脱或不断改变洗脱液的浓度时,可能会导致该类脂质分子间的响应因子发生变化。

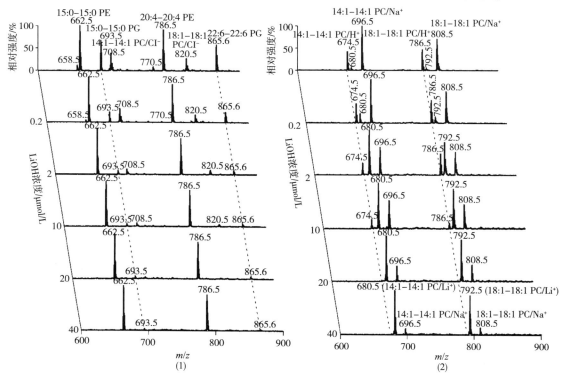

图 4.3 氢氧化锂浓度对脂质离子化的影响

含有 di15:0 和 di22:6 PG、di14:1 和 di18:1 PC、di15:0 和 di20:4 PE(摩尔比例为 1:1:10:10:15:15) 的 GPL 混合物的氯仿/甲醇(1:1,V/V)溶液在不同的 LiOH(作为一种改性剂) 添加量时在负离子(1) 和正离子模式(2) 下的结果。GPL 混合物的 ESI-MS 分析采用 TSQ ESI 质谱仪(Thermo Fisher Scientific, San Jose, CA)进行。

同样,在鸟枪法脂质组学中,如果需要不断变化溶液中的改性剂或其浓度,可以通过使用梯度混合器来实现。而对于 LC-MS 分析而言,如果需要,通过含有不同改性剂的流动相梯度即可轻易地实现这种变化。尽管在脂质组学分析中经常使用逐步添加不同改性剂或改变其添加量的方法,但连续改变改性剂的情况还未见报道。

4.3.3 进样溶液中的脂质浓度

大量研究表明,脂质的 ESI-MS 分析与其浓度息息相关[35,38-39]。当脂质在氯仿∶甲醇(1∶1,V/V)中的浓度大于 0.1nmol/μL(即 0.1mmol/L)时,酰基侧链的长度和不饱和度对离子化效率(以及响应因子)的影响是非常明显的[38,40]。这是由于随着脂质浓度和溶剂极性的增加,脂质分子倾向于形成聚集体(二聚体、寡聚体、胶束、甚至囊泡)(图 4.1)。

这些聚集体的离子化是非常复杂的,主要表现在以下几个方面:
- 聚集体的大小(即每个聚集体中脂质分子的数量)具有不可预测性:它们的大小不同,这在很大程度上由脂质的浓度、组成和溶剂极性等因素决定。因此,这些聚集体离子化后可能出现在较大的质量范围内。
- 脂质混合物形成的单个聚集体具有复杂性和不可预测性:通常情况下,疏水性强的脂质分子较疏水性弱的分子更易形成聚集体。鸟枪法脂质组学、MALDI-MS 分析和 LC-MS 分析中均存在这种现象。
- 和聚集体相关的小型离子加合物或去质子化的脂质分子的数目具有不可预测性和复杂性。例如,加合小离子的数量可以从零到大于聚集体中脂质分子的数量,从而导致 m/z 的范围变宽和各种峰形,因为多个离子形成的聚集体对应的峰通常为一个凸起。
- 如上所述,这些聚集体不仅会导致噪音水平升高,同时会降低单个分子的浓度,从而导致灵敏度降低。因此,增加浓度不仅不会提高离子化效率,反而会降低离子化灵敏度。

需要强调的是,在低浓度范围(即 pmol/μL 或更低)内,绝对离子强度与每种极性脂质的浓度呈线性相关[35,38-39,41](详见第 15 章)。不管采用哪种方法(即鸟枪法脂质组学或 LC-MS),对于含有多种脂质的生物样本,这种线性关系总是要通过加入内标来确定的。经 ^{13}C 同位素校正后,脂质的离子化效率(或质谱仪的响应因子)主要取决于该浓度范围内极性头基的电荷性质[33,35,42-43]。

从生物物理化学的角度来看,把进样溶液的浓度作为变量不仅有助于确定相同或不同的脂质是否形成聚集体,而且可以从物理或化学的角度研究相同或不同脂质对质子、小基质阳离子或阴离子的竞争性。实际上,用梯度混合器可以实现脂质浓度的连续变化。一般来说,在鸟枪法脂质组学或 LC-MS 分析中,通常采用滴定法来确定线性动态范围(详见第 15 章)。

4.4 离子化过程中的变量因素

4.4.1 离子源温度

离子源温度是离子产生过程中一个非常重要的因素。具体而言,在 ESI 源中,去除溶剂对离子化过程是非常重要的,而离子源温度是去溶剂化过程中的关键因素并且显著影响离子化效率。通常在使用流动相进行鸟枪法脂质组学或 LC-MS 分析脂质样品前,都需要提前优化 ESI-MS 的温度条件。然而,每种脂质的最佳离子化温度可能不同。此外,由于脂质样本组成的复杂性,预先优化的温度条件可能并不符合某种特定样品,特别是在 LC-MS 分析过程中。因此,需要综合考虑样品中各个脂质或某个特定脂质的最佳条件来升高温度。另外,升高温度有助于揭示样品中不同组分的离子化效率等信息。而且,分析物、溶剂和其他组分之间的相互作用也可以根据各种温度下获得的数据来分析(即 MDMS 分析)。采用流动相梯度进行 LC-MS 分析时,可以根据流动相组分来设定温度变化程序以实现最佳的离子化灵敏度。

除了对电离过程有影响外,离子源温度也与脂质的源内裂解有关。离子源温度越高,源内裂解就越剧烈。因此,在优化离子源温度以提高离子化效率的同时,也应该考虑脂质裂解等情况。此外,脂质的源内裂解还与分子类别及脂质类别相关。例如,如果离子源温度控制不得当,PS 会很容易丢失丝氨酸而产生 PA,因此会使 PA 的定量复杂化。在某些条件下,可能会从 PC 的阴离子加合物中检测到二甲基 PE 离子。

4.4.2 喷雾电压

与离子源温度类似,喷雾电压也是所有电离技术中影响离子产生和离子化效率的重要因素。这个因素通常是在用标准溶液进行调整、校准或优化前确定的。然而,这个预先优化得到的参数可能并不是鸟枪法脂质组学和 LC-MS 方法的最佳条件。对于前者而言,预先确定的参数可能不适合分析脂质混合样本中的某种或某类脂质,因为这些混合脂质通常包含多个类别且具有不同的电荷性质。对于后者而言,该参数可能需要根据分析物和基质组分的浓度和组成的变化而变化。因此,有必要通过优化喷雾电压的方式来实现分析样品中各个脂质成分的目的。理论上,这可以通过逐步升高喷雾电压的方式来确定其对样品中不同组分的离子化效率的影响。但是,由于组分、样品以及洗脱条件等因素的多样性,目前这种方式仍然是不切实际的。然而,随着仪器灵敏度的提高及响应速度的加快,这种方法将会逐步实现。

4.4.3 进样/流动相的流速

鸟枪法脂质组学中的进样流速或 LC-MS 分析中的洗脱流速也是离子化过程中的重要参数。众所周知,纳喷可以显著提高离子化灵敏度,而且很大程度上可以节省样本用量。研究表明,流速不仅影响离子化效率和灵敏度,而且还影响离子化过程中其他的化学或物理结果,例如源内分离[31]。如图 4.4(1)所示,尽管在任何浓度的 GPL 混合物中,PG 在负离子模式下的离子化效率随流速的增加而增加,但在流速大于 $4\mu L/min$ 后,离子化效率的增加变得不再显著。而对于任何浓度的 PE 和 PC 而言,流速对其离子化效率的影响都很小[图 4.4(2)]。以上结果表明,在仪器的实验误差范围内,在 PG 与 PE 或 PC 的混合物中,PG 的选择离子化是不变的。

在阴离子脂质与 PE 和 PC 等脂质的混合物中,脂质浓度对阴离子脂质选择离子化的影响耐人寻味。当样本中 PG 的浓度非常低如 0.1pmol/μL 时,每种 GPL 对喷雾电流的影响(即离子化效率)基本相同并且与流速无关。因此,在低浓度条件下,溶液表现为"理想"溶液,并且每种分子具有均等的离子化机会以维持最小的感应电流。随着样品浓度的增加,PG 的离子化效率显著增加,而 PE 和 PC 的离子化效率则降低,这表明 PG 的离子化选择性增强,而不易离子化的分子如 PE 和 PC 的离子化效率降低,从而达到最大的喷雾电流。这种选择性是由于中性阴离子 GPL 向 PC 或 PE 转移小阳离子造成的,进而导致电荷的重新分配,阻止了 PE 和 PC 进入板孔(或其他离子入口)。这个原理已得到实验验证[31]。

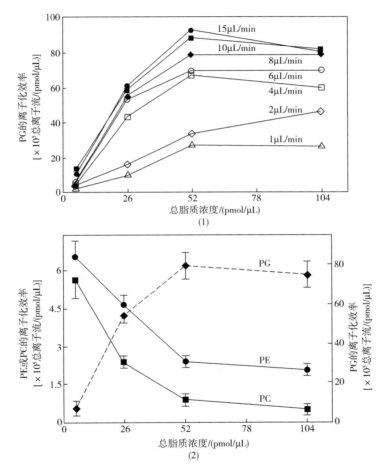

图 4.4　负离子模式下流速及脂质浓度对 GPL 归一化离子密度(即离子化效率)的影响[31]

在氯仿:甲醇(1:1,V/V)溶液中,GPL 混合物由摩尔比为 1:1:10:10:15:1 的 di15:0、di22:6 PG、di14:1、di18:1PC、di15:0 和 di20:4 PE 组成。使用 TSQ ESI 质谱仪通过三次独立的 ESI-MS 分析,确定了每种 GPL 离子流中的离子强度。在一定的浓度和流速条件下,PG(1)、PG(2)、PC(2) 以及 PE(2) 离子化效率是根据各类脂质的总离子流按照单位浓度(即 pmol/μL)进行归一化处理后得出的。图中所示为流速在 1、2、4、6、8、10、15μL/min 时 PE 和 PC 离子化效率的平均值±标准差。图(2)中 PG 的离子化效率表示(1)中流量为 4、6、8、10、15μL/min 时离子化效率的平均值±标准差。一些误差棒湮没在符号里。

进样/洗脱流速的变化通常在优化步骤前已通过标准溶液预先确定。这些预先优化的参数可能并不是每个样品的最佳分析条件,因为各个样品中的脂质浓度和组成各不相同。因此,流速的优化对于每个样品或任何洗脱阶段的最佳分析都很重要。此外,改变进样/洗脱液流速有助于我们研究分析物、溶剂和其他样品成分之间的相互作用,以及它们的化学/物理作用结果。

4.5 MS/MS 扫描监测过程中的结构单元

4.5.1 前体离子扫描中碎片离子的 m/z

第 2 章详细讨论了 PIS 技术,这是通过 CID 后的一种检测碎片的强大而有效的工具。该方法可以选择性地鉴定能产生相同碎片离子的一类脂质。这是鸟枪法脂质组学中一种常用的方法(详见第 3 章)。虽然该方法在 LC-MS 分析中应用起来有一定难度,但是从一系列脂质的数据中提取相同的碎片离子进行拟 PIS 分析是可行的,并且是一种非常有效的脂质分析方法。

理论上,变量 m/z 可以从零到感兴趣的质量范围的最大值(M_h)。然而,碎片离子的最小值通常是一些加合离子(即 Li^+、Na^+、Cl^-),而最大值则对应分子离子加合物经中性丢失(例如,H_2O、CH_4)后的片段。因此,脂质分子的 m/z 应该在 50 至 M_h-18 之间[44]。

实际上,通过分析一些代表性的脂质,可以得到该脂质类别中所有脂质的产物离子(即模式识别,详见第 6 章)。因此,PIS 分析中的这个变量只能用于检测一种模式下的产物离子,与第 1 章所述的脂质的基本结构相关。实际上,除了分子离子的 m/z 外,脂质的鉴定完全可以根据其两种或三种特征产物离子,这些特征离子携带了脂质的基本结构信息。因此,获取脂质样品的碎片信息可以简化为检测特征碎片离子。

4.5.2 中性丢失扫描中中性丢失片段的质量

与 PIS 类似,NLS 技术在第 2 章中也有详细介绍,同样是经 CID 后的一种检测碎片的强大而有效的工具。对于含有相同中性丢失片段的一类脂质,其检测可以通过使用该技术分析相同的中性丢失来实现。这种串联质谱模式已广泛应用于鸟枪法脂质组学(详见第 3 章)。尽管在 LC-MS 上实现该技术是不切实际的,但从一系列脂质数据中提取相同的中性丢失片段以实现拟 NLS 分析是可行的,并且这是一种检测含有相同中性丢失片段脂质的有效方法。

中性丢失的质量可能从零到分子离子的最大质量(M_h)。脂质分析中中性丢失的最小质量可以是一些小分子(如 H_2O、CH_4),而最大中性丢失则会产生最小的碎片离子。因此,这种变化与 PIS 中的变化相反。显然,NLS 是通过新的角度来监测所有碎片离子,与上述的其他串联质谱技术有一定交集(详见第 2 章)。

如上所述(详见第 2 章),中性丢失即为分子离子和产物离子质量之差。因此,所有的中性丢失片段可以通过对产物离子的分析来确定(即模式识别)。因此,脂质的 NLS 分析可以概括为检测脂质分子的中性丢失片段。其次,脂质完全可以通过特征产物离子中的两到三个中性丢失片段来确定。除了分子离子的 m/z 外,这些产物离子携带了脂质的基本信息。因此,获取中性丢失片段信息可以简单地概括为检测特征结构,而不是在所有质量范围内获取所有可能的中性丢失片段。

4.5.3 产物离子质谱分析中的结构单元碎片

在不同的碰撞条件下,每个分子离子都会产生不同的特征产物离子。这些特征产物离子,可以根据 m/z 值来确定,与每种脂质的基本结构紧密相关。在全扫描质谱中,一定质量范围内的 m/z 是产物离子分析中的重要因素,但从基本结构的角度来考虑,产物离子是一个新的研究重点。因此,产物离子是一个重要的因素。

在产物离子分析模式下,为了精确检测产物离子,前体离子质量范围的选择是非常重要的。为了实现这个目的,应该选择离子峰中间的小质量范围,或通过高质量准确度/分辨率的质谱仪来消除相邻峰溢出导致的任何问题。借助质谱仪的高质量精度/分辨率,可以采用更宽的质量范围[45]。对于大多数单位分辨质谱仪,全扫描模式下只能得到分子离子的 m/z。

值得注意的是,随着快速采集质谱仪的开发,如 SCIEX TripleTOF 5600 系统(采集速度为 100 Hz),一定质量范围内所有产物离子的分析或信息采集变得可行。另外,对于超高质量准确度/分辨率质谱仪如 Thermo Fisher Scientific 的 Orbitrap Fusion(Lumos)Tribrid 质谱仪等,可以实现所有离子碎片化,根据脂质的中性丢失并结合精确质量搜索即可确定脂质结构[46-48]。

4.6 碰撞过程中的变量

4.6.1 碰撞能量

在碰撞池中碰撞能量为前体离子提供动能。在与一些小中性分子如氦气和氮气碰撞的过程中,一些动能被转化为内能,并导致前体离子化学键的裂解进而产生小的碎片。碰撞能量对上述任何模式(详见第 2 章)中串联质谱分析的影响已被广泛认可[43,49-50],这种影响有助于阐明脂质的化学和物理性质[50-51]。例如,通过改变碰撞能量,22:6 脂肪酸在产物离子模式下的串联质谱分析结果表明,碰撞能量对碎片离子的强度影响显著[图 4.5(1)]。其中,由于丢失 44 个质量单位(对应于丢失 CO_2)的碎片离子显示出类高斯分布[图 4.5(2)]。这种高斯分布的顶点和形状很大程度上取决于脂肪酸的链长、双键数和双键位置。因此,常根据这种碰撞能量相关的化学/物理性质来区分双键位置不同的多不饱和脂肪酸异构体[51]。

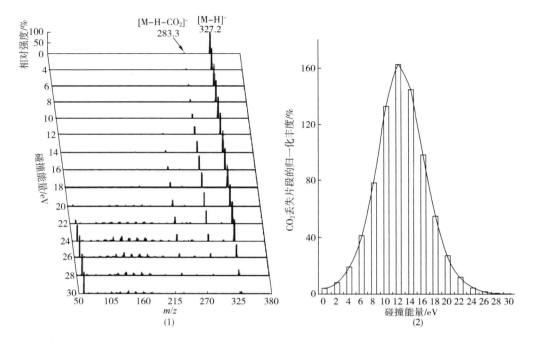

图 4.5 在负离子模式下,通过改变碰撞能量对 n-3 22:6 脂肪酸进行二维 MS 分析的结果

MS 分析采用的是配备了自动纳喷雾装置(即 Nanomate HD, Advion Bioscience Ltd, Ithaca, NY)和 Xcalibur 系统软件的 TSQ Quantum Ultra Plus 三重四极质谱仪(Thermo Fisher Scientific, San Jose, CA)。在产物离子模式下,碰撞气压为 0.133Pa 时,通过改变碰撞能量得到的 22:6 脂肪酸(1)的二维 MS 分析结果。中性丢失 CO_2 的碎片离子的强度分布与碰撞能量的二维 MS 分析结果(2),图中所示为归一化的绝度强度。

图 4.6 所示为中性丢失模式下碰撞能量对脂质定性(或定量)的影响。在小鼠肝脏脂质提取物中,含磷酸胆碱分子的正离子串联质谱分析表明,在不同的碰撞能量条件下,183.1u 对应的中性丢失是锂加合物丢失磷酸胆碱产生的。显然,不同碰撞能量下得到的图谱是显著不同的。例如,50eV 的碰撞能量下,m/z 680.5(内标)和 m/z 812.6 处的离子强度比约为 20eV 时的 25%。这个例子表明碰撞能量对串联 MS 分析影响显著,并且不同脂质分子的裂解动力学不同,因此通过串联 MS(通常包括 NLS、PIS 和 MRM 技术)来定量脂质是可行的,但同时也需非常谨慎。

4.6.2 碰撞气压

和碰撞能量类似,碰撞气压对离子的碎裂方式也有很大影响。碰撞气压主要影响碰撞池中离子的碰撞路径和碰撞频率。碰撞气压越大,离子的碰撞路径越短,离子和碰撞池中的碰撞气体碰撞的频率就越高。越短的碰撞路径和升高的碰撞频率可以增加前体离子的裂解以及碎片离子的连续裂解。换句话说,随着碰撞气压的上升,产物离子的质谱在低质量处的强度升高。例如,图 4.7 所示为通过改变碰撞气压,m/z 305.2 的 8,11,14-二十碳三烯酸(n-6)的产物离子质谱图。显然,随着碰撞气压的增强,串联质谱中的碎片离子变多,

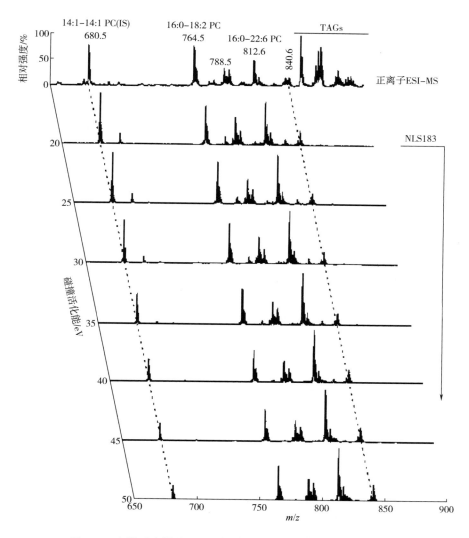

图 4.6 中性丢失模式下碰撞能量对含磷酸胆碱的分子的影响

正离子模式下,加入少量氢氧化锂后,稀释的小鼠肝脏脂质提取物的全 ESI 质谱。通过扫描 183.1u 的中性丢失(即 PC 的锂加合物中磷酸胆碱的中性丢失),改变碰撞能量时 PC 和 SM 的串联 MS 分析结果。"IS"表示内标。图中所示为根据基峰归一化后的质谱扫描结果。

以及低质量数碎片的强度也会而增强。

和碰撞能量相似,通过改变碰撞气压得到的二维质谱分析结果,可以根据碎片离子 $[M-H-44]^-$ 的强度变化确定不饱和脂肪酸中双键的位置,并且有助于分析双键位置不同的脂肪酸异构体的组成[51]。尽管碰撞气压在仪器的优化中已被确定,并且在实验中一般也是固定不变的,但是通过改变碰撞气压也可以研究不同的裂解方式、裂解类型以及其他的化学/物理参数。

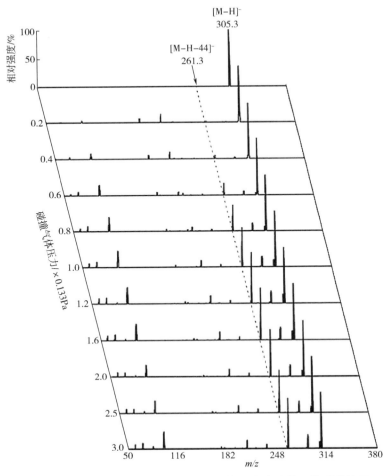

图 4.7 通过改变碰撞气压得到的多不饱和脂肪酸的二维质谱结果

质谱分析在 TSQ Quantum Ultra Plus 三重四极杆质谱仪上进行（Thermo Fisher Scientific, San Jose, CA），配备了自动化纳喷雾装置（即 Nanomate HD, Advion Bioscience Ltd., Ithaca, NY）和 Xcalibur 系统软件。在负离子模式、碰撞能量为 16eV 的条件下，8,11,14-二十碳三烯酸（20:3 脂肪酸）（5pmol/μL）经直接进样后通过改变碰撞气压（0~0.399Pa）得到的产物离子扫描图。每幅扫描图为每 2min 信号的平均值。所有的扫描都是在 Xcalibur 软件下运行的自定义序列子程序自动获取的。所有的扫描结果为基峰放大 5% 后的信号值。

4.6.3 碰撞气体类型

与碰撞能量和碰撞气压相比，改变碰撞气体类型对 CID 产生的裂解方式的影响相对较小。因此，这方面并不受关注，并且未见有改变惰性碰撞气体类型的报道。我们相信这种变化也可以应用于研究脂质的裂解方式、裂解动力学以及其他的化学及物理性质，因为不同类型的碰撞气体具有不同的横截面积、内能和其他性质。例如，通过使用一种含有手性中心的碰撞气体，可以诱导其与分析物中的一种手性异构体（而不是另一种）产生强相互作用，以实现这些异构体的不同碎裂，而手性异构体常见于类花生酸。

4.7 分离过程中的变量

4.7.1 源内分离中的电荷性质

ESI 离子源固有的物理性质已经在第 2 章进行了讨论。根据电荷性质,源内分离可以用来分离脂质。这种方法在鸟枪法脂质组学和 LC-MS 分析中都有应用(详见第 3 章)。对于后者,研究人员主要将其应用于正离子模式下 PC、lysoPC、SM、TAG 等的分析,以及负离子模式下含磷酸乙醇胺的脂质、阴离子脂质等的分析[52-53]。鸟枪法脂质组学中,在正离子和负离子模式下也利用了类似的选择性[31-33]。作为 MDMS-SL 中主要的分离方法,这项特点简化了质谱分析并且很大程度上避免了色谱分离步骤,从而实现了整个细胞脂质组的有效、高通量和综合分析。因此,在本节中,仅阐述 MDMS-SL 中的源内分离原理和应用。

不同的脂质通常会具有不同的电荷性质,这在很大程度上是由头基的性质决定的。根据电荷性质,脂质可以被分为三个类别:①阴离子脂质,②弱阴离子脂质,③电中性脂质(详见第 1 章和第 2 章)。阴离子脂质指的是在弱酸性 pH 条件下(例如,~4)至少携带一个净负电荷的脂质。这些脂质有 CL、PG、PI、PS、PA、ST 及其溶血脂质、酰基 CoA 等。弱阴离子脂质指的是在弱酸性 pH 条件下不带净电荷而碱性条件下带负电荷的脂质。这些脂质包括PE、溶血 PE、游离脂肪酸及其衍生物、胆汁酸和神经酰胺。电中性脂质指的是在任何 pH 条件下均不带净电荷的脂质。这种脂质非常常见,如 PC、lysoPC、SM、HexCer 和酰基肉毒碱。一些非极性脂质如 MAG、DAG、TAG 和胆固醇及其酯类也属于该类脂质。

脂质组学分析中,通过使用 ESI 离子源逐一选择性电离这三种脂质的分离方法被称为源内分离[31]。一种实现分离效果最大化的方法是通过在脂质溶液中添加少量 LiOH 的方法来改变 pH,与图 2.4 所示类似[图 4.8(1)]。这种类型的分离与电泳分离效果相当

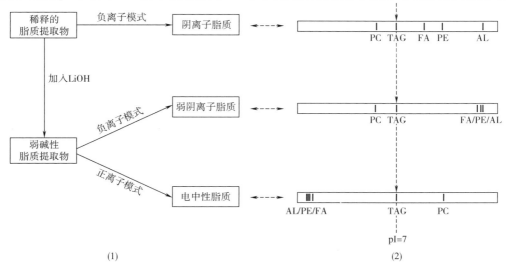

图 4.8 脂质的源内分离与电泳分离的比较[16]

(1)三种不同的实验条件下各类脂质在不添加或添加少量 LiOH 后的选择性电离情况;(2)在相应实验条件下进行电泳分析后脂质的色谱图。PC、TAG、FA、PE 和 AL 分别代表磷脂酰胆碱、甘油三酯、游离脂肪酸、磷脂酰乙醇胺和阴离子脂质。

[图4.8(2)]。图2.5给出了一个GPL的分离示例。将该方法应用于生物样品中脂质提取物的分离将在以下章节中详细描述。

在制备脂质提取物并其稀释至约为50pmol/μL(占总脂质浓度)后[1b,33](详见第13章总脂质水平的测定),在负离子模式下将阴离子脂质离子化。在此条件下,阴离子的选择离子化是弱阴离子的近40倍(图2.5)。这可以根据峰的强度以及阴离子脂质和弱阴离子脂质各自内标的强度计算出来[图4.9(1)]。这种选择性是由于弱阴离子脂质的碱性比上述的阴离子脂质弱得多[31]。

在脂质溶液中加入少量LiOH的甲醇溶液(最终浓度为30pmol LiOH/μL)至其呈碱性,然后在负离子模式下进行全扫描ESI-MS分析。全质谱图显示,PE的含量非常高而阴离子脂质非常少[图4.9(2)]。这是由于PE占总脂质的摩尔分数为30%~40%,而总阴离子GPL仅占5%~20%。此外,用于阴离子和弱阴离子脂质定量的内标的强度比与其质量比基本相同。这表明在这些条件下PE和阴离子GPL的离子化效率实际上是相同的。

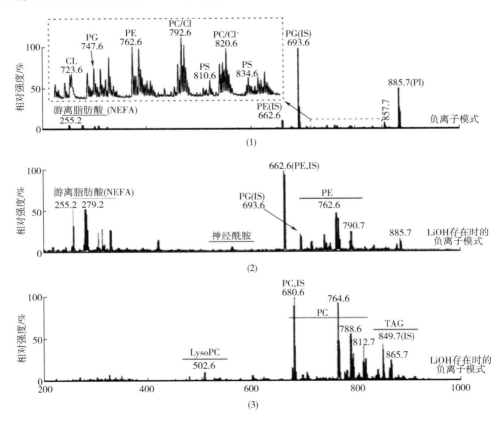

图4.9 根据改进的Bligh-Dyer方法[1]从小鼠肝脏中提取的脂质样本经源内分离后的ESI-MS分析结果

MS分析在配备有自动纳喷雾装置的TSQ Vantage三重四极质谱仪和Xcalibur系统软件上进行。(1)稀释的脂质样本在负离子模式下直接进样后获得的质谱图;(2)负离子模式下在稀释的脂质样本中加入50nmol LiOH/mg蛋白质后的质谱图;(3)(4)中的样品在正离子模式下的质谱图。"IS"代表内标;PC、PE、PG、PI、PS、TAG、NEFA和CL分别代表磷脂酰胆碱、磷脂酰乙醇胺、磷脂酰甘油、磷脂酰肌醇、磷脂酰丝氨酸、甘油三酯、游离脂肪酸和双电荷心磷脂。

最后,在正离子模式下,从加入 LiOH 稀释的脂质溶液中获得全质量扫描。其中仅显示了电中性脂质的离子,例如 PC、SM、HexCer、TAG,这些脂质大部分被电离为锂加合物[31][图 4.9(3)]。这种选择离子化对于第三类脂质是特异性的,因为阴离子和弱阴离子脂质至少带有一个净负电荷,并且在正离子模式下带负电脂质的离子化通常会被大量存在的电中性脂质抑制,这种情况已在前面的章节有所阐述。

综上,和带电化合物的电泳分离类似,源内分离实现了直接从进样溶液中原位选择性电离不同电荷脂质的目的。因此,这是一种有效、高通量且非靶向的分析方法。然而,源内分离是一种基于电荷性质的初级分离方法,脂质的全质谱检测仍然是非常复杂的。应采用适当的方法如 MDMS-SL 分离后再对各种脂质进行鉴定和定量。

4.7.2　LC 分离中的洗脱时间

脂质分析中,洗脱时间是 LC-MS 中的一个重要因素,并且与所使用的色谱柱类型有关。正相 HPLC 的洗脱时间与极性、偶极矩以及分析物与固定相之间的相互作用有关。而反相柱的洗脱时间与脂质的碳原子数目、双键数目或双键位置等导致的疏水性有关。其他模式如 HILIC 或离子交换柱等的洗脱时间随脂质分子与固定相的物理相互作用和流动相与固定相之间分配比例的变化而变化。通常,脂质的洗脱时间取决于其自身的物理性质、固定相和流动相,包括梯度洗脱。尽管根据色谱柱和流动相的性质,我们可以预测脂质的洗脱顺序,精确预测某个脂质的洗脱时间仍然是非常困难的。此外,微环境的差异,例如流动相的细微变化、样品的差异以及柱子的使用年限也可能在一定程度上影响洗脱时间。因此,通过校正离子峰的洗脱时间来匹配离子峰是常见的或必须的。在先前的脂质组学分析中,已经通过鉴定单次运行中的多种脂质证明了这一因素的重要性[52]。在任何情况下,不同色谱柱的洗脱时间都是脂质组学中的一个重要因素,并且需要通过多次实验来逐渐调试。

4.7.3　MALDI 中选择离子化的基质

选择合适的基质来分析某个或某类脂质对于 MALDI-MS 分析是非常重要的[54-57]。在正离子模式下,脂质分析通常会使用 α-氰基-4-羟基肉桂酸(CHCA),而在负离子模式下则使用 2,5-二羟基苯甲酸(DHB)。但这些基质对细胞内的脂质组分析和定量带来了一些困难(详见第 2 章)。

通过采用不同的基质化合物、二元和三元组合以及多种样品制备方法可以克服上述缺点。例如,液体基质[58]、离子液体基质[59-61]、固体离子晶体基质[62]、2,4,6-三羟基苯乙酮(THAP)[63]、2,6-二羟基苯乙酮[64]、对硝基苯胺[65]和纳米颗粒表面层[66-72]已被证明可以克服上述缺点。采用 CHCA 和 9-氨基吖啶的二元混合物作为双组分基质[73],改善了信噪比(S/N)并减少了基团簇的离子化。在恒定的激光强度下,采用 CHCA、DHB、THAP 和 9-氨基吖啶来分析 PC 时,结果表明,和 9-氨基吖啶相比,以 CHCA、DHB、THAP 作为基质时,PC 的质子加合物和钠加合物的灵敏度和检测限均降低(图 4.10)。进一步的研究表明,以 9-氨基吖啶为基质,硫苷脂(ST)选择离子化比 PI 以及其他阴离子脂质高几乎 100 倍[57]。

有趣的是,ST 在结构上与 PI 相似,但在构型上与 PI 不同,表明选择与分析物匹配的基质是非常重要的。

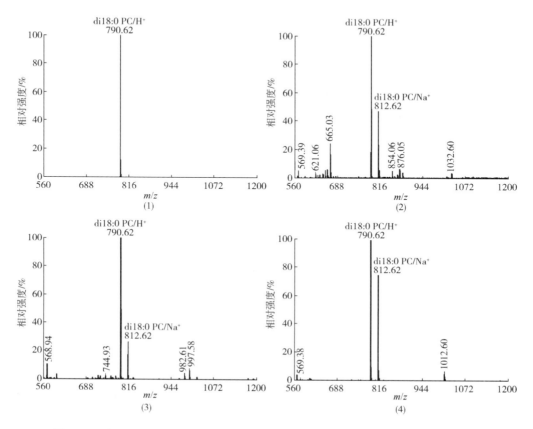

图 4.10 在 4800MALDI-TOF/TOF 分析仪的正离子模式下,采用不同基质获得的 di18:0 PC 的 MALDI 质谱中 S/N 的比较

(1)9-氨基吖啶(10mg/mL)溶于异丙醇:乙腈(60:40,v/v)中的;(2)CHCA(10mg/mL)溶于含 TFA 体积分数 0.1%的甲醇中;(3)DHB(0.5mol/L)溶于含 TFA 体积分数 0.1%的甲醇中;(4)THAP(40mmol/L)溶于甲醇中。

综上,不同的基质具有不同的物理性质,在结晶和离子化过程中可以与不同的脂质匹配。对于脂质的离子化而言,合适的基质可以使离子化更敏感、更有效且定量更精准。除了混合基质体系,9-氨基吖啶可以为细胞脂质组的全面分析提供最好的离子化效果。在脂质组学中,用于脂质离子化的基质是一个重要的因素。此外,理解基质在不同脂质的选择离子化中的作用,进一步提高电离灵敏度以及保证定量数据的重现性仍然需要进一步研究。

4.7.4 离子淌度分离中的漂移时间(或碰撞截面)

离子淌度质谱(IM-MS)已经成为了最近十年来的一种重要的分析方法[74]。在 IM-MS 中,离子在其进入淌度分析器之前通过热解、电喷雾、激光解吸或其他电离技术产生。对于差分离子迁移谱(DMS)而言,离子在漂移室中根据它们的形状或偶极子从电场获得漂移速度。分析物横截面越大(即离子尺寸越大),缓冲气体碰撞并阻碍离子漂移的面积就越大,因而离子就需要更长的时间通过漂移管。各个离子漂移的时间不同,所以不同形状的分子可以分离。在 DMS 中,通过结合分离电压和补偿电压的变化,不同类型的脂质由于偶极子不同而被选择性地分离[75]。因此,除质量外,IM-MS 还可提供形状/尺寸[76-77]或偶极子[75]等信息。可以根据离子淌度漂移时间与 m/z 的二维图谱来分析脂质[78-80]。最近,研究人员利用漂移时间来计算平均旋转碰撞截面,它代表了单个离子穿过中性气体时二者相互作用的有效面积[81]。

IM-MS 尤其适用于不同结构或构型的同峰/同质异构脂质的分析。例如,MALDI-IM MS 已用于分析神经节苷脂,这是一类具有不同唾液酸苷化程度的复杂糖鞘脂[82]。神经节苷脂 D1a 和 D1b 互为结构异构体,区别在于唾液酸的位置不同,因此这些异构体在气相中的漂移时间或碰撞截面而有很大不同。实验结果表明,在分离小鼠大脑中的总神经节苷脂提取物时,离子淌度取得了良好的分离效果[82]。

总体而言,根据脂质分子的电荷性质、分子大小(包括链长和不饱和度)以及同峰/同质异构体的不同构象,IM-MS 可以很好地将脂质分离[83]。除了这些分离条件(例如,源内分离、LC-MS 洗脱和离子化 MALDI 基质的选择)外,原位漂移时间/碰撞截面也是脂质 3D 分析中的一个重要因素。

4.8 结论

从本章的分析中可以看出,对于脂质的 MS 分析而言,尤其是那些复杂的生物样本,在质谱仪的所有组件以及所有的脂质组学方法中,每个环节都存在变量因素。这些变量对包括异构体在内的各种脂质的分析和定量均有很大影响。由于目前仪器或计算机容量的发展受限,许多因素对脂质组学的影响尚未取得很好的研究或认识。然而,应该认识到,MS 系统的各个部件中存在的变量均可以对脂质分析的任何阶段产生影响,诸如方法开发、实验设计、数据处理和解析,并且在方法开发的过程中,单一变量的优化可能并不适用于复杂生物样品的分析。因此,在分析过程中,建议在保持其他变量因素不变的情况下,仅改变某些因素,比如尽可能扩大变量范围。

参考文献

1. (a) Bligh, E. G. and Dyer, W. J. (1959) A rapid method of total lipid extraction and purification. Can. J. Biochem. Physiol. 37, 911-917.
   (b) Christie, W. W. and Han, X. (2010) Lipid Analysis: Isolation, Separation, Identification and Lipidomic Analysis. The Oily Press, Bridgwater, England. pp 448.
2. Matyash, V., Liebisch, G., Kurzchalia, T. V., Shevchenko, A. and Schwudke, D. (2008) Lipid extraction by methyl-tert-butyl ether for high-throughput lipidomics. J. Lipid Res. 49, 1137-1146.
3. Kalderon, B., Sheena, V., Shachrur, S., Hertz, R. and Bar-Tana, J. (2002) Modulation by nutrients and drugs of liver acyl-CoAs analyzed by mass spectrometry. J. Lipid Res. 43, 1125-1132.
4. Tsui, Z. C., Chen, Q. R., Thomas, M. J., Samuel, M. and Cui, Z. (2005) A method for profiling gangliosides in animal tissues using electrospray ionization-tandem mass spectrometry. Anal. Biochem. 341, 251-258.
5. Wang, C., Wang, M. and Han, X. (2015) Comprehensive and quantitative analysis of lysophospholipid molecular species present in obese mouse liver by shotgun lipidomics. Anal. Chem. 87, 4879-4887.

6. Merrill, A. H., Jr., Sullards, M. C., Allegood, J. C., Kelly, S. and Wang, E. (2005) Sphingolipidomics: High-throughput, structure-specific, and quantitative analysis of sphingolipids by liquid chromatography tandem mass spectrometry. Methods 36, 207–224.
7. Bielawski, J., Szulc, Z. M., Hannun, Y. A. and Bielawska, A. (2006) Simultaneous quantitative analysis of bioactive sphingolipids by high-performance liquid chromatography-tandem mass spectrometry. Methods 39, 82–91.
8. Jiang, X., Cheng, H., Yang, K., Gross, R. W. and Han, X. (2007) Alkaline methanolysis of lipid extracts extends shotgun lipidomics analyses to the low abundance regime of cellular sphingolipids. Anal. Biochem. 371, 135–145.
9. Kayganich, K. A. and Murphy, R. C. (1992) Fast atom bombardment tandem mass spectrometric identification of diacyl, alkylacyl, and alk-1-enylacyl molecular species of glycerophosphoethanolamine in human polymorphonuclear leukocytes. Anal. Chem. 64, 2965–2971.
10. Yang, K., Zhao, Z., Gross, R. W. and Han, X. (2007) Shotgun lipidomics identifies a paired rule for the presence of isomeric ether phospholipid molecular species. PLoSOne 2, e1368.
11. Cheng, H., Jiang, X. and Han, X. (2007) Alterations in lipid homeostasis of mouse dorsal root ganglia induced by apolipoprotein E deficiency: A shotgun lipidomics study. J. Neurochem. 101, 57–76.
12. Han, X., Yang, K., Cheng, H., Fikes, K. N. and Gross, R. W. (2005) Shotgun lipidomics of phosphoethanolamine-containing lipids in biological samples after one-step in situ derivatization. J. Lipid Res. 46, 1548–1560.
13. Berry, K. A. and Murphy, R. C. (2005) Analysis of cell membrane aminophospholipids as isotope-tagged derivatives. J. Lipid Res. 46, 1038–1046.
14. Zemski Berry, K. A., Turner, W. W., VanNieuwenhze, M. S. and Murphy, R. C. (2009) Stable isotope labeled 4-(dimethylamino)benzoic acid derivatives of glycerophoethanolamine lipids. Anal. Chem. 81, 6633–6640.
15. Fhaner, C. J., Liu, S., Zhou, X. and Reid, G. E. (2013) Functional group selective derivatization and gas-phase fragmentation reactions of plasmalogen glycerophospholipids. Mass Spectrom. (Tokyo) 2, S0015.
16. Johnson, D. W. (2001) Analysis of alcohols, as dimethylglycine esters, by electrospray ionization tandem mass spectrometry. J. Mass Spectrom. 36, 277–283.
17. Jiang, X., Ory, D. S. and Han, X. (2007) Characterization of oxysterols by electrospray ionization tandem mass spectrometry after one-step derivatization with dimethylglycine. Rapid Commun. Mass Spectrom. 21, 141–152.
18. Griffiths, W. J., Liu, S., Alvelius, G. and Sjovall, J. (2003) Derivatisation for the characterisation of neutral oxosteroids by electrospray and matrix-assisted laser desorption/ionisation tandem mass spectrometry: The Girard P derivative. Rapid Commun. Mass Spectrom. 17, 924–935.
19. Griffiths, W. J., Wang, Y., Alvelius, G., Liu, S., Bodin, K. and Sjovall, J. (2006) Analysis of oxysterols by electrospray tandem mass spectrometry. J. Am. Soc. Mass Spectrom. 17, 341–362.
20. Wang, M., Hayakawa, J., Yang, K. and Han, X. (2014) Characterization and quantification of diacylglycerol species in biological extracts after one-step derivatization: A shotgunlipidomics approach. Anal. Chem. 86, 2146–2155.
21. Bollinger, J. G., Thompson, W., Lai, Y., Oslund, R. C., Hallstrand, T. S., Sadilek, M., Turecek, F. and Gelb, M. H. (2010) Improved sensitivity mass spectrometric detection of eicosanoids by charge reversal derivatization. Anal. Chem. 82, 6790–6796.
22. Wang, M., Han, R. H. and Han, X. (2013) Fatty acidomics: Global analysis of lipid species containing a carboxyl group with a charge-remote fragmentation-assisted approach. Anal. Chem. 85, 9312–9320.
23. Yang, K., Dilthey, B. G. and Gross, R. W. (2013) Identification and quantitation of fatty acid double bond positional isomers: A shotgun lipidomics approach using charge-switch derivatization. Anal. Chem. 85, 9742–9750.
24. Bollinger, J. G., Rohan, G., Sadilek, M. and Gelb, M. H. (2013) LC/ESI-MS/MS detection of FAs by charge reversal derivatization with more than four orders of magnitudeimprovement in sensitivity. J. Lipid Res. 54, 3523–3530.
25. Wang, M., Fang, H. and Han, X. (2012) Shotgun lipidomics analysis of 4-hydroxyalkenal species directly from lipid extracts after one-step in situ derivatization. Anal. Chem. 84, 4580–4586.
26. Wang, C., Wang, M., Zhou, Y., Dupree, J. L. and Han, X. (2014) Alterations in mouse brain lipidome after disruption of CST gene: A lipidomics study. Mol. Neurobiol. 50, 88–96.
27. Hsu, F.-F. and Turk, J. (2009) Electrospray ionization with low-energy collisionally activated dissociation tandem mass spectrometry of glycerophospholipids: Mechanisms of fragmentation and structural characterization. J. Chromatogr. B 877, 2673–2695.
28. Han, X., Abendschein, D. R., Kelley, J. G. and Gross, R. W. (2000) Diabetes-induced changes in specific lipid molecular species in rat myocardium. Biochem. J. 352, 79–89.
29. Ejsing, C. S., Duchoslav, E., Sampaio, J., Simons, K., Bonner, R., Thiele, C., Ekroos, K. and Shevchenko, A. (2006) Automated identification and quantification of glycerophospholipid molecular species by multiple precursor ion scanning. Anal. Chem. 78, 6202–6214.
30. Chansela, P., Goto-Inoue, N., Zaima, N., Hayasaka,

T., Sroyraya, M., Kornthong, N., Engsusophon, A., Tamtin, M., Chaisri, C., Sobhon, P. and Setou, M. (2012) Composition and localization of lipids in *Penaeus merguiensis ovaries* during the ovarian maturation cycle as revealed by imaging mass spectrometry. PLoS One 7, e33154.

31. Han, X., Yang, K., Yang, J., Fikes, K. N., Cheng, H. and Gross, R. W. (2006) Factors influencing the electrospray intrasource separation and selective ionization of glycerophospholipids. J. Am. Soc. Mass Spectrom. 17, 264-274.

32. Han, X. and Gross, R. W. (2003) Global analyses of cellular lipidomes directly from crude extracts of biological samples by ESI mass spectrometry: A bridge to lipidomics. J. Lipid Res. 44, 1071-1079.

33. Han, X. and Gross, R. W. (2005) Shotgun lipidomics: Electrospray ionization mass spectrometric analysis and quantitation of the cellular lipidomes directly from crude extracts of biological samples. Mass Spectrom. Rev. 24, 367-412.

34. Shui, G., Bendt, A. K., Pethe, K., Dick, T. and Wenk, M. R. (2007) Sensitive profiling of chemically diverse bioactive lipids. J. Lipid Res. 48, 1976-1984.

35. Han, X. and Gross, R. W. (1994) Electrospray ionization mass spectroscopic analysis of human erythrocyte plasma membrane phospholipids. Proc. Natl. Acad. Sci. U. S. A. 91, 10635-10639.

36. Han, X., Yang, J., Cheng, H., Ye, H. and Gross, R. W. (2004) Towards fingerprinting cellular lipidomes directly from biological samples by two-dimensional electrospray ionizationmass spectrometry. Anal. Biochem. 330, 317-331.

37. Han, X., Cheng, H., Mancuso, D. J. and Gross, R. W. (2004) Caloric restriction results in phospholipid depletion, membrane remodeling and triacylglycerol accumulation in murine myocardium. Biochemistry 43, 15584-15594.

38. Koivusalo, M., Haimi, P., Heikinheimo, L., Kostiainen, R. and Somerharju, P. (2001) Quantitative determination of phospholipid compositions by ESI-MS: Effects of acyl chain length, unsaturation, and lipid concentration on instrument response. J. Lipid Res. 42, 663-672.

39. DeLong, C. J., Baker, P. R. S., Samuel, M., Cui, Z. and Thomas, M. J. (2001) Molecular species composition of rat liver phospholipids by ESI-MS/MS: The effect of chromatography. J. Lipid Res. 42, 1959-1968.

40. Zacarias, A., Bolanowski, D. and Bhatnagar, A. (2002) Comparative measurements of multicomponent phospholipid mixtures by electrospray mass spectroscopy: Relating ion intensity to concentration. Anal. Biochem. 308, 152-159.

41. Kim, H. Y., Wang, T. C. and Ma, Y. C. (1994) Liquid chromatography/mass spectrometry of phospholipids using electrospray ionization. Anal. Chem. 66, 3977-3982.

42. Han, X., Gubitosi-Klug, R. A., Collins, B. J. and Gross, R. W. (1996) Alterations in individual molecular species of human platelet phospholipids during thrombin stimulation: Electrospray ionizationmass spectrometry-facilitated identification of the boundary conditions for the magnitude and selectivity of thrombin-induced platelet phospholipid hydrolysis. Biochemistry 35, 5822-5832.

43. Han, X. and Gross, R. W. (2005) Shotgun lipidomics: Multi-dimensional mass spectrometric analysis of cellular lipidomes. Expert Rev. Proteomics 2, 253-264.

44. Han, X., Yang, K. and Gross, R. W. (2012) Multi-dimensional mass spectrometry-based shotgun lipidomics and novel strategies for lipidomic analyses. Mass Spectrom. Rev. 31, 134-178.

45. Schwudke, D., Oegema, J., Burton, L., Entchev, E., Hannich, J. T., Ejsing, C. S., Kurzchalia, T. and Shevchenko, A. (2006) Lipid profiling by multiple precursor and neutral loss scanning driven by the data-dependent acquisition. Anal. Chem. 78, 585-595.

46. Zhang, B., Wang, W. and Han, X. (2012) Accurate neutral loss-assisted shotgun lipidomics (ANLA-SL) for ultra-high-throughput analysis of cellular lipidomes. In 60th ASMS Conference on Mass Spectrometry and Allied Topics, May 20-24, 2012, Vancouver, Canada. p. TP20 Poster 400.

47. Han, X. and Wang, M. (2013) High-throughput lipidomics. Patent No. WO/2013/173642.

48. Wang, M., Huang, Y. and Han, X. (2014) Accurate mass searching of individual lipid species candidates from high-resolution mass spectra for shotgun lipidomics. Rapid Commun. Mass Spectrom. 28, 2201-2210.

49. Domingues, M. R., Nemirovskiy, O. V., Marques, M. G., Neves, M. G., Cavaleiro, J. A., Ferrer-Correia, A. J. and Gross, M. L. (1998) High-and low-energy collisionally activated decompositions of octaethylporphyrin and its metal complexes. J. Am. Soc. Mass Spectrom. 9, 767-774.

50. Dayon, L., Pasquarello, C., Hoogland, C., Sanchez, J. C. and Scherl, A. (2010) Combining low-and high-energy tandem mass spectra for optimized peptide quantification with isobaric tags. J. Proteomics 73, 769-777.

51. Yang, K., Zhao, Z., Gross, R. W. and Han, X. (2011) Identification and quantitation of unsaturated fatty acid isomers by electrospray ionization tandem mass spectrometry: A shotgun lipidomics approach. Anal. Chem. 83, 4243-4250.

52. Taguchi, R., Hayakawa, J., Takeuchi, Y. and Ishida, M. (2000) Two-dimensional analysis of phospholipids by capillary liquid chromatography/electrospray ionization mass spectrometry. J. Mass Spectrom. 35, 953-966.

53. Sommer, U., Herscovitz, H., Welty, F. K. and Costel-

lo, C. E. (2006) LC-MS-based method for the qualitative and quantitative analysis of complex lipid mixtures. J. Lipid Res. 47, 804–814.

54. Schiller, J., Suss, R., Arnhold, J., Fuchs, B., Lessig, J., Muller, M., Petkovic, M., Spalteholz, H., Zschornig, O. and Arnold, K. (2004) Matrix-assisted laser desorption and ionization time-of-flight (MALDI-TOF) mass spectrometry in lipid and phospholipid research. Prog. Lipid Res. 43, 449–488.

55. Fuchs, B., Suss, R. and Schiller, J. (2010) An update of MALDI-TOF mass spectrometry in lipid research. Prog. Lipid Res. 49, 450–475.

56. Sun, G., Yang, K., Zhao, Z., Guan, S., Han, X. and Gross, R. W. (2008) Matrix-assisted laser desorption/ionization time-of-flight mass spectrometric analysis of cellular glycerophospholipids enabled by multiplexed solvent dependent analyte-matrix interactions. Anal. Chem. 80, 7576–7585.

57. Cheng, H., Sun, G., Yang, K., Gross, R. W. and Han, X. (2010) Selective desorption/ionization of sulfatides by MALDI-MS facilitated using 9-aminoacridine as matrix. J. Lipid Res. 51, 1599–1609.

58. Stubiger, G., Pittenauer, E. and Allmaier, G. (2003) Characterisation of castor oil by on-line and off-line non-aqueous reverse-phase high-performance liquid chromatography-mass spectrometry (APCI and UV/MALDI). Phytochem. Anal. 14, 337–346.

59. Mank, M., Stahl, B. and Boehm, G. (2004) 2,5-Dihydroxybenzoic acid butylamine and other ionic liquid matrixes for enhanced MALDI-MS analysis of biomolecules. Anal. Chem. 76, 2938–2950.

60. Li, Y. L., Gross, M. L. and Hsu, F.-F. (2005) Ionic-liquid matrices for improved analysis of phospholipids by MALDI-TOF mass spectrometry. J. Am. Soc. Mass Spectrom. 16, 679–682.

61. Darsow, K. H., Lange, H. A., Resch, M., Walter, C. and Buchholz, R. (2007) Analysis of a chlorosulfolipid from *Ochromonas danica* by matrix-assisted laser desorption/ionization quadrupole ion trap time-of-flight mass spectrometry. Rapid Commun. Mass Spectrom. 21, 2188–2194.

62. Ham, B. M., Jacob, J. T. and Cole, R. B. (2005) MALDI-TOF MS of phosphorylated lipids in biological fluids using immobilized metal affinity chromatography and a solid ionic crystal matrix. Anal. Chem. 77, 4439–4447.

63. Stubiger, G. and Belgacem, O. (2007) Analysis of lipids using 2,4,6-trihydroxyacetophenone as a matrix for MALDI mass spectrometry. Anal. Chem. 79, 3206–3213.

64. Wang, H. Y., Jackson, S. N. and Woods, A. S. (2007) Direct MALDI-MS analysis of cardiolipin from rat organs sections. J. Am. Soc. Mass Spectrom. 18, 567–577.

65. Estrada, R. and Yappert, M. C. (2004) Alternative approaches for the detection of various phospholipid classes bymatrix-assisted laser desorption/ionization time-of-flight mass spectrometry. J. Mass Spectrom. 39, 412–422.

66. Wei, J., Buriak, J. M. and Siuzdak, G. (1999) Desorption-ionization mass spectrometry on porous silicon. Nature 399, 243–246.

67. Go, E. P., Apon, J. V., Luo, G., Saghatelian, A., Daniels, R. H., Sahi, V., Dubrow, R., Cravatt, B. F., Vertes, A. and Siuzdak, G. (2005) Desorption/ionization on silicon nanowires. Anal. Chem. 77, 1641–1646.

68. Northen, T. R., Yanes, O., Northen, M. T., Marrinucci, D., Uritboonthai, W., Apon, J., Golledge, S. L., Nordstrom, A. and Siuzdak, G. (2007) Clathrate nanostructures for mass spectrometry. Nature 449, 1033–1036.

69. Woo, H. K., Northen, T. R., Yanes, O. and Siuzdak, G. (2008) Nanostructure-initiator mass spectrometry: A protocol for preparing and applying NIMS surfaces for high-sensitivity mass analysis. Nat. Protoc. 3, 1341–1349.

70. Patti, G. J., Shriver, L. P., Wassif, C. A., Woo, H. K., Uritboonthai, W., Apon, J., Manchester, M., Porter, F. D. and Siuzdak, G. (2010) Nanostructure-initiator-mass spectrometry (NIMS) imaging of brain cholesterol metabolites in Smith-Lemli-Opitz syndrome. Neuroscience 170, 858–864.

71. Patti, G. J., Woo, H. K., Yanes, O., Shriver, L., Thomas, D., Uritboonthai, W., Apon, J. V., Steenwyk, R., Manchester, M. and Siuzdak, G. (2010) Detection of carbohydrates and steroids by cation-enhanced nanostructure-initiator mass spectrometry (NIMS) for biofluid analysis and tissue imaging. Anal. Chem. 82, 121–128.

72. Cha, S. and Yeung, E. S. (2007) Colloidal graphite-assisted laser desorption/ionization mass spectrometry and MSn of small molecules. 1. Imaging of cerebrosides directly from rat brain tissue. Anal. Chem. 79, 2373–2385.

73. Guo, Z. and He, L. (2007) A binary matrix for background suppression in MALDI-MS of small molecules. Anal. Bioanal. Chem. 387, 1939–1944.

74. Stach, J. and Baumbach, J. I. (2002) Ion mobility spectrometry-Basic elements and applications. Int. J. Ion Mobility Spectrom. 5, 1–21.

75. Krylov, E. V., Nazarov, E. G. and Miller, R. A. (2007) Differential mobility spectrometer: Model of operation. Int. J. Mass Spec. 266, 76–85.

76. Kanu, A. B., Dwivedi, P., Tam, M., Matz, L. and Hill, H. H., Jr. (2008) Ion mobility-mass spectrometry. J. Mass Spectrom. 43, 1–22.

77. Howdle, M. D., Eckers, C., Laures, A. M. and Creaser, C. S. (2009) The use of shift reagents in ion mobility-mass spectrometry: Studies on the complexation of an active pharmaceutical ingredient with polyethylene glycol excipients. J. Am. Soc. Mass Spectrom. 20, 1–9.

78. Woods, A. S., Ugarov, M., Egan, T., Koomen, J., Gillig, K. J., Fuhrer, K., Gonin, M. and Schultz, J. A. (2004) Lipid/peptide/nucleotide separation with MALDI-ion mobili-

ty-TOF MS. Anal. Chem. 76, 2187–2195.
79. Jackson, S. N. and Woods, A. S. (2009) Direct profiling of tissue lipids by MALDI-TOFMS. J. Chromatogr. B 877, 2822–2829.
80. Jackson, S. N., Ugarov, M., Post, J. D., Egan, T., Langlais, D., Schultz, J. A. and Woods, A. S. (2008) A study of phospholipids by ion mobility TOFMS. J. Am. Soc. Mass Spectrom. 19, 1655–1662.
81. May, J. C., Goodwin, C. R., Lareau, N. M., Leaptrot, K. L., Morris, C. B., Kurulugama, R. T., Mordehai, A., Klein, C., Barry, W., Darland, E., Overney, G., Imatani, K., Stafford, G. C., Fjeldsted, J. C. and McLean, J. A. (2014) Conformational ordering of biomolecules in the gas phase: Nitrogen collision cross sections measured on a prototype high resolution drift tube ion mobility-mass spectrometer. Anal. Chem. 86, 2107–2116.
82. Jackson, S. N., Colsch, B., Egan, T., Lewis, E. K., Schultz, J. A. and Woods, A. S. (2011) Gangliosides' analysis by MALDI-ion mobility MS. Analyst 136, 463–466.
83. Paglia, G., Kliman, M., Claude, E., Geromanos, S. and Astarita, G. (2015) Applications of ion-mobility mass spectrometry for lipid analysis. Anal. Bioanal. Chem. 407, 4995–5007.

生物信息学在脂质组学中的应用

5.1 引言

生物信息学主要涉及数据库、算法、统计学和理论的创建和推进,以期解决在进行大量生物学和生物医学数据的整理和分析的过程中所产生的问题。因此,它已成为生物医学科学研究和发展以及脂质组学发展的一个组成部分。利用质谱对脂质的定性和定量分析会产生大量数据,如果没有适当的工具来处理分析这些数据,并且对获得的数据集不进行系统的分析和建模处理,从而想深入理解这组数据集的生物学意义是非常困难的。脂质组学中的生物信息学大致包括自动化的数据处理、数据集的统计分析、(信号)通路和网络的分析以及在各种系统中和生物物理情况下的脂质建模[1]。近期发表的文章[2]针对其中的某些方面进行了很好的阐述说明,尤其是在化学计量学的比较方面,感兴趣的读者可以详细阅读。

通常情况下,使用任何基于 LC-MS 联用的方法鉴定脂质,主要是通过串联质谱技术的产物离子模式来分析每种脂质化合物。为此,建立包含关于不同电离模式和不同加合物或离子形式的脂质的结构、质量、同位素模式和串联质谱谱图以及液相色谱对脂质化合物的可能保留时间范围的信息库和数据库是至关重要的。这与对某个感兴趣的化合物经过 GC-MS 联用分析后通过 GC-MS 联用谱图的数据库进行搜索是类似的。另一方面,MDMS-SL 通过使用前体离子扫描(PIS)和中性丢失扫描(NLS)分析结构单元而鉴定原位脂质化合物的种类。与 LC-MS 的方法相比,鸟枪法脂质组学所需的数据库/文库的要求并没有太多限制,通过已知结构单元构建的理论数据库就足以满足鸟枪法脂质组学的需要[3]。在本章中,将会简要介绍这些当前可用的文库和数据库。因此,通过这些工具手动或自动地匹配脂质的碎片模式以及其他信息即可鉴定出该脂质。

下面将会对其原理、一些程序和软件包进行介绍。这些工具可以执行多重数据处理的步骤,比如谱图的筛选、峰的检测、校准和归一化以及针对鸟枪法脂质组学和 LC-MS 方法需求的探索性数据分析和可视化。最后,给出已获得的脂质组学数据的通路、网络分析和建模的工具和实例。这方面的研究还处于初期阶段,我们真诚地希望研究人员能够努力创造出更多的想法和工具,以满足脂质组学中生物信息学的需求。

5.2 脂质文库和数据库

数据库和相关生物信息学工具的开发已成为组学研究的重要组成部分。近年来,在组学领域高通量技术的推动下,开发了专门用于脂质的数据库。由此,开发以脂质为中心的数据库可以让研究人员能够方便地分析脂质化合物的种类。以下给出了几个与脂质相关文库和数据库的代表性例子。

5.2.1 脂质代谢途经研究计划(Lipid MAPS)结构数据库

Lipid MAPS 委员会为脂质的生物信息学分析建立了许多有用的资源。具体而言,为生物相关脂质指定一个唯一的新命名系统,该系统由 12 个字符组成,从而使脂质组学数据可以进行自动化处理[4]。Lipid MAPS 在线工具套件可以绘制脂质的结构,并可以通过质谱数据来预测可能的结构[5]。这些工具对于提供有关脂质结构和命名生成等相关领域的一致性是非常有用的。

Lipid MAPS 结构数据库(LMSD)是一个关系数据库,其中包含生物相关脂质的结构和注释。截至 2015 年年中,LMSD 已包含超过 40360 种独特的脂质结构,是世界上最大的专门用于脂质的公共数据库。数据库中的脂质结构来源于以下资源[6]:

- Lipid MAPS 委员会的核心实验室和合作伙伴。
- 通过 Lipid MAPS 实验鉴定的脂质。
- 针对适当的脂质计算生成的结构。
- 从 LipidBank、Lipid Library、Cyberlipids、ChEBI 和其他公共来源手动整理的生物相关脂质。
- 提交给同行评审期刊的新型脂质也会被添加到数据库中。

LMSD 可在 www.lipidmaps.org/data/structure/ 上公开获得。

与其他现有的脂质数据库如 LipidBank 相比,LMSD 具有以下明显特征:

- 根据 Lipid MAPS 提出的综合分类方案,使用层次分类和一致命名法。
- 为每一个脂质结构指定独特的 Lipid MAPS 编号,反映了其在分类层次中的位置。
- 没有重复的结构。
- 可以根据结构在数据库中搜索。LMSD 中的所有脂质结构均遵循 Lipid MAPS 委员会提出的结构绘制规则[4]。

LMSD 提供了几种结构查看选项,包括 gif 图像(默认)、ChemDraw(需要 ChemDraw ActiveX/插件)、MarvinView(Java applet) 和 JMol(Java applet)。最近,脂质特异性关键词列表已被扩展。除了基因本体论(GO)和京都基因与基因组百科全书(KEGG)的术语描述之外,人类和小鼠的脂质相关蛋白和基因也已经被分别加入了 UniProt 蛋白数据库和 EntrezGene 基因数据库的描述字段。

除了按照脂质的分类检索以外,用户还可以在 LMSD 上使用文本或结构进行搜索。基于文本执行的搜索支持以下数据字段的任意组合:Lipid MAPS 编号、系统或通用名称、质量、分子式、类别、大类和亚类数据字段。结合基于结构的搜索与可选数据字段一起,用户可以执行化合物结构的精确匹配或子结构搜索。搜索结果除了结构和注释之外,还包括与外部数据库相关的链接。

总而言之,由 Lipid MAPS 委员会开发的 LMSD 包含大量的脂质信息和一套工具,可用于为脂质命名和结构分析提供重要的一致性,LMSD 在脂质组学研究的进展中发挥着重要的作用。

5.2.2 基于结构单元概念的理论数据库

MDMS-SL 结合靶向和非靶向的方法分析脂质分子种类,并广泛采用结构单元来鉴定脂质分子结构(详见第 2 章)。MDMS-SL 数据库应该尽可能广泛和灵活,并且可以根据各种脂质类别的结构单元来构建(详见第 1 章)[3]。这种虚拟数据库是由每类脂质中的每种可能的组合而组成,包含目前已被识别的所有种类,并且可以容易地用额外的模块构件(例如,修饰的脂肪酰基)来进行扩展。因此,根据各个脂肪酰基中的不同的碳原子数目(m)和双键数目(n)的比值 $m:n$,就可以构建一个含有各类脂质或一类脂质的各个分子的数据库,该数据库包括:

- 碳原子总数
- 双键总数
- 化学式
- 精确的单同位素质量
- 结构单元(即碎片)

例如,其中甘油的三个质子被结构单元取代后的分子式为 $C_3H_5O_3$,这是甘油磷酸酯和甘油脂质中所有脂质类别的特征骨架。与甘油的 sn-3 位氧原子连接的含磷酸二酯的头部基团(表5.1第4列)是甘油磷酸酯类别(表5.1第1列)的一个类别特异性结构单元(例如,结构单元Ⅲ,图1.5)。甘油脂和甘油磷酸酯之间的区别在于,甘油脂在这个位置的结构单元不是磷酸二酯,甘油三酯的是一个脂肪链,甘油二酯和甘油单酯的则是一个质子或脂肪链[3]。在甘油 sn-1 位的氧原子通过甘油磷酸酯和甘油脂中的酯键、醚键或乙烯基醚键与脂肪酰基链(例如,结构单元Ⅰ,图1.5)连接。这些不同的连接决定了一个甘油磷酸酯的子类(表5.1第2列),分别称为磷脂酰基(phosphatidyl-)、磷脂醚基(plasmanyl-)和磷脂缩醛基(plasmenyl-),前缀分别为"d""a"和"p"。该脂肪族结构单元随着碳原子数和双键数以及脂肪链中双键的位置而变化。对于所有的甘油磷酸酯和甘油脂,除了甘油二酯、甘油单酯以及溶血磷脂中 sn-2 位的质子仍然可能保留外,其余所有甘油骨架中 sn-2 位的质子均被一个脂肪链所取代(例如,结构单元Ⅱ,图1.5)。此外,脂肪酰基链随着碳原子数目和双键数目以及脂肪酰基链中双键位置的变化而变化,单个甘油磷酸酯类别中的各个子类的结构单元Ⅰ和Ⅱ由变量 m 和 n(m 为碳原子数和 n 为双键数目)的组合(表5.1第5列)决定。因此,上述各个脂质类别中的整个亚类均可以由 m 和 n 的这两个变量来表示(表5.1第6列)。溶血磷脂是甘油磷酸酯的特例,因此,各类溶血磷脂的数据库都由其相应的上一级甘油磷酸酯构建(表5.1)。表5.2所示为与上述甘油磷酸酯类似构建的鞘脂的理论数据库。

5 生物信息学在脂质组学中的应用

表 5.1 甘油磷脂数据库[①]

脂质种类	脂质亚类	骨架结构	头基（构建单元Ⅲ）	侧链（构建单元Ⅰ & Ⅱ）	总化学式	负离子模式	正离子模式	可能的脂质[②]
磷脂酰胆碱	二酰基磷脂酰胆碱	$C_3H_5O_3$	$C_5H_{13}O_3PN$	$C_mH_{2m-2n-2}O_2$	$C_{m+8}H_{2m-2n+16}O_8PN$	$[M+Cl]^-$	$[M+Li]^+$、$[M+Na]^+$	314
	烯基-酰基磷脂酰胆碱			$C_mH_{2m-2n}O$	$C_{m+8}H_{2m-2n+16}O_7PN$			314
	烷基-酰基磷脂酰胆碱			$C_mH_{2m-2n}O$	$C_{m+8}H_{2m-2n+18}O_7PN$			314
磷脂酰乙醇胺	二酰基磷脂酰乙醇胺		$C_2H_7O_3PN$	$C_mH_{2m-2n-2}O_2$	$C_{m+5}H_{2m-2n+10}O_8PN$	$[M-H]^-$、$[M-H+Fmoc]^-$（即$[M+C_{15}H_9O_2]^-$）		314
	烯基-酰基磷脂酰乙醇胺			$C_mH_{2m-2n-2}O$	$C_{m+5}H_{2m-2n+10}O_7PN$			314
	烷基-酰基磷脂酰乙醇胺			$C_mH_{2m-2n}O$	$C_{m+5}H_{2m-2n+12}O_7PN$			314
磷脂酰丝氨酸	二酰基磷脂酰丝氨酸		$C_3H_7O_5PN$	$C_mH_{2m-2n-2}O_2$	$C_{m+6}H_{2m-2n+10}O_{10}PN$	$[M-H]^-$		314
	烯基-酰基磷脂酰丝氨酸			$C_mH_{2m-2n-2}O$	$C_{m+6}H_{2m-2n+10}O_9PN$			314
	烷基-酰基磷脂酰丝氨酸			$C_mH_{2m-2n}O$	$C_{m+6}H_{2m-2n+12}O_9PN$			314
磷脂酰甘油			$C_3H_8O_5P$	$C_mH_{2m-2n-2}O_2$	$C_{m+6}H_{2m-2n+11}O_{10}P$	$[M-H]^-$		314
磷脂酰肌醇			$C_6H_{12}O_8P$	$C_mH_{2m-2n-2}O_2$	$C_{m+9}H_{2m-2n+15}O_{13}P$	$[M-H]^-$		314
磷脂酸			H_2O_3P	$C_mH_{2m-2n}O_2$	$C_{m+3}H_{2m-2n+5}O_8P$	$[M-H]^-$		314
溶血磷脂酰胆碱	酰基-溶血磷脂酰胆碱		$C_5H_{13}O_3PN$	$C_mH_{2m-2n}O$	$C_{m+8}H_{2m-2n+18}O_7PN$	$[M+Cl]^-$	$[M+Li]^+$、$[M+Na]^+$	82
	烯基-溶血磷脂酰胆碱			C_mH_{2m-2n}	$C_{m+8}H_{2m-2n+18}O_6PN$			82
	烷基-溶血磷脂酰胆碱			$C_mH_{2m-2n+2}$	$C_{m+8}H_{2m-2n+20}O_6PN$			82
溶血磷脂酰乙醇胺	酰基-溶血磷脂酰乙醇胺		$C_2H_7O_3PN$	$C_mH_{2m-2n}O$	$C_{m+5}H_{2m-2n+12}O_7PN$	$[M-H]^-$、$[M-H+Fmoc]^-$（即$[M+C_{15}H_9O_2]^-$）		82
	烯基-溶血磷脂酰乙醇胺			C_mH_{2m-2n}	$C_{m+5}H_{2m-2n+12}O_6PN$			82
	烷基-溶血磷脂酰乙醇胺			$C_mH_{2m-2n+2}$	$C_{m+5}H_{2m-2n+14}O_6PN$			82
溶血磷脂酰丝氨酸	酰基-溶血磷脂酰丝氨酸		$C_3H_7O_5PN$	$C_mH_{2m-2n}O$	$C_{m+6}H_{2m-2n+12}O_9PN$	$[M-H]^-$		82
	烯基-溶血磷脂酰丝氨酸			C_mH_{2m-2n}	$C_{m+6}H_{2m-2n+12}O_8PN$			82
	烷基-溶血磷脂酰丝氨酸			$C_mH_{2m-2n+2}$	$C_{m+6}H_{2m-2n+14}O_8PN$			82

续表

脂质种类	脂质亚类	骨架结构	头基（构建单元Ⅲ）	侧链（构建单元Ⅰ & Ⅱ）	总化学式	负离子模式	正离子模式	可能的脂质②
溶血磷脂酰甘油			$C_3H_8O_5P$	$C_mH_{2m-2n}O$	$C_{m+6}H_{2m-2n+13}O_9P$	$[M-H]^-$		82
溶血磷脂酰肌醇			$C_6H_{12}O_8P$	$C_mH_{2m-2n}O$	$C_{m+9}H_{2m-2n+17}O_{12}P$	$[M-H]^-$		82
溶血磷脂酸			H_2O_3P	$C_mH_{2m-2n}O$	$C_{m+3}H_{2m-2n+7}O_7P$	$[M-H]^-$		82
心磷脂		$(C_3H_5O_3)_2$	$C_3H_8O_7P_2$	$C_mH_{2m-2n-4}O_4$	$C_{m+9}H_{2m-2n+14}O_{17}P_2$	$[M-2H]^{2-}$		1081
	单溶血心磷脂	$(C_3H_5O_3)_2$	$C_3H_8O_7P_2$	$C_mH_{2m-2n}O_3$	$C_{m+9}H_{2m-2n+16}O_{16}P_2$	$[M-2H]^{2-}$		622
共计								6455

① 该表修改自参考文献[3]，并有版权许可。如图1.5所示，通过使用变量m和n，用甘油磷脂中的构件模块Ⅰ，Ⅱ和Ⅲ构建数据库。变量m代表酰基链的总碳原子数（$m=12\sim26$，$24\sim52$，$36\sim78$和$48\sim104$分别对应于具有1，2，3和4个脂肪酰基链的甘油磷脂），变量n代表酰基链的总双键数（$n=0\sim7$，$0\sim14$，$0\sim21$和$0\sim28$分别对应于具有1，2，3和4个脂肪酰基链的甘油磷脂）。离子模式指示用于分析MDMS鸟枪法脂质组学中指示的脂质类别的电离模式。

② 不考虑由双键不同位置产生的区域异构体和异构体。基于12~26个碳原子的酰基链含有最高不饱和度的天然存在的脂肪酸计算分子种类的数目，为已经鉴定到的12∶1，13∶1，14∶3，15∶3，16∶5，17∶3，18∶5，19∶3，20∶6，21∶5，22∶7，23∶5，24∶7，25∶6和26∶7。

表 5.2 鞘磷脂数据库[①]

脂质种类	脂质亚类	骨架结构	鞘脂基团（构建单元Ⅲ）	头基（构建单元Ⅰ）	侧链（构建单元Ⅱ）	总化学式	负离子模式	正离子模式	可能的脂质[②]
神经酰胺 (Cer)	无羟基神经酰胺	$C_3H_6O_2N$	$C_xH_{2x-2y+1}N$	H	$C_mH_{2m-2n}O$	$C_{m+x+3}H_{2m-2n+2x-2y+3}O_3N$	$[M-H]^-$		2214
	羟基神经酰胺			H	$C_mH_{2m-2n-1}O_2$	$C_{m+x+3}H_{2m-2n+2x-2y+3}O_4N$			2214
鞘磷脂 (SM)	无羟基 SM			$C_5H_{13}O_3PN$	$C_mH_{2m-2n}O$	$C_{m+x+8}H_{2m-2n+2x-2y+19}O_6PN_2$	$[M+Cl]^-$	$[M+Li]^+$、$[M+Na]^+$	2214
	羟基 SM				$C_mH_{2m-2n-1}O_2$	$C_{m+x+8}H_{2m-2n+2x-2y+19}O_7PN_2$	$[M-H]^-$、$[M-H+Fmoc]^-$	$[M+H]^+$	2214
神经酰胺磷酸乙醇胺 (CerPE)	无羟基 CerPE			$C_2H_6O_3PN$	$C_mH_{2m-2n}O$	$C_{m+x+5}H_{2m-2n+2x-2y+12}O_6PN_2$			2214
	羟基 CerPE				$C_mH_{2m-2n-1}O_2$	$C_{m+x+5}H_{2m-2n+2x-2y+12}O_7PN_2$			2214
已糖-神经酰胺 (HexCer)	无羟基 HexCer			$C_6H_{11}O_5$	$C_mH_{2m-2n}O$	$C_{m+x+9}H_{2m-2n+2x-2y+17}O_9N$	$[M+Cl]^-$	$[M+Li]^+$、$[M+Na]^+$	2214
	羟基 HexCer				$C_mH_{2m-2n-1}O_2$	$C_{m+x+9}H_{2m-2n+2x-2y+17}O_9N$	$[M-H]^-$		2214
硫苷脂 (ST)	无羟基 ST			$C_6H_{11}SO_8$	$C_mH_{2m-2n}O$	$C_{m+x+9}H_{2m-2n+2x-2y+17}O_{11}NS$			2214
	羟基 ST				$C_mH_{2m-2n-1}O_2$	$C_{m+x+9}H_{2m-2n+2x-2y+17}O_{12}NS$			2214
乳糖-神经酰胺 (LacCer)	无羟基 LacCer			$C_{12}H_{21}O_{10}$	$C_mH_{2m-2n}O$	$C_{m+x+15}H_{2m-2n+2x-2y+27}O_{13}N$	$[M+Cl]^-$	$[M+Li]^+$、$[M+Na]^+$	2214
	羟基 LacCer				$C_mH_{2m-2n-1}O_2$	$C_{m+x+15}H_{2m-2n+2x-2y+27}O_{14}N$	$[M-H]^-$		2214
溶血鞘磷脂				$C_5H_{13}O_3PN$	H	$C_xH_{2x-2y+21}O_5PN_2$	$[M+Cl]^-$	$[M+Li]^+$、$[M+Na]^+$	27
鞘氨醇碱				H	H	$C_{x+3}H_{2x-2y+9}O_2N$		$[M+H]^+$	27
鞘氨醇碱 1-磷酸				H_2O_3P	H	$C_{x+3}H_{2x-2y+10}O_5PN$	$[M-H]^-$		27
神经鞘氨醇 半乳糖苷				$C_6H_{11}O_5$	H	$C_{x+9}H_{2x-2y+19}O_7N$		$[M+H]^+$	27
								共计	26676

① 此表修改自参考文献补充材料[3]。该数据库是基于图 1.6 中所示的鞘脂中的构建模块Ⅰ,Ⅱ和Ⅲ,通过使用 x, y, m 和 n 的变量而构建的。变量 m 表示脂肪酰链的总碳原子数 ($m=12\sim26$)，变量 n 表示脂肪酰链 ($n=0\sim7$) 的总双键数，变量 x 表示所有部分鞘氨醇碱基的总碳原子数 ($x=11\sim19$) 中指示的脂质组学模式，并且变量 y 表示部分氨醇碱基 ($y=0\sim2$) 的总双键数。离子模式用于分析 MDMS 鸟枪法脂质组学中指示的脂质类别的电离模式。不包括神经节苷脂。

② 不考虑由双键不同位置产生的异构体。基于 12～26 个碳原子的天然存在的脂肪酸计算分子种类的数目，为鉴定到的 12:1, 13:1, 14:3, 15:3, 16:5, 17:3, 18:5, 19:3, 20:6, 21:5, 22:7, 23:5, 24:7, 25:6 和 26:7。

仅通过这些公认的脂肪酰基,就可以很容易构建出参与能量代谢的主要脂质,约 6500 个甘油磷酸酯、3200 个甘油脂质、26000 个鞘脂质、100 个固醇和 410 个其他脂质的结构。因此,起初构建的 MDMS-SL 数据库中包括总计超过 36000 种分子种类,不包括区域异构体、氧化型脂质或其他共价修饰的脂质[3]。此外,当质谱仪的灵敏度进一步提高或分析生物样品中的不常见脂质时,通过对脂质的结构通式进行修饰,可以进一步扩展构建的数据库以覆盖各类脂质中的任何新型脂质和亚类。

5.2.3 LipidBlast-电子串联质谱库

LipidBlast 是采用计算机生成的产物离子模式下的串联质谱谱图的一个文库,它在很大程度上已得到了验证,并由加利福尼亚大学戴维斯分校的 Fiehn 实验室进行维护。LipidBlast 包含有 26 种脂质中 119200 个不同脂质的总计 212516 个的串联质谱谱图[7]。该文馆可免费用于商业和非商业用途,网址为 http://fiehnlab.ucdavis.edu/projects/lipidblast。

计算机模拟 MS/MS 文库是基于以下步骤生成的[7]。

• 定义要包含的结构,然后详尽地用计算机生成所有可能的结构。为此,大约一半的 LipidBlast 化合物结构是从 Lipid MAPS 数据库中导入,或者使用 Lipid MAPS 工具生成[6]。这部分包括 13 种最常见的甘油磷酸酯和甘油脂质[6]。因为脂质 MAPS 数据库并未覆盖许多细菌和植物脂质,使用 ChemAxon Reactor11(JChem v.5.5,2011;http://www.chemaxon.com/)和 SmiLib12 提供的组合化学计算法在 LipidBlast 中生成了另外 13 种脂质的其他 54805 个化合物,共计 119200 个化合物。

• 在不同平台上进行实验获得的串联质谱谱图以及理论上解释脂质结构特异性的碎片和重排。该小组以 500 多种高度多样化的甘油磷酸酯和甘油脂标准化合物的产物离子模式进行了串联质谱的测定,这些标准化合物均来自于含有不同数量的碳原子和双键的单个脂质。此外,他们还从大约 300 篇出版物中选出了无法获得纯净标准化合物的脂质的串联质谱谱图。他们分析了单个脂质种属的碎裂和重排,包括前体离子(母离子)[M+H]$^+$、[M+Na]$^+$、[M+NH$_4$]$^+$、[M-H]$^-$、[M-2H]$^{2-}$、[M]$^+$ 和产物离子,以及它们相应的离子强度。他们发现,脂质的串联质谱图具有可预测性,主要的碎片是由丢失极性头基产生的,以及由前体离子丢失酰基或烷基链产生的产物离子、与脂肪酸相对应的产物离子碎片(在负离子模式下最容易观测到[FA-H]$^-$)。他们观察到许多其他特异性碎片和重排,随后将其添加到 LipidBlast 中基于规则生成的串联质谱图。

• 根据上述规则,生成可能检测到的各个脂质加合离子的特征碎片和启发式建模的离子强度。具体而言,LipidBlast MS/MS 文库是通过将脂质标准品的碎片和离子强度等信息转化为数千个计算机所产生的脂质结构而创建的。使用启发式方法来模拟前体和产物离子,并且需要每一种脂质的相对离子强度。各个前体离子的特征损失和特定碎片离子以及它们的精确质量和分子式都可以被计算出来。考虑到不同的相对离子强度与特定类型的质谱仪存在一定关联,因此这个数据库是利用标准品在相应仪器中观测到的离子强度创建的。最后,将所有具有脂质物种名称、加合物名称、脂质类别、准确前体质量、准确质量片段、启发式模型强度和片段注释的串联质谱谱图生成为电子文件。

- 严格验证计算机生成的串联质谱谱图。该小组使用诱饵库搜索,且根据实验室测得的脂质标准品结果和文献报道的串联质谱数据来分析假阳性和假阴性的评估。搜索参数和详细统计信息可以在上述网站上获得。
- 演示了该库在高通量脂质鉴定中的应用[7]。该小组使用低分辨质谱仪分析人体血浆的脂质提取物。通过使用LipidBlast,他们在结构上解析了总共264种脂质化合物。数据集与手动峰值解析和Lipid MAPS提供的数据进行交叉检查。使用精确质量LC-MS/MS,他们解析了总共523种脂质分子化合物。与之前已发表的文章相比,血浆脂质化合物的数量相近[8-9]。

研发人员得出结论:LipidBlast与其他可用的搜索引擎和评分算法一起使用,可以成功应用于分析来自40多种不同质谱仪类型的串联质谱数据,这代表了脂质组学的范式转变,因为化学合成所有代谢物或天然产品作为库的生成或以定量为目的的纯标准品是不现实的。此外,在LipidBlast中植物、动物、病毒和细菌脂质的当前一系列串联质谱谱图可以扩展到许多其他重要的脂质类别中。

5.2.4 METLIN数据库

METLIN[10-11]是代谢组学数据库,它是代谢物信息以及串联质谱数据的储存库。METLIN数据库由Scripps研究所的Siuzdak博士实验室开发并维护的。METLIN代谢物数据库可在公开网络上(http://metlin.scripps.edu)登录并进行代谢物的搜索。

METLIN是当今世界上最全面的代谢物数据库之一。它包括超过15000种内源性和外源性代谢物的质量、化学分子式和结构,并且含有大量的脂质化合物,含有超过64000种的结构。它还包含超过10000种不同代谢物的串联质谱数据和超过50000个ESI-Q-TOF串联质谱谱图,它们是在正离子和负离子模式下,通过四种碰撞能量(0、10、20、40 eV)下获得的产物离子模式获得的。此外,通过使用计算机模拟产生的碎片,有超过160,000个预测的独特碎片结构也添加到了METLIN数据库中[12]。随着更多代谢物信息的存储输入和被发现,可用的串联质谱数据得到了持续的扩展。

METLIN代谢物数据库是使用开放源软件工具MySQL实施运行的,大多数化合物都同时注明了化学式和结构。每一个代谢物分别通过KEGG、HMDB和化学摘要服务(CAS)等大量数据库条目与外部资源如KEGG、人类代谢数据库(HMDB)和相应的PubChem相关联。这种关联使研究人员能够轻松找到有关代谢物的更多参考资料和查询。

总体而言,METLIN数据库使研究人员能够通过代谢物的化学和物理特征,如准确质量数、单个和多个片段(包括中性丢失片段)轻松地搜索和表征代谢物。数据库的这些功能极大地促进了代谢组学一级全扫描质谱和二级串联质谱数据的价值,并加快了识别过程。METLIN是代谢组学中使用最广泛的数据库之一,其中包括脂质组学。

5.2.5 人类代谢组数据库

人类代谢组数据库(HMDB)[13-15]是由加拿大基因组公司资助的人体代谢项目创建的人体内小分子代谢物综合在线数据库。HMDB是通过http://www.hmdb.ca/网站提供的免费的电子数据库。该数据库包含超过6500个代谢物的信息,其中包括具有化学数据、临床信息和分子生物学/生物化学数据的脂质。此外,大约1500个蛋白质(和DNA)序列与这些代谢物条目相关联,代谢物条目在HMDB中以代谢物卡的形式呈现,每个代谢物卡条目包含超过100个数据字段,其中2/3信息用于化学/临床数据,另外1/3用于酶或生化数据。许多数据字段被超链接到其他数据库,包括KEGG、PubChem、MetaCyc、ChEBI、PDB、Swiss-Prot和GenBank,各种路径和结构查看小程序向该数据库添加了额外的信息层。HMDB提供的功能包括文本搜索、序列搜索、化学结构搜索和关系查询搜索。

5.2.6 LipidBank 数据库

LipidBank是日本脂质生物化学会议(JCBL)的官方数据库,可在http://lipidbank.jp/上公开获得。LipidBank提供有关已鉴定的天然脂质的信息,如脂肪酸、甘油磷脂、甘油脂、鞘脂、类固醇和各种维生素。目前,LipidBank含有超过6000个分为26个组的化合物分子[16],该数据库同时包含ChemDraw和MDL molfile(MOL)格式的分子结构;常规和IUPAC命名法中的脂质名称;包括相对分子质量、紫外、红外、核磁共振等光谱信息,以及一些其他光谱,如果有的话;同时还有关于脂质鉴定报道的文献信息。所有的分子信息都是由脂质研究专家手动选择和批准的。

5.3 用于自动化脂质数据处理的生物信息学工具

在本节中,首先讨论与LC-MS分析(包括谱图筛选、质谱峰检测、校准、基线校正等)相关的自动化脂质数据处理的基本原理。接下来是可视化和生物统计分析。最后,概述了一些常用的软件程序,包括市售和定制的软件程序。脂质物种自动识别的原理将在下一章中讲述。脂质定量的原理和方法在第14章中有深入描述。

5.3.1 LC-MS 谱图处理

直接进样得到的质谱数据可以在谱图模式下进行平均,并且只需导出少量的数据点。与直接进样相反,由于不停的浓度变化的性质,相邻数据点可能代表非常不同的质谱信息,因此最好从LC-MS分析中输出每一个数据点。这些庞大的原始数据集使其难以处理和存储。因此,生物信息学是首个根据一些标准(例如,消除一些冗余信息、包括同位素体、加合物、源内碎裂或其他)将数据集汇集而成的。

例如,Brown等[17]使用以下方法处理这些原始数据:通过使用来自Institute for Systems Biology 的开放源代码软件,首先将获得的原始MS文件转换为可读格式。然后,使用自定义的Fortran程序提取相关信息,并在波谷到波谷的方式下,以$10s/(m/z\ 1)$进制构建质谱的平均值,方法是找到在给定文件中最常见的低谷点。他们发现定量对时间平均间隔的选择只有中度敏感,最佳窗口在某种程度上取决于仪器的扫描速率。其他步骤必须在对物种进行曲线下面积计算之前进行。这些包括保留时间校准、背景校正和去偏差。

根据Brown等的研究[17],通常大多数采用保留时间比对的方法[18-20]都以某种方式根据谱图之间的相关性进行的。由于脂质组学分析中各类脂质与加入标准品的保留时间被很好地限制在同一区域之内，所以感兴趣的种类在时间上被集中起来。该信息通常用于在各类的时间-质荷比域内有效地保留时间校正，而不需要成对谱图计算。然后可以选择所需的时间校正，以最大化时间偏移谱图校正与 MS 分析中任意选择的一个样本的相关性。然而，通过使用内标峰的最高时间值，通常可以避免计算相关性的代价。

校正质谱峰强度的背景对峰检测和 MS 中每种分析物含量的精确定量非常重要，特别是对于低含量化合物。准确的基线校正可以减少 LC-MS 分析中标准曲线截距的不确定性所带来的影响，因为它对溶剂背景下建立的标准曲线的适用性有影响，以便随后用于分析基于细胞和非细胞的样本。出于这个原因，要求标准曲线线性回归的截距项与零之间没有统计学差异是必要的。因此，在背景校正之后，截距基本上被设置为强制通过原点，这消除了截距对噪声扣除的依赖。

有许多方法被广泛用于代谢组学 LC-MS 分析(例如，CODA 算法[21]、MEND 算法[22]和各种基于高斯二阶导数的峰采集方法[23-24])，这些方法都可以同时识别峰值和降低噪声，并且通常使用滤波或平滑功能。然而，应用这种类型的峰过滤工具(这意味着原始数据中存在的噪声和峰形的模型)可能导致峰识别失真。例如，不同的 GPL 类别与以硅胶为固定相的液相色谱柱之间的相互作用不同，会产生保留时间拖尾的巨大差异，因此对峰形进行建模可能并不可靠。相反，问题可以简化为找到给定质荷比的合适保留时间边界。

为此，Brown 等[17]提出的 Williams-Kloot 测试[25]可以用来定义保留时间的边界。通过将假定的积分窗口在每个时间方向上与中心最大值分开来进行一系列测试。随着每次扩展、峰与背景进行比较、并进行 Williams-Kloot 测试以评估从连续扩展窗口获得的结果之间的差异。通过 Williams-Kloot 测试，一旦加一个点与添加背景点的评估峰值的有用性无法区分，则窗口位置就被确定了。包含这些点的多边形下的积分以及峰值底部的对角线所包围的积分被用作对应于该特征的离子计数。

5.3.2 生物统计分析和可视化

生物信息学分析的下一步是进行数据集之间的统计比较。许多基于假设的统计分析方法都可以用于显著性分析。通常采用两个样本 T 检验来调查两组样本的平均值是否彼此有显著不同。威尔科克森检验采用中位数假设分析，可应用于单个样本或两个样本(配对样本或非配对样本)。在前者中，测试确定样本的中位数是否与数据的假设中位数不同。在后一种情况下，它测试一个样本的中位数是否与第二个样本的中位数不同。两种常见的无参数检验是：配对数据的威尔科克森符号秩检验和 Mann-Whitney U 检验(也称为 Mann-Whitney-Wilcoxon 检验、威尔科克森 T 检验、威尔科克森双样本检验或威尔科克森检验 W 测试)为不成对的数据。这些测试是基于数据的排序并分析排序，而不是观察的实际值。假设采样群体是正态分布的，则可以使用分析方差(ANOVA)来比较两个或更多组的平均值。相关性分析可以用来分析两个变量之间的相关程度，并使用相关系数来测量。

通常使用几种方法分析多元数据：
- 主成分分析(PCA)从复杂的相关变量中提取有用的变量。

- 基于偏最小二乘的判别分析(PLS-DA)是一种当需要数据降维并且在多变量辨别分析中广泛使用的有监督分类算法[26]。
- 多变量方差分析(MANOVA)是一个统计学检验程序,用于比较几个组的多变量(总体)平均值,该方法使用变量之间的方差-协方差来检验平均差异的统计显著性。

为此,任何商业上可用的软件(例如,SAS、NCSS、IBM SPSS Statistics、SIMCA-P 等)均可用来执行此类数据分析。并且使用合适的统计分析方法对于提高可视化,准确分类和异常估计是必不可少的[27]。

经谨慎处理的图形显示通常是比较和沟通数据的最有效方式[28]。当说明脂质类别之间的质量水平变化时,通常使用条形图。热图通常用于显示各个分子种类之间的差异。在热图格式中,脂质组学数据通常以酰基链长度或总计碳数质荷比的顺序显示,有时分为脂质亚类[29]和/或等级聚类[30]。饼图通常用于显示组成的变化。多维或多色编码的图示也经常用于证明脂质类别以及单个分子种类的质量水平或组成的变化[31-33]。Excel、Prism、Tableau 等许多绘图软件包都可以用于此目的。

5.3.3 脂质种类结构的解释

尽管已经开发了许多系统化的索引[例如,脂质 MAPS、生物相关的化学实体(ChEBI)、IUPAC 国际化学标识符(InChI)、简化的分子输入线条输入系统(SMILES)等]来列出化合物,这些索引(标识符)只有在化合物完全识别时才有意义。然而,实际上,在许多情况下,脂质组学分析只能在目前的技术发展中提供脂质分子结构的部分鉴定。而且,不同的脂质组学方法提供不同水平的脂质物质的结构鉴定。因此,如何清晰地表达和报告脂质物种结构的鉴定水平信息(可从 MS 分析得出)不仅对读者有帮助,而且对生物信息学和数据交流也很重要。为此,通过鸟枪脂质组学的分析可以作为解释这些目的的典型例子。使用基于 LC-MS 的方法分析脂质种类时也存在类似的现象。

在串联质谱方法中,特定的首基串联质谱通常用于分析一类脂质物质。在这种情况下,只有脂质类别的信息被提供而没有亚类的区分(如果存在的话)。例如,m/z 184 的 PIS 通常用于分析含有磷酸胆碱的脂质物质[34]。这样的分析的确没有将含有醚键与含有酯键的 PC 区分开来。此外,由于 SM 与 PC 的 M+1 碳 13 同位素体的潜在重叠,此类分析也不能清楚地区分 SM 与 PC。

基于高质量准确度/分辨率质谱的鸟枪法脂质组学方法,可以解决鞘磷脂和磷脂酰胆碱 M+1 的碳 13 同位素之间以及和 PC 亚类之间的重叠问题[35]。此外,甘油的 sn-1 位上连接的是烷基或者烯基和二酰基脂质化合物的脂肪酰基链也可以通过产物离子分析来鉴定[35,36]。显然,这种方法提供了比上述串联质谱方法更多的结构信息。

通过 MDMS-SL 方法,除了鉴定脂肪酰基链的重叠和特性之外,还可以获得二酰基磷酸胆碱中那些脂肪酸侧链(即区域异构体)的位置[3,37]。此外,甚至脂肪酰基链中双键的位置也可以通过进一步的分析来确定[38]。因此,这些类型的附加结构信息应该从数据报告中得到体现。

为了反映这些不同层次的结构信息,提出了一种由质谱分析得到的脂质结构的简写符号系统[39],该系统得到了广泛的认可。例如,分析酰基磷酸胆碱时,建议用 PC(平均质量)或 PC(m:n)来表示通过串联质谱技术(其中 m 和 n 分别代表化合物的碳原子总数和脂肪酸链的双键数)而检测到 PC 的种类;使用 PC(m_1:n_1_m_2:n_2)或 PC(o-m_1:n_1_m_2:n_2)来表示基于高分辨率质谱的鸟枪法脂质组学而鉴定出的单个脂肪酰基链和醚键;使用 PC(m_1:n_1/m_2:n_2)或 PC(o-m_1:n_1/m_2:n_2)表示 MDMS-SL 对 PC 物种的总体鉴定。类似地,经过液质联用后并基于多反应监测(MRM)检测分析方法鉴定的 PC 化合物只能表示为 PC(m:n),并且经过液质联用的数据依赖性采集方法鉴定的 PC 化合物可以表示为如上所述的后面的例子。

5.3.4 用于常见数据处理的软件包

有几个程序和/或软件包可执行多个数据处理步骤,例如,光谱过滤、峰检测、对齐、归一化以及液质联用方法所要求的探索性数据分析和可视化[40-46]。这些程序的开发主要取决于洗脱时间和每个离子的测定质量。下面给出了几个用于开发这些程序的工具箱。此外,为了读者的兴趣,还列出了一些商用软件包。

5.3.4.1 XCMS

XCMS 是一个开源的基于云的代谢组学数据处理平台,以用户友好、基于网络的形式提供高质量的代谢组学分析[18]。由于它是用 R 编写的,并且图形支持非常丰富[18],XCMS 允许用户轻松上传液质联用的代谢组学数据并进行处理。不同仪器的预定义参数设置(例如,Q-TOF、OrbiTrap 等)都可以使用,以及一些自定义的选项。可以在交互式,自定义定制的表格中查看结果,其中显示了统计数据、色谱图和 METLIN 信息,这些信息可以链接到串联质谱图库[18]。XCMS 结合了新型非线性保留时间校准,同时配备了过滤,峰检测和峰匹配。通过校正保留时间,直接比较相关代谢物离子强度以鉴定特定内源性代谢物的变化。然而,XCMS 并不适用于定量分析,这对脂质组学来说是非常紧要且关键的挑战[47]。例如,该平台不支持应用标准曲线;背景校正不是非常灵活或直接,并且依赖于具有关于峰形状的假设的平滑函数;同位素校正也不是内置的,这在脂质组学中非常重要(详见第 15 章)等。用户可以通过 https://xcmsonline.scripps.edu/landing_page.php?pgcontent=mainPage 登录 XCMS 平台进行代谢组学和脂质组学数据的在线分析。

5.3.4.2 MZmine 2

MZmine 2 是新一代流行的开源数据处理工具箱[19],MZmine 2 软件设计的关键理念是核心功能和数据处理模块的严格分离。其主要目标是提供一个用户友好,灵活且易于扩展的框架。它主要关注 LC-MS 数据,涵盖整个 LC-MS 数据分析工作流程,还支持高分辨率谱图处理。数据处理模块利用嵌入式可视化工具,允许即刻预览参数设置。该功能包括使用在线数据库谱峰的识别,MS^n 数据支持,改进的同位素分布模式支持,散点图的可视化以及基于随机样本一致性算法的峰列表对齐方法。它的优点是可以并行处理多个计算机处理器,由于它是用 Java 编写的,所以还可以进行跨平台支持。但是,尽管数据分析是自动的,可它并不是可编写的脚本。背景校正很大程度上依赖于多项式平滑或用户定义的直线截断。MZmine 2 可以通过 GNU 通用公共许可证免费获得,也可以从项目网站 http://mzmine.github.io/获得。

5.3.4.3 质谱基线测定的实用方法

精确测定质谱的基线水平对分析物的定性和定量至关重要。与其他先前基于平滑或随机截断的方法相反[48-50],一种基于噪声到信号存在加速强度变化的实际方法被开发用于确定在不同条件下获得的质谱的基线[51]。加速强度变化是由累积层厚度曲线导出的,累积层厚度曲线是从逐一扣除的层的厚度中逐一导出的,其中每一层都是根据现有质谱数据在扣除先前层之后的平均最低离子强度的厚度来计算的。发生加速强度变化的层被定义为过渡层,其通过累积层厚度曲线的六阶多项式回归确定,然后解析其四阶导数的根。这种方法已经通过与作者实验室中所有可用质谱的手动确定的基线进行比较而得到了广泛验证。软件程序可向开发者索取。

5.3.4.4 LipidView

LipidView™ 是 Sciex 出售的商业软件。该软件是一种数据处理工具,可用于 ESI-MS 分析中脂质种类的定性和定量。根据母离子和碎片离子的质量,即可在脂质碎片数据库中对脂质分子进行匹配。该数据库包含了超过 50 个脂质类别中的 25000 余个脂质分子,涉及各个分子、各类脂质、脂肪酸和长链碱基的各项数据及图谱结果[35]。LipidView™ 软件允许用户通过模板方法、方法的编辑和选择、脂质种类鉴定、同位素校正、多内标定量、可视化、结果报告等来执行自动数据处理。它能够处理来自所有 SCIEX Triple Quad™、QTRAP® 和 TripleTOF® 系统的数据。然而,由于该软件主要是基于鸟枪法脂质组学方法[35]而设计的,LC-MS 分析脂质和随后的数据处理的方法可能需要进一步开发,不能直接处理来自其他制造商仪器的数据,并且基于每种脂质类别的内部标准开发的使用一种内标定量的方法可能导致较大的系统误差。LipidView™ 软件的试用版可以通过 https://sciex.com/products/software/lipidview-software 获取。

5.3.4.5 LipidSearch

LipidSearch 是由 Ryo Taguchi 教授和 MKI(日本东京)共同开发的商业软件(Thermo Fisher Scientific)。它是利用 LC-MS 和鸟枪法脂质组学方法获得的大量质谱数据自动识别和相对定量细胞脂质物质的一种强大的新工具。软件中含有超过 150 万个脂质离子及其预测碎片离子的脂质数据库。它支持多种仪器和多种数据采集模式,包括 PIS、NLS 和产物离子分析。

该软件提供了两种不同的识别算法:
- 特定组别的算法使用来自脂质混合物的 PIS 和 NLS 的组合基于极性端部基团或脂肪酸鉴定脂质。
- 产物离子扫描的综合识别算法通过匹配存储在数据库中的预测碎片模式来区分每种脂质。

通过从完整的 MS 扫描中检测其母离子并整合提取的离子色谱图来定量所识别的脂质。在分离任何部分重叠的峰之前,通过对峰形进行去噪和平滑来计算精确的峰面积。定量结果使用 t 检验统计进行比较。由于该软件是新开发的并且仍处于早期阶段,因此仍需要广泛的验证来展示其对脂质种类进行定性和定量的能力。该软件包可以从 Thermo Fisher Scientific 公司购买。

5.3.4.6 SimLipid

由 PREMIER Biosoft 开发的 SimLipid® 是一种用于高通量脂质定性和定量的商业软件。它通过将其与内标进行比较来分析脂质 MS、MS/MS 和 MS^n 数据以用于结构鉴定、同位素校正和脂质的定量。该程序可以用于任何格式和任何类型的质谱仪器的 MS 和 MS/MS(m/z 和强度)数据类型。SimLipid 支持正离子模式下的 $[M+H]^+$、$[M+NH_4]^+$、$[M+Na]^+$、$[M+C_5H_{12}N]^+$ 和 $[M+Li]^+$ 离子以及负离子模式下的 $[M-H]^-$、$[M+CH_3COO]^-$、$[M+Cl]^-$、$[M-CH_3]^-$ 和 $[M+HCOO]^-$。SimLipid® 支持 LC-MS 和 LC-MS/MS 高通量数据处理方法,例如与检测到的峰相对应的峰检测、平滑、色谱图解卷积、峰校准、峰去同位素和加合物鉴定。该软件通过搜索母离子在 SimLipid® 数据库中已知的脂质结构来进行脂质鉴定和分析。SimLipid® 数据库是一个包含 8 种脂质类别的大型相关数据库,由 Lipid MAPS 分类,含有 36299 种脂质。数据库链接到 KEGG、HMDB、ChEBI、PubChem 和 LipidBank,并不断更新。来自八类脂质的理论碎片可以与它们的理论质量和相应的碎片结构一起获得。其他信息如脂质 ID、脂质缩写、系统名称、组成和其他数据库链接也非常容易获得。虽然看起来软件功能非常强大,但仍需要进一步的验证来检验定性和定量的准确性。该软件包可以通过公司网站 http://www.premierbiosoft.com 购买。

5.3.4.7 MultiQuant

MultiQuant 是 Applied Biosystems 的商业软件,它提供了一套全面的软件包,可用于使用 MRM 检测方法对脂质种类进行定量分析,并允许构建高度可自定义的标准曲线方案。但是,该程序仅适用于 MRM 数据,而不适用于全扫描 LC-MS 输出的数据。尽管 MultiQuant 允许审计追踪,但它并不是真正的可编写脚本,而且软件中提供的基线校正算法也不是很灵活。

5.3.4.8 鸟枪法脂质组学软件包

根据鸟枪法脂质组学的原理开发了多种程序和/或软件包,包括 LIMSA[52]、LipidProfiler[35]、LipidInspector[53]、AMDMS-SL[3]、LipidXplorer[54] 和 ALEX[55],这些工具是基于鸟枪法脂质组学的不同平台开发的。通过网站 www.helsinki.fi/science/lipids/software.html 获得的 LIMSA 可用作处理来自单个全扫描质谱和串联质谱数据的界面。软件包 LipidXplorer 是处理多个前体离子扫描和中性丢失扫描数据或其他采用高质量精度/高质量分辨率的仪器(例如,Q-TOF 和 Orbitrap)获取的数据。AMDMS-SL 程序是以基于多维 MS 的鸟枪法脂质组学中获得的数据去识别和定量单个脂质物种所建立的。

5.4 脂质网络/通路分析和建模的生物信息学

5.4.1 脂质网络/通路的重建

对于经典的脂质学,大多数现有的通路研究工具(例如,KEGG、Ingenuity 和 MetaCore)都能好地应用于脂质代谢网络的解释。例如,KEGG 使用单种脂质作为连接节点,并使相关基因参与连接节点的连接。然而脂质不仅研究脂质的种类,而且也研究单个脂质。这些通路工具无法从不同的脂质中阐明单个的脂质。例如,KEGG 包含了"鞘脂质代谢"的通路,但是这一通路主要集中于不同的鞘脂质的生物合成(例如,Cer、sphingosin 和 SM)。该通路不能解释单个脂质中的不同脂肪酰基种类,所有的都以同一个字母"R"标记。据预测,在细胞的脂质组中可能存在超过 25000 个鞘脂质物质(表 5.2),这表明当前的通路重建手段存在明显的局限性。

为了解决这种由分析庞大且日益复杂的数据集而带来的局限性,科学家们已经做出了许多努力。脂质代谢通路研究计划(Lipid MAPS)联盟致力于为单个脂质种类开发系统和通用的分类和命名系统,并建立了特殊的脂质数据库(例如,Lipid MAPS、LipidBank 等)。通路解释手段如 VANTED 和 KEGG 通路为全面通路重建提供了基础。显然,仍需要进一步的改进。尽管已有一些通路重建的研究工作[56-57],但该研究领域显然仍处于脂质组学的早期阶段。

应该进一步认识到,通路重建的复杂性在于生物化学通路水平的改变不能很好地反映为什么脂质浓度的变化。事实上,检测到的脂质浓度代表了多空间和动态范围的调节,例如,系统脂质代谢、细胞膜组成的整体变化或脂质氧化。此外,尽管通过对脂质组学数据进行动态模拟在这个领域已经做出了一些战略性的努力,但在脂质组学数据分析中解决此类复杂性的固有困难仍然是一项艰巨的挑战,同时也是一个潜在的研究机会。综上所述,进一步在重建不同水平的环境特异性脂质网络/通路的研究工作是非常必要的,尤其是对于反映不同时期时生理学,病理生理学或病理学的脂质的变化。为此,脂质组学数据与脂质代谢通路的多维或多色编码解释对于证明质量水平、脂质种类以及单个分子种类组成的变化将是有力的工具[31-33]。

5.4.2 模拟用于解释生物合成途径的脂质组学数据

如迄今所讨论的,脂质组学中生物信息学的大部分进展主要集中在脂质鉴定上,而解释生物学功能的变化导致脂质代谢的适应性或病理变化仍然滞后[40]。因此,开发生物信息学和系统生物学方法以将细胞脂质组的变化与生物功能的变化(包括涉及改变的脂质类别和分子种类的生物合成的酶活性)联系起来。这种发展应该显著提高对脂质在生物系统中作用的认识以及支持脂质变化的生化机制[1]。

为了达到这个目的,近年来发展的其中一种尝试是获得脂质组学数据的动态或稳态模拟[58-61]。研究人员将脂质和参与特定脂质生物合成的单个分子种类聚类在一起,并将已知的生物合成和/或重构通路来模拟感兴趣的脂质类型的离子分布,以实现模拟以及检测值之间的最佳匹配并确定离子图谱。得益于大量的脂质组学数据,可以从模拟中获得涉及生物合成通路的大量的参数。这些参数在很大程度上与通过用于模拟的模型的生物功能相关。

例如,众所周知,心磷脂(CL)是由 PG 与胞苷二磷酸-二酰基甘油(CDP-DAG)缩合合成的,这些新合成的未成熟的分子种类从可用的供体酰基链重构为成熟的 CL 分子种类(图5.1)。因此,这种合成/重构过程可以通过使用 PG、PC、PE 和酰基辅酶 A 的测定谱与测定的 CL 的离子谱相比来模拟[58-59]。可以修改这些模拟中的生物参数以比较从脂质组学分析获得的 CL 图谱。通过模拟,可以通过利用酰基链的特定分布的模拟评估参与 CL 重构的磷脂酶,酰基转移酶和/或转酰基酶的协调活性。此外,包括异构物种在内的所有 CL 分子种类都可以容易地重现,并且可以预测到各种存在的非常低强度的甚至于很多无法用现有技术检测到的 CL 分子种类。当将这种动态模拟方法应用到询问病理(生理)逻辑条件下 CL 物质种类的改变时,可以累积调节复杂组织特异性 CL 分子种类分布和调节健康和疾病中酰基链选择性的潜在改变的机制。

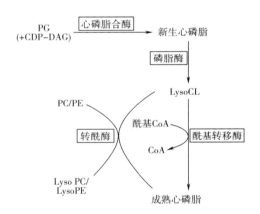

图 5.1 心磷脂生物合成和重建通路的示意图

新合成的心磷脂(CL)(未成熟的 CL)由 CL 合成酶催化的磷脂酰甘油(PG)和胞苷二磷酸-甘油二酯(CDP-DAG)的缩合形成。然后将未成熟的 CL 去酰化形成单链 CL,然后使用来自酰基 CoA 的酰基链或 PC 和 PE 物种的 sn-2 酰基链进行重新酰化,最终转化为成熟的 CL。

在另一种情况下,为了确定单个甘油三酯生物合成通路对甘油三酯化合物库的贡献,由此重新概括了甘油三酯生物合成中涉及的酶活性,进行了甘油三酯化合物种类离子谱的稳态模拟的脂质组学研究[61]。该模拟基于已知的以酰基 CoA 进行 DAG 重新酰化的甘油三酯生物合成通路[62](图5.2),包括:

- 磷脂酸(PA)的去磷酸化(DAG_{PAT})。
- MAG(DAG_{MAG})的重酰化,这种重酰化可能由多种来源引起,包括 lysoPA 的去磷酸化,甘油三酯/DAG 的酶解和甘油的再酰化[62-63]。
- 在最小程度上,PI(PC)和 PI 多磷酸盐物类化合物在磷脂酶 C(PLC)活性(DAG_{PI})下的水解。

通过比较单个模拟甘油三酯类物质与从脂质组学分析获得的此类物质,研究人员对该方法进行了广泛的验证[61]。模拟的 K 参数代表了由 PA、MAG 和 PI(PC)通路产生的不同 DAG 库对甘油三酯合成的相应的贡献。因此,生物信息学模拟为确定病理生理条件下改变的甘油三酯生物合成通路提供了强有力的手段。

这种类型的生物信息学模拟同样被应用于 PC 和 PE 的生物合成中[60]。从这些研究中可以清楚地看出,通过模拟可以对以下信息进行研究:

- 涉及脂质生物合成/重构的酶活性。
- 在病理(生理)逻辑状态下引起脂质改变的生化机制的深入研究。
- 可以更广泛地鉴定单个脂质(与质谱鉴定相比)。

聚类模拟非常有用且功能强大,为分析整个脂质组奠定了基础。然而对于脂质组学来讲,仍然需要用于分析更全面网络的模拟方法或模型。

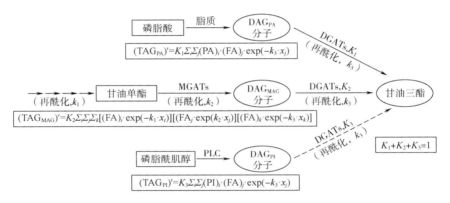

图 5.2　用于模拟甘油三酯离子分布图的甘油三酯生物合成模型的示意图

主要通过磷脂酸(PA)脱磷酸化(DAG_{PA})和单酰甘油(MAG)(DAG_{MAG})的再酰化产生的不同库的甘油二酯(DAG)类物质的再酰化从头合成甘油三酯(TAG),以及在较小的程度上通过用磷脂酶 C(PLC)活性(DAGPI)水解磷脂酰肌醇(PI)来合成(如虚线箭头所示)。这些通路对甘油三酯库的贡献通过分别用 K_1、K_2 和 K_3 参数来模拟单个甘油三酯离子谱来确定,这些参数分别是单个甘油二酯生成甘油三酯的可能性。此外,在甘油三酯种类的 sn-1,2 和 3 反应中,k_1、k_2 和 k_3 参数以 $\exp(-k_1 \cdot x_j)$、$\exp(k_2 \cdot x_j)$ 和 $\exp(-k_3 \cdot x_j)$ 的形式表示,其中 k_1 和 k_3 分别表示模拟衰减常数,而 k_2 表示模拟增强常数,x_j 是存在于相应 FA 链中的双键数。MGAT 和 DGAT 分别表示 MAG 和 DAG 酰基转移酶。k_1 步骤中的多个箭头表明 MAG 类物质可以从多种来源产生。

5.4.3　空间分布和生物物理背景建模

系统和生物物理背景下确定脂质的空间模型是生物信息学的另一个挑战。虽然在文献中已经有这方面的尝试,但与脂质组学的生物信息学的其他领域相比,这一研究领域仍处于非常不成熟的阶段。例如,Yetukuri 等利用脂质组学分析中关于 HDL 颗粒脂质组成的信息,利用大规模分子动力学模拟在硅片上重建了高密度脂蛋白(HDL)颗粒[64]。通过模拟,测定作为脂质组成变化的粒度变化,并与直接测量的结果进行比较。此外,通过模拟揭示 HDL 颗粒内的脂质的特定空间分布,包括在脂质组成变化诱导的具有低 HDL 胆固醇水平的受试者的 HDL 颗粒表面处的高含量的甘油三酯物质。因此,通过使用脂质组学数据对空间分布的建模可以更好地理解 HDL 代谢和功能。

5.5 "组学"整合

5.5.1 脂质组学与其他组学的整合

脂质组学数据与基因组学和转录组学的整合可以为研究脂质代谢和脂质信号传导提供更广泛的信息和更好的联系。虽然应用这种方法来处理甘油磷脂和甘油脂很少见,但这种用于鞘脂质药物的方法已有详细的报告,Merrill[32]在其近期发表的综述中进行了深度的描述总结。这种研究对于探索鞘脂代谢特别有效的原因可能是由于从头合成后鞘脂质物质的最小重构,而 GPL 和甘油脂质物质则不断发生重塑。

以下是整合"组学"在鞘脂组学中的几个典型例子。整合基因组、转录组学和脂质组学数据揭示了植物鞘氨醇-1-磷酸在调节线粒体呼吸所需基因中的信号作用[65]。为了更好地了解真菌的发病机制,将数学建模应用于新生隐球菌以探索在酸性条件下生物体中的鞘脂代谢[66]。一种使用模型参考适应性对照的数学方法被用于研究稳定转染丝氨酸棕榈酰转移酶在 Hek 细胞中从头合成鞘脂质的动力学[67]。结果发现,模拟结果与从质量作用动力学获得的结果相当,并且表明可能存在来自代谢物水平增加的自适应反馈。

在另一项研究中,研究人员通过整合来自 RAW264.7 细胞的脂质组学和转录组学数据,并使用两步基于矩阵的方法从实验数据估算速率常数,建立了鞘脂代谢 C16 分支的模型[68]。他们选择棕榈酸酯作为 N-酰基连接的脂肪酸,因为它是 RAW264.7 细胞中所有类型的复合鞘脂的主要亚种。从第一步获得的速率常数使用广义约束非线性优化进一步细化(第二步)。该模型适用于所有种类的脂质组学数据。该研究不仅更好地了解了这些鞘脂质物质是如何制造和发挥作用的,还有助于解释(并最终预测)前体变化的结果,抑制剂的影响和基因突变等。很明显,这种类型基于生物信息学的工作应该为我们在将来的脂质组学研究中提供潜在的有趣的方向。

5.5.2 脂质组学为基因组学分析提供指引

在群体人血浆的脂质组学研究中,检测到的脂质变化不能明确地表明相关通路或脂质网络的改变,因此涉及通路的基因由于群体的复杂性而改变。然而,可能表明检测到的脂质变化可能是由于人群中存在的遗传变异以及其他因素。因此,这些相关基因可以被选作用于检查它们与病理(生理)病理状态的关联,而直接从该群体进行的全基因组关联研究可能会错过目标。

例如,最近采用鸟枪法脂质组学分析来探索人类血浆脂质的潜在生物标志物,以早期检测阿尔茨海默病(AD)[69]。在该研究中,通过使用 MDMS-SL 在 26 名 AD 患者(微型精神状态检查(MMSE)平均得分为 21)和 26 名认知正常对照中,通过非靶向方法检测到超过 800 种分子种类的血浆脂质水平[3,70-71]。然后将数据与临床诊断,载脂蛋白 E4 基因型和认知表现相关联。研究发现,AD 血浆中鞘磷脂(SM)和神经酰胺(Cer)的含量水平基本一致但呈现相反趋势的变化。根据研究结果,一系列与 SM 和 Cer 生物合成和降解有关的基因被发现并应用于遗传学,以系统生物学方法研究超过 1000 人的疾病病理生理学(例如,全局皮质淀粉样蛋白负荷、脑区域体积、葡萄糖代谢等)。基于 SNP 和/或基因水平分析发现,六种基因(即 PA 磷酸酶、Cer 合酶 S4 和 S6、鞘氨醇激酶、胆碱/乙醇胺磷酸转移酶和丝氨酸棕榈酰转移酶)与 AD 病理生理学显著性相关[72]。这个例子清楚地表明,脂质组学不仅可以为遗传变异提供评估或表型,而且还可以指导我们进行靶向的基因组分析。

参考文献

1. Niemela, P. S., Castillo, S., Sysi-Aho, M., Oresic, M. (2009) Bioinformatics and computational methods for lipidomics. J. Chromatogr. B 877, 2855–2862.
2. Checa, A., Bedia, C., Jaumot, J. (2015) Lipidomic data analysis: Tutorial, practical guidelines and applications. Anal. Chim. Acta 885, 1–16.
3. Yang, K., Cheng, H., Gross, R. W., Han, X. (2009) Automated lipid identification and quantification by multi-dimensionalmass spectrometry-based shotgun lipidomics. Anal. Chem. 81, 4356–4368.
4. Fahy, E., Subramaniam, S., Brown, H. A., Glass, C. K., Merrill, A. H., Jr. Murphy, R. C., Raetz, C. R., Russell, D. W., Seyama, Y., Shaw, W., Shimizu, T., Spener, F., van Meer, G., VanNieuwenhze, M. S., White, S. H., Witztum, J. L., Dennis, E. A. (2005) A comprehensive classification system for lipids. J. Lipid Res. 46, 839–861.
5. Fahy, E., Sud, M., Cotter, D., Subramaniam, S. (2007) LIPID MAPS online tools for lipid research. Nucleic Acids Res. 35, W606–612.
6. Sud, M., Fahy, E., Cotter, D., Brown, A., Dennis, E. A., Glass, C. K., Merrill, A. H., Jr. Murphy, R. C., Raetz, C. R., Russell, D. W., Subramaniam, S. (2007) LMSD: LIPID MAPS structure database. Nucleic Acids Res. 35, D527–532.
7. Kind, T., Liu, K. H., Lee do, Y., Defelice, B., Meissen, J. K., Fiehn, O. (2013) LipidBlast in silico tandem mass spectrometry database for lipid identification. Nat. Methods 10, 755–758.
8. Quehenberger, O., Armando, A. M., Brown, A. H., Milne, S. B., Myers, D. S., Merrill, A. H., Bandyopadhyay, S., Jones, K. N., Kelly, S., Shaner, R. L., Sullards, C. M., Wang, E., Murphy, R. C., Barkley, R. M., Leiker, T. J., Raetz, C. R., Guan, Z., Laird, G. M., Six, D. A., Russell, D. W., McDonald, J. G., Subramaniam, S., Fahy, E., Dennis, E. A. (2010) Lipidomics reveals a remarkable diversity of lipids in human plasma. J. Lipid Res. 51, 3299–3305.
9. Gao, X., Zhang, Q., Meng, D., Isaac, G., Zhao, R., Fillmore, T. L., Chu, R. K., Zhou, J., Tang, K., Hu, Z., Moore, R. J., Smith, R. D., Katze, M. G., Metz, T. O. (2012) A reversed-phase capillary ultra-performance liquid chromatography-mass spectrometry (UPLC-MS) method for comprehensive top-down/bottom-up lipid profiling. Anal. Bioanal. Chem. 402, 2923–2933.
10. Smith, C. A., O'Maille, G., Want, E. J., Qin, C., Trauger, S. A., Brandon, T. R., Custodio, D. E., Abagyan, R., Siuzdak, G. (2005) METLIN: A metabolite mass spectral database. Ther. Drug Monit. 27, 747–751.
11. Tautenhahn, R., Cho, K., Uritboonthai, W., Zhu, Z., Patti, G. J., Siuzdak, G. (2012) An accelerated workflow for untargeted metabolomics using the METLIN database. Nat. Biotechnol. 30, 826–828.
12. Wolf, S., Schmidt, S., Muller-Hannemann, M., Neumann, S. (2010) In silico fragmentation for computer assisted identification of metabolite mass spectra. BMC Bioinf. 11, 148.
13. Wishart, D. S., Tzur, D., Knox, C., Eisner, R., Guo, A. C., Young, N., Cheng, D., Jewell, K., Arndt, D., Sawhney, S., Fung, C., Nikolai, L., Lewis, M., Coutouly, M. A., Forsythe, I., Tang, P., Shrivastava, S., Jeroncic, K., Stothard, P., Amegbey, G., Block, D., Hau, D. D., Wagner, J., Miniaci, J., Clements, M., Gebremedhin, M., Guo, N., Zhang, Y., Duggan, G. E., Macinnis, G. D., Weljie, A. M., Dowlatabadi, R., Bamforth, F., Clive, D., Greiner, R., Li, L., Marrie, T., Sykes, B. D., Vogel, H. J., Querengesser, L. (2007) HMDB: The Human Metabolome Database. Nucleic Acids Res. 35, D521–526.
14. Wishart, D. S., Knox, C., Guo, A. C., Eisner, R., Young, N., Gautam, B., Hau, D. D., Psychogios, N., Dong, E., Bouatra, S., Mandal, R., Sinelnikov, I., Xia, J., Jia, L., Cruz, J. A., Lim, E., Sobsey, C. A., Shrivastava, S., Huang, P., Liu, P., Fang, L., Peng, J., Fradette, R., Cheng, D., Tzur, D., Clements, M., Lewis, A., De Souza, A., Zuniga, A., Dawe, M., Xiong, Y., Clive, D., Greiner, R., Nazyrova, A., Shaykhutdinov, R., Li, L., Vogel, H. J., Forsythe, I. (2009) HMDB: A knowledgebase for the human metabolome. Nucleic Acids Res. 37, D603–610.
15. Wishart, D. S., Jewison, T., Guo, A. C., Wilson, M.,

15. Knox, C., Liu, Y., Djoumbou, Y., Mandal, R., Aziat, F., Dong, E., Bouatra, S., Sinelnikov, I., Arndt, D., Xia, J., Liu, P., Yallou, F., Bjorndahl, T., Perez-Pineiro, R., Eisner, R., Allen, F., Neveu, V., Greiner, R., Scalbert, A. (2013) HMDB 3.0-The human metabolome database in 2013. Nucleic Acids Res. 41, D801-807.
16. Watanabe, K., Yasugi, E., Oshima, M. (2000) How to search the glycolipid data in LIPIDBANK for Web: The newly developed lipid database. Japan Trend Glycosci. Glycotechnol. 12, 175-184.
17. Myers, D. S., Ivanova, P. T., Milne, S. B., Brown, H. A. (2011) Quantitative analysis of glycerophospholipids by LC-MS: Acquisition, data handling, and interpretation. Biochim. Biophys. Acta 1811, 748-757.
18. Smith, C. A., Want, E. J., O'Maille, G., Abagyan, R., Siuzdak, G. (2006) XCMS: processing mass spectrometry data for metabolite profiling using nonlinear peak alignment, matching, and identification. Anal. Chem. 78, 779-787.
19. Pluskal, T., Castillo, S., Villar-Briones, A., Oresic, M. (2010) MZmine 2: Modular framework for processing, visualizing, and analyzing mass spectrometry-based molecular profile data. BMC Bioinf. 11, 395.
20. Katajamaa, M., Oresic, M. (2007) Data processing for mass spectrometry-based metabolomics. J. Chromatogr. A 1158, 318-328.
21. Windig, W., Phalp, J. M., Payne, A. (1996) A noise and background reduction method for component detection in liquid chromatography/mass spectrometry. Anal. Chem. 68, 3602-3606.
22. Andreev, V. P., Rejtar, T., Chen, H. S., Moskovets, E. V., Ivanov, A. R., Karger, B. L. (2003) A universal denoising and peak picking algorithm for LC-MS based on matched filtration in the chromatographic time domain. Anal. Chem. 75, 6314-6326.
23. Milne, S. B., Tallman, K. A., Serwa, R., Rouzer, C. A., Armstrong, M. D., Marnett, L. J., Lukehart, C. M., Porter, N. A., Brown, H. A. (2010) Capture and release of alkyne-derivatized glycerophospholipids using cobalt chemistry. Nat. Chem. Biol. 6, 205-207.
24. Fredriksson, M. J., Petersson, P., Axelsson, B. O., Bylund, D. (2009) An automatic peak finding method for LC-MS data using Gaussian second derivative filtering. J. Sep. Sci. 32, 3906-3918.
25. Williams, E., Kloot, N. (1953) Interpolation in a series of correlated observations. Aust. J. Appl. Sci. 4, 1-17.
26. Barker, M., Rayens, W. (2003) Partial least squares for discrimination. J. Chemometr. 17, 166-173.
27. Li, X., Lu, X., Tian, J., Gao, P., Kong, H., Xu, G. (2009) Application of fuzzy c-means clustering in data analysis of metabolomics. Anal. Chem. 81, 4468-4475.
28. Tufte, E. R. (2001) The Visual Display of Quantitative Information. Graphics Press, pp 197.
29. Andreyev, A. Y., Fahy, E., Guan, Z., Kelly, S., Li, X., McDonald, J. G., Milne, S., Myers, D., Park, H., Ryan, A., Thompson, B. M., Wang, E., Zhao, Y., Brown, H. A., Merrill, A. H., Raetz, C. R., Russell, D. W., Subramaniam, S., Dennis, E. A. (2010) Subcellular organelle lipidomics in TLR-4-activated macrophages. J. Lipid Res. 51, 2785-2797.
30. Dennis, E. A., Deems, R. A., Harkewicz, R., Quehenberger, O., Brown, H. A., Milne, S. B., Myers, D. S., Glass, C. K., Hardiman, G., Reichart, D., Merrill, A. H., Jr., Sullards, M. C., Wang, E., Murphy, R. C., Raetz, C. R., Garrett, T. A., Guan, Z., Ryan, A. C., Russell, D. W., McDonald, J. G., Thompson, B. M., Shaw, W. A., Sud, M., Zhao, Y., Gupta, S., Maurya, M. R., Fahy, E., Subramaniam, S. (2010) A mouse macrophage lipidome. J. Biol. Chem. 285, 39976-39985.
31. Kapoor, S., Quo, C. F., Merrill, A. H., Jr., Wang, M. D. (2008) An interactive visualization tool and data model for experimental design in systems biology. Conf. Proc. IEEE Eng. Med. Biol. Soc. 2008, 2423-2426.
32. Merrill, A. H., Jr. (2011) Sphingolipid and glycosphingolipid metabolic pathways in the era of sphingolipidomics. Chem. Rev. 111, 6387-6422.
33. Momin, A. A., Park, H., Portz, B. J., Haynes, C. A., Shaner, R. L., Kelly, S. L., Jordan, I. K., Merrill, A. H., Jr. (2011) A method for visualization of "omic" datasets for sphingolipid metabolism to predict potentially interesting differences. J. Lipid Res. 52, 1073-1083.
34. Brugger, B., Erben, G., Sandhoff, R., Wieland, F. T., Lehmann, W. D. (1997) Quantitative analysis of biological membrane lipids at the low picomole level by nano-electrospray ionization tandem mass spectrometry. Proc. Natl. Acad. Sci. U. S. A. 94, 2339-2344.
35. Ejsing, C. S., Duchoslav, E., Sampaio, J., Simons, K., Bonner, R., Thiele, C., Ekroos, K., Shevchenko, A. (2006) Automated identification and quantification of glycerophospholipid molecular species by multiple precursor ion scanning. Anal. Chem. 78, 6202-6214.
36. Ekroos, K., Ejsing, C. S., Bahr, U., Karas, M., Simons, K., Shevchenko, A. (2003) Charting molecular composition of phosphatidylcholines by fatty acid scanning and ion trap MS3 fragmentation. J. Lipid Res. 44, 2181-2192.
37. Yang, K., Zhao, Z., Gross, R. W., Han, X. (2009) Systematic analysis of choline-containing phospholipids using multi-dimensional mass spectrometry-based shotgun lipidomics. J. Chromatogr. B 877, 2924-2936.
38. Yang, K., Zhao, Z., Gross, R. W., Han, X. (2011) Identification and quantitation of unsaturated fatty acid isomers by electrospray ionization tandem mass spectrometry: A shotgunlipidomics approach. Anal. Chem. 83, 4243-4250.

39. Liebisch, G., Vizcaino, J. A., Kofeler, H., Trotzmuller, M., Griffiths, W. J., Schmitz, G., Spener, F., Wakelam, M. J. (2013) Shorthand notation for lipid structures derived from mass spectrometry. J. Lipid Res. 54, 1523−1530.

40. Forrester, J. S., Milne, S. B., Ivanova, P. T., Brown, H. A. (2004) Computational lipidomics: A multiplexed analysis of dynamic changes in membrane lipid composition during signaltransduction. Mol. pharmacol. 65, 813−821.

41. Hermansson, M., Uphoff, A., Kakela, R., Somerharju, P. (2005) Automated quantitative analysis of complex lipidomes by liquid chromatography/mass spectrometry. Anal. Chem. 77, 2166−2175.

42. Laaksonen, R., Katajamaa, M., Paiva, H., Sysi-Aho, M., Saarinen, L., Junni, P., Lutjohann, D., Smet, J., Van Coster, R., Seppanen-Laakso, T., Lehtimaki, T., Soini, J., Oresic, M. (2006) A systems biology strategy reveals biological pathways and plasma biomarker candidates for potentially toxic statin-induced changes in muscle. PLoS One 1, e97.

43. Fahy, E., Cotter, D., Byrnes, R., Sud, M., Maer, A., Li, J., Nadeau, D., Zhau, Y., Subramaniam, S. (2007) Bioinformatics for lipidomics. Methods Enzymol. 432, 247−273.

44. Sysi-Aho, M., Katajamaa, M., Yetukuri, L., Oresic, M. (2007) Normalization method for metabolomics data using optimal selection of multiple internal standards. BMC Bioinf. 8, e93.

45. Hubner, G., Crone, C., Lindner, B. (2009) lipID-a software tool for automated assignment of lipids in mass spectra. J. Mass Spectrom. 44, 1676−1683.

46. Hartler, J., Trotzmuller, M., Chitraju, C., Spener, F., Kofeler, H. C., Thallinger, G. G. (2011) Lipid Data Analyzer: Unattended identification and quantitation of lipids in LC-MS data. Bioinformatics 27, 572−577.

47. Yang, K., Han, X. (2011) Accurate quantification of lipid species by electrospray ionization mass spectrometry-Meets a key challenge in lipidomics. Metabolites 1, 21−40.

48. Satten, G. A., Datta, S., Moura, H., Woolfitt, A. R., Carvalho Mda, G., Carlone, G. M., De, B. K., Pavlopoulos, A., Barr, J. R. (2004) Standardization and denoising algorithms for mass spectra to classify whole-organism bacterial specimens. Bioinformatics 20, 3128−3136.

49. Ivanova, P. T., Milne, S. B., Byrne, M. O., Xiang, Y., Brown, H. A. (2007) Glycerophospholipid identification and quantitation by electrospray ionization mass spectrometry. Methods Enzymol. 432, 21−57.

50. Norris, J. L., Cornett, D. S., Mobley, J. A., Andersson, M., Seeley, E. H., Chaurand, P., Caprioli, R. M. (2007) Processing MALDI mass spectra to improve mass spectral direct tissue analysis. Int. J. Mass Spectrom. 260, 212−221.

51. Yang, K., Fang, X., Gross, R. W., Han, X. (2011) A practical approach for determination of mass spectral baselines. J. Am. Soc. Mass Spectrom. 22, 2090−2099.

52. Haimi, P., Uphoff, A., Hermansson, M., Somerharju, P. (2006) Software tools for analysis of mass spectrometric lipidome data. Anal. Chem. 78, 8324−8331.

53. Schwudke, D., Oegema, J., Burton, L., Entchev, E., Hannich, J. T., Ejsing, C. S., Kurzchalia, T., Shevchenko, A. (2006) Lipid profiling by multiple precursor and neutral loss scanning driven by the data-dependent acquisition. Anal. Chem. 78, 585−595.

54. Herzog, R., Schwudke, D., Schuhmann, K., Sampaio, J. L., Bornstein, S. R., Schroeder, M., Shevchenko, A. (2011) A novel informatics concept for high-throughput shotgun lipidomics based on the molecular fragmentation query language. Genome Biol. 12, R8.

55. Husen, P., Tarasov, K., Katafiasz, M., Sokol, E., Vogt, J., Baumgart, J., Nitsch, R., Ekroos, K., Ejsing, C. S. (2013) Analysis of lipid experiments (ALEX): A software framework for analysis of high-resolution shotgun lipidomics data. PLoS One 8, e79736.

56. Wheelock, C. E., Goto, S., Yetukuri, L., D'Alexandri, F. L., Klukas, C., Schreiber, F., Oresic, M. (2009) Bioinformatics strategies for the analysis of lipids. Methods Mol. Biol. 580, 339−368.

57. van Iersel, M. P., Kelder, T., Pico, A. R., Hanspers, K., Coort, S., Conklin, B. R., Evelo, C. (2008) Presenting and exploring biological pathways with PathVisio. BMCBioinformatics 9, 399.

58. Kiebish, M. A., Bell, R., Yang, K., Phan, T., Zhao, Z., Ames, W., Seyfried, T. N., Gross, R. W., Chuang, J. H., Han, X. (2010) Dynamic simulation of cardiolipin remodeling: Greasing the wheels for an interpretative approach to lipidomics. J. Lipid Res. 51, 2153−2170.

59. Zhang, L., Bell, R. J., Kiebish, M. A., Seyfried, T. N., Han, X., Gross, R. W., Chuang, J. H. (2011) A mathematical model for the determination of steady-state cardiolipin remodeling mechanisms using lipidomic data. PLoS One 6, e21170.

60. Zarringhalam, K., Zhang, L., Kiebish, M. A., Yang, K., Han, X., Gross, R. W., Chuang, J. (2012) Statistical analysis of the processes controlling choline and ethanolamine glycerophospholipid molecular species composition. PLoS One 7, e37293.

61. Han, R. H., Wang, M., Fang, X., Han, X. (2013) Simulation of triacylglycerol ion profiles: bioinformatics for interpretation of triacylglycerol biosynthesis. J. Lipid Res. 54, 1023−1032.

62. Coleman, R. A., Lee, D. P. (2004) Enzymes of triacylglycerol synthesis and their regulation. Prog. Lipid Res. 43, 134−176.

63. Rushdi, A. I., Simoneit, B. R. (2006) Abiotic conden-

sation synthesis of glyceride lipids and wax esters under simulated hydrothermal conditions. Orig. Life Evol. Biosph. 36,93-108.

64. Yetukuri, L., Soderlund, S., Koivuniemi, A., Seppanen-Laakso, T., Niemela, P. S., Hyvonen, M., Taskinen, M. R., Vattulainen, I., Jauhiainen, M., Oresic, M. (2010) Composition and lipid spatial distribution of HDL particles in subjects with low and high HDL-cholesterol. J. Lipid Res. 51,2341-2351.

65. Cowart, L. A., Shotwell, M., Worley, M. L., Richards, A. J., Montefusco, D. J., Hannun, Y. A., Lu, X. (2010) Revealing a signaling role of phytosphingosine-1-phosphate in yeast. Mol. Syst. Biol. 6,349.

66. Garcia, J., Shea, J., Alvarez-Vasquez, F., Qureshi, A., Luberto, C., Voit, E. O., Del Poeta, M. (2008) Mathematical modeling of pathogenicity of Cryptococcus neoformans. Mol. Syst. Biol. 4,183.

67. Quo, C. F., Moffitt, R. A., Merrill, A. H., Wang, M. D. (2011) Adaptive control model reveals systematic feedback and key molecules in metabolic pathway regulation. J Comput. Biol. 18,169-182.

68. Gupta, S., Maurya, M. R., Merrill, A. H., Jr., Glass, C. K., Subramaniam, S. (2011) Integration of lipidomics and transcriptomics data towards a systems biology model of sphingolipid metabolism. BMC Syst. Biol. 5,26.

69. Han, X., Rozen, S., Boyle, S., Hellegers, C., Cheng, H., Burke, J. R., Welsh-Bohmer, K. A., Doraiswamy, P. M., Kaddurah-Daouk, R. (2011) Metabolomics in early Alzheimer's disease: Identification of altered plasma sphingolipidome using shotgun lipidomics. PLoS One 6, e21643.

70. Han, X., Gross, R. W. (2005) Shotgun lipidomics: Electrospray ionization mass spectrometric analysis and quantitation of the cellular lipidomes directly from crude extracts of biological samples. Mass Spectrom. Rev. 24,367-412.

71. Han, X., Yang, K., Gross, R. W. (2012) Multi-dimensional mass spectrometry-based shotgun lipidomics and novel strategies for lipidomic analyses. Mass Spectrom. Rev. 31,134-178.

72. Kim, S., Nho, K., Shen, L., Kling, M., Han, X., Zhu, H., Sullivan, P., Arnold, S., Risacher, S., Ramanan, V., Doraiswamy, P. M., Trojanowski, J., Kaddurah-Daouk, R., Saykin, A. (2013) Targeted lipidomic pathway-guided genetic association with Alzheimer's disease-relevant endophenotypes. Alz. Dement. 9 (4S), 680-681.

第二篇　脂质的表征

简介

6.1 脂质结构表征

生物样本中各个脂质的定性和定量分析都需要结构表征所获得的信息,因此,脂质结构表征是脂质组学研究中最重要也是最基本的内容之一。本部分系统地总结了各类脂质常见离子形式的结构表征结果。

首先阐明与结构表征相关的几个要点:

- 虽然源内裂解曾经广泛用于某些脂质的结构表征[1],本部分所总结的脂质表征信息主要是在串联质谱中目标离子经碰撞诱导解离(CID)后,采用子离子扫描方式获得的。支链型脂肪酸脂肪醇脂[2]和含磺酰基的醚脂[3]等大量新发现的脂质的表征也是运用这种方法。

- 不同实验条件下,脂质分子以不同的离子形式出现。这些离子对于阐明气相离子化学中裂解途径具有重要的意义。然而,在生物样本的脂质分析中应用价值不大。因此,本部分主要讨论那些广泛应用于脂质分析的常见离子形式。

- 在研究各类脂质裂解规律时,理论上需要对含有不同饱和度、脂肪酸链长度、空间异构体等一系列具有代表性的各种脂质标准品进行表征。然而,由于标准品的商品化和费用等问题,通常只表征每一类脂质中具有代表性的几个标准品,从这些结果推导该类脂质的裂解规律应用于实际分析。

- ESI离子源几乎与所有具有串联质谱功能的质量分析器兼容,因此,三重四极杆、离子阱、离子回旋共振质谱、TOF/TOF等类型质谱以及混合型质谱(如Q-TOF)均可用于脂质的表征。三重四极杆质谱仪很早就已经广泛应用于各类脂质的表征,因此,本部分所述的串联质谱分析绝大多数是在三重四极杆质谱仪上完成的。另外,此类质谱仪分析得到的裂解规律与包括MALDI-MS在内的其他质谱仪所得结果高度一致,具有良好的代表性。

本部分主要讨论串联质谱表征脂质化合物的基本原则。特定化合物的裂解规律主要取决于裂解反应动力学和产物离子的热力学稳定性两个方面,并且离子稳定性可以由量子力学预测。换言之,化合物的化学结构决定了其裂解规律。因此,对于那些结构类似的同一类脂质分子,它们应该具有非常相似甚至基本相同的裂解规律。理论上脂肪酸链中双键数和位置影响其羧基离子进一步裂解失去CO_2碎片[6],但由于脂肪酸链在低能量CID时比较稳定,因此对脂质整体裂解规律的影响并不大。

与脂质裂解规律相反,特定脂质分子在不同实验条件下 CID 获得的二级质谱图差别相当大。这主要是由分子离子具有不同动能以及母离子和碎片离子经历不同次数的碰撞引起的。

不同类型的质谱仪能够使母离子带上不同内能,但是一旦质谱仪类型确定,母离子所带的动能主要取决于碰撞能量。碰撞能量的大小由质谱仪碰撞室电压控制,而在离子阱质谱仪中则由 CID 电压控制。总体上,在碰撞次数确定时,碰撞能量越大,分子质量较小的碎片离子峰强度越高。因此,循环使用逐步增加的碰撞能量可以使串联质谱图中出现的碎片离子峰尽可能多[7]。

图 6.1 为 16:0-18:1 dPC 的 Li$^+$ 加合物在不同碰撞能量 CID 条件下的产物离子 ESI 质谱图。从图中可以明显看出,碎片离子的强度比例随着碰撞能量的变化而变化。例如,在碰撞能量从 10 eV 升到 40 eV 过程中,低分子质量的碎片离子峰相对强度显著增强(图 6.1),充分说明碎片离子峰之间的强度比例随着碰撞能量的不同而变化。然而,所有的谱图

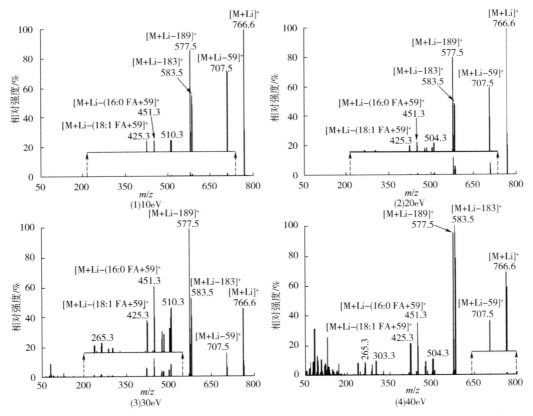

图 6.1　16：0-18：1 dPC 的 Li$^+$ 加合物[dPC+Li]$^+$ 在不同碰撞能量 CID 所获得的二级质谱图

利用 Thermo Fisher TSQ Vantage 质谱仪采集 m/z 766.5 分子离子[16:0-18:1 dPC+Li]$^+$ 分别在不同碰撞能量下[(1)10eV、(2)20eV、(3)30eV、(4)40eV]获得的二级质谱图,碰撞气压为 0.133Pa。结果揭示两点:第一,尽管碰撞能量不同,但是 dPC 裂解规律完全相同,例如,59,183,189,sn-1 FA+59 和 sn-2 FA+59;第二,低分子质量的碎片峰强度比例随碰撞能量增加而增强。

都表现相同的裂解规律:中性丢失 59u(三甲基胺),中性丢失 183u(磷酸酰胆碱),中性丢失 189u(磷酸酰胆碱加 Li$^+$),还有两个脂肪酸链的中性丢失 315u 和 341u(分别对应[sn-116:0 FA+59]和[sn-118:1 FA+59]碎片丢失)和其他一些低含量的碎片离子峰。另外,大量研究证实,在不同的实验条件下,其他亚类 PC 分子的 Li$^+$ 加合物也能得到相同的裂解规律[8-9]。

母离子和产生的子离子在裂解反应中发生的碰撞次数和所使用的质谱仪类型有关。四极杆作为碰撞室时,碰撞次数与碰撞气压有关,而离子阱作为分析器和碰撞室时,碰撞次数与碰撞持续的时间相关。在第一种情况下,即使碰撞气压很低,也会发生连续的裂解反应。相反,绝大多数离子阱类型的质谱仪碰撞持续的时间非常短,产物离子几乎没有发生二次碰撞的时间。相应地,这类型质谱仪获得的产物离子(尤其是低相对分子质量的碎片离子)和结构信息都比较少。虽然这是离子阱质谱仪的缺点,但这也有利于裂解途径的阐明。而且,离子阱质谱可以通过对特定的离子进行连续的选择和裂解实现多级产物离子的分析,弥补碎片离子少的缺点。这种功能对于裂解过程的研究具有非常重要的意义。当然,通过 CID 能量的循环可以在很大程度上实现对裂解途径的研究。

与使用低碰撞能量的质谱仪相比(如三重四极杆碰撞能量通常小于 100eV),串联扇形磁质谱或者 TOF/TOF 等质谱仪使用相对较高的碰撞能量(keV 转化能量),可以显著增加连续裂解的次数。因此,此类质谱仪通常不适合脂质裂解途径的研究和结构表征,但适用于需要高碰撞能量的结构定性分析(如 FA 中双键位置的确定)。

总的来说,特定脂质的裂解规律主要取决于化学结构和带电倾向性,而二级质谱图则由 CID 条件(如碰撞能量和碰撞气压等)和质谱仪的类型共同决定的。通常,三重四极杆质谱仪性能介于离子阱质谱仪和高碰撞能量的质谱仪之间,通过 CID 能量的循环可以产生大量碎片离子,用于复杂脂质结构表征和裂解过程研究。相应地,由于早期与 ESI 离子源的兼容性、碎片离子扫描的高效性、易于操作以及价格相对低廉等原因,三重四极杆质谱仪广泛应用于脂质组学中脂质结构的表征和裂解途径的阐释。另一方面,三重四极杆质谱仪得到的二级质谱结果与另外两种广泛应用于脂质结构表征的质谱仪(Q-TOF 质谱仪和源后降解 MALDI 质谱仪)所得到的结果基本相同。

综上所述,特定脂质分子经 CID 得到的碎片离子峰相对强度主要由碰撞条件和所使用的质谱仪类型共同决定的,因此,通过直接比较不同实验条件下获得的碎片离子峰强度来进行脂质定性分析会存在一定的问题。相应地,基于这种方法构建的数据库应用于 ESI-MS 脂质分析或者生物样本中单个脂质分子的定性研究同样也会存在诸多问题。然而,在各种实验条件下,特定脂质的气相离子化学和裂解机制基本上是相同的。因此,在实际分析中,比较裂解规律所获得的结果比直接匹配碎片离子峰强度的结果更加可靠,在接下来的章节中将会具体讨论这些裂解规律。最近新开发的 *in silico* 碎片离子数据库(例如,第 5 章中提到的 LipidBlast)就是基于这个原则开发构建的。

最后,应该注意下面几个事项。

- 各种进样方法(例如,直接进样、LC-MS 或者定量环进样等)都可以应用于脂质分子的表征,但是由于直接进样操作简单,作为主要方法被广泛采用。

- 在研究脂质的结构和裂解规律时,首先应该选择脂质标准品作为研究对象,因为生物样本中选择的脂质离子可能存在同分异构体。同分异构体的存在无疑会使谱图复杂化,甚至得到错误的裂解规律结果。
- 虽然溶剂对脂质离子化效率和离子流稳定性有显著影响(详见第4章),但是对脂质结构研究和裂解规律等影响较小,也没有专门的文献来介绍溶剂选择。

6.2 脂质定性的模式识别

6.2.1 模式识别的基本原则

根据前面所述,脂质组学中脂质结构表征最主要的目的之一是为生物样本(例如,细胞脂质体)中的脂质分子定性分析提供裂解规律。脂质的定性分析应该涵盖脂质结构的各个要素,包括类别、亚类、脂肪酸链以及空间异构等各个方面。极性头基的结构决定脂质的类别;sn-1位FA链与甘油羟基的连接方式决定甘油磷脂的亚类;鞘氨醇骨架C4—C5之间是否存在反式双键可以把鞘脂分为单不饱和型鞘脂和二氢鞘脂两个亚类;脂肪胺α位上是否存在羟基还可以把鞘脂分为羟基鞘脂和普通鞘脂两个亚类。FA链结构鉴定包括链长、不饱和度以及双键位置等几个方面。脂质的立体异构主要指的是FA在甘油上的连接位置。只有包含了上述各个方面的信息的脂质裂解规律才能用于单个脂质分子或者某类脂质结构的精确定性分析。另外,这种规律和第1章所描述的脂质"结构单元"的概念相吻合。

在当前的脂质组学研究中,已经建立的绝大多数裂解规律囊括头基、亚类的连接方式、FA链以及与立体异构相关的离子峰强度比例等信息,实现脂质类别、亚类以及立体异构等方面的定性分析。虽然FA分子质量(尤其是高分辨质谱测定的分子质量)可以推断FA碳原子数和双键的数目,但是双键位置的确定仍然是一个巨大的挑战[13-14]。

在ESI-MS发展的早期阶段,大量文献报道了关于各种细胞脂质的结构表征,其中也介绍了脂质碎片离子的裂解规律。此部分的后面章节将陆续阐述这些不同的裂解规律。想深入了解此方面内容的读者可以参阅相关主题的原始文献或者综述[15-20]。需要指出,Hsu和Turk两位学者在这方面做了大量深入性、系统性的研究工作,感兴趣的读者也可以阅读他们的论文和综述[18-19,21]。

了解并牢记这些裂解规律对于脂质研究具有重要的作用和帮助。通常,与记忆各种串联质谱图相比,了解特定脂质某种离子形式的裂解规律相对简单,因为裂解谱图会随着实验条件的不同而发生变化,而裂解规律则相对稳定,并且,各种谱图都可以从相应的规律进行推导。

LC分离的保留时间为特定成分的定性分析提供了重要的信息,但是精确的定性分析还要依靠其裂解谱图。因此,对于利用LC-MS方法进行脂质定性定量分析的研究人员而言,尽管可以利用各种数据库和软件来完成分析,了解和熟悉各类脂质裂解规律还是非常有必要的。理想情况是用LC把复杂的生物脂质完全相互分离开,但是不现实。绝大多数情况下,许多脂质会在同一时间段被洗脱,很难利用数据库或者软件对它们进行定性分析,手动辅助识别必不可少。这时,熟悉各类裂解规律将变得非常有用。最后,了解各类脂质的裂解规律可以帮助建立 LC-MS 分析中 MRM 定量方法。

对于想利用"鸟枪"法脂质组学技术（尤其是 MDMS-SL 方法）进行各类脂质分子定性定量的研究人员而言，熟悉每一类脂质的裂解规律有助于利用 PIS、NLS 等不同扫描方式设计 MS/MS 实验从而实现特定脂质中各脂质分子的定性分析。

6.2.2 应用举例

下面将举例说明如何利用已知的裂解规律建立 MDMS-SL 方法，完成生物样本中特定脂质的定性分析。这些例子分别从生物体内不同的脂质（例如，磷脂、鞘脂和甘油三酯）、含量（从低含量到高含量）以及极性（从极性到非极性）等角度来说明，具有很好的代表性。

6.2.2.1 溶血卵磷脂（lysoPC）

如第 4 章中所述，不加任何改性剂时，绝大多数脂质分子包括 lysoPC 在 ESI-MS 正离子模式下主要以加钠离子的形式出现。经过 CID 后，ESI-MS 二级质谱图显示，sn-1 位型或 sn-2 位型 lysoPC 的钠离子加合物都表现出特征性的裂解规律[22]（图 6.2），并且不同条件下，所有 lysoPC 分子的裂解规律相同[9,22-23]。该规律包含的不同碎片离子分别对应 lysoPC 各个组成部分，为生物样本中该类脂质分子的定性提供必要的信息。

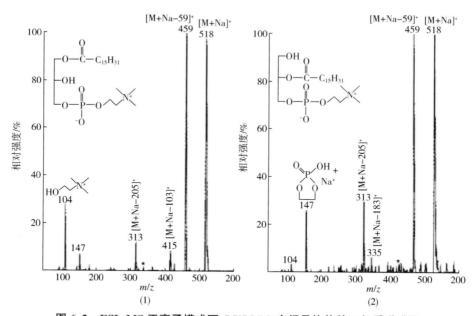

图 6.2 ESI-MS 正离子模式下，LYSOPC 空间异构体的二级质谱谱图

（1）和（2）分别为经 CID 后，三重四极杆质谱仪（Finnigan TSQ MAT 700）采集的 sn-1 和 sn-2 位 16:0 lysoPC 二级质谱谱图，碰撞能量为 20eV，碰撞气压为 0.133Pa。图中"＊"分别代表（1）m/z 335 和（2）m/z 415 两个极低强度的碎片离子峰。

具体而言，裂解规律中包含两个碎片离子，分别对应丢失中性碎片三甲基胺（59u）和磷酸胆碱化钠（205u）。这两个碎片可以鉴定分析物中 lysoPC 分子的头基。在确定 FA 链和甘油羟基之间连接的化学键类型后，lysoPC 分子中的 FA 可以根据 m/z 推断。通过 m/z 104 和 147 两个碎片离子峰强度比值可以确定 lysoPC 空间异构（FA $sn-1$ 位还是 $sn-2$ 位），这两个离子峰分别对应胆碱和环磷腺苷与 Na^+ 加合物（图 6.2）。研究表明，脂肪酸链在 $sn-1$ 位时（即 $sn-1$ 位型 lysoPC），m/z 104 和 147 峰高比值为 3.5，$sn-2$ 位型 lysoPC 比值为 0.125[9,22]。远端电荷裂解途径可以解释 lysoPC 分子中 m/z 104 和 147 离子峰之间强度比值的变化[23,24]。

另外两种亚类的 lysoPC 分子（即醚键型和烯醚键型）也有类似的裂解规律，但所产生的碎片峰强度各不相同，这两种亚类 lysoPC 分子裂解丢失 205u 中性碎片产生的离子峰强度很低，原因是酯键型 lysoPC FA 中 C-2 位上氢原子受邻位羰基的吸电子效应影响变得更加活泼，在两种醚键型 lysoPC 则没有[23,24]。通过比较 NLS 59 和 NLS 205 谱图中母离子峰强度的变化判断是否含有醚键。

基于裂解规律共同点和差异点，通过 NLS 59、NLS 205、PIS 104 和 PIS 147 四种扫描方式可以对生物样本中含有的包括空间异构体在内的所有 lysoPC 分子进行高选择性、高灵敏度地有效检测和定性分析。更重要的是，上述这些串联扫描方式和全扫描方式得到的谱图共同构建了生物样本中 lysoPC 分子的二维质谱图（图 6.3）。质谱图中，串联扫描方式检测到的分子离子与全扫描谱图中母离子质量数相同，说明该扫描方式的碎片源于母离子的碰撞裂解。

具体过程如下：首先，脂质提取物经稀释后直接进样，正离子模式下得到 m/z 450~600 范围内的全扫描谱图；其次，在相同质量范围内，利用 NLS 59 扫描选择性地过滤一些低含量的 lysoPC 分子；利用 NLS 205 方式扫描，一方面确认上述选择的 lysoPC 分子，另一方面与 NLS 59 谱图中母离子峰强度变化的比较，区分醚键型和酯键型 lysoPC 分子[9,23]；通过母离子分子质量推断 lysoPC 中 FA 链连接的类型；最后利用 PIS 104 和 PIS 147 谱图中同一母离子峰的强度比值，确定该 lysoPC 分子空间异构体或者两种异构体的比例。

如图 6.3 所示，与 NLS 59 谱图相比，m/z 502 离子峰强度在 NLS 205 谱图中显著降低，表明相应的 lysoPC 分子含有醚键。虚线处 m/z 542 离子峰在全扫描谱图和 NLS 59 谱图中均出现，在 NLS 205 谱图中也表现为强峰，初步可以认定该离子峰属于酯键型 lysoPC，进一步通过计算 PIS 104 和 PIS 147 谱图中该母离子峰的强度比值得到 $sn-1$ 和 $sn-2$ 型两种空间异构体 lysoPC 含量比为 0.22，说明摩尔分数超过 80% 18:2 lysoPC 分子为 $sn-2$ 型。

应该注意的是，虽然 NLS 59 和 NLS 205 都特征地对应 lysoPC 和 [lysoPC+Na]$^+$，但任意一种 NLS 扫描得到的结果并不能充分地说明该离子峰属于 lysoPC 分子。通过上述多种不同扫描方式的有机组合可以显著增加定性分析的特异性。或者说，生物样本中所有的 lysoPC 分子都应该能被 NLS 59 和 NLS 205 这两种扫描方式检测到，反之则不一定成立。然而，外源性化合物离子能够同时被这两种扫描方式检测到的可能性很小。

6.2.2.2 鞘磷脂（SM）

在 ESI-MS 正离子模式下，对 SM 标准品加 Li^+ 形成的 [SM+Li]$^+$ 经 CID 产生的二级质谱进行表征，揭示了 SM 独特且含有多种结构信息的裂解规律（图 6.4）[9,25-26]，根据这个规律可以对 SM 的结构单元进行定性。因此，根据此规律设计相应的 MDMS-SL 法用于生物体内各种 SM 分子的分析,当然此裂解规律同样适用于 LC-MS 方法中 SM 的分析。

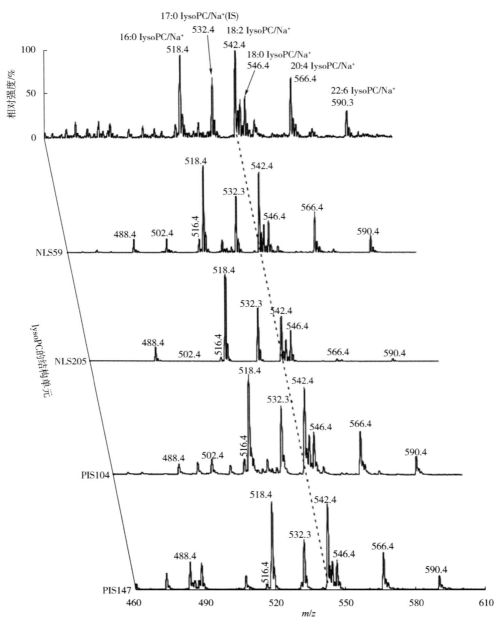

图 6.3　小鼠血浆脂质提取物中 lysoPC 分子在正离子模式下的二维质谱图

脂质提取物经稀释后直接进样,正离子模式下得到 m/z 460~610 的全扫描谱图,谱图中显示[lysoPC+Na]$^+$离子峰。在正离子模式下的相同质量范围内,利用 NLS 59(三甲基胺,碰撞能量为 22eV)或者 NLS 205(磷酸胆碱化钠,碰撞能量为 34eV)和 PIS 104.1(胆碱,碰撞能量为 34eV)以及 PIS 147.0(环磷腺苷与 Na$^+$加合物,碰撞能量为 34eV)等扫描方式获得相应的谱图,碰撞气压均为 0.133Pa。图中所示均为各自基峰标准化后形成的谱图。

如图 6.4 所示,[SM+Li]$^+$裂解规律至少包含 4 个中高等强度的碎片离子峰,如分别丢失 59u 和 183u 两个中性碎片形成的高强度离子峰,分别对应三甲基胺和磷酸胆碱的中性丢失;对应同时丢失磷酸胆碱和甲醛的中性碎片 213u 丢失产生的高强度离子峰;由磷酸胆碱和长链型鞘氨基醇中性碎片 429u 丢失形成的中等强度离子峰;另外还有一些低强度的其他碎片离子峰。因此,中性丢失 59u 和 183u 碎片可以确定 SM 分子的头基;中性丢失 213u 特征性地对应类鞘氨醇骨架;NLS 429u、431u、457u 则分别对应 $d18:1$、$d18:0$ 和 $d20:1$ 这三种鞘氨醇骨架[25]。一旦 SM 骨架确定,脂肪酸链可以根据分子质量推导。

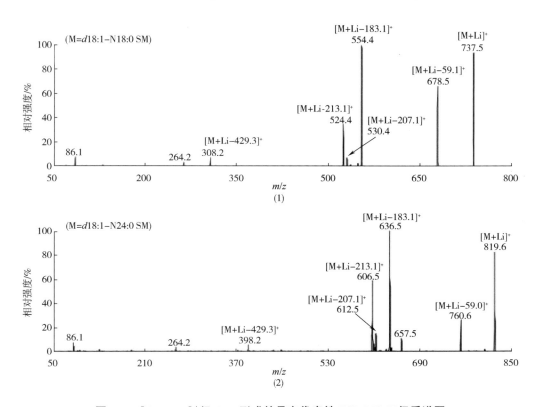

图 6.4　[SM+Li]$^+$经 CID 形成的具有代表性 ESI-MS 二级质谱图

(1)和(2)分别为在进样溶液中加入少量 LiOH 改性剂后,利用三重四极杆质谱仪采集的[$d18:1$-N18:0+Li]$^+$(m/z 737.5)和[$d18:1$-N24:1+Li]$^+$(m/z 819.6)二级质谱图,碰撞能量分别为 32eV 和 35eV,碰撞气压为 0.133Pa。谱图结果显示即使在不同的实验条件下,SM 裂解规律也相同。

基于 SM 的裂解规律,可以设计 MDMS-SL 法分析生物样本中 SM 分子的实验。利用分段获得的全扫描谱图、NLS 59、NLS 183、NLS 213 以及 NLS 429 和对应鞘氨基醇组成部分的 NLS 429、NLS 431 及 NLS 457 等谱图构建 SM 的二维质谱图(图 6.5)。无论生物样本脂质提取物溶液是否经碱处理都可以用于 SM 的分析,但是经碱处理后对于 SM 的定性定量分析效果更好[28-29]。具体步骤如下,生物样本经碱水解处理后,加入少量 LiOH 改性剂后直接进样,正离子模式下,依次分段采集 m/z 650~900 全扫描谱图以及一系列不同 NLS 的谱图。在构建的 SM 二维谱图中,如果某 NLS 扫描谱图中母离子与全扫描谱图中离子峰质量数相同,则说明该中性碎片是由此分子离子的碰撞碎裂产生的。如图 6.5 虚线处 m/z 737.3 离子峰强度很弱,在全扫描谱图中处于基线水平,但在 NLS 59、NLS 183、NLS 213 以及 NLS 429 谱图中都出现了很强的信号,而在 NLS 431 谱图中则没有,因此基于这些信息可以推断 m/z 737.7 为 d18:1-N18:0 SM 分子。

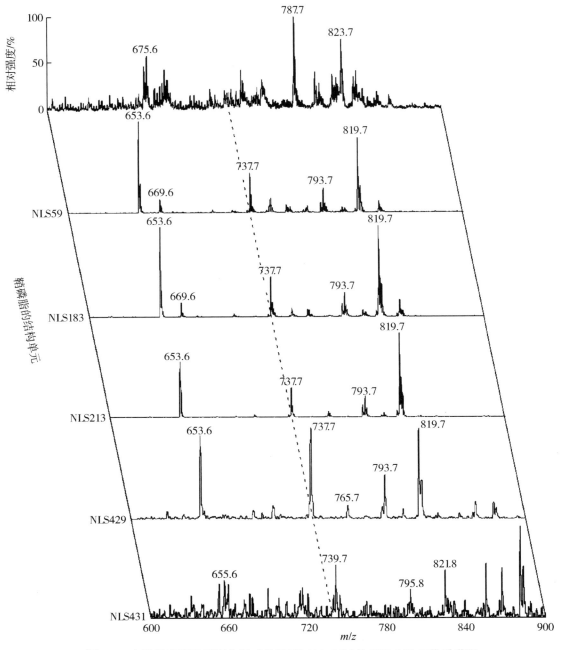

图 6.5 小鼠脊髓脂质提取物经碱处理后[SM+Li]$^+$的 ESI-MS 二维质谱图

利用 Bligh-Dyer 方法提取 48d 小鼠脊髓中脂质[27],其中一部分脂质提取物用甲氧基锂处理[28],剩余部分按对应每 mg 组织蛋白量加入 50μL CHCl$_3$:MeOH(1:1,V/V)溶剂溶解。重新构建的脂质溶液在加入少量 LiOH 溶液(10pmol LiOH/μL)前先稀释 10 倍,将此溶液直接进样,利用 ESI-MS 在正离子模式下采集 m/z 600~900 全扫描谱图(谱图中对应 SM 的离子峰强度很低)和 NLS 谱图。图中所示均为各自基峰标准化后形成的谱图。m/z 653.6 为用于定量而加入的 SM 脂质内标峰。

此裂解规律用于鉴定分析生物样本中 SM 时，应注意以下几点：
- 能够同时被 NLS 59、NLS 183、NLS 213 这三种扫描方式检测到的外源性离子的可能性极低，尤其当提取物经碱处理后。
- NLS 429 谱图中出现的离子峰，其带两个 ^{13}C 同位素离子峰也会在 NLS 431 谱图中出现，因此，NLS431 谱图中离子峰强度需要根据 NLS 429 谱图进行相应的同位素校正。相差一个双键的 SM 之间也应该进行类似校正。
- 随着母离子分子质量变大，多种低分子质量中性碎片组合丢失的可能性增大，因此，利用 NLS 方式监测多种中性碎片时，针对某种中性碎片的特征性会变弱。

6.2.2.3 甘油三酯(TAG)

在脂质提取物稀释后的溶液中加入少量 LiOH(或者 LiCl)改性剂，ESI-MS 正离子模式可以检测到[TAG+Li]$^+$离子。此离子经 CID 产生大量结构碎片离子，显示其特征性裂解规律[30-31]，具体表现为成对地丢失 FA 和 FA+Li 中性碎片，产生相应的子离子峰(图 6.6)。因此，[TAG+Li]$^+$二级质谱图中出现的高强度离子峰数目与 TAG 中所含 FA 种类密切相关：TAG 中含有三种不同的 FA，则 CID 会相应地出现 6 个强离子峰[图 6.6(1)]；存在两种类

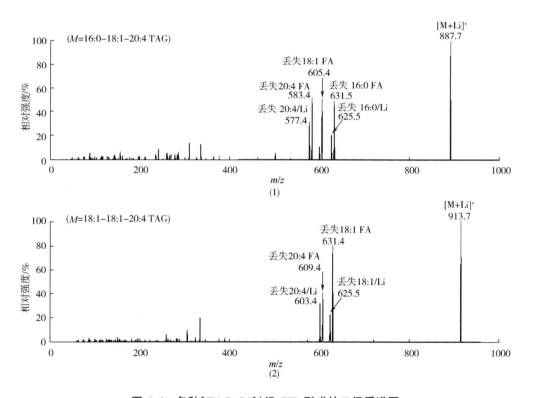

图 6.6　各种[TAG+Li]$^+$经 CID 形成的二级质谱图

图(1)和(2)分别为 16:0-18:1-20:4 和 18:1-18:1-20:4 TAG 加 Li$^+$形成的分子离子经 CID 产生的二级质谱图，碰撞能量均为 32eV，碰撞气压为 0.133Pa。图中所标注的均为丢失 FA 或者 FA+Li 中性碎片所相应形成的高强度子离子峰。

型的 FA,则出现 4 个强离子峰[图 6.6(2)];同样,如果 TAG 只含一种 FA,则只出现两个强离子峰。在不同实验条件下,各种 TAG 分子都具有该裂解规律[30-32]。虽然 FA 和 FA+Li 两种中性碎片丢失都可以用于生物样本中 TAG 的定性分析,但由于丢失 FA 中性碎片后产生的子离子检测灵敏度更高以及热力学上更加稳定,所以,在实际应用中更多地选用 FA 中性丢失。

在 MDMS-SL 方法分析时,利用该裂解规律获得不同的谱图构建二维质谱图用于生物样本中各种 TAGs 定性定量分析[31]。通常情况下,生物样本的 TAG 中含有大约 30 余种 FA,例如 NLS 228、NLS 256、NLS 282、NLS 280 以及 NLS 304 分别对应 14:0、16:0、18:1、18:0、20:4 等 FA,并且绝大多数 TAGs 相对分子质量在 m/z 750~1000。因此,在这质量范围内获得 TAG 全扫描谱图以及后续依次获得的不同 FA 中性丢失谱图用于构建 TAG 二维质谱图。在二维谱图中,如果在全扫描谱图中特定的分子离子峰也出现在后续的某中性丢失谱图中,则说明特定 TAG 异构体中含有该对应的 FA 链。同样,TAG 异构体的组成也可以由相应的 NLS 质谱图中分子离子峰的强度变化来推断[31]。

例如,图 6.7 所示为 MDMS-SL 方法分析小鼠肝脏样本中 TAG 的二维质谱图。在肝脏组织样本(湿重约 20mg)中加入 tri17:1 TAG(TAG 的三条脂肪酸侧链均为 17:1 脂肪酸)标准品(浓度 15nmol/mg 蛋白),用改良的 Bligh-Dyer 方法进行脂质萃取[33]。提取物先用 $CHCl_3$:MeOH 溶剂(1:1,V/V)进一步稀释后加入少量 LiOH 的 MeOH 溶液,利用纳喷离子源(Advion Bioscience,Ithaca,NY,USA)直接进样,选用 NLS 模式扫描,选择的 CID 能量尽可能使位于骨架甘油不同位置上 FA 中性丢失后在 NLS 谱图中对应的母子峰强度基本相同。图 6.7 为构建的 TAG 部分二维质谱图。利用此二维谱图可以对每个 TAG 及其同分异构体(不包括 FA 中因双键位置不同产生的同分异构体和 FA 在甘油羟基上连接位置不同导致的空间异构体)进行定性分析。手动分析 m/z 865.7 TAG 分子及其同分异构体的过程如下:图中虚线处显示在 16:1、16:0、18:1 以及 18:0 FA 的中性丢失谱图中均出现中高等强度的 m/z 865.7 离子峰,在 14:0、18:2、20:2 以及图中未给出的其他一些 FA 丢失谱图中强度则非常低。根据分子质量 865.7 可以推断此 TAG 分子中三条 FAs 的总碳数为 52 同时包含 2 个双键或者碳数为 53 同时包含 9 个双键。因此,此 TAG 分子可以推断为 16:0-18:1-18:1、16:1-18:0-18:1、14:0-16:0-20:2(少量)和 16:0-18:0-18:2(少量)等。其他 TAG 分子也可以用类似的方法进行定性。此方法的缺点是非常耗时。近年来,我们课题组基于 TAG 离子拟合方法开发了一个 TAG 自动定性分析的程序[34],该程序无论对高含量还是极低含量的 TAG 都适用。

利用该方法定性分析生物样本中 TAGs 时需应注意以下几点:

- NLS 谱图中总是会出现[TAG+Na]$^+$分子离子峰。应尽可能地降低这类峰强度,因为此类离子峰与 TAG 种类密切相关,尤其是 FA 的双键数目[31]。

- 运用上述 MDMS-SL 方法对生物样本中 TAG 进行定性分析时,存在建立的方法是否完成了 TAG 中所有 FA 的检测等疑问。事实上,检测最常见的 10 种 FA(即使不包含任何奇数链 FA)就可以完成绝大多数生物样本中摩尔分数>90% 的 TAG 分子的定性分析。如果样本量和实验条件允许,建议检测尽量多的 FA。

- 接上面这点,如果样本中出现 C14 FA,则 TAG 中还可能存在大量更短的 FA[35-36]。

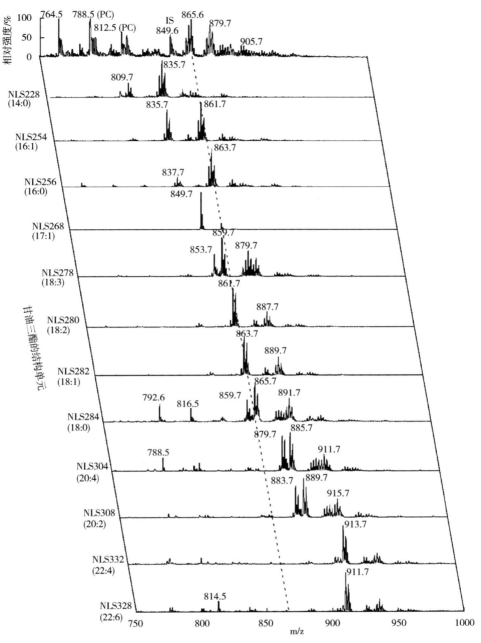

图6.7 小鼠肝脏组织中TAG的二维质谱图

对小鼠肝脏组织脂质提取物中各种天然存在的FAs进行NLS方式扫描,用于各种TAG分子的定性、同分异构体去同位素以及通过与加入的tri 17:1 TAG(NLS 268谱图中 m/z 849.6)内标比较实现各TAG的定量分析。所用仪器为三重四极杆质谱仪(TSQ Vantage,Thermo Fisher Scientific,San Jose,CA,USA),碰撞能量为32eV,碰撞气压为0.133Pa。图中所示均为各自基峰标准化后形成的谱图。

因此,如果NLS 228谱图中出现大量高强度的离子峰信号,则应该对更短链的FA进行检测。此方法也同样适用于含奇数碳原子的FA检测。

- 源自PC分子中FA丢失会对TAG的定性和定量分析造成干扰,实际上是可以忽略不计的[31]。只有 FA 在 PC 分子中含量很高,发生中性丢失时才可能被检测到,但是在相同分子质量的 TAG 中含量很低(图 6.7)。根据氮规则,对应的 PC 脂质分子质量是偶数,而 TAG 的分子质量是奇数,所以相应的碎片离子很容易辨识(图 6.7)。

• 各种 TAG 的[TAG+Li]$^+$丢失中性碎片(FA+Li)所产生的相应子离子峰强度是不同的,(图 6.6),可以用来确定 FA 在骨架甘油上的连接位置[30,37]。[TAG+Li]$^+$丢失 FA 的碎裂反应中,与 FA 相邻的 α 氢原子通过形成环状中间体参与碎裂反应,导致各种中性丢失 FA 造成碎片离子之间强度的差异比相应的 FA 盐丢失要小,因此,在特定碰撞能量下,各种 FA 中性丢失所对应的碎片离子峰强度可以用于 TAG 的定量分析[31,38]。

6.2.3 小结

上述各部分着重讨论了应用 LC-MS 或"鸟枪法"脂质组学方法时,了解和熟悉各类型脂质裂解规律对于脂质定性定量分析的重要性。所列的例子也清晰地表明,各类脂质离子的裂解规律与碰撞条件以及所使用的仪器类型关系不大。在后续第 7~11 章中将重点介绍在正、负离子模式下生物体内主要的几大类脂质不同离子形式的裂解规律。虽然不同的实验室对离子形式的选择有不同倾向性,了解和认识各种脂质不同加合离子形式的裂解规律有利于定性分析,而且使用不同离子形式和裂解规律可以尽可能地降低高含量脂质的假阳性率以及增强极低含量脂质分子的检测。最后,读者若需要深入了解各类脂质裂解的基本原则和机制,建议参阅 Murphy 教授撰编的 *Tandem Mass Spectrometry of Lipids*:*Molecular Analysis of Complex Lipids*[39]。

参考文献

1. Hsu, F. F., Turk, J., Zhang, K. and Beverley, S. M. (2007) Characterization of inositol phosphorylceramides from Leishmania major by tandem mass spectrometry with electrospray ionization. J. Am. Soc. Mass Spectrom. 18, 1591-1604.
2. Yore, M. M., Syed, I., Moraes-Vieira, P. M., Zhang, T., Herman, M. A., Homan, E. A., Patel, R. T., Lee, J., Chen, S., Peroni, O. D., Dhaneshwar, A. S., Hammarstedt, A., Smith, U., McGraw, T. E., Saghatelian, A. and Kahn, B. B. (2014) Discovery of a class of endogenous mammalian lipids with anti-diabetic and anti-inflammatory effects. Cell 159, 318-332.
3. Jensen, S. M., Brandl, M., Treusch, A. H. and Ejsing, C. S. (2015) Structural characterization of ether lipids from the archaeon Sulfolobus islandicus by high-resolution shotgunlipidomics. J. Mass Spectrom. 50, 476-487.
4. Al-Saad, K. A., Zabrouskov, V., Siems, W. F., Knowles, N. R., Hannan, R. M. and Hill, H. H., Jr. (2003) Matrix-assisted laser desorption/ionization time-of-flight mass spectrometry of lipids: Ionization and prompt fragmentation patterns. Rapid Commun. Mass Spectrom. 17, 87-96.
5. Levery, S. B. (2005) Glycosphingolipid structural analysis and glycosphingolipidomics. Methods Enzymol. 405, 300-369.
6. Yang, K., Zhao, Z., Gross, R. W. and Han, X. (2011) Identification and quantitation of unsaturated fatty acid isomers by electrospray ionization tandem mass spectrometry: A shotgun lipidomics approach. Anal. Chem. 83, 4243-4250.
7. Fitton, E. M., Monaghan, J. J. and Morden, W. E. (1992) Synchronized collision-cell energy ramping. Improving the quality of product-ion spectra. Rapid Commun. Mass Spectrom. 6, 269-271.
8. Hsu, F.-F., Bohrer, A. and Turk, J. (1998) Formation of lithiated adducts of glycerophosphocholine lipids facilitates their identification by electrospray ionization tandem mass spectrometry. J. Am. Soc. Mass Spectrom. 9, 516-526.
9. Yang, K., Zhao, Z., Gross, R. W. and Han, X. (2009) Systematic analysis of choline-containing phospholipids using multi-dimensionalmass spectrometry-based shotgun lipidomics. J. Chromatogr. B 877, 2924-2936.
10. Tomer, K. B., Crow, F. W. and Gross, M. L. (1983) Location of double-bond position in unsaturated fatty acids by negative ion MS/MS. J. Am. Chem. Soc. 105,

5487-5488.
11. Crockett, J. S., Gross, M. L., Christie, W. W. and Holman, R. T. (1990) Collisional activation of a series of homoconjugated octadecadienoic acids with fast atom bombardment and tandem mass spectrometry. J. Am. Soc. Mass Spectrom. 1, 183-191.
12. Kind, T., Liu, K. H., Lee do, Y., Defelice, B., Meissen, J. K. and Fiehn, O. (2013) LipidBlast in silico tandem mass spectrometry database for lipid identification. Nat. Methods 10, 755-758.
13. Mitchell, T. W., Pham, H., Thomas, M. C. and Blanksby, S. J. (2009) Identification of double bond position in lipids: From GC to OzID. J. Chromatogr. B 877, 2722-2735.
14. Ma, X. and Xia, Y. (2014) Pinpointing double bonds in lipids by Paternò-Büchi reactions and mass spectrometry. Angew. Chem. Int. Ed. 53, 2592-2596.
15. Griffiths, W. J. (2003) Tandem mass spectrometry in the study of fatty acids, bile acids, and steroids. Mass Spectrom. Rev. 22, 81-152.
16. Murphy, R. C., Fiedler, J. and Hevko, J. (2001) Analysis of nonvolatile lipids by mass spectrometry. Chem. Rev. 101, 479-526.
17. Pulfer, M. and Murphy, R. C. (2003) Electrospray mass spectrometry of phospholipids. Mass Spectrom. Rev. 22, 332-364.
18. Hsu, F.-F. and Turk, J. (2005) Electrospray ionization with low-energy collisionally activated dissociation tandem mass spectrometry of complex lipids: Structural characterization and mechanism of fragmentation. In Modern Methods for Lipid Analysis by Liquid Chromatography/Mass Spectrometry and Related Techniques (Byrdwell, W. C., ed.). pp. 61-178, AOCS Press, Champaign, IL.
19. Hsu, F. F. and Turk, J. (2009) Electrospray ionization with low-energy collisionally activated dissociation tandem mass spectrometry of glycerophospholipids: Mechanisms of fragmentation and structural characterization. J. Chromatogr. B 877, 2673-2695.
20. Murphy, R. C. and Axelsen, P. H. (2011) Mass spectrometric analysis of long-chain lipids. Mass Spectrom. Rev. 30, 579-599.
21. Hsu, F. F. and Turk, J. (2005) Analysis of sulfatides. In The encyclopedia of mass spectrometry (Caprioli, R. M., ed.). pp. 473-492, Elsevier, New York.
22. Han, X. and Gross, R. W. (1996) Structural determination of lysophospholipid regioisomers by electrospray ionization tandem mass spectrometry. J. Am. Chem. Soc. 118, 451-457.
23. Hsu, F.-F., Turk, J., Thukkani, A. K., Messner, M. C., Wildsmith, K. R. and Ford, D. A. (2003) Characterization of alkylacyl, alk-1-enylacyl and lyso subclasses of glycerophosphocholine by tandem quadrupole mass spectrometry with electrospray ionization. J. Mass Spectrom. 38, 752-763.
24. Hsu, F.-F. and Turk, J. (2003) Electrospray ionization/tandem quadrupole mass spectrometric studies on phosphatidylcholines: The fragmentation processes. J. Am. Soc. Mass Spectrom. 14, 352-363.
25. Hsu, F. F. and Turk, J. (2000) Structural determination of sphingomyelin by tandem mass spectrometry with electrospray ionization. J. Am. Soc. Mass Spectrom. 11, 437-449.
26. Hsu, F. F. and Turk, J. (2005) Analysis of Sphingomyelins. In The encyclopedia of mass spectrometry (Caprioli, R. M., ed.). pp. 430-447, Elsevier, New York.
27. Wang, C., Wang, M., Zhou, Y., Dupree, J. L. and Han, X. (2014) Alterations in mouse brain lipidome after disruption of CST gene: A lipidomics study. Mol. Neurobiol. 50, 88-96.
28. Jiang, X., Cheng, H., Yang, K., Gross, R. W. and Han, X. (2007) Alkaline methanolysis of lipid extracts extends shotgun lipidomics analyses to the low abundance regime of cellular sphingolipids. Anal. Biochem. 371, 135-145.
29. Merrill, A. H., Jr., Sullards, M. C., Allegood, J. C., Kelly, S. and Wang, E. (2005) Sphingolipidomics: High-throughput, structure-specific, and quantitative analysis of sphingolipids by liquid chromatography tandem mass spectrometry. Methods 36, 207-224.
30. Hsu, F.-F. and Turk, J. (1999) Structural characterization of triacylglycerols as lithiated adducts by electrospray ionization mass spectrometry using low-energy collisionally activated dissociation on a triple stage quadrupole instrument. J. Am. Soc. Mass Spectrom. 10, 587-599.
31. Han, X. and Gross, R. W. (2001) Quantitative analysis and molecular species fingerprinting of triacylglyceride molecular species directly from lipid extracts of biological samples by electrospray ionization tandem mass spectrometry. Anal. Biochem. 295, 88-100.
32. Hsu, F. F. and Turk, J. (2010) Electrospray ionization multiple-stage linear ion-trap mass spectrometry for structural elucidation of triacylglycerols: Assignment of fatty acyl groups on the glycerol backbone and location of double bonds. J. Am. Soc. Mass Spectrom. 21, 657-669.
33. Christie, W. W. and Han, X. (2010) Lipid Analysis: Isolation, Separation, Identification and Lipidomic Analysis. The Oily Press, Bridgwater, England. pp 448.
34. Han, R. H., Wang, M., Fang, X. and Han, X. (2013) Simulation of triacylglycerol ion profiles: Bioinformatics for interpretation of triacylglycerol biosynthesis. J. Lipid Res. 54, 1023-1032.
35. Su, X., Han, X., Yang, J., Mancuso, D. J., Chen, J., Bickel, P. E. and Gross, R. W. (2004) Sequential ordered fatty acid a oxidation and D9 desaturation are major determinants of lipid storage and utilization in differentiating adipocytes. Biochemistry 43, 5033-5044.
36. Watkins, S. M., Reifsnyder, P. R., Pan, H. J., German, J. B. and Leiter, E. H. (2002) Lipid metabolome-

wide effects of the PPARgamma agonist rosiglitazone. J. Lipid Res. 43,1809-1817.
37. Herrera, L. C., Potvin, M. A. and Melanson, J. E. (2010) Quantitative analysis of positional isomers of triacylglycerols via electrospray ionization tandem mass spectrometry of sodiated adducts. Rapid Commun. Mass Spectrom. 24,2745-2752.
38. Duffin, K. L., Henion, J. D. and Shieh, J. J. (1991) Electrospray and tandem mass spectrometric characterization of acylglycerol mixtures that are dissolved in nonpolar solvents. Anal. Chem. 63,1781-1788.
39. Murphy, R. C. (2015) Tandem Mass Spectrometry of Lipids: Molecular analysis of complex lipids. Royal Society of Chemistry, Cambridge, UK. pp 280.

甘油磷脂的裂解特征

7.1 引言

甘油磷脂(GLP)是甘油中有一个羟基被磷酸或者磷酸盐酯化(详见第1章)后形成的最常见一类磷脂,其中磷脂和磷酸盐以及连接的支链部分统称为头基,决定脂质的种类。根据 sn-1 位上甘油和 FA 连接方式的不同,PE 和 PC 两大类磷脂又各分为酯键型、醚键型和烯醚键型三种亚类。虽然血小板活化因子、溶血性甘油磷脂等脂质作为第二信使在生物系统中发挥重要的作用,但绝大多数 GLP 主要作为细胞膜的重要组成成分,为膜蛋白正常功能的发挥提供基质或者作为释放信号脂质分子的底物。

不同实验条件下,GLP 会和不同的离子加合形成系列加合离子。与其他类型的脂质相比,大量研究已经对这些加合离子经 CID 产生的串联质谱甚至多级质谱的正、负离子模式裂解规律进行了详细表征。从气相离子化学角度而言,谱图中各种产生的碎片离子都具有重要的意义。经过大量研究,Hus 和 Turk 总结发现:这些正离子加合离子裂解过程基本上是相同的,而所有负离子加合离子的裂解同样也遵循一定的规则[1]。

总体而言,在正离子模式下,远端电荷裂解规律在 GLP 的裂解过程中发挥重要的作用。这个过程通常会产生与极性头基相关的强碎片离子峰,并且甘油 sn-1 位 FA 比 sn-2 位的更容易丢失。Hus 和 Turk 通过稳定同位素标记和多级质谱分析揭示,sn-1 和 sn-2 位 FA 不同程度丢失的主要原因是由于在邻位 FA 丢失过程中 α-氢原子充当提供质子的作用,而 sn-2 FA 的 α-氢原子化学性质更加活泼,容易解离[1,3-5]。这种母离子(如它们的碱金属加合离子)不同程度的 FA 丢失对于 GLP 的空间异构体定性具有重要的作用。

在负离子模式下,去质子化 GLP 经 CID 主要产生一到两种在 m/z 200~350 FA 羧酸裂片离子,分别对应于甘油 sn-1 和 sn-2 FA,并且在绝大多数情况下,这些离子峰在谱图中是基峰。另外,在 m/z 400 附近还存在其他一系列碎片离子峰,分别对应于丢失 FA 及其烯酮产生的离子峰 $[M-H-R_xCH_2COOH]^-$ 和 $[M-H-R_xCH=C=O]^-$。在二级质谱图中,这组峰通常为低强度或者中等强度离子峰。负离子模式下,电荷驱动裂解过程是碎片离子产生的主要机制。在此过程中,去质子化的分子离子碱性决定 FA 基团是以 FA 还是 FA 烯酮的形式丢失[8-9]。根据 IUPAC 金皮书,气相的碱性决定质子和分子或者带负电荷分子离子之间的亲和度[10]。各种 GLP 脂质的极性头基决定去质子化离子的气相碱性。因此,属于同一类脂质的分子裂解规律基本相同,而不同种类的 GLP 则显示不同的谱图。通常,sn-2 FA 丢失比 sn-1 的更加容易,因为 sn-2 FA 丢失形成的碎片离子空间位阻更小,导致相应的 $[M-H-R_2CH_2COOH]^-$ 和 $[M-H-R_2CH=C=O]^-$ 离子峰分别比 $[M-H-R_1CH_2COOH]^-$ 和 $[M-H-R_1CH=C=O]^-$ 离子峰强度更高,这个特点可用于空间异构体的确定[8-9,11-14]。

本章将对各类 GLP 在通常实验条件下的裂解规律进行简介,这些条件已广泛应用于脂质组学的批量分析。如第 6 章所述,想进一步深入了解相关的裂解机制可以参阅该主题的原始研究论文、综述或者新出版的书籍[1,15-20]。阅读 Hsu 和 Turk 的综述论文也可以更加深刻地认识各类脂质的结构表征[1,18,21]。

7.2 磷脂酰胆碱(PC)

7.2.1 正离子模式

7.2.1.1 质子化离子

PC 极性头基部分含有季胺与磷酸根形成的两性离子,因此,在酸性条件或者在脂溶液中加入铵基盐改性剂时,此类脂质在正离子模式下会形成质子化分子离子$[M+H]^+$。包括三个亚类在内的所有 PC 分子,$[M+H]^+$ 裂解产生的二级质谱图中都出现 m/z 184 磷酸胆碱离子峰。含有 FA 结构信息的碎片离子峰强度都很低,虽然在 Q-TOF 质谱仪获得的质谱图中可以清晰地观察到,但在三重四极杆质谱图中基本上被基线掩盖。因此,尽管理论上可行,但其实 PC 的 $[M+H]^+$ 裂解规律并不适用于其异构体的定性分析[4,17]。

大量研究表明,m/z 184 碎片离子峰形成主要由 sn-2 位 FA α-氢原子的参与,因为它比 sn-1 的更加容易解离[4],这也导致了由 sn-2 位 FA 丢失产生的 $[M-H-R_2CH=C=O]^+$ 比相应的 $[M-H-R_1CH=C=O]^+$ 离子峰强度高。因此,在一定程度上,可以根据这组离子峰的强度确定 FA 连接位置。

7.2.1.2 碱金属离子加合

PC 分子可以和碱金属离子(Alk=Li、Na、K 等)形成加合物,其形成主要由脂质溶液中碱金属离子的种类和浓度决定。因此,如果要利用 PC 分子的 Li^+ 加合物进行分析,就应该在脂质溶液中相应地加入 LiOH 或 Li 盐等改性剂。通常,溶液中没有加入其他改性剂时,质谱图中总会出现 PC 的 Na^+ 加合物离子峰,因为 Na^+ 无处不在。

总结 PC 的碱金属离子加合物经 CID 后产生的裂解规律[3-4,7,17,22],质谱图中主要包含以下几类碎片离子峰:
- 中性丢失三甲基胺形成的碎片离子峰 $[M+Alk-59]^+$(Alk=Li、Na、K 等);
- 中性丢失磷酸胆碱形成的碎片离子峰 $[M+Alk-183]^+$;
- 丢失磷酸胆碱和碱金属离子络合物形成的碎片离子峰 $[M+Alk-(Alk+182)]^+$。

图 7.1(1)~(3)分别为 16:0-18:1 酯键型 PC 与 Li^+、Na^+ 和 K^+ 加合物的二级质谱图。除了那些与磷酸胆碱头基相关的强碎片离子峰外,谱图中也存在与 PC 中 FA 相关的离

子峰,尤其在 Li$^+$ 加合的谱图。如图 7.1(1)~(3)所示,在 ESI-MS 碎裂谱图中,这类碎片离子峰强度相对较低,且主要包括三对峰:中性丢失 FA 产生的一对碎片离子峰[M+Alk-R$_x$-COOH]$^+$($x=1$ 或 2);丢失 FA 和碱金属离子的中性碎片产生的一对碎片离子峰[M+Alk-R$_x$COOAlk]$^+$;及三甲基胺中性丢失后又丢失 FA 产生的一对产物离子峰[M+Alk-(R$_x$COOH+59)]$^+$,并且如前言部分所述,sn-1 位 FA 的丢失比 sn-2 的更加容易。通常,这对[M+Alk-(R$_x$COOH+59)]$^+$离子峰是所有与 FA 相关的碎片离子峰中强度最高的,可用于区分酯键型 PC 空间异构体[1,3,4,23]。

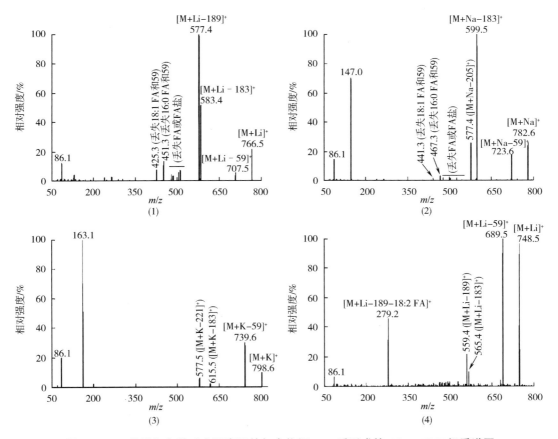

图 7.1　PC 分子和各种碱金属离子的加合物经 CID 后形成的 ESI-MS 二级质谱图

利用三重四极杆质谱仪(Thermo Fisher TSQ Vantage)采集 16:0-18:1 磷脂酰胆碱(dPC)与 Li$^+$、Na$^+$ 和 K$^+$ 分别形成的加合物[图 7.1(1)~(3)]及 16:0-18:2 缩醛磷脂酰胆碱(pPC)与 Li$^+$ 形成的加合物[图 7.1(4)]的二级质谱图,碰撞能量均为 32eV,碰撞气压为 0.133Pa。

醚键型 PC(aPC)和烯醚键型 PC(pPC)裂解规律中同样也包含上述所有与磷酸胆碱头基相关的碎片离子峰,包括[M+Alk-59]$^+$、[M+Alk-183]$^+$ 和[M+Alk-(Alk+182)]$^+$。然而,醚键型和烯醚键型 PC 与酯键型 PC 的规律存在以下三点不同:

- 在醚键型和烯醚键型 PC 的碱金属离子加合物的二级谱图中,[M+Alk-59]$^+$离子峰强度是最高的;

- 不存在丢失 FA 及 FA 和碱金属离子加合的中性碎片后产生的 $[M+Alk-R_2COOH]^+$ 和 $[M+Alk-R_2COOAlk]^+$ 两个碎片离子峰;
- $[M+Alk-(R_2COOH+59)]^+$ 碎片离子峰的强度比较低。

这三点不同被广泛应用于醚键型和酯键型 PC 分子的区分[4,7,23]。造成裂解规律的不同主要是由于醚键型和烯醚键型 PC $sn-1$ 位 FA 中不存在易解离的 α-氢原子,导致 $sn-2$ FA 丢失时无法提供相应的质子,不会产生相应的 $[M+Alk-R_2COOH]^+$ 和 $[M+Alk-(R_2COOH+59)]^+$ 两个碎片离子峰。而且,产生的碎片离子 $[M+Alk-59]^+$ 也不会进一步发生 FA 中性丢失,导致醚键型和烯醚键型 PC 裂解规律中 $[M+Alk-59]^+$ 离子峰强度是最高的。图 7.1(4) 和 7.1(1) 分别是烯醚键型和酯键型 PC 和 Li^+ 加合物的二级质谱图。

对于醚键型和烯醚键型 PC 两个亚类之间的区分,可以利用烯醚键型 PC 裂解规律中存在 $[M+Alk-(182+Alk)-R_2COOH]^+$ 这一特殊的碎片离子峰,而醚键型和酯键型 PC 的谱图中均不存在[7]。此离子峰是由 $[M+Alk-(Alk+182)]^+$ 碎片离子进一步发生 $sn-2$ 位 FA 中性丢失形成的,如图 7.1(4) 中所示的 m/z 279 离子峰($[M+Li-(182+Li)-R_2COOH]^+$)。

7.2.2 负离子模式

在 ESI-MS 负离子模式下,PC 可以和基质中多种阴离子形成加合离子 $[M+X]^-$($X=Cl$、CH_3COO、$HCOO$、CF_3COO 等)[22,24-26]。这些加合阴离子会中性丢失 CH_3X 形成 $[M-15]^-$ 离子峰($[M+X-CH_3X]^-$),甚至在很多情况下,该离子峰作为主要的准分子离子峰出现[25,27]。然而,通过调谐质谱离子化条件可以降低此峰的强度,表明中性丢失 CH_3X 是相对容易的。

$[M+X]^-$ 经 CID 产生的 ESI-MS 裂解规律中主要包含以下三类碎片离子峰:
- 中性丢失 CH_3X 产生的强离子峰 $[M-15]^-$;
- m/z 300 左右有 1~2 个强离子峰,分别对应于 PC 中 FA 羧基离子;
- 在 m/z 450 附近有一簇中低等强度的碎片离子峰,对应于 $[M+X]^-$ 中性丢失 FA 产生的离子。

如第 6 章所述,虽然质谱碰撞条件设置会影响碎片离子之间的强度比例,但不影响裂解规律。图 7.2 为 $[M+X]^-$ 在不同碰撞能量下的裂解谱图,进一步证实了上述观点。

大量研究证实,dPC 裂解谱图中 $sn-2$ FA 羧基阴离子峰强度大约是相应的 $sn-1$ 位 FA 阴离子峰的 3 倍[17,22,29-30]。这一事实常用于确定 FA 连接的位置以及 dPC 空间异构体。当 $sn-2$ 位是多不饱和 FA 时,该强度比值会略小于 3,主要是由于产生的多不饱和 FA 阴离子会进一步发生二氧化碳的中性丢失生成 $[FA-44]^-$ 离子[31-33],并且这种连续的二氧化碳中性丢失可以用于确定 FA 中双键的位置[33]。如果算上 $[FA-44]^-$ 碎片离子峰强度,$sn-2$ 和 $sn-1$ 位 FA 阴离子峰强度比值还是接近于 3[32]。

除了利用 FA 羧基阴离子峰强度比值确定空间异构体外,由 FA 或者 FA 烯酮形式中性丢失产生的成对碎片离子峰 $[M-15-R_xCH_2COOH]^-$ 和 $[M-15-R_xCHC=C=O]^-$ 也可以用于 dPC 空间异构体的确定[22,27]。在这种情况下,由 $sn-2$ 位 FA 丢失形成的 $[M-15-R_2COOH]^-$ 比相应的 $[M-15-R_1COOH]^-$ 离子峰强度高[22,27](图 7.2)。按之前所述,$sn-2$ 位

FA 丢失形成的离子在空间位阻方面更有利。另外，$[M-15-R_2C=C=O]^-$ 比 $[M-15-R_2CH_2COOH]^-$ 离子峰强度高，而 $[M-15-R_1C=C=O]^-$ 峰强度却没有 $[M-15-R_1CH_2COOH]^-$ 的高。

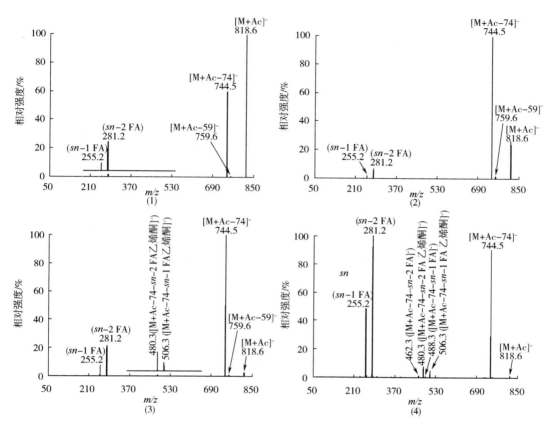

图7.2 在不同 CID 能量下 16:0-18:1 dPC 和 CH_3COO^- 加合物的 ESI-MS 二级质谱图

在进样溶液中加入醋酸铵改性剂后，16:0-18:1 dPC 和 CH_3COO^- 加合物（m/z 818.5）的 ESI-MS 二级质谱如图所示。所用仪器为 Thermo Fisher TSQ Vantage 质谱仪，CID 能量分别为(1)15eV、(2)20eV、(3)25eV 和(4)30eV，碰撞气压为 0.133Pa。"Ac"代表 CH_3COO^-。谱图结果揭示两点：①不同 CID 能量下得到的二级质谱图有很大的不同，但裂解规律是一样的；②低分子质量的碎片离子强度比例随 CID 能量增加而增强。

aPC 和 pPC 的阴离子加成物的裂解规律基本上与含两条相同 FA 的 dPC 裂解规律相同，例如二级谱图中都只含有一种 $[M-15-RCOOH]^-$ 和 $[M-15-RC=C=O]^-$ 碎片离子峰，然而，产生这个规律的裂解途径是不同的。aPC 和 pPC 是因为没有 sn-1 位 FA，而 dPC 是因为所含两条 FA 相同，产生的碎片离子峰分子质量相同。有多种方法可以用来区分生物样本中 aPC 和 pPC 两类脂质，包括酸降解处理[34-35]、配对规则[32]以及碘甲醇溶液处理后产生的质量数增加等[36]。

7.3 磷脂酰乙醇胺(PE)

7.3.1 正离子模式
7.3.1.1 质子化离子

正离子模式下，PE 在酸性条件或者 NH_4^+（如 5mmol/L）存在的溶液中会质子化形成 $[PE+H]^+$ 离子[25,37-38]。质谱分析时，PE 电离为 $[M+H]^+$ 的离子化效率没有 PC 的高，因为质子化 PC 中的季铵根比质子化 PE 中的伯氨基所带的电荷更加稳定。

$[PE+H]^+$ 离子裂解规律包含以下碎片离子：
- 中性丢失磷酸乙醇胺产生的强离子峰 $[M+H-141]^+$；
- 1 到 2 个由 FA 产生的酰基碳弱阳离子峰 $[R_xCO]^+$（$x=1$ 或 2）。

该裂解规律与 $[PC+H]^+$ 有很大不同。裂解产生的 $[M+H-141]^+$，而不是质子化的磷酸乙醇胺离子（m/z 142）（相当于质子化磷脂酰胆碱产生的 m/z 184 产物离子），表明磷酸乙醇胺质子化能力较弱，更容易从伯氨基中失去质子。大量机制性研究证明，裂解产生 $[M+H-141]^+$ 的过程中同样也有 FA α-氢原子的参与，并且主要是 sn-2 位 FA α-氢原子[1,4,9]。图 7.3(1) 为质子化 16:0-22:6 二酰基 PE(dPE) 经 CID 后产生的二级质谱图。

7.3.1.2 碱金属离子加合

当溶液中加入含碱金属离子改性剂时，正离子模式下 PE 脂质分子几乎可以和所有碱金属 Alk 离子（Alk=Li、Na、K 等）形成加合物 $[PE+Alk]^+$，如果没有加入任何改性剂则形成 $[PE+Na]^+$ 离子。与质子化的离子类似，$[PE+Alk]^+$ 离子化效率远没有相应的 PC 高。因此，利用鸟枪法脂质组学分析生物样本中的 $[PE+Alk]^+$ 时，基本上都会被相应的 PC 脂质信号抑制，并且 LC-MS 分析中也不会采用该方法。

目前已对各种 $[PE+Alk]^+$ 离子的裂解规律进行了大量表征[5,22]。与 $[PC+Alk]^+$ 裂解规律类似，$[PE+Alk]^+$ 规律中也包含以下几类碎片离子：
- $[PE+Alk]^+$ 准分子离子丢失二甲亚胺(43u)中性碎片形成相当于磷脂酸的碱金属离子加合物 $[PE+Alk-43]^+$，此碎片离子相当于 PC 碎裂规律中的 $[PC+Alk-59]^+$ 离子；
- $[PE+Alk]^+$ 中性丢失磷酸乙醇胺(141u)及其碱金属离子盐([140+Alk]u)形成两个碎片离子 $[PE+Alk-141]^+$ 和 $[PE+Alk-(140+Alk)]^+$，相当于 $[PC+Alk]^+$ 碎裂规律中的 $[PC+Alk-183]^+$ 和 $[PE+Alk-(183+Alk)]^+$ 两个碎片离子。这些碎片离子峰和低强度的乙醇胺磷酸酯碱金属离子加合物 $([(HO)_2PO_2(CH_2)NH_2+Alk]^+)$ 和磷酸碱金属离子加合物 $([(HO)_3PO+Alk]^+)$ 是 PE 类脂质的特征性碎片离子；
- 第三类碎片离子来源于准分子离子和磷酸脂的碱金属离子加合物 FA 的中性丢失，例如 $[PE+Alk-R_xCOOH]^+$ 和 $[PE+Alk-43-R_xCOOH]^+$，并且 sn-1 位 FA 比 sn-2 位的更容易发生中性丢失。

图 7.3(2) 为 16:0-22:6 PE 的 Li^+ 加合物经 CID 后产生的 ESI-MS 二级质谱图。

与分析 PC 类似，PE 的 Li⁺加合物经 CID 产生的碎片离子也可以用于区分不同亚类[1]。由[dPE+Li]⁺裂解产生的[dPE+Li-43]⁺、[dPE+Li-141]⁺、[dPE+Li-(140+Li)]⁺和 m/z 148([(HO)₂PO₂(CH₂)NH₂Li]⁺)离子也会在醚键型和烯醚键型[PE+Li]⁺的二级质谱图中出现。然而，[pPE+Li]⁺的碎裂谱图中包含特征性的碎片离子，例如，在 18:0-18:1 pPE 的 Li⁺加合物(m/z 740)二级质谱图中，会出现二甲亚胺和 sn-1 位 FA 以烯醇碎片形式丢失而产生的 m/z 425 离子峰，以及由 m/z 589 碎片离子进一步发生 sn-2 FA 中性丢失而产生的 m/z 307 离子峰[1]。这两个碎片离子峰分别可以用于确定 sn-1 位上的烯醚键和 sn-2 位 FA。相应地，具有相同质量数的 18:0-18:0 aPE 的 Li⁺加合物(m/z 740)二级质谱图中则不会出现这两个碎片离子峰[1]。

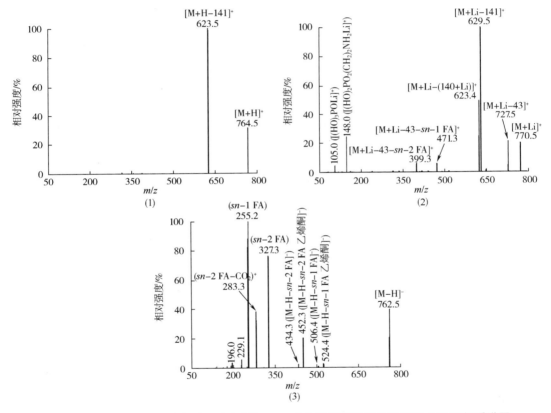

图 7.3　16:0-22:6 PE 的各种形式离子经 CID 产生的具有代表性的 ESI-MS 二级质谱图

在进样溶液中分别加入改性剂 CH₃COONH₄ 和 LiOH 时，16:0-22:6 PE 的质子化离子(1)和 Li⁺加合物(2)在正离子模式下 CID 后得到的二级质谱图；(3)为去质子化 16:0-22:6 PE 在负离子模式下的二级质谱图。所用仪器为 Thermo Fisher TSQ Vantage 质谱仪，CID 能量分别为(1)18eV、(2)28eV 和(3)28eV，碰撞气压均为 0.133Pa。

7.3.2　负离子模式

7.3.2.1　去质子化离子

各种实验条件下，PE 可以在 ESI-MS 的负离子模式下高效地发生去离子化，产生相应的[PE-H]⁻离子[25,38,40]。[PE-H]⁻离子经CID产生的裂-解规律包含以下三类碎片离子：

- 根据PE中所含两条FA是否相同，会产生1~2个在m/z 300左右的强碎片离子，各自对应FA羧基阴离子。[dPE-H]⁻二级质谱图中，sn-2位FA羧基阴离子峰的强度是sn-1位的3倍左右，因为丢失sn-2位FA产生的相应碎片离子在空间位阻上更有利。

- 在m/z 450附近有一簇中低等强度的碎片离子峰，对应于[PE-H]⁻中性丢失FA及其烯酮产生的[PE-H-R$_x$CH$_2$COOH]⁻和[PE-H-R$_x$CH=C=O]⁻离子。与dPC在负离子模式下碎裂规律类似，由sn-2 FA中性丢失形成的sn-1位型[PE-H-R$_2$COOH]⁻比相应的[PE-H-R$_1$COOH]⁻离子峰强度高[9,22,27]。[PE-H-R$_2$C=C=O]⁻比[PE-H-R$_2$CH$_2$COOH]⁻峰强度高，而[PE-H-R$_1$C=C=O]⁻峰强度却没有[PE-H-R$_1$CH$_2$COOH]⁻的高[22,32]。这些离子对的强度比值可以用于确定dPC空间异构体。

- 在所有PE二级质谱图中均存在甘油磷酸乙醇胺衍生物阴离子的低强度离子峰m/z 196，是磷酸乙醇胺头基的特征性碎片离子峰。

图7.3(3)所示为去质子化16:0-22:6 dPE经CID产生的二级质谱图。从图中也可以发现，多不饱和FA存在明显的持续丢失二氧化碳的现象[32-33]。

通常，利用[PE-H]⁻二级质谱图可以将含多不饱和FA和含饱和FA的PE分开，因为在三重四极杆质谱仪中，经CID产生的多不饱和FA羧基阴离子会进一步发生各种裂解，而饱和FA羧基阴离子则很少发生[41-42]。因此，多不饱和FA羧基阴离子峰强度比预期的要低。

aPE和pPE二级质谱图主要由sn-2位FA产生的羧基阴离子以及相关的[PE-H-R$_2$CH$_2$COOH]⁻和[PE-H-R$_2$C=C=O]⁻离子组成，这些碎片离子峰可以确定sn-2位FA。二级谱图中会出现与sn-1位烯基部分相关的低峰度离子峰，用于区分aPE和pPE[32,43]。通过比对酸处理前后或者碘反应后质谱图中相关峰的变化可以进一步确认pPE的结构。同时需要指出，酸处理会对脂质提取物造成严重的破坏。

7.3.2.2 PE衍生物

利用伯胺基特殊的化学反应，开发了包括芴甲氧羰酰氯（Fmoc-Cl）和对N,N-二甲基苯甲酸在内的一系列衍生化方法，增强PE的分析[44-46]。通过衍生化反应把弱阴离子脂质（弱两性脂质）转化为阴离子脂质，有利于提高这些脂质在负离子模式下的离子化效率。

在负离子模式下，经Fmoc-Cl反应产生的PE衍生化产物的裂解规律中包含一个特征性的高强度碎片离子峰，此碎片离子由丢失Fmoc中性碎片产生。规律中其余碎片离子与去质子化PE裂解产生的碎片离子基本相同[44]。在负离子模式下，PE经对N,N-二甲基胺基苯甲酸衍生化后，二级质谱图中主要包含高强度的FA羧基阴离子峰以及低强度的中性丢失FA烯酮产生的碎片离子峰[46]。另外，在酸性条件下，此衍生化产物在N,N-二甲基胺基处会带上稳定的正电荷，导致这些衍生物的远端电荷控制裂解[47]。PE衍生物的远端电荷控制裂解规律中包含两个高强度的碎片离子峰，分别对应带电荷部分的碎片离子峰和整个头基（包括衍生化部分）中性丢失后产生的类似于单酰甘油脂离子[46]。其他的衍生化方法也会产生类似的效果。

7.4 磷脂酰肌醇(PI)和磷脂酰肌醇磷酸

7.4.1 正离子模式

如第 2 章所述,虽然阴离子 GLP 在正离子模式下很难发生离子化,但是当溶液中存在碱金属离子或者酸性条件下还是可以发生部分离子化。通常,在正离子模式下,GLP 的碱金属离子化比质子化效率低。对 PI 的 Li$^+$ 及两个 Li$^+$ 加合物离子(例如,[PI+Li]$^+$ 和 [PI-H+2Li]$^+$)和 [PI+H]$^+$ 离子的裂解规律也进行过相关表征[1]。

7.4.2 负离子模式

PI 极易形成去质子化的离子[PI-H]$^-$。与其他 GLP 相比,[PI-H]$^-$ 裂解规律中所包含的信息更加丰富,同时也更加复杂[41]。[PI-H]$^-$ 裂解规律包含以下几类离子碎片:

- 在 m/z 550 附近有一簇低等强度的碎片离子峰,分别对应 PI 去质子化阴离子中性丢失脂肪酸及其烯酮产生的 [PI-H-R$_x$CHOCO2H]$^-$ 和 [PI-H-R$_x$CH=C=O]$^-$ 离子峰。
- 在 m/z 400 附近有一簇碎片离子峰,是 m/z 550 附近碎片离子峰进一步丢失肌醇等中性碎片产生的离子峰,例如 [PI-H-R$_x$CH$_2$COOH-(肌醇-H$_2$O)]$^-$、[PI-H-R$_x$CH=C=O-肌醇]$^-$。sn-2 位更容易产生与电荷驱动裂解过程相关的碎片离子[41](详见 7.1),这个特性可用于确定 FA 连接位置。
- 一簇对应 FA 羧基的高强度碎片离子峰。R$_2$COO$^-$ 离子峰强度比 R$_1$COO$^-$ 的略低或者相等,如果出现一个强度低很多的 FA 羧基离子峰表明这是个多不饱和 FA,因为其会进一步发生丢失 CO$_2$ 产生 [R$_2$COO-44]$^-$。这种情况时,R$_2$COO$^-$ 和 [R$_2$COO-44]$^-$ 两者峰强度总和仍然与 R$_1$COO$^-$ 的相当。
- 一簇由 PI 极性头基部分产生的碎片离子,包括 m/z 315、297、279、259、241、223。通常,m/z 241 离子峰是最强的。m/z 297 碎片离子峰是连续丢失 FA 形成的 [M-H-R$_1$COOH-R$_2$COOH]$^-$。

图 7.4(1) 为 18:1-20:5 PI 的 ESI-MS 二级质谱图。

去质子化的磷脂酰肌醇一磷酸(PIP)[PIP-H]$^-$ 离子和磷脂酰肌醇二磷酸(PIP$_2$)[PIP$_2$-H]$^-$ 离子在低能量 CID 的裂解途径与 PI 的相似[41],而带双电荷的去质子化 PIP 和 PIP$_2$ [M-2H]$^{2-}$ 离子的裂解途径与 [PE-H]$^-$ 的相似,并且由此产生的碎片离子是主要的[41]。结果同时也表明 PIP 及 PIP$_2$ 连续去质子化产生的 [M-2H]$^{2-}$ 离子是主要的母离子形式。

7.5 磷脂酰丝氨酸(PS)

7.5.1 正离子模式

质子化 PS 与质子化 PE 的裂解规律类似,表明 PS 和 PE 裂解过程和气相离子的酸碱性都是很接近的。具体而言,在 [PS+H]$^+$ 的 ESI-MS 二级质谱图中,强离子峰 [PS+H-185]$^+$

是由于丢失磷酸丝氨酸基团而产生的,与质子化 PE 的情况类似[1]。谱图中还会出现由离子 [PS+H-185]$^+$ 进一步发生碎裂,sn-1 和 sn-2 FA 以烯酮形式中性碎片丢失后产生的产物离子峰,同时也会观察到低强度的羰基正离子峰 [R$_x$CO]$^+$。与质子化 PE 不同的是,m/z 186 离子峰在质子化 PS 的裂解规律中不出现。

7.5.2 负离子模式

在负离子模式下,除了形成主要去质子化的准分子离子 [PS-H]$^-$,在一定条件下还会形成另外两种形式的离子,其中一种是丢失丝氨酸(87u)形成相当于磷脂酸去质子化的离子 [PS-H-87]$^-$,此裂解过程在离子源内部就很容易发生。在 PS 的定量分析过程中,应该使 PS 离子化的离子源条件设置尽可能地调谐到避免源内碎片离子的产生。另一种是在碱性条件下,PS 会形成带双电荷的去质子化准分子离子 [PS-2H]$^{2-}$,到目前为止还没有此类离子的裂解规律表征。

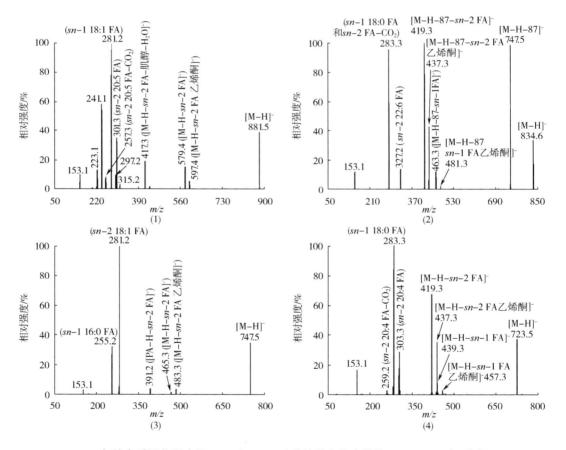

7.4 各种去质子化阴离子 GLP 经 CID 形成的具有代表性的 ESI-MS 二级质谱图

图 7.1(1)、(2)、(3)和(4)分别为在阴离子模式下 18:1-20:5 PI,18:0-22:6 PS,16:0-18:1 PG 和 18:0-20:4 PA 经 CID 产生的二级质谱图。所用仪器为 Thermo Fisher TSQ Vantage 质谱仪,碰撞能量分别为(1)40eV、(2)30eV、(3)30eV 和(4)32eV。

如图7.4(4)所示,去质子化 PS 离子[PS-H]⁻的碎裂规律中包含丢失丝氨酸(87u)形成的高强度碎片离子峰[PS-H-87]⁻。其余的碎片离子峰与去质子化的磷脂酸产生的离子相同,并且峰的强度相差不大[图7.4(2)和(4)]。这一结果表明,丢失丝氨酸(87u)形成[PS-H-87]⁻是发生其他碎裂过程的第一步,已经得到了离子阱质谱仪多级质谱裂解证实[12]。

7.6 磷脂酰甘油(PG)

7.6.1 正离子模式

PG 质子化离子经 CID 后产生一个丢失磷酸甘油中性碎片后的高强度离子峰[PG+H-(HO)₂P(O)OX]⁺(X 代表甘油)[1]。裂解规律还包含羰基正离子[R_xCO]⁺和[PG+H-(HO)₂P(O)OX]⁺中 sn-1 和 sn-2 FA 以烯酮中性碎片形式丢失而产生的离子峰,通常,这些离子峰强度都比较低。利用这些峰可以识别 FA,但很难用 PG 空间异构体的定性分析。Hsu 和 Turk 利用三级质谱完成 PG 空间异构体的识别[12]。

7.6.2 负离子模式

如图7.4(3)所示,去质子化 PG 离子[PG-H]⁻经 CID 后的裂解规律中包括三种中高等强度、含有大量结构信息的碎片离子:

- 谱图中 FA 羧基阴离子[R_xCOO]⁻峰强度通常是最高的,而且[R_2COO]⁻强度比[R_1COO]⁻的高。

- 一簇分别对应[PG-H]⁻中性丢失 FA 及其烯酮产生的[PG-H-R_xCH₂COOH]⁻和[PG-H-R_xCH=C=O]⁻碎片离子峰。图谱中,离子峰,[PG-H-R_2CH₂COOH]⁻和[PG-H-R_2CH=C=O]⁻比相应的[PG-H-R_1CH₂COOH]⁻和[PG-H-R_1CH=C=O]⁻峰强度高[11]。这与 sn-2 位 FA 更加容易丢失有关,而且其更容易以 FA 烯酮形式丢失。相反,sn-1 位的 FA 则更容易以自由 FA 的形式丢失,因此,形成的[PG-H-R_1CH₂COOH]⁻离子峰比[PG-H-R_1CH=C=O]⁻强度高。这与 PG 属于弱酸性 GLP[11],产生的气相离子[PG-H]⁻碱性介于 PE 和 PA 之间有关。这些结果与之前所述的 sn-2 位上 FA 的 α-氢比较活泼,更容易以烯酮形成丢失的事实相一致。[PG-H-R_2CH=C=O]⁻峰强度比[PG-H-R_1CH=C=O]⁻的高以及[R_2COO]⁻比[R_1COO]⁻的强度高可以确定 PG 分子的结构,包括空间异构体。

- 一系列低强度的 m/z 227、209、171 和 153 碎片离子峰,分别对应 FA 烯酮和 FA、甘油磷酸和磷酸甘油衍生物等碎片一起丢失形成的离子,这些离子是极性头基部分的特征性碎片[11]。

当然,也存在一些特殊的 PG 分子碎裂后和上述裂解规律不符的情况,例如,拟南芥植物的 PG 分子 sn-2 位上包含了一个特殊的十六碳-3-烯酰基(反)FA[48]。经碰撞诱导碎裂产生的[PG-H]⁻二级质谱图会显示一个高强度[PG-H-236]⁻离子峰,源于十六碳-3-烯酰基(反)FA 以烯酮碎片形式丢失。

7.7 磷脂酸(PA)

7.7.1 正离子模式

质子化 PA 离子经 CID 后丢失磷酸中性碎片,产生相应的高强度[PA+H-(HO)$_2$P(O)OH]$^+$碎片离子[1],这与气相磷酸对质子的亲和和比较弱,不能形成质子化的磷酸事实相符。谱图中还会出现碳基正离子以及[PA+H-(HO)$_2$P(O)OH]$^+$碎片离子进一步裂解,丢失 sn-1 或者 sn-2 FA 烯酮形成低强度的碎片离子峰。虽然,可以利用这些离子峰对 sn-1 和 sn-2 位 FA 进行定性,但是应用它们的强度差异来确定 PA 空间异构体是不现实的。

7.7.2 负离子模式

如图 7.4(4)所示,去质子化 PA 离子[PA-H]$^-$的碎裂规律基本与[PS-H-87]$^-$的相同。电荷驱动碎裂过程对磷酸头基中可交换氢原子参与的裂解途径有影响[8]。如之前讨论的,[PA-H]$^-$二级质谱图中,离子[PA-H-R$_2$CH$_2$COOH]$^-$和[PA-H-R$_2$CH=C=O]$^-$峰强度分别比相应的[PA-H-R$_1$CH$_2$COOH]$^-$和[PA-H-R$_1$CH=C=O]$^-$的强度要高。这些离子峰强度的差异以及[R$_2$CO]$^-$强度比[R$_1$CO]$^-$的高都可用于 PA 中 FA 空间位置的定性分析。然而,sn-2 位不饱和 FA 存在明显的二氧化碳中性丢失则可能会导致[R$_1$CO]$^-$离子峰强度比[R$_2$CO]$^-$的高,应当注意。

7.8 心磷脂(CL)

CL 是一类独特的阴离子 GLP,每个分子中含有两条磷酸二酯链。在 ESI-MS 负离子模式下,CL 会电离形成带一个电荷或者两个电荷的准分子离子,并且绝大多数时候,[CL-2H]$^{2-}$离子峰强度比[CL-H]$^-$的高。与 ESI-MS 分析时相反,在 MALDI-MS 负离子模式下,CL 去质子化主要形成带单个电荷的[CL-H]$^-$离子[49-50]。

大量研究表征了含有四条相同 FA 的 CL 经低能量 CID 产生的二级质谱图[22,51]。如图 7.5(1)所示,[CL-2H]$^{2-}$离子经低能量 CID 后产生的裂解规律中主要包含 FA 羧基阴离子峰。谱图中还包含 FA 以烯酮形式丢失产生的带双电荷碎片离子,然而,没有 FA 的中性丢失而产生的碎片离子峰。这与[CL-2H]$^{2-}$是主要的母离子,更容易以烯酮的形式丢失有关[41]。而且,如图 7.5(1)所示,因为[CL-2H]$^{2-}$离子含有四条相同的 FA,在其二级谱图中,与带单荷 FA 羧基丢失后产生的离子峰相比,FA 羧基阴离子的峰强度要高很多。

如图 7.5(2)所示,含四条相同 FA 的 CL 形成的单电荷离子[CL-H]$^-$的碎裂规律与相对应的[CL-2H]$^{2-}$离子的有很大的不同。含四条相同 FA 的 CL 单电荷离子[CL-H]$^-$二级质谱图包含中性丢失一个 FA 形成的中高等强度碎片离子峰、类似于去质子化 PA 阴离子峰和去质子脱水后的 PG 阴离子[CL-H-PA]$^-$峰[8]。如图 7.5(2)所示,还存在上述碎片离子进一步丢失 FA 或者烯酮形式产生的类似于溶血性 PA 和溶血性 PG 衍生物阴离子[22,51]。

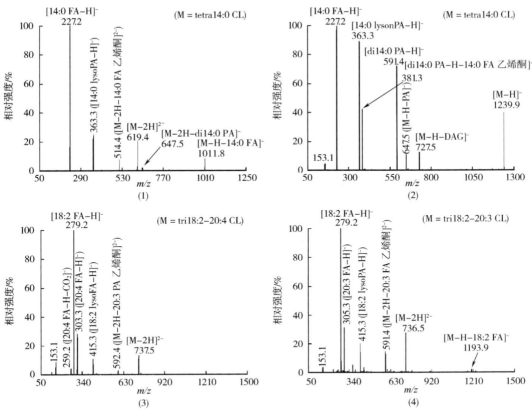

图 7.5 负离子模式下心磷脂经 CID 后产生的具有代表性的 ESI-MS 二级质谱图

(1)和(2)分别为 tetra14:0 心磷脂去质子化形成的双电荷准分子离子和单电荷准分子离子的二级质谱图,(3)和(4)分别为小鼠心肌脂质提取物中 m/z 737.4 和 736.5 心磷脂的二级质谱图。所用仪器为 Thermo Fisher TSQ Vantage 质谱仪,碰撞能量分别为(1)45eV、(2)20eV、(3)22eV 和(4)25eV,碰撞气压为 0.133Pa。

目前还没有商品化的含有不同 FA 的 CL 标准品。通常,此类 CL 分子的表征直接选用生物样本全扫描谱图中的离子。因此,选中的可能是一系列空间异构体构成的混合物阴离子,得到的碎裂规律很难准确反应某一种 CL 分子的碎裂规律。图 7.5(3)和 7.5(4)所示为 Han 等从小鼠心肌脂质提取物中选取的 CL 离子的二级质谱图,而 Hsu 等也研究了一些不同来源,包括细菌的 CL 同分异构体的碎裂规律[51]。通常,合成的 CL 检测到的碎片离子也能在天然存在的 CL 二级质谱图中发现。然而,后者谱图中不同样本之间峰强度差异很大,表明可能有多种空间异构体存在。有趣的是,各种对应 FA 形成的离子峰强度比基本上与 CL 中含有的各种 FA 数目相等[52]。

7.9 溶血甘油磷脂(lysoGLP)

7.9.1 溶血卵磷脂(LPC)

大量研究表征了正离子模式下,LPC 的碱金属离子加合物 [LPC+Alk]$^+$(Alk = Li、Na、K 等)经低能量 CID 产生的裂解规律[6-7,23,26]。[LPC+Alk]$^+$ 裂解规律中主要包含三组具有结构信息的碎片离子:

- 如图 7.6(1)所示,中性丢失极性头基产生的碎片离子峰强度较高,例如[LPC+Alk-59]$^+$、[LPC+Alk-183]$^+$和[LPC+Alk-(Alk+182)]$^+$,这些碎片离子与 PC 谱图中的基本相同。
- 如图 7.6(1)所示,存在额外的[LPC+Alk-103]$^+$低强度离子峰,对应类似胆碱分子的中性丢失。与 PC 碎裂规律存在大量反映 FA 丢失产生的高强度[PC+Alk-R$_x$COOH]$^+$、[PC+Alk-59-R$_x$COOH]$^+$等离子峰情形相反,这类离子峰在[LPC+Alk]$^+$二级质谱图中几乎不存在或者强度非常低。主要是由于 LPC 缺少开启 FA 中性丢失反应的邻位 FA α-氢原子。
- 在 m/z 124+Alk 和 104 处存在源于磷酸胆碱头基部分形成的碎片离子峰,分别对应五元环乙烯磷酸和胆碱离子[图 7.6(1)]。这组峰的强度比值可以确定与 FA 连接的甘油羟基位置[6,23]。

与 aPC 和 pPC 类似,由于缺少 sn-1 和 sn-2 位 FA α-氢原子,[LPC+Alk-59]$^+$离子很难进一步裂解形成[LPC+Alk-183]$^+$和[LPC+Alk-(Alk+182)]$^+$离子峰。因此,[LPC+Alk-59]$^+$相对于[LPC+Alk-183]$^+$和[LPC+Alk-(Alk+182)]$^+$峰强度的比值也可以区分 aLPC 和 pLPC。

经低能量 CID 产生的[LPC+H]$^+$离子裂解规律与[LPC+Alk]$^+$(Alk=Li、Na、K 等)的有很大区别[26]。所有的[LPC+H]$^+$离子碎裂后会产生一个主要且高强度的磷酸胆碱 m/z 184 离子峰。谱图还会出现另外一个丢失 H$_2$O 的高强度离子峰[M+H-18]$^+$[图 7.6(2)],并且这个峰在醚键型 LPC 谱图中几乎不出现或者出现的强度极低,这个特性可以区分 LPC 各个亚类。

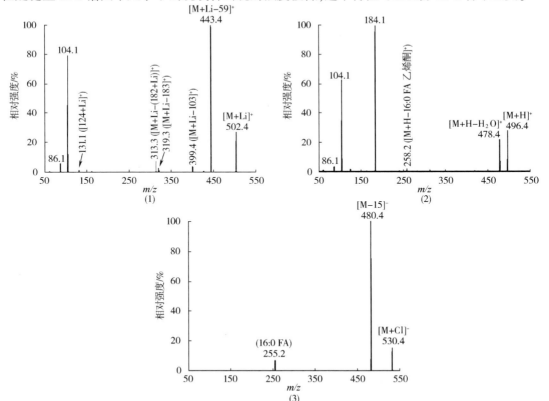

图 7.6 溶血性卵磷脂分别在正、负离子模式下经低能量 CID 后产生的 ESI-MS 二级质谱图

图 7.6(1)、(2) 和(3) 分别为 sn-1 型 16:0 LPC 和 Li$^+$、H$^+$ 及 Cl$^-$ 形成的加合物的 ESI-MS 二级质谱图。所用仪器为 Thermo Fisher,TSQ Vantage 质谱仪,碰撞能量分别为(1)22、(2)21 和(3)15eV,碰撞气压为 0.133Pa。

7 甘油磷脂的裂解特征

虽然,在负离子模式下 LPC 阴离子的裂解规律很少用于脂质组学的分析,但还是有部分分子在介质中离子化形成阴离子的加合物。这些 LPC 阴离子加合物经低能量 CID 后产生一个主要的丢甲基离子峰 $[M-15]^-$ [6,26]。如图 7.6(3)所示,另外一个高强度碎片离子峰为 FA 羧基阴离子。谱图还存在一些由 $[M-15]^-$ 离子进一步中性丢失 FA 或者 FA 烯酮式形成的 $[M-15-RCH_2COOH]^-$ 和 $[M-15-RCH=C=O]^-$ 的低强度碎片离子峰。同样,这些离子峰在醚键型 LPC 碎裂规律中几乎不出现,而且丢失长链 FA 醇产生的离子峰 $[M-15-RCOH]^-$ 强度也不高[6,26]。

7.9.2 溶血磷脂酰乙醇胺(LPE)

去质子化酯键型和醚键型 LPE 离子的裂解规律有很大的不同[1,6]。前者包含一个在 m/z 300 左右的 FA 羧基阴离子的强峰,可用于 LPE 中 FA 的定性[图 7.7(1)],还存在 m/z 214 和 196 两个碎片离子峰,分别对应 FA 和 FA 烯酮式中性丢失形成的离子峰 $[M-H-RCH_2COOH]^-$ 和 $[M-H-RCH=C=O]^-$。有意义的是,如图 7.7(1)所示,在 sn-1 型 $[dLPE-H]^-$ 二级质谱图 m/z 214 离子峰强度比 196 的低,而在 sn-2 型 $[dLPE-H]^-$ 谱图中结果则相反。因为 sn-1 和 sn-2 位 $[dLPE-H]^-$ 气相离子为弱碱性,sn-2 上 FA 比 sn-1 位的更容易以烯酮形式丢失,此特征可区分 sn-1 和 sn-2 LPE 空间异构体。

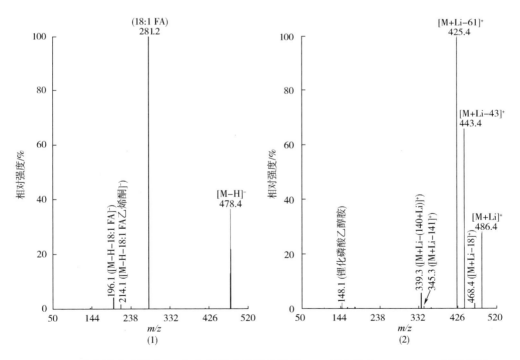

图 7.7 溶血性脑磷脂在正、负离子模式下经低能量 CID 后产生的 ESI-MS 二级质谱图

图 7.7(1)和(2)分别为 sn-1 型 18∶1 LPE 去质子化和 Li^+ 加合物的 ESI-MS 二级质谱图。所用仪器为 Thermo Fisher,TSQ Vantage 质谱仪,碰撞能量分别为(1)20eV 和(2)18eV,碰撞气压为 0.133Pa。

醚键型 LPE 二级质谱图中不存在 FA 羧基阴离子峰,而存在低强度的对应 sn-1 位烷基醚链或者烷基烯醚链的碎片离子峰。还存在由母离子中性丢失乙醇胺形成的[M-62]⁻碎片离子峰[6]。另外,在醚键型 LPE 的二级质谱图中,m/z 196 离子峰强度通常是最高的。

如图 7.7(2)所示,LPE 碱金属离子加合物[LPE+Alk]⁺(Alk=Li、Na、K 等)的裂解规律中主要包含以下几类峰。
- 由丢失二甲亚胺中性碎片形成的最强碎片离子峰[M+Alk-43]⁺。
- 中性丢失乙醇胺形成的强离子峰[M+Alk-61]⁺。
- 中性丢失磷酸乙醇胺形成的低强度离子峰[M+Alk-141]⁺。
- 中性丢失乙醇胺碱金属磷酸盐形成的中等强度离子峰[M+Alk-(140+Alk)]⁺。

如本章引言部分所述,可以利用不同碎片离子峰强度的比值区分 sn-1 和 sn-2 位[LPE+Alk]⁺空间异构体,例如利用[M+Alk-(140+Alk)]⁺和[M+Alk-61]⁺离子峰强度的比值[6]。另外,还存在一些与磷酸乙醇胺头基相关的碎片离子峰[图 7.7(2)],例如,m/z 148 对应磷酸乙醇胺和 Li⁺的加合物。

质子化的 dLPE 二级质谱图中只显示两种碎片离子峰[LPE+H-141]⁺和[LPE+H-18]⁺,分别对应中性丢失磷酸乙醇胺和水分子[53]。质子化的醚键型 LPE 二级质谱图包含三种碎片离子峰,分别为[LPE+H-172]⁺、[LPE+H-154]⁺和[LPE+H-18]⁺。其中,前两种碎片离子峰由丢失磷脂乙醇胺衍生物形成,最后一个离子峰则由丢失水分子产生。显然,醚键型 LPE 的碎裂途径中不会发生像 dLPE 那样丢失磷酸乙醇胺,这个特性可以区分 LPE 亚类。

7.9.3 阴离子溶血甘油磷脂(anionic lysoGPL)

大量研究对去质子化形成的 lysoGPL 阴离子经低能量 CID 产生的二级质谱图进行了表征[17,53-56],其裂解规律基本上与它们对应的 GLP 相同。然而,甘油磷酸衍生物形成的碎片离子 m/z 153 在去质子化阴离子 lysoGPL 二级质谱图中的峰强度比在相对应的 GLP 中的强度高很多。同时,所有 lysoGPL 空间异构体的二级质谱图基本上是相同的,因此,此方法很难区分阴离子 lysoGPL 的空间异构体。

7.10 其他甘油磷脂

7.10.1 N-酰基化磷脂酰乙醇胺

去质子化的 N-酰基化磷脂酰乙醇胺的裂解规律在一些研究中已有报道[57-60]。总体而言,经 CID 后,与其相应的 PE 相比,此类化合物的二级质谱图具有一些额外的特性。首先,由 FA 取代基部分以 FA 或者 FA 烯酮式中性碎片形式丢失产生的一系列碎片离子峰。其次,N-酰基上 FA 也可以以烯酮形式丢失,使得上述二级质谱图变得更加复杂,然而,N-酰基上 FA 不会产生 FA 羧基阴离子,这个特性可用于 N-酰基的定性分析。

7.10.2　N-酰基化磷脂酰丝氨酸

去质子化的 N-酰基化磷脂酰丝氨酸碎裂规律基本上与 PS 的相同,唯一的区别是由原来的丝氨酸丢失变为 N-酰基丝氨酸丢失,产生相应的碎片离子峰。

7.10.3　酰基磷脂酸甘油

酰基 PG 的碎裂规律与 N-酰基 PE 的很相似但更复杂,因为存在第三条 FA 的中性丢失[42,57],主要包含以下几类离子峰:

- 一簇由一条 FA 以 FA 或者烯酮中性碎片形式丢失产生的碎片离子峰;
- 一簇由两条 FA 以 FA、FA 烯酮形式或者两者混合形式中性丢失产生的碎片离子峰;
- 一簇对应 FA 形成的 FA 羧基阴离子峰,并且由于空间位阻的影响,由第三条 FA 形成的 FA 羧基阴离子峰的强度比其他两种峰的低。

7.10.4　双(单酰甘油)磷酸酯(BMP)

BMP 脂质是 PG 类脂质的异构体。在 BMP 分子中,两条 FA 分别位于两个甘油分子上,而 PG 分子中则位于同一个甘油分子上。BMP 分子对于细胞内溶酶体/核内体正常功能的发挥具有重要的作用[62]。研究表明,BMP 参与溶酶体贮积症,如 C 型尼曼-皮克病(胆固醇积累)和药物诱导的脂质沉积等病理过程[63-64],另外 BMP 代谢紊乱及由此引发的胆固醇积累与动脉粥样硬化的发生密切相关[64]。

相比 PG 脂质,对 BMP 的 ESI-MS 裂解规律表征研究不多。与异构体 PG 相比,我们发现去质子化的 BMP 离子[BMP-H]$^-$ 的碎裂规律中包含两个独特的碎片特性[图 7.8 和图 7.4(3)]。

- 在 PG 和 BMP 二级谱图中,FA 羧基阴离子[R_xCOO]$^-$($x=1$ 或 2)都是强度最高的碎片离子,但是在 BMP 的谱图中(如果 BMP 分子中所含的两条 FA 是不同的),这两种阴离子峰的强度基本上相同,而在 PG 的谱图中,[R_2COO]$^-$ 峰强度比[R_1COO]$^-$ 的高。另外,m/z 327 对应的 22:6 FA 离子峰强度相对偏低,主要是由于该离子进一步发生丢失 CO_2 生成 m/z 283 离子峰[31-33]。
- 在 PG 二级质谱图中,一簇 m/z 227、209、171 和 153 碎片离子峰分别对应于由丢失一分子 FA 烯酮和一分子 FA、两分子 FA、甘油磷酸及磷酸甘油衍生物形成的,而在 BMP 谱图中只出现 m/z 153 低强度的碎片离子峰,其他峰与 m/z 153 相比,强度更低或者根本不出现(图 7.8)。

上述碎裂特征可用于区分 PG 和 BMP 这两类同分异构体[65]。

7.10.5　环状磷脂酸

已经有研究对负离子模式下,环状磷脂酸经低能量 CID 产生的碎裂规律进行过表征[66],谱图中主要包含两种碎片离子峰,一种是 FA 取代基形成的碎片离子(相当于丢失 136u),另一种为对应甘油磷酸的衍生物 m/z 153 的碎片离子峰。

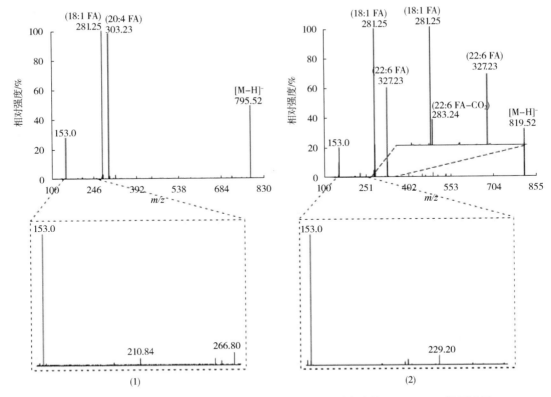

图 7.8 去质子化双单酰甘油磷酸酯经低能量 CID 后产生的 ESI-MS 二级质谱图

图 7.8(1) 和 (2) 分别为负离子模式下，去质子化 18:0-20:4 BMP 和 18:0-22:6 BMP 的 ESI-MS 二级质谱图。所用仪器为 Thermo Fisher, Q-Executive 质谱仪，碰撞能量均为 24eV，碰撞气压为 0.133Pa。

参考文献

1. Hsu, F. F. and Turk, J. (2009) Electrospray ionization with low-energy collisionally activated dissociation tandem mass spectrometry of glycerophospholipids: Mechanisms of fragmentation and structural characterization. J. Chromatogr. B 877, 2673-2695.

2. Cheng, C. and Gross, M. L. (2000) Applications and mechanisms of charge-remote fragmentation. Mass Spectrom. Rev. 19, 398-420.

3. Hsu, F.-F., Bohrer, A. and Turk, J. (1998) Formation of lithiated adducts of glycerophosphocholine lipids facilitates their identification by electrospray ionization tandem mass spectrometry. J. Am. Soc. Mass Spectrom. 9, 516-526.

4. Hsu, F.-F. and Turk, J. (2003) Electrospray ionization/tandem quadrupole mass spectrometric studies on phosphatidylcholines: The fragmentation processes. J. Am. Soc. Mass Spectrom. 14, 352-363.

5. Hsu, F. F. and Turk, J. (2000) Characterization of phosphatidylethanolamine as a lithiated adduct by triple quadrupole tandem mass spectrometry with electrospray ionization. J. Mass Spectrom. 35, 595-606.

6. Han, X. and Gross, R. W. (1996) Structural determination of lysophospholipid regioisomers by electrospray ionization tandem mass spectrometry. J. Am. Chem. Soc. 118, 451-457.

7. Hsu, F.-F., Turk, J., Thukkani, A. K., Messner, M. C., Wildsmith, K. R. and Ford, D. A. (2003) Characterization of alkylacyl, alk-1-enylacyl and lyso subclasses of glycerophosphocholine by tandem quadrupolemass spectrometry with electrospray ionization. J. Mass Spectrom. 38, 752-763.

8. Hsu, F. F. and Turk, J. (2000) Charge-driven fragmentation processes in diacyl glycerophosphatidic acids upon low-energy collisional activation: A mechanistic proposal. J. Am. Soc. Mass Spectrom. 11, 797-803.

9. Hsu, F. F. and Turk, J. (2000) Charge-remote and charge-driven fragmentation processes in diacyl glycerophosphoethanolamine upon low-energy collisional activation: A mechanisticproposal. J. Am. Soc. Mass Spectrom. 11, 892-899.

10. IUPAC. (1994) Compendium of Chemical Terminology. Blackwell Scientific Publications, Oxford.
11. Hsu, F. F. and Turk, J. (2001) Studies on phosphatidylglycerol with triple quadrupole tandem mass spectrometry with electrospray ionization: Fragmentation processes and structural characterization. J. Am. Soc. Mass Spectrom. 12, 1036-1043.
12. Hsu, F. F. and Turk, J. (2005) Studies on phosphatidylserine by tandem quadrupole and multiple stage quadrupole ion-trap mass spectrometry with electrospray ionization: Structural characterization and the fragmentation processes. J. Am. Soc. Mass Spectrom. 16, 1510-1522.
13. Nakanishi, H., Iida, Y., Shimizu, T. and Taguchi, R. (2010) Separation and quantification of sn-1 and sn-2 fatty acid positional isomers in phosphatidylcholine by RPLC-ESIMS/MS. J. Biochem. 147, 245-256.
14. Taguchi, R. and Ishikawa, M. (2010) Precise and global identification of phospholipid molecular species by an Orbitrap mass spectrometer and automated search engine Lipid Search. J. Chromatogr. A 1217, 4229-4239.
15. Griffiths, W. J. (2003) Tandem mass spectrometry in the study of fatty acids, bile acids, and steroids. Mass Spectrom. Rev. 22, 81-152.
16. Murphy, R. C., Fiedler, J. and Hevko, J. (2001) Analysis of nonvolatile lipids by mass spectrometry. Chem. Rev. 101, 479-526.
17. Pulfer, M. and Murphy, R. C. (2003) Electrospray mass spectrometry of phospholipids. Mass Spectrom. Rev. 22, 332-364.
18. Hsu, F.-F. and Turk, J. (2005) Electrospray ionization with low-energy collisionally activated dissociation tandem mass spectrometry of complex lipids: Structural characterization and mechanism of fragmentation. In Modern Methods for Lipid Analysis by Liquid Chromatography/Mass Spectrometry and Related Techniques (Byrdwell, W. C., ed.). pp. 61-178, AOCS Press, Champaign, IL
19. Murphy, R. C. and Axelsen, P. H. (2011) Mass spectrometric analysis of long-chain lipids. Mass Spectrom. Rev. 30, 579-599.
20. Murphy, R. C. (2015) Tandem Mass Spectrometry of Lipids: Molecular Analysis of Complex Lipids. Royal Society of Chemistry, Cambridge, UK. pp 280.
21. Hsu, F. F. and Turk, J. (2005) Analysis of sulfatides. In The Encyclopedia of Mass Spectrometry (Caprioli, R. M., ed.). pp. 473-492, Elsevier, New York.
22. Han, X. and Gross, R. W. (1995) Structural determination of picomole amounts of phospholipids via electrospray ionization tandem mass spectrometry. J. Am. Soc. Mass Spectrom. 6, 1202-1210.
23. Yang, K., Zhao, Z., Gross, R. W. and Han, X. (2009) Systematic analysis of choline-containing phospholipids using multi-dimensional mass spectrometry-based shotgun lipidomics. J. Chromatogr. B 877, 2924-2936.
24. Weintraub, S. T., Pinckard, R. N. and Hail, M. (1991) Electrospray ionization for analysis of platelet-activating factor. Rapid Commun. Mass Spectrom. 5, 309-311.
25. Kerwin, J. L., Tuininga, A. R. and Ericsson, L. H. (1994) Identification of molecular species of glycerophospholipids and sphingomyelin using electrospray mass spectrometry. J. Lipid Res. 35, 1102-1114.
26. Khaselev, N. and Murphy, R. C. (2000) Electrospray ionization mass spectrometry of lysoglycerophosphocholine lipid subclasses. J. Am. Soc. Mass Spectrom. 11, 283-291.
27. Houjou, T., Yamatani, K., Nakanishi, H., Imagawa, M., Shimizu, T. and Taguchi, R. (2004) Rapid and selective identification of molecular species in phosphatidylcholine and sphingomyelin by conditional neutral loss scanning and MS3. Rapid Commun. Mass Spectrom. 18, 3123-3130.
28. Han, X., Yang, K., Yang, J., Fikes, K. N., Cheng, H. and Gross, R. W. (2006) Factors influencing the electrospray intrasource separation and selective ionization of glycerophospholipids. J. Am. Soc. Mass Spectrom. 17, 264-274.
29. Ekroos, K., Chernushevich, I. V., Simons, K. and Shevchenko, A. (2002) Quantitative profiling of phospholipids by multiple precursor ion scanning on a hybrid quadrupole time-of-flight mass spectrometer. Anal. Chem. 74, 941-949.
30. Ejsing, C. S., Duchoslav, E., Sampaio, J., Simons, K., Bonner, R., Thiele, C., Ekroos, K. and Shevchenko, A. (2006) Automated identification and quantification of glycerophospholipid molecular species by multiple precursor ion scanning. Anal. Chem. 78, 6202-6214.
31. Ekroos, K., Ejsing, C. S., Bahr, U., Karas, M., Simons, K. and Shevchenko, A. (2003) Charting molecular composition of phosphatidylcholines by fatty acid scanning and ion trap MS3 fragmentation. J. Lipid Res. 44, 2181-2192.
32. Yang, K., Zhao, Z., Gross, R. W. and Han, X. (2007) Shotgun lipidomics identifies a paired rule for the presence of isomeric ether phospholipid molecular species. PLoSOne 2, e1368.
33. Yang, K., Zhao, Z., Gross, R. W. and Han, X. (2011) Identification and quantitation of unsaturated fatty acid isomers by electrospray ionization tandem mass spectrometry: A shotgun lipidomics approach. Anal. Chem. 83, 4243-4250.
34. Kayganich, K. A. and Murphy, R. C. (1992) Fast atom bombardment tandem mass spectrometric identification of diacyl, alkylacyl, and alk-1-enylacyl molecular species of glycerophosphoethanolamine in human polymorphonuclear leukocytes. Anal. Chem. 64, 2965-2971.
35. Ford, D. A., Rosenbloom, K. B. and Gross, R. W.

(1992) The primary determinant of rabbit myocardial ethanolamine phosphotransferase substrate selectivity is the covalent nature of the sn-1 aliphatic group of diradyl glycerol acceptors. J. Biol. Chem. 267, 11222–11228.

36. Fhaner, C. J., Liu, S., Zhou, X. and Reid, G. E. (2013) Functional group selective derivatization and gas-phase fragmentation reactions of plasmalogen glycerophospholipids. Mass Spectrom. (Tokyo) 2, S0015.

37. Brugger, B., Erben, G., Sandhoff, R., Wieland, F. T. and Lehmann, W. D. (1997) Quantitative analysis of biological membrane lipids at the low picomole level by nano-electrospray ionization tandem mass spectrometry. Proc. Natl. Acad. Sci. U. S. A. 94, 2339–2344.

38. Kim, H. Y., Wang, T. C. and Ma, Y. C. (1994) Liquid chromatography/mass spectrometry of phospholipids using electrospray ionization. Anal. Chem. 66, 3977–3982.

39. Brouwers, J. F., Vernooij, E. A., Tielens, A. G. and van Golde, L. M. (1999) Rapid separation and identification of phosphatidylethanolamine molecular species. J. Lipid Res. 40, 164–169.

40. Han, X. and Gross, R. W. (1994) Electrospray ionization mass spectroscopic analysis of human erythrocyte plasma membrane phospholipids. Proc. Natl. Acad. Sci. U. S. A. 91, 10635–10639.

41. Hsu, F.-F. and Turk, J. (2000) Characterization of phosphatidylinositol, phosphatidylinositol-4-phosphate, and phosphatidylinositol-4,5-bisphosphate by electrospray ionization tandem mass spectrometry: A mechanistic study. J. Am. Soc. Mass Spectrom. 11, 986–999.

42. Hsu, F. F., Turk, J., Shi, Y. and Groisman, E. A. (2004) Characterization of acylphosphatidylglycerols from Salmonella typhimurium by tandem mass spectrometry with electrospray ionization. J. Am. Soc. Mass Spectrom. 15, 1-11.

43. Schwudke, D., Oegema, J., Burton, L., Entchev, E., Hannich, J. T., Ejsing, C. S., Kurzchalia, T. and Shevchenko, A. (2006) Lipid profiling by multiple precursor and neutral loss scanning driven by the data-dependent acquisition. Anal. Chem. 78, 585-595.

44. Han, X., Yang, K., Cheng, H., Fikes, K. N. and Gross, R. W. (2005) Shotgun lipidomics of phosphoethanolamine-containing lipids in biological samples after one-step in situ derivatization. J. Lipid Res. 46, 1548–1560.

45. Berry, K. A. and Murphy, R. C. (2005) Analysis of cell membrane aminophospholipids as isotope-tagged derivatives. J. Lipid Res. 46, 1038–1046.

46. Zemski Berry, K. A., Turner, W. W., VanNieuwenhze, M. S. and Murphy, R. C. (2009) Stable isotope labeled 4-(dimethylamino)benzoic acid derivatives of glycerophosphoethanolamine lipids. Anal. Chem. 81, 6633–6640.

47. Wang, M., Han, R. H. and Han, X. (2013) Fatty acidomics: Global analysis of lipid species containing a carboxyl group with a charge-remote fragmentation-assisted approach. Anal. Chem. 85, 9312–9320.

48. Hsu, F. F., Turk, J., Williams, T. D. and Welti, R. (2007) Electrospray ionization multiple stage quadrupole ion-trap and tandem quadrupole mass spectrometric studies on phosphatidylglycerol from Arabidopsis leaves. J. Am. Soc. Mass Spectrom. 18, 783–790.

49. Sun, G., Yang, K., Zhao, Z., Guan, S., Han, X. and Gross, R. W. (2008) Matrix-assisted laser desorption/ionization time-of-flight mass spectrometric analysis of cellular glycerophospholipids enabled by multiplexed solvent dependent analyte-matrix interactions. Anal. Chem. 80, 7576–7585.

50. Wang, H. Y., Jackson, S. N. and Woods, A. S. (2007) Direct MALDI-MS analysis of cardiolipin from rat organs sections. J. Am. Soc. Mass Spectrom. 18, 567–577.

51. Hsu, F. F., Turk, J., Rhoades, E. R., Russell, D. G., Shi, Y. and Groisman, E. A. (2005) Structural characterization of cardiolipin by tandem quadrupole and multiple-stage quadrupole ion-trap mass spectrometry with electrospray ionization. J. Am. Soc. Mass Spectrom. 16, 491–504.

52. Han, X., Yang, K., Yang, J., Cheng, H. and Gross, R. W. (2006) Shotgun lipidomics of cardiolipin molecular species in lipid extracts of biological samples. J. Lipid Res. 47, 864–879.

53. Chen, S. (1997) Tandem mass spectrometric approach for determining structure of molecular species of aminophospholipids. Lipids 32, 85–100.

54. Xiao, Y., Chen, Y., Kennedy, A. W., Belinson, J. and Xu, Y. (2000) Evaluation of plasma lysophospholipids for diagnostic significance using electrospray ionization mass spectrometry (ESI-MS) analyses. Ann. N. Y. Acad. Sci. 905, 242–259.

55. Lee, J. Y., Min, H. K. and Moon, M. H. (2011) Simultaneous profiling of lysophospholipids and phospholipids from human plasma by nanoflow liquid chromatography-tandem mass spectrometry. Anal. Bioanal. Chem. 400, 2953–2961.

56. Wang, C., Wang, M. and Han, X. (2015) Comprehensive and quantitative analysis of lysophospholipid molecular species present in obese mouse liver by shotgun lipidomics. Anal. Chem. 87, 4879–4887.

57. Holmback, J., Karlsson, A. A. and Arnoldsson, K. C. (2001) Characterization of N-acylphosphatidylethanolamine and acylphosphatidylglycerol in oats. Lipids 36, 153–165.

58. Mileykovskaya, E., Ryan, A. C., Mo, X., Lin, C. C., Khalaf, K. I., Dowhan, W. and Garrett, T. A. (2009) Phosphatidic acid and N-acylphosphatidylethanolamine form membrane domains in *Escherichia coli* mutant lacking cardiolipin and phosphatidylglycerol. J. Biol. Chem. 284, 2990–3000.

59. Kilaru, A., Tamura, P., Isaac, G., Welti, R., Venables, B. J., Seier, E. and Chapman, K. D. (2012) Lipi-

domic analysis of N-acylphosphatidylethanolamine molecular species in Arabidopsis suggests feedback regulation by N-acylethanolamines. Planta 236,809-824.
60. Astarita,G. ,Ahmed,F. and Piomelli,D. (2008) Identification of biosynthetic precursors for the endocannabinoid anandamide in the rat brain. J. Lipid Res. 49,48-57.
61. Guan, Z. , Li, S. , Smith, D. C. , Shaw, W. A. and Raetz,C. R. (2007) Identification of N-acylphosphatidylserine molecules in eukaryotic cells. Biochemistry 46,14500-14513.
62. Gallala,H. D. and Sandhoff,K. (2011) Biological function of the cellular lipid BMP-BMP as a key activator for cholesterol sorting and membrane digestion. Neurochem. Res. 36,1594-1600.
63. Meikle, P. J. , Duplock, S. , Blacklock, D. , Whitfield, P. D. , Macintosh, G. , Hopwood, J. J. and Fuller, M. (2008) Effect of lysosomal storage on bis(monoacylglycero)phosphate. Biochem. J. 411,71-78.
64. Hullin-Matsuda, F. , Luquain-Costaz, C. , Bouvier, J. and Delton-Vandenbroucke, I. (2009) Bis (monoacylglycero)phosphate,a peculiar phospholipid to control the fate of cholesterol: Implications in pathology. Prostaglandins Leukot. Essent. Fatty Acids 81,313-324.
65. Akgoc, Z. , Sena-Esteves, M. , Martin, D. R. , Han, X. , d'Azzo,A. and Seyfried,T. N. (2015) Bis(monoacylglycero) phosphate: A secondary storage lipid in the gangliosidoses. J. LipidRes. 56,1006-1013.
66. Shan,L. ,Li,S. ,Jaffe,K. and Davis,L. (2008) Quantitative determination of cyclic phosphatidic acid in human serum by LC/ESI/MS/MS. J. Chromatogr. B 862, 161-167.

鞘脂的裂解特征

8.1 引言

鞘脂是一类以长链鞘氨醇骨架为核心结构的脂质(详见第1章)。这些鞘氨醇骨架来源于由丝氨酸(或据情况而定的其他氨基酸[1])与长链脂肪酰辅酶A缩合而成的二氢鞘氨醇。二氢鞘氨醇经由C2伯氨基的酰化反应生成二氢神经酰胺,而后通过去饱和酶或转移酶作用转化为神经酰胺,鞘磷脂和鞘糖脂等鞘脂质物质。因此,连接在C1羟基上的有机基团可作为辨别不同鞘脂质物质的根据。

尽管由于酶的选择性,丝氨酸通常会与软脂酰辅酶A发生缩合反应,但在生物系统中仍存在其与不同脂肪酰辅酶A发生缩合反应的现象。因此,鞘脂是细胞脂质组学中最为复杂的一类脂质。由于缺乏标准品,目前尚不能详细概括各种鞘脂的谱图特征。但是这些鞘脂均与鞘氨醇及二氢鞘氨醇的类似物拥有极为相似的裂解图谱。

在最优情况下,我们能够通过鞘脂的特征图谱得到有关其种类(如极性头基等)、子类(鞘氨醇、二氢鞘氨醇及其类似物)和脂肪链的信息。与合成后极易发生重构的甘油磷脂不同,鞘脂中的脂肪链结构在合成过程中基本上是固定的。因此,我们不需要确认位置异构体。低能量的CID不能让我们确认双键的位置,一旦鞘氨醇骨架被确认下来后,通过对子类的进一步研究确认,脂肪酸酰胺链也可就此被推导出来,反之亦是如此。

与甘油磷脂相似,在正离子或负离子模式下鞘脂均能够被识别。从离子化学的角度来看,一个非常有意义的现象是,不同的准分子离子会产生拥有极大差异的碎片离子。是否选用某一个准分子离子用于对特定的鞘脂进行识别,主要取决于其被离子化的灵敏度及其对脂质组学的实用意义。

本章与第7章类似,仅讨论在普遍的实验环境下鞘脂的各种脂质分子的裂解图谱。想要进一步了解的读者需要另从该文章的原始研究中查看细节,或阅读其他有价值的综述文献[1-3]。

8.2 神经酰胺

8.2.1 正离子模式

神经酰胺在酸性环境的正离子模式中很容易形成质子化离子($[M+H]^+$)。在离子源中,这些离子非常不稳定并且易于失去一分子水形成[M+H-18]⁺离子[4-6]。质子化神经酰胺在经过CID碎裂后的裂解图谱中包含有以下离子:

● 一个主要碎片离子(通常为基峰),由非特异性丢失一分子水产生(即[M+H-18]⁺)。

● 一个中高等强度的[M+H-36]⁺离子,由[M+H-18]⁺离子进一步非特异性丢失一分子水产生。

● 第三种碎片离子与鞘氨醇骨架的特征有关,即由含有鞘氨醇的神经酰胺产生的 m/z 264 和282,及由含有二氢鞘氨醇的神经酰胺产生的 m/z 266 和284。

m/z 282 和284离子分别由神经酰胺和二氢神经酰胺的主要碎片离子[M+H-18]⁺通过丢失一分子中性脂肪酸烯酮而产生。而 m/z 264 和266 碎片离子则由 m/z 282 和284 进一步丢失一分子水,或是由[M+H-36]⁺离子通过丢失一分子脂肪酸烯酮而产生。更复杂的神经酰胺,尤其是存在于皮肤中的,含有拥有2~3个羟基的鞘氨醇骨架及可能存在羟基的脂肪酸酰胺的神经酰胺,其质子化形式可被子离子ESI-MS分析识别[7-11]。

在灵敏度适宜的正离子模式中,若基质中含有锂离子,神经酰胺还能被离子化为锂加合物(即[M+Li]⁺)[4]。神经酰胺锂合物的裂解图谱已经得到了较好的确认[4],并可用于辨认其脂肪酸酰胺取代基及鞘氨醇骨架信息[4],此外,各神经酰胺子类的特征碎片离子也都得以识别[4]。除此以外,神经酰胺的结构信息还能通过对其钠加合物或钾加合物进行分析来获取[5-7]。

8.2.2 负离子模式

神经酰胺能与负离子模式中存在于基质内的多种小阴离子加合形成对应的加合物(即[M+X]⁻,X=某种小阴离子)。这些神经酰胺加合物在经低能CID碎裂后由子离子ESI-MS分析得出的图谱中仅显示有一个X离子和一个由丢失HX所产生的离子,因而无法从中得到有关脂肪酸酰胺或鞘氨醇骨架的结构信息[8-9]。但是,实验结果表明,与无羟基的神经酰胺相比,脂肪酸酰胺上带有α-羟基的神经酰胺更易于丢失HX而形成碎片离子[8]。该特性对区分这两种神经酰胺很有帮助。

在负离子模式下,神经酰胺在碱性条件中形成去质子化离子([M-H]⁻),与[M+X]⁻相比灵敏度较低[10-11]。去质子化神经酰胺在由低能CID碎裂后,经子离子ESI-MS分析得出的图谱中显示有许多中高等强度的离子,在此不做赘述[4,8-9,12][图 8.1(1)和(2)]。并且,去质子化的α-羟基和无羟基神经酰胺拥有类似的裂解图谱。但在对比二者各自的碎片离子与分子离子的峰比值时,则出现了相当明显的差异[图 8.1(1)和(2)]。其特征包括以下几点。

在无羟基神经酰胺中,强度最高的[M-H-256]⁻碎片离子的强度约为其在α-羟基神经酰胺中强度的三倍,而两类物质的分子离子峰强度则几乎相同。

高强度的[M-H-327]⁻碎片离子与酰羰基阴离子有关,并且只存在于去质子化α-羟基类神经酰胺的图谱中。

而由丢失2-反式-十六碳烯醇产生的[M-H-240]⁻碎片离子强度则与含有鞘氨醇的神

经酰胺类似。

因此,无论脂肪酸酰胺链上是否存在 α-羟基,这些特征均能够被用于对各含有鞘氨醇的神经酰胺所进行的识别和定量分析上[13]。

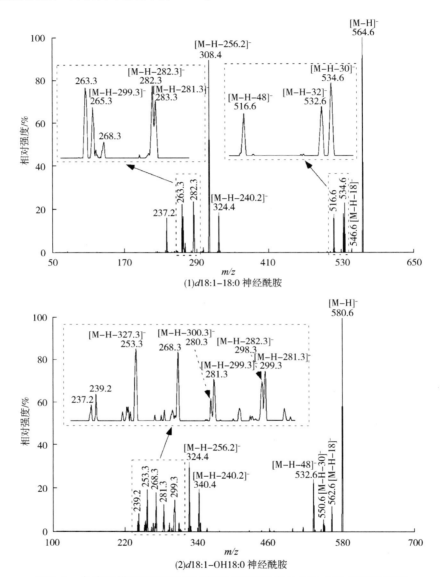

图 8.1　负离子模式下去质子化神经酰胺的代表性 ESI-MS 子离子图谱

该图谱由三重四极杆质谱(Thermo Fisher TSQ Vantage)于 32eV 碰撞能及 0.133Pa 气压下对去(1)质子化 d18:1-18:0 和(2)d18:1-OH18:0 神经酰胺进行碰撞活化后作串级质谱分析得出。

8.3　神经鞘磷脂

8.3.1　正离子模式

经低能 CID 碎裂后,质子化神经鞘磷脂的子离子 ESI-MS 图谱仅显有一个与胆碱磷酸

有关的 m/z 184 碎片离子,但在胆碱磷酸的子离子 ESI-MS 图谱里由丢失脂肪酸而产生的低强度碎片离子并未出现在神经鞘磷脂的图谱中,该现象是神经鞘脂质的酰胺键要比胆碱磷酸类的酯键更加稳定的缘故。

正离子模式下,当基质中含有碱金属离子时,神经鞘磷脂很容易被离子化成碱金属加合物。同样地,在没有其他改性剂存在的情况下,神经鞘磷脂也会趋向于形成其钠加合物。神经鞘磷脂经低能 CID 碎裂所得的裂解图谱已经得到了很好的研究(图 6.4)[14-15],该裂解图谱中包括有:

- 一个中等强度的碎片离子[M+Alk-59]$^+$,由丢失中性三甲胺而产生。
- 一个高强度的碎片离子[M+Alk-183]$^+$,由丢失中性胆碱磷酸而产生。
- 一个中等强度的碎片离子[M+Alk-(182+Alk)]$^+$,由丢失中性碱性胆碱磷酸而产生。
- 一个中等强度的碎片离子[M+Alk-(182+30)]$^+$,由丢失中性胆碱磷酸及一分子甲醛而产生。
- 一个低至中等强度的[M+Alk-(200+Alk)]$^+$离子,由[M+Alk-(182+Alk)]$^+$离子丢失一分子水而产生。
- 一个中等强度的碎片离子[M+Alk-429]$^+$,由[M+Alk-(200+Alk)]$^+$离子上长链鞘氨醇骨架以末端共轭二烯烃形式脱去产生。该离子可用于对分子的鞘氨醇骨架结构进行鉴定,并由此推导出脂肪酸酰胺的组成成分。

8.3.2 负离子模式

在负离子模式中,神经鞘磷脂很容易形成阴离子加合物。经低能 CID 碎裂后,其阴离子加合物的子离子 ESI-MS 图谱中,仅有一个由丢失一分子甲基而产生的[M-15]$^-$碎片离子[14]。

8.4 脑苷脂

8.4.1 正离子模式

在正离子模式中,根据小阳离子的含量及亲和力的不同,脑苷脂(HexCer)(包括葡萄糖脑苷脂和半乳糖脑苷脂)会被离子化成对应的质子加合物或碱金属加合物(即,[M+X]$^+$,X=H、Li、Na、K)[12,16-17]。六碳糖神经酰胺碱金属加合物的裂解图谱中含有以下三种碎片离子[12][图 8.2(1)]。

一个由丢失中性六碳糖头基而产生的离子(三个分别对应不同六碳糖基衍生物的碎片离子为[M+Alk-162]$^+$、[M+Alk-180]$^+$和[M+ALK-210]$^+$)。

分别对应不同六碳糖衍生物的相应碱金属加合物的[180+Alk]$^+$或[162+Alk]$^+$离子。

与脑苷脂中脂肪酸链结构有关的离子(例如,在 d18:1-N24:1 半乳糖脑苷脂的锂加合物子离子 ESI-MS 图谱中,存在一个对应锂化脂肪酸酰胺衍生物的高强度的 m/z 399 离子。其余许多由丢失脂肪酸酰胺衍生物或鞘氨醇骨架上脂肪族取代基而产生的小碎片离子峰同样出现在这一范围内,这些小碎片离子峰的信息在原文献中有详细的说明[16]。)

含有 α-羟基的脑苷脂碱金属加合物的裂解图谱拥有与其无羟基对应物相似的碎片离子[16]。要注意的是,尽管串级质谱分析可以识别出半乳糖脑苷脂与其同分异构的葡萄糖脑苷脂的碱金属加合物中相应的六碳糖成分,MS/MS分析并无法将二者区别开来[16]。

在不同的 CID 能量下质子化脑苷脂(即[M+H]⁺)会发生不同的裂解方式:低能量碰撞会引发六碳糖的丢失并造成与神经酰胺类相类似的碎片离子;当 CID 能量更高时,在经过六碳糖头基和脂肪酸链的中性丢失后会产生质子化裂解脱水鞘氨醇骨架[16-17]。

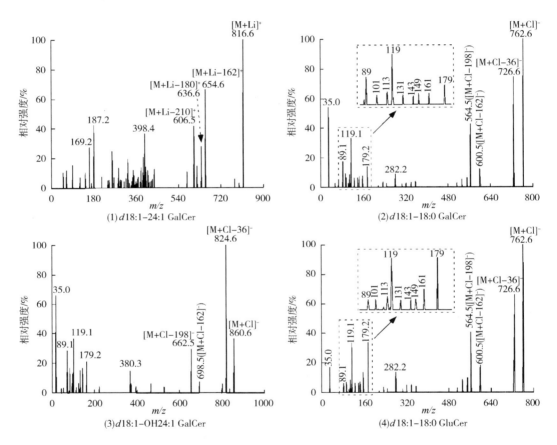

图 8.2 正离子模式下锂化脑苷脂及负离子模式下脑苷脂氯加合物的代表性 ESI-MS 子离子图谱

该图谱由三重四极杆质谱(Thermo Fisher TSQ Vantage)于正离子模式中 50eV 或负离子模式中 30eV 碰撞能及 0.133Pa 气压下对(1)锂化六碳糖神经酰胺、(2)d18:1-24:1 六碳糖神经酰胺氯加合物、(3)d18:1-OH24:1 六碳糖神经酰胺及(4)d18:1-18:0 六碳糖神经酰胺进行碰撞活化后分析得出。

8.4.2 负离子模式

在负离子模式中,脑苷脂质物质很容易被离子化为小阴离子加合物(即[M+Y]⁻,Y=Cl、HCOO 等)[12]。当溶液中无其他阴离子类改性剂存在时,脑苷脂一般会形成氯加合物。经低能 CID 碎裂后,脑苷脂氯加合物的裂解图谱中存在以下三种特征[图 8.2(2)~(4)]。

在图谱中存在由丢失一分子 HCl 而产生的高强度[M+Cl-36]⁻碎片离子。结合在 m/z 35 出现的离子峰可确认为相应分子离子的氯加合物。在氯化六碳糖神经酰胺中,含有α-羟基的脑苷脂中[M+Cl-36]⁻碎片离子与准分子离子([M+Cl]⁻)的相对强度远高于(几近三倍)其不含羟基的脑苷脂对应物[12][图 8.2(2)和(3)]。这一特征可用于区分不同的脑苷脂子类。

在图谱中可见一个由丢失六碳糖组分而产生的[M+Cl-198]⁻碎片离子。六碳糖神经酰胺的六碳糖组分可通过在 m/z 89~179 出现的碎片离子团簇及该脱去 198u 分子的碎片离子进行识别。有趣的是,存在于 m/z 89~179 的碎片离子来自于在 m/z 179 处半乳糖或葡萄糖阴离子的裂解,其主要由丢失 30u(一分子甲醛)、18u(一分子水)或它们所组合而成的其余原子而产生[图 8.2(2)~(4)]。半乳糖脑苷脂[图 8.2(2)]和葡萄糖脑苷脂[图 8.2(4)]在 m/z 89~179 间的平均强度比分别为(0.74 ± 0.10)和(4.8 ± 0.7)[12]。因此,该强度比值可用于区别半乳糖脑苷脂与其同分异构的葡萄糖脑苷脂。

在经低能 CID 碎裂后,氯化六碳糖神经酰胺的子离子 ESI-MS 图谱中有一个与脂肪酸酰胺相关的独特的碎片离子,该离子可用于识别六碳糖神经酰胺的脂肪酸酰胺取代基。举例来说,当在氯化半乳糖神经酰胺或葡萄糖神经酰胺的子离子质量图谱中出现 m/z 282 或 380 的离子峰时,则分别说明该物质结构上存在有硬质酰基[N-18:0,图 8.2(2)和(4)]或α-羟基神经酰胺[N-OH 24:1,图 8.2(3)]。

8.5 硫苷脂

在负离子模式下,硫苷脂(半乳糖酰-3-硫酸酰基神经酰胺)类物质能够被 ESI-MS 离子化成去质子化物质(即[M-H]⁻)。去质子化硫苷脂经低能 CID 碎裂后的裂解图谱已得到了确认[3,18][图 8.3(1)],其中包含有以下特征。

- 子离子图谱中在 m/z 97 处出现一个与 $HOSO_3^-$ 离子有关的主要离子峰。
- 在 m/z 259、257 和 241 处有与硫苷脂的头基(即,半乳糖酰-3-硫酸酰基)有关中等到高强度的碎片离子团簇。其中,在 m/z 259 与 257 的离子峰也许代表着 3-硫酸半乳糖和半乳糖酸-1,5-内酯-3-硫酸阴离子[3]。m/z 259 离子上进一步丢失一分子水会导致 m/z 241 离子的产生。
- 去质子化硫苷脂的裂解中同样会产生许多包含有鞘氨醇骨架和脂肪酸酰胺取代基信息的子离子。[M-H]⁻离子通过 NH-CO 键裂解导致脂肪酸链以烯酮形式脱去并产生 m/z 540 离子,该离子经由一分子水的丢失进一步生成 m/z 522 离子。该 m/z 540 离子还可产生与 1-O-2'-氨乙基半乳糖酸-3-硫酸离子有关的 m/z 300 离子,这有可能是由 H_2 与醛类形式的鞘氨醇骨架脱去所产生。并且,这些离子通常以低强度形式出现。

除去这些可识别鞘氨醇骨架、半乳糖及脂肪酸成分的常见离子外,含有 α-羟基脂肪酸取代基和 $d18:1$ 鞘氨醇骨架的硫苷脂(即,$d18:1$-OHFA 硫苷脂)在经过低能 CID 碎裂后会产生独特的碎片离子[3,18,19][图 8.13(2)]。比如,位于 m/z 540 及 522 的主要离子峰和强度相对较低的 m/z 507 离子均在含有羟基的硫苷脂的子离子 ESI-MS 图谱中出现。并且,在含有羟基的物质中无法观测到在无羟基的物质中所出现的由远程电荷诱导裂解产生的离子序列。

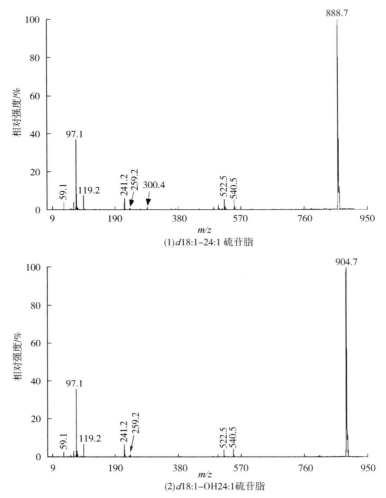

图 8.3　硫苷脂在负离子模式下经低能 CID 碎裂后的 ESI-MS 子离子图谱

该图谱为(1)去质子化 d18:1-24:1 及(2)d18:1-OH 24:1 硫苷脂的子离子图谱。所用仪器为三重四极杆质谱(Thermo Fisher TSQ Vantage),碰撞能量为 65eV,碰撞气压为 0.133Pa。

8.6　寡糖基神经酰胺与神经节苷脂

寡糖基神经酰胺与神经节苷脂是可被磷酸根,硫酸根或其他基团所修饰并含有两个或以上的 O-糖基的神经酰胺。这些鞘糖脂物质在低能 CID 碎裂后,通过正离子模式的串联质谱分析可观测到糖基以中性形式脱去,而与此同时电荷则保留在神经酰胺的核心部分上[2,20-22]。因此,除非使用多级串联质谱分析,串联质谱无法得出脂肪酸酰胺取代基或鞘氨醇骨架的相关结构信息。并且,即便是经过了更高能量的 CID 碎裂后,无论是在正离子或是负离子模式中,脂肪酸酰胺取代基或鞘氨醇骨架的结构依旧无法得到测定,但在此情况下糖基的组成成分可以得到识别。有关该部分的内容已超出了本书所概括的范围,想要进一步了解该类相关复杂化合物在高能 CID 碎裂后的裂解图谱的读者可参考相关具有价值的综述或原始研究文献[2,23-24]。

8.7 肌醇磷酸神经酰胺

与磷脂酰肌醇类物质相似,肌醇磷酸神经酰胺能够在负离子模式下被离子化为[M-H]⁻离子。在特定的实验环境下,肌醇磷酸神经酰胺可在正离子模式下被离子化为[M+H]⁺和[M+Li]⁺离子,但这些离子的形成效率远比[M-H]⁻离子要低。

肌醇磷酸神经酰胺经低能 CID 碎裂后于负离子模式下(即[M-H]⁻)的裂解图谱中包含有许多结构信息[25]。

在肌醇磷酸神经酰胺的裂解图谱中存在有位于 m/z 241 和 m/z 259 的两个主要碎片离子峰,其分别对应一个肌醇-1,2-环磷酸阴离子与一个肌醇单磷酸阴离子。与此同时还存在一个由 m/z 241 离子进一步丢失一分子水而产生的中等强度的 m/z 223 离子峰。

在[M-H-162]⁻和[M-H-180]⁻出现的两个低强度碎片离子分别由脱去一分子脱水肌醇和一分子肌醇而产生。

在肌醇磷酸神经酰胺的裂解图谱中同样出现了由脂肪酸取代基以烯酮形式被脱去而产生的低强度[M-H-RCH=C=O]⁻离子。如上所述,该碎片离子可用于识别相应物质的脂肪酸酰胺取代基[25]。

8.8 鞘脂的代谢产物

8.8.1 鞘氨醇骨架

在正离子模式下的酸性环境中(如含有 0.1%甲酸的氯仿:甲醇溶液(1:1,V/V)),鞘氨醇骨架(主要为鞘氨醇和二氢鞘氨醇)可被离子化为质子加合物[17,26]。质子化鞘氨醇(即[M+H]⁺)在经过低能 CID(如 10~15eV)碎裂后,其裂解图谱中可见有三个主要子离子及无以计数的许多低强度碎片离子[图 8.4(1)]。

- 一个[M+H-18]⁺的高强度子离子,与非特异性脱去一分子水有关。
- 一个[M+H-36]⁺的高强度子离子,与非特异性脱去两分子水有关。
- 一个由脱去 48.0u 中性物质而产生的高强度子离子,与脱去一分子水及一分子甲醛有关。

当处于上述相同的实验环境下,质子化二氢鞘氨醇的裂解图谱与质子化鞘氨醇极为类似[26]。这很可能是因为丢失水分子非常容易(在非常低的碰撞能下即可发生)且无特异性,因此,二氢鞘氨醇与鞘氨醇间的结构差异并不会对其裂解方式产生明显影响。在相同的实验条件下,这种现象还可以用于预测其他与质子化鞘氨醇结构类似的鞘氨醇骨架的裂解图谱。低强度的碎片离子团簇很有可能是由鞘氨醇骨架的脂肪链通过远端电荷裂解而产生的。

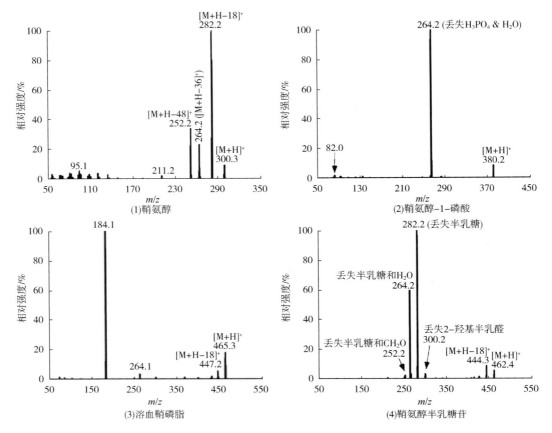

图 8.4 正离子模式下经低能 CID 碎裂后鞘脂质物质代谢产物的代表性 ESI-MS 子离子图谱

该图谱由三重四极杆质谱(Thermo Fisher TSQ Vantage)分别于 15,24,22,24eV 碰撞能量及 0.133Pa 气压下对(1)质子化的鞘氨醇、(2)1-磷酸鞘氨醇、(3)溶血鞘磷脂和(4)神经鞘氨醇半乳糖苷进行碰撞活化后分析得出。

8.8.2 1-磷酸鞘氨醇

在负离子模式下,1-磷酸鞘氨醇能被离子化为去质子化离子(即[M-H]$^-$)。在经过低能 CID 碎裂后的去质子化 1-磷酸鞘氨醇的裂解图谱中包含有以下碎片离子[17,27]:

- 一个位于 m/z 79 的强特征离子,与[PO_3]$^-$有关。
- 一个位于 m/z 97 的低强度碎片离子,与[H_2PO_4]$^-$有关。
- 一些位于 m/z 200~260 的强度极低的碎片离子,与 H_3PO_4 及脱去一个或多个水分子有关。

在正离子模式下的中性或酸性环境中,1-磷酸鞘氨醇类物质还能被离子化为质子化离子(即[M+H]$^+$)。在经过低能 CID 碎裂后的质子化 1-磷酸鞘氨醇类物质的裂解图谱中包含有以下碎片离子[图 8.4(2)]。

一个位于 m/z 264 的高强度离子,由脱去中性分子 H_3PO_4 和一分子水产生,其产生很有可能是该过程产生的烯丙基阳离子被其邻近的烯胺基所稳定而引起的。

在子离子图谱中的低质量范围内有一些与鞘氨醇的脂肪链裂解有关的低强度碎片离

子,这些离子很可能是通过远程电荷诱导裂解而产生的。

在正离子模式下,1-磷酸二氢鞘氨醇的与1-磷酸鞘氨醇的子离子图谱中不同的是其在 m/z 284 和 266 上分别出现了两个高强度的离子,而不是像1-磷酸鞘氨醇那样仅在 m/z 264 出现一个高强度的离子。位于 m/z 284 的离子很有可能是源于中性脱去一分子 H_3PO_4,而 m/z 266 的离子则是通过在此之上进一步丢失一分子水而形成的。

8.8.3 溶血鞘磷脂

在正离子模式中,溶血鞘磷脂可被离子化成质子加合物或碱金属加合物。与其他含胆碱的甘油磷脂相同,质子化溶血鞘磷脂的子离子质谱中可观测到以下碎片离子[26][图8.4(3)]:

- 一个位于 m/z 184 的主要碎片离子,与磷酸胆碱有关。
- 一个位于 m/z 447 的中等强度离子与其他出现在含鞘氨醇骨架的溶血鞘磷脂质子化产物的子离子图谱中的极少数极低强度的离子(m/z 465),与脱去一或多个水分子有关。
- 一个位于 m/z 264 的低强度碎片离子,与脱去一分子磷酸胆碱与一分子水有关。

8.8.4 神经鞘氨醇半乳糖苷

在酸性环境下,神经鞘氨醇半乳糖苷可形成质子加合物(例如,当进样溶液中含有体积分数为0.1%的甲酸时)[26-27]。质子化神经鞘氨醇半乳糖苷在经过低能CID碎裂后会产生许多包含有结构信息的碎片离子[图8.4(4)]。其中包括有与脱去一个水分子(位于 m/z 444)或多个水分子有关的碎片离子。其他出现在图谱中的 m/z 300(低强度)、282(极高强度)、264(高强度)及252(低强度)碎片离子则与半乳糖的脱去有关,它们分别对应2-羟基半乳糖醛、半乳糖和水分子、以及半乳糖和甲醛的脱去[27]。

与质子加合物相比,神经鞘氨醇半乳糖苷还可形成灵敏度较低的钠加合物(即[M+Na]$^+$)[27]。但在经过低能CID碎裂后,神经鞘氨醇半乳糖苷的钠加合物也可在 m/z 467、203、185、157 和 102 处产生高强度且具有结构信息的子离子[27]。其中,位于 m/z 467 的离子由[M+Na]$^+$脱去一分子 NH_3 产生;位于 m/z 203 的离子则与钠离子化的半乳糖有关,其产生可能是由于在[M+Na]$^+$中起连接作用的氧与烯丙基上的仲醇氢连接形成了六元过渡态;位于 m/z 185 的离子很有可能是由 m/z 203 离子通过脱去一分子水而产生;位于 m/z 157 的离子由C5—O键经开环后转移两个电子到C1—O键后形成的羰基产生;位于 m/z 102 的离子可能是由于远端电荷裂解过程中由三个1,3-氢位移后脱去半乳糖钠和一个1,3-二烯烃产生。

参考文献

1. Merrill, A. H., Jr. (2011) Sphingolipid and glycosphingolipid metabolic pathways in the era of sphingolipidomics. Chem. Rev. 111, 6387–6422.
2. Levery, S. B. (2005) Glycosphingolipid structural analysis and glycosphingolipidomics. Methods Enzymol. 405, 300–369.
3. Hsu, F. F. and Turk, J. (2005) Analysis of sulfatides. In The Encyclopedia of Mass Spectrometry (Caprioli, R. M., ed.). pp. 473–492, Elsevier, New York.
4. Hsu, F. -F., Turk, J., Stewart, M. E. and Downing, D. T.

(2002) Structural studies on ceramides as lithiated adducts by low energy collisional-activated dissociation tandem mass spectrometry with electrospray ionization. J. Am. Soc. Mass Spectrom. 13, 680–695.

5. Gu, M., Kerwin, J. L., Watts, J. D. and Aebersold, R. (1997) Ceramide profiling of complex lipid mixtures by electrospray ionization mass spectrometry. Anal. Biochem. 244, 347–356.

6. Levery, S. B., Toledo, M. S., Doong, R. L., Straus, A. H. and Takahashi, H. K. (2000) Comparative analysis of ceramide structural modification found in fungal cerebrosides by electrospray tandem mass spectrometry with low energy collision-induced dissociation of Li+adduct ions. Rapid Commun. Mass Spectrom. 14, 551–563.

7. Liebisch, G., Drobnik, W., Reil, M., Trumbach, B., Arnecke, R., Olgemoller, B., Roscher, A. and Schmitz, G. (1999) Quantitative measurement of different ceramide species from crude cellular extracts by electrospray ionization tandem mass spectrometry (ESI-MS/MS). J. Lipid Res. 40, 1539–1546.

8. Hsu, F.-F. and Turk, J. (2002) Characterization of ceramides by low energy collisional-activated dissociation tandem mass spectrometry with negative-ion electrospray ionization. J. Am. Soc. Mass Spectrom. 13, 558–570.

9. Zhu, J. and Cole, R. B. (2000) Formation and decompositions of chloride adduct ions. J. Am. Soc. Mass Spectrom. 11, 932–941.

10. Raith, K. and Neubert, R. H. H. (1998) Structural studies on ceramides by electrospray tandem mass spectrometry. Rapid Commun. Mass Spectrom. 12, 935–938.

11. Raith, K. and Neubert, R. H. H. (2000) Liquid chromatography-electrospray mass spectrometry and tandem mass spectrometry of ceramides. Anal. Chim. Acta 403, 295–303.

12. Han, X. and Cheng, H. (2005) Characterization and direct quantitation of cerebroside molecular species from lipid extracts by shotgun lipidomics. J. Lipid Res. 46, 163–175.

13. Han, X. (2002) Characterization and direct quantitation of ceramide molecular species from lipid extracts of biological samples by electrospray ionization tandem mass spectrometry. Anal. Biochem. 302, 199–212.

14. Han, X. and Gross, R. W. (1995) Structural determination of picomole amounts of phospholipids via electrospray ionization tandem mass spectrometry. J. Am. Soc. Mass Spectrom. 6, 1202–1210.

15. Hsu, F. F. and Turk, J. (2000) Structural determination of sphingomyelin by electrospray ionization. J. Am. Soc. Mass Spectrom. 11, 437–449.

16. Hsu, F. F. and Turk, J. (2001) Structural determination of glycosphingolipids as lithiated adducts by electrospray ionization mass spectrometry using low-energy collisional-activated dissociation on a triple stage quadrupole instrument. J. Am. Soc. Mass Spectrom. 12, 61–79.

17. Sullards, M. C. (2000) Analysis of sphingomyelin, glucosylceramide, ceramide, sphingosine, and sphingosine 1-phosphate by tandem mass spectrometry. Methods Enzymol. 312, 32–45.

18. Hsu, F.-F., Bohrer, A. and Turk, J. (1998) Electrospray ionization tandem mass spectrometric analysis of sulfatide: Determination of fragmentation patterns and characterization of molecular species expressed in brain and in pancreatic islets. Biochim. Biophys. Acta 1392, 202–216.

19. Hsu, F.-F. and Turk, J. (2004) Studies on sulfatides by quadrupole ion-trap mass spectrometry with electrospray ionization: Structural characterization and the fragmentation processes that include an unusual internal galactose residue loss and the classical charge-remote fragmentation. J. Am. Soc. Mass Spectrom. 15, 536–546.

20. Fuller, M. D., Schwientek, T., Wandall, H. H., Pedersen, J. W., Clausen, H. and Levery, S. B. (2005) Structure elucidation of neutral, di-, tri-, and tetraglycosylceramides from high five cells: Identification of a novel (non-arthro-series) glycosphingolipid pathway. Glycobiology 15, 1286–1301.

21. Tsui, Z. C., Chen, Q. R., Thomas, M. J., Samuel, M. and Cui, Z. (2005) A method for profiling gangliosides in animal tissues using electrospray ionization-tandem mass spectrometry. Anal. Biochem. 341, 251–258.

22. Kaga, N., Kazuno, S., Taka, H., Iwabuchi, K. and Murayama, K. (2005) Isolation and mass spectrometry characterization of molecular species of lactosylceramides using liquid chromatography-electrospray ion trap mass spectrometry. Anal. Biochem. 337, 316–324.

23. Costello, C. E. and Vath, J. E. (1990) Tandem mass spectrometry of glycolipids. Methods Enzymol. 193, 738–768.

24. Guittard, J., Hronowski, X. L. and Costello, C. E. (1999) Direct matrix-assisted laser desorption/ionization mass spectrometric analysis of glycosphingolipids on thin layer chromatographic plates and transfer membranes. Rapid Commun. Mass Spectrom. 13, 1838–1849.

25. Hsu, F. F., Turk, J., Zhang, K. and Beverley, S. M. (2007) Characterization of inositol phosphorylceramides from Leishmania major by tandem mass spectrometry with electrospray ionization. J. Am. Soc. Mass Spectrom. 18, 1591–1604.

26. Jiang, X., Cheng, H., Yang, K., Gross, R. W. and Han, X. (2007) Alkaline methanolysis of lipid extracts extends shotgun lipidomics analyses to the low abundance regime of cellular sphingolipids. Anal. Biochem. 371, 135–145.

27. Jiang, X., Yang, K. and Han, X. (2009) Direct quantitation of psychosine from alkaline-treated lipid extracts with a semi-synthetic internal standard. J. Lipid Res. 50, 162–172.

甘油脂的裂解特征

9.1 引言

根据 Lipid MAPS 的分类,甘油脂是一类在酸性或碱性水解后只能生成甘油、糖基、脂肪酸、烷基变体的脂质(详见第 1 章)。甘油脂可分为甘油单酯、甘油二酯、甘油三酯以及它们的糖基衍生物。根据国际纯粹与应用化学联合会(IUPAC)的规定,这些糖基衍生物也被称为糖脂[1]。

由醚或乙烯醚连接的甘油单酯、甘油二酯和甘油三酯在自然界中的含量较低[2-3]。目前对醚连接的甘油酯的裂解规律尚不完全清楚,因此本章仅对酯连接的甘油酯的碎裂特征进行讨论。同样,对于糖脂,由于糖基甘油二酯的研究最为广泛,本章仅对糖基甘油二酯进行介绍。

在 ESI 模式下,即便是在含有有机酸的溶液中(例如,甲酸、乙酸等),甘油单酯、甘油二酯和甘油三酯也难以被非水溶剂通过质子化形成离子化[4]。但在正离子模式中,这些物质均易于被离子化为其铵、锂、钠等加合物(即 $[M+X]^+$, $X = NH_4$、Li、$Na\cdots$)[3-11]。与第 7 章所讨论的甘油磷脂相似,为了促进上述加合物的形成,必须在溶液中加入合适的改性剂。当溶液中存在不止一种改性剂时,所形成加合物的种类由改性剂的浓度及其与甘油酯的亲和度决定。而当溶液中不存在改性剂时,由于系统中普遍存在钠离子,此时通常会形成钠加合物。并且,相对于正离子模式下的碱金属加合物而言,负离子模式下甘油单酯、甘油二酯、甘油三酯的小阴离子加合物的灵敏度较低。

由于甘油酯中不存在明显的电荷位点,脂肪酸取代基的结构对其离子化具有很大影响,并且在钠加合物中尤为如此[10]。因此,当分析甘油酯的铵和碱金属加合物时,仪器的响应因子会出现显著差异,而这些差异主要是基于脂肪酸链中碳原子和双键的数目差异而产生的[10]。

为了增强 ESI-MS 分析的灵敏度及特异性,衍生化反应常被用于加强甘油单酯和甘油二酯的离子化效率和选择性[12-14]。本章将会对衍生化的甘油单酯和甘油二酯的裂解特征进行阐述。

值得一提的是,在使用 ESI-MS 之前,绝大部分糖脂无论有无经过衍生化均可被其他电离技术所电离。感兴趣的读者可以参考 Murphy[15-16] 及 Christie 和 Han[17] 的专著。

9.2 甘油单酯

在正离子模式下,只要脂质溶液中存在上述小阳离子,甘油单酯即可被离子化为相应的碱金属或铵加合物。早期研究发现,甘油单酯的钠加合物裂解并不优于甘油单酯的铵加合物[4]。甘油单酯的铵加合物在经过低能 CID 碎裂后得到以下碎片离子[4]:

- 产生[$M+NH_4-17$]$^+$和[$M+NH_4-35$]$^+$这两种碎片离子,与相应地脱去一分子氨及一分子水有关。(缺乏[$M+NH_4-18$]$^+$这个碎片离子说明在甘油单酯的铵加合物解离过程中,并不倾向于在脱去一分子氨之前先脱去一分子水。)
- 产生一个来源于脂肪酸取代基的高强度碎片酰正离子(即 RCO^+)。
- 产生许多低质量碳氢离子或酰正离子,这些是在 m/z 18 处由脂肪酸取代基上的碳碳键裂解及铵根离子所产生的许多的。

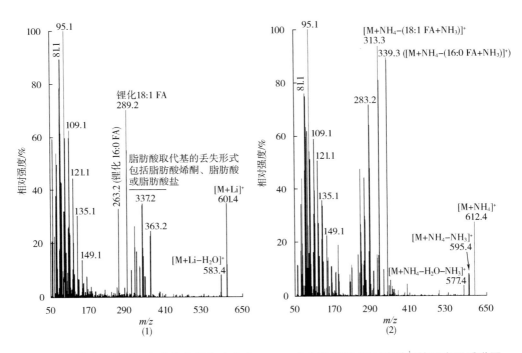

图 9.1 甘油二酯的锂加合物和铵加合物在 ESI-MS 中经低能 CID 碎裂后的子离子质谱图

(1)1-16:0-2-18:1 DAG 的锂加合物和(2)1-16:0-2-18:1 DAG 的铵加合物的子离子图谱如图 9.1 所示。所用仪器为三重四极杆质谱仪(Thermo Fisher TSQ Vantage),碰撞能量分别为 45eV,38eV,碰撞气压为 0.133Pa。

9.3 甘油二酯

甘油二酯的锂加合物在 ESI-MS/MS 的正离子模式下的裂解模式图谱已被概括[5],主要包含有以下碎片离子[图 9.1(1)]。

- 一个最高强度的子离子[M+Li-18]$^+$,与分子离子(即[M+Li]$^+$)上脱去一分子水有关。
- m/z 350 附近有一簇复杂的高强度子离子,与脂肪酸取代基分别作为烯酮、脂肪酸、锂盐即脂肪酸的锂加合物的取代基的丢失有关。(该子离子簇的复杂程度取决于各甘油二酯上的脂肪酸取代基。当甘油二酯上有两个相同的脂肪酸取代基时,图谱中将出现三个子离子峰,而当甘油二酯上有两个不同的脂肪酸取代基时,图谱中则会出现三对不同的子离子峰。1,2-甘油二酯和同分异构体 1,3-甘油二酯的位置特异性并不能从该裂解图谱中得出。)
- 另一个在 m/z 小于 200 区域的复杂子离子簇,与脂肪酸链的裂解有关。

在 ESI-MS 中,甘油二酯的铵加合物(即[M+NH$_4$]$^+$)经过低能 CID 碎裂后可得到具有许多结构信息的裂解图谱[图 9.1(2)][4,11]:

- 一个很显著的碎片离子[M+NH$_4$-17]$^+$,与脱去一分子氨有关。
- 一个碎片离子[M+NH$_4$-35]$^+$,与相继脱去一分子氨及一分子水有关。
- 一个高强度的碎片离子簇,由游离脂肪酸加合一分子氨(即[M+NH$_4$-(RCOOH+NH$_3$)]$^+$)的脱去或其他成分共同脱去而产生(但基峰通常为丢失一分子氨的离子峰[M+NH$_4$-17]$^+$。这很大可能是由于在正离子模式下,包括磷脂酰胆碱和甘油三酯等在内的许多脂质的裂解过程中,在丢失羧基时倾向于同时再丢失一个邻近脂肪酸链上 α-氢原子的质子[8,18](详见第 7 章))。

近期研究表明,烃基二脂酸甘油酯和烯基二脂酸甘油酯及其对应的甘油二酯的铵加合物均拥有各自不同的裂解图谱[3]。那些明显的裂解特征有利于研究人员通过 MDMS-SL 方法直接从生物脂质提取物(例如,小鼠的心脏和大脑)中鉴别各个甘油二酯[3]。

研究表明,衍生化试剂 N-氯化三甲氨基乙酰氯可以将一个季铵阳离子引入到甘油二酯的羟基上[12]。与钠加合物相比,该衍生化反应不仅使离子化效率提高两个数量级,还通过衍生化使甘油二酯基础骨架上出现一个固定的电荷位点,让离子化效率不再受脂肪酸取代基影响。甘油二酯与磷脂酰胆碱各自的 N-氯化三甲氨基乙酰氯加合物的裂解图谱基本相同(详见第 7 章)。

甘油二酯上的羟基还可被衍生化试剂 2,4-二氟-苯基异氰酸酯通过引入一个极性头基团所衍生化[13]。在正离子模式下,当溶液中含有铵盐(例如,乙酸铵或甲酸铵)时,衍生化的甘油二酯可在 ESI-MS 中被离子化为铵加合物(即[M+NH$_4$]$^+$)[13]。该衍生化甘油二酯的裂解图谱中包含一个强度最高的[M+NH$_4$-190]$^+$离子,与衍生化基团二氟苯基氨基甲酸的中性丢失以及氨的加合有关。图谱中还有通过丢失脂肪酸取代基及加合一分子氨而产生的高强度碎片离子(即[M+NH$_4$-(R$_x$COOH+NH$_3$)]$^+$,$x=1,2$)。尽管 1,3-及 1,2-甘油二酯的铵加合物经碰撞活化碎裂后会产生相同的子离子,但正相色谱柱可以很好地分离 1,2-及 1,3-甘油二酯[13],我们可据此对该类同分异构体进行鉴别。

此外,甘油二酯的羟基还被二甲基甘氨酸(DMG)[14]通过特定的衍生化方式[19]进行衍生化。该衍生化后的甘油二酯可在正离子模式中以氢加合物或锂加合物的形式出现和鉴别[14]。

二甲基甘氨酸衍生化甘油二酯(DMG-DAG)的质子加合物在经过低能 CID 碎裂后形成的子离子质谱图中仅存在一个主要碎片离子峰[M+H-103]⁺,该碎片离子是由丢失一个中性的衍生化基团二甲基甘氨酸分子形成的。该 ESI-MS/MS 子离子分子图谱中无法给出任何脂肪酸取代基结构及其在甘油二酯中结构特异性的相关信息。

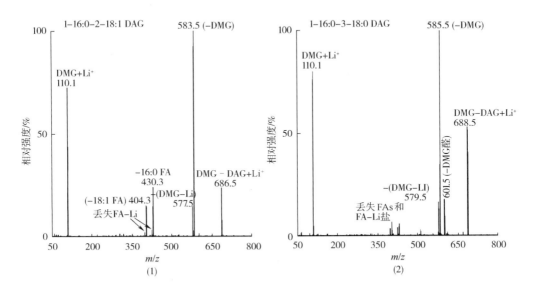

图 9.2 二甲基甘氨酸衍生化甘油二酯的锂加合物经低能 CID 碎裂后的 ESI-MS 子离子图谱

如前文所述,甘油二酯在 N-(3-二甲氨基丙基)-N′-乙基碳二亚胺盐酸盐和二甲氨基吡啶存在时被 N,N-二甲基氨基酸衍生化[14, 19]。二甲基甘氨酸衍生化的甘油二酯(1)1-16:0-2-18:1 和(2)1-16:0-3-18:0 与锂的加合物的子离子质谱图如图 9.1 所示,所用仪器为三重四极杆质谱仪(Thermo Fisher TSQ Vantage),碰撞能量 35eV,碰撞气压 0.133Pa。

二甲基甘氨酸衍生化甘油二酯锂加合物的裂解图谱(图 9.2)中显示 1,2-及 1,3-甘油二酯同分异构体结构信息的特征峰[14]如下:

- 一个高强度碎片离子 m/z 110,与二甲基甘氨酸的锂加合物有关。
- 一个高强度子离子,与中性丢失 103u(如二甲基甘氨酸)有关。
- 一个中等强度碎片离子与中性丢失 109u(如二甲基甘氨酸锂盐)有关,这个中性丢失普遍存在于包括 1,2-和 1,3-同分异构体的所有被测甘油二酯图谱中。
- 一个特异碎片离子[M+Li-87]⁺,与二甲基甘氨酸衍生化的 1,3-甘油二酯同分异构体上二甲基甘氨酸以醛的形式丢失有关。由二甲基甘氨酸衍生化的甘油二酯的锂加合物经中性丢失 87u 后产生的该特征碎片离子可用于选择性识别 1,3-甘油二酯。
- 碎片离子[M+Li-R_xCOOH]⁺和[M+Li-R_xCOOLi]⁺(x=1,2 或 1,3)的与甘油二酯上各个脂肪酸取代基分别以脂肪酸或锂盐形式脱去有关。

由 sn-1 位的脂肪酸脱去而产生的碎片离子的强度要高于由 sn-2 位的脂肪酸脱去而产生的碎片离子,这一特征可用于确认 1,2-甘油二酯的位置特异性。此外,在 1,2-甘油二酯上,与脱去脂肪酸锂盐有关的碎片离子的强度远比从分子离子脱去脂肪酸后形成的碎片离子的离子强度要低。然而,在二甲基甘氨酸衍生化的 1,3-甘油二酯的锂加合物的子离子图谱中,该对碎片离子则拥有相类似的强度(图 9.2)。在 1,2-甘油二酯上丢失 sn-1 或 sn-2 位的脂肪酸所产生的不同及 1,2-和 1,3-甘油二酯之间的差异都是由前文提到的不同裂解方式所造成的[18]。

9.4 甘油三酯

甘油三酯的锂加合物在经过低能 CID 碎裂后产生的裂解图谱中含有以下碎片离子(图 6.6):
- 一个与脂肪酰取代基以脂肪酸形式脱去有关的离子簇(即[M+Li-R_xCOOH]$^+$,x=1,2 或 3)。
- 一个与脂肪酰取代基以锂盐形式脱去有关的离子簇(即[M+Li-R_xCOOLi]$^+$,x=1,2 或 3)。
- 一个位于 m/z 300 附近的低强度酰正离子簇(即 R_xCO$^+$,x=1,2 或 3)。

这些碎片离子的形成与邻近脂肪酸链上含有 α-氢原子的游离脂肪酸的初步消去有关,在其初步消去后会形成一个环结构的中间产物,该中间产物会解离形成其他特征碎片离子。甘油三酯的钠、银加合物的裂解图谱与甘油三酯的锂加合物相类似[4,20-22]。

显然,这些裂解图谱可以用于鉴定甘油三酯中的脂肪酸取代基。然而,其脂肪酸取代基的位置并不能直观地从甘油三酯的锂加合物或其他加合物的图谱中推测出来[20],那些存在于生物样品中的甘油三酯离子化物则更是如此。甘油三酯的钠加合物可用于测定结构异构体,并且定量结果准确[20]。

甘油三酯的铵加合物(即[M+NH$_4$]$^+$)经低能 CID 碎裂后在 ESI-MS 形成的子离子图谱中出现许多高强度离子,这些离子均含有许多可用于结构推导的信息[4]:
- 一个高强度的碎片离子[M+NH$_4$-17]$^+$(一般不作为基峰),与甘油三酯的铵加合物脱去一分子氨有关。
- 一个碎片离子[M+NH$_4$-(R_xCOOH+17)]$^+$,来源于游离脂肪酸及一分子氨的丢失(一般作为基峰)。

图谱中的这些离子的数目取决于各物质中分别含有多少种不同的脂肪酸取代基。对裂解机制的研究发现,邻近脂肪酸链上的 α-氢原子会加速游离脂肪酸及一分子氨的脱去[8,11]。

正离子模式下,对经低能 CID 碎裂后的含醚甘油三酯铵加合物也进行了子离子质谱分析[2]。其裂解图谱与甘油三酯铵加合物基本相同。唯一的不同在于,含醚的甘油三酯的铵加合物图谱中有一个与脱去脂肪酸醇及一分子氨有关的碎片离子,而其在不含醚的甘油三酯的铵加合物中的对应离子则与脱去脂肪酸及一分子氨有关。

9.5 已糖基甘油二酯

在植物及部分细菌中存在许多单糖甘油脂(包括已糖基甘油二酯)[17,21]。与脑苷脂(详见第 8 章)相类似,尽管已糖基甘油二酯分子本身不具有恒定的电荷,但在正离子模式下,己糖基有利于这些脂质被离子化成相应的铵、锂或钠加合物(即[M+X]⁺,X=NH₄、Li、Na)[22-24]。

己糖基甘油二酯的锂加合物(以单半乳糖甘油二酯为代表)在经过低能 CID 碎裂后的裂解图谱相对来说比较简单[图 9.3(1)],图谱中含有两个与脱去脂肪酸取代基有关的极高强度碎片离子(即[M+Li-R$_x$COOH]⁺,x=1,2)。这对离子用于鉴定区域异构体的可行性还有待商榷。在图谱中还存在少部分与己糖衍生物的锂加合物(如 m/z 227)有关的低强度离子。

单半乳糖甘油二酯的铵加合物在经过低能 CID 碎裂后的裂解图谱包含有更多的结构相关信息[图 9.3(2)]:

- 一个低强度的[M+NH₄-17]⁺碎片离子,与脱去一分子氨有关。
- 一个中等强度的[M+NH₄-35]⁺碎片离子,与相继脱去一分子氨及一分子水有关。
- 由从[M+NH₄-17]⁺和[M+NH₄-35]⁺离子中分别再脱去一个环己糖(即 162u)而产生的一对离子。
- 由从[M+NH₄-17-Hex]⁺离子中进一步脱去脂肪酸取代基而产生的一对[M+NH₄-17-Hex-R$_x$COOH]⁺(x=1,2)离子。

当使用三重四极杆质谱仪对己糖基甘油二酯的钠加合物进行分析时,在经过低能 CID 碎裂后裂解图谱中 m/z 243 处多出了一个与己糖的钠加合物有关的中等强度碎片离子[23]。然而,当使用离子阱质谱对己糖基甘油二酯进行分析时,其铵加合物的子离子质谱分析中出现了与己糖中性丢失及进一步脱去一分子水相关的碎片离子,而其对应的钠加合物则出现了与中性脱去脂肪酸取代基有关的碎片离子[25]。碎片离子的不同强度可以用于判断这些碎片产物来源于 sn-1 或 sn-2 位[25]。中性丢失 sn-1 位脂肪酸链产生的碎片离子的强度普遍比中性丢失 sn-2 位的强度高[26-27]。

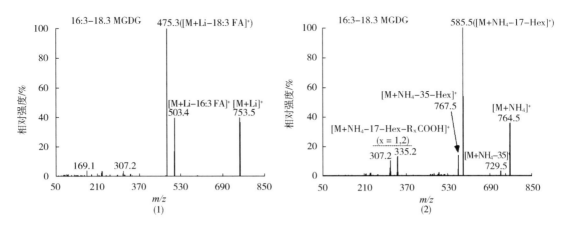

图 9.3 单-、双-半乳糖甘油二酯的锂加合物和铵加合物经低能 CID 碎裂后的 ESI-MS 子离子图谱

(1)1-16:0-2-18:3 MGDG 的锂加合物(2)1-16:0-2-18:3 MGDG 的铵加合物(3)1-16:0-2-18:3DGDG 锂加合物及(4)1-16:0-2-18:3 DGDG 的铵加合物的子离子图谱如图 9.3 所示。所用仪器为三重四极杆质谱仪(Thermo Fisher TSQ Vantage),碰撞能量分别为 35,14,50,20eV,碰撞气压 0.133Pa。

9.6 其他糖脂

通过离子阱质谱对短小芽孢杆菌中双半乳糖甘油二酯(DGDG)的各个碱金属加合物(即[M+Alk]$^+$, Alk = Li、Na 或 K)进行串联质谱分析,将所得的各个裂解图谱进行了比较[22]。该研究发现,DGDG 的碎片离子强度及解离过程均因碱金属加合物的不同而有所差异。具体来说,由于其裂解图谱中有与脂肪酸取代基作为脂肪酸脱去而产生的高强度碎片离子(即[M+Na-R$_x$COOH]$^+$, x = 1,2),DGDG 的基本结构可通过其钠加合物的裂解途径推导得出。

DGDG 的锂加合物在经过低能 CID 碎裂后所产生的裂解图谱与其钠加合物基本相同[图 9.3(3)]:

- 一个与从 DGDG 的锂加合物中脱去 162u 中性分子(即已糖衍生物)有关的中等强度碎片离子。
- 一个或两个位于[M+Li-R$_x$COOH]$^+$(x = 1,2)的主要碎片离子(其中一个为基峰),与各脂肪酸取代基以脂肪酸形式的脱去有关。
- 一个或两个位于[M+Li-Hex-R$_x$COOH]$^+$(x = 1,2),与[M+Li-Hex]$^+$上脂肪酸取代基分别以脂肪酸形式相继脱去有关。
- 一组位于低质量范围的碎片离子,对应于已糖、二已糖、二已糖甘油酯等的锂加合物离子团。

根据脂质的钠或锂加合物中得到区域异构体的特征信息非常困难。但对于 DGDG,钾加合物的子离子质谱呈现出与锂或钠加合物不同的裂解方式。其中尤为突出的是,图谱中除了存在有脱去脂肪酸取代基的碎片离子(即[M+K-R$_x$COOH]$^+$, x = 1,2)外,还存在一个新的[M+K-R$_x$COOH-CH$_2$]$^+$碎片离子,而有关该离子的裂解过程尚不清晰[22]。

燕麦中 DGDG 的铵加合物(即[M+NH$_4$]$^+$)的裂解图谱可在经过低能 CID 碎裂后得到[24]。其子离子图谱中存在以下碎片离子[图 9.3(4)]:

- 一对低强度离子[M+NH$_4$-180]$^+$及[M+NH$_4$-197]$^+$的,与脱水单半乳糖的铵加合物及单半乳糖的铵加合物的脱去有关。
- 两个高强度碎片离子(通常为基峰)[M+NH$_4$-341]$^+$及[M+NH$_4$-359]$^+$,与脱水双半乳糖的铵加合物及双半乳糖的铵加合物的脱去有关。
- 1~2 个与脱水的和甘油发生酯化反应的质子化脂肪酸取代基有关的高强度碎片离子(由脂肪酸取代基以脂肪酸形式从[M+NH$_4$-341]$^+$离子上脱去而形成),其数目取决于 DGDG 上的两个脂肪酸链是否相同。

这些碎片离子可用于对物质中的脂肪酸取代基进行测定[24]。本研究并不对 DGDG 进行区域异构体的识别。

糖脂的图谱会因存在有两个以上的糖环及含有单-、双-或三交内酯的脂肪酸取代基而变得更加复杂[28]。正如 DGDG 的铵加合物丢失双半乳糖的铵加合物和水分子及丢失双半乳糖的铵加合物一样,三半乳糖和四半乳糖脂的铵加合物的碎裂情况与之类似[24]。含交内酯的大多糖脂的铵加合物的子离子图谱中出现一个与交内酯有关的碎片离子团簇,这是由于交内酯连接处发生一分子脂肪酸或脂肪酸烯酮的中性丢失而产生的[24]。

磺酸糖脂,尤其是硫代异鼠李糖甘油二酯,是一类改性糖脂。此类脂质同样存在于植物与某些细菌当中。这些脂质可在正离子模式下被离子化成[M-H+2Na]$^+$,或在负离子模式下被离子化成[M-H]$^-$ [29]。其钠加合物的子离子图谱中可见有与中性脱去一分子脂肪酸烯酮或一分子脂肪酸有关的高强度碎片离子[30]。这些碎片离子还可进一步丢失一分子脂肪酸或一分子脂肪酸烯酮。在负离子模式下,经过低能CID碎裂后,[M-H]$^-$的子离子图谱中会出现高强度的羧化脂肪酸负离子,与脂肪酸取代基相对应[31-32]。并且,在负离子模式下,所有磺酸糖脂的子离子图谱中均含有一个位于m/z 225的特征碎片离子,该离子与去氢硫代糖基负离子有关。

此类脂质或分子以及其余特殊的脂质均可被多级串联质谱技术通过高分辨率静电场离子阱质谱进行识别[33]。对该方面内容感兴趣的读者可查阅更多相关文献。

参考文献

1. （a）IUPAC-IUB （1978）Nomenclature of Lipids. Biochem. J. 171, 21-35.
   （b）IUPAC-IUB （1978）Nomenclature of Lipids. Chem. Phys. Lipids 21, 159-173.
   （c）IUPAC-IUB （1977）Nomenclature of Lipids. Eur. J. Biochem. 79, 11-21.
   （d）IUPAC-IUB （1977）Nomenclature of Lipids. Hoppe-Seyler's Z. Physiol. Chem. 358, 617-631.
   （e）IUPAC-IUB （1978）Nomenclature of Lipids. J. Lipid Res. 19, 114-128.
   （f）IUPAC-IUB （1977）Nomenclature of Lipids. Lipids 12, 455-468.
   （g）IUPAC-IUB （1977）Nomenclature of Lipids. Mol. Cell. Biochem. 17, 157-171.
2. Bartz, R., Li, W. H., Venables, B., Zehmer, J. K., Roth, M. R., Welti, R., Anderson, R. G., Liu, P. and Chapman, K. D. (2007) Lipidomics reveals that adiposomes store ether lipids and mediate phospholipid traffic. J. Lipid Res. 48, 837-847.
3. Yang, K., Jenkins, C. M., Dilthey, B. and Gross, R. W. (2015) Multidimensional mass spectrometry-based shotgun lipidomics analysis of vinyl ether diglycerides. Anal. Bioanal. Chem. 407, 5199-5210.
4. Duffin, K. L., Henion, J. D. and Shieh, J. J. (1991) Electrospray and tandem mass spectrometric characterization of acylglycerol mixtures that are dissolved in nonpolar solvents. Anal. Chem. 63, 1781-1788.
5. Hsu, F. F., Ma, Z., Wohltmann, M., Bohrer, A., Nowatzke, W., Ramanadham, S. and Turk, J. (2000) Electrospray ionization/mass spectrometric analyses of human promonocytic U937 cell glycerolipids and evidence that differentiation is associated with membrane lipid composition changes that facilitate phospholipase A2 activation. J. Biol. Chem. 275, 16579-16589.
6. Callender, H. L., Forrester, J. S., Ivanova, P., Preininger, A., Milne, S. and Brown, H. A. (2007) Quantification of diacylglycerol species from cellular extracts by electrospray ionization mass spectrometry using a linear regression algorithm. Anal. Chem. 79, 263-272.
7. Cheng, C., Gross, M. L. and Pittenauer, E. (1998) Complete structural elucidation of triacylglycerols by tandem sector mass spectrometry. Anal. Chem. 70, 4417-4426.
8. Hsu, F. -F. and Turk, J. (1999) Structural characterization of triacylglycerols as lithiated adducts by electrospray ionization mass spectrometry using low-energy collisionally activated dissociation on a triple stage quadrupole instrument. J. Am. Soc. Mass Spectrom. 10, 587-599.
9. Han, X., Abendschein, D. R., Kelley, J. G. and Gross, R. W. (2000) Diabetes-induced changes in specific lipid molecular species in rat myocardium. Biochem. J. 352, 79-89.
10. Han, X. and Gross, R. W. (2001) Quantitative analysis and molecular species fingerprinting of triacylglyceride molecular species directly from lipid extracts of biological samples by electrospray ionization tandem mass spectrometry. Anal. Biochem. 295, 88-100.
11. Murphy, R. C., James, P. F., McAnoy, A. M., Krank, J., Duchoslav, E. and Barkley, R. M. (2007) Detection of the abundance of diacylglycerol and triacylglycerol molecular species in cells using neutral loss mass spectrometry. Anal. Biochem. 366, 59-70.
12. Li, Y. L., Su, X., Stahl, P. D. and Gross, M. L. (2007) Quantification of diacylglycerol molecular species in biological samples by electrospray ionizationmass spectrometry after one-step derivatization. Anal. Chem. 79,

1569-1574.

13. Leiker, T. J., Barkley, R. M. and Murphy, R. C. (2011) Analysis of diacylglycerol molecular species in cellular lipid extracts by normal-phase LC-electrospray mass spectrometry. Int. J. Mass Spectrom. 305, 103-109.

14. Wang, M., Hayakawa, J., Yang, K. and Han, X. (2014) Characterization and quantification of diacylglycerol species in biological extracts after one-step derivatization: A shotgun lipidomics approach. Anal. Chem. 86, 2146-2155.

15. Murphy, R. C. (1993) Mass Spectrometry of Lipids. Plenum Press, New York. pp 290.

16. Murphy, R. C. (2015) Tandem Mass Spectrometry of Lipids: Molecular Analysis of Complex Lipids. Royal Society of Chemistry, Cambridge, UK. pp 280.

17. Christie, W. W. and Han, X. (2010) Lipid Analysis: Isolation, Separation, Identification and Lipidomic Analysis. The Oily Press, Bridgwater, England. pp 448.

18. Hsu, F. F. and Turk, J. (2009) Electrospray ionization with low-energy collisionally activated dissociation tandem mass spectrometry of glycerophospholipids: Mechanisms of fragmentation and structural characterization. J. Chromatogr. B 877, 2673-2695.

19. Jiang, X., Ory, D. S. and Han, X. (2007) Characterization of oxysterols by electrospray ionization tandem mass spectrometry after one-step derivatization with dimethylglycine. Rapid Commun. Mass Spectrom. 21, 141-152.

20. Herrera, L. C., Potvin, M. A. and Melanson, J. E. (2010) Quantitative analysis of positional isomers of triacylglycerols via electrospray ionization tandem mass spectrometry of sodiated adducts. Rapid Commun. Mass Spectrom. 24, 2745-2752.

21. Dormann, P. and Benning, C. (2002) Galactolipids rule in seed plants. Trends Plant Sci. 7, 112-118.

22. Wang, W., Liu, Z., Ma, L., Hao, C., Liu, S., Voinov, V. G. and Kalinovskaya, N. I. (1999) Electrospray ionization multiple-stage tandem mass spectrometric analysis of diglycosyldiacylglycerol glycolipids from the bacteria *Bacillus pumilus*. Rapid Commun. Mass Spectrom. 13, 1189-1196.

23. Welti, R., Wang, X. and Williams, T. D. (2003) Electrospray ionization tandem mass spectrometry scan modes for plant chloroplast lipids. Anal. Biochem. 314, 149-152.

24. Moreau, R. A., Doehlert, D. C., Welti, R., Isaac, G., Roth, M., Tamura, P. and Nunez, A. (2008) The identification of mono-, di-, tri-, and tetragalactosyl-diacylglycerols and their natural estolides in oat kernels. Lipids 43, 533-548.

25. Ibrahim, A., Schutz, A. L., Galano, J. M., Herrfurth, C., Feussner, K., Durand, T., Brodhun, F. and Feussner, I. (2011) The alphabet of galactolipids in Arabidopsis thaliana. Front. Plant Sci. 2, 95.

26. Guella, G., Frassanito, R. and Mancini, I. (2003) A new solution for an old problem: The regiochemical distribution of the acyl chains in galactolipids can be established by electrospray ionization tandem mass spectrometry. Rapid Commun. Mass Spectrom. 17, 1982-1994.

27. Napolitano, A., Carbone, V., Saggese, P., Takagaki, K. and Pizza, C. (2007) Novel galactolipids from the leaves of Ipomoea batatas L.: Characterization by liquid chromatography coupled with electrospray ionization-quadrupole time-of-flight tandem mass spectrometry. J. Agric. Food Chem. 55, 10289-10297.

28. Fahy, E., Subramaniam, S., Brown, H. A., Glass, C. K., Merrill, A. H., Jr., Murphy, R. C., Raetz, C. R., Russell, D. W., Seyama, Y., Shaw, W., Shimizu, T., Spener, F., van Meer, G., VanNieuwenhze, M. S., White, S. H., Witztum, J. L. and Dennis, E. A. (2005) A comprehensive classification system for lipids. J. Lipid Res. 46, 839-861.

29. Ishizuka, I. (1997) Chemistry and functional distribution of sulfoglycolipids. Prog. Lipid Res. 36, 245-319.

30. Sassaki, G. L., Gorin, P. A., Tischer, C. A. and Iacomini, M. (2001) Sulfonoglycolipids from the lichenized basidiomycete *Dictyonema glabratum*: Isolation, NMR, and ESI-MS approaches. Glycobiology 11, 345-351.

31. Cedergren, R. A. and Hollingsworth, R. I. (1994) Occurrence of sulfoquinovosyl diacylglycerol in some members of the family Rhizobiaceae. J. Lipid Res. 35, 1452-1461.

32. Basconcillo, L. S., Zaheer, R., Finan, T. M. and McCarry, B. E. (2009) A shotgun lipidomics approach in Sinorhizobium meliloti as a tool in functional genomics. J. Lipid Res. 50, 1120-1132.

33. Jensen, S. M., Brandl, M., Treusch, A. H. and Ejsing, C. S. (2015) Structural characterization of ether lipids from the archaeon Sulfolobus islandicus by high-resolution shotgun lipidomics. J. Mass Spectrom. 50, 476-487.

脂肪酸和改性脂肪酸的裂解特征

10.1 引言

脂肪酸是含有至少一个羧酸基团和脂肪族长链的一类脂质[1]，包括游离脂肪酸和改性脂肪酸。游离脂肪酸通常指未通过酶法或非酶过程修饰的一类脂质。这些脂肪酸的区别在于链长(即碳原子数)、双键数、酰基链上的双键位置不同以及是否含有甲基支链。链长和双键数目相同、双键位置不同的脂肪酸互为异构体。游离脂肪酸经过酶法或非酶过程改性后得到改性脂肪酸。例如，氧化脂肪酸(例如，类花生酸、二十二烷酸类、含有羟基或环氧基团的脂肪酸)、亚硝基化脂肪酸和卤代脂肪酸都属于改性脂肪酸[1-3]。

根据脂肪酸离子的质荷比 m/z，即可确定游离脂肪酸的碳原子数目和双键数目。因此，对于直链脂肪酸而言，脂肪酸结构的确定即是双键位置的确定；对于含有支链的脂肪酸，则包括双键和支链位置的确定。在哺乳动物体内发现的大多数多不饱和脂肪酸中，双键之间具有一定的关联性，每两个双键之间含有一个亚甲基。例如，对于一个含有20个碳原子和4个双键的脂肪酸来说，双键或分布在 $\Delta 5,6$、$\Delta 8,9$、$\Delta 11,12$ 和 $\Delta 14,15$ 位[即 5,8,11,14-二十碳四烯酸，20:4(n-6)脂肪酸。这里，m:n 指的是脂肪酸链中含有 m 个碳原子和 n 个双键]，或分布在 $\Delta 8,9$、$\Delta 11,12$、$\Delta 14,15$ 和 $\Delta 17,18$ 位[即 8,11,14,17-二十碳四烯酸，20:4(n-3)脂肪酸]。由于不饱和脂肪酸的这种特殊特征，因此常根据第一个双键的位置来区分脂肪酸双键异构体。尽管存在例外(例如，牛肉和乳制品中的共轭亚油酸)，但这些脂肪酸的含量极低[4]。

然而，当生物样本中存在脂肪酸异构体的混合物时，确定每个双键的位置是目前的脂质组学领域中一项颇具挑战性的工作。虽然在特定的实验条件下，LC 可以分离这些脂肪酸异构体，而在 ESI 质谱仪中，碰撞池提供的碰撞能量通常很低[5]。更大的挑战在于，改性脂肪酸很多，其中的大多数含量很低，且以异构体的形式存在。

为了确定每种脂肪酸，科学家们在是否需要对其衍生化处理方面做了很多工作。本章重点总结和讨论了 ESI-MS 在脂肪酸分析中的发展。与其他的脂质分子相同，通常在 ESI-MS 分析之前，衍生化之后，许多电离手段均能很好地表征各种脂肪酸包括改性脂肪酸。详见 Christie 等主编的专著[6]。

10.2 游离脂肪酸

10.2.1 未衍生化的游离脂肪酸

10.2.1.1 正离子模式

在正离子模式下,可以根据不饱和长链脂肪酸的二锂加合物(即[M-H+2Li]$^+$)来确定其双键位置[7-8]。单不饱和脂肪酸的产物离子的 ESI 质谱相对容易解析,位于高 m/z 处的碎片离子通常由 C═C 羧基侧的单键裂解产生。多不饱和脂肪酸也会有类似的裂解规律,高强度的碎片离子(常为基峰碎片离子)一般由临近末端(甲基端)双键的链裂解产生,其他的碎片离子由末端双键和羧基之间的 C—C 裂解产生。

此外,低能量 MS^n 分析也常被用于鉴定甘油三酯[7]和甘油磷脂[9]中双键的位置。然而,目前的工作还处于实验室研究阶段,在脂质组学中的实际应用还相对较少。

10.2.1.2 负离子模式

在负离子模式下,对于大多数的不饱和脂肪酸,经过低能量的 CID 后,去质子化的游离脂肪酸(即[M-H]$^-$)裂解后产生[M-H-44]$^-$的特征离子峰,对应于丢失一分子二氧化碳产生的碎片;对于饱和脂肪酸和一些单不饱和脂肪酸,则会出现[M-H-18]$^-$的特征峰,对应于丢失一分子水后产生的碎片[10-11]。这些碎片离子的强度由游离脂肪酸的结构和碰撞条件决定(详见 4.6)[11]。但是,这些碎片并不能直接给我们提供任何关于游离脂肪酸双键位置的信息。

然而,Yang 等[11]发现,不同的 CID 条件下[即碰撞能量或碰撞气压(详见 4.6)],丢失二氧化碳分子或水分子产生的特征碎片的强度分布不同,且这种分布类型可用于区分游离脂肪酸异构体。这是因为在不同的碰撞条件下,不同的异构体产生的碎片强度不同(图 10.1)。当 CID 条件不变时,特征碎片的强度主要取决于双键离羧基的距离及双键的数目(图 10.2)。在多不饱和脂肪酸中,双键和羧基之间的距离可以用距离羧基端最近的双键的位置来表示,因为大多数天然存在的多不饱和脂肪酸中,双键几乎总是被一个亚甲基间隔开。在脂肪酸异构体中,碎片离子的强度随 CID 条件的改变而改变,这是由于碎片离子携带的负电荷与双键的电子密度的不同相互作用所致。这些差异是由脂肪酸异构体中末端的羧基带电基团与双键的位置不同导致的,进而在不同程度上稳定碎片离子的电荷。上述不同将最终导致碎片离子的强度不同,因此可根据这些差异来区分脂肪酸异构体。

此外,对碎片离子间的强度分布差异进行分析得知,可通过外标法利用脂肪酸标准品对脂肪酸异构体进行定量[11]。标准曲线可根据碰撞能量恒定条件下碰撞气压的变化或碰撞气压恒定条件下碰撞能量的变化与特征离子较分子离子的相对强度的关系来确定。进而,脂肪酸异构体的组成即可根据这些标准曲线来确定[11]。如图 10.3 所示,根据标准曲线即可确定 20:3 脂肪酸异构体混合物的组成。重要的是,这种方法可以扩展到使用多级串联质谱来鉴定和定量存在于生物样本中的 GPL 上的脂肪酸链的双键异构体[11]。

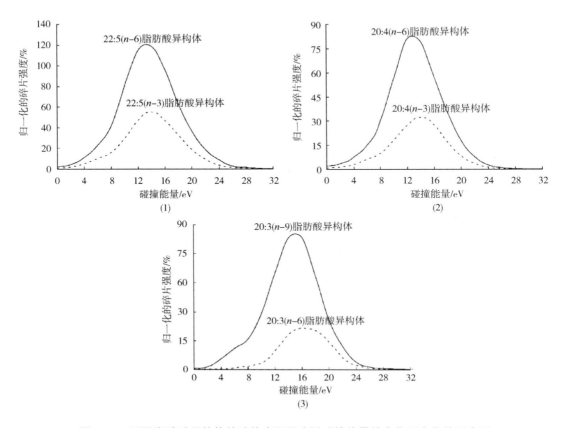

图 10.1 不同脂肪酸异构体的碎片离子强度随碰撞能量的变化而变化的示意图

在负离子模式下,碰撞气压为 0.133Pa 时,通过改变碰撞能量,脂肪酸异构体的产物离子的 ESI 分析结果。图中 (1)、(2)、(3) 分别为 22:5、20:4、20:3 脂肪酸异构体因碰撞能量变化而丢失 CO_2 后,产物离子的强度根据分子离子的强度归一化后(即归一化的绝对强度)在全质谱中的结果。

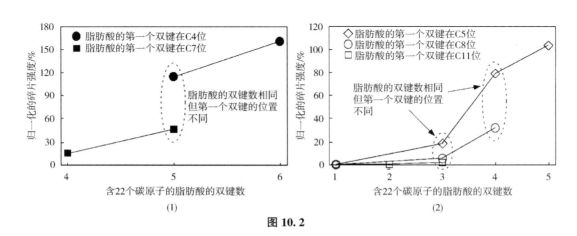

图 10.2

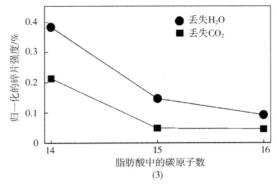

图 10.2 脂肪酸异构体羧基端第一个双键的位置、双键数目和链长对碎片强度的影响

在 12eV 的碰撞能量和 0.133Pa 的碰撞气压下,碎片离子的归一化绝对强度如图 10.2 所示。(1)含有 22 个碳原子的脂肪酸中,双键数目和第一个双键位置对碎片离子强度的影响;(2)含有 20 个碳原子的脂肪酸中,双键数目和第一个双键位置对碎片离子强度的影响;(3)在 $\Delta 9,10$ 位置含有一个双键的脂肪酸中,链长对碎片强度的影响[11]。

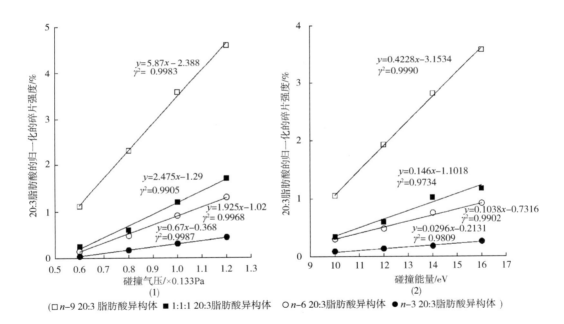

(□ n-9 20:3 脂肪酸异构体   ■ 1:1:1 20:3 脂肪酸异构体   ○ n-6 20:3 脂肪酸异构体   ● n-3 20:3 脂肪酸异构体)

图 10.3 碰撞气压或碰撞能变化时碎片离子强度分布的线性规律

负离子模式下通过改变碰撞气压或碰撞能量,不同脂肪酸[20:3(n-9)脂肪酸(□)、20:3(n-6)脂肪酸(○)、20:3(n-3)脂肪酸(●)、等摩尔 20:3(n-9/6/3)脂肪酸混合物(■)]的二维质谱结果。(1)低碰撞气压(2)低碰撞能量条件下,丢失 CO_2 后的碎片离子强度分布,两种条件下的类型相同。

10.2.2 衍生化的游离脂肪酸

10.2.2.1 离线衍生

脂质分子中脂肪酸酰基链上的双键位置的质谱鉴定也可以通过离线衍生化进行,然后对衍生脂质的产物离子进行分析[12]。例如,Moe 等[13]使用四氧化锇对甘油磷脂和游离脂肪酸进行预处理后,生成了在第一个不饱和位置处加羟基的甘油磷脂。对于二羟基化的脂质分子,可以通过分析产物离子的质谱数据来确定最初的双键位置[14]。这些衍生化脂肪酸的裂解方式在很大程度上取决于衍生化试剂[12]。

10.2.2.2 在线衍生(臭氧分解)

使用臭氧处理干燥的甘油磷脂薄膜,可以将双键定量地转化为臭氧化物[15]。无论是ESI-MS/MS的正离子模式还是负离子模式,这些加合物中臭氧化基团都会发生解离,产生唯一的碎片离子,从而根据这些碎片离子来确定双键的位置。这种通过臭氧在线处理,利用ESI-MS/MS来确定双键位置的方法已经成功应用。在这种方法中,脂质分子与电喷雾过程的源气体中存在的臭氧反应。臭氧可以来源于ESI源[16]或者由臭氧发生器[17]提供。该方法对于一种脂质分子或是简单脂质混合物中的双键分析具有显著优势,复杂样品质谱数据的解析仍然非常困难。这是因为随着样品复杂程度的上升,许多不同的脂质分子离子与臭氧诱导产生的片段同峰,碎片离子与其前体的匹配会变得难以分辨。为了解决这个难点,可以在碰撞池中导入少量臭氧,然后从复杂样品中鉴定某个分子离子[17]。这种方法可用于分析脂质如甘油三酯的脂肪酸链中的双键位置。

10.3 改性脂肪酸

自然界中存在着许多改性脂肪酸,包括氧化、亚硝基化以及卤代等多种形式。所有这些改性脂肪酸都是通过酶法或非酶过程产生的,在生物体内发挥着重要作用。一类代表性极强且已被充分研究的改性脂肪酸是类花生酸,它是花生四烯酸的代谢产物,结构各不相同。没有经过衍生的类二十烷酸的分子离子经过碰撞解离后会产生独特的重排反应,甚至会破坏碳碳键产生许多碎片离子。因此,运用串联质谱分析这些碎片离子有助于解析不同的脂肪酸结构,从而确定生物样品中的脂肪酸种类,前提是需要通过有效的色谱分离得到单一组分。

由于每种类花生酸的产物离子的ESI质谱都有各自的裂解特征,所以没有一种通用的裂解模式。因此,解析每种类花生酸的碎片图谱是一项非常复杂的工作。此外,更为复杂的是,在正离子和负离子模式下,类花生酸分别电离为其质子化和去质子化形式(即[M+H]$^+$和[M-H]$^-$),尽管类花生酸的ESI分析通常在负离子模式下进行[18]。本节介绍一些类花生酸的CID质谱,对于CID的介绍可以参考Murphy等发表的综述文章[18]。

例如,一些带有一个羟基的类花生酸[即羟基二十碳四烯酸(HETEs)]、是花生四烯酸的氧化产物,其中羟基位点位于5、8、9、10、11、12、13、15、16、17、18、19、20位的碳原子上[19]。ESI能将这类脂肪酸轻易地离子化为m/z为319的异构羧酸根离子(即[M-H]$^-$)。经CID后,不同结构的HETEs(羟基的位置及其与双键的关系)都会产生特殊的碎片离子,从而有助于这些异构体结构的确定[19-20]。图10.4为5-HETE、8-HETE、9-HETE、11-HETE、12-HETE和15-HETE的产物离子的ESI质谱图。这些谱图与前期实验结果基本相同[18,21],各个分子有其不同的碎裂方式。在其他条件下可以获得更复杂的质谱图[22]。

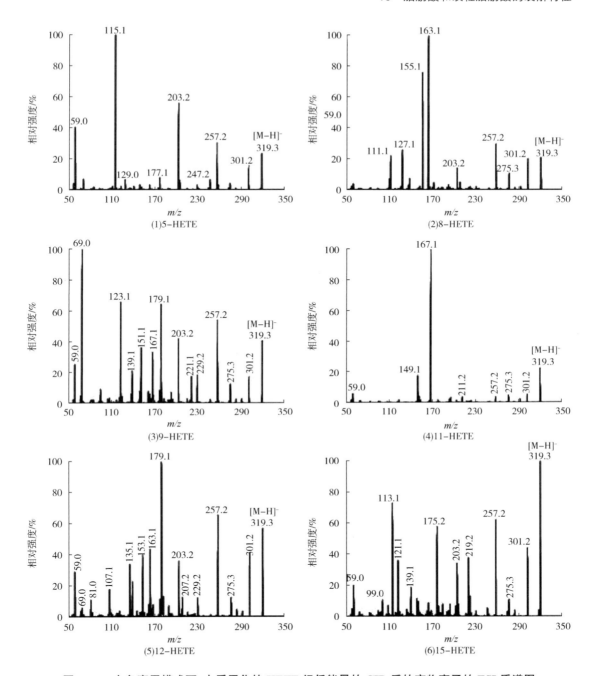

图 10.4 在负离子模式下,去质子化的 HETE 经低能量的 CID 后的产物离子的 ESI 质谱图

(1)5-HETE;(2)8-HETE;(3)9-HETE;(4)11-HETE;(5)12-HETE;(6)15-HETE 的产物离子分析在 QqQ 质谱仪(Thermo Fisher TSQ Vantage)的负离子模式下进行:碰撞能量 23eV,碰撞气压 0.133Pa。

去质子化的 5-羟基-6,8,11,14-二十碳四烯酸(5-HETE)在 m/z 为 301、257、203、115 处的碎片离子的强度非常高[图 10.4(1)]。这些碎片离子分别是由于丢失水分子、水和二氧化碳分子以及 C5—C6 键裂解和重排(即负电荷可以在碎片的任一侧)后产生的[18]。

经 CID 后,去质子化的 8-羟基-5,9,11,14-二十碳四烯酸(8-HETE)会产生 m/z 为

301、257、163 和 155 的碎片离子[图 10.4(2)]。同样,m/z 为 163 和 155 的碎片离子是由于 C8—C9 键裂解而产生的[18]。

9-羟基-5,7,11,14-二十碳四烯酸(9-HETE)的离子碎片也是由于丢失水或二氧化碳分子产生的[图 10.4(3)]。由于 C9—C10 键的裂解,在 m/z 为 151 和 167 处会出现一对典型的强度较低的碎片离子。此外,还有两个低强度的碎片离子,m/z 123 处是由于 m/z 为 167 的碎片离子进一步丢失二氧化碳产生的,m/z 179 处的碎片离子可能由于 C8—C9 键裂解后重排产生的。

去质子化的 11-羟基-5,8,12,14-二十碳四烯酸(11-HETE)的碎片离子相对简单[图 10.4(4)],只有两个特征峰分别位于 m/z 为 301 和 167 处。m/z 301 是由于分子离子丢失水分子产生的,m/z 167 是由于 C10—C11 键裂解产生的,与上述情况类似[18]。

去质子化的 12-羟基-5,8,10,14-二十碳四烯酸(12-HETE)在 m/z 为 301、257、207、179、163 和 135 处有六个强度较高的产物离子[图 10.4(5)]。前两个分别是由于丢失水、水和二氧化碳产生的。m/z 207 的碎片离子是由于 C12—C13 键裂解后末端(C12 位点)形成醛基产生的。这个碎片离子进一步丢失二氧化碳分子后形成 m/z 163 的碎片离子。强度非常高的 m/z 179 的碎片离子则是由于 C11—C12 裂解产生的。这个碎片可以进一步丢失二氧化碳分子产生强度相对较高的 m/z 135 的碎片离子。

经过 CID 后,去质子化的 15-羟基-5,8,11,13-二十碳四烯酸(15-HETE)可以解离为五个强度较高的碎片离子,分别位于 m/z 为 301、275、257、219、175 处[图 10.4(6)]。前三个碎片离子分别是由于丢失水分子、二氧化碳分子、水和二氧化碳分子产生的。m/z 219 的碎片离子则是由于 C14—C15 键的裂解产生的。这个碎片离子可以进一步丢失一个二氧化碳分子产生 m/z 175 的碎片离子。

10.4 脂肪酸组学

远电荷碎裂已经被公认为一种有效解离长链脂肪族链的方法[23,24]。根据这种方法,将脂质分子与带电试剂通过酰胺化反应进行衍生化后,即可通过 ESI-MS/MS 方法实现所有含一个羧酸基团的脂质的结构鉴定和定量分析,这些脂质包括含有或不含有支链的饱和脂肪酸、不饱和脂肪酸、改性脂肪酸或其他的复杂脂肪酸(例如,视黄酸和胆汁酸)[25-28]。通常,根据疏水性、电荷强度以及电荷与羧基之间的距离来筛选带电试剂。

研究表明,在正离子模式下,所有含一个羧酸基团的衍生脂质经低能量的 CID 后都会产生一种相同的碎裂模式。除各个脂质的脂肪族链外,由于衍生化试剂的存在,这种电离模式还会产生一些常见的强度较高的碎片离子。对于 LC-MS[25,26]或鸟枪法脂质组学[28,29],这些碎片离子有助于解析含羧酸基团的脂质分子,该方法的选择性与灵敏度极高。这些信号强的碎片离子不仅可以用于鉴定结构,而且可以根据异构体混合物的模拟信号来确定异构体的组成[28]。因此,将定性及定量含有羧酸基团的脂质分子的方法称为"脂肪酸组学"[28]。

例如,18:1 脂肪酸异构体经 N-(4-氨基甲基苯基)吡啶鎓(AMPP)或其他衍生化试剂衍生化后,在 ESI-MS/MS 的正离子模式下会产生不同碎裂方式[图 10.5(1)~(3)]。通过对异构离子裂解方式的模拟,在不需要色谱分离的条件下即可根据这些不同的碎裂方式来鉴定 18:1 异构体混合物中的各个组分[图 10.5(4)~(6)]。对于其他的脂肪酸异构体而言,只要其在衍生化之后具有不同的裂解方式,亦可采用这种定性和定量的方法来分析。

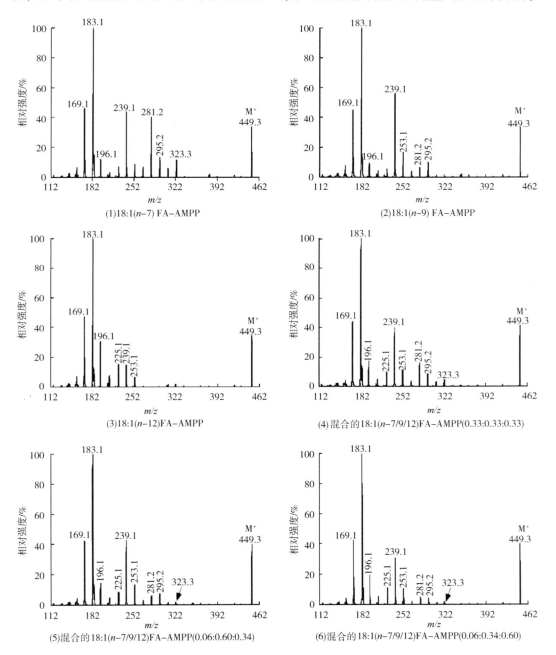

图 10.5　18:1 脂肪酸异构体及其 AMPP 的衍生化分子的产物离子的 ESI 质谱图

在正离子模式下,碰撞能量为 40eV、碰撞气压为 0.133Pa 时,经 AMPP 衍生化的(1)18:1(n-7)、(2)18:1(n-9)、(3)18:1(n-12)以及 18:1(n-7)、18:1(n-9)、18:1(n-12)的比例分别为(4)1:1:1、(5)0.06:0.06:0.34 和(6)0.06:0.34:0.06 时的产物离子。根据远电荷裂解特征,大多数高强度的碎片离子都可以被鉴别出来[28]。

以下是应用脂肪酸组学来分析脂肪酸异构体中不同基团的不同裂解方式的一些实例。图10.6和图10.7为氧化的花生四烯酸(20:4脂肪酸)异构体(即类花生酸异构体)的一些代表性的碎裂方式。图10.8(1)和(2)为亚硝酰脂肪酸的不同碎裂方式,这可能是由于除了远电荷碎裂外,亚硝酰基团也参与了碎裂过程。通过脂肪酸组学,支链饱和脂肪酸(例如,植烷酸)独特的裂解模式不仅有助于分析甲基支链的位置,而且有助于确定无支链脂肪酸异构体是否存在[图10.8(3)和(4)]。总之,作为脂质组学中强有力的补充,脂肪酸组学可以广泛用于含有羧酸基团的脂质的定性和定量分析,进而有助于阐明许多病理学条件下的生物化学机制。

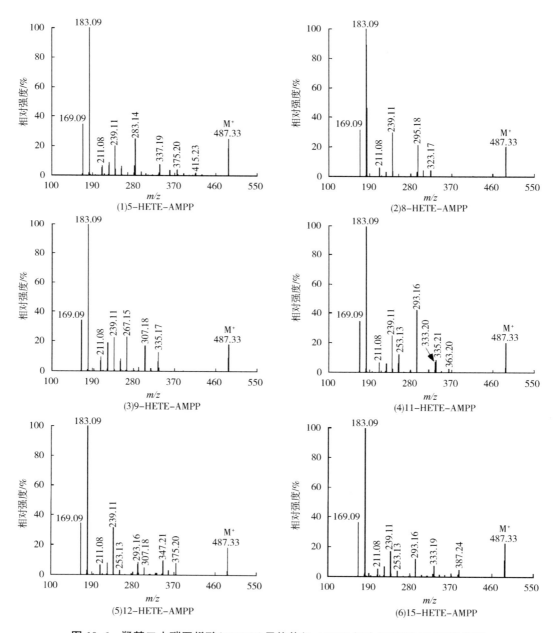

图 10.6 羟基二十碳四烯酸(HETE)异构体经 AMPP 衍生化后的不同碎裂类型

10 脂肪酸和改性脂肪酸的裂解特征

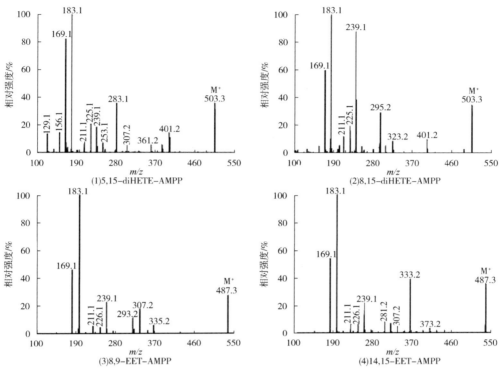

图 10.7 二羟基二十碳四烯酸(diHETE)异构体或者二苯醚二十碳烯酸(EET)异构体经过 AMPP 衍生化后的碎片图谱

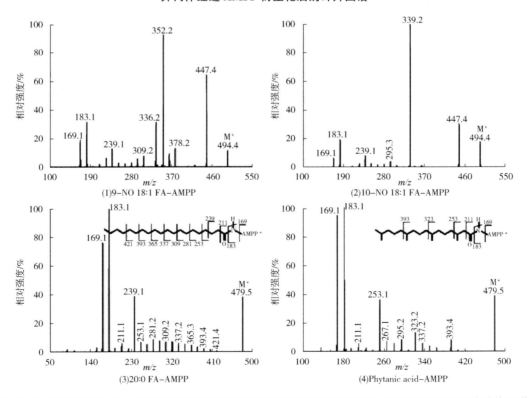

图 10.8 亚硝酰化的 18∶1 脂肪酸异构体和含或不含支链的饱和脂肪酸经 AMPP 衍生化后的碎片图谱

参考文献

1. Fahy, E., Subramaniam, S., Brown, H. A., Glass, C. K., Merrill, A. H., Jr., Murphy, R. C., Raetz, C. R., Russell, D. W., Seyama, Y., Shaw, W., Shimizu, T., Spener, F., van Meer, G., VanNieuwenhze, M. S., White, S. H., Witztum, J. L. and Dennis, E. A. (2005) A comprehensive classification system for lipids. J. Lipid Res. 46, 839–861.
2. Buczynski, M. W., Dumlao, D. S. and Dennis, E. A. (2009) Thematic review series: Proteomics. An integrated omics analysis of eicosanoid biology. J. Lipid Res. 50, 1015–1038.
3. Guichardant, M., Chen, P., Liu, M., Calzada, C., Colas, R., Vericel, E. and Lagarde, M. (2011) Functional lipidomics of oxidized products from polyunsaturated fatty acids. Chem. Phys. Lipids 164, 544–548.
4. Wahle, K. W., Heys, S. D. and Rotondo, D. (2004) Conjugated linoleic acids: Are they beneficial or detrimental to health? Prog. Lipid Res. 43, 553–587.
5. Borch, R. F. (1975) Separation of long chain fatty acids as phenacyl esters by high pressure liquid chromatography. Anal. Chem. 47, 2437–2439.
6. Christie, W. W. and Han, X. (2010) Lipid Analysis: Isolation, Separation, Identification and Lipidomic Analysis. The Oily Press, Bridgwater, England. pp 448.
7. Hsu, F.-F. and Turk, J. (1999) Structural characterization of triacylglycerols as lithiated adducts by electrospray ionization mass spectrometry using low-energy collisionally activated dissociation on a triple stage quadrupole instrument. J. Am. Soc. Mass Spectrom. 10, 587–599.
8. Hsu, F.-F. and Turk, J. (2008) Elucidation of the double-bond position of long-chain unsaturated fatty acids by multiple-stage linear ion-trap mass spectrometry with electrospray ionization. J. Am. Soc. Mass Spectrom. 19, 1673–1680.
9. Hsu, F. F. and Turk, J. (2008) Structural characterization of unsaturated glycerophospholipids by multiple-stage linear ion-trap mass spectrometry with electrospray ionization. J. Am. Soc. Mass Spectrom. 19, 1681–1691.
10. Kerwin, J. L., Wiens, A. M. and Ericsson, L. H. (1996) Identification of fatty acids by electrospray mass spectrometry and tandem mass spectrometry. J. Mass Spectrom. 31, 184–192.
11. Yang, K., Zhao, Z., Gross, R. W. and Han, X. (2011) Identification and quantitation of unsaturated fatty acid isomers by electrospray ionization tandem mass spectrometry: A shotgun lipidomics approach. Anal. Chem. 83, 4243–4250.
12. Mitchell, T. W., Pham, H., Thomas, M. C. and Blanksby, S. J. (2009) Identification of double bond position in lipids: From GC to OzID. J. Chromatogr. B 877, 2722–2735.
13. Moe, M. K., Anderssen, T., Strom, M. B. and Jensen, E. (2004) Vicinal hydroxylation of unsaturated fatty acids for structural characterization of intact neutral phospholipids by negative electrospray ionization tandem quadrupole mass spectrometry. Rapid Commun. Mass Spectrom. 18, 2121–2130.
14. Moe, M. K., Strom, M. B., Jensen, E. and Claeys, M. (2004) Negative electrospray ionization low-energy tandem mass spectrometry of hydroxylated fatty acids: A mechanistic study. Rapid Commun. Mass Spectrom. 18, 1731–1740.
15. Harrison, K. A. and Murphy, R. C. (1996) Direct mass spectrometric analysis of ozonides: application to unsaturated glycerophosphocholine lipids. Anal. Chem. 68, 3224–3230.
16. Thomas, M. C., Mitchell, T. W. and Blanksby, S. J. (2006) Ozonolysis of phospholipid double bonds during electrospray ionization: A new tool for structure determination. J. Am. Chem. Soc. 128, 58–59.
17. Thomas, M. C., Mitchell, T. W., Harman, D. G., Deeley, J. M., Murphy, R. C. and Blanksby, S. J. (2007) Elucidation of double bond position in unsaturated lipids by ozone electrospray ionization mass spectrometry. Anal. Chem. 79, 5013–5022.
18. Murphy, R. C., Barkley, R. M., Zemski Berry, K., Hankin, J., Harrison, K., Johnson, C., Krank, J., McAnoy, A., Uhlson, C. and Zarini, S. (2005) Electrospray ionization and tandem mass spectrometry of eicosanoids. Anal. Biochem. 346, 1–42.
19. Yue, H., Strauss, K. I., Borenstein, M. R., Barbe, M. F., Rossi, L. J. and Jansen, S. A. (2004) Determination of bioactive eicosanoids in brain tissue by a sensitive reversed-phase liquid chromatographic method with fluorescence detection. J. Chromatogr. B 803, 267–277.
20. Puppolo, M., Varma, D. and Jansen, S. A. (2014) A review of analytical methods for eicosanoids in brain tissue. J. Chromatogr. B 964, 50–64.
21. Nakamura, T., Bratton, D. L. and Murphy, R. C. (1997) Analysis of epoxyeicosatrienoic and monohydroxyeicosatetraenoic acids esterified to phospholipids in human red blood cells by electrospray tandem mass spectrometry. J. Mass Spectrom. 32, 888–896.
22. Masoodi, M., Eiden, M., Koulman, A., Spaner, D. and Volmer, D. A. (2010) Comprehensive lipidomics analysis of bioactive lipids in complex regulatory networks. Anal. Chem. 82, 8176–8185.
23. Wysocki, V. H. and Ross, M. M. (1991) Charge-remote fragmentation of gas-phase ions: Mechanistic and energetic considerations in the dissociation of long-chain functionalized alkanes and alkenes. Int. J. Mass Spec. 104, 179–211.

24. Cheng, C. and Gross, M. L. (2000) Applications and mechanisms of charge-remote fragmentation. Mass Spectrom. Rev. 19, 398-420.
25. Bollinger, J. G., Thompson, W., Lai, Y., Oslund, R. C., Hallstrand, T. S., Sadilek, M., Turecek, F. and Gelb, M. H. (2010) Improved sensitivity mass spectrometric detection of eicosanoids by charge reversal derivatization. Anal. Chem. 82, 6790-6796.
26. Bollinger, J. G., Rohan, G., Sadilek, M. and Gelb, M. H. (2013) LC/ESI-MS/MS detection of FAs by charge reversal derivatization with more than four orders of magnitude improvement in sensitivity. J. Lipid Res. 54, 3523-3530.
27. Yang, K., Dilthey, B. G. and Gross, R. W. (2013) A shotgun lipidomics approach using charge switch derivatization: Analysis of fatty acid double bond isomers. J. Am. Soc. Mass Spectrom. 24(S1), 228.
28. Wang, M., Han, R. H. and Han, X. (2013) Fatty acidomics: Global analysis of lipid species containing a carboxyl group with a charge-remote fragmentation-assisted approach. Anal. Chem. 85, 9312-9320.
29. Yang, K., Dilthey, B. G. and Gross, R. W. (2013) Identification and quantitation of fatty acid double bond positional isomers: A shotgun lipidomics approach using charge-switch derivatization. Anal. Chem. 85, 9742-9750.

其他生物活性脂质代谢物的裂解特征

11.1 引言

每类脂质的新陈代谢/分解代谢都涉及多个步骤,因此会生成许多相应的中间物(或代谢物)。大多数代谢产物在生物系统中发挥了重要作用,如作为脂质第二信使,成为生物合成结构单元,参与能量代谢。因此,准确识别和定量这些代谢物是非常重要的。然而,这些脂质中间物通常以非常低的强度存在。而且,许多脂质中间物要么是非极性的,要么是不稳定,或非常活跃的,所以这些代谢物要么不能通过 ESI-MS 产生离子,要么容易降解,或容易与其他生物化合物反应。所以,这些因素使得这些中间物的大规模和高通量分析(即在脂质组学方法中)非常具有挑战性。

在前几章中,许多脂质代谢物的碎裂特征已与它们的母体分子放在一起讨论或做详细说明。例如,第 7 章对溶血磷脂的破裂模式做了说明,第 8 章总结了鞘脂质代谢物的特性,第 9 章讨论了 DAG 和 MAG 类脂质,第 10 章是关于代谢物及其含有羧酸的修饰物。在本章中,只对前面的章节中没有提到的那些脂质中间体以及利用 ESI-MS/MS 对这些脂质的表征结果进行总结。对他们的生物来源和功能也会做出概述。

如前所述,在利用 ESI-MS 进行脂质分析之前,其他电离技术被用来表征这些衍生化或未衍生化的代谢物。在本章也会对这些技术简要提及。此外,许多文献综述总结了这些化合物的研究结果[1-3],可供读者参考。

11.2 酰基肉碱

酰基肉碱是脂肪酸代谢的必需化合物,也是线粒体脂肪酸 β-氧化的中间体。在这个过程中,脂肪酸首先活化,在细胞液中形成酰基辅酶 A(详见 11.3),然后通过肉碱棕榈酰转移酶 I(CPT-I)将酰基部分转移至肉毒碱,肉毒碱位于线粒体外膜。形成的酰基肉碱被大量和有选择地转运到线粒体中用于脂肪酸 β-氧化,通过调节 CPT-I 和 CPT-II 的活性调控 ATP。后者位于线粒体内膜并将酰基肉碱还原到酰基辅酶 A。

通过 β-氧化产生的中间体(中长链和短链酰基辅酶 A)也可以通过相同的机制反向转输,形成中长链和短链酰基肉碱。未经选择的长链、中长链和短链酰基肉碱可以从细胞中溢出,从而使血液流中有酰基肉碱存在。因此,未经选择的长链酰基肉碱类的累积代表线粒体脂肪酸 β-氧化的增强,而中长链和短链酰基肉碱的累积可能暗示了线粒体在一定程度上的调节异常/功能紊乱。

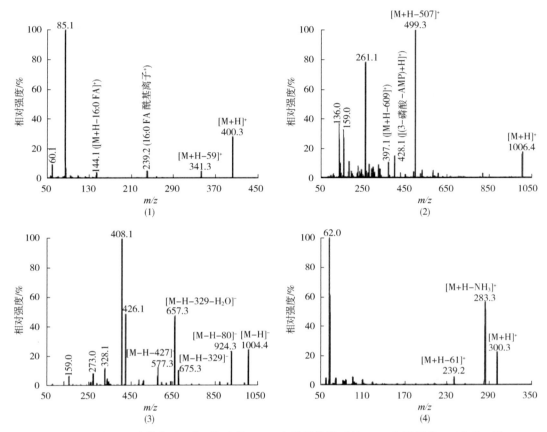

图 11.1　质子化酰基肉碱、质子化酰基 CoA、去质子化的酰基 CoA 和质子化 N-酰基乙醇胺的产物离子质谱分析

使用三重四极杆质谱仪(Thermo Fisher TSQ Vantage),在碰撞能量分别为 23、57、43、18eV 时,对(1)质子化棕榈酰肉碱,(2)质子化棕榈酰 CoA,(3)去质子化棕榈酰 CoA 和(4)质子化 N-棕榈酰乙醇胺进行产物离子 ESI-MS 分析。碰撞气压为 0.133Pa。

在正离子模式下酰基肉碱容易形成质子化离子即 $[M+H]^+$。在低能碰撞诱导解离(CID)后质子化酰基肉碱的产物离子 ESI 质谱显示了用于结构分析的裂解规律[图 11.1(1)],其中包括以下内容。

- 对应于由分子离子失去酰基和三甲胺的而产生的质子化 γ-巴豆酸内酯,m/z 为 85 的主要产物离子。
- 对应于三甲胺的损失,m/z 为 341 的适中离子,即 $[M+H-59]^+$。
- 对应于质子化脂肪酸的离子(通常含量很低)。
- 酰基阳离子即 RCO^+。
- 由 FA 取代基丢失产生的离子。

当酰基肉碱包含的 FA 取代基带有羟基时(通常在 α 位),产物离子的质谱比没有羟基的酰基肉碱对应物更复杂。在这种情况下,串联质谱中存在多个额外的碎片离子,这是由如前所述的不同碎片离子中的水分损耗引起的[4]。

11.3 酰基辅酶 A

酰基辅酶 A 是细胞中脂肪酸的活化形式,带有辅酶 A(CoA)基团,附着于长链脂肪酰基的末端,并通过细胞液中酰基辅酶 A 合成酶的催化作用产生。酰基辅酶 A 是脂肪酸代谢的重要中间体,主要通过 β-氧化在线粒体中产生 ATP(详见 11.2)。酰基辅酶 A 也是脂质生物合成的重要底物,参与脂酰取代基如复合磷脂、甘油脂和鞘脂的合成。

酰基辅酶 A 在正负离子模式下都可以产生电离,分别得到质子化和去质子化的酰基辅酶 A[5]。另外,[M+Na-2H]⁻ 也可以在负离子模式下形成。酰基辅酶 A 在负离子模式下也可被电离成双电荷离子。质子化离子的形成通常需要在酸性条件下进行。否则,在正离子模式下有可能形成酰基辅酶 A 的钠或钾加合物[5]。

在低能碰撞诱导解离(CID)后质子化酰基 CoA(即[M+H]⁺)的产物离子 ESI 质谱显示出以下破裂模式[图 11.1(2)][5-6]:

- 非常强的产物离子峰(通常为基峰)[M+H-507]⁺,对应于泛坦酸与分子 FA 部分的 ADP 带电残基之间的解离。
- m/z 428 的碎片离子峰,对应于质子化的 3′-磷酸-AMP。
- [M+H-609]⁺离子峰,对应于 CoA 的重排部分。
- 由 m/z 508 和 330 的 CoA 部分产生的一些低强度碎片离子。

导致这些产物离子产生的裂解途径在之前有被阐述[5]。

在低能量 CID 后去质子化的酰基 CoA 物质(即[M-H]⁻)的碎裂模式包括许多信息丰富的产物离子,可用于结构分析[图 11.1(3)][5-6]:

- [M-H-80]⁻,由 HPO₃ 的丢失产生。
- [M-H-329]⁻,由腺苷 3-磷酸的丢失产生。
- [M-H-347]⁻,由[M-H-329]⁻进一步失水产生。
- 高强度的产物离子[M-H-427]⁻,对应于 3-磷酸-AMP 的丢失。
- m/z 为 426 和 408 的两个高强度产物离子,对应于 3-磷酸-AMP 及其失去一个水分子后的配对物。
- 对应于磷酸腺苷的 m/z 328.1 离子(即 m/z 408 离子失去 HPO₃)。
- 存在于低质量区域的其他低强度碎片离子,可能是由磷酸腺苷的碎裂引起的。

11.4 内源性大麻素

内源性大麻素被称为内生化合物,它可以结合并功能性地激活大麻素受体[7]。自 1992 年发现大麻素(N-花生四烯酸乙醇胺)以来[8],可激活大麻素受体的许多其他的内源性化合物已经从哺乳动物组织鉴定出来[1-2,9]。这些内源性大麻素和相关化合物一般属于 N-酰基乙醇胺、2-酰基甘油和 N-酰基氨基酸(又称为艾米尔酸)类,由脂肪酸与氨基酸或氨基酸衍生物(如 N-酰基甘氨酸、N-酰基牛磺酸、N-酰基 5-羟色胺和 N-酰基多巴胺)缩合得到。这些化合物可以被电离,在正离子模式下可作为质子、钠、银或铵加合物进行表征[2]。

11.4.1　N-酰基乙醇胺

以前关于 N-酰基乙醇胺类脂质的表征和鉴定的研究大部分是通过将其衍生化后使用气相色谱-质谱(GC-MS)分析完成的[9,10]。最近 ESI-MS 已被广泛应用于 N-酰基乙醇胺的鉴定和定量分析。在正离子模式下 N-酰基乙醇胺类脂质的质子加合物可以很容易形成。质子化 N-酰基乙醇胺类脂质的裂解出丰富独特的产物离子 $[M+H-61]^+$ 峰,对应于乙醇胺的丢失和酰基阳离子的形成[图 11.1(4)][11]。

11.4.2　2-酰基丙三醇

2-酰基甘油作为铵加合物的表征在甘油单酯部分(详见第 9 章)已经做了阐述。

11.4.3　N-酰基氨基酸

在生物样品中已经发现了各种 N-酰基氨基酸类脂质[12-13]。在正负离子模式下,N-酰基氨基酸类脂质均可发生电离。在酸性条件下,N-酰基氨基酸的质子加合物($[M+H]^+$)或其失水形成的物质($[M-H_2O+H]^+$)在正离子 ESI 质谱中显著存在。而在负离子模式下会形成 $[M-H]^-$ 和 $[M-H_2O-H]^-$ 离子。

在低能量 CID 后质子化 N-酰基氨基酸($[M+H]^+$)的裂解模式可能会在一定程度上有所改变,即使包含相同的氨基酸[14-15],但主要包括以下内容。

- 由于氨基酸或加水氨基酸的丢失而引起的变化。
- 对应于质子化氨基酸,与乙烯酮的 FA 取代基丢失相似。
- 在某些情况下,质子化的 N-酰基氨基酸也可能会发生水分或甲酸的非特异性丢失[14]。

去质子化 N-酰基氨基酸经 CID 后的解离主要表现出以下碎片模式。

- 由氨基酸产生的高强度碎片离子(例如,m/z 为 80、107、124 的显著碎片离子,分别对应于三氧化硫(SO_3^-)、乙烯基磺酸和牛磺酸,通过去质子化的 N-酰基氨基酸产生)。
- 由饱和 FA 取代基产生的一组低强度碎片离子,在 m/z 为 150~430 的质量区域以 14u 逐渐消失的模式存在[16]。

11.5　4-羟基烯醛

4-羟基烯醛是在多种生理和病理过程中由各种复杂的酶和非酶反应产生的一类过氧化产物[17-18]。

在活性氧(ROS)大量存在的病理或生理条件下,这些过氧化途径可以得到显著增强[19]。因此,4-羟基烯醛的测定不仅能显示氧化应激的程度,也会显示病理或生理条件下所涉及的不同的氧化途径。

众所周知,α,β-不饱和醛类脂质是亚稳态的,能与活性官能团(例如,蛋白质和核酸中的伯胺)反应形成共价加合物,从而导致蛋白质和 DNA 功能的改变,酶活性失调,线粒体生物能学的变化等。此外,由于它们的非极性性质,4-羟基烯醛可以很容易地从其发生部位扩散传播氧化损伤,从而成为"有毒的第二信使"[23]。研究表明,在老化过程中或氧化应激下,修饰蛋白与这些反应性醛类的累积在细胞中是很明显的,并且这样的修饰和累积与许多疾病的发病机制有关,如动脉粥样硬化、糖尿病、肌肉营养不良、类风湿性关节炎、光化弹性组织变性以及神经退行性疾病(阿尔茨海默病、帕金森病、脑缺血)[17-18,24]。

目前,许多技术已被用来检测这些分子,包括 GC-MS[25-27]、HPLC[28-30]、HPLC 与 GC-MS 联用[31],直接进样法 ESI-MS[32] 和 LC-MS/MS[33-37]。然而,由于工作量大、灵敏度低,在样品制备和分析过程中化合物损失严重,得到的结果并不令人满意。因此,为了解决上述问题,常通过衍生化方法来稳定这些反应代谢物,并用 ESI-MS 来提高离子化效率,进而提供 MS/MS 特征碎片。通过 4-羟基烯醛-C3 和咪唑氮之间的 Michael 加合物,4-羟基烯醛与肌肽发生衍生化作用,然后发生重排形成如前所述的半缩醛衍生物[38]。

与 4-羟基烯醛相比,合成的 4-羟基烯醛-肌肽加合物中的伯氨基在酸性条件下容易被质子化,显著地增强了离子化效率[39]。研究发现形成的衍生物能保持长期的稳定[39]。最重要的是,CID 后肌肽加合的 4-羟基烯醛的产物离子 MS 分析显示出许多信息丰富的特征碎片离子,在稳定的同位素标记对应物存在的情况下,可用于鉴别和定量分析这些简单的氧化代谢物。

多种质子化的 4-羟基烯醛肌肽加合物的表征显示出基本相同的碎裂模式,包括来自衍生试剂的中性损失 17(氨)、71、117u(图 11.2)。其他的高强度碎片离子包括对应于 46.0u 和 63.0u 的中性损失以及 m/z 210.1 离子。所有这些中性的丢失碎片或那些形成的碎片离子代表了加合的 4-羟基烯醛的基本成分。一些碎片离子的联合检测可用于特定识别 4-羟基烯醛肌肽加合物的存在,而 4-羟基烯醛的结构可以很容易地通过检测到的相对分子质量和天然存在的多不饱和 FA 的结构推导出来。

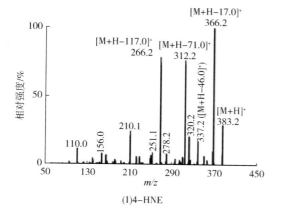

(1) 4-HNE

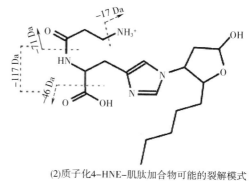

(2) 质子化4-HNE-肌肽加合物可能的裂解模式

图 11.2

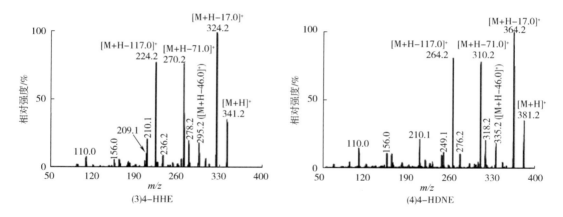

图 11.2　4-羟基烯醛经肌肽衍生化后的产物离子质谱分析

将 4-羟基烯醛与肌肽反应后生成肌肽-4-羟基烯醛[39]。肌肽衍生化的(1)4-羟基壬烯醛(4-HNE)(3)4-羟基己烯醛(4-HHE)和(4)4-羟基丙烯醛(4-HNDE)的产物离子 ESI-MS 分析通过三重四极杆质谱仪(Thermo Fisher TSQ Vantage)完成。碰撞活化在 25eV 的碰撞能量和 0.133Pa 的气压下进行。(2)为质子化的 4-HNE-肌肽加合物的破碎模式。

由于对应于 17.0、63.0、71.0、117.0u 中性损耗的碎片离子丰富存在且特定于肌肽加合物，因此通过有效完成这些中性碎片的 NLS 可以鉴定生物样品中是否存在 4-羟基烯醛，并与同位素标记的内标比较，定量分析这些被识别的分子(图 11.3)。

11.6　氯化脂质

细胞缩醛磷脂可以与内生的次氯酸反应，产生的 2-氯脂肪醛进一步氧化或还原成 2-氯脂肪酸或 2-氯脂肪醇[40-41]。得到的 2-氯脂肪酸可以在活化的单核细胞中累积，并通过活性氧和内质网应激的过度产生导致细胞凋亡[42]。同样，缩醛磷脂质物质被内生次溴酸攻击会形成 2-溴代脂肪醛[43-44]、2-溴代脂肪酸。

2-氯脂肪醛和脂肪醇分别结合五氟苯甲酰羟胺和五氟苯甲酰氯衍生化后都可以通过传统的 GC-MS 方法定量分析[40-41]。在 ESI-MS 负离子模式下具有生物活性的 2-氯 FA 容易发生电离(详见第 2 章)，形成去质子化的分子离子。CID 后这些去质子化的分子离子的产物离子 ESI 分析显示出以下碎裂模式[45]：

- 有非常明显的碎片离子峰 m/z [M-H-36]$^-$，对应于 HCl 的丢失。
- 有明显的碎片离子峰 m/z [M-H-82]$^-$，对应于碎片离子峰 m/z [M-H-36]$^-$ 处的甲酸。

因此，在 MRM 模式下利用这些特征碎片离子，具有生物活性的 2-氯代 FA 通过 LC-MS/MS 很容易被识别和定量[40-41]。

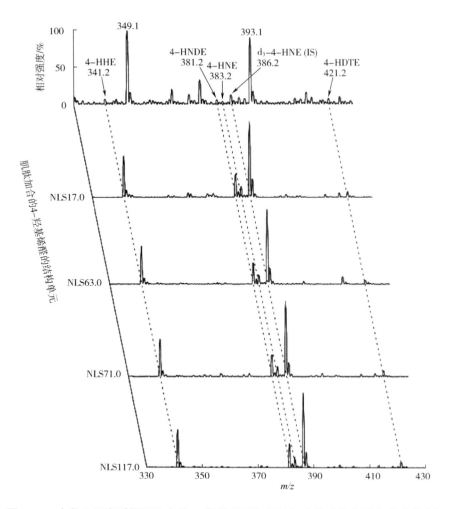

图 11.3 小鼠心肌脂质提取物中的 4-羟基烯醛经肌肽衍生化后的典型串联质谱分析

通过改良的 Bligh-Dyer 方法提取小鼠的心肌脂质,进而与肌肽发生衍生化反应[39]。通过三重四极杆质谱仪(Thermo Fisher TSQ Vantage)的中性丢失扫描模式扫描 17(NLS17)、63(NLS63)、71(NLS71) 和 117(NLS117) u。碰撞气压为 0.133Pa,碰撞能量分别为 16、27、23、28eV。4-HHE、4-HNDE、4-HNE 和 4-HDTE 分别表示 4-羟基己烯醛、4-羟基壬丙醇、4-羟基壬烯醛和 4-羟基十二碳三烯醛。"IS"代表内标。

11.7 固醇和氧固醇

自然界中存在许多固醇和氧固醇[46],它们通过酶促或非酶反应产生。大多数这些化合物在生物系统中发挥了许多重要的作用。例如,许多固醇参与了胆固醇的生物合成和代谢[47-48]。过去 GC-MS 被广泛用于这些固醇及其衍生化后代谢物的分析[48-49]。目前 LC-MS 和 LC-MS/MS-ESI 成为了普遍的选择工具[49]。

尽管固醇具有四个稠环的核心特征[图 1.4(1)],但各个固醇由于附加基团或中心结构的改变相互之间有所差异。这些差异导致了非常不同的 CID 破裂模式。因此,固醇没有共同的破裂模式。各个固醇必须单独进行表征和说明。甾醇物质的单个产物离子质谱太复杂了,超出了本书的范围。读者可从 Griffiths 等发表的文献综述中查阅这些 CID 谱图[47-48]。

应该认识到,由于这些固醇化合物大部分是相对疏水的,通过 ESI 对这些化合物直接电离并不灵敏。而且,许多固醇至少带有一个羟基。这些失水形式的固醇的准分子离子检测是非常常见的。为了提高灵敏度,稳定固醇的原始结构,通常采用适当的衍生化来对固醇结构进行表征和说明。对这个领域感兴趣的读者可以参考 Griffiths 等发表的文章[50-53]。

11.8 脂肪酸-羟基脂肪酸

最新的研究发现了一种新的生物活性脂质——脂肪酸-羟基脂肪酸,这类脂质具有抗糖尿病和消炎的功效[54]。它们在血清和白色脂肪组织中的浓度分别约为 50pmol/mL、50~100pmol/mg。这些具有生物活性的化合物可作为 G 蛋白受体的刺激剂[54]。

本质上,如第 2 章所述,作为改性脂肪酸家族中的一员,这类脂质在 ESI-MS 负离子模式下容易发生电离产生去质子化的分子离子 $[M-H]^-$ [54]。这些去质子化的分子离子的 CID 产物离子 ESI-MS 分析显示以下破裂模式[54]。

- 对应于羟基 FA 羧酸盐的碎片离子。
- 由羟基 FA 羧酸盐失去水分子而产生的离子。
- 支链 FA 羧酸盐离子。
- 可用于双键位置识别的其他一些小碎片(如果存在的话)。

借助于这些碎片离子,研究人员已经开发了 MRM 转换,可以有针对性地确定单个脂肪酸-羟基脂肪酸[54]。

如第 10 章所述,作者的实验室已经通过脂肪酸组学方法对这类改性脂肪酸的碎片做了初步表征。具体来说,我们合成了一个 d_4-棕榈酸-12-羟基硬脂酸化合物,并用 AMPP 衍生化后确定其碎裂模式[55]。图 11.4 显示了它的产物离子质谱,有一个非常明显的 m/z 449.4 碎片离子峰,对应于支链脂肪酸的丢失(d_4-16:0 FA)。此外,质谱还显示了大量的片段指纹图谱,提供了羟基脂肪酸的结构信息和羟基部分的位置信息。后者可以从 C11 和 C12 间的显著双键以及 C12 和 C13 间的主要双键的位置推断出来。携有支链脂肪酸的碎片离子的缺失和由支链脂肪酸丢失引起的强烈的 m/z 449.4 碎片离子峰可能表明 CID 后支链脂肪酸的丢失很容易发生而且是第一次发生。然而,有趣的是在不饱和脂肪酸的碎裂模式中对应于 C13 和 C14 位置相对明显的峰在双键之后的位置是不存在的[55]。此外,从 C11 开始的 2u 偏差的分裂峰表明至少有两种碎裂途径存在。显然,为了进一步阐明 AMPP 衍生的脂肪酸-羟基脂肪酸的破碎机制,需要更多的研究。

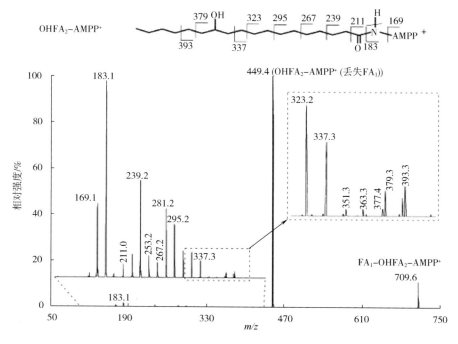

图 11.4　d_4-棕榈酸-12-羟基硬脂酸经 AMPP 衍生后的断裂模式

参考文献

1. Murphy, R. C., Barkley, R. M., Zemski Berry, K., Hankin, J., Harrison, K., Johnson, C., Krank, J., McAnoy, A., Uhlson, C. and Zarini, S. (2005) Electrospray ionization and tandem mass spectrometry of eicosanoids. Anal. Biochem. 346, 1-42.

2. Kingsley, P. J. and Marnett, L. J. (2009) Analysis of endocannabinoids, their congeners and COX-2 metabolites. J. Chromatogr. B 877, 2746-2754.

3. Puppolo, M., Varma, D. and Jansen, S. A. (2014) A review of analytical methods for eicosanoids in brain tissue. J. Chromatogr. B 964, 50-64.

4. Su, X., Han, X., Mancuso, D. J., Abendschein, D. R. and Gross, R. W. (2005) Accumulation of long-chain acylcarnitine and 3-hydroxy acylcarnitine molecular species in diabetic myocardium: Identification of alterations in mitochondrial fatty acid processing in diabetic myocardium by shotgun lipidomics. Biochemistry 44, 5234-5245.

5. Hankin, J. A., Wheelan, P. and Murphy, R. C. (1997) Identification of novel metabolites of prostaglandin E2 formed by isolated rat hepatocytes. Arch. Biochem. Biophys. 340, 317-330.

6. Haynes, C. A., Allegood, J. C., Sims, K., Wang, E. W., Sullards, M. C. and Merrill, A. H., Jr. (2008) Quantitation of fatty acyl-coenzyme As in mammalian cells by liquid chromatography-electrospray ionization tandem mass spectrometry. J. Lipid Res. 49, 1113-1125.

7. Bisogno, T., Ligresti, A. and DiMarzo, V. (2005) The endocannabinoid signalling system: Biochemical aspects. Pharmacol. Biochem. Behav. 81, 224-238.

8. Devane, W. A., Hanus, L., Breuer, A., Pertwee, R. G., Stevenson, L. A., Griffin, G., Gibson, D., Mandelbaum, A., Etinger, A. and Mechoulam, R. (1992) Isolation and structure of a brain constituent that binds to the cannabinoid receptor. Science 258, 1946-1949.

9. Zoerner, A. A., Gutzki, F. M., Batkai, S., May, M., Rakers, C., Engeli, S., Jordan, J. and Tsikas, D. (2011) Quantification of endocannabinoids in biological systems by chromatography and mass spectrometry: A comprehensive review from an analytical and biological perspective. Biochim. Biophys. Acta 1811, 706-723.

10. Kempe, K., Hsu, F. F., Bohrer, A. and Turk, J. (1996) Isotope dilution mass spectrometric measurements indicate that arachidonylethanolamide, the proposed endogenous ligand of the cannabinoid receptor, accumulates in rat brain tissue post mortem but is contained at low levels in or is absent from fresh tissue. J. Biol. Chem. 271, 17287-17295.

11. Markey, S. P., Dudding, T. and Wang, T. C. (2000) Base-and acid-catalyzed interconversions of O-acyl-and

N-acyl-ethanolamines: A cautionary note for lipid analyses. J. Lipid Res. 41, 657−662.
12. Tan, B., Bradshaw, H. B., Rimmerman, N., Srinivasan, H., Yu, Y. W., Krey, J. F., Monn, M. F., Chen, J. S., Hu, S. S., Pickens, S. R. and Walker, J. M. (2006) Targeted lipidomics: Discovery of new fatty acyl amides. AAPS J. 8, E461−465.
13. Tan, B., Yu, Y. W., Monn, M. F., Hughes, H. V., O'Dell, D. K. and Walker, J. M. (2009) Targeted lipidomics approach for endogenous N-acyl amino acids in rat brain tissue. J. Chromatogr. B 877, 2890−2894.
14. Bradshaw, H. B., Rimmerman, N., Hu, S. S., Burstein, S. and Walker, J. M. (2009) Novel endogenous N-acyl glycines identification and characterization. Vitam. Horm. 81, 191−205.
15. Huang, S. M., Bisogno, T., Petros, T. J., Chang, S. Y., Zavitsanos, P. A., Zipkin, R. E., Sivakumar, R., Coop, A., Maeda, D. Y., De Petrocellis, L., Burstein, S., Di Marzo, V. and Walker, J. M. (2001) Identification of a new class of molecules, the arachidonyl amino acids, and characterization of one member that inhibits pain. J. Biol. Chem. 276, 42639−42644.
16. Saghatelian, A., Trauger, S. A., Want, E. J., Hawkins, E. G., Siuzdak, G. and Cravatt, B. F. (2004) Assignment of endogenous substrates to enzymes by global metabolite profiling. Biochemistry 43, 14332−14339.
17. Poli, G. and Schaur, R. J. (2000) 4-Hydroxynonenal in the pathomechanisms of oxidative stress. IUBMB Life 50, 315−321.
18. Uchida, K. (2000) Role of reactive aldehyde in cardiovascular diseases. Free Radic. Biol. Med. 28, 1685−1696.
19. Yun, M. R., Park, H. M., Seo, K. W., Lee, S. J., Im, D. S. and Kim, C. D. (2010) 5-Lipoxygenase plays an essential role in 4-HNE-enhanced ROS production in murine macrophages via activation of NADPH oxidase. Free Radic. Res. 44, 742−750.
20. Esterbauer, H., Schaur, R. J. and Zollner, H. (1991) Chemistry and biochemistry of 4-hydroxynonenal, malonaldehyde and related aldehydes. Free Radic. Biol. Med. 11, 81−128.
21. Parola, M., Bellomo, G., Robino, G., Barrera, G. and Dianzani, M. U. (1999) 4-Hydroxynonenal as a biological signal: Molecular basis and pathophysiological implications. Antioxid. Redox. Signal. 1, 255−284.
22. Echtay, K. S. (2007) Mitochondrial uncoupling proteins: What is their physiological role?. Free Radic. Biol. Med. 43, 1351−1371.
23. Uchida, K., Shiraishi, M., Naito, Y., Torii, Y., Nakamura, Y. and Osawa, T. (1999) Activation of stress signaling pathways by the end product of lipid peroxidation. 4-Hydroxy-2-nonenal is a potential inducer of intracellular peroxide production. J. Biol. Chem. 274, 2234−2242.
24. Stadtman, E. R. (2001) Protein oxidation in aging and age-related diseases. Ann. N. Y. Acad. Sci. 928, 22−38.
25. Luo, X. P., Yazdanpanah, M., Bhooi, N. and Lehotay, D. C. (1995) Determination of aldehydes and other lipid peroxidation products in biological samples by gas chromatography-mass spectrometry. Anal. Biochem. 228, 294−298.
26. Bruenner, B. A., Jones, A. D. and German, J. B. (1996) Simultaneous determination of multiple aldehydes in biological tissues and fluids using gas chromatography/stable isotope dilution mass spectrometry. Anal. Biochem. 241, 212−219.
27. Kawai, Y., Takeda, S. and Terao, J. (2007) Lipidomic analysis for lipid peroxidation-derived aldehydes using gas chromatography-mass spectrometry. Chem. Res. Toxicol. 20, 99−107.
28. Goldring, C., Casini, A. F., Maellaro, E., Del Bello, B. and Comporti, M. (1993) Determination of 4-hydroxynonenal by high-performance liquid chromatography with electrochemical detection. Lipids 28, 141−145.
29. Liu, Y. M., Jinno, H., Kurihara, M., Miyata, N. and Toyo'oka, T. (1999) Determination of 4-hydroxy-2-nonenal in primary rat hepatocyte cultures by liquid chromatography with laser induced fluorescence detection. Biomed. Chromatogr. 13, 75−80.
30. Uchida, T., Gotoh, N. and Wada, S. (2002) Method for analysis of 4-hydroxy-2-(E)-nonenal with solid-phase microextraction. Lipids 37, 621−626.
31. Selley, M. L., Bartlett, M. R., McGuiness, J. A., Hapel, A. J. and Ardlie, N. G. (1989) Determination of the lipid peroxidation product trans-4-hydroxy-2-nonenal in biological samples by high-performance liquid chromatography and combined capillary column gas chromatography-negative-ion chemical ionisation mass spectrometry. J. Chromatogr. B Biomed. Sci. Appl. 488, 329−340.
32. Gioacchini, A. M., Calonghi, N., Boga, C., Cappadone, C., Masotti, L., Roda, A. and Traldi, P. (1999) Determination of 4-hydroxy-2-nonenal at cellular levels by means of electrospray mass spectrometry. Rapid Commun. Mass Spectrom. 13, 1573−1579.
33. O'Brien-Coker, I. C., Perkins, G. and Mallet, A. I. (2001) Aldehyde analysis by high performance liquid chromatography/tandem mass spectrometry. Rapid Commun. Mass Spectrom. 15, 920−928.
34. Andreoli, R., Manini, P., Corradi, M., Mutti, A. and Niessen, W. M. (2003) Determination of patterns of biologically relevant aldehydes in exhaled breath condensate of healthy subjects by liquid chromatography/atmospheric chemical ionization tandem mass spectrometry. Rapid Commun. Mass Spectrom. 17, 637−645.
35. Williams, T. I., Lovell, M. A. and Lynn, B. C. (2005) Analysis of derivatized biogenic aldehydes by LC tandem mass spectrometry. Anal. Chem. 77, 3383−3389.

36. Honzatko, A., Brichac, J. and Picklo, M. J. (2007) Quantification of trans-4-hydroxy-2-nonenal enantiomers and metabolites by LC-ESI-MS/MS. J. Chromatogr. B 857, 115-122.
37. Warnke, M. M., Wanigasekara, E., Singhal, S. S., Singhal, J., Awasthi, S. and Armstrong, D. W. (2008) The determination of glutathione-4-hydroxynonenal (GSHNE), E-4-hydroxynonenal (HNE), and E-1-hydroxynon-2-en-4-one (HNO) in mouse liver tissue by LC-ESI-MS. Anal. Bioanal. Chem. 392, 1325-1333.
38. Aldini, G., Carini, M., Beretta, G., Bradamante, S. and Facino, R. M. (2002) Carnosine is a quencher of 4-hydroxy-nonenal: Through what mechanism of reaction? Biochem. Biophys. Res. Commun. 298, 699-706.
39. Wang, M., Fang, H. and Han, X. (2012) Shotgun lipidomics analysis of 4-hydroxyalkenal species directly from lipid extracts after one-step in situ derivatization. Anal. Chem. 84, 4580-4586.
40. Wacker, B. K., Albert, C. J., Ford, B. A. and Ford, D. A. (2013) Strategies for the analysis of chlorinated lipids in biological systems. Free Radic. Biol. Med. 59, 92-99.
41. Wang, W. Y., Albert, C. J. and Ford, D. A. (2013) Approaches for the analysis of chlorinated lipids. Anal. Biochem. 443, 148-152.
42. Wang, W. Y., Albert, C. J. and Ford, D. A. (2014) Alpha-chlorofatty acid accumulates in activated monocytes and causes apoptosis through reactive oxygen species production and endoplasmic reticulum stress. Arterioscler. Thromb. Vasc. Biol. 34, 526-532.
43. Albert, C. J., Crowley, J. R., Hsu, F. F., Thukkani, A. K. and Ford, D. A. (2002) Reactive brominating species produced by myeloperoxidase target the vinyl ether bond of plasmalogens: Disparate utilization of sodium halides in the production of alpha-halo fatty aldehydes. J. Biol. Chem. 277, 4694-4703.
44. Albert, C. J., Thukkani, A. K., Heuertz, R. M., Slungaard, A., Hazen, S. L. and Ford, D. A. (2003) Eosinophil peroxidase-derived reactive brominating species target the vinyl ether bond of plasmalogens generating a novel chemoattractant, alpha-bromo fatty aldehyde. J. Biol. Chem. 278, 8942-8950.
45. Brahmbhatt, V. V., Albert, C. J., Anbukumar, D. S., Cunningham, B. A., Neumann, W. L. and Ford, D. A. (2010){Omega}-oxidation of {alpha}-chlorinated fatty acids: Identification of {alpha}-chlorinated dicarboxylic acids. J. Biol. Chem. 285, 41255-41269.
46. Fahy, E., Subramaniam, S., Brown, H. A., Glass, C. K., Merrill, A. H., Jr., Murphy, R. C., Raetz, C. R., Russell, D. W., Seyama, Y., Shaw, W., Shimizu, T., Spener, F., van Meer, G., VanNieuwenhze, M. S., White, S. H., Witztum, J. L. and Dennis, E. A. (2005) A comprehensive classification system for lipids. J. Lipid Res. 46, 839-861.
47. Griffiths, W. J. (2003) Tandem mass spectrometry in the study of fatty acids, bile acids, and steroids. Mass Spectrom. Rev. 22, 81-152.
48. Griffiths, W. J. and Wang, Y. (2009) Analysis of neurosterols by GC-MS and LC-MS/MS. J. Chromatogr. B 877, 2778-2805.
49. McDonald, J. G., Smith, D. D., Stiles, A. R. and Russell, D. W. (2012) A comprehensive method for extraction and quantitative analysis of sterols and secosteroids from human plasma. J. Lipid Res. 53, 1399-1409.
50. Griffiths, W. J., Liu, S., Alvelius, G. and Sjovall, J. (2003) Derivatisation for the characterisation of neutral oxosterols by electrospray and matrix-assisted laser desorption/ionisation tandem mass spectrometry: The Girard P derivative. Rapid Commun. Mass Spectrom. 17, 924-935.
51. Karu, K., Hornshaw, M., Woffendin, G., Bodin, K., Hamberg, M., Alvelius, G., Sjovall, J., Turton, J., Wang, Y. and Griffiths, W. J. (2007) Liquid chromatography-mass spectrometry utilizing multi-stage fragmentation for the identification of oxysterols. J. Lipid Res. 48, 976-987.
52. Griffiths, W. J. and Sjovall, J. (2010) Analytical strategies for characterization of bile acid and oxysterol metabolomes. Biochem. Biophys. Res. Commun. 396, 80-84.
53. Griffiths, W. J., Crick, P. J., Wang, Y., Ogundare, M., Tuschl, K., Morris, A. A., Bigger, B. W. and Clayton, P. T. (2013) Analytical strategies for characterization of oxysterol lipidomes: Liver X receptor ligands in plasma. Free Radic. Biol. Med. 59, 69-84.
54. Yore, M. M., Syed, I., Moraes-Vieira, P. M., Zhang, T., Herman, M. A., Homan, E. A., Patel, R. T., Lee, J., Chen, S., Peroni, O. D., Dhaneshwar, A. S., Hammarstedt, A., Smith, U., McGraw, T. E., Saghatelian, A. and Kahn, B. B. (2014) Discovery of a class of endogenous mammalian lipids with anti-diabetic and anti-inflammatory effects. Cell 159, 318-332.
55. Wang, M., Han, R. H. and Han, X. (2013) Fatty acidomics: Global analysis of lipid species containing a carboxyl group with a charge-remote fragmentation-assisted approach. Anal. Chem. 85, 9312-9320.

12 脂质的质谱成像分析

12.1 引言

质谱成像(IMS),把分子质量分析和空间信息结合起来,可直接对附着在表面或存在于基质内部的化学物质进行完整的原位分析,并可实现复杂表面分子分布的可视化。这是唯一可直接从组织切片获取高分辨率的生物分子图像且不需要标记的技术。多模式 IMS 包括 MALDI、二次离子质谱(SIMS)、DESI 等,使该技术成为确定药物、代谢产物、脂质、多肽、细胞和生物组织蛋白质的空间分布和直接识别的有力工具。

脂质在细胞和组织的结构和进程中起着至关重要的作用。许多人类疾病(例如,癌症、糖尿病、神经退行性疾病和传染病)都和脂质代谢途径的紊乱有关[1-10]。在生物学和医学中,确定脂质的分布和与其他药物和生物分子在全身各部分、器官、生物组织,甚至单个细胞之间的分布,都是非常重要的研究方向。

几乎所有用于质谱成像的电离源都已经成功应用于脂质的质谱成像,如 MALDI[11]、DESI[12]、SIMS[13]和加压液体提取表面分析[14]。一般来说,大多数组织中的脂质由于其极性的头部容易电离(详见第 1 章和第 2 章)。PC、SM 和胆固醇在正离子模式下会更有选择性地电离,而 PI、PS 和硫苷脂质更容易在负离子模式下电离(详见第 2 章)。PE 在正离子和负离子模式下都可以进行分析。

用于质谱成像的生物样品中大多数含有丰富的脂质,使用软电离法(如 MALDI 和 DESI)时这些脂质在 m/z 800 附近会产生一个强的离子信号。带有胆碱基团的季铵基且稳定正电荷的脂质是最容易检测和成像的,这类脂质和 PC 是一致的。

脂质的质谱成像由四个基本步骤组成:样品制备、解吸/电离、质量分析和成像处理。对于任何分析技术,样品制备都是一个关键步骤,因此在这一章首先对样品制备进行讨论。将制备的样品引入质谱仪之后,生物分子首先通过激光束(MALDI)、一次离子束(SIMS)、带电液滴(DESI)从表面解吸并离子化。产生的离子随后被分离和检测。因为本书的第一篇已经介绍了离子的生成和质量分析,因此这些步骤和用于脂质分析的个别质谱成像技术的应用在这里只简要提及。质谱成像实验需要对每个点处的质谱进行数据收集,这些质谱共同形成离子图像。在本章中,还总结了可用于数据和图像处理的工具。感兴趣的读者可以进一步参考关于这个主题的文献综述[15-23]。

12.1.1 适用于脂质质谱成像的样品

所有类型的生物样本都可以而且已经用于质谱成像分析,例如,单细胞[24]、植物切片[25]、动物器官[11,23,26-30]、鸣禽的鸣管[31]、浮游动物[32]和啮齿动物全身切片[15,33]。由于其合适的尺寸、特征结构、易于切片,大多数使用的组织类型是啮齿动物的大脑。许多其他类型的动物器官包括肺[34-36]、心脏[37]、肾[23,27-38]、结肠[28]、视网膜[23]、肌肉[39-40]、不同肿瘤类型的样本[12,41-43]、人体活检和手术切除组织[41]、细胞培养中的细胞[44-45]。新鲜、快速冷冻的样品主要用于脂质质谱成像分析,由于化学方法固定或保存的样品可能会对脂质分析和脂质位置分布产生干扰,因此它们更多地应用于蛋白质分析而不是脂质成像。

12.1.2 样品处理/准备

用于脂质质谱成像分析的样品,其制备过程包括几个关键步骤:样品收集、保存、嵌入和切片。样品处理过程中的关键是保持生物样品中脂质的完整性和未扰动的空间分布。因此,预防脂质降解是样品制备过程中的首要任务之一,这意味着在质谱成像分析之前必须正确及时地收集、处理和保存样品。

为了通过内源性酶活化(例如,磷脂酶)、脂质过氧化或细胞代谢的变化保持样品的形态和使脂质降解程度至最低,最常见的做法是将材料速冻至-80℃保存。在冷冻过程中为避免样品损坏(破裂和碎裂),组织可以松散地包裹在铝箔中并通过将组织轻轻放入冷却液体(例如,液氮)中并停留 30~60s 使组织在低于-70°C 的温度下冻结[47]。正确收集和冷冻储存的样品可以具有一年的保质期[47]。

将组织嵌入支撑材料中可便于对其处理和切片。为了尽量减少组织撕裂,使用明胶或其他化合物作为包埋材料需确保它们与脂质分析相匹配[34,48]。如果经收集、石蜡封存、储存在组织库中的生物样本要用于脂质 IMS 分析,在组织分析之前必须去除石蜡[34,49]。

对于 IMS 分析,综合考虑优缺点后通常将组织样品切成 5~25μm 的厚度,最佳厚度范围为 10~20μm,相当于哺乳动物细胞的直径[47]。这样可使切片中的大部分细胞被切割并暴露出用于分析的组分。通常使用低温切片机进行组织切片。将组织样本放置在设备切割台(通常保持在-25~-5℃,温度范围取决于组织类型)并用不锈钢切片机切成薄片。

然后将组织切片放置到导电钢板或载玻片上。导电基板用于限定离子引出电场,该电场可加速表面产生的离子。在切片前最好将钢板放置在-15°C 的冷冻切片室中进行冷却[47]。通常有两种方法可用于组织附着:一种是使用双面导电胶带;一种是解冻装片,通过加热目标物的反面产生一个局部的热斑点来实现组织附着。使用双面导电胶时需要特别小心避免空气气泡对分析造成影响。使用解冻装片方法虽然可以降低样品污染的风险,但在附着过程中由于脂质的降解会使结果发生显著变化。

12.1.3 基质的应用

12.1.3.1 基质的应用

在 MALDI 或 SIMS 分析之前有必要在组织表面添加基质。基质溶液在组织上的应用会导致生物样品中的生物分子发生原位提取。通常,基质溶液由有机溶剂(例如,甲醇或乙腈)和基质[例如,2,5-二羟基苯甲酸(DHB)]组成,有时也加入改性剂(例如,三氟乙酸)。有机溶剂从基质溶液中蒸发会引起基质结晶和被测分子结合形成共结晶。三氟乙酸的添加增加了电离所需的可用质子数量。在解吸/电离过程中,来自 MALDI 或 SIMS 的光束能量被基质晶体吸收,基质晶体快速挥发并释放被锁分子(解吸),最终导致作为被分析物的质子或其他阳离子加合物发生电离。

文献对用于细胞甘油磷脂分析的基质进行了综述[50]。显然,DHB 是脂质分析中的常用基质[50]。然而,一些中性基质(例如,9-氨基吖啶、9-AA、1,5-二氨基萘和槲皮素)也可以用于脂质 IMS 分析[51-53]。为了减少基质产生的化学背景,尺寸范围为 2~10nm 的纳米颗粒可作为新一代基质用于高分辨率成像[54]。这些类型的基质可使脂质在最小背景下发生解吸和电离[37,55-56]。

在应用基质前必须仔细考虑溶液中基质的浓度。如果浓度太低,分析物可能会在结晶之前从其原始位置扩散,或者这些分析物将不足以形成合适的晶体。如果浓度太高,会发生快速结晶,导致分析物的萃取和掺入在有限时间内完成。对于脂质 IMS 分析,通常选用的浓度 50mg DHB/mL。

如第 4 章所述,改性剂的类型通常也会影响 IMS 分析。例如,将乙酸钾[57]或 LiCl[58]添加到基质溶液中可简化质谱,从而只形成脂质的钾加合物或锂加合物。通过改变基质溶液中碱金属盐的浓度,也可以选择性地电离极性或非极性脂质[59]。

12.1.3.2 基质应用方法

基质溶液可以通过点滴(作为单个液滴)或涂层(作为均匀层)的方式应用于组织表面。两种方法均可使基质形成均匀结晶。这些方法可以手动或自动完成。自动完成通常会有更好的均匀性和可重复性,从而减少实验变化。此外,点样法比喷涂需要更多的时间,这会在基质应用过程中引起一些分子的降解。而喷涂会导致基质溶液层覆盖样品的整个表面,相比点样在应用时更需要小心。

①点样。基质溶液可以点在组织表面上限制被分析物扩散到斑点大小。手动点样可以通过微量移液器完成,输出微升液滴形成约毫米大小的斑点。自动点样可输出微微升液滴,得到大小为 100~200μm 的斑点,使 IMS 分析具有约 200μm 的分辨率[60]。

②喷涂。将基质溶液喷涂在样品表面,使其经沉淀在样品表面形成细微的基质薄雾分布。溶剂挥发后形成均匀的基质层结晶薄膜。与自动点样法相比,喷雾法形成的结晶尺寸更小(通常为 20μm 左右,与聚焦激光束的直径相当),因此具有更高的图像分辨率。喷涂可通过手动(使用气动喷雾器、喷枪或 TLC 喷雾器)或自动(使用自动气动喷雾器、振动喷雾器或电喷雾)方式完成。自动喷涂产生的涂层更均匀,重复性更好。

③供选择的基质应用方法:无溶剂和无基质方法。为了使基质得到更好的利用,成功开发了基质升华的方法[23,61-62]。这种方法为组织切片中 GPL 的高分辨率质谱成像分析提供了一个均匀的基体涂层。用于该方法的设备相对简单,在市场上可以买到。升华作用的优点包括:消除脂质分子的扩散,因为在基质应用过程中不使用溶剂;增加基质纯度;减小

晶体尺寸。

多种其他无溶剂法已经被开发用于 IMS 分析和脂质分析,这些方法采用的是石墨纳米粒子、银纳米粒子、纳米结构材料等[25,37,54-56,63-64]。通过 20μm 不锈钢筛直接过滤到组织上的经精细研磨的基质颗粒是干燥涂层,无溶剂基质沉积物用于脂质 IMS 分析[65]。这种方法提供了高重复性并消除了因操作者的不同造成的变化。或者,用画刷给组织切片涂上无溶剂基质与薄层种子基质,以此分散组织表面的精细研磨的基质[66],因为从组织样本中提取多肽需要用到溶剂[48]。

通过在硅上解吸电离的无基质方法也被用于脂质的 IMS 分析[67-68]。在这种方法中,硅材料的物理性质(高比表面积、紫外吸收)对于解吸/电离过程至关重要。该方法需要通过与组织样本的直接接触将被分析物转移到硅表面。在除去组织后可在硅表面进行 IMS 分析。

12.1.4 数据处理

在 IMS 过程中需要收集许多质谱信息。MS 成像分辨率越高,所需的 MS 数据越多。在 IMS 实验中获得的数据通常高达几千兆字节,这些数据需要复杂的可视化软件进行处理。在本节总结了一些处理 IMS 数据的软件工具。这些 IMS 软件包的详细比较在其他地方可以找到[69]。

12.1.4.1 Biomap

Biomap(Novartis,Basel,Switzerland,www.maldi-msi.org)是一个图像处理软件工具。它最初是为处理磁共振成像数据而开发的,但现在被用来处理许多成像数据包括 IMS[70]。成像是基于多平面重建产生的,允许从三维体中抽取任意平面的切片。它允许显示任意一点的质谱,也允许显示分析区域任何一个分析物的分布[71]。该软件提供光谱、空间滤波、光谱平均等基线校准[70]。

12.1.4.2 FlexImaging

FlexImaging 软件(Bruker Daltonics GmbH,Bremen,Germany,www.bdal.com)用于 MALDI-TOF 和 TOF/TOF 成像数据的获取和评估,对于 IMS 检测到的任何离子的分布均可实现颜色编码可视化。它的一个关键特征是统计分析的整合(例如,分级群聚、PCA 或差异分级)到数据处理,从而提供组织样本间分析物的可比较测定。

12.1.4.3 MALDI 成像组成像计算系统(MITICS)

MITICS 软件可用于实现 MALDI 成像的多种类型的仪器[69],分为 MITICS 控制和 MITICS 图像。前者用于设置成像序列的采集参数,例如建立采集光栅和控制采集后数据处理。后者用于成像重建。

12.1.4.4 DataCube Explorer

DataCube Explorer(www.imzml.org)是用于处理 IMS 数据集的可视化软件工具。它允

许分析人员同时显示图像数据和光谱数据。该软件具有的特征包括：对感兴趣区域的光谱分析、用于图像分类的自组织特征映射、图像平滑等。软件包允许转换由其他一些软件工具获取的数据集。

12.1.4.5 imzML

imzML 软件工具是 MS 标准软件 mzML 的扩展，由人类蛋白质组学机构 PSI 开发，用于处理 MS 元数据文件。IMS 数据采用二进制格式保存，目的是为了确保这些大数据集得到最有效的存储，并通过 imzML 控制以包含用于成像实验的特定参数。这些参数保存在 imaging MS.obo 文件夹中。

12.2 MALDI-MS 成像

MALDI-MS 是一种强大的方法，尤其是 AP-MALDI 源，可以分析和检测各种各样的生物分子，包括直接来自组织切片的脂质。激光器有两个作用：①从表面材料解吸分析物；②诱导分析物电离用于 MS 分析。基质的作用是吸收大部分的激光能量，从而使基质晶体发生爆炸性解吸，同时分析物掺入气相而不发生降解。由于添加的改性剂中有加合离子存在，因此基质的添加也有助于气相中分析物分子的电离。

在 MALDI-IMS 实验过程中，激光器发射的激光穿过基质覆盖的组织切片表面，使脂质发生解吸和电离。目前，MALDI 实验中通常使用脉冲倍频增加了三倍的 Nd:YAG 紫外激光器（355nm），该激发器在商用设备中可实现 1000Hz 的重复频率，能够满足大量数据采集的需求。在 MALDI-IMS 实验中，应用程序的分辨率在很大程度上取决于样品制备步骤（如基质晶体尺寸），步进电机精度和激光光斑尺寸。为了使 MALDI-IMS 达到实际分辨率，激光光斑的尺寸通常为 20μm。因此，从样本中获取图像所需的时间取决于分析点的数量，激光重复频率（Hz），以及计算机进行数据采集和处理的速度。例如，使用目前市场上销售的 MALDI 质谱仪在 1 kHz 激光频率下对小鼠或大鼠进行全身成像需要 2~4h。

脂质分子的检测和成像大多是使用啮齿动物的大脑来研究的。与脂质提取物的分析类似，PC 的离子峰在这些组织样本的阳离子 MALDI-IMS 分析中比较显著。例如，使用 MALDI-TOFIMS 对整个啮齿动物的大脑部分进行检测，以确定主要的三种 PC 的分布，如 PC(32:0)、PC(34:1) 和 PC(36:1)[11]，并构建他们的分布图谱[57]。此外，许多脂质如 PI、PA、PG、PE、PS、ST 和神经节苷脂，可通过在 MALDI-IMS 负离子模式条件下对成年小鼠脑组织切片进行检测得到[62]。为了确定脂质的种类，有必要通过串联质谱分析做进一步的原位结构分析。例如，通过 MALDI-MS/MS 对 PC 的锂加合物的特异片段进行分析，可以确定 PC 中的酰基种类和位置分布[58]。

由于生理或病理条件的改变，脂质的分布会发生变化，该变化可通过 IMS 测试得到。例如，研究表明，大鼠脑中 PC 的分布和数量变化与大鼠的年龄相关[57]；大鼠脑部发生创伤性脑损伤后脂质局部的变化也已经得到确定[72]。MALDI-IMS 的一项研究动态演示了因肌肉收缩引起的骨骼肌脂质成分的变化[40]。研究人员发现，在收缩的肌肉中 DAG 和 TAG 减少,而 PC 发生累积。

研究脂质 IMS 可以解决许多具体的与特定类型的脂质分布相关的科学问题。例如,小鼠脑部的特定类型的细胞中包含有多不饱和脂肪酸的 GPL 的分布[57];神经节苷脂在大脑不同区域的分布[73];ST 在大鼠海马区不同层面的分布[74];大鼠脑部 PC 和 GalCer 的分布[75],以上问题都已得到很好的解决。

众所周知,脂质特别是含有季胺基团的脂质如 PC 和 SM,在软电离离子源如 ESI 和 MALDI 中可以很容易与碱金属离子形成加合物(详见第 2 章)。通过利用这个特征,脂质 IMS 可以用来探测内源性碱离子的差异分布,或这些离子在病理(生理)条件下的变化,如之前证实的创伤性脑损伤[72]。在该项研究中通过光学显微镜观察在对照半球未发现创伤迹象。然而,MALDI-IMS 分析表明,含量最高的 PC(即 m/z 760.6,16:0-18:1 PC,$[M+H]^+$)在损伤区域的强度明显较低。进一步的研究显示,$[M+H]^+$ 强度的降低可能是由于损伤区域中该处的碱金属离子浓度发生变化而引起的。结果表明,这种 PC 的 Na^+ 加合离子和 K^+ 加合离子图像均发生了显著变化,也就是说,钠加合物(即 $[M+Na]^+$)的强度显著增加,但在损伤区域钾加合物(即 $[M+K]^+$)有所损耗。其他 PC 的碱金属加合物的图谱也显示出同样的趋势[72]。这些结果表明,脂质 IMS 分析可以探测内源碱金属离子的差异分布或变化。

新型基质的使用避开了组织成像中的许多问题[30,55-56,61-62]。改进后的样品制备方法通过使用水洗可以显著提高信号强度,从而增加从成年小鼠脑组织切片中记录到的分析物数量[62]。组织切片上基质的均匀分布对于有效分析是非常关键的。基质的升华作用明显改善了目标区域的成像效果[61]。然而,基质对细胞器的潜在干扰和定量分析问题仍待解决[76]。

纳米颗粒的基质植入为组织切片中几类脂质的成像提供了优势。与传统的有机 MALDI 基质相比,纳米颗粒的植入使得大多数脑脂质(包括中性脂质物质,如 GalCer)的检测更加有效[75]。通过类似的植入方法使纳米颗粒穿过整个心脏组织切片可以在组织表面附近产生灵敏的、可重复、无溶剂、均匀的基质层。无论是在正离子模式还是负离子模式下,样品的 MALDI-IMS 分析都可以获得几种心脏脂质的高质量图像。在负离子模式下,可以获得 24 种脂质(16 种 PE、4 种 PI、1 种 PG、1 种 CL 和 2 种 SM)的 MS 成像。而在正离子模式下,可以从小鼠心脏切片中获得 29 种脂质(10 种 PC、5 种 PE、5 种 SM 和 9 种 TAG)的图像[37]。这些研究清楚地表明了纳米粒子类基质在脂质 IMS 分析中具有的优势和实用性。

大气压(AP)MALDI 的使用可以极大地改善脂质的 IMS 分析。与传统的真空 MALDI 相比,AP-MALDI 的主要优势之一是在大气压下离子转移过程中会发生碰撞冷却(即与中性气体碰撞时释放出离子的内能)。这导致 AP-MALDI 比传统的 MALDI 产生的碎裂更少。

此外,AP-MALDI 还具有以下特点。

- 容易实现 AP-MALDI 源与其他离子源的切换。
- 能够对真空条件下不稳定的化合物和替代基质进行分析。
- 易于引入并随后进入样品盘,从而实现样品的高通量分析。

然而,AP-MALDI 通常不如真空 MALDI 灵敏,这是因为从大气环境转移到仪器的过程中发生了离子损耗。

12.3 二次离子质谱成像

SIMS 是用于 IMS 分析的解吸和电离技术,通过一次离子束(例如,金属离子)使样品表面产生二次离子。在 SIMS 中,高真空条件下使用高能量的一次离子束(一般为 1~40keV)对样品表面进行轰击。随着一次离子束攻击样品表面,在表面约 10nm 范围内会发生原子和碎片的级联碰撞。当从一次碰撞位置移开时,发生较少的碎裂。释放的物质包括中性碎片、电子和离子化成分,这些物质被称为二级离子。通常,在全部喷射的物质中这类离子所占比例不到 1%。根据表面分子的电子排布,正负离子可同时产生。通常使用单原子初级离子(Ar^+、Ga^+、In^+、Au^+、Xe^+、Bi^+)或更柔和的初级离子束如 $C_{60}{}^+$、$SF_5{}^+$、$Bi_3{}^+$、$Au_n{}^+$ 和 $Cs_n{}^+$[77-78]。后者可使二级离子从样品表面释放出来而不发生大量的碎裂。

SIMS 与 MALDI-IMS 有两个明显的区别。根据初级离子束的电流和电荷状态,初级离子束可聚集至 50nm。因此,使用 SIMS 获得的成像空间分辨率远远高于 MALDI-IMS。另一方面,初级离子的能量通常在 5~25keV 的范围内,比表面分子的键能要高得多。级联碰撞可将初级离子的能量转移到样品表面,使表面分子产生大量的碎裂。

用于 SIMS 分析的样品通常装载在钢、玻璃或硅衬底上。各种样品都可以通过这种表面特定技术来进行分析。样品在高真空条件下必须保持稳定,以确保初级离子和二级离子在初级状态不发生碰撞。样品的表面形貌会影响二级离子的产生。因此,在样品表面涂上金属(如银、金或铂)或基质(和标准的 MALDI 基质一样)可将初级离子束轰击表面分子时的破碎程度降至最低[79-80]。应该注意的是,基质的应用可能会引发副作用,导致分析物移位,与基质结晶相关的热点,以及取决于基质晶体大小的空间分辨率的降低[81]。背景噪音在某些情况下也是一个需要考虑的问题。

即使有这些表面改性处理和簇离子源的使用,SIMS 的高能碰撞过程还是经常会导致大量的分子碎裂。这使得完整的脂质成像变得困难。因此,对于生物组织中存在的脂质和提取物,SIMS 不是最好的 IMS 分析技术。然而,SIMS 能够获得亚微米级(与 25~200μm 的一般分辨率相比)高空间分辨率的分子信息的独特能力使其在脂质分析,尤其是组织切片和单细胞的成像方面仍有很多的应用。

通常,特定类型的碎片离子,如用于 PC 和 SM,m/z 为 184 的磷酸胆碱碎片;m/z 为 69 的离子($C_5H_9{}^+$,整个 GPL 类物质特有的碳氢化合物碎片);以及 2-氨基膦脂特有的,m/z 为 126 的离子都可以使用单原子一次离子进行映射。簇一次离子束的出现显著提高了 SIMS 在完整脂质分析上的应用[77,82]。次级离子的产生量越高,由 $C_{60}{}^+$ 离子束产生的破碎程度越低,就越有希望实现对完整脂质的分析[83]。尽管如此,SIMS 是目前唯一提供亚微米空间分辨率的基于 MS 的方法,能够对穿过细胞表面的脂质分布,包括三维脂质分布进行研究[84],因此是脂质分析的一个重要工具。

以下是 SIMS 用于脂质分析的一些应用的亮点。在一个大鼠脑组织的研究中,通过 $C_{60}{}^+$ 离子束检测到对应于胆固醇(m/z 为 369 和 385)和一系列完整的 GPL(m/z 范围在 700~800)的大量信号[85]。同样,使用 $Bi_3{}^+$ 簇离子源研究大鼠小脑,观察到了对应于胆固醇,PC

和 GalCer 的完整离子[86]。其他完整的脂质如甘油磷脂、甘油脂、脂肪酸、固醇、异戊烯醇脂质和鞘脂也可作为完整离子从哺乳动物组织中被检测到[87]。然而,某些类别的脂质很少被检测到。例如,完整的 PE 和胆固醇酯通过 SIMS 还未被检测到,这很可能是由于 PE 头基和胆固醇酯的脂酰基链容易丢失造成的。

12.4 DESI-MS 成像

DESI 是由 Cooks 等开发的一项电离技术[88],可用于大气压下的 IMS 分析,所需的样品量最少[89](详见 2.5.2)。对于 DESI 成像,样品可放置在靶标上(如显微镜载玻片),也可进行原位分析[12]。DESI 可实现 40μm 的横向分辨率[90]。

在一般的 DESI 成像实验中,收集的组织样品先在液氮中急速冷冻,随后用恒冷箱切片机切成微米厚的薄片;将薄组织切片解冻固定在显微镜的载玻片上进行分析;为了覆盖整个样本区域,表面被移动时,由 DESI(详见第 2 章)产生的离子从表面转至气相中后进行质量分析;表面的每个像素得到一个质谱;最后构建组织图像显示选定的各个脂质离子的空间强度分布。

例如,通过 DESI-MS 成像对正常或良性的导管原位癌和浸润性导管癌的人类乳腺样本中血脂的空间分布进行识别[12]。在负离子模式下检测到 m/z 863 和 818,通过 MS/MS 分别确定为 PI 和 PS 两种脂质离子,其在良性导管原位癌和浸润性导管癌的乳房组织样本中的分布可直观的观察到。在组织样品中,这些离子的强度显著不同。具体地说,从原位导管癌样本中得到的离子分布显示 PI 离子的强度显著,但 PS 离子几乎不存在。上述结果表明,DESI 成像不仅可以让研究人员区分癌性或非癌性的组织或区域,还能确定癌症的具体类型和阶段。

最近的一篇综述详细介绍了一系列通过 DESI-MS 对脂质进行 IMS 分析的研究[18]。许多 DESI-IMS 研究都集中在确定疾病和健康状态下组织样品中脂质的差异分布,试图发现疾病的脂质生物标志物[41,91-96]。这表明 DESI 可以检测到绝大多数脂质。除了胆固醇,所有的脂质完整离子都可以被检测到,并很少发生碎裂,胆固醇通常是作为 $[M+H-H_2O]^+$ 离子被检测的。与 MALDI-IMS 相比[97],人晶状体的 DESI-IMS 表明,通常条件下 DESI 在单次采集中能够检测到更多的脂质类别[98]。例如,MALDI-IMS 只能检测 SM、Cer 和胆固醇类,而 DESI-IMS 可检测 SM、Cer、神经酰胺-1-磷酸、PE、lysoPE、PS、LacCer 和胆固醇。

MALDI-IMS 通常需要不同的基质来实现不同脂质的最佳解吸/离子化。与 MALDI-IMS 相比,借助改性剂成像的 DESI 的一个优势是可以在正离子模式和负离子模式下使用相同的喷雾剂溶液进行脂质的分析。例如,在钠或铵盐存在的情况下,TAG、PC 和 SM 可以很容易在正离子模式被检测到[99],而 PC 和 SM 以及其他阴离子脂质在负离子模式中可以被检测到[100]。

通过添加试剂来控制喷雾溶液的组成,试剂能选择性地与目标分析物反应并增强其检测性能,以及胆固醇和其他含羟基的非极性脂质如类固醇和一些维生素的检测性能[101-103]。例如,将三甲基甘氨醛加到喷雾溶液中,通过与胆固醇反应产生带正电荷的三甲铵基团半缩醛,从而大大提高胆固醇分析的检测灵敏度[103]。在研究中,也可通过添加 d_7-胆固醇标准品来实现定量分析。这会导致 1.2%~6.4%的相对标准偏差,与其他分析方法比较能保持良好的一致性。

与 MALDI 或 SIMS 相比,组织切片中脂质 DESI-IMS 分析的一个缺点是对组织的损伤程度更大。这会导致 DESI 分析后难以获得组织样本的补充信息,如组织学数据集间的直接比较。为了解决这个问题,Eberlin 等开发了一种方法[29,104],使用包含有二甲基甲酰胺和乙醇或乙腈的二元溶剂系统获得高质量的质谱数据,将组织损伤程度降至最低。

12.5 离子淌度成像

离子淌度(IM)是一种气相分离技术(详见第 4 章),给 MS 分析增添了一个新的分离维度。因此,当 IM 被耦合到一个电离源(例如,DESI 或 MALDI)时,IM-MS 能改善 MS 成像的分辨率,并能更好地表征检测到的生物分子。由于在离子淌度中各个分子可以在令相环境中实现快速分离,这项技术在最近的一些研究中为组织切片的 IMS 分析提供了独特的优势[75,105-106]。应该指出的是,将 IM 设备耦合到 MS 仪器并不会增强仪器的灵敏度,在一些情况下甚至会减少仪器灵敏度,因为设备的耦合联结并没有改变电离条件。

MALDI 与 IM-MS 的耦合使研究人员能够直接探测组织样品,绘制脂质分布图,阐明分子结构时所需的准备工作最少,应用于样品的相邻两个聚焦激光解吸脉冲之间有几百微秒的间隔[107]。例如,使用 MALDI-IM-TOF-MS 可绘制 16μm 厚的冠状大鼠脑切片中 PC 和 GalCer 的分布图[75]。虽然脑组织中富含 GalCer,但由于与其共存的离子化效率高的脂质如 PC 和 SM 会对 GalCer 产生离子抑制,因此,通常不在正离子模式下检测这些分子离子,这表明 IM 在 GalCer 的 IMS 分析中有很大的优势。

MALDI-IM IMS 能够通过将这些离子从内源或基质相关的同峰离子中分离,来改善一些脂质的成像。来自大鼠脑部的选择性脂质成像演示就是一个这样的应用[105]。在研究中,根据离子-中性碰撞截面和 m/z 将被分析物离子分开,这样能够实现同峰但结构不同的离子的快速分离。研究表明 IM-MS 有三个主要的优点:①分析物分子种类的定性识别;②化学噪声的抑制;③通过使用在结构上不会对分析物产生干扰的内部校准物有可能实现高质量精确度测量。因此,在 IM-MS 成像中,可以针对不同类型的同峰离子或结构/构象有所差异的同类离子(如用于脂质分析的 GluCer 和 GlaCer)选择性地获得多个图像。

12.6 脂质质谱成像分析的优点和缺点

12.6.1 优点

IMS 为样品表面分析提供了独特的功能,与其他分析技术相比具有许多优点。大多数可用的 IMS 方法为存在于组织切片表面的生物分子的分析提供了高空间分辨率。通常,MALDI-IMS 可以探测到直径大小为 25μm 的斑点[108],而 SIMS 离子束可以聚焦到直径为 50nm 的大小[109]。考虑到哺乳动物细胞大小通常为 10μm,基于 MALDI 的 IMS 可以获得单个质谱在每个图像点覆盖大约四个细胞,而 SIMS 可以探测亚细胞结构[110]。

现代质谱仪大部分能够在非常高的质量分辨率下分离和检测离子。超过 10^5 的分辨率在商业仪器中通常都可以实现。高质量分辨率意味着在低分辨率技术中隐藏的同峰离子可以被检测到[111]。在成像实验中,离子迁移分离与质谱结合能够实现具有相似标称质量的同峰离子的气相分离[106]。

现在市场上销售的大多数质谱仪具有高灵敏度,IMS 分析充分利用了这一点。如此高的灵敏度使我们能够对以低浓度或很低浓度存在于生物样本的细胞类脂进行成像分析。许多仪器的检测灵敏度达到飞摩尔浓度(fmol/L)及阿摩尔浓度(amol/L)级别,这有利于单个细胞中的组分检测[112]。

目前,许多类型的商业质谱仪应用技术已经相当成熟,可以对同一个生物样品中不同种类的脂质进行检测(详见第 2 章)。这为 IMS 实现细胞内不同脂质的可视化分析提供了基础。MS 仪器也可用于生物样品中存在的未知脂质物质的成像分析,不需要任何的先验知识或标签。这是 IMS 的一个关键优势,因为未知分子随后可以使用 MS/MS 技术或与 IM 技术组合进行识别。为此,将离子(即分子离子)破碎并对其碎片离子进行质量分析。现在这种类型的分析可应用到 MS^n 上。

IMS 的另一个优点是可直接对组织切片进行内源性脂质分析,所需的样品制备工作最少,特别是通过 DESI 进行 IMS 分析的情况下。通常,IMS 的样品制备只需要在应用基质前对组织进行简单清洗(例如,用于 MALDI 和 SIMS)。

最后,IMS 的样本分析时间相对较短。在通常的成像实验中,数据采集持续的时间从几分钟到几个小时不等,这取决于所使用的仪器。这个过程是完全自动化的,通常不需要任何监督。

12.6.2　局限性

通常,IMS 实验会持续几个小时,因此需要样本在室温或高真空下保持稳定,在这种情况下一些脂质可能会发生降解。样品制备过程必须尽可能快地完成,不可将样品暴露于空气或室温下太长时间。此外,样品污染和分子扩散会影响数据的重现性,使分析复杂化,或影响图像质量,因此必须意识到样品污染和分子扩散带来的风险。样品制备过程通常会涉及到如前所述的切割、洗涤和基质应用。通过 MADLI-MS 对脂质进行 IMS 分析时,空间分辨率会受到基质晶体大小的影响,基质簇和它们的碱金属离子加合物会损害图像的质量。另一方面,与 MALDI-MS 相比,尽管 SIMS 的 IMS 分析中样品制备过程相对简单,但大量的源内碎片会消除与分子水平空间分布相关的许多信息。

生物组织是脂质的 IMS 直观分析中极其复杂和具有挑战性的样本。共存的生物分子可能会导致脂质分析中的离子抑制。离子抑制现象显然会减少检测到的脂质种类。因此,需要特别注意的是,在对随机的 IMS 实验做出结论之前必须进行适当的对照实验。

参考文献

1. Adibhatla, R. M. and Hatcher, J. F. (2010) Lipid oxidation and peroxidation in CNS health and disease: From

1. molecular mechanisms to therapeutic opportunities. Antioxid. Redox. Signal. 12,125-169.
2. DeFronzo,R. A. (2010) Insulin resistance, lipotoxicity, type 2 diabetes and atherosclerosis: the missing links. The Claude Bernard Lecture 2009. Diabetologia 53, 1270-1287.
3. Jones,L. ,Harold,D. and Williams,J. (2010) Genetic evidence for the involvement of lipid metabolism in Alzheimer's disease. Biochim. Biophys. Acta 1801,754-761.
4. Narayan,S. and Thomas,E. A. (2011) Sphingolipid abnormalities in psychiatric disorders: A missing link in pathology? Front. Biosci. 16,1797-1810.
5. O'Donnell,V. B. and Murphy,R. C. (2012) New families of bioactive oxidized phospholipids generated by immune cells: Identification and signaling actions. Blood 120,1985-1992.
6. Takahashi,T. and Suzuki,T. (2012) Role of sulfatide in normal and pathological cells and tissues. J. Lipid Res. 53,1437-1450.
7. Thomas, C. P. and O'Donnell, V. B. (2012) Oxidized phospholipid signaling in immune cells. Curr. Opin. Pharmacol. 12,471-477.
8. Aldrovandi,M. and O'Donnell, V. B. (2013) Oxidized PLs and vascular inflammation. Curr. Atheroscler. Rep. 15,323.
9. Murphy,S. A. and Nicolaou,A. (2013) Lipidomics applications in health, disease and nutrition research. Mol. Nutr. Food Res. 57,1336-1346.
10. Puppolo,M. , Varma,D. and Jansen,S. A. (2014) A review of analytical methods for eicosanoids in brain tissue. J. Chromatogr. B 964,50-64.
11. Mikawa,S. ,Suzuki,M. ,Fujimoto,C. and Sato,K. (2009) Imaging of phosphatidylcholines in the adult rat brain using MALDI-TOF MS. Neurosci. Lett. 451,45-49.
12. Dill,A. L. ,Ifa,D. R. ,Manicke,N. E. ,Ouyang,Z. and Cooks,R. G. (2009) Mass spectrometric imaging of lipids using desorption electrospray ionization. J. Chromatogr. B 877,2883-2889.
13. Malmberg, P. , Nygren, H. , Richter, K. , Chen, Y. , Dangardt,F. , Friberg,P. and Magnusson,Y. (2007) Imaging of lipids in human adipose tissue by cluster ion TOF-SIMS. Microsc. Res. Tech. 70,828-835.
14. Almeida,R. , Berzina,Z. , Arnspang,E. C. , Baumgart, J. ,Vogt,J. ,Nitsch,R. and Ejsing,C. S. (2015) Quantitative spatial analysis of the mouse brain lipidome by pressurized liquid extraction surface analysis. Anal. Chem. 87,1749-1756.
15. Brunelle, A. and Laprevote, O. (2009) Lipid imaging with cluster time-of-flight secondary ion mass spectrometry. Anal. Bioanal. Chem. 393,31-35.
16. Chughtai,K. and Heeren,R. M. (2010) Mass spectrometric imaging for biomedical tissue analysis. Chem. Rev. 110,3237-3277.
17. Gode,D. and Volmer,D. A. (2013) Lipid imaging by mass spectrometry: A review. Analyst 138,1289-1315.
18. Ellis, S. R. , Brown, S. H. , In Het Panhuis, M. , Blanksby,S. J. and Mitchell,T. W. (2013) Surface analysis of lipids by mass spectrometry: More than just imaging. Prog. Lipid Res. 52,329-353.
19. Mclean,J. A. ,Schultz,J. A. and Woods,A. S. (2010) Ion mobility-mass spectrometry. In Electrospray and MALDI Mass Spectrometry: Fundamentals, Instrumentation, Practicalities, and Biological Applications (Cole,R. B. ,ed.). pp. 411-439,John Wiley & Sons, Inc. ,Hoboken,NJ.
20. Woods, A. S. and Jackson, S. N. (2010) The application and potential of ion mobility mass spectrometry in imaging MS with a focus on lipids. Methods Mol. Biol. 656,99-111.
21. Ellis, S. R. , Bruinen, A. L. and Heeren, R. M. (2014) A critical evaluation of the current state-of-the-art in quantitative imaging mass spectrometry. An-al. Bioanal. Chem. 406,1275-1289.
22. Berry, K. A. , Hankin, J. A. , Barkley, R. M. , Spraggins,J. M. ,Caprioli,R. M. and Murphy,R. C. (2011) MALDI imaging of lipid biochemistry in tissues by mass spectrometry. Chem. Rev. 111,6491-6512.
23. Murphy, R. C. , Hankin, J. A. , Barkley, R. M. and Zemski Berry, K. A. (2011) MALDI imaging of lipids after matrix sublimation/deposition. Biochim. Biophys. Acta 1811,970-975.
24. Fletcher,J. S. (2009) Cellular imaging with secondary ion mass spectrometry. Analyst 134,2204-2215.
25. Cha, S. , Zhang, H. , Ilarslan, H. I. , Wurtele, E. S. , Brachova, L. , Nikolau, B. J. and Yeung, E. S. (2008) Direct profiling and imaging of plant metabolites in intact tissues by using colloidal graphite-assisted laser desorption ionization mass spectrometry. Plant J. 55, 348-360.
26. Delvolve,A. M. , Colsch,B. and Woods,A. S. (2011) Highlighting anatomical sub-structures in rat brain tissue using lipid imaging. Anal. Methods 3,1729-1736.
27. Murphy, R. C. , Hankin, J. A. and Barkley, R. M. (2009) Imaging of lipid species by MALDI mass spectrometry. J. Lipid Res. 50 Suppl,S317-S322.
28. Brulet, M. , Seyer, A. , Edelman, A. , Brunelle, A. , Fritsch,J. , Ollero,M. and Laprevote,O. (2010) Lipid mapping of colonic mucosa by cluster TOF-SIMS imaging and multivariate analysis in cftr knockout mice. J. Lipid Res. 51,3034-3045.
29. Eberlin,L. S. , Liu,X. , Ferreira,C. R. , Santagata,S. , Agar,N. Y. and Cooks,R. G. (2011) Desorption electrospray ionization then MALDI mass spectrometry imaging of lipid and protein distributions in single tissue sections. Anal. Chem. 83,8366-8371.
30. Chen,Y. , Allegood,J. , Liu,Y. , Wang,E. , Cachon-

Gonzalez, B., Cox, T. M., Merrill, A. H., Jr. and Sullards, M. C. (2008) Imaging MALDI mass spectrometry using an oscillating capillary nebulizer matrix coating system and its application to analysis of lipids in brain from a mouse model of Tay-Sachs/Sandhoff disease. Anal. Chem. 80, 2780-2788.

31. Amaya, K. R., Sweedler, J. V. and Clayton, D. F. (2011) Small molecule analysis and imaging of fatty acids in the zebra finch song system using time-of-flight-secondary ion massspectrometry. J. Neurochem. 118, 499-511.

32. Ishida, Y., Nakanishi, O., Hirao, S., Tsuge, S., Urabe, J., Sekino, T., Nakanishi, M., Kimoto, T. and Ohtani, H. (2003) Direct analysis of lipids in single zooplankter individuals by matrix-assisted laser desorption/ionization mass spectrometry. Anal. Chem. 75, 4514-4518.

33. Shahidi-Latham, S. K., Dutta, S. M., Prieto Conaway, M. C. and Rudewicz, P. J. (2012) Evaluation of an accurate mass approach for the simultaneous detection of drug and metabolite distributions via whole-body mass spectrometric imaging. Anal. Chem. 84, 7158-7165.

34. Berry, K. A., Li, B., Reynolds, S. D., Barkley, R. M., Gijon, M. A., Hankin, J. A., Henson, P. M. and Murphy, R. C. (2011) MALDI imaging MS of phospholipids in the mouse lung. J. Lipid Res. 52, 1551-1560.

35. Desbenoit, N., Saussereau, E., Bich, C., Bourderioux, M., Fritsch, J., Edelman, A., Brunelle, A. and Ollero, M. (2014) Localized lipidomics in cystic fibrosis: TOF-SIMS imaging of lungs from Pseudomonas aeruginosa-infected mice. Int. J. Biochem. Cell. Biol. 52, 77-82.

36. Sparvero, L. J., Amoscato, A. A., Dixon, C. E., Long, J. B., Kochanek, P. M., Pitt, B. R., Bayir, H. and Kagan, V. E. (2012) Mapping of phospholipids by MALDI imaging (MALDI-MSI): realities and expectations. Chem. Phys. Lipids 165, 545-562.

37. Jackson, S. N., Baldwin, K., Muller, L., Womack, V. M., Schultz, J. A., Balaban, C. and Woods, A. S. (2014) Imaging of lipids in rat heart by MALDI-MS with silver nanoparticles. Anal. Bioanal. Chem. 406, 1377-1386.

38. Ruh, H., Salonikios, T., Fuchser, J., Schwartz, M., Sticht, C., Hochheim, C., Wirnitzer, B., Gretz, N. and Hopf, C. (2013) MALDI imaging MS reveals candidate lipid markers of polycystic kidney disease. J. Lipid Res. 54, 2785-2794.

39. Touboul, D., Piednoel, H., Voisin, V., De La Porte, S., Brunelle, A., Halgand, F. and Laprevote, O. (2004) Changes in phospholipid composition within the dystrophic muscle by matrix-assisted laser desorption/ionization mass spectrometry and mass spectrometry imaging. Eur. J. Mass Spectrom. 10, 657-664.

40. Goto-Inoue, N., Manabe, Y., Miyatake, S., Ogino, S., Morishita, A., Hayasaka, T., Masaki, N., Setou, M. and Fujii, N. L. (2012) Visualization of dynamic change in contraction-induced lipid composition in mouse skeletal muscle by matrix-assisted laser desorption/ionization imaging mass spectrometry. Anal. Bioanal. Chem. 403, 1863-1871.

41. Eberlin, L. S., Norton, I., Dill, A. L., Golby, A. J., Ligon, K. L., Santagata, S., Cooks, R. G. and Agar, N. Y. (2012) Classifying human brain tumors by lipid imaging with mass spectrometry. Cancer Res. 72, 645-654.

42. Jones, E. E., Powers, T. W., Neely, B. A., Cazares, L. H., Troyer, D. A., Parker, A. S. and Drake, R. R. (2014) MALDI imaging mass spectrometry profiling of proteins and lipids in clear cell renal cell carcinoma. Proteomics 14, 924-935.

43. Cimino, J., Calligaris, D., Far, J., Debois, D., Blacher, S., Sounni, N. E., Noel, A. and De Pauw, E. (2013) Towards lipidomics of low-abundant species for exploring tumor heterogeneity guided by high-resolution mass spectrometry imaging. Int. J. Mol. Sci. 14, 24560-24580.

44. Passarelli, M. K., Ewing, A. G. and Winograd, N. (2013) Single-cell lipidomics: characterizing and imaging lipids on the surface of individual Aplysia californica neurons with cluster secondary ion mass spectrometry. Anal. Chem. 85, 2231-2238.

45. Li, L., Garden, R. W. and Sweedler, J. V. (2000) Single-cell MALDI: A new tool for direct peptide profiling. Trends Biotechnol. 18, 151-160.

46. Carter, C. L., McLeod, C. W. and Bunch, J. (2011) Imaging of phospholipids in formalin fixed rat brain sections by matrix assisted laser desorption/ionization mass spectrometry. J. Am. Soc. Mass Spectrom. 22, 1991-1998.

47. Schwartz, S. A., Reyzer, M. L. and Caprioli, R. M. (2003) Direct tissue analysis using matrix-assisted laser desorption/ionization mass spectrometry: Practical aspects of sample preparation. J. Mass Spectrom. 38, 699-708.

48. Chen, R., Hui, L., Sturm, R. M. and Li, L. (2009) Three dimensional mapping of neuropeptides and lipids in crustacean brain by mass spectral imaging. J. Am. Soc. Mass Spectrom. 20, 1068-1077.

49. Lemaire, R., Desmons, A., Tabet, J. C., Day, R., Salzet, M. and Fournier, I. (2007) Direct analysis and MALDI imaging of formalin-fixed, paraffin-embedded tissue sections. J. Proteome Res. 6, 1295-1305.

50. Kim, Y., Shanta, S. R., Zhou, L. H. and Kim, K. P. (2010) Mass spectrometry based cellular phosphoinositides profiling and phospholipid analysis: A brief review. Exp. Mol. Med. 42, 1-11.

51. Cerruti, C. D., Benabdellah, F., Laprevote, O., Touboul, D. and Brunelle, A. (2012) MALDI imaging and structural analysis of rat brain lipid negative ions with 9-aminoacridine matrix. Anal. Chem. 84, 2164-2171.

52. Thomas, A., Charbonneau, J. L., Fournaise, E. and Chauvand, P. (2012) Sublimation of new matrix candidates for high spatial resolution imaging mass spectrometry of lipids: Enhanced information in both positive and negative polarities after 1,5-diaminonapthalene deposition. Anal. Chem. 84, 2048-2054.
53. Wang, X., Han, J., Pan, J. and Borchers, C. H. (2014) Comprehensive imaging of porcine adrenal gland lipids by MALDI-FTMS using quercetin as a matrix. Anal. Chem. 86, 638-646.
54. McLean, J. A., Stumpo, K. A. and Russell, D. H. (2005) Size-selected (2-10 nm) gold nanoparticles for matrix assisted laser desorption ionization of peptides. J. Am. Chem. Soc. 127, 5304-5305.
55. Patti, G. J., Shriver, L. P., Wassif, C. A., Woo, H. K., Uritboonthai, W., Apon, J., Manchester, M., Porter, F. D. and Siuzdak, G. (2010) Nanostructure-initiator mass spectrometry (NIMS) imaging of brain cholesterol metabolites in Smith-Lemli-Opitz syndrome. Neuroscience 170, 858-864.
56. Hayasaka, T., Goto-Inoue, N., Zaima, N., Shrivas, K., Kashiwagi, Y., Yamamoto, M., Nakamoto, M. and Setou, M. (2010) Imaging mass spectrometry with silver nanoparticles reveals the distribution of fatty acids in mouse retinal sections. J. Am. Soc. Mass Spectrom. 21, 1446-1454.
57. Sugiura, Y., Konishi, Y., Zaima, N., Kajihara, S., Nakanishi, H., Taguchi, R. and Setou, M. (2009) Visualization of the cell-selective distribution of PUFA-containing phosphatidylcholines in mouse brain by imaging mass spectrometry. J. Lipid Res. 50, 1776-1788.
58. Jackson, S. N., Wang, H. Y. and Woods, A. S. (2005) In situ structural characterization of phosphatidylcholines in brain tissue using MALDI-MS/MS. J. Am. Soc. Mass Spectrom. 16, 2052-2056.
59. Sun, G., Yang, K., Zhao, Z., Guan, S., Han, X. and Gross, R. W. (2008) Matrix-assisted laser desorption/ionization time-of-flight mass spectrometric analysis of cellular glycerophospholipids enabled by multiplexed solvent dependent analyte-matrix interactions. Anal. Chem. 80, 7576-7585.
60. Franck, J., Arafah, K., Barnes, A., Wisztorski, M., Salzet, M. and Fournier, I. (2009) Improving tissue preparation for matrix-assisted laser desorption ionization mass spectrometry imaging. Part 1: Using microspotting. Anal. Chem. 81, 8193-8202.
61. Hankin, J. A., Barkley, R. M. and Murphy, R. C. (2007) Sublimation as a method of matrix application for mass spectrometric imaging. J. Am. Soc. Mass Spectrom. 18, 1646-1652.
62. Angel, P. M., Spraggins, J. M., Baldwin, H. S. and Caprioli, R. (2012) Enhanced sensitivity for high spatial resolution lipid analysis by negative ion mode matrix assisted laser desorption ionization imaging mass spectrometry. Anal. Chem. 84, 1557-1564.
63. Zhang, H., Cha, S. and Yeung, E. S. (2007) Colloidal graphite-assisted laser desorption/ionization MS and MS(n) of small molecules. 2. Direct profiling and MS imaging of small metabolites from fruits. Anal. Chem. 79, 6575-6584.
64. Patti, G. J., Woo, H. K., Yanes, O., Shriver, L., Thomas, D., Uritboonthai, W., Apon, J. V., Steenwyk, R., Manchester, M. and Siuzdak, G. (2010) Detection of carbohydrates and steroids by cation-enhanced nanostructure-initiator mass spectrometry (NIMS) for biofluid analysis and tissue imaging. Anal. Chem. 82, 121-128.
65. Puolitaival, S. M., Burnum, K. E., Cornett, D. S. and Caprioli, R. M. (2008) Solvent-free matrix dry-coating for MALDI imaging of phospholipids. J. Am. Soc. Mass Spectrom. 19, 882-886.
66. Aerni, H. R., Cornett, D. S. and Caprioli, R. M. (2006) Automated acoustic matrix deposition for MALDI sample preparation. Anal. Chem. 78, 827-834.
67. Wei, J., Buriak, J. M. and Siuzdak, G. (1999) Desorption-ionization mass spectrometry on porous silicon. Nature 399, 243-246.
68. Liu, Q., Guo, Z. and He, L. (2007) Mass spectrometry imaging of small molecules using desorption/ionization on silicon. Anal. Chem. 79, 3535-3541.
69. Jardin-Mathe, O., Bonnel, D., Franck, J., Wisztorski, M., Macagno, E., Fournier, I. and Salzet, M. (2008) MITICS (MALDI Imaging Team Imaging Computing System): A newopen source mass spectrometry imaging software. J. Proteomics 71, 332-345.
70. Sanchez, J. C., Corthals, G. L. and Hochstrasser, D. F. (2004) Biomedical Applications of Proteomics. Weinheim, Wiley-VCH Verlag Gmbh. pp 373.
71. Rohner, T. C., Staab, D. and Stoeckli, M. (2005) MALDI mass spectrometric imaging of biological tissue sections. Mech. Ageing Dev. 126, 177-185.
72. Hankin, J. A., Farias, S. E., Barkley, R. M., Heidenreich, K., Frey, L. C., Hamazaki, K., Kim, H. Y. and Murphy, R. C. (2011) MALDI mass spectrometric imaging of lipids in rat brain injury models. J. Am. Soc. Mass Spectrom. 22, 1014-1021.
73. Sugiura, Y., Shimma, S., Konishi, Y., Yamada, M. K. and Setou, M. (2008) Imaging mass spectrometry technology and application on ganglioside study; visualization of age-dependent accumulation of C20-ganglioside molecular species in the mouse hippocampus. PLoS One 3, e3232.
74. Ageta, H., Asai, S., Sugiura, Y., Goto-Inoue, N., Zaima, N. and Setou, M. (2009) Layer-specific sulfatide localization in rat hippocampus middle molecular layer is revealed by nanoparticle-assisted laser desorption/ionization imaging mass spectrometry. Med. Mol. Morphol. 42, 16-23.

75. Jackson, S. N., Ugarov, M., Egan, T., Post, J. D., Langlais, D., Albert Schultz, J. and Woods, A. S. (2007) MALDI-ion mobility-TOFMS imaging of lipids in rat brain tissue. J. Mass Spectrom. 42, 1093–1098.
76. Jones, J. J., Borgmann, S., Wilkins, C. L. and O'Brien, R. M. (2006) Characterizing the phospholipid profiles in mammalian tissues by MALDI FTMS. Anal. Chem. 78, 3062–3071.
77. Weibel, D., Wong, S., Lockyer, N., Blenkinsopp, P., Hill, R. and Vickerman, J. C. (2003) A C60 primary ion beam system for time of flight secondary ion mass spectrometry: its development and secondary ion yield characteristics. Anal. Chem. 75, 1754–1764.
78. Klerk, L. A., Lockyer, N. P., Kharchenko, A., MacAleese, L., Dankers, P. Y., Vickerman, J. C. and Heeren, R. M. (2010) C60+ secondary ionmicroscopy using a delay line detector. Anal. Chem. 82, 801–807.
79. Altelaar, A. F., van Minnen, J., Jimenez, C. R., Heeren, R. M. and Piersma, S. R. (2005) Direct molecular imaging of Lymnaea stagnalis nervous tissue at subcellular spatial resolution by mass spectrometry. Anal. Chem. 77, 735–741.
80. McDonnell, L. A., Piersma, S. R., MaartenAltelaar, A. F., Mize, T. H., Luxembourg, S. L., Verhaert, P. D., van Minnen, J. and Heeren, R. M. (2005) Subcellular imaging mass spectrometry of brain tissue. J. Mass Spectrom. 40, 160–168.
81. Heeren, R. M. A., McDonnell, L. A., Amstalden, E., Luxembourg, S. L., Altelaar, A. F. M. and Piersma, S. R. (2006) Why don't biologists use SIMS? A critical evaluation of imaging MS. Appl. Surf. Sci. 252, 6827–6835.
82. Touboul, D., Kollmer, F., Niehuis, E., Brunelle, A. and Laprevote, O. (2005) Improvement of biological time-of-flight-secondary ion mass spectrometry imaging with a bismuth cluster ion source. J. Am. Soc. Mass Spectrom. 16, 1608–1618.
83. Fletcher, J. S. and Vickerman, J. C. (2010) A new SIMS paradigm for 2D and 3D molecular imaging of bio-systems. Anal. Bioanal. Chem. 396, 85–104.
84. Postawa, Z., Czerwinski, B., Szewczyk, M., Smiley, E. J., Winograd, N. and Garrison, B. J. (2003) Enhancement of sputtering yields due to C60 versus Ga bombardment of Ag[111] as explored by molecular dynamics simulations. Anal. Chem. 75, 4402–4407.
85. Jones, E. A., Lockyer, N. P. and Vickerman, J. C. (2007) Mass spectral analysis and imaging of tissue by ToF-SIMS—The role of buckminsterfullerene, C60+, primary ions. Int. J. Mass Spec, 260, 146–157.
86. Nygren, H., Borner, K., Hagenhoff, B., Malmberg, P. and Mansson, J. E. (2005) Localization of cholesterol, phosphocholine and galactosylceramide in rat cerebellar cortex with imaging TOF-SIMS equipped with a bismuth cluster ion source. Biochim. Biophys. Acta 1737, 102–110.
87. Passarelli, M. K. and Winograd, N. (2011) Lipid imaging with time-of-flight secondary ion mass spectrometry (ToF-SIMS). Biochim. Biophys. Acta 1811, 976–990.
88. Takats, Z., Wiseman, J. M., Gologan, B. and Cooks, R. G. (2004) Mass spectrometry sampling under ambient conditions with desorption electrospray ionization. Science 306, 471–473.
89. Ifa, D. R., Wiseman, J. M., Song, Q. and Cooks, R. G. (2007) Development of capabilities for imaging mass spectrometry underambient conditions with desorption electrospray ionization (DESI). Int. J. Mass Spectrom. 259, 8–15.
90. Kertesz, V. and Van Berkel, G. J. (2008) Improved imaging resolution in desorption electrospray ionization mass spectrometry. Rapid Commun. Mass Spectrom. 22, 2639–2644.
91. Wiseman, J. M., Puolitaival, S. M., Takats, Z., Cooks, R. G. and Caprioli, R. M. (2005) Mass spectrometric profiling of intact biological tissue by using desorption electrospray ionization. Angew. Chem. Int. Ed. Engl. 44, 7094–7097.
92. Dill, A. L., Ifa, D. R., Manicke, N. E., Costa, A. B., Ramos-Vara, J. A., Knapp, D. W. and Cooks, R. G. (2009) Lipid profiles of canine invasive transitional cell carcinoma of the urinary bladder and adjacent normal tissue by desorption electrospray ionization imaging mass spectrometry. Anal. Chem. 81, 8758–8764.
93. Eberlin, L. S., Dill, A. L., Golby, A. J., Ligon, K. L., Wiseman, J. M., Cooks, R. G. and Agar, N. Y. (2010) Discrimination of human astrocytoma subtypes by lipid analysis using desorption electrospray ionization imaging mass spectrometry. Angew. Chem. Int. Ed. Engl. 49, 5953–5956.
94. Dill, A. L., Eberlin, L. S., Zheng, C., Costa, A. B., Ifa, D. R., Cheng, L., Masterson, T. A., Koch, M. O., Vitek, O. and Cooks, R. G. (2010) Multivariate statistical differentiation of renal cell carcinomas based on lipidomic analysis by ambient ionization imaging mass spectrometry. Anal. Bioanal. Chem. 398, 2969–2978.
95. Masterson, T. A., Dill, A. L., Eberlin, L. S., Mattarozzi, M., Cheng, L., Beck, S. D., Bianchi, F. and Cooks, R. G. (2011) Distinctive glycerophospholipid profiles of human seminoma and adjacent normal tissues by desorption electrospray ionization imaging mass spectrometry. J. Am. Soc. Mass Spectrom. 22, 1326–1333.
96. Eberlin, L. S., Dill, A. L., Costa, A. B., Ifa, D. R., Cheng, L., Masterson, T., Koch, M., Ratliff, T. L. and Cooks, R. G. (2010) Cholesterol sulfate imaging in human prostate cancer tissue by desorption electrospray ionization mass spectrometry. Anal. Chem. 82, 3430–3434.
97. Deeley, J. M., Hankin, J. A., Friedrich, M. G., Murphy, R. C., Truscott, R. J., Mitchell, T. W. and Blanks-

by, S. J. (2010) Sphingolipid distribution changes with age in the human lens. J. Lipid Res. 51, 2753–2760.
98. Ellis, S. R., Wu, C., Deeley, J. M., Zhu, X., Truscott, R. J., in het Panhuis, M., Cooks, R. G., Mitchell, T. W. and Blanksby, S. J. (2010) Imaging of human lens lipids by desorption electrospray ionization mass spectrometry. J. Am. Soc. Mass Spectrom. 21, 2095–2104.
99. Gerbig, S. and Takats, Z. (2010) Analysis of triglycerides in food items by desorption electrospray ionization mass spectrometry. Rapid Commun. Mass Spectrom. 24, 2186–2192.
100. Manicke, N. E., Wiseman, J. M., Ifa, D. R. and Cooks, R. G. (2008) Desorption electrospray ionization (DESI) mass spectrometry and tandem mass spectrometry (MS/MS) of phospholipids and sphingolipids: Ionization, adduct formation, and fragmentation. J. Am. Soc. Mass Spectrom. 19, 531–543.
101. Song, Y. and Cooks, R. G. (2007) Reactive desorption electrospray ionization for selective detection of the hydrolysis products of phosphonate esters. J. Mass Spectrom. 42, 1086–1092.
102. Nyadong, L., Late, S., Green, M. D., Banga, A. and Fernandez, F. M. (2008) Direct quantitation of active ingredients in solid artesunate antimalarials by noncovalent complex forming reactive desorption electrospray ionization mass spectrometry. J. Am. Soc. Mass Spectrom. 19, 380–388.
103. Wu, C., Ifa, D. R., Manicke, N. E. and Cooks, R. G. (2009) Rapid, direct analysis of cholesterol by charge labeling in reactive desorption electrospray ionization. Anal. Chem. 81, 7618–7624.
104. Eberlin, L. S., Ferreira, C. R., Dill, A. L., Ifa, D. R., Cheng, L. and Cooks, R. G. (2011) Nondestructive, histologically compatible tissue imaging by desorption electrospray ionization mass spectrometry. Chembiochem 12, 2129–2132.
105. McLean, J. A., Ridenour, W. B. and Caprioli, R. M. (2007) Profiling and imaging of tissues by imaging ion mobility-mass spectrometry. J. Mass Spectrom. 42, 1099–1105.
106. Trim, P. J., Henson, C. M., Avery, J. L., McEwen, A., Snel, M. F., Claude, E., Marshall, P. S., West, A., Princivalle, A. P. and Clench, M. R. (2008) Matrix-assisted laser desorption/ionization-ion mobility separation-mass spectrometry imaging of vinblastine in whole body tissue sections. Anal. Chem. 80, 8628–8634.
107. Jackson, S. N. and Woods, A. S. (2009) Direct profiling of tissue lipids by MALDI-TOFMS. J. Chromatogr. B 877, 2822–2829.
108. Stoeckli, M., Chaurand, P., Hallahan, D. E. and Caprioli, R. M. (2001) Imagingmass spectrometry: A new technology for the analysis of protein expression in mammalian tissues. Nat. Med. 7, 493–496.
109. Slaveykova, V. I., Guignard, C., Eybe, T., Migeon, H. N. and Hoffmann, L. (2009) Dynamic NanoSIMS ion imaging of unicellular freshwater algae exposed to copper. Anal. Bioanal. Chem. 393, 583–589.
110. Goodwin, R. J., Pennington, S. R. and Pitt, A. R. (2008) Protein and peptides in pictures: Imaging with MALDI mass spectrometry. Proteomics 8, 3785–3800.
111. Taban, I. M., Altelaar, A. F., van der Burgt, Y. E., McDonnell, L. A., Heeren, R. M., Fuchser, J. and Baykut, G. (2007) Imaging of peptides in the rat brain using MALDI-FTICR mass spectrometry. J. Am. Soc. Mass Spectrom. 18, 145–151.
112. Northen, T. R., Yanes, O., Northen, M. T., Marrinucci, D., Uritboonthai, W., Apon, J., Golledge, S. L., Nordstrom, A. and Siuzdak, G. (2007) Clathrate nanostructures for mass spectrometry. Nature 449, 1033–1036.

第三篇 脂质的定量

样品前处理

13.1 引言

样品前处理是使用质谱方法成功进行细胞脂质组学分析的关键步骤之一。不同的脂质分析平台可能需要开发不同的样品前处理方法。例如,直接进样法需要使用比 LC-MS 方法更干净的脂质萃取液,因为萃取液中的杂质会对脂质分析有明显的离子抑制作用,而液相色谱柱可以去除掉绝大多数的杂质。此外,使用外标法定量时,要尽可能提高脂质的萃取率,而使用内标法来分析单个脂质含量的方法则要求较低,因为内标可以校正体系里脂质的损失。体系内各脂质损失程度的不同只是影响脂肪酰基链萃取的次要因素。尽管各种脂质分析方法间存在着差异,但是必要的样品前处理过程几乎是一致的,包括样品采集、样品储备、脂质萃取[除了质谱成像分析(详见第 12 章)]、标准品的使用等。在本章中,将详细介绍从采样到萃取的样品前处理过程中的原则以及脂质组学中的萃取方法。

13.2 采样、储存及相关问题

13.2.1 采样

与常规脂质分析的样品前处理过程类似[1],应避免样品被其他物质污染。例如,对于哺乳动物样品的脂质分析,血液总是存在于许多器官之中,特别是在获取外周循环系统(例如,肝脏和心脏)的组织样品时,需要确定是否进行了灌流操作。样品中残留血量的不同会显著影响脂质分析的结果,因为血液中富含多种脂质如甘油三酯、胆固醇、胆固醇酯和磷脂酰胆碱类等。因此,充分灌流或者清洗器官以避免样品中的血液残留是十分重要的。此外,如果需要以样品湿重作为分析标准,则需要将各个样品的干燥程度保持一致或相近。

对于脂质组学,如何采集样品进行脂质分析是一个需要考虑的重要问题。与过去的脂质萃取方法(需要大部分甚至整个器官)不同,现有的高灵敏分析方法只需要很少的样品量就可以进行分析。如果使用整个样品(例如,一个器官)或其大部分进行脂质萃取会造成极大浪费。如果从来源组织中只取出少量用于分析,有两点需要特别注意:首先,取出的少量样品必须能够代表整个来源组织;其次,要采集足够多的样品(也不能太多)用于已经计划好的分析检测。

样品的代表性是第一个需要事先了解的问题。例如,哺乳动物的器官,其中存在着血管/毛细血管、表皮、脂肪层以及其他分布不均匀的组织,从这样的器官中随机选取的小份组织样品很难代表整个器官的脂质水平。采集植物类样品同样也会遇到类似的情况。因此,正确的做法是,在液氮的低温作用下将整个样品(器官或植物)冻干,然后用不锈钢研钵及研杵将其粉碎成粉末,取得少量的样品。而对于那些只是关注某一部分组织而非整个器官的研究来说,则需要小心的解剖以避免不同区域的交叉污染。例如,大脑是十分复杂的,它包含了很多不同的细胞群(例如,神经元和神经胶质),不同区域的脂质种类和含量都不同。因此,从大脑解剖组织需要十分精准及仔细。对于一个较大的脑组织,例如人类的大脑,进行具有代表性的采样则更为困难。在进行大规模样品分析之前,要首先确定样品是否具有代表性。研究表明,PE 是一种十分有效的判断标准,可以用来检测灰质和白质之间是否存在交叉污染(图 13.1)[2-3]。

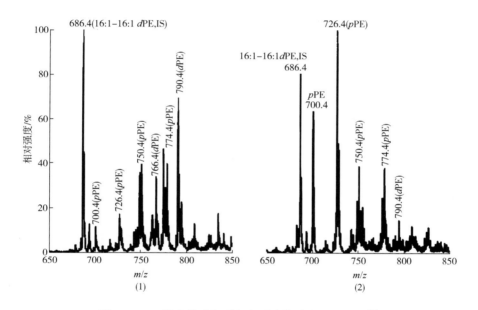

图 13.1　正常人枕叶灰质和白质中的磷脂酰乙醇胺[3]

大脑样品来自于华盛顿大学神经病理学/组织核心大脑库,大脑脂质使用改进的 Bligh-Dyer 方法[1]萃取。在少量氢氧化锂的作用下[33],采用 ESI 离子源的负离子模式对枕叶灰质(1)和白质(2)进行质谱分析。每个离子峰对应的分子使用多维质谱"鸟枪法"脂质组学分析方法进行确定[34]。烯基-酰基 PE 和磷脂酰乙醇胺分别简写为"pPE"和"dPE"。"IS"指内标。

对于第二个样品量的问题,则取决于所使用的仪器和平台的灵敏度。例如,使用三重四极杆检测器(如 TSQ 质谱,Thermo Fisher Scientific)与多通道纳喷离子源(Advion Bioscience)联用的多维质谱"鸟枪法"脂质组学分析方法,样品量大约为 10mg 湿重、100 万细胞、100μL 血浆或 200μg 膜蛋白。在这样的样品量下,经过多重样品处理后可以检测到大约 40 种脂质和数百至数千种脂质[4-5]。而基于高质量/高分辨多级串联质谱的"鸟枪法"脂质组学方法使用相似的样品量也可以达到此检测水平[6]。

而 LC-MS 方法通常需要更大的样品量(>10倍)才能达到与多维质谱"鸟枪法"脂质组学分析方法相似的脂质检测水平[7]。检测脂质的 LC-MS 方法所需的具体样品量取决于组织中脂质的含量。如果脂质含量较高,单次色谱分析就可以测出目标脂质,大约 10mg 或者更少的组织样品量就能够满足需求。而如果脂质浓度较低或极低的话,就需要多个富集步骤实现对脂质的定性定量,因而也就需要更大的样品量[8-10]。

13.2.2 萃取前的样品储存

取得组织样品后,应尽快进行脂质萃取,以减少脂质在储存过程中发生改变。否则,样品应该立刻进行冷冻保存,例如,将样品在氮气气氛下存放于密封玻璃容器内,用干冰或液氮将温度降至-20℃甚至更低。临床血浆样品的推荐储存温度为-60℃[11]。冷冻会导致组织的不可逆损伤,因为渗透压和冰晶的形成会造成细胞膜的损伤。脂肪分解酶可以水解脂质,甚至在-20℃下也起作用,且有机溶剂会加快这一过程。冷冻可以大大降低酶对组织中脂质的降解作用。因此,组织应处于均相状态,在条件允许的最低温度状态下进行溶剂萃取,整个过程不可以解冻。

如果脂质萃取液中一些脂质中间体,如非酯化脂肪酸、甘油二酯、磷脂酸和溶血性甘油磷脂等的含量发生异常,说明组织和脂质发生了永久性损伤。例如,使用氯仿-甲醇萃取大豆种子时,磷脂酶催化的转磷脂酰反应会产生磷脂酰甲醇[12]。如果样品保存于乙醇中则会检测到磷脂酰乙醇。脂质的其他变化更加细微并且更难观察。例如,在半乳糖酯水解过程中,水解中间体不会发生累积[13]。此外,脂氧合酶能促使氧化脂肪酸的形成,而多不饱和脂肪酸的自氧化也会给分析造成极大困难。需要注意的是,上述所提的脂质中间体在生物样品中的浓度不应该很高,因为这些脂质绝大多数都具有极强的表面活性和酶抑制性。

如果高含量脂质的变化相对较小,那么这些脂质中间体的变化对整体而言可以忽略不计。但是一些重要的脂质中间体的浓度变化则至关重要。通常来讲,组织样品中非酯化脂肪酸、甘油二酯含量是新陈代谢的重要参数。Kramer 和 Hulan 发现[14],当心脏组织在萃取前迅速冷冻并在干冰温度下粉碎时,非酯化脂肪酸的浓度极低,与使用常规技术如在 0℃下使用高速搅拌器萃取等方法相比,该方法萃取相同组织得到的浓度只有后者的 15%。通常认为后者在萃取过程中发生了自溶现象。同时,后者所测得的甘油二酯的浓度也高了三倍。类似的,lysoPC 是肾上腺嗜铬颗粒的主要成分,但是在组织被解剖并立即冷冻于液氮中后并未检测到[15]。

因此,干燥组织样品应保存在全玻璃容器或者有聚四氟乙烯衬里瓶盖的瓶子中并充氮置于低温环境下。此时,组织的内源性抗氧化剂可以保护样品被氧化。应尽量避免使用塑料制成的袋子、瓶子或者其他容器储存组织,因为塑化剂会渗出并污染生物样品。

13.2.3 最大限度地减少自动氧化

如果不加以保护,多不饱和脂肪酸和缩醛磷脂在空气中很容易被氧化,这样的样品进行分析就会得到错误的结果。当生物样品(特别是脂质萃取样品)暴露于空气中一段时间后,脂质会很容易发生自然氧化(例如,非酶促催化氧化过程)。强光或金属离子会加剧这一过程。氧化反应一旦开始,就会自动催化进行下去。不饱和脂肪酸包含的双键越多,氧化反应速率越快。例如,亚油酸的自动氧化速率是油酸的 20 倍。脂肪酸每增加一个双键,氧化速率提高 2~3 倍。花生四烯酸和二十二碳六烯酸的自动氧化可以分别产生类花生酸和二十二烷酸的不同同分异构体。相关研究证明,缩醛磷脂质比多不饱和脂肪酸的氧化更快[16],说明自动氧化造成的影响可能比过去认为的严重得多。总之,在任何状态下,脂质都应在氮气保护下处理,可以使用氮气管将空气从玻璃容器中排出。

除了在氮气环境下进行脂质萃取,向储存溶剂中添加一些合成抗氧化剂如 50~100mg/L 的丁羟甲苯(BHT)也是很好的办法。这个化合物不会影响 ESI-MS 对脂质的分析,并且由于其易挥发,可以很容易去除。然而,需要注意的是,过量的抗氧化剂有时会起到促进氧化的作用。

由于样品量通常较小,脂质萃取所用的溶剂可以很容易被氮气流吹干。不过,如果需要使用热浴辅助溶剂的去除,热浴的温度通常不宜超过 40℃,以避免加快脂质的自动氧化。另外,蒸发过程中,易挥发的脂质也可能发生损失。

13.3 脂质萃取的原则与方法

脂质萃取是使用 ESI-MS 分析细胞脂质组的关键步骤之一,尤其是对于直接进样的分析方法。基于 Folch 方法[17]和改进的 Bligh-Dyer 方法[18]萃取生物脂质样品时,通常采用的溶剂为氯仿及甲醇的混合溶剂,同时也有一些其他的溶剂组合[19,20]。

脂质分析中如果使用外标法定量,则需要留意每个脂质的萃取率。因此,这些参数应该在建立方法前确定。不同的溶剂体系对不同脂质的萃取率不同。与外标法不同,使用内标法无需过多关注萃取率,因为不同分子的萃取率差异只是影响该类脂质定量分析的次要因素。

使用基于 LC-MS 的脂质组学分析方法和"鸟枪法"脂质组学分析方法对样品前处理的要求也不一样。前者更能容忍脂质萃取过程中萃取到的无机离子,因为预柱甚至分析柱本身都可以去除掉这些杂质;然而,对于"鸟枪法"脂质组学,无机离子可以极大地影响离子化稳定性以及不同脂质、不同脂质的离子化效率。因此,尽可能地减小无机离子的残留,特别是消除水相残留是十分重要的。

对于传统萃取方法如 Folch 方法或 Bligh-Dyer 方法,无论萃取过程多么小心,总是会有少量水和无机残留物(如盐和葡萄糖)进入到萃取液中。如果水相中的盐浓度(例如,从脑脊液或尿液中萃取脂质)很高,萃取溶液中就会残留从少量水相中萃取到的杂质,这些无机离子及其他低分子质量化合物会导致较高的化学噪声。因此,最好进行一次额外的溶剂萃取来减少水相中的盐浓度,即"清洁"脂质萃取液。该步骤在近些年来发展的萃取方法中的应用将在下一节讨论。

在萃取过程中会使用一种盐来促进两相分离及提高萃取效率。加入的盐最好能同时符合"鸟枪法"脂质组学分析的正离子模式与负离子模式。例如,如果质子或铵根离子是正离子模式下最佳的脂质加合物,而乙酸加合物是负离子模式下的最佳选择,那么乙酸铵就是用于脂质萃取的最佳盐。氯化钠是自然界中含量最高的盐,如果萃取过程中没有加入任何无机盐,那么两性脂质中钠离子加合物和氯离子加合物分别是质谱的正/负离子模式下最多的(详见第 4 章)。虽然酸性条件能极大地提高阴离子脂质特别是水溶性脂质(如溶血性甘油磷脂等)的萃取效率,但酸性会导致缩醛磷脂分解,并产生相应的 sn-2 溶血脂质。

清洁剂会对"鸟枪法"脂质组学方法产生严重的离子抑制,并且会影响脂质的色谱分离。清洁剂会导致脂质的质谱分析复杂化。因此,在样品前处理过程中应尽量避免使用清洁剂,或者要尽可能的去除它们。

低浓度的氯化锂(如 50mmol/L 水溶液)更适合多维质谱"鸟枪法"脂质组学分析方法的脂质萃取,因为脂质的锂离子加合物会在碰撞诱导解离(详见第二篇)后生成独特并且信息丰富的碎片谱。此外,锂离子的路易斯弱碱性和氯离子的路易斯强酸性使得整个萃取液为弱酸性,有利于提高阴离子脂质的萃取效率,并且在 ESI-MS 负离子模式下可以提高 PE 和阴离子脂质的源内分离效果(详见第 3 章)。在这样的弱酸性条件下,缩醛磷脂也不会发生分解。

13.3.1 脂质的萃取原则

组织中不同脂质的物理性质相差很大。尽管大部分的脂质都比较容易萃取,但一些会与细胞膜中蛋白质和多糖结合的脂质并不容易萃取到。尽管自然界存在着一些共价结合的脂肪酸,不过这些脂质通常并不会和蛋白质与多糖形成共价键。通常来讲,这些脂质通过弱的疏水作用、范德华力、氢键及离子键与细胞内源性物质结合。例如,脂质的疏水部分与氨基酸的非极性部分如蛋白质中的缬氨酸、亮氨酸和异亮氨酸等作用形成弱的结合。另一方面,脂质分子中的羟基、羧基和氨基可以通过氢键与生物大分子产生强结合作用。在所有作用中最强的键是脂质的酸性磷酸或硫酸盐基团与金属离子形成的离子键,它可能会转而形成类似于细胞蛋白质或多糖类的键合。

纯脂质在不同溶剂中的溶解性取决于溶剂与脂质的疏水基团与亲水基团间作用的相对强度。非极性脂质如甘油三酯和胆固醇脂易溶于碳氢化合物溶剂如正己烷、环己烷或甲苯等,以及高极性溶剂如氯仿和酯等。但是这些非极性脂质不溶于醇类溶剂(特别是甲醇)。这些脂质的溶解性随着脂质脂肪链长度的增加而减小,或者随着醇类溶剂链长度的减小而减小。不饱和脂质比饱和脂质更易溶于大部分溶剂。另一方面,极性脂质更易溶于极性溶剂如氯仿、甲醇和乙醇等,但是只微溶于碳氢化合物溶剂。丙酮是糖脂极好的溶剂,但是不适用于甘油磷脂,丙酮甚至能使甘油磷脂从溶液中沉淀出来。

为了从组织中萃取出脂质,需要找到适宜的溶剂,不仅能快速溶解脂质同时还能破坏样品基质与脂质的作用。有时一些脂质会被样品基质物理束缚,如谷物中的淀粉大分子可以捕获溶血性甘油磷脂形成包和物。此外,溶剂对一些生物细胞壁的渗透性较低,那么就可以用水引起生物大分子溶胀从而促进萃取,同时水本身也是萃取物的基本成分。在某些情况下,甲醇可以辅助脂质溶解和细胞壁破碎。有时,也需要其他一些方法,如脂质萃取前用超声波处理使细胞壁变性。

溶剂的潜在毒性是另一个需要考虑的因素。因此，应尽可能选择一个安全的萃取环境。例如，异丙醇：正己烷（3：2，V/V）体系由于具有低毒性而被广泛使用[21-22]。不过这个体系不能用于一些脂质如神经节甘脂的定量检测。

除了要考虑毒性之外，高通量是建立一个脂质萃取方法需要考虑的一点。对于使用氯仿的萃取方法，脂质萃取层（也就是氯仿层）在下层。这会导致脂质组学分析存在两个潜在问题。首先，分离底层萃取液的操作不够简便，并且不易实现自动化，因此不易实现高通量；其次，用吸管吸取底部萃取液时，吸管会与中间层蛋白质沉淀以及上层水相有接触，无法避免潜在的污染。因此，目前发展了很多新型的脂质萃取方法，将会在下一节进行介绍。

对于传统的脂质萃取，大多数采用氯仿：甲醇（2：1，V/V）以及组织中的内源性水分组成的三元体系来萃取动物、植物和细菌中的脂质。通常，生物样品在两种溶剂同时存在的情况下是均匀分布的。然而，如果样品首先与甲醇混合然后再加入氯仿的话，可以得到更好的结果。为了使样品在萃取液中更均匀存在，可以在 0℃ 下使用低功率超声辅助萃取（如水浴超声）。对于那些细胞内脂质不易萃取的样品，可以通过多次萃取以提高脂质的萃取率。如上所述，将不易均质的组织（如肌肉）在液氮温度下粉碎成粉末，不仅能使萃取样品更均匀，减少异质化，还能增加溶剂与组织的接触面积，从而提高萃取率。对于冻干的组织样品，在脂质萃取之前有可能需要解冻。

在很多情况下，需要对萃取方法进行调整和修改。例如，丁醇水溶液是一种很有用的混合溶剂，它可以破坏淀粉对脂质的包合作用，使得谷物有更好的脂质萃取率[23]。该混合溶剂用于定量回收溶血性甘油磷脂和酰基肉碱[23]。最近，改进过的丁醇-水溶剂体系被用于全脂分析[20]。如果需要定量回收肠细胞中高度复杂的鞘糖脂，应先将组织用碱、核糖核酸酶、脱氧核糖核酸酶及蛋白酶进行部分消化，再用氯仿：甲醇体系萃取[24]。有时，类似的方法也可以用于萃取细菌中的脂质。对于一些特定脂质的定量回收，有时会需要酸性萃取条件，但是会破坏缩醛磷脂。含有乙腈的混合溶剂有时也会被用于萃取辅酶 A 类及酰肉碱。一些植物组织应使用异丙醇进行预萃取，以减少人为因素导致的组织酶对脂质的降解[1]。

如前文所述，生物样品的脂质萃取液中通常含有大量的非脂质杂质，如糖类、氨基酸类、尿素以及盐类。在脂质分析前应当先去除掉这些杂质。一个传统的经典方法是使用由 Folch、Lees 及 Sloane Stanley 等提出的简单清洗步骤[17]。该方法使用氯仿：甲醇（2：1，V/V）作为萃取液，震荡处理，然后用 1/4 体积的盐溶液（如 0.88mg/mL 的氯化钾盐溶液）进行平衡。整个体系会分成两层，下层由氯仿：甲醇：水（86：14：1，V/V）组成，并且含有几乎全部的脂质；上层由相同溶剂氯仿：甲醇：水（3：48：47，V/V）组成，含有绝大部分非脂质杂质。需要注意的是，混合时氯仿、甲醇和水的比例应该尽量接近于 8：4：3（V/V），否则可能会导致脂质的选择性丢失。如果需要进行第二次清洗来去除仍残留的杂质，应使用与上层相类似的混合溶液配比，如甲醇：盐溶液（1：1，V/V）。

在脂质萃取过程中，样品中的一部分神经节苷脂以及一些鞘糖脂会进入到水相中。但是，可以通过对水相进行透析来除去大部分低分子质量杂质，然后冻干残渣[25]，再采用二异丙醚-丁醇进行萃取,并使用凝胶[26]或 SPE 柱[27]进行脱盐,就可以实现回收。装载反相材料十八烷基型的 SPE 柱可以用于定量回收神经节苷脂[28]、前列腺素[29]及同位素标记甘油磷脂[30]。

对于任何萃取过程,记录萃取前新鲜组织的质量和得到的脂质质量十分重要。很多情况下,建议将脂质含量归一化到样品的干重或者组织中的蛋白质含量。

需要强调的是,目前已知的任何一种萃取方法都很难实现对脂质的完全萃取。任何不完全的萃取都会导致脂质的定量结果不准确。如果分析方法是基于外标校准曲线,还会导致不同实验室得到的实验结果也不一致。为了避免这个问题,萃取过程中应加入内标来进行脂质定量分析,以减少不完全萃取对定量的影响。大多数情况下,一类脂质中的各个分子与所选内标回收率的不同只是一个次要因素。因此,对于脂质的质谱分析而言,使用内标对准确分析各个脂质尤为重要。

13.3.2 内标

通过 ESI-MS 测定的分子离子的绝对强度与溶液中分析物的浓度之间没有规律。ESI-MS 检测分析物的离子强度取决于很多因素,包括样品前处理、离子化条件、质谱的分析器及检测器等。这些因素即使发生一些微小的变化都会对离子信号强度造成极大的变化。随着质谱仪的灵敏度越来越高,这些因素对 ESI-MS 的影响也越来越明显。事实上,很难重复测定生物样品中的目标分析物的绝对离子数,不同时间、不同仪器以及不同实验室得出的结果都会有差异。

因此,如果想用 ESI-MS 分析化合物并且准确定量,必需使用与目标分析物类似的化合物(如稳定的同位素体)作为内标或外标并进行比较。内标最好在样品前处理时尽早加入,然后和目标分析物一起进行分析。外标是分开进行分析的,但是应该在与目标分析物完全相同的条件下进行分析。使用外标法建立校准曲线也应采用完全相同的条件。两种方法都各有优缺点。内标法简单并且准确,要求内标在样品检测的线性范围内。但是,很难选择合适的内标,另外样品检测的动态范围要预先测定。对于外标法,最重要的是要控制在相同条件下进行测量。由于分析过程包括样品前处理、分离、定量等很多步骤,使得这一点很难实现。全脂质分析就是这样一个复杂情况,仅使用外标法对样品定量几乎难以实现。因此需要采用内标法(或者用 LC-MS 进行脂质分析时与外标法结合)来实现对复杂细胞脂质组的精准定量。因此,分析过程中信号强度的变化都可以进行内部控制或归一化。没有内标的样品分析结果只能用于定性比较。

内标的选择取决于样品中内源性脂质的种类。理论上,只有在线性范围内比较目标脂质与其同位素内标的峰强度(或面积),才能使用 MS 对化合物进行准确定量分析。尽管对于少数几种已知脂质可以用这种方法检测[31],但使用上千种同位素标记的内标进行细胞脂质组的定量分析是不现实的。然而,有文献报道,使用 ESI-MS 在全质谱模式下检测一种极性脂质时,通过使用^{13}C 同位素分布校正,发现在 pmol/mL 甚至更低浓度下每种脂质的响应主要取决于极性头基的电荷性质[32-35]。这种现象表明,每一类具有相同极性头基的脂质都可以通过使用该脂质类别中的一个分子作为内标用于定量分析。如果使用不同^{13}C 同位素分布校正来检测低浓度脂质,这种内标可以使测试达到一个合适的测量准确度(大约95%)。不同^{13}C同位素分布校正也被称作"^{13}C同位素去除法",通常是指将一个化合物不同的同位素体转换成单一同位素对应物的过程。

选择一种内标的首要原则是在整个脂质体系中不存在内标的同峰离子或者存在含量极低(例如,远远小于脂质萃取液中最高脂质含量的1%)。对于鸟枪法脂质组学以及LC-MS而言,都需要提前确定内源性细胞脂质中是否存在与内标的(准)分子离子峰同峰的离子。

为了对生物样品的脂质进行准确测定量(如>90%准确度),或者比较生物样品脂质萃取液间的脂质数据,在萃取前需要将适宜浓度的合适内标加入到匀浆中。大多数情况下,加入内标的含量以及随后测得的脂质含量(可以进行归一化)应当基于一个对于所有样品都足够稳定并且容易测定的参数。组织或细胞样品中的蛋白质、DNA或者RNA的含量、脂质萃取液中的磷含量、组织的干重和湿量、细胞数量及生物流体的体积都是研究人员常用的实验参数。每一种"归一化"参数都会因生理体系或者病理体系的变化而变化,可能会有好处,也可能有害处。如磷含量的测定会引起较大的实验误差,不同的生理和病理条件下的脂质萃取液中磷的含量也会有变化。组织样品在前处理过程中会带入一些水,使得脂质含量与组织湿重不一致,而制备干组织样品则需要特别长的时间(至少一夜)。生物流体的体积会受流体和食物摄取的影响,而当细胞团聚时则很难计算细胞数量。蛋白质、DNA或RNA的含量是相对稳定的,并且可以用高通量的方式进行确定。建议选择其中一个的含量作为归一化参数。需要注意的是,许多蛋白质的含量在不同状态下会发生变化,但是占据样品中蛋白质绝大部分的结构蛋白的含量通常会比较稳定。

下面是作者使用多维质谱"鸟枪法"脂质组学分析生物样品中存在的脂质所使用的内标:di15:0 PG(3)、17:0-20:4 PI(4.5)、di14:0 PS(19)、tetra14:0CL(1.5)、di14:0 PA(0.5)、di16:1 PE(26)、di14:1 PC(37.5)、17:0 lysoPC(1.5)、14:0 lysoPE(1.2)、17:1 lysoPG(0.004)、lysoPI(0.08)、17:1 lysoPS(0.08)、lysoPA(0.045)、N12:0 SM(3)、N15:0 GalCer(8,Matreya)、N16:0 ST(3,Matreya)、N17:0 Cer(1)、17:0 鞘氨醇碱基(0.1)、17:0 S1P(0.05)、N,N-二甲基鞘氨醇半乳糖苷(0.05,实验室制备)、tri17:1 TAG(1,NU-CHEK-PREP,Inc.)、di17:1 DAG(0.1,NU-CHEK-PREP,Inc.)、17:1 MAG(0.1,NU-CHEK-PREP,Inc.)、^{2}H$_4$-16:0 NEFA(5,Cambridge Stable Isotope Laboratories)、^{13}C$_4$-16:0 酰基肉碱(0.05,Sigma Chemical Co.)、17:0 脂酰辅酶(0.05,Sigma Chemical Co.)、^{2}H$_3$-4-羟基壬烯醛(2,Cayman Chemical)、^{2}H$_4$-胆固醇(170,Cambridge Stable Isotope Laboratories)以及^{2}H$_5$-16:0 胆固醇酯(1,Cambridge Stable Isotope Laboratories)。括号中为小鼠皮质的脂质提取物含量,单位为nmol/μg蛋白质。对于不同组织,不同细胞类型以及其他生物样品可以根据该含量进行调节。除了个别提到的几种,其他所有标准品都可以从Avanti Polar Lipids,Inc.购买到。

每种内标的使用量都应进行优化,使得内标的信号强度为含量最高脂质的信号强度的20%~500%。当内标的信号强度低于20%时,实验误差就会很大。而加入太多的内标则会导致离子抑制效应,使内源性脂质的信号强度接近于基线值。因此,优化后内标的用量对于不同的样品会有很大差别。

小鼠皮质脂质分析所用的内标的量也可以作为其他生物样品的细胞膜脂质测定所需内标的参照。这里假定不同类型细胞的细胞膜脂质水平大致近似。例如,上述提及的内标的使用量虽然不适用于肝脏内脂质的定量分析。但是我们可以基于皮质检测所用内标的量来预估肝脏脂质定量分析所需的内标的量。肝脏中磷脂酰胆碱类的定量分析所需的内标的量可以这样来预测:肝脏的脂质总含量约为400nmol/mg 蛋白质;皮质的脂质总含量约为800nmol/mg 蛋白质;用于皮质中磷脂酰胆碱类定量检测所需的内标的量为37.5nmol/mg 蛋白质;因此,用于肝脏中磷脂酰胆碱类定量检测所需的内标的量约为 $37.5 \times 400/800 = 18.75$ nmol/mg 蛋白质。这个数量与实际实验中使用量是一致的[36]。此内标预估使用量可以作为实验尝试的起点。另外,需要注意的是,不同样品中不同脂质各脂质的组成不同。例如,在非神经元类样品如心脏或肝脏中,硫脂及半乳糖神经酰胺的含量极小,神经酰胺类的含量也会大幅下降。

尽管用 LC-MS 进行脂质分析对内标用量的要求没有鸟枪法脂质组学那么苛刻,研究内标用量对准确定量分析的影响还是十分必要的,并且应该是建立实验方法并验证的重要环节。例如,LC-MS 分析方法所用内标的量不应太少,因为低浓度的内标会导致实验误差被放大,鸟枪法脂质组学同样如此。

还有一些方法可以用于生物样品间的半定量和定性比较。这些方法的分析过程中只使用少数几种甚至不使用内标,只是将检测到的离子峰强度(或面积)进行比较。这些离子可能会也可能不会被很好地表征和确认。通常会选择所检测到离子中的一个离子进行归一化来进行比较。这些方法通常被称为脂质分析。尽管脂质分析不直接提供脂质间化学计量关系,还可能会导致分析重现性差,但是却可以提供不同生物样本间的综合对比。该分析需要高通量测试,并且需要运用统计学分析的方法,因此在本章节没有详细进行讨论。

13.3.3 脂质萃取方法
13.3.3.1 Folch 萃取法

对于特殊情况,可以根据基本的萃取方法[17]进行调整,实验人员必须决定需要调整萃取方法的哪些部分,如加入盐或酸的量,以及样品尺寸等。改进过的"Folch"萃取方法[37]可以作为基本萃取方法。

将组织样品(1g)及甲醇(10mL)用搅拌机搅拌 1min,使之均匀。然后加入氯仿(20mL),再搅拌2min 至均匀。过滤后,固体重新加入到氯仿:甲醇($2:1, V/V, 30$mL)溶剂中搅拌3min。再次过滤,用纯净溶剂洗涤,滤液全部转移至量筒中,加入其1/4体积的0.88mg/mL 的氯化钾水溶液,强烈震荡后分层。移走水层(上层),然后加入 1/4 下层体积的甲醇:盐溶液($1:1, V/V$)。将包含萃取到脂质的底层过滤,再用旋蒸仪去除溶剂。得到的待分析脂质溶于少量氯仿或正己烷中,氮气保护下于-20℃储存。

显然,减少生物样品脂质分析中脂质萃取过程所用的样品和溶剂十分必要。萃取过程的关键在于使用甲醇使组织样品均匀并使用氯仿-甲醇($2:1, V/V$)来溶解脂质。由于脂质组学的脂质分析过程只使用少量的组织样品量,生物样品在萃取分离过程中存在的少量水分可以忽略不计。

13.3.3.2 Bligh-Dyer 萃取法

由 Bligh 和 Dyer[18]提出的萃取方法最初是用于鱼的肌肉组织中 GPL 类脂质的萃取,具有更加经济的优势。因此,该方法适合高含水量样品的脂质萃取。

假设 100g 待萃取的湿组织样品中含有 80g 水。向 100g 组织中加入氯仿(100mL)和甲醇(200mL)溶剂,然后将组织搅拌匀浆 4min。如果混合物呈两相,则需要加入更多的溶剂,直至形成单相。使用玻璃漏斗过滤。滤渣再次用氯仿(100mL)萃取后过滤。将滤液混合并转移到量筒中,加入 8.8mg/mL 的氯化钾水溶液(100mL),剧烈震荡后静置。混合物最终应呈两相(否则应加入更多水溶液)。用吸管除去上层及界面物质;下层包含需要的脂质,可以用上述方法回收。

需要指出,如果 TAG 是组织样品中的主要脂质,则该萃取方法不一定会得到较好的定量回收率。此时需要一个额外的萃取步骤,即仅使用氯仿进行二次萃取,然后将两个萃取液混合。此萃取方法经常会被误解并错误使用。

使用 ESI-MS 或 MALDI-MS 进行脂质分析的一个关键点是脂质萃取相中只能含有极少量的无机盐。尽管固相萃取柱可以用来去除盐类杂质,但是仍然建议将溶剂清洗作为常规步骤[36,38]。脂质组学中一种改进的 Bligh-Dyer 萃取方法如下。

将组织样品(10~50mg)切碎,然后加入低温 PBS 缓冲溶液(如 13.7mmol/L NaCl, 1mmol/L Na_2HPO_4,0.27mmol/L KCl,pH7.4)后使用组织研磨机匀浆。可以在 0℃下进行短暂的水浴超声,使其更加均匀。测定每一个匀浆的蛋白质浓度。将含有 1~2mg 蛋白质的匀浆转移至玻璃管中,并加入甲醇和二氯甲烷(或氯仿)(4mL,1∶1,V/V)。向匀浆中滴加 LiCl 水溶液 1.8mL 至最终浓度为 50nmol/L。根据蛋白质含量在每一个玻璃管内分别加入内标。因此,脂质含量可以根据蛋白质的含量归一化。每一类脂质应至少加入一种内标。

萃取物在 2500r/min 下离心 10min。小心移取二氯甲烷层(下层)并保存。再向每个试管的甲醇和水层加入 2mL 二氯甲烷,然后按照上述步骤分离。将两次二氯甲烷萃取液混合并用氮气吹干。每个残余物加入 4mL 二氯甲烷∶甲醇(1∶1),再加入 1.8mL 10mmol/L LiCl 水溶液重新萃取,萃取液如上述步骤干燥。随后将二氯甲烷萃取液用氮气吹干,将萃取物用体积为 100μL/mg 蛋白的二氯甲烷∶甲醇(1∶1,V/V)复溶。脂质萃取物用氮气保护并加盖密封,储存于-20℃,等待脂质组学分析(通常一周以内)。

如有需要,萃取过程中使用的氯化锂溶液可以用其他盐溶液代替,如醋酸铵或其他弱酸等[33]。但是,弱酸环境会导致缩醛磷脂分解,因此一定要十分小心。需要注意的是,尽管水相通常会在萃取后丢弃,也有一些报道曾使用水相进行一些脂质的分析[39]。

13.3.3.3 MTBE 萃取法

在脂质分析样品前处理过程中,氯仿被广泛用于生物样品的脂质萃取。但是,除了溶剂的毒性外,氯仿层难以收集的缺点也使得该样品前处理过程难以实现自动化及高通量的脂质分析。另外,溶剂收集时可能会从水相引入盐类杂质,也给鸟枪法脂质组学分析带来困扰。为了解决这些问题,可以用甲基叔丁基醚(MTBE)为替代溶剂的萃取方法[19],使得上层为有机相,下层为水相。该方法已广泛用于脂质分析领域。

将200μL样品置于带聚四氟乙烯盖的玻璃管内,加入1.5mL甲醇,再加入5mL MTBE,在室温下用振荡1h。加入1.25mL去离子水使其两相分离。室温下震荡10min,1000g下离心10min。收集上层(有机相)萃取液,下层加入2mL混合溶剂再次萃取,混合溶剂的配比与预期得到的上层溶剂组成一致[通过混合 MTBE:甲醇:水(10:3:2.5, V/V)并收集上层得到]。混合有机相用真空离心机干燥。为了加速样品干燥,离心25min后向有机相中加入200μL质谱级甲醇。萃取得到的脂质溶于200μL氯仿:甲醇:水溶液中(60:30:4.5, V/V)储存待用。

MTBE萃取方法被进一步改进用于对大脑样品的脂质分析,通过使用陶瓷珠进行机械匀浆,提升了高通量及自动化分析性能[40]。另一种改进是利用中间部分及水相对脂质和代谢产物进行全面分析[41]。

使用MTBE萃取方法和氯仿萃取方法得到的脂质萃取回收率大致相同。可以通过低功率超声辅助[42]或微波辅助[43]缩短1h的萃取时间。MTBE萃取方法的一个缺点是有机相中水分含量较高,与其他萃取相比,去除溶剂需要更长时间。此外,水相中无机盐和其他小分子的存在也会导致脂质分析复杂化。

13.3.3.4 BUME萃取法

丁醇-甲醇(BUME)萃取法使用BUME作为萃取溶剂,与MTBE萃取法的思路相同,并且可以使用标准96孔机械装置进行自动化操作[20]。300μL BUME混合溶剂(3:1, V/V)与10~100μL血浆样品混合形成萃取液初始相;再加入300μL庚烷:乙酸乙酯(3:1, V/V);最后加入300μL体积分数为1%的醋酸溶液,使萃取液发生两相分离。这里需要再次强调,酸性环境会导致缩醛磷脂水解。

BUME萃取方法可以作为MTBE萃取方法的补充,因为它在有机相引入更少的盐和无机物。但是,有机相中的丁醇在氮气流下比较难挥发。随后又有一些方法在此基础上做了改进,包括使用盐溶液代替醋酸溶液,直接稀释有机相进行鸟枪法脂质组学分析。如果不考虑水相中的脂质,这些改进方法与改进的Bligh-Dyer萃取方法效果相当。

13.3.3.5 植物样品萃取

对于植物组织,需先用异丙醇萃取使酶失活,通常推荐使用Nichols提出的方法[44]。植物组织浸入在100倍质量的异丙醇中。将混合物过滤,滤渣重新在相同条件下萃取,最后在199倍质量的氯仿:异丙醇(1:1, V/V)中震荡萃取一夜。将滤液合并,加入到氯仿:甲醇(2:1, V/V)溶剂中,进行前文所述的"Folch"清洗。下层纯化过的脂质按照Folch萃取方法回收。

该方法是脂质组学分析萃取方法进行的改进。例如,Welti等省去了过滤步骤,使用Folch萃取方法直接从植物组织中萃取脂质。

采样后将植物组织(10~50mg 干重)切碎,转移至 75℃的含有 0.01g/L 丁羟甲苯的异丙醇(3mL)中。15min 后加入 1.5mL 氯仿和 0.6mL 水。震荡 1h,然后移去萃取液。然后用含有 0.01g/L 丁羟甲苯的氯仿:甲醇(2:1,V/V)重复萃取 5 次,每次震荡 30min,直到植物组织变成白色。将萃取液合并到一起,用 1mL KCl 溶液(1mol/L)和 2mL 水分别清洗 1 次。溶剂在氮气下吹干,萃取物溶于 1mL 氯仿中。

13.3.3.6 特殊方法

一些脂质如神经节苷脂、多磷酸肌醇磷脂的定量分析需要一些特殊的萃取方法,这些特殊的萃取方法同时还可以减少非酯化脂肪酸、甘油二酯及多磷酸肌醇磷脂的人为形成,进行更精准的分析。第 13.3.1 节介绍了神经节苷脂的萃取方法。多磷酸肌醇磷脂在生物样品中含量极低,同时具有强酸性,因此需要一些特殊的萃取方法。对于这些脂质的定量萃取,需要将酸加入到萃取质中使肌醇脂溶解,但是需要尽快中和酸,防止脂质水解。有两种基于现有方法的萃取方法较为合适。例如,一个是"Folch"萃取方法,以氯仿:甲醇:0.4g/L 盐酸(2:1:0.05,V/V)溶剂作为萃取介质[46],一个是改进的"Bligh 和 Dyer"萃取方法,包括两个阶段的萃取,首先是中性溶剂,其次是酸化过的溶剂[47]。

传统萃取方法对溶血性甘油磷脂质的萃取效率不理想,因为它们在水中有很好的溶解性。加酸除了可以提高萃取率,还会导致缩醛磷脂水解。为此,一些特殊的萃取方法被提出来。例如,甲醇和血浆的混合物可以直接进入到色谱柱中进行高效液相色谱-质谱分析[48]。使用优化过的 Bligh-Dyer 萃取方法萃取生物样品后,可以用 HybridSPE 柱将水相中的溶血性甘油磷脂质回收[39]。

近年来,一种使用氯仿-甲醇-水的单相萃取方法广泛用于包括神经节苷脂在内的脂质分析[49]。该方法实现了对单只大鼠视网膜中的脂质分析。

13.3.4 脂质萃取过程中的注意事项

前文提过,如果组织样品在萃取前储存不当,萃取液中会存在异常含量的非酯化脂肪酸、甘油二酯、磷脂酸及溶血性甘油磷脂质。各种外源性物质也可能会进入到脂质萃取液中。所有的溶剂,有时甚至包括那些所谓的高纯度级别的溶剂,都含有各种杂质。如果大量的溶剂被用于萃取少量的脂质,杂质就会造成极大的干扰。因此需要对高纯度溶剂定期检查,如空白进样,确保它们符合使用标准。低质量的溶剂在使用前需要重新蒸馏。用于流动相的缓冲溶液如果长期储存在冰箱中会产生大量的微生物。制造商通常会特意在醚和氯仿等溶剂中加入一些其他成分(如抗氧化剂)以减少过氧化物的形成。分析人员应该熟悉溶液中存在的这些物质,并将其整合到数据分析中。

其他各种各样来源的类脂质物质也会进入到脂质样品中。各种塑料制品(除了聚四氟乙烯材料外)可能会特别麻烦,因为增塑剂(通常为邻苯二甲酸酯)很容易溶出至有机溶剂中,因此应尽量避免使用。增塑剂可能会与一些脂质同时洗脱或造成离子抑制,导致脂质组学分析结果混乱模糊。如果使用 GC 分析脂肪酸甲酯,增塑剂还会造成更大的困扰。同时,有研究证明,脂质也会溶解在塑料中,导致部分低极性成分发生损失[50]。

精细化学品制造商生产的各种实验试剂有时可能纯度不达标,在分析过程会带来许多问题。因此有必要保持警觉,尽早发现并消除这些问题。此外,脂质杂质还有一些不易察觉的来源,如指纹和一些实验室日常用品,包括化妆品、美发用品、护手霜、肥皂、抛光剂等,还有真空泵的尾气、润滑剂和油脂等。

在适宜条件下,脂质在萃取和存储过程中组成和结构不会发生改变。但是,一些条件共同影响下会产生不利的结果。例如,在特定条件下,脂质可以发生酯交换反应[51]。pH过低以及酰基转移酶导致的酶促反应也会造成问题。另外,丙酮会导致多磷酸肌醇磷脂去磷酸化,还可以和PE反应生成亚胺衍生物。当样品在甲醇溶液中储存太久时,一些缩醛磷脂会发生重排,特别是如果在酸性条件下萃取,还会导致缩醛磷脂转化为lysoGPL。

萃取过程使用的有机溶剂能加速组织酶对脂质的水解,这一点对植物组织尤其麻烦。一些溶剂能够激活磷脂酶D(包括水解和去磷酸化)。因此,需要使用异丙醇进行预萃取使酶失活。有些情况下,一些脂质(如糖基甘油二酯)会发生酶催化的酰基化反应[52]。

13.3.5 脂质萃取物的储存

自动氧化一直是脂质萃取物储存时的难题。脂质萃取物不应储存于干燥状态,而是应溶于少量相对非极性(质子惰性)的溶剂中。一定要将脂质样品保存在玻璃容器(绝不允许用塑料)中,于-20℃储存,并使用氮气流将空气排除。长期储存则需要加入抗氧化剂。

参考文献

1. Christie, W.W. and Han, X. (2010) Lipid Analysis: Isolation, Separation, Identification and Lipidomic Analysis. The Oily Press, Bridgwater, England. pp 448.
2. Han, X., Holtzman, D.M. and McKeel, D.W., Jr. (2001) Plasmalogen deficiency in early Alzheimer's disease subjects and in animal models: Molecular characterization using electrospray ionization mass spectrometry. J. Neurochem. 77, 1168–1180.
3. Han, X. (2010) Multi-dimensional mass spectrometry-based shotgun lipidomics and the altered lipids at the mild cognitive impairment stage of Alzheimer's disease. Biochim. Biophys. Acta 1801, 774–783.
4. Yang, K., Cheng, H., Gross, R.W. and Han, X. (2009) Automated lipid identification and quantification by multi-dimensional mass spectrometry-based shotgun lipidomics. Anal. Chem. 81, 4356–4368.
5. Han, X., Yang, K. and Gross, R.W. (2012) Multi-dimensional mass spectrometry-based shotgun lipidomics and novel strategies for lipidomic analyses. Mass Spectrom. Rev. 31, 134–178.
6. Stahlman, M., Ejsing, C.S., Tarasov, K., Perman, J., Boren, J. and Ekroos, K. (2009) High throughput oriented shotgun lipidomics by quadrupole time-of-flight mass spectrometry. J. Chromatogr. B 877, 2664–2672.
7. Quehenberger, O., Armando, A.M., Brown, A.H., Milne, S.B., Myers, D.S., Merrill, A.H., Bandyopadhyay, S., Jones, K.N., Kelly, S., Shaner, R.L., Sullards, C.M., Wang, E., Murphy, R.C., Barkley, R.M., Leiker, T.J., Raetz, C.R., Guan, Z., Laird, G.M., Six, D.A., Russell, D.W., McDonald, J.G., Subramaniam, S., Fahy, E. and Dennis, E.A. (2010) Lipidomics reveals a remarkable diversity of lipids in human plasma. J. Lipid Res. 51, 3299–3305.
8. Guan, Z., Li, S., Smith, D.C., Shaw, W.A. and Raetz, C.R. (2007) Identification of N-acylphosphatidylserine molecules in eukaryotic cells. Biochemistry 46, 14500–14513.
9. Astarita, G. and Piomelli, D. (2009) Lipidomic analysis of endocannabinoid metabolism in biological samples. J. Chromatogr. B 877, 2755–2767.
10. Tan, B., Yu, Y.W., Monn, M.F., Hughes, H.V., O'Dell, D.K. and Walker, J.M. (2009) Targeted lipidomics approach for endogenous N-acyl amino acids in rat brain tissue. J. Chromatogr. B 877, 2890–2894.
11. Naito, H.K. and David, J.A. (1984) Laboratory considerations: Determination of cholesterol, triglyceride, phospholipid, and other lipids in blood and tissues. Lab. Res. Methods Biol. 10, 1–76.
12. Roughan, P.G., Slack, C.R. and Holland, R. (1978) Generation of phospholipid artefacts during extraction of developing soybean seeds with methanolic solvents. Lipids 13, 497–503.

13. Sastry, P. S. and Kates, M. (1964) Hydrolysis of monogalactosyl and digalactosyl diglycerides by specific enzymes in Runner-Bean leaves. Biochemistry 3, 1280–1287.
14. Kramer, J. M. and Hulan, H. W. (1978) A comparison of procedures to determine free fatty acids in rat heart. J. Lipid Res. 19, 103–106.
15. Arthur, G. and Sheltawy, A. (1980) The presence of lysophosphatidylcholine in chromaffin granules. Biochem. J. 191, 523–532.
16. Messner, M. C., Albert, C. J., Hsu, F. F. and Ford, D. A. (2006) Selective plasmenylcholine oxidation by hypochlorous acid: Formation of lysophosphatidylcholine chlorohydrins. Chem. Phys. Lipids 144, 34–44.
17. Folch, J., Lees, M. and Sloane Stanley, G. H. (1957) A simple method for the isolation and purification of total lipides from animal tissues. J. Biol. Chem. 226, 497–509.
18. Bligh, E. G. and Dyer, W. J. (1959) A rapid method of total lipid extraction and purification. Can. J. Biochem. Physiol. 37, 911–917.
19. Matyash, V., Liebisch, G., Kurzchalia, T. V., Shevchenko, A. and Schwudke, D. (2008) Lipid extraction by methyl-tert-butyl ether for high-throughput lipidomics. J. Lipid Res. 49, 1137–1146.
20. Lofgren, L., Stahlman, M., Forsberg, G. B., Saarinen, S., Nilsson, R. and Hansson, G. I. (2012) The BUME method: A novel automated chloroform-free 96-well total lipid extraction method for blood plasma. J. Lipid Res. 53, 1690–1700.
21. Hara, A. and Radin, N. S. (1978) Lipid extraction of tissues with a low-toxicity solvent. Anal. Biochem. 90, 420–426.
22. Radin, N. S. (1981) Extraction of tissue lipids with a solvent of low toxicity. Methods Enzymol. 72, 5–7.
23. Morrison, W. R., Tan, S. L. and Hargin, K. D. (1980) Methods for the quantitative analysis of lipids in cereal grains and similar tissues. J. Sci. Food Agric. 31, 329–340.
24. Slomiany, A. and Slomiany, B. L. (1981) A new method for the isolation of the simple and highly complex glycosphingolipids from animal tissue. J. Biochem. Biophys. Methods 5, 229–236.
25. Kanfer, J. N. (1969) Preparation of gangliosides. Methods Enzymol. 14, 660–664.
26. Ladisch, S. and Gillard, B. (1985) A solvent partition method for microscale ganglioside purification. Anal. Biochem. 146, 220–231.
27. Popa, I., Vlad, C., Bodennec, J. and Portoukalian, J. (2002) Recovery of gangliosides from aqueous solutions on styrene-divinylbenzene copolymer columns. J. Lipid Res. 43, 1335–1340.
28. Williams, M. A. and McCluer, R. H. (1980) The use of Sep-Pak C18 cartridges during the isolation of gangliosides. J. Neurochem. 35, 266–269.
29. Powell, W. S. (1980) Rapid extraction of oxygenated metabolites of arachidonic acid from biological samples using octadecylsilyl silica. Prostaglandins 20, 947–957.
30. Figlewicz, D. A., Nolan, C. E., Singh, I. N. and Jungalwala, F. B. (1985) Pre-packed reverse phase columns for isolation of complex lipids synthesized from radioactive precursors. J. Lipid Res. 26, 140–144.
31. Harrison, K. A., Clay, K. L. and Murphy, R. C. (1999) Negative ion electrospray and tandem mass spectrometric analysis of platelet activating factor (PAF) (1-hexadecyl-2-acetyl-glycerophosphocholine). J. Mass Spectrom. 34, 330–335.
32. Han, X. and Gross, R. W. (1994) Electrospray ionization mass spectroscopic analysis of human erythrocyte plasma membrane phospholipids. Proc. Natl. Acad. Sci. U. S. A. 91, 10635–10639.
33. Han, X. and Gross, R. W. (2005) Shotgun lipidomics: Electrospray ionization mass spectrometric analysis and quantitation of the cellular lipidomes directly from crude extracts of biological samples. Mass Spectrom. Rev. 24, 367–412.
34. Han, X. and Gross, R. W. (2005) Shotgun lipidomics: Multi-dimensional mass spectrometric analysis of cellular lipidomes. Expert Rev. Proteomics 2, 253–264.
35. Han, X., Gubitosi-Klug, R. A., Collins, B. J. and Gross, R. W. (1996) Alterations in individual molecular species of human platelet phospholipids during thrombin stimulation: Electrospray ionization mass spectrometry-facilitated identification of the boundary conditions for the magnitude and selectivity of thrombin-induced platelet phospholipid hydrolysis. Biochemistry 35, 5822–5832.
36. Han, X., Yang, J., Cheng, H., Ye, H. and Gross, R. W. (2004) Towards fingerprinting cellular lipidomes directly from biological samples by two-dimensional electrospray ionization mass spectrometry. Anal. Biochem. 330, 317–331.
37. Ways, P. and Hanahan, D. J. (1964) Characterization and quantification of red cell lipids in normal man. J. Lipid Res. 5, 318–328.
38. Cheng, H., Guan, S. and Han, X. (2006) Abundance of triacylglycerols in ganglia and their depletion in diabetic mice: Implications for the role of altered triacylglycerols in diabetic neuropathy. J. Neurochem. 97, 1288–1300.
39. Wang, C., Wang, M. and Han, X. (2015) Comprehensive and quantitative analysis of lysophospholipid molecular species present in obese mouse liver by shotgun lipidomics. Anal. Chem. 87, 4879–4887.
40. Abbott, S. K., Jenner, A. M., Mitchell, T. W., Brown, S. H., Halliday, G. M. and Garner, B. (2013) An improved high-throughput lipid extraction method for the analysis of human brain lipids. Lipids 48, 307–318.

41. Chen, S., Hoene, M., Li, J., Li, Y., Zhao, X., Haring, H. U., Schleicher, E. D., Weigert, C., Xu, G. and Lehmann, R. (2013) Simultaneous extraction of metabolome and lipidome with methyl tert-butyl ether from a single small tissue sample for ultra-high performance liquid chromatography/mass spectrometry. J. Chromatogr. A 1298, 9–16.
42. Ametaj, B. N., Bobe, G., Lu, Y., Young, J. W. and Beitz, D. C. (2003) Effect of sample preparation, length of time, and sample size on quantification of total lipids from bovine liver. J. Agric. Food Chem. 51, 2105–2110.
43. Virot, M., Tomao, V., Colnagui, G., Visinoni, F. and Chemat, F. (2007) New microwave-integrated Soxhlet extraction. An advantageous tool for the extraction of lipids from food products. J. Chromatogr. A 1174, 138–144.
44. Nichols, B. W. (1963) Separation of the lipids of photosynthetic tissues: Improvements in analysis by thin-layer chromatography. Biochim. Biophys. Acta 70, 417–422.
45. Welti, R., Li, W., Li, M., Sang, Y., Biesiada, H., Zhou, H.-E., Rajashekar, C. B., Williams, T. D. and Wang, X. (2002) Profiling membrane lipids in plant stress responses. Role of phospholipase Da in freezing-induced lipid changes in Arabidopsis. J. Biol. Chem. 277, 31994–32002.
46. Singh, A. K. (1992) Quantitative analysis of inositol lipids and inositol phosphates in synaptosomes and microvessels by column chromatography: Comparison of the mass analysis and the radiolabelling methods. J. Chromatogr. 581, 1–10.
47. Vickers, J. D. (1995) Extraction of polyphosphoinositides from platelets: Comparison of a two-step procedure with a common single-step extraction procedure. Anal. Biochem. 224, 449–451.
48. Zhao, Z. and Xu, Y. (2010) An extremely simple method for extraction of lysophospholipids and phospholipids from blood samples. J. Lipid Res. 51, 652–659.
49. Lydic, T. A., Busik, J. V. and Reid, G. E. (2014) A monophasic extraction strategy for the simultaneous lipidome analysis of polar and nonpolar retina lipids. J. Lipid Res. 55, 1797–1809.
50. Lee, K. Y. (1971) Loss of lipid to plastic tubing. J. Lipid Res. 12, 635–636.
51. Lough, A. K., Felinski, L. and Garton, G. A. (1962) The production of methyl esters of fatty acids as artifacts during the extraction or storage of tissue lipids in the presence of methanol J. Lipid Res. 3, 476–478.
52. Heinz, E. and Tulloch, A. P. (1969) Reinvestigation of the structure of acyl galactosyl diglyceride from spinach leaves. Hoppe Seylers Z. Physiol. Chem. 350, 493–498.

脂质组学中各个脂质的定量分析

14.1 引言

组学研究中定量的方法一般可归纳为两类,即相对定量和绝对定量。前者主要测定在一定条件各种脂质之间相对含量的变化,因而可以作为了解刺激后响应情况或者发现生物标志物的工具;而后者则侧重于测定脂质组中各个脂质、脂质亚类以及大类的质量水平。如果想要分析在特定刺激下生物体内的变化情况以及相关代谢通路/网络背后的生物化学机制,对各类脂质、亚类脂质和各个分子的定量分析就变得尤为重要,故本章中主要讨论脂质的绝对定量方法。

很多现代分析工具包括质谱、核磁共振、荧光光谱、色谱、微流体元件等均用于脂质的定量分析[1]。其中 ESI-MS 是最常见同时也是功能最强大的脂质定量分析工具[2-5]。

正如前两章所提到的,配备 ESI 源的质谱在对分析物进行高灵敏度的结构表征和鉴定方面有很多优势。此外,质谱的主要优势不仅在于可以对单一离子的质荷比进行高准确度地测定,还可以准确测定分析物同位素异数体的摩尔比。在这里,同位素异数体指的是同位素标记的同构型分子,只是同位素组成不同。同位素异数体与同位素异构体不同,后者表示同位素原子的数量一样,但是位置不同。

由于质谱可以准确测定分析物及其同位素异数体的摩尔比。在此基础上方法通过添加一定量的某一分析物的同位素异数体便可以对目标分析物进行准确定量(当然目标物的实际含量要在定量分析的线性范围之内)。但使用 ESI-MS 定量时需要注意几点。

- 定量分析时必须使用内标。
- 最好选择稳定的同位素异数体作为内标。
- ESI-MS 定量检测需要与内标进行对比。
- 待测物与同位素异数体内标的浓度都应处于同一线性范围之内。

以上几点会在本章和第 15 章中详细讨论。总而言之,虽然 ESI-MS 只是一定条件下的脂质定量分析工具。但在实际研究中,它已经成为脂质组学中一种应用最广泛的脂质定量工具,并且在很大程度上促进了整个领域的发展。

那么为什么在使用质谱进行准确定量时需要采用同位素异数体作为内标呢?与紫外可见光谱不同,质谱中不存在一个与朗伯比尔定律(即吸光度与物质浓度呈线性关系)类似

的法则来实现定量,实际操作中分析物的浓度与仪器检测到的离子数之间并没有一个直接的对应关系,而是受到多个因素的影响:

- 不同仪器的离子源设计、离子传输方式和离子检测器不同;
- 同一分析物在这些仪器上的响应因子不同;
- 仪器的响应会受到待测样品基质的影响;
- 仪器操作条件的影响。

因此,在使用 ESI-MS 对相同溶液中的同一分析物进行检测时,如果使用了不同实验室的仪器,甚至在同一实验室相同的仪器上进行表观上"完全相同"的实验,得到的离子强度结果都有可能差距巨大。这主要是因为在实验过程中还有很多细微的条件也会对分析物的离子强度造成影响,例如离子源的清洁程度、湿度、真空稳定性和电子噪音等。

理论上,使用稳定同位素异数体作为内标来进行定量分析是最理想的方案,但在实际应用中无法制备那么多的稳定同位素异数体来对脂质组学中每一种脂质进行定量。所以现实的问题就是不同的分析方法中所需的同位素异数体内标最少为几种。该问题会在第15章中进行详细讨论,本章讨论仅对这些分析方法和相关注意事项进行阐述。

我们需要认识到,分析化学家与生物分析化学家对"定量"这一概念的期望值有很大不同。对于分析化学家而言,定量必须非常"准确",即整个定量分析过程中从样品采集到数据处理的所有操作都必须尽可能达到最高的准确度和精密度,从而可以预估和控制误差的传递。从某种程度上来说,使用同位素异数体作为内标进行类似物的定量也是基于这一思想。但是对于生物分析化学家来说,对定量准确性的要求会相对宽松,这主要是因为从采样、样品前处理到分析的整个过程中存在很多不确定性因素,包括:

- 生物样品采集过程中存在的固有差异,其影响可以超过了任何分析的误差(详见第13章)。
- 蛋白质分析中存在的偏差一般都在10%左右(当使用蛋白质含量作为归一化因子时)。
- 与蛋白质类似,使用 RNA 或者 DNA 作为归一化因子时,误差也很大。

基于以上原因,用于脂质组学分析的任何方法,不论采用了某种折衷方式还是使用校正因子对结果进行定量校正,只要能保证其结果的误差在10%左右,都应该是可以接受和采用的。

此外,由于生物样品所存在的差异,在对一组样品进行定量和同组样品进行对比时,数据的统计分析是十分必要的。但是不同的统计方法和依据个人喜好所选择的参数都可能对结果产生很大的影响,特别是当选用的脂质组学数据分析方法的准确性和重现性相对较差的时候。因此,研究报告中应该阐明数据的统计方法以及相关参数。

用 ESI-MS 通过脂质组学的方式对脂质进行定量是一项跨学科的工作,定量结果由所选择的内标和归一化成分决定。由于对内标和归一化成分的检测都不可避免的带有一定误差,这些误差也会影响脂质定量的结果。总体而言,在实验误差可接受范围内,只要在萃取之前加入合适的内标用于校正萃取回收率和离子化效率,ESI-MS 就可以用于脂质定量分析。其他因素造成的误差可以认为在10%以内。

14.2 脂质质谱定量原理

利用质谱对分析物进行定量时,通常依据的是分析物浓度与离子强度之间的对应关系,在一定范围内这种对应关系是呈线性的,具体形式为:

$$I = I_{app} - b = a \times c \tag{14.1}$$

其中 c 为分析物浓度,I_{app} 为质谱测量到的表观离子强度,b 是质谱基线噪声,可以根据文献中的方法[6]或其他方法[7-8]测定;I 是经过基线矫正后的离子强度(即真实的离子强度),a 是所用质谱的信号响应因子。当 $I_{app} \gg b$ 时(例如,信噪比 $S/N>10$),可以将 I_{app} 与 I 两者视为相等(即 $I \approx I_{app}$)。否则,必须对质谱进行基线校正来获得真实的离子强度 I。

由于式(14.1)可知,如果能够得到某一分析物的质谱信号响应因子 a,那么便可借助其基线校正的离子强度得到分析物的浓度。这与光谱分析中的朗伯-比尔定律类似。不过,如上所述,由于质谱测得的离子强度很容易受到溶液的组成、分析物离子化条件和仪器状态等因素影响,信号响应因子 a 几乎不可能是一个不变的常数。而且大部分的变化都无法控制,甚至很容易被忽略,所以实际应用过程中很难准确测定目标分析物的响应因子,也就无法用式(14.1)进行定量。

因此,使用质谱对分析物进行定量时往往都要通过外标法或者内标法。外标法即为标准曲线法,通过配置一系列梯度浓度的待测溶液,在相同的质谱条件下获得一条分析物的校正曲线来实现定量。内标法则是在样品前处理阶段就将内标引入到待测体系中,同时内标和待测物之间要有一个合适的比例(详见13.3.2)。

外标法的优势在于无需考虑加入的标准物质与待测体系内原有物质之间的相互干扰,但要保证外标溶液与实际样品的性质完全相同通常比较困难。例如,多步样品前处理可能导致回收率的差异以及样品之间的残留;在色谱分离时,梯度洗脱的流动相可能导致不同组成的待测溶液的离子化条件不同;ESI-MS 电喷雾的波动以及其他影响因素都可能导致离子化效率产生差异。因此,分析复杂体系时,由于通常伴随着复杂的处理过程(如细胞脂质组全分析),仅仅使用外标法进行定量往往不是最佳选择。

对于内标法而言,由于对内标与目标分析物进行同时处理和分析,因此内标法具有简单和准确的优点。但如何选择合适的内标通常也需要进行深入的思考,不同的体系需要采用不同的内标,部分内标可能需要专门合成,以避免与分析体系中已有的物质重叠。此外,加标量往往也需要专业的知识并通过预测实验来进行确定(详见13.3.2)。

通过内标校正法对待测物进行定量分析时,大部分研究者简单采用以下的比例关系进行计算:

$$\frac{I_u}{I_s} = \frac{c_u}{c_s} \tag{14.2}$$

式中 I_u 和 I_s 分别为待测物和内标的实际或经基线校正后的离子峰强度(或面积),C_u 和 C_s 分别为待测物的浓度与内标的浓度。这个公式和光谱分析中用来定量分析的公式很相似,但在质谱分析中使用这个公式还必须满足一些条件。

根据式(14.1),可知待测物和内标的峰强度比如下:

$$\frac{I_u}{I_s} = \frac{a_u * c_u + b_u}{a_s * c_s + b_s} \tag{14.3}$$

因此,式(14.2)只有在满足两个条件的情况才成立。一是质谱的背景噪音(b_u和b_s)小到可以忽略不计。这种情况下式(14.3)变为:

$$\frac{I_u}{I_s} = \left(\frac{a_u}{a_s}\right)\left(\frac{c_u}{c_s}\right) \tag{14.4}$$

此时,需要满足的第二个条件是分析物和标准品在质谱中的响应因子要相等,也就是$a_u/a_s = 1$。

那么什么时候这些响应因子会相同呢? 为了回答这个问题,我们需要考虑影响响应因子的各种因素。响应因子可以拆分为一系列子项的积:

$$a = a_1 \times a_2 \times a_3 \times a_4 \times \cdots \tag{14.5}$$

其中a_1、a_2、a_3、a_4…是响应因子的影响因素,其中包括(但不限于):分析物的离子化效率(离子化因子)、可影响响应因子的聚集态浓度(浓度因子)、多级质谱对不同分子响应的影响(多级质谱因子)、不同基质对离子化的影响(基质因子)等等。这些因素将会在接下来内容和第15章中进行进一步讨论。

在脂质组学领域,研究表明,在低浓度范围内,属于同一极性脂质类别内的各个分子的离子化效率几乎相同[9-12]。这是因为这类脂质的离子化效率主要取决于其结构中相同的带电头基,而不同长度和饱和度的酰基链在低浓度下对离子化的影响很小。为什么这种情况只在低浓度时存在会在后面的浓度因子中讨论。换言之,要使同一个脂质类别中的各个分子的响应因子差别很小,强极性和低浓度是至关重要的条件。在其他条件都相同的情况下,满足这两个条件时可以认为$a_u/a_s = 1$,从而可以方便地仅用一种内标实现对脂质分子(内标与待测分子属于同一类脂质)的准确定量。然而对于非极性脂质(例如,TAG、DAG和胆固醇酯),没有证据表明每组脂质分子间的响应因子相同,因此即使在低浓度范围内,在定量时也要预先测定或校正每个脂质的响应因子[13-14]。或者将非极性脂质衍生化为极性脂质再进行分析[15-18]。此外,极性脂质在低浓度下的离子化效率几乎相同也说明,对于一组待测脂质,其中的任何一个分子在一定准确度范围内都可以用作内标。

脂质独特的物理性质决定其在高浓度情况下(即使在氯仿溶液中)或极性环境中(例如,甲醇、乙腈、水,特别有盐存在时)倾向于形成聚集体。这些聚集体很难电离和检测。它们很难电离是因为与单一的脂质相比,聚集体往往呈现出不同的极性、几何形状、大小,这使得它们的电离过程与单一脂质截然不同。而难以检测是因为聚集体往往由不同数量的不同脂质集合而成,其质荷比分布也比较广泛,有的甚至超过了质谱的检测上限。即便在检测范围内,当聚集体被电离时,其中的脂质分子数量及加合离子组合的不确定性也会导致信号处在宽质量范围的噪音水平中。另外脂质聚集体的形成与酰基链有很大关系,通常具有较长脂肪酰基链和较少双键的脂质比含有较短脂肪酰基链和高度不饱和的脂质更容易形成聚集体。脂质聚集体这种物理性质使得处于聚集态的脂质的响应因子与脂质分子个体有关。早期的脂质组学研究已经证实了这一点[10,19]。因此,利用ESI-MS对极性脂质中的各个脂质定量分析时,较低的脂质浓度是非常关键的一个因素。

尽管同一个脂质类别中的各个分子在碰撞诱导解离(CID)后会产生几乎相同的碎片(详见第6章),但因为脂肪酰基链和空间构型的不同,碎片离子的信号强度受碰撞能的影响是非常巨大的(详见第4章)。之前的研究表明,同一溶液的串联质谱(母离子扫描和中性丢失扫描)结果相差很大,同时也与在碰撞诱导解离方式下的全质谱模式有关(即串联质谱因子)[20]。因此,利用串联质谱的方法对脂质进行定量时,需要考虑多级质谱因子。一些方法可以用来降低多级质谱因子带来的影响:

- 优化CID能量,使得串联质谱的结果与全扫描的结果尽可能的相同。
- 在一定范围内精细优化碰撞能以平衡所有可能的质谱碎片(如对于QqQ式的仪器用1、2、5eV循环优化)。
- 用两个或更多内标来进行校正。

不同基质对脂质离子化效率的影响已经在前面讨论过(详见第4章)。如果用相同的基质条件进行检测时,基质因子的影响很小。但要注意的是,如果分析方法是基于LC-MS开发的,那么基质因子需要另外考虑,因为此时基质包括了溶剂、流动相和其他可能随时间而变化的成分,如不同分析物的洗脱时间不同。虽然不同基质的影响可以通过实验进行探究,但了解所有可能的影响因素也是不现实的。所以使用两个或多个内标来进行校正是一个可取的做法。

还有很多其他因素会影响分析物的响应因子(详见第15章)。例如,如果仪器没有正确调谐到可以等量传输不同脂质产生的离子,这些脂质的表观响应因子也会不同。所有基于ESI-MS建立的分析方法都应该设法减小信号因子之间的差异。如果通过努力无法达到这一目标,最终的办法是额外加入一个或多个内标来校正不同脂质分子的响应因子。

此外,选择稳定同位素异数体作为内标可以很好地满足两者具有相同的响应因子这一要求。这是因为稳定同位素异数体与分析物有着相同的结构和性质(即相同的回收率和离子化效率),并且内标和分析物是同时处理和分析。但采用这种方法对复杂体系中上千种物质进行分析是不切实际的(例如,细胞的脂质组分析)[21]。

14.3 脂质定量方法

14.3.1 串联质谱法

如第二篇所述,一种脂质在经过诱导碰撞解离后可产生一个或多个特征碎片。这些碎片可以作为定量分析的基础,通过母离子扫描和中性丢失扫描模式(或同时用两种模式)鉴别脂质组中的各个脂质。在早期通过ESI-MS对脂质进行定量分析时已采用这种方法[22]。随后这种技术也被用于植物脂质组学[23-25]和其他脂质的分析。在这种方法中,至少需要两种同类别的脂质作为内标,并在样品前处理时加入,接着通过串联质谱对样品进行分析获取目标脂质的中性碎片或离子碎片信息(详见第2章)。加入的内标用来校正一系列的响应因子,以实现准确定量。

在选择内标的时候至少应该遵守两条标准:

• 内标在原始样品提取液中不存在或存在的含量很低(可以通过分析未加内标的空白组生物样品萃取物来检验)。
  • 内标可以代表整个脂质组的物理性质(例如,酰基链的长度和不饱和度)。因此,往往使用在脂质组质量分析范围两端的脂质类似物或同位素标记物作为内标。

在该方法中,样品通过注射泵或纳喷设备直接进样后可以在一段时间之内(通常几分钟)产生稳定的离子流,此时在标准模式下采用特殊的母离子扫描或中性丢失扫描方式对一类脂质进行扫描。通过对所有扫描方式获得的质谱进行平均,将噪音降低至 $1/N^{1/2}$ (N 是采集的质谱峰数)并减小信号的波动,从而达到提高信噪比的目的。这样获得的质谱图可以在灵敏度之上获得包括内标在内的所有脂质信息。需要注意的是,检测到的离子信号不一定对应着某一种脂质,一些人为的信号也可能在质谱图中出现。但是一般来说90%以上的离子峰都应该对应着某一种脂质。

如上所述,碎片离子峰的强度除了与诱导碰撞解离的条件有关以外,也受到各个脂质结构的影响(例如,碳原子的数量、双键的数量和位置)。这是因为最显著的碎片离子往往是热力学稳定的离子,或者是在解离动力学过程中容易产生这些离子,二者都与脂质的结构有很大的关系。早期的研究已经证明了这种关联性[22],并被其他研究所证实[23,29]。

例如,利用串联质谱分析一种中国仓鼠卵巢细胞中的磷脂酰胆碱时,对 $m/z = 184$ 进行前体离子扫描,并用等量的四种磷脂酰胆碱作为内标[22]。因为这个碎片离子代表了实验过程中质子化的磷酸胆碱,因此这种母离子扫描将检测所有带有质子化磷酸胆碱的甘油磷酯。然而,质谱图清晰地表明,随着分子质量的增大,内标的离子峰强度逐渐下降。该研究通过内标的离子强度所绘制的校正曲线来对实验中所得的离子强度进行校正。相应地,可以通过两个或两个以上的内标,绘制一条(非)线性校正曲线。然后可以通过校正曲线对每一个脂质的浓度进行定量。

该文章的作者同时也指出,分子质量对信号强度的净效应是下列物理现象共同作用的结果:
  • 离子化效率的不同。
  • 碎片化效率的不同。
  • 离子传输率的不同。
  • 检测器响应的不同。

在上述讨论中,作者并没有提到双键数量和脂质的浓度也会对不同脂质的离子化响应产生不同影响。加上这两个因素,上一节我们讨论的影响离子化响应因子的所有因素就都考虑到了。

值得注意是,由于不同脂质的碳原子数量不同,其中包含的 ^{13}C 同位素也会有区别(详见 15 章)。虽然文献[22]的作者并没有意识到这个问题,但这一影响可以通过含不同酰基链的脂质来进行校正(因为它们也具有不同数量的碳原子)。但另一个与 ^{13}C 同位素异数体有关的影响在文章中也没有被提到[22],那就是含有 2 个 ^{13}C 原子和少一个双键的脂质信号的重叠情况。这一因素对准确定量的影响与这两种脂质的浓度比有关,可能影响很小,也可能影响会很显著。

Yang 等[20]采用另一种方法对不同分子结构的同类脂质对准确定量的影响进行了论证（与同一内标比对）。在这篇文章中，研究者们探究了中性丢失扫描条件下脂质结构对结果的影响，其中包含丢失胆碱分子（NLS59）、丢失磷酸胆碱分子（NLS183）和丢失磷酸胆碱锂盐（NLS189）（图 14.1）。他们的结果充分说明了脂质的结构会显著影响其碎片化过程，尤其是对那些多不饱和脂肪酰基取代物。

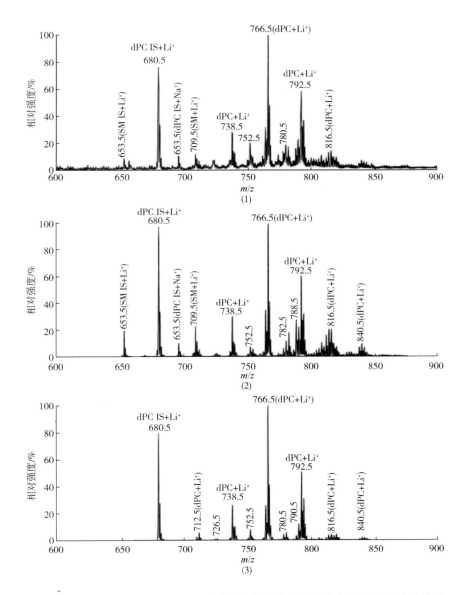

图 14.1　CHO 细胞中的胆碱甘油磷脂在全扫描和中性丢失扫描模式下的质谱图

按照 Bligh-Dyer 流程萃取，萃取液浓度稀释至<50pmol 总脂质/μL。(1)对分子质量为 183.1u 的碎片（即磷酸胆碱）进行中性丢失扫描的质谱图(2)对分子质量为 183.1u 的碎片（即锂化磷酸胆碱）进行中性丢失扫描的质谱图(3)用 35eV 的碰撞电压在相同质量范围内对经过稀释的脂质萃取液进行全扫描的质谱图[20]（IS：内标；SM：鞘磷脂；dPC：二酰基磷脂酰胆碱）

这种定量方法具有很多优点:
- 简单高效。
- 适用于分析具有一个或多个特征碎片的脂质组。
- 可进行高通量分析。
- 通过选择合适的内标,很多对信号响应造成影响的实验因素可以被排除。

这一方法具有明显的优势并且效果也十分直观。因此这种方法在各类脂质的分析中已经越来越受到欢迎。但与此同时,这种方法也具有一些局限性,应尽量减少以下影响以确保定量的准确性:

- 找到符合前面所提到的两组标准的内标并不容易。大多数情况下,所选择的内标只能在有一定程度上代表样品中的脂质。因此上一节所讨论的不同的化学结构所带来的不同的解离动力学/热力学方面的影响并不能被完全忽略。
- 这种方法使用了一个特征碎片来鉴定特定的目标脂质,但质谱中存在具有相同质荷比的杂质离子的可能性也很高。例如,用 m/z 241(对应肌醇磷酸盐)进行 PI 的母离子扫描时,质谱中会检测到大约 10% 的中等或高等强度的杂质离子[29]。
- 这种方法不能够提供任何关于满足离子筛选条件的脂肪酰基取代物的信息。显然,对于脂肪酰基取代物的确定能够在很大程度上减少杂质离子的干扰(这也是多维质谱"鸟枪法"脂质组学分析技术的原则之一)[29]。
- 对于某些脂质来说,如果没有高灵敏的串联质谱分析结果,其线性动态范围会比较窄,很多没有特征碎片的脂质也无法实现定量分析。
- 正如前面所讨论的,含有两个 ^{13}C 和少一个双键的脂质并不能在结果中被区分出来,而且这种重叠也会对单同位素峰的信号产生干扰,尤其在比其本身多一个双键的脂质存在的情况下。这一影响可以通过去同位素法或其他方法进行校正[13,30]。

总而言之,这种方法更适合用于对脂质进行半定量分析或者给出不同脂质的概况,而不是准确的定量分析。

通过采用高质量准确性与高质量分辨率的质谱可以提高上述方法的准确性,如 Q-TOF[21,31-34]。采用这类仪器可以快速和有效地获得在一定的质量范围内(如 m/z 在 200~350 或其他范围)的子离子,对应不同脂肪酰基羧酸酯的具有高强度和相关信息的子离子会呈现出来[34]。通过对一定范围内的子离子分析,可以从母离子扫描或中性丢失扫描的谱图中找出感兴趣的脂质。很多在原有串联质谱中的限制都可以通过这一新方法得到解决,包括脂肪酰基取代物的鉴定,^{13}C 同位素异数体重叠的校正,杂质离子干扰的排除以及动态线性范围的拓宽。

很多脂质都可以通过这种改进的"鸟枪法"脂质组学进行定量。通过其主要碎片的强度的总和与对应内标之间的对比,可以对单一脂质进行定量分析。考虑到 ^{13}C 同位素异数体在脂质和内标中不同的分布,使用离子碎片强度的总和进行定量或许会提高方法的灵敏度。

与之前提到的单独使用串联质谱进行分析的方法相比,这种"鸟枪法"脂质组学技术除了可以提高方法的灵敏度之外,还具有很多优点。例如,对于一些并不具有特征碎片的脂质(如甘油三酯和神经酰胺),这一方法仍可以通过其他的碎片进行定量分析。而且对于多数脂质而言,这一方法的线性动态范围可以跨越四个数量级[34]。

需要注意的是,这种"鸟枪法"脂质组学技术是基于串联质谱发展起来的。如上所述,由于不同的脂质在碰撞诱导解离时的热力学/动力学过程不同,应当使用两种或两种以上的内标以减少不同裂解规律对定量的影响。这一点对于那些含不饱和脂肪酰基取代物的脂质尤为重要[20]。此外,对于那些与高含量脂质重叠的低含量的同峰/同质异构脂质,它们的定性和定量可能会因为比较窄的线性动态范围而被忽略。

14.3.2 多维质谱"鸟枪法"脂质组学中的两步法定量

当不同种类的脂质在 ESI 源中分离(即源内分离)并采用 MDMS 鉴定各个分子后(详见3.2.3.3),对已鉴定的各个脂质可以通过多维质谱"鸟枪法"脂质组学中的两步法进行定量分析[11,35]。这一流程已经实现了自动化操作[29]。

简单来说,这种方法第一步首先需要检查目标脂质的离子峰强度是否过低或者与其他脂质的离子峰重叠[29]。对于那些无重叠且强度较高的脂质,经过这一步判断之后便可以进行定量分析。然后第二步再进行存在重叠或强度较低脂质的定量分析。在上述的两步法定量的过程中,首先对那些离子峰无重叠且响应较高的脂质进行定量,通过与全扫描模式下获得的质谱图中的内标进行比率计算,然后再对经过基线校正和去^{13}C 同位素后的所有脂质进行检查。这些不重叠且含量丰富的脂质和提前加入的外源性内标作为第二步定量的参考标准[20]。需要注意的是,在按照脂质种类分离的 MS/MS 扫描结果中,不同亚类之间的峰强度可能会有很大差异,因此在选择第二步的参考标准时也需要考虑到这一点[20]。

第二步需要对那些响应较低或者有重叠的脂质进行定量。主要是基于脂质本身的两个变量(碳原子数目与脂肪酰基链中双键的数目)进行多元最小二乘法回归分析。通过这种算法可以确定每一种脂质的校正因子[29]。经类别特异性的母离子扫描或者中性丢失扫描得到的重叠峰或低强度离子峰校正后,即可通过与内标离子峰强度的比值进行定量[即式(14.4)中 $a_u/a_s=1$]。通过第二步定量,这些重叠和低强度脂质的线性动态范围可以通过一次或多次母离子/中性丢失扫描得到显著扩展。这主要归因于背景噪音的降低和信噪比的提升[30]。此外,通过特定的 MS/MS 对重叠脂质进行扫描,同峰/质异构体对定量带来的影响也可以被降到最低[30]。

虽然第二步定量在某种程度上与基于串联质谱的"鸟枪法"有类似之处(详见14.3.1),但二者在其中一个关键点上存在区别。多维质谱"鸟枪法"脂质组学分析方法同时使用了外源性的内标和经第一步鉴定的内源性的成分作为校正的基础,然而串联质谱法只通过外源性的内标进行校正。两者对比起来,两步法由于增添了内源性的分子作为参考,可以更全面地代表那些结构相似但强度较低的同类脂质的物理特性。而"鸟枪法"由于在选择内标时为了避免不与内源性分子发生重叠,则不具备这一优点。

值得注意的一点是,当只有两种物质可以作为第二步定量的基础时(其中一种是预先选好的内标),两步法在本质上与"鸟枪法"一样[24]。在这种情况下,脂质中双键的数目可能会影响重叠和低强度脂质的定量。但这种影响在多维质谱"鸟枪法"脂质组学分析中(特别是一类脂质的总含量分析中)相对较小,主要原因有:①作为标准的内源性分子的双键数目一般是已知的;②第一步中用全扫描模式确定的脂质占脂质总量的绝大部分。

MDMS-SL 中第二步与串联质谱"鸟枪法"还有一个主要的区别,所有通过两步法定量的脂质都在 MDMS 中经过了预鉴别,因此任何在串联质谱中出现的杂质峰都不会用于第二步的定量[29]。

最后,MDMS-SL 还有一个优点。如果灵敏度足够,第二步定量方法可以用于所有与头基有关的母离子扫描或中性丢失扫描。这一点对于提高数据质量和验证检测结果有很大的帮助。而且通过第二步定量,对于大部分脂质来说,其动态线性范围可以扩大超过 5000 倍[36]。

目前,这种方法已经广泛应用于超过 40 种脂质中各个分子的定量分析[16,18-29,37]。例如,对于小鼠皮层样品脂质萃取物中鞘磷脂的分析(预先用甲醇锂处理[38]),在全质量扫描范围内经去除 ^{13}C 同位素后,其中的锂化 N18:1(m/z 735.5)、N18:0(m/z 737.5)和 N24:1(m/z 819.65)三种鞘磷脂可以通过与选定的内标(N14:0 鞘磷脂,m/z 653.5)相比进行准确定量[图 14.2(1)]。任何其他含量低的鞘磷脂也可以用上述三种鞘磷脂作为内标,利用中性丢失 183[图 14.2(2)]或 213(如上所述[20])进行定量分析。

同样,在鞘磷脂的分析过程中,含量较高且无重叠的 HexCer(m/z 806.6、816.6、820.6、834.6)可以利用第一步进行定量。这一过程采用全质量扫描模式去除 ^{13}C 同位峰后与内标(N15:0 GalCer,m/z 692.6)比对完成[图 14.2(1)]。但值得注意的是,HexCer 包含两个亚类,通过在脂肪酰胺链上是否具有 α-羟基来区分。α-羟基的存在可以通过负离子模式下的 36.0 中性丢失扫描来检测[39]。因此在第二步对含有 α-羟基的亚类进行定量时,就必须考虑 m/z 为 806.6 和 820.6 的两个离子作为定量的内标。相应地,HexCer 中含量较低或是与鞘磷脂峰重叠的脂质就以 m/z 692.6、806.6、816.6、820.6、834.6 作为内标,通过 162 中性丢失质谱检测[图 14.2(3)]。但如上所述,这一方法不能对 GalCer 和 GluCer 两种脂质进行定量检测。传统的薄层色谱[40]或是液相色谱[41]法可以进一步分离检测这些亚类脂质。

在这里还需要指出,使用两步法定量时一定要注意以下两点。

● 对于任何类别的脂质,如果不存在类别特异性和灵敏的母离子扫描和中性丢失扫描,例如 TAG、CeR、PE 和 CL,则两步定量法就不适用。针对这些脂质,已经开发了基于衍生和不衍生的多维质谱"鸟枪法"脂质组学的分析方法[42-45]。

● 由于误差传递和放大的影响,第二步定量的误差比第一步大。因此在实验中应该尽可能地减小第一步的实验误差。

总的来说,使用第一步中确定的高强度脂质作为第二步定量的内标是确保其准确度的关键。好在第二步定量的脂质在整个脂质中只占很少的一部分,传递的实验误差对脂质总含量测定结果的影响不大。

然而,需要指出,在文献和专题论文集中经常会出现一个误解,那就是在分析复杂的脂质混合样品时,离子抑制效应会阻碍所有基于直接进样法的脂质定量。因此,便有一种错误说法指出,鸟枪法无法实现脂质定量,只能用于对比。但实际上,如果在推荐的低浓度范

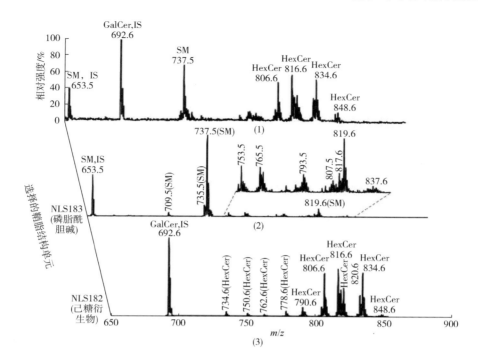

图 14.2 两步法对小鼠皮层中的鞘磷脂和甘油卵磷脂进行分析的质谱结果

前处理步骤见参考文献[38],向萃取液中加入少量 LiOH 衍生后,在正离子模式下进行数据采集。(1)对样品进行全扫描后获得的质谱图、(2)对 NLS183(胆碱磷酸、鞘磷脂的特征结构)进行扫描的质谱图、(3)对 NLS162(己糖衍生物、HexCer 的特征结构)进行扫描的质谱图(IS:内标;质谱图已经过归一化处理)。

围内采用合适的条件,完全可以实现定量分析。虽然也可能出现不符合所选线性范围的滥用,但慎重考虑和改变使用的条件,实现在线性范围内的定量并不困难。如果样品中的脂质含量超出了大部分质谱的 5 个数量级的线性范围,那么收集到的数据会因为离子化竞争而失真,而且高浓度下脂质容易形成聚集体也会对定量分析造成干扰(详见 14.2)。

14.3.3 选择离子监测模式(SIM)

选择离子监测模式是一种只传输/检测一个或少数几个具有特定质荷比离子的质量扫描模式[46]。用单级四极杆或者傅里叶变换离子回旋共振质谱进行分析时,这是一种检测特定化合物或者碎片的经典分析方法[47]。这种方法会用最高的灵敏度检测单一的质荷比离子,而灵敏度的提高只是因为对单一离子扫描时间的增加。在 SIM 模式中,对于指定的离子的扫描停顿时间通常是一定质量范围离子的 10~100 倍(也就是一到两个数量级的优势),因而提高了信噪比[46]。

对于定量分析来说,直接进样后,所监测离子的强度可以直接与内标的离子强度进行对比。在 LC-MS 分析中,如果实验条件相同,每一个质荷比对应的目标峰面积可以直接带入标准曲线进行计算或是与内标峰面积进行比较。

然而,SIM 模式下监测到的具有一定质荷比的离子也可能代表几种同峰/同质异构体,从而无法对它们进一步区分。在分析一些复杂样品时(如血清和血浆),由于其中很多化合物都可能带有相同的质荷比(包括带有多个电荷的离子或稳定同位素异数体等),SIM模式无法有效地区分它们。因此,大多数情况下,SIM模式只是一种提高灵敏度的方法,其局限性也限制了它在现代脂质组学中的应用。

不过,脂质组学中会经常用到一种SIM的替代方法,特别是在利用LC-MS(如高占空比的Q-TOF)进行分析时。在这种情况下,可以在洗脱过程中的任何时间对特定的子离子进行检测(即数据相关采集),而质谱同时以全质量扫描模式对该洗脱时间下选择质量范围内离子的质荷比和强度进行检测。与QqQ类质谱相比,Q-TOF类质谱具有很高扫描速率、灵敏度和快速高效的子离子质谱信息获取能力,可以在同一洗脱时间记录多张谱图用于对较高含量脂质的鉴定分析。结合特定的洗脱时间、质荷比以及一系列的子离子谱图,可以对脂质的化学结构提供相当准确的信息。

更重要的是,将高效液相色谱(HPLC)的分离和ESI-MS的检测进行联用,如果可以满足下列条件之一,这种方法也可以用于脂质组学的定量分析:

- 要在相同的实验条件下对每一种脂质绘制标准曲线[48]。
- 每一种目标脂质要有相对应的稳定同位素内标。如果无法满足这一条件,可以参考文献[21]进行处理。
- 在采用了合适的校正因子之后,极性脂质的离子化效率可以认为是相同的[12,49-50]。

在以上三个条件中,只有第一条在实际中广泛使用。这种情况下,每一个离子的总离子流色谱图可以从全质量扫描的记录中提取出来(也就是选择离子监测),而实际上也可以同时提取出多个感兴趣离子的总离子流图[51]。为了实现对这些脂质的定量分析,其线性动态范围、检测限和校正曲线都需要进行预先测定。在这一基础上,各个脂质的离子峰面积可以与同等条件下得到的标准曲线进行比较和定量。

需要注意的是,每一个样品中至少要有一个参比分子。如果样品中包含很多不同类别的脂质,由于不同类别脂质的离子化效率不同,每一类都应该有一个相应的对照。相应地,每一个离子峰的峰面积在带入标准曲线计算前也需要通过与对照对比进行归一化。通过这一系列操作,在HPLC分离过程和ESI-MS检测过程中,可以很大程度上避免一些操作条件对定量的影响。

Masukawa等[52]在对人体角质层中神经酰胺(Cer)分析时便使用了上述方法。作者使用了正相液相色谱柱(Inertsil SIL 100A-3硅胶色谱柱;150mm×1.5 mm;GL Science,Tokyo,Japan),并且采用非线性梯度洗脱的方法对目标物进行分离(A相:己烷:异丙醇:甲酸,95:5:0.1;B相:己烷:异丙醇:甲酸铵溶液(50mmol/L),25:65:10;洗脱时间:80min;流速0.1mL/min)。并且制备了多种的神经酰胺类似物作为标准品,用于测定方法的检出限、检测限以及线性范围。此外还使用了神经酰胺(d18:1-N17:0)作为内标来对所有样品进行归一化处理。通过这些条件控制,方法的日间重现性14.3 RSD%的最大日间重复性,系统误差在±21.4%。通过使用SIM模式,检测到了多达182种与神经酰胺有关的离子峰。

这一方法往往用于少量脂质的分析(例如,经过预纯化的脂质)[52-53],用于大范围的脂质组学定量研究还存在很大的局限性[12,51]。主要原因有以下几点。

- 对所有脂质都绘制标准曲线是不现实的。
- 同峰/同质异构体的存在很有可能使分析变得很复杂。
- 在分析之前预先分离每一种脂质效率很低。

为了实现定量脂质的鉴定,采用数据相关子离子分析的方法十分有用。然而,随着脂质数量的增加,需要使用更高占空比的仪器。除此之外也可以采用具有高质量分辨率和准确度的质谱仪来区分同质异构离子,尽管目前仍然不能区分基团和双键位置不同的同分异构体。

另外还需要注意,绘制标准曲线时,一般采用的都是人工合成的脂质来配制单一脂质或者简单混合物的溶液。可能不能用它来模拟生物样品萃取物的分析条件,目前还不清楚不同基质对定量造成的影响。当脂质流经色谱柱时,脂质间的相互作用会引起"动态离子抑制效应"(详见第15章)。

此外,当使用正相高效液相色谱柱分离不同类别的脂质时,同一类别中的各个分子在洗脱峰中不会均等分布(包括保留时间和峰型)。此时"动态离子抑制"是影响定量准确性的主要因素。

如果使用反相高效液相色谱柱对一类预先分离过的脂质进行分析,通常会选用有一定极性的流动相进行洗脱。不同脂质分子的溶解度差异会导致各个脂质离子化效率不同。如果采用梯度洗脱的方法对样品进行分离,那么流动相的变化也有可能会影响离子化过程的稳定性(即基质效应)[54]。此外,脂质在流经色谱柱时所发生的差异性丢失也很常见[55]。虽然在大部分情况下,反向色谱柱可以消除不同脂质之间的相互作用,但由于反相色谱柱一般都用来富集样品,相同脂质之间的相互作用则有可能被提升上千倍从而形成二聚体,达到一定浓度时进一步形成聚集体(详见14.2)。以上提到的都是在使用高效液相色谱与ESI-MS 联用进行脂质定量分析时可能存在的问题。

14.3.4 选择反应监测模式(SRM)

为了在保持高灵敏度的情况下提高特异性,选择反应检测模式(又称多重反应检测模式,MRM,详见第2章)在 SIM 模式的基础上发展起来。与 SIM 模式只监测化合物的一个离子碎片不同,选择反应检测模式可以同时对母离子及其相应的子离子进行监测。它也被认为是检测分析物在质谱中"转化"的过程,因此常常也被描述为"母离子质量→子离子质量数"。任何具有 MS/MS 功能的质谱仪都可以采用这一模式进行工作。

与 SIM 模式相比,SRM/MRM 模式不论是在特异性还是在灵敏度上都要高很多。很高的特异性主要是因为这种模式下质谱仪检测的是一对转化离子,而高灵敏度主要是因为二级质谱检测模式下噪音大大降低。Kingsley 和 Marnett 的研究证明了用 SIM 模式和 SRM 模式所得到的不同结果[56](图14.3)。该研究对啮齿类动物脑组织中的脂质进行了分析(色谱柱固定相:C18;流动相:甲醇/含有 70μmol/L 醋酸银的水溶液;洗脱程序:0~15min,甲醇梯度变化由 70%增加至 100%,并保持 10min)。在相同条件下分别使用 SIM 和 SRM 模式对样品进行了分析[图14.3(2)]。图 14.3 是在 SRM 模式下大麻素和 2-花生酰基甘油及二者 d_8 氘代物的检测谱图。显然在 SRM 模式下分析大麻素的灵敏度明显要高,而在 SIM 模式中大麻素则几乎无法与噪音峰区分开。

与 SIM 模式下主要依靠化合物的质荷比进行分析不同,在 SRM 模式下,包括洗脱时间、质荷比以及特征碎片检测都可以用来对化合物进行鉴定,例如,羟固醇的分析[57]、氧化甘油磷脂位置异构体的检测[58]和磷脂酰肌醇磷酸的鉴定[59]等。当然,如果液相色谱不能分离位置异构体或双键位置不同的异构体,那么这些异构体将无法鉴定,因为脂质的特征碎片主要是由其头基所决定。

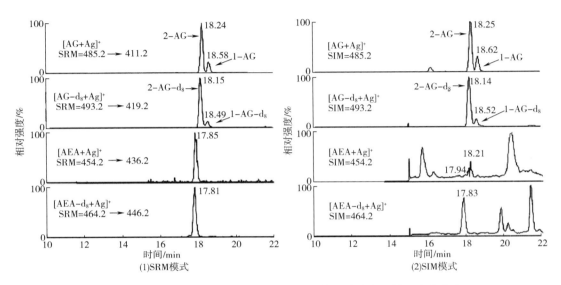

图 14.3 在 SRM 和 SIM 模式下分别对啮齿类动物大脑样品中大麻素和 2-花生酰基甘油进行分析的色谱结果[56]

色谱图由上到下分别为 2-花生酰基甘油、d_8-2-花生酰基甘油、大麻素和 d_8-大麻素。

总体来说,在 LC-MS 分析中,SRM 方法在特定的洗脱时间对一对特定的母离子-子离子对进行监测(离子对事先通过标样或类似物进行确定)。某些仪器也可以设置数据相关采集的方式[60]。当然,不论是在哪一种情况下,对于待分析的脂质都需要有一定的了解,因为目前的仪器还没有办法做到在特定洗脱时间设置无限离子对(由于仪器性能和灵敏度的限制)。更重要的是,与 SIM 模式类似,要事先确定待测脂质的线性动态范围、检出限和校正曲线。这样才能利用标准曲线对脂质进行定量分析。

此外,在待测样品中也应该至少包含一个对照。当样品中包含多类脂质时,考虑到不同种类脂质的离子化效率也会不同,针对每一类也应该有相应的对照(详见第 15 章)。在实际操作中,通过标准曲线进行定量前,应该将每一个离子峰面积用相应类别中的对照进行归一化处理。具体可以参考 Merrill 等对鞘脂的分析[41,61]。

LC-ESI-MS/MS 通常用来分析种类组成不多的脂质,这主要是因为在洗脱过程中只能对一定数量的离子对进行监测,针对细胞内各个脂质都进行标准曲线的绘制是不可能的。不过由于 SRM 方法具有的较高特异性和灵敏度,在经过预先的富集处理后,SRM 方法仍然可以用来定量分析那些低含量的脂质,如脂肪酰氨基酸的定量分析[62]。

除了上面提到的一些限制之外(包括占空比、标准曲线、样品预处理等要求),还要提前确定各个脂质的洗脱时间并建立转化离子对,因此 SRM/MRM 模式只适用于靶向脂质组学。另外,标准溶液和实际样品中的各种基质对定量的影响尚不清楚。最后,在色谱柱中没有完全分离的脂质,相互之间会产生"动态离子抑制"效应(详见第 15 章)。

14.3.5 基于高准确度质谱的定量方法

近年来,随着越来越多的高分辨率和高准确度质谱仪进入仪器市场,它们在脂质组学中的应用也越发广泛。在这些仪器的辅助下,高通量的脂质组学分析也得以开展[34,63]。在这些仪器中,Q-TOF 质谱仪的使用最为广泛。这种质谱的质量分辨率可达 40000,质量准确度高于 0.0005%,可以充分满足脂质组学分析中的大部分要求。但它的缺点是检测器的动态线性范围较窄,因此在 Q-TOF 上进行定量分析只能在较窄的浓度范围内进行。

傅里叶变换-离子回旋共振质谱几乎可以提供无限大的质量分辨率和低于 0.0001% 级别的质量准确度。其与线性离子阱联用(LTQ-FT 联用仪)也成为脂质组学研究中的高端仪器。这种仪器组合可以运行离子阱和傅里叶变换-离子回旋共振质谱,可以在增加占空比的基础上产生高分辨的母离子谱图和低分辨的子离子谱图。因此当其与高效液相色谱联用时,便成为了一台可以提供保留时间、低于 0.0001% 级别的母离子质量以及子离子谱图的高性能仪器,这些信息在对单一脂质进行定性和定量分析时有很大用处[63]。在该研究中,全质量扫描获得的响应最强的四个离子峰以数据相关采集的方式进行二级质谱扫描,实现了对二级质谱 66% 的覆盖。研究者们发现由于该仪器平台的超高分辨率和准确度,甚至可以对初级萃取物中含量很低以及母离子没有 MS/MS 谱图的脂质进行检测。另一个类似的应用是对血清中 GPL 和 TAG 的定量[64]和酵母中 GPL 的鉴定[65]。傅里叶变换-离子回旋共振质谱的不足之处在于,由于占空比相对较差(质量分辨率为 200000 时约 3s)和线性离子阱质谱在低质量区域的临界值问题,后者可能导致许多低相对分子质量的特征碎片离子丢失。

轨道离子阱质谱的出现渐渐取代了线性离子阱。这种新型仪器在脂质组学中有很多优点,特别是与线性离子阱或是四极杆联用时。虽然它的分辨率和质量准确性可能不及线性离子阱,但在绝大多数应用中都可以提供明确的元素组成信息,并且其质量准确度可以通过使用内置的质量校准标准物提高到低于 0.0001% 级别。虽然运行速度比 Q-TOF 仪器慢,但其中的高能碰撞解离四极杆克服了线性离子阱在低质量数区域的不足,并且可以获得高分辨率 MS/MS 质谱图。此外,新一代的轨道离子阱质谱在不损失灵敏度的情况下还具有更快的扫描速度,每一个循环中可以获得 20 张低分辨率的 MS/MS 谱图。由于上述优点,这种仪器(单独或与 LC 联用)已经在脂质组学研究中获得了广泛的应用[66-70]。

对分离较好的极性脂质进行定量通常是直接用 ^{13}C 同位素去除的全扫描模式的峰强度与所选的内标进行对比,前提是假定这些脂质与其他脂质或同位素异数体并不与其发生信号重叠[35,42]。如果离子包含同分异构体,那么通过分析同分异构体碎片的信号也可以确定同分异构体的种类。那么实现这一目标对仪器的最小质量分辨率有什么要求呢?最近的研究表明,直接进样时,绝大部分商业化的质谱并不具有彻底区分重叠峰所需要的分辨率[71]。研究人员发现,主要的问题出现在含有两个 ^{13}C 原子的同位素异数体(M+2)和少一个双键的脂质(用"L"来表示)会有部分重叠(也就是双键重叠效应)。不过峰重叠现象对于具有单位质量分辨率的质谱来说也不是无法解决的问题,因为在这些仪器上进行分析时,这些峰会完全重合在一起,并且它们的响应强度是叠加的。因此可以通过去同位素的方法得到每一种离子的强度[13,28,72]。

不过,在模拟双键重叠效应导致的质量迁移时,发现这些离子峰的分辨和位置取决于质谱仪的质量分辨率和发生重叠的脂质之间的相对含量。例如,当两个强度相同的离子在一台质量分辨率为 75000 的仪器上(相当于四极杆质谱在 m/z 200 时设置 140000 的分辨率)分裂分成一个单一的宽峰[图 14.4(1),(2)]。虽然相对分子质量为 M+2 的 ^{13}C 同位素异数体和少一个双键的 L 的离子在质量分辨率为 150000 的仪器上可以在一定程度上进行拆分,但在质量分辨率为 75000 的仪器上完全重叠。想要彻底分辨 ^{13}C、D、^{14}N 等同位素异数体,需要质量分辨率达到 600000 的仪器,目前大部分的商用仪器都做不到这一点。

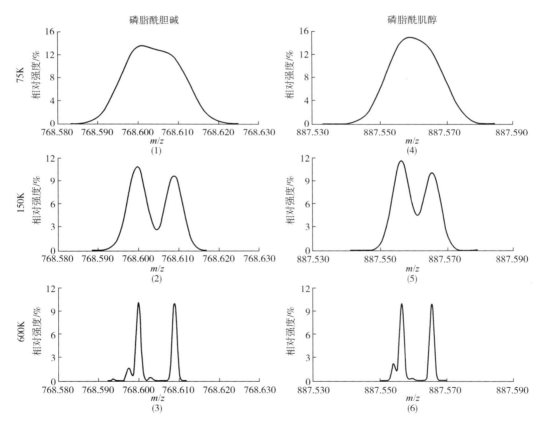

图 14.4 卵磷脂类(1)~(3)和肌醇磷脂类(4)~(6)中 ^{13}C 标记
M+2 同位素异数体和脂质 L 在不同分辨率仪器下的模拟质谱图[71]

仅这种部分重叠就会导致脂质 L 的质量向低质量端偏移 0.0012%(在大多数脂质离子的 m/z 750 处),实际偏移情况取决于所使用仪器的分辨率和 M 与 L 的摩尔比。当然,偏移的结果也取决于待测脂质和少一个双键脂质的相对摩尔比以及所用仪器的质量分辨率。

在这种情况下,如果在进行准确质量数扫描时将扫描范围设置为-0.0015% ~ +0.0003%(0.0012%的质量迁移加上±0.0003%的质量准确度),那么大量假阳性的离子和非特异性离子也会包含在结果中。因此,在脂质组学分析中,任何基于高精确度质谱数据的质量数检索都应该注意上面的问题。由于重叠现象所带来的问题也可以通过采用M+1的同位素异数体来解决[71]。

参考文献

1. Feng, L. and Prestwich, G. D., eds. (2006) Functional Lipidomics. CRC Press, Taylor & Francis Group, Boca Raton, FL
2. Wenk, M. R. (2010) Lipidomics: New tools and applications. Cell 143, 888–895.
3. Blanksby, S. J. and Mitchell, T. W. (2010) Advances in mass spectrometry for lipidomics. Annu. Rev. Anal. Chem. 3, 433–465.
4. Ivanova, P. T., Milne, S. B., Myers, D. S. and Brown, H. A. (2009) Lipidomics: A mass spectrometry based systems level analysis of cellular lipids. Curr. Opin. Chem. Biol. 13, 526–531.
5. Han, X., Yang, K. and Gross, R. W. (2012) Multi-dimensional mass spectrometry-based shotgun lipidomics and novel strategies for lipidomic analyses. Mass Spectrom. Rev. 31, 134–178.
6. Yang, K., Fang, X., Gross, R. W. and Han, X. (2011) Apractical approach for determination of mass spectral baselines. J. Am. Soc. Mass Spectrom. 22, 2090–2099.
7. Coombes, K. R., Tsavachidis, S., Morris, J. S., Baggerly, K. A., Hung, M. C. and Kuerer, H. M. (2005) Improved peak detection and quantification of mass spectrometry data acquired from surface-enhanced laser desorption and ionization by denoising spectra with the undecimated discrete wavelet transform. Proteomics 5, 4107–4117.
8. Xu, Z., Sun, X. and Harrington Pde, B. (2011) Baseline correctionmethod using an orthogonal basis for gas chromatography/mass spectrometry data. Anal. Chem. 83, 7464–7471.
9. Han, X. and Gross, R. W. (1994) Electrospray ionization mass spectroscopic analysis of human erythrocyte plasma membrane phospholipids. Proc. Natl. Acad. Sci. U. S. A. 91, 10635–10639.
10. Koivusalo, M., Haimi, P., Heikinheimo, L., Kostiainen, R. and Somerharju, P. (2001) Quantitative determination of phospholipid compositions by ESI-MS: Effects of acyl chain length, unsaturation, and lipid concentration on instrument response. J. Lipid Res. 42, 663–672.
11. Han, X. and Gross, R. W. (2005) Shotgun lipidomics: Multi-dimensional mass spectrometric analysis of cellular lipidomes. Expert Rev. Proteomics 2, 253–264.
12. Hermansson, M., Uphoff, A., Kakela, R. and Somerharju, P. (2005) Automated quantitative analysis of complex lipidomes by liquid chromatography/mass spectrometry. Anal. Chem. 77, 2166–2175.
13. Han, X. and Gross, R. W. (2001) Quantitative analysis and molecular species fingerprinting of triacylglyceride molecular species directly from lipid extracts of biological samples by electrospray ionization tandem mass spectrometry. Anal. Biochem. 295, 88–100.
14. Bowden, J. A., Shao, F., Albert, C. J., Lally, J. W., Brown, R. J., Procknow, J. D., Stephenson, A. H. and Ford, D. A. (2011) Electrospray ionization tandemmass spectrometry of sodiated adducts of cholesteryl esters. Lipids 46, 1169–1179.
15. Wang, M., Fang, H. and Han, X. (2012) Shotgun lipidomics analysis of 4-hydroxyalkenal species directly from lipid extracts after one-step in situ derivatization. Anal. Chem. 84, 4580–4586.
16. Wang, M., Hayakawa, J., Yang, K. and Han, X. (2014) Characterization and quantification of diacylglycerol species in biological extracts after one-step derivatization: A shotgun lipidomics approach. Anal. Chem. 86, 2146–2155.
17. Jiang, X., Ory, D. S. and Han, X. (2007) Characterization of oxysterols by electrospray ionization tandem mass spectrometry after one-step derivatization with dimethylglycine. Rapid Commun. Mass Spectrom. 21, 141–152.
18. Wang, M., Han, R. H. and Han, X. (2013) Fatty acidomics: Global analysis of lipid species containing a carboxyl group with a charge-remote fragmentation-assisted approach. Anal. Chem. 85, 9312–9320.
19. Zacarias, A., Bolanowski, D. and Bhatnagar, A. (2002) Comparative measurements of multicomponent phospholipid mixtures by electrospray mass spectroscopy: Relating ion intensity to concentration. Anal. Biochem. 308, 152–159.
20. Yang, K., Zhao, Z., Gross, R. W. and Han, X. (2009) Systematic analysis of choline-containing phospholipids using multi-dimensional mass spectrometry-based shotgun lipidomics. J. Chromatogr. B 877, 2924–2936.
21. Ekroos, K., Chernushevich, I. V., Simons, K. and Shevchenko, A. (2002) Quantitative profiling of phospholipids by multiple precursor ion scanning on a hybrid quadrupole time-of-flight mass spectrometer. Anal. Chem. 74, 941–949.

22. Brugger, B., Erben, G., Sandhoff, R., Wieland, F. T. and Lehmann, W. D. (1997) Quantitative analysis of biological membrane lipids at the low picomole level by nano-electrospray ionization tandem mass spectrometry. Proc. Natl. Acad. Sci. U. S. A. 94, 2339-2344.

23. Welti, R., Li, W., Li, M., Sang, Y., Biesiada, H., Zhou, H.-E., Rajashekar, C. B., Williams, T. D. and Wang, X. (2002) Profiling membrane lipids in plant stress responses. Role of phospholipase Da in freezing-induced lipid changes in Arabidopsis. J. Biol. Chem. 277, 31994-32002.

24. Welti, R., Wang, X. and Williams, T. D. (2003) Electrospray ionization tandem mass spectrometry scan modes for plant chloroplast lipids. Anal. Biochem. 314, 149-152.

25. Welti, R., Shah, J., Li, W., Li, M., Chen, J., Burke, J. J., Fauconnier, M. L., Chapman, K., Chye, M. L. and Wang, X. (2007) Plant lipidomics: Discerning biological function by profiling plant complex lipids using mass spectrometry. Front. Biosci. 12, 2494-2506.

26. Mitchell, T. W., Turner, N., Hulbert, A. J., Else, P. L., Hawley, J. A., Lee, J. S., Bruce, C. R. and Blanksby, S. J. (2004) Exercise alters the profile of phospholipid molecular species in rat skeletal muscle. J. Appl. Physiol. 97, 1823-1829.

27. Deeley, J. M., Mitchell, T. W., Wei, X., Korth, J., Nealon, J. R., Blanksby, S. J. and Truscott, R. J. (2008) Human lens lipids differ markedly from those of commonly used experimental animals. Biochim. Biophys. Acta 1781, 288-298.

28. Liebisch, G., Lieser, B., Rathenberg, J., Drobnik, W. and Schmitz, G. (2004) High-throughput quantification of phosphatidylcholine and sphingomyelin by electrospray ionization tandem mass spectrometry coupled with isotope correction algorithm. Biochim. Biophys. Acta 1686, 108-117.

29. Yang, K., Cheng, H., Gross, R. W. and Han, X. (2009) Automated lipid identification and quantification by multi-dimensional mass spectrometry-based shotgun lipidomics. Anal. Chem. 81, 4356-4368.

30. Han, X. and Gross, R. W. (2005) Shotgun lipidomics: Electrospray ionization mass spectrometric analysis and quantitation of the cellular lipidomes directly from crude extracts of biological samples. Mass Spectrom. Rev. 24, 367-412.

31. Ejsing, C. S., Duchoslav, E., Sampaio, J., Simons, K., Bonner, R., Thiele, C., Ekroos, K. and Shevchenko, A. (2006) Automated identification and quantification of glycerophospholipid molecular species by multiple precursor ion scanning. Anal. Chem. 78, 6202-6214.

32. Schwudke, D., Oegema, J., Burton, L., Entchev, E., Hannich, J. T., Ejsing, C. S., Kurzchalia, T. and Shevchenko, A. (2006) Lipid profiling by multiple precursor and neutral loss scanning driven by the data-dependent acquisition. Anal. Chem. 78, 585-595.

33. Schwudke, D., Liebisch, G., Herzog, R., Schmitz, G. and Shevchenko, A. (2007) Shotgun lipidomics by tandem mass spectrometry under data-dependent acquisition control. Methods Enzymol. 433, 175-191.

34. Stahlman, M., Ejsing, C. S., Tarasov, K., Perman, J., Boren, J. and Ekroos, K. (2009) High throughput oriented shotgun lipidomics by quadrupole time-of-flight mass spectrometry. J. Chromatogr. B 877, 2664-2672.

35. Han, X., Cheng, H., Mancuso, D. J. and Gross, R. W. (2004) Caloric restriction results in phospholipid depletion, membrane remodeling and triacylglycerol accumulation in murine myocardium. Biochemistry 43, 15584-15594.

36. Han, X., Yang, K. and Gross, R. W. (2008) Microfluidics-based electrospray ionization enhances intrasource separation of lipid classes and extends identification of individual molecular species through multi-dimensional mass spectrometry: Development of an automated high throughput platform for shotgun lipidomics. Rapid Commun. Mass Spectrom. 22, 2115-2124.

37. Wang, C., Wang, M. and Han, X. (2015) Comprehensive and quantitative analysis of lysophospholipid molecular species present in obese mouse liver by shotgun lipidomics. Anal. Chem. 87, 4879-4887.

38. Jiang, X., Cheng, H., Yang, K., Gross, R. W. and Han, X. (2007) Alkaline methanolysis of lipid extracts extends shotgun lipidomics analyses to the low abundance regime of cellular sphingolipids. Anal. Biochem. 371, 135-145.

39. Han, X. and Cheng, H. (2005) Characterization and direct quantitation of cerebroside molecular species from lipid extracts by shotgun lipidomics. J. Lipid Res. 46, 163-175.

40. Abe, T. and Norton, W. T. (1974) The characterization of sphingolipids from neurons and astroglia of immature rat brain. J. Neurochem. 23, 1025-1036.

41. Merrill, A. H., Jr., Sullards, M. C., Allegood, J. C., Kelly, S. and Wang, E. (2005) Sphingolipidomics: High-throughput, structure-specific, and quantitative analysis of sphingolipids by liquid chromatography tandem mass spectrometry. Methods 36, 207-224.

42. Han, X., Yang, J., Cheng, H., Ye, H. and Gross, R. W. (2004) Towards fingerprinting cellular lipidomes directly from biological samples by two-dimensional electrospray ionization mass spectrometry. Anal. Biochem. 330, 317-331.

43. Han, X. (2002) Characterization and direct quantitation of ceramide molecular species from lipid extracts of biological samples by electrospray ionization tandem mass spectrometry. Anal. Biochem. 302, 199-212.

44. Han, X., Yang, K., Cheng, H., Fikes, K. N. and Gross, R.

W. (2005) Shotgun lipidomics of phosphoethanolamine-containing lipids in biological samples after one-step in situ derivatization. J. Lipid Res. 46, 1548–1560.
45. Han, X., Yang, K., Yang, J., Cheng, H. and Gross, R. W. (2006) Shotgun lipidomics of cardiolipin molecular species in lipid extracts of biological samples. J. Lipid Res. 47, 864–879.
46. Watson, J. T. (1990) Selected-ion measurements, Methods Enzymol. 193, 86–106.
47. Murphy, R. C. (1993) Mass Spectrometry of Lipids. Plenum Press, New York. pp 290.
48. Lieser, B., Liebisch, G., Drobnik, W. and Schmitz, G. (2003) Quantification of sphingosine and sphinganine from crude lipid extracts by HPLC electrospray ionization tandem mass spectrometry. J. Lipid Res. 44, 2209–2216.
49. Sommer, U., Herscovitz, H., Welty, F. K. and Costello, C. E. (2006) LC-MS-based method for the qualitative and quantitative analysis of complex lipid mixtures. J. Lipid Res. 47, 804–814.
50. Sparagna, G. C., Johnson, C. A., McCune, S. A., Moore, R. L. and Murphy, R. C. (2005) Quantitation of cardiolipin molecular species in spontaneously hypertensive heart failure rats using electrospray ionization mass spectrometry. J. Lipid Res. 46, 1196–1204.
51. Shui, G., Bendt, A. K., Pethe, K., Dick, T. and Wenk, M. R. (2007) Sensitive profiling of chemically diverse bioactive lipids. J. Lipid Res. 48, 1976–1984.
52. Masukawa, Y., Narita, H., Sato, H., Naoe, A., Kondo, N., Sugai, Y., Oba, T., Homma, R., Ishikawa, J., Takagi, Y. and Kitahara, T. (2009) Comprehensive quantification of ceramide species in human stratum corneum. J. Lipid Res. 50, 1708–1719.
53. Liebisch, G., Drobnik, W., Reil, M., Trumbach, B., Arnecke, R., Olgemoller, B., Roscher, A. and Schmitz, G. (1999) Quantitative measurement of different ceramide species from crude cellular extracts by electrospray ionization tandem mass spectrometry (ESI-MS/MS). J. Lipid Res. 40, 1539–1546.
54. Cappiello, A., Famiglini, G., Palma, P., Pierini, E., Termopoli, V. and Trufelli, H. (2008) Overcoming matrix effects in liquid chromatography-mass spectrometry. Anal. Chem. 80, 9343–9348.
55. DeLong, C. J., Baker, P. R. S., Samuel, M., Cui, Z. and Thomas, M. J. (2001) Molecular species composition of rat liver phospholipids by ESI-MS/MS: The effect of chromatography. J. Lipid Res. 42, 1959–1968.
56. Kingsley, P. J. and Marnett, L. J. (2003) Analysis of endocannabinoids by Ag+ coordination tandem mass spectrometry. Anal. Biochem. 314, 8–15.
57. Karu, K., Turton, J., Wang, Y. and Griffiths, W. J. (2011) Nano-liquid chromatography-tandem mass spectrometry analysis of oxysterols in brain: Monitoring of cholesterol autoxidation. Chem. Phys. Lipids 164, 411–424.
58. Nakanishi, H., Iida, Y., Shimizu, T. and Taguchi, R. (2009) Analysis of oxidized phosphatidylcholines as markers for oxidative stress, using multiple reaction monitoring with theoretically expanded data sets with reversed-phase liquid chromatography/tandem mass spectrometry. J. Chromatogr. B 877, 1366–1374.
59. Pettitt, T. R., Dove, S. K., Lubben, A., Calaminus, S. D. and Wakelam, M. J. (2006) Analysis of intact phosphoinositides in biological samples. J. Lipid Res. 47, 1588–1596.
60. Tan, B., Bradshaw, H. B., Rimmerman, N., Srinivasan, H., Yu, Y. W., Krey, J. F., Monn, M. F., Chen, J. S., Hu, S. S., Pickens, S. R. and Walker, J. M. (2006) Targeted lipidomics: Discovery of new fatty acyl amides. AAPS J. 8, E461–E465.
61. Merrill, A. H., Jr., Stokes, T. H., Momin, A., Park, H., Portz, B. J., Kelly, S., Wang, E., Sullards, M. C. and Wang, M. D. (2009) Sphingolipidomics: A valuable tool for understanding the roles of sphingolipids in biology and disease. J. Lipid Res. 50, S97–S102.
62. Tan, B., Yu, Y. W., Monn, M. F., Hughes, H. V., O'Dell, D. K. and Walker, J. M. (2009) Targeted lipidomics approach for endogenous N-acyl amino acids in rat brain tissue. J. Chromatogr. B 877, 2890–2894.
63. Fauland, A., Kofeler, H., Trotzmuller, M., Knopf, A., Hartler, J., Eberl, A., Chitraju, C., Lankmayr, E. and Spener, F. (2011) A comprehensive method for lipid profiling by liquid chromatography-ion cyclotron resonancemass spectrometry. J. Lipid Res. 52, 2314–2322.
64. Hu, C., van Dommelen, J., van der Heijden, R., Spijksma, G., Reijmers, T. H., Wang, M., Slee, E., Lu, X., Xu, G., van derGreef, J. and Hankemeier, T. (2008) RPLC-ion-trap-FTMS method for lipid profiling of plasma: Method validation and application to p53 mutant mouse model. J. Proteome Res. 7, 4982–4991.
65. Hein, E. M., Blank, L. M., Heyland, J., Baumbach, J. I., Schmid, A. and Hayen, H. (2009) Glycerophospholipid profiling by high-performance liquid chromatography/mass spectrometry using exact mass measurements and multi-stage mass spectrometric fragmentation experiments in parallel. Rapid Commun. Mass Spectrom. 23, 1636–1646.
66. Ogiso, H., Suzuki, T. and Taguchi, R. (2008) Development of a reverse-phase liquid chromatography electrospray ionization mass spectrometry method for lipidomics, improving detection of phosphatidic acid and phosphatidylserine. Anal. Biochem. 375, 124–131.
67. Sato, Y., Nakamura, T., Aoshima, K. and Oda, Y. (2010) Quantitative and wide-ranging profiling of phospholipids in human plasma by two-dimensional liquid chromatography/mass spectrometry. Anal. Chem. 82,

9858-9864.
68. Schuhmann, K., Herzog, R., Schwudke, D., Metelmann-Strupat, W., Bornstein, S.R. and Shevchenko, A. (2011) Bottom-up shotgun lipidomics by higher energy collisional dissociation on LTQ Orbitrap mass spectrometers. Anal. Chem. 83, 5480-5487.
69. Schuhmann, K., Almeida, R., Baumert, M., Herzog, R., Bornstein, S.R. and Shevchenko, A. (2012) Shotgun lipidomics on a LTQ Orbitrap mass spectrometer by successive switching between acquisition polarity modes. J. Mass Spectrom. 47, 96-104.
70. Yamada, T., Uchikata, T., Sakamoto, S., Yokoi, Y., Nishiumi, S., Yoshida, M., Fukusaki, E. and Bamba, T. (2013) Supercritical fluid chromatography/Orbitrap mass spectrometry based lipidomics platform coupled with automated lipid identification software for accurate lipid profiling. J. Chromatogr. A 1301, 237-242.
71. Wang, M., Huang, Y. and Han, X. (2014) Accurate mass searching of individual lipid species candidates from high-resolution mass spectra for shotgun lipidomics. Rapid Commun. Mass Spectrom. 28, 2201-2210.
72. Eibl, G., Bernardo, K., Koal, T., Ramsay, S.L., Weinberger, K.M. and Graber, A. (2008) Isotope correction of mass spectrometry profiles. Rapid Commun. Mass Spectrom. 22, 2248-2252.

影响脂质精确定量的因素 15

15.1 引言

第 14 章讨论了用 ESI-MS 或 ESI-MS/MS "精确"定量脂质的条件,从中可以看出,用 MS 法和遵循比尔-朗伯定律的光谱法对脂质的定量分析有所不同。如第 14 章所述,采用 MS 定量脂质时需要考虑两个基本参数,一个是质谱基线,另一个是单个脂质的响应因子与所选内标的响应因子的比例。减小基线对离子强度的影响,或者应按照上述方法对基线进行校正[1]。对于一种待测脂质的响应因子而言,必须与所选内标的响应因子相当,或者必须预先确定校正因子。

响应因子 a 是众多变量的组合,这些变量皆能影响离子强度[式(14.5)]。在第 14 章中,我们简要讨论了其中一些因素,本章将对此进行全面的介绍。另外,本章还讨论了所有其他可能影响脂质精确定量的潜在因素。

15.2 脂质聚合

当脂质的浓度增加或者脂质溶液的溶剂极性增强时,脂质容易形成聚集体(例如,二聚物、低聚物或胶束)。这是因为脂质既具有独特的高疏水性,又具有一定程度的亲水性。脂质的疏水性越高(例如,酰基链较长或不饱和度较低),脂质发生聚集所需的浓度就越低。聚集态的脂质不能有效电离(详见 14.2)。由于这种趋势以及聚集体的电离特性,在聚集浓度下,酰基链较短或不饱和度较高的脂质的表观响应因子比酰基链较长或不饱和度较低的同类脂质更高[2]。因此,脂质聚集可显著影响单个脂质的电离响应因子,具体影响取决于不同脂质的物理性质。因而,在极性脂质中,单个脂质的电离不仅取决于带电头基,还取决于脂质的种类。在这样的条件下,用内标来定量脂质的公式[式(14.2)]显然不成立。更为复杂的是,这一过程还受溶液浓度的影响,导致校准曲线也失效了。因此,保证总脂质浓度低于临界聚集浓度非常重要。

除了各类脂质的物理性质外,脂质聚集的临界浓度还取决于脂质溶液的溶剂体系。对于直接进样法(即鸟枪法脂质组学),总脂质浓度在氯仿:甲醇(2:1,V/V)中的上限约为 100pmol/μL,在氯仿:甲醇(1:1,V/V)中的上限约为 50pmol/μL,在氯仿:甲醇(1:2,V/V)

中的上限约为 10pmol/μL。然而,当提取物含有大量非极性脂质如 TAG 和胆固醇及其酯时,应大幅减小脂质的浓度上限。在定量极性脂质时,需采用正己烷或其他非极性溶剂进行预分离,从极性脂质中除去大部分非极性脂质后,极限脂质的定量上限仍然存在。可根据以下信息估算脂质提取物的总脂质浓度:心脏、骨骼肌、肝脏、肾脏等器官以及一些培养的细胞,总脂质浓度约为 300~500nmol 总脂质/mg 蛋白质,脑样本的总脂质浓度为 1000~2000nmol 总脂质/mg 蛋白质。分析未知样品时,需要进行试验预估脂质提取物的含量。

众所周知,脂质聚集会对鸟枪法脂质组学的定量方法产生影响;然而,脂质聚集对 LC-MS 的定量方法的影响仍未得到充分认识。与进样时的溶液相比,在大多数情况下从色谱柱洗脱出来的各个成分在相应的出峰时间被浓缩。在这种洗脱条件下,脂质可能会形成聚集体(即相同脂质的聚集体)。此外,反相 HPLC 柱中使用的流动相通常含有极性溶剂(例如,水、乙腈、高百分比的甲醇或盐),这种溶剂有利于浓度相对较低的脂质发生聚集。这些因素可能影响在不同时间洗脱的脂质的响应因子。因此,利用 LC-MS 对脂质进行定量分析时,建议使用含有同位素标记的内标,以便准确定量各类脂质。或者,可以使用多个校准曲线与一个内标甚至多个内标的组合进行半定量,如文献所述[3-5]。在这种情况下,可用内标使各种操作之间的差异标准化。脂质的聚集浓度可以根据其浓度的线性动态范围来估计。线性回归开始偏离对数曲线时的动态范围的上限代表脂质开始形成聚集体时的浓度。

15.3 定量分析的线性动态范围

动态范围是定量分析的关键因素之一。目前,质谱仪中使用的检测器通常具有比较宽泛的动态范围,但是一些类型的质量检测器(例如,在飞行时间质谱仪中通常使用的具有多通道板的检测器)的动态范围相对较小。因此,在脂质定量分析中,检测器通常不是限制动态范围的因素。

在脂质的定量分析中,动态范围的上限与脂质开始形成聚集体时的浓度相对应。该浓度取决于脂质种类、溶剂和定量方法(直接进样法或 LC-MS 法)。动态范围的下限是该定量方法能够定量各类脂质的最低浓度(通常高于检测限)。下限浓度取决于仪器的灵敏度、定量方法的灵敏度、基质的影响等。例如,与 LC-MS 相比,LC-MS/MS 可以增加扫描次数和灵敏度从而提高信噪比,而且动态范围通常更大(详见第 14 章)。

如第 14 章所述,由于 MS 分析的性质,一种定量方法的动态范围至少有两种不同的度量。一种是可以被精确量化的脂质浓度的线性范围,该动态范围决定了一种脂质的绝对离子数和浓度之间的线性关系。多项研究证实,在低浓度范围内,该线性范围超过 10000 倍[2,5-11]。如上所述,在通过 ESI-MS 进行定量分析时,脂质的绝对离子数的测定可能并没有多少意义。然而,在特定实验条件下,这种关系必须是线性的。该浓度动态范围通常由待测脂质和内标的峰值强度比与溶液浓度(浓度范围较宽)的关系来确定[12-13]。根据推测,浓度的线性动态范围内应存在一条水平线[12-15]。

另外一个动态范围是指待测脂质与内标比率的线性范围。在直接进样法中,指的是质谱中各离子强度之间的离子峰强度(或面积)比,在 LC-MS 法中,则是提取离子峰的面积比。由于存在背景噪声(例如,化学噪声),还可能有基线漂移(即仪器稳定性),在一张质谱图中直接比较各离子强度时,仅可获得大约100倍动态范围(比率0.1~10)[16]。这一比率是为了保证式(14.4)的 $S/N>10$ 是正确的(如果噪声水平小于基峰强度的1%)。虽然不能在提取离子流的色谱图中直接观察到背景噪声和基线漂移,但必须重视这些因素对精确定量各类脂质特别是低含量脂质的影响。然而,如前文所述,在许多情况下,只要动态范围的浓度测量值的线性超过1000倍,借助于一个两步过程,就可以获得1000倍的动态范围[16-17]。

不论是鸟枪法脂质组学还是LC-MS,都应在有样品基质而不是纯的标准品存在的情况下,检查动态范围。在这样的条件下,分析含量高的脂质时,可以消除基质效应(例如,离子抑制),在分析含量低的脂质时,基质效应会更严重。

对于一种纯脂质或混合物中一种含量较高的脂质,可以使用多维MS鸟枪法脂质组学的一种两步程序开发一种具有10000倍以上线性动态范围的定量方法。然而,如果这种脂质只是提取物中的次要种类,那么第一个定量步骤是无法实现的。在这种情况下,线性动态范围减小至少100倍。在多维MS鸟枪法脂质组学中,这代表了"稳态离子抑制"对微量脂质定量方法的线性动态范围的影响。使用鸟枪法脂质组学直接对脂质提取物中鞘氨醇-1-磷酸酯的定量就属于这种情况。鞘氨醇-1-磷酸酯在总鞘氨醇中的含量≤1%,而且在整个MS谱中仅与噪声处于同一水平,因此使用 m/z 79 的前体离子扫描对其进行定量仅获得约100倍的动态范围[19]。如前文所述,在用LC-MS对脂质混合物中的低含量组分进行分析时,动态范围也显著减小。同样,可以用预分离法将低含量脂质分离后再定量,或当高含量脂质处于饱和浓度时来定量分析低含量组分,以增加低含量组分定量的动态范围。

为了更好地拟合[相关系数(γ^2)高]数据,大多数研究报道的线性动态范围都为直线($y=ax+b$)。然而,使用该模型时,各个数据对直线拟合的影响并不相等。数据点越小,对拟合的贡献越小。因此,只要几个大数据点是线性的,数据集就可以很好地拟合成一条直线。这一方法可能使线性动态范围包含一些假象,还可能与低浓度端数据点的线性并不相符。为了解决这个问题,建议使用前人所述的具有加权因子的最小二乘线性回归法[20]。

测试线性动态范围的方法还有很多。一是利用线性最小二乘回归法拟合一条直线

$$y = a + bx + cx^2 + \cdots \quad (15.1)$$

从而找出是否可以忽略第三项或之后的项。如果不能忽略这些项,则应排除低浓度端或高浓度端的数据点,以最终达到可以忽略这些项的阶段。最终的数据集即为定量方法的线性动态范围。

或者,可以将直线方程

$$y = ax + b \quad (15.2)$$

表示成:

$$\log(y-b) = \log(a) + \log(x) \quad (15.3)$$

利用从式(15.2)中获得的参数 a 和 b,可以测试将原始数据集(创建出 a 和 b 的数据集)转化为 $\log(y-b)$ 与 $\log(x)$ 后绘制出的图像是否仍然是直线。如果不是直线,则表示原始拟合包含一定程度的假象。然后,应逐个删除低浓度端或高浓度端的数据点,以测试线

性度,最终使两个公式的图像都是直线。如果二选一的话,应选式(15.3)以求得参数 a 和 b 以及相关系数(γ^2)[21]。这是因为数据集中的点(大点或小点)对式(15.3)的直线拟合的影响更加相同。直线在较高浓度处的偏差表示脂质开始聚集的浓度。

15.4 串联质谱法定量分析脂质时的基本要素

使用串联 MS 定量分析脂质有许多优点,其中包括提高检测灵敏度,从而显著扩大了定量方法的线性动态范围(详见 14.3)。因此,串联 MS 法是脂质定量分析中常用的一种方法。然而,许多从事脂质定量分析的研究人员并没有认识到这种方法的潜在问题。其中最严重的问题源自脂质分析所用的串联 MS 的性质,即一类脂质中各个分子的裂解模式取决于脂质的结构。因此,除非采用同位素标记的脂质为内标,否则必须要认识到通过内标为对照对脂质进行精确定量的潜在问题。除了第 14 章提到的问题外,本节将对这些问题进行讨论。

第一,在鸟枪法脂质组学中通过串联 MS 定量脂质时,即使采用了多个内标,通常也需要优化碰撞能量从而平衡各类脂质的所有离子的碎片强度。同样,在定量一类脂质中的所有脂质时,不建议在 LC-MS/MS 方法中优化各个脂质的 SRM/MRM 条件,除非在相同条件下为各个脂质建立校准曲线,因为优化各个脂质的 MRM 条件后,无法比较待测脂质的响应因子与所选内标的响应因子。在鸟枪法脂质组学和 LC-MS/MS 这两种分析方法中,对不同的脂质采用的不同碰撞能量可能导致实质性的误差[22]。因此,CID 的能量对脂质的精确定量至关重要。

第二,采用基于 LC 的 SRM 方法定量脂质时,每对离子中的碎片离子对脂质种类应该有高度特异性。为此,应避免产生的碎片离子为脂肪酰基链(即脂肪酰基羧酸根阴离子),因为这否定了 SRM 增强碎片离子特异性的目的,且所有脂质都可产生脂肪羧酸根阴离子。此外,众所周知,位置异构体产生的以脂肪酰基链为碎片离子的强度差别巨大[23]。

第三,无论是前体离子扫描还是 SRM 实验中的离子峰的质量分辨率总是低于全质谱、产物离子谱或中性丢失扫描的质量分辨率。这可能是因为在碰撞池中,离子会经历不同的自由路径,从而导致了较小的时间滞后[22]。如果前体离子扫描或 SRM 分析中出现峰值扩展问题,建议降低碰撞气压,这样可以抵消增加的碰撞能量,从而实现最优的裂解模式。

第四,QqQ 型质谱仪的失真调谐和校准文件可能导致脂质的解析出现不同的结果。在建立新文件后,需要检查脂质分析是否与先前条件一致。在执行 MS/MS 分析时,这种比较尤为重要,因为在这种情况下涉及两个调谐和校准文件(即 Q1 和 Q2)。

第五,前体离子或中性丢失扫描或 SRM 分析时的质量精度不仅取决于第一和第二质量分析器的质量精度,还取决于这两个分析器之间的质量差。换句话说,在中性丢失或前体离子扫描中,为了在适当的时间传输特定的离子,必须正确校准四极杆分析器。此外,中性丢失扫描模式中常存在质量丢失估算不准确等问题,而前体离子扫描模式中常存在所选离子的 m/z 值估算不准确等问题。例如,将硬脂酸的中性丢失质量近似设定为 284u 而不是 284.3u,或将硬脂酸的前体离子的 m/z 近似设定为 283 而不是 283.3,即会产生偏差。经证明,当中性丢失质量被人为取消 0.4u 时,定量误差将大于 50%,而且总体检测灵敏度显著降低。

最后,串联 MS 分析中 CID 条件(即产物离子、前体离子、中性丢失和 SRM/MRM)的建立是由仪器决定的。在实验室中,建议使用综述论文中提供的参数作为参考,优化每个仪器的参数[22,24,25]。

15.5 离子抑制

"离子抑制"是指由于存在其他化合物、基质组分发生变化或脂质聚集时化合物浓度发生剧烈变化时而导致一个或一组化合物的离子化效率或强度发生显著降低的现象。离子化效率降低主要是因为这些化合物的存在会使液滴的形成效率或液滴的去溶剂化效率发生变化。该过程取决于脂质种类和浓度。因此,离子抑制可能影响离子形成(从而影响检测的动态范围和极限)、检测精度和定量精度。

鸟枪法脂质组学和 LC-MS 分析中都有离子抑制现象,但机制可能不同。在鸟枪法脂质组学中,由于高含量脂质和易电离脂质的存在,利用全质量扫描进行分析时,含量较低或电离度较低的脂质总是被抑制。在 LC-MS 分析中,不管质量分析仪的灵敏度或选择度如何,多变的基质效应总是会影响分析。离子抑制的产生机制至今尚不清楚。

离子抑制产生的原因有很多,包括样品基质中的内源化合物以及样品制备过程中引入的外源污染物(例如,从塑料试管中提取出的聚合物)。已知的一些可以诱导离子抑制的因素包括浓度过高、质量重叠、碱性以及与待测分析物的洗脱时间相同(在 LC-MS 分析中)[27]。后一种情况与鸟枪法脂质组学中的情况类似。

当样品中的多个组分浓度较高时,电离过程中很可能发生空间竞争或电荷竞争。这种竞争会降低每个组分的信号(即它们彼此抑制)。直接进样法中通常会出现这种情况,因为样品中存在多种组分,并且离子化效率取决于每种脂质的物理性质。因此,目前认为,所有直接进样法中都存在离子抑制现象。而离子抑制的存在又会导致脂质定量不精确。因此,有人认为,不能用直接进样法来定量脂质,直接进样法只能比较不同状态下的组分差异。事实上,对于低浓度脂质的分析,这种观点是不正确的。但是,在高浓度条件下,这一说法确实成立,此时会发生空间或电荷竞争。事实上,在高浓度时,脂质已经发生聚集,无法用第 15 章所讨论的方法进行定量。

应注意两种与离子抑制相关的现象。第一,在直接进样后,脂质提取物中不同种类脂质中的各个分子,即使在低浓度时也表现出不同的离子化效率。这种差异在很大程度上反映了这些脂质的电荷性质(详见第 3 章)。这种现象可以称为一种类型的"离子抑制"。然而,在 MDMS-SL 中,在特定条件下这种现象会被放大,从而有选择地仅电离某一类脂质或某一种脂质,不需要经过色谱分析即可实现分离(即源内分离)[28]。第二,虽然在全质量扫描分析中,其他脂质可以"抑制"某一类脂质,但是,如上所述,只要在低浓度范围内进行分析,该类别中的各个脂质的强度比就基本上保持不变。因此,这种所谓的离子抑制(实际上可以被称为"稳态离子抑制")仅在线性动态范围内影响特定脂质的分析,这是由于第一个定量步骤降低了检测限,而不是用该类脂质的内标精确定量各个脂质。直接进样后的线性动态范围总是可以通过串联 MS 分析(即第二步定量)得到改善。因此,如果这些脂质的分析方法可以扩展到低含量或极低含量范围内,则对于鸟枪法脂质组学至少是 MDMS-SL 来说,这种"稳态离子抑制"并不是一个很严重的问题。此外,高灵敏度质谱仪的快速发展进一步改进了这一问题。

实际上,在定量分析脂质的 LC-MS 方法中,也存在和鸟枪法脂质组学类似的"稳态离子抑制"现象。例如,如果想要在有其他高浓度物质存在的情况下定量低浓度脂质[24],在实验条件下,色谱柱中的脂质进样量应限制在混合物中浓度最高的脂质的线性动态范围的上限以内。在定量主要组分时,为了扩大次要组分的线性动态范围,不能大幅度增加总脂质的进样量。当然,对于低含量组分而言,可以先将其分离出来后再进行分析,或当高含量组分处于饱和浓度时再进行对其进行分析,这样有利于扩大低含量组分定量分析的动态范围。

除了稳态离子抑制之外,对于任何基于 LC-MS 和 LC-MS/MS 的方法,如果不能完全分辨一个类别内或两种类别间的各个脂质,则离子抑制会变得更复杂。由于洗脱过程中每种脂质的浓度不断变化,所以电离期间最可能发生空间或电荷竞争,特别是保留时间相同的脂质。为了区别于"稳态离子抑制",这种类型的离子抑制可以称为"动态离子抑制"。"动态离子抑制"的真正缺点在于其不可预测性,而且在分析中总是不断变化的。然而,如前文所述,由于质谱仪无法达到期望的灵敏度,"稳态离子抑制"会导致线性动态范围减小,所以只有在对电离度较低或含量非常低的脂质分析时,才会出现这种情况。

在鸟枪法脂质组学中,或者在 LC-MS 方法中,通常将样品稀释后再进样,或者减小样品体积和浓度,这样可以有效减小离子抑制。这种方法能够减少干扰化合物的含量,但可能不适于分析低含量或极低含量的各类脂质和各个分子。然而,随着质谱仪的发展,质谱仪的灵敏度已显著提高,而且目前仍在进一步改善中。因此,强烈建议在尽可能低的浓度范围内通过 LC-MS 方法或鸟枪法脂质组学分析脂质。另外,研究表明,纳喷 ESI-MS 分析可以通过产生更小、电荷更高、对非挥发性盐耐受性更强的液滴来降低信号抑制[29]。

一般来说,减少进样溶液或流动相中的基质离子,或提高色谱分辨率,也可以有效避免离子抑制,特别是对于基于 MS/MS 或 LC-MS 的方法。在选定色谱柱后,改变流动相强度或梯度条件,即可改变色谱分离。通常使用添加剂或缓冲剂来促进分离,改进色谱性能。但是,这种添加剂可能会抑制电喷雾电离或污染质谱仪。因此,添加剂的浓度应尽可能低。还建议在待测样品环境中建立标准曲线,例如,在制备的样品中加入有同位素标记的标准品,使基质效应最小化。

为了进行高通量分析,越来越多的研究人员一直在努力缩短样品制备时间,例如,在进样前将血浆样品直接添加到溶液中。但是,省略样品净化步骤可能导致严重的离子抑制现象以及较差的重现性和性能,特别是有复杂基质存在时。在进行任何分析时,必须仔细考虑如何评估和消除基质效应。

15.6 质谱基线

MS 分析中始终有化学或电子噪声引起的基线噪声,特别是使用 QqQ 质谱仪进行分析时[14];但是,随着仪器的发展,这种情况一直在改善。在对含量较高的脂质进行定量分析时,噪声对离子强度的影响可以忽略不计,因为基线离子流(或离子计数)的程度仅占待测准分子离子的离子流的百分之几或更少。然而,对低含量脂质进行定量分析时,基线噪声对离子峰的影响程度会变严重。在这种情况下,必须将如何消除这种噪声影响考虑在内。

利用鸟枪法脂质组学进行质谱分析时,基线噪声非常明显。此时,基线噪音很容易校正[1]。然而,利用 LC-MS 分析脂质时,特别是采用流动相梯度洗脱时,这种噪声可能并不是直接可见的,因此很难知道其噪声水平的大小。许多研究人员使用相邻洗脱时间内提取出的离子强度来评估基线;但是,这并不能完全代表真实洗脱时间的噪声水平。

为了精确定量各种脂质,应设置较高的信噪比,以保证待测脂质的真实离子,这一点非常重要。在鸟枪法脂质组学和 LC-MS/MS 中,以串联 MS 为基础的方法可以提高信噪比(图 14.3),但是在分析低含量脂质时,串联 MS 无法将噪声水平降低到可忽略的水平。

15.7 同位素的影响

细胞脂质组中的每一类脂质都包含多个脂质分子,这些脂质分子的头基相同,但脂肪酰基链的碳原子数和不饱和度不同。因此,如果用 MS 分析一类脂质中多个分子的等摩尔混合物时,这些脂质的单一同位素峰强度会随着碳原子数的增加而降低。这是因为这些脂质的同位素体的分布不同。

如果仅比较单同位素峰与内标的强度,则脂质的同位素分布会影响其定量分析结果。校正这种差异分布的一般方法是在比较之前将各种脂质的所有同位素体(包括内标)转换为单同位素体,以产生各个离子的总峰值强度(即去同位素)。这种定量前的去同位素法已广泛应用于蛋白质组学,脂质组学中的去同位素程序也已经被开发出来[30-31]。一些商业化仪器配备有这种数据处理软件。本节只详细讨论了一种简化的方法,任何数据处理程序都可以简单地执行这一方法。

一般来说,一类脂质中的各个分子的同位素体分布主要取决于该种脂质的总碳原子数,其原因如下所述。第一,如果待测脂质没有经过修饰,则该类脂质中的各个分子都应包含相同数目的 O、N、P 或其他原子。这意味着这些原子对这类脂质中的各个分子的影响相同。因此,和内标作比较时,它们对离子强度的影响不会引起任何差异。第二,虽然脂质中氢原子的数量大于碳原子,但氘(^{2}H)(0.0115%)的天然丰度远低于 ^{13}C 同位素的天然丰度(1.07%)。这表明,相对于 ^{13}C 同位素而言,^{2}H 原子数目不同对同位素体差异性分布的影响可以忽略不计。因此,只需要校正 ^{13}C 同位素体的差异分布,这一点将在下文中讨论。应该注意的是,当脂质中含有 Cl 或 S 等同位素体的天然丰度较高的原子时,它们的同位素体差异性分布对定量的影响是不可忽略的,必须仔细考虑。

与内标进行比较时,定量分析是以脂质的同位素体强度总和与内标的同位素体强度总和之比为基础的。事实上,对于几乎所有脂质,单同位素峰是脂质的同位素异构体簇中最强的峰,因此与其他同位素峰的强度相比,单同位素峰的强度可以更精确地确定。因此,在校正同位素体差异性分布时,要从已确定的单一同位素峰强度中减去每个同位素体的强度。

总的来说,一种脂质的一个同位素集中的总离子强度 $I_{\text{total}}(n)$ 为

$$I_{\text{total}}(n) = I_n(1 + 0.0109n + 0.0109^2 n(n-1)/2 + \cdots) \tag{15.4}$$

其中 I_n 是含 n 个碳原子的脂质的单一同位素峰强度,0.0109 是当 ^{12}C 的丰度被定义为1时 ^{13}C 的自然丰度。为了用含 s 个碳原子的内标定量这种脂质,当满足式(14.2)的条件时,有:

$$\begin{aligned} c_n &= I_{\text{total}}(n)/I_{\text{total}}(s) \times c_s \\ &= (1 + 0.0109n + 0.0109^2 n(n-1)/2 + \cdots)I_n / \\ &\quad (1 + 0.0109s + 0.0109^2 s(s-1)/2 + \cdots)I_s \times c_s \\ &= Z_1 \times (I_n/I_s) \times c_s \end{aligned} \tag{15.5}$$

其中

$$Z_1 = (1+0.0109n+0.0109^2 n(n-1)/2+\cdots)/(1+0.0109s+0.0109^2 s(s-1)/2+\cdots) \tag{15.6}$$

Z_1 以前被称为 I 型 ^{13}C 同位素校正因子[22];n 和 s 分别是待测脂质和所选内标的总碳原子数;I_n 和 I_s 分别是待测脂质和所选内标的单一同位素峰强度;c_n 和 c_s 分别是待测脂质和所选内标的浓度。$\cdots$ 表示包含两个以上 ^{13}C 原子的其他同位素的影响,在大多数情况下忽略这些项并不影响定量的准确性。

根据这种推理方法,科学家开发了一种比较心磷脂 M+1 同位素之间强度的方法,该方法利用了心磷脂离子独特的双电荷性质,对于定量各个心磷脂分子非常有效[14,32]。

与一类脂质中各个分子之间碳原子数差异的校正不同,在使用单位分辨率质谱仪时,必须对双键重叠效应引起的另一种影响定量分析的同位素进行校正。在用高分辨率质谱仪进行定量分析时,如前所述[33],可以参考另一种从部分重叠的离子峰中提取离子峰强度的方法。这里,双键重叠效应是指脂质 M(即同位素 M+2)和双键数比 M 少一个的脂质离子的两个 ^{13}C 原子同位素的重叠或部分重叠。

当使用低至中等分辨率质谱仪通过鸟枪法脂质组学或 LC-MS 方法分析脂质时,双键重叠效应非常常见而且很严重。在后一种情况中,如果能分离一类脂质中的各个分子,则可消除这种效应。由于这种重叠效应的存在,所测定的脂质的单一同位素峰强度不能代表该种脂质的真正单一同位素峰强度。因此,在执行式(15.6)所示的去同位素之前,必须按以下方式校正双键重叠效应:

$$\begin{aligned} I_n &= I_{n'} - I_N \times (0.0109^2 n(n-1)/2) \\ &= (1 - (I_N/I'_n)(0.0109^2 n(n-1)/2)) \times I_{n'} \\ &= Z_2 \times I_{n'} \end{aligned} \tag{15.7}$$

其中

$$Z_2 = 1 - (I_N/I_{n'})(0.0109^2 n(n-1)/2) \tag{15.8}$$

n 是待测脂质的总碳原子数；I_n 是待测脂质校正过的单一同位素峰强度；$I_{n'}$ 是可由 MS 测定的表观单一同位素峰强度；I_N 是与待测脂质不同的脂质（比待测脂质多一个双键或少两个质量单位的脂质）的单一同位素峰强度（在实验中，I_N 也可以通过 MS 确定）。如果 $I_N \ll I_{n'}$，则该校正因子可以忽略不计。不同于 Z_1，Z_2 之前被称为 II 型 ^{13}C 校正因子。

应特别指出的是，根据式（15.5）[其中的 I_n 和 I_s 须用式（15.6）和式（15.8）校正]，在使用串联 MS 定量脂质时，可能需要修改这两种校正因子（即 Z_1 和 Z_2），因为串联 MS 中监测的碎片（即 PIS 中的碎片离子或 NLS 中的中性碎片）是单一同位素峰，仅包含 ^{12}C 原子。因此，式（15.6）和式（15.8）中的总碳原子数应减去被监测碎片中没有 ^{13}C 同位素效应影响的碳原子数。

此外，如果使用含有两个或更多内标、质量范围较宽的校准曲线（例如，以特异性串联 MS 为基础的鸟枪法脂质组学），则使用相应的校准曲线即可在很大程度上覆盖第一类校正因子 Z_1。但是仍然需要使用第二类校正因子 Z_2。在基于 LC-MS 的方法中，如果色谱分离能够完全分辨一类脂质中的各个分子，并且为各个分子都建立校准曲线，则不需要校正因子。否则，应考虑这些类型的校正或其他替代类型的去同位素。然而，大多数基于 LC-MS 或 MS/MS 的脂质组学研究以及相应的软件工具都没有注意同位素对定量分析的影响。仅这一因素就可能导致较大的实验误差。

15.8 定量分析所用内标的最小数量

在 13.3.2 中广泛讨论了定量分析所用内标的质量水平的重要性。事实上，在定量一类脂质中的各个分子时，内标的数量也同样重要。在本节中，我们将讨论用不同方法对一类脂质的各个分子进行定量时应使用内标的最小数量。总之，内标的数量实际上取决于定量分析中的变量数量。

如第 14 章所述，如果在低于脂质聚集的浓度范围内进行分析，则如前文所述，极性脂质的电离响应因子在 ^{13}C 去同位素之后基本相同。因此，如果在全质量扫描模式下通过鸟枪法脂质组学进行定量分析，则一类脂质仅需一个内标。但是，串联 MS 过程既取决于亚类的连接方式，又取决于各个分子（两个变量），所以与在全质量扫描模式下进行的分析相比，这为每个亚类中的各个分子的分析增加了一个变量。因此，在鸟枪法脂质组学中，以串联 MS 为基础而开发的任何方法都应该使用额外的内标来覆盖每个变量。换言之，为了相对准确地定量一个亚类中的各种分子，需要两个或多个内标。然而，如第十四章所述，如果升高碰撞能量或优化碰撞能量以平衡一（亚）类中的各个分子的碎裂过程，则少用一个内标就足够了。

在经过等度洗脱 LC-MS 后的 SIM 方法中，与直接进样后的全质量扫描模式相比，附加变量是各个脂质的浓度变化。因此，在这种情况下，在不同的洗脱时间需要两个或多个内标。如果使用流动相梯度洗脱，则又会引入一个附加变量，至少要多使用一个内标。与经过 LC-MS 后的 SIM 方法相比，经过 LC-MS 后的 SRM/MRM 方法中，有一个额外的变量，即串联 MS 过程。因此，相对于 SIM 方法，要多使用一个内标。在经过 LC-MS 后的 SIM 和 SRM/MRM 方法中，精确定量所需的内标数量可以用内标与一些外部校准曲线来补偿。

总之，精确定量应使用的内标的最小数量因定量方法而异，而且在很大程度上取决于每种方法中变量的数量。表 15.1 所示为每种方法中易于识别的变量，从而总结了各种定量方法所需的最小内标数。如上所述，可以使用一些替代方法来减少内标的最小数量。应当指出，内标数比变量数少得多的方法无法精确定量脂质，但是该方法可以用于对比不同样品。在这种情况下，研究人员最好不要将研究结果夸大为"定量结果"。

表 15.1   定量一类极性脂质中的各个脂质所需内标的最小数量及定量过程中的变量

方法	变量	内标的最小数量
MDMS-SL	无变量	1
MS/MS-SL	MS/MS	2
SL-HMR 质谱仪	无变量	1
利用 MS/MS 的 SL-HMR 质谱仪	MS/MS	2
具有溶剂梯度的 LC-MS	浓度、溶剂梯度	3
具有溶剂梯度的 LC-MS/MS	浓度、溶剂梯度、MS/MS	4

到目前为止，所有的讨论都是针对一类极性脂质中各个分子的定量。由于非极性脂质中各个分子（变量）中电离响应因子的不同，所以为了定量一类非极性脂质中的各个分子，所用的内标应比极性脂质所用的内标更多。或者，可以预先确定该变量的校正因子，并在所开发的方法中实现[12]。

15.9   源内裂解

源内裂解，顾名思义，就是在进行 MS 分析时，在离子源内发生的裂解过程。这个过程主要是由于方法中的工件决定的。例如，研究人员可能并未认识到这一过程对定量分析产生的影响，或者研究人员可能会努力去实现某类脂质的最佳电离条件。在这两种情况下，在方法的开发过程中，可能需要苛刻的电离条件（例如，高电离温度、高电离电压、喷头和进样口之间的距离非常短，然而这会导致电容过高、栅电压设置不当等）。源内裂解可能会产生以下后果：

- 此过程损失了一定量的脂质，所以电离灵敏度降低。
- 增加了一个定量变量，因为源内裂解与 CID 相似，而且取决于分子种类。
- 定量和定性分析复杂。

因此，开发脂质学方法的研究人员的一个任务就是消除源内裂解过程。

以下是一些有助于消除此过程的方法。使用仪器供应商推荐的标准溶液调节仪器后，应进一步用脂质的标准溶液来微调仪器，因为仪器供应商推荐的标准溶液通常有利于蛋白质组学。根据作者的实验经验,在许多情况下,仅这一措施就可以将离子化效率提高一个数量级。或者,当开始调谐/校准实验时,可以有意地设置不太苛刻的电离条件(温度、电压等)。

在负离子模式下,可以根据源内裂解的最小存在条件来选择适当的电离条件。这些碎片包括 PS 中产生的 PA 离子,和 PC 中产生的二甲基 PE 离子。应使用特定的 PS 标准品,以便源内产生 PA,此 PA 不应与脂质提取物中存在的 PA 重叠。脂质提取物中的二甲基 PE 的含量通常非常低。在电离条件下,如果喷雾溶液中不加入改性剂(详见第 2 章),则氯化 PC 应是主要的分子离子。为此,文献中报道的 lysoPA 通常是由 lysoPC 经源内裂解产生的[34]。在方法开发过程中,通过仔细调节/校准,同样可以将这种现象降至最低限度。

15.10 溶剂的质量

在整个脂质分析过程中,从提取和储存,到 LC-MS 中的溶剂梯度,或直接进样时的溶剂混合物,要使用多种溶剂。对于溶剂储存而言,不同的制造商使用的稳定剂的类型不同。例如,使用多种稳定剂(从戊烯到乙醇)来储存氯仿,以消除光气的积累。如文献[35]所述,不同类型的稳定剂不仅可以影响提取效率,还可以影响离子化效率。不同制造商生产的溶剂可能含有不同含量的残留物,这些残留物中可能含有非极性脂质(游离脂肪酸和 TAG)、酸性污染物、化妆品、洗涤剂和增塑剂等。这些残留物会显著影响分析结果。因此,建议慎重选择脂质组学所用的溶剂,并尽量购买质量最好的溶剂。为此,作者建议从高纯度溶剂和试剂制造商——美国霍尼韦尔公司购买这类溶剂。

15.11 脂质定量分析中的其他方面

在分析脂质时,无论使用哪种进样工具(即 HPLC、进样针或定量环进样),喷嘴建议使用金属针或金属涂覆的毛细管,不建议使用蛋白质组学常用的石英毛细管。这是因为脂质分析经常需要使用大量的溶剂(例如,氯仿),这些溶剂在高电压下容易损坏石英管,导致电离稳定性下降。

目前,来自 HPLC 系统的、每分钟几百纳升到几微升的流速可以直接耦合到离子源室。但是,如果 HPLC 系统的流速较高,则必须使用分流器。对于类似的设置,无论是否需要溶剂梯度,如果某种改性剂可能干扰 HPLC 分离,则可以使用源后传送装置来引入改性剂。

参考文献

1. Yang, K., Fang, X., Gross, R. W. and Han, X. (2011) A practical approach for determination of mass spectral baselines. J. Am. Soc. Mass Spectrom. 22, 2090–2099.
2. Koivusalo, M., Haimi, P., Heikinheimo, L., Kostiainen, R. and Somerharju, P. (2001) Quantitative determination of phospholipid compositions by ESI-MS: effects of acyl chain length, unsaturation, and lipid concentration on instrument response. J. Lipid Res. 42, 663–672.
3. Sparagna, G. C., Johnson, C. A., McCune, S. A., Moore, R. L. and Murphy, R. C. (2005) Quantitation of cardiolipin molecular species in spontaneously hypertensive heart failure rats using electrospray ionization mass spectrometry. J. Lipid Res. 46, 1196–1204.
4. Blom, T. S., Koivusalo, M., Kuismanen, E., Kostiainen,

R., Somerharju, P. and Ikonen, E. (2001) Mass spectrometric analysis reveals an increase in plasma membrane polyunsaturated phospholipid species upon cellular cholesterol loading. Biochemistry 40,14635-14644.

5. Hermansson, M., Uphoff, A., Kakela, R. and Somerharju, P. (2005) Automated quantitative analysis of complex lipidomes by liquid chromatography/mass spectrometry. Anal. Chem.77,2166-2175.

6. DeLong, C.J., Baker, P.R.S., Samuel, M., Cui, Z. and Thomas, M.J. (2001) Molecular species composition of rat liver phospholipids by ESI-MS/MS: The effect of chromatography. J. Lipid Res.42,1959-1968.

7. Han, X. and Gross, R.W. (1994) Electrospray ionization mass spectroscopic analysis of human erythrocyte plasma membrane phospholipids. Proc. Natl. Acad. Sci. U.S.A.91, 10635-10639.

8. Kim, H.Y., Wang, T.C. and Ma, Y.C. (1994) Liquid chromatography/mass spectrometry of phospholipids using electrospray ionization. Anal. Chem.66,3977-3982.

9. Lehmann, W.D., Koester, M., Erben, G. and Keppler, D. (1997) Characterization and quantification of rat bile phosphatidylcholine by electrospray-tandem mass spectrometry. Anal. Biochem.246,102-110.

10. Han, X., Yang, K. and Gross, R.W. (2008) Microfluidics-based electrospray ionization enhances intrasource separation of lipid classes and extends identification of individual molecular species through multi-dimensional mass spectrometry: Development of an automated high throughput platform for shotgun lipidomics. Rapid Commun. Mass Spectrom.22,2115-2124.

11. Stahlman, M., Ejsing, C.S., Tarasov, K., Perman, J., Boren, J. and Ekroos, K. (2009) High throughput oriented shotgun lipidomics by quadrupole time-of-flight mass spectrometry. J. Chromatogr. B 877,2664-2672.

12. Han, X. and Gross, R.W. (2001) Quantitative analysis and molecular species fingerprinting of triacylglyceride molecular species directly from lipid extracts of biological samples by electrospray ionization tandem mass spectrometry. Anal. Biochem.295,88-100.

13. Cheng, H., Sun, G., Yang, K., Gross, R.W. and Han, X. (2010) Selective desorption/ionization of sulfatides by MALDI-MS facilitated using 9-aminoacridine as matrix. J. Lipid Res.51,1599-1609.

14. Han, X., Yang, K., Yang, J., Cheng, H. and Gross, R.W. (2006) Shotgun lipidomics of cardiolipin molecular species in lipid extracts of biological samples. J. Lipid Res.47,864-879.

15. Wang, M., Han, R.H. and Han, X. (2013) Fatty acidomics: Global analysis of lipid species containing a carboxyl group with a charge-remote fragmentation-assisted approach. Anal. Chem.85,9312-9320.

16. Han, X. and Cheng, H. (2005) Characterization and direct quantitation of cerebroside molecular species from lipid extracts by shotgun lipidomics. J. Lipid Res. 46,163-175.

17. Han, X., Yang, J., Cheng, H., Ye, H. and Gross, R.W. (2004) Towards fingerprinting cellular lipidomes directly from biological samples by two-dimensional electrospray ionization mass spectrometry. Anal. Biochem.330,317-331.

18. Han, X., Yang, K., Cheng, H., Fikes, K.N. and Gross, R.W. (2005) Shotgun lipidomics of phosphoethanolamine-containing lipids in biological samples after one-step in situ derivatization. J. Lipid Res.46,1548-1560.

19. Jiang, X. and Han, X. (2006) Characterization and direct quantitation of sphingoid base-1-phosphates from lipid extracts: A shotgun lipidomics approach. J. Lipid Res. 47,1865-1873.

20. Almeida, A.M., Castel-Branco, M.M. and Falcao, A.C. (2002) Linear regression for calibration lines revisited: Weighting schemes for bioanalytical methods. J. Chromatogr. B 774,215-222.

21. Jiang, X., Yang, K. and Han, X. (2009) Direct quantitation of psychosine from alkaline-treated lipid extracts with a semi-synthetic internal standard. J. Lipid Res.50,162-172.

22. Han, X. and Gross, R.W. (2005) Shotgun lipidomics: Electrospray ionization mass spectrometric analysis and quantitation of the cellular lipidomes directly from crude extracts of biological samples. Mass Spectrom. Rev.24,367-412.

23. Han, X. and Gross, R.W. (1995) Structural determination of picomole amounts of phospholipids via electrospray ionization tandem mass spectrometry. J. Am. Soc. Mass Spectrom.6,1202-1210.

24. Merrill, A.H., Jr., Sullards, M.C., Allegood, J.C., Kelly, S. and Wang, E. (2005) Sphingolipidomics: High-throughput, structure-specific, and quantitative analysis of sphingolipids by liquid chromatography tandem mass spectrometry. Methods 36,207-224.

25. Bielawski, J., Szulc, Z.M., Hannun, Y.A. and Bielawska, A. (2006) Simultaneous quantitative analysis of bioactive sphingolipids by high-performance liquid chromatography-tandem mass spectrometry. Methods 39,82-91.

26. Cai, S.S., Short, L.C., Syage, J.A., Potvin, M. and Curtis, J.M. (2007) Liquid chromatography-atmospheric pressure photoionization-mass spectrometry analysis of triacylglycerol lipids--effects of mobile phases on sensitivity. J. Chromatogr. A 1173,88-97.

27. Annesley, T.M. (2003) Ion suppression in mass spectrometry. Clin. Chem.49,1041-1044.

28. Han, X., Yang, K., Yang, J., Fikes, K.N., Cheng, H. and Gross, R.W. (2006) Factors influencing the electrospray intrasource separation and selective ionization of glycerophospholipids. J. Am. Soc. Mass Spectrom.17,264-274.

29. Gangl, E. T., Annan, M. M., Spooner, N. and Vouros, P. (2001) Reduction of signal suppression effects in ESI-MS using a nanosplitting device. Anal. Chem. 73, 5635–5644.
30. Liebisch, G., Lieser, B., Rathenberg, J., Drobnik, W. and Schmitz, G. (2004) High-throughput quantification of phosphatidylcholine and sphingomyelin by electrospray ionization tandem mass spectrometry coupled with isotope correction algorithm. Biochim. Biophys. Acta 1686, 108–117.
31. Eibl, G., Bernardo, K., Koal, T., Ramsay, S. L., Weinberger, K. M. and Graber, A. (2008) Isotope correction of mass spectrometry profiles. Rapid Commun. Mass Spectrom. 22, 2248–2252.
32. Han, X., Yang, J., Yang, K., Zhao, Z., Abendschein, D. R. and Gross, R. W. (2007) Alterations in myocardial cardiolipin content and composition occur at the very earliest stages of diabetes: A shotgun lipidomics study. Biochemistry 46, 6417–6428.
33. Wang, M., Huang, Y. and Han, X. (2014) Accurate mass searching of individual lipid species candidates from high-resolution mass spectra for shotgun lipidomics. Rapid Commun. Mass Spectrom. 28, 2201–2210.
34. Zhao, Z. and Xu, Y. (2009) Measurement of endogenous lysophosphatidic acid by ESI-MS/MS in plasma samples requires pre-separation of lysophosphatidylcholine. J. Chromatogr. B 877, 3739–3742.
35. Fuhrmann, A., Gerzabek, M. H. and Watzinger, A. (2009) Effects of different chloroform stabilizers on the extraction efficiencies of phospholipid fatty acids from soils. Soil Biol. Biochem. 41, 428–430.

数据质量控制与分析

16.1 引言

获得质谱数据之后,数据分析(包括定性分析和定量分析)一般按照第5章或者自主研发的方法或者一些其他方法来完成[1,2]。在利用生物信息学进行数据分析之前,保证所得数据的逻辑合理、收集数据时不存在操作不当或者隐藏实验错误等情况至关重要。第15章对可能影响数据质量的因素进行了广泛的讨论。本章将讨论怎样分析评价数据的质量(即数据质量控制)。

当数据通过质量控制之后,下面就是利用商业化的软件包(例如,SAS、NCCS、IBM、SPSS统计分析、SIMCA-P)进行数据的统计分析和利用多变量分析方法如PCA[3-6]将改变的脂质进行分类。可以通过统计分析得到各个脂质、同亚类脂、同大类脂、同范畴脂质的显著变化,也可以通过对不同样品集进行统计分析推导出我们想得到的参数。值得一提的是,典型的PCA都是基于方差进行的,当绝对定量值用于数据分析时,低含量的脂质容易被忽略。所以PCA分析时最好采用脂质组成,或将互相关矩阵分解来代替协方差矩阵。PCA也可以用于离群值的测定[4]。

对大多数研究人员特别是有分析化学背景的研究人员来说,比较困难的地方在于如何更深一步地研究引起脂质变化的机制以及如何解释这些起决定性变化的现象。由于这种困难,大多数的文献只是对这些关键性的变化进行了描述和对比,并没有更深层次地分析这些变化。

事实上,关于脂质代谢途径和网络的研究已有大量报道,所以这些脂质本身在很大程度上就反应了它们变化的生物化学机制[7]。因此,这些变化能够揭示可能改变的酶表达量和活性,或者与这些途径和网络相关的基因表达。为此,可以针对这些可能改变的蛋白质水平(例如,Western 印迹分析)和基因表达(例如,实时 PCR 分析)展开靶向分析。将脂质组学数据和基因与蛋白水平的数据结合,可以更深入地解释这些脂质变化的分子机制。所以本章的主要内容就是介绍这些途径和网络并简要讨论它们在脂质组学的生化机制研究中的应用。

为了更准确地解释揭示脂质变化的重要性,研究人员必须了解各个脂质大类、亚类和单个分子的功能。因此,本章很重要的一部分内容就是以举例的方式来阐述各类脂质及各个分子的功能。

16.2 数据质量控制

对于已建立的方法或平台,分析的变量应该被广泛确定和验证。例如,MDMS-SL分析结果的重现性约为95%,动物样品平台分析的精确度约为90%,这主要是由于脂质含量的测定是以蛋白质含量为基准的,而蛋白质的检测结果常常存在差异[8]。因此,对于动物样本,应当首先检查MDMS-SL分析得到的数据质量,以确定其中一种(或几种)脂质的差异是否大于已有方法测得的精确度,而其他脂质的差异与平台的精确度相当。如果是这种情况,则这些增大的差异主要是由于这类脂质的分析过程导致的。这种类别脂质的不稳定电离现象可能是导致这一变化的原因,而不稳定电离现象可以用总离子流判断。或者,如果所有脂质的结果均大于平台的精确度,则应考虑样品自身或样品制备是否有问题。例如,如果某个样品中所有脂质的含量均低于(或高于)同一组处理中其他样品的平均值,则很可能是由于样品制备、蛋白质测定或内标添加过程中存在错误操作造成的。在这种情况下,必须重新分析此样本。然而,上述例子说明的是动物样本,人体样本的变量通常远大于分析方法本身的变量。因此,简单利用变量分析来进行数据质量控制是不够的。

众所周知,膜脂通常以一种特定的方式存在于大多数细胞和器官中。例如,PC和PE的含量相当;阴离子GPL的含量约为总脂的10%;SM的含量仅占总脂的约5%;PC+SM的含量与PE+阴离子脂质的含量大致相当等等[7,9-10]。这些数据已经成为质量控制的标准,因此,全脂质组分析得到的数据应该遵循上述结果。

在正常的生理条件下,与其前体相比,脂质代谢物的含量非常少(通常>5%)。如果lysoGPL的含量超过GPL的10%,这个数据就不可信。而且,当lysoGPL含量过高时,可导致膜结构裂解或泄漏。因此,正常细胞中不可能存在高含量的这些脂质。在任何靶向或全脂质组学分析中应牢记这一点。

进行数据质量控制的另一个重要方法是将测得的数据与文献中报道的数据进行对比。虽然由传统方法测得的数据只显示某类脂质的总含量而没有各个分子的详细信息,但至少可以将这些数据目前的结果进行一个粗略的比较。

脂质组学研究的很多样品是人体血浆(或血清)。血浆样本的一些基本信息对数据质量控制有重要参考价值。首先,血浆脂蛋白(例如,VLDL、LDL和HDL)富含脂质[7]。这些脂蛋白的脂质组成取决于脂蛋白的类型。在这些脂蛋白中,胆固醇酯和甘油三酯的含量从VLDL至HDL依次降低,而磷脂(包括SM)和游离胆固醇的含量则相反。其次,血浆磷脂浓度依次为PC(卵磷脂)>SM(鞘磷脂)≈PE(脑磷脂)>lysoPC(溶血卵磷脂)>PI(肌醇磷脂)≈lysoPE(溶血脑磷脂)>PS(丝氨酸磷脂)≈PG(甘油磷脂)>PA(磷脂酸)[11]。

不同类型的细胞具有不同类型的脂质(类别、亚类和各个分子)。例如,植物缺乏缩醛磷脂;胆固醇是哺乳动物独有的;哺乳动物不具有合成必需脂肪酸的能力;并且真核生物中脂肪酸双键的数目和位置不是随机存在的。生物样本中脂质的这种性质是数据质量控制的标准。违反这样的规则表明脂质的MS鉴定出现问题。

16.3 通过识别脂质代谢途径进行数据分析

如上所述,脂质组学的一项任务就是确定由刺激引起的脂质含量变化的分子机制[12]。为了阐述病理条件下脂质含量变化的潜在机制,识别所涉及的所有脂质代谢途径是至关重要的,因为脂质的代谢不是孤立的,大多数细胞的脂质代谢是相互交织的[12-13]。如果可以开发出一套能够自动处制脂质组数据的软件程序,将会对病理条件下相应脂质代谢途径中脂质含量变化的机制解析很有帮助。虽然第 5 章已对几种单独途径的分析方法有所阐述[14-17],然而,这些工具目前尚无法使用。因此,现阶段对脂质代谢途径和网络中脂质组学数据的分析还必须依赖人工进行。为此,熟悉脂质代谢途径和网络对人工解析脂质组学数据非常重要。

对于哺乳动物和植物中的大多数脂质,至少存在三条相互依存的脂质代谢网络,一条涉及鞘脂代谢,一条涉及 GPL 代谢,另一条涉及甘油脂代谢。

16.3.1 鞘脂代谢途径网络

图 1.3 所示为鞘脂代谢网络,该网络以神经酰胺为中心。因此,准确测定神经酰胺的含量对于分析鞘脂代谢途径至关重要。该网络可用于解释含有不同鞘氨醇骨架的脂质及其亚类脂质(如二羟基鞘脂)含量发生变化的原因。如图 1.3 和图 1.6 所示,丝氨酸棕榈酰基转移酶(SPT)对脂肪酰辅酶 A 以及氨基酸底物的差异选择性可能产生不同的鞘氨醇类似物[18];Cer 合成酶对不同酰基辅酶 A 的差异选择性导致不同的二氢神经酰胺(DHCer),进而得到不同的 Cer;并且不同活力的 DHCer 去饱和酶可以不同程度地将 DHCer 转换成 Cer。这些酶及其异构体的活力不同是造成鞘脂含量发生变化的原因。例如,生物体中存在许多 Cer 合成酶异构体,它们选择性地合成含有不同脂肪酰胺链的 Cer[19-20]。Merrill 等开发了一种强大的工具,可以综合分析这些鞘脂之间的相互关系[21,22]。

16.3.2 甘油磷脂的生物合成途径网络

动植物体内的 GPL 生物合成途径网络与酵母或细菌体内的合成途径不同,因此将它们分开说明(图 16.1)。涉及每个生物合成途径的基因和蛋白质可以在文献综述中找到[7]。在进行脂质组学数据分析之前,确定细胞类型非常重要。

动植物和酵母之间的主要区别在于 PS 的合成途径不同。对于前者,PS 是在线粒体或线粒体有关的膜结构上分别由 PC 和 PE 合成的。PC 在 PS 合酶 1 的催化作用下与胆碱进行丝氨酸交换合成 PS,而 PE 在 PS 合酶 2 的催化作用下与乙醇胺进行丝氨酸交换合成 PS[23],而在后者中 PS 的合成是通过 PS 合酶催化的 CDP-DAG 与丝氨酸的缩合反应进行的。应该认识到,PS 的脱羧基化是合成 PE 的重要途径,特别是在线粒体中[24]。

在细菌中,所有的 GPL 合成途径都涉及 CDP-DAG。例如,PC 是通过胆碱与 CDP-DAG 的缩合反应合成的[25],PS 是通过丝氨酸与 CDP-DAG 的缩合反应合成的,PE 则是由

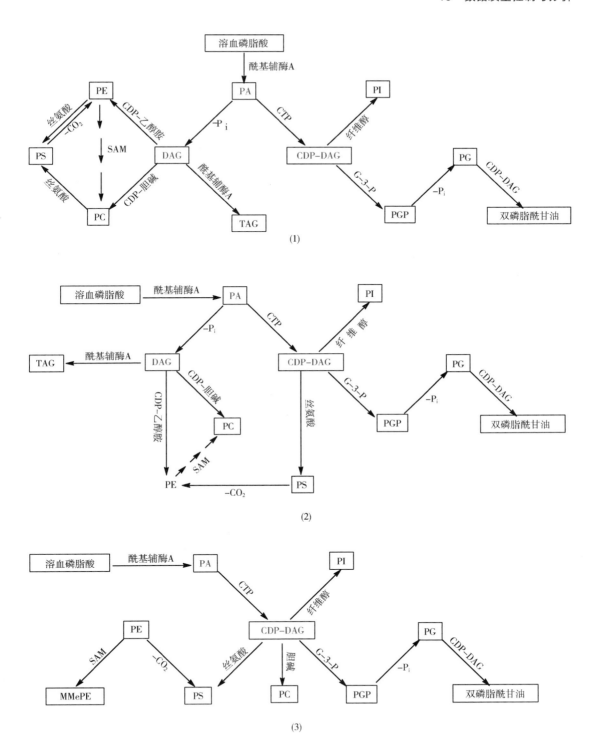

图16.1 生物体内合成甘油磷脂的主要途径网络

SAM 和 PGP 分别表示 S-腺苷甲硫氨酸和磷脂酰甘油磷酸酯。其他缩写见缩略词表。(1)动植物；(2)酵母；(3)细菌。

PS 经脱羧反应后合成的。然而，在动植物和酵母体内，PC 和 PE 分别是由 CDP-胆碱、CDP-乙醇胺与 DAG 缩合产生的。与动植物和酵母相比，细菌中的另一个特殊之处在于，CL 的合成途径不同。在细菌中，CL 是通过 PG 之间的缩合反应合成的，而在动植物和酵母中，CL 则是通过 PG 与 CDP-DAG 的缩合反应合成的。

与鞘脂不同，几乎所有新合成的 GPL 都经历了脂酰基链的重组，这种重组可以通过转酰基酶催化进行，也可以首先通过磷脂酶 A_1 和 A_2（PLA_2）催化的脂肪酰基水解后由酰基转移酶催化进行。因此，如果变化仅发生在一类脂质水平上，则应考虑水解和重组。如果在整个脂质水平都观察到变化，则应使用图 16.1 所示的网络并结合可能发生的水解反应来分析结果，而这些水解反应通常可以通过相应 lysoGPL 的变化来推断。

值得注意的是，含醚的 GPL（包括缩醛磷脂）与其二酰基对应物的合成不同。该合成由过氧化物酶体中的磷酸二羟丙酮（DHAP）（图 16.2）而不是 ER 中的甘油-3-磷酸（G-3-P）（图 16.1）引发。在形成 1-烷基-sn-甘油基-3-磷酸后，其他步骤与其二酰基对应物基本相同（图 16.2），整个过程都发生在 ER 中。从含醚 GPL 生物合成的途径可以看出，PC 和 PE 是两种主要的含醚 GPL。通过与 PC 或 PE 的头基经丝氨酸交换而形成的含醚 PS 的含量是非常低的。作为中间体的烷基甘油磷酸酯（即含醚的 PA）的含量也非常低。应该强调的是，植物中通常不存在含醚的 GPL。此外，由于其生物合成中常涉及一定程度的非选择性酶催化，所以在各个亚类中存在大量由醚键连接的骨架（图 16.2）[26]。

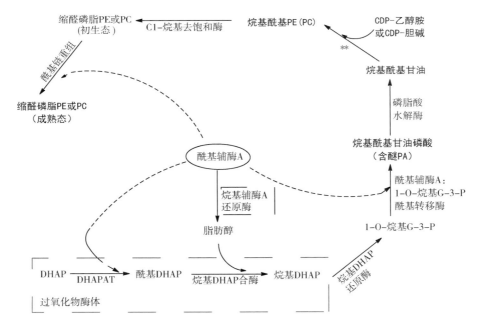

图 16.2 醚脂的生物合成途径

酰基辅酶 A 可能参与的非选择性催化作用虚线箭头显示。形成的含醚脂质用黑体显示。** 代表CDP-乙醇胺:1-O-烷基-2-酰基-sn-甘油乙醇胺磷酸转移酶或 CDP-胆碱:1-O-烷基-2-酰基-sn-甘油胆碱磷酸转移酶。DHAP 代表磷酸二羟基丙酮。其他缩写见缩略词表。

16.3.3 甘油脂的代谢

如图 16.1 所示，TAG 由 DAG 通过 DGAT 过程重新酰化得到。除了图 16.1 所示的主要合成途径（即 DAG 由脱磷酸酶与 PA 反应产生）之外，DAG 也可以由 MAG 的再酰化或由 PLC 催化的各种 GPL 头基的水解产生。此外，DAG 也可以通过脂肪酶催化 TAG 水解产生。因此，为了分析甘油脂数据，应始终牢记以下两个方面。

- DAG 可以在不同的细胞区室中形成，TAG 同样如此。
- 某种程度上，MAG、DAG 和 TAG 之间存在无效循环且保持平衡。

此外，由于合成缩醛磷脂的中间体烷基酰基甘油（一种 DAG 的类似物）（图 16.2）和缩醛磷脂 PC 和 PE 的水解产生的烯基酰甘油（另一种 DAG 类似物）的存在，甘油三酯的 sn-1 位常含有醚键结构，生物样品存在许多这种结构[27-28]。

16.3.4 不同脂质之间的相互关系

除了图 16.1 所示和上述的 GPL 和甘油脂之间的关系外，在生物系统中，GPL、甘油脂和鞘脂等脂质的关系如式 16.1 所示，该反应由 SM 合酶催化。

$$PC+Cer \longrightarrow SM+DAG \quad (16.1)$$

而且，在所有的脂质中，酰基辅酶 A 是合成、降解和重组等大部分反应的关键代谢物。酰基辅酶 A 可以直接影响脂质的合成和重组，从而改变脂质组成。然而，酰基辅酶 A 在细胞内的分布不均，且含量在细胞内各个单元的含量处于动态变化中，仅通过酰基辅酶 A 的含量来分析脂质组学数据是非常困难的。

总之，对脂质组学数据的分析不仅应该考虑一类脂质组成的网络内的不同途径，还应该考虑其他类别脂质的影响（即考虑网络之间的相互关系）。为了做到这一点，对细胞脂质组（包括各个分子和区域异构体）进行全面分析是很重要的。

16.4 基于脂质功能的数据分析

为了确定脂质变化的意义，了解各个类别及其亚类脂质和各个脂质分子的功能是至关重要的。一般而言，脂质具有以下三种功能：细胞膜成分，能量贮存（这一类的大多数脂质参与生物能量转化）和信号分子（图 16.3）。表 16.1 所示为各个类别脂质的功能。本节将详细讨论各种脂质的功能。

表 16.1 各类脂质的主要功能[①]

细胞功能	脂质单元
膜结构成分	PC、PE、PI、PS、PG、PA、SM、CL、胆固醇、脑苷脂（例如，GalCer 和 GluCer）、糖脂、ST、神经节苷脂等
能量储存和代谢	NEFA、TAG、DAG、MAG、酰基辅酶 A、酰基肉碱等
信号传递	所有溶血性脂质、DAG、MAG、酰基辅酶 A、酰基肉碱、NEFA、类花生酸类物质和其他氧化 FA、神经酰胺、鞘氨醇、S1P、吐根醇、类固醇、N-酰基乙醇胺等

续表

细胞功能	脂质单元
其他特殊功能	缩醛磷脂(抗氧化剂)、酰肉碱(转运)、CL(呼吸作用)、PS(辅酶因子、PE合成底物)等

①缩略词见缩略词表。

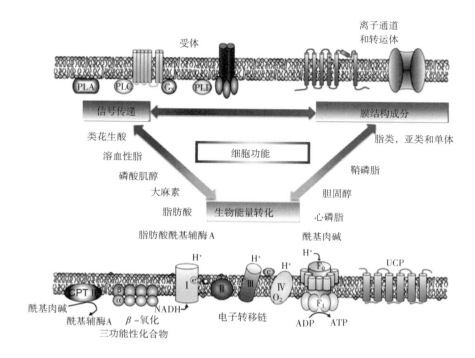

图16.3 脂质在细胞功能中的多效作用

脂质通过以下方式在细胞功能(包括细胞信号传导)中发挥多种作用(左上):(1)由磷脂酶(PLA、PLC和PLD酶)释放的第二信使;(2)通过激酶(例如PI 3,4,5-三磷酸)将膜脂质共价转化成生物活性物质;(3)为用于调节受体/效应物偶联蛋白复合物提供分子支架(例如,G-蛋白偶联受体);(4)将膜脂的振动、旋转、平移能和动力耦合到跨膜蛋白(如离子通道)和转运蛋白(右上),从而促进动态协同脂质和蛋白相互作用,共同调节跨膜蛋白功能。此外,脂质在线粒体细胞生物能量转化(底部)中发挥重要作用。这一能量转化以脂肪酸为底物,经过线粒体β-氧化作用(左下)得到还原产物(例如,NADH)。NADH中的化学能通过由线粒体膜成分严格调节的氧化磷酸化来获得,这些线粒体膜成分包括调节电子传输链(ETC)超复合物的形成的心磷脂。调节线粒体能量产生的第二种机制是消灭质子梯度,消灭质子梯度通过脂肪酸在线粒体内膜双层中的跨膜运输以及脂肪酸介导的解偶联蛋白(UCP)调节来进行[29]。

16.4.1 作为细胞膜成分的脂质

基本上,所有的极性脂质(例如,PC、PE、PI、PS、PG、PA、SM、脑苷脂包括GalCer和GluCer、ST、神经节苷脂)都是细胞膜的组分。尽管膜结构中也存在一些它们的代谢中间体如lysoGPL、DAG、Cer、NEFA,但通常这些中间体的含量非常低,因此,它们在调节膜结构功能中的作用较小。然而,这些中间体的积累对于膜结构功能的改变可能是至关重要的。尽管胆固醇是非极性脂质,但细胞膜特别是质膜中也富含胆固醇。

膜脂在维持细胞结构与功能中起重要作用。膜结构作为细胞的隔室屏障,膜脂含量和组成的变化可以改变膜对中性小分子如水,甚至小离子的渗透性并改变膜的流动性。一般来说,含多不饱和脂肪酸的脂质及其代谢中间体的含量较高时,膜的通透性和流动性升高。相反,含饱和脂肪酸、胆固醇、鞘脂、缩醛磷脂等的脂质的含量较高时,膜的通透性和流动性降低,但所有这些组分都可能有利于脂筏的形成(详见第20章)。

脂质含量和组成的变化可以改变膜蛋白(例如,离子通道)相互作用时的基质,从而影响膜蛋白的组成和功能。此外,膜脂成分的改变也可能影响细胞通讯和细胞内离子分布的微环境。在这方面,糖脂和神经节苷脂在前者中发挥重要作用,而阴离子脂质是后者的主要参与者。

不同的脂质具有不同的空间形状(例如,圆柱体、核心、反向核心)并且有利于形成不同的相,例如,双层、六边形、立方体和胶束。因此,具有不同空间形状的脂质的改变可影响膜融合、囊泡运输、接触点形成等过程。例如,缩醛磷脂增加时可加速膜融合;在线粒体中,高含量的胆固醇和CL有利于接触点的形成以及线粒体融合和连接;lysoGPL的含量增加时可能导致形成反胶束并破坏细胞完整性等。

膜脂是脂质信号分子的贮存库。许多脂质第二信使经过水解或氧化后从膜库中释放出来。例如,GPL、PI和SM分别在酶催化水解后产生lysoGPL、DAG和Cer。氧化甾醇和氧化的GPL是一些氧化的例子。因此,这些脂质含量的改变将会影响信号脂质的含量发生变化。

总而言之,大部分细胞脂质存在于膜结构中,它们在维持细胞功能方面发挥着重要作用。这些膜脂的含量和组成的改变直接影响细胞功能。因此,在解析细胞脂质改变的重要性时,应考虑这些脂质在细胞内的功能。此外,最好根据脂质组学数据确定预测的细胞功能的变化,从而验证解释。

16.4.2 脂质作为细胞能量储存库

当参与能量代谢的脂质过量时就会将能量存储起来,在机体需要时提供能量。这些脂质包括TAG、DAG、NEFA、酰基肉碱和酰基辅酶A。与对照相比,这些脂质含量的变化时通常表明能量状态发生了改变。DAG和TAG含量的增加表明能量存储增加。酰基肉碱含量的增加表明线粒体功能障碍或过量的脂肪酸氧化。NEFA和酰基辅酶A过量时通常与脂质分解增加或从头合成有关。这些脂质的变化通常交织在一起,它们在动物和人体中的积累通常被称为"脂毒性"[30-33],会导致肥胖和胰岛素抵抗。

在哺乳动物体内,这些脂质的脂肪酰基可以为脂肪酸的合成、代谢和摄取提供重要信息。例如,$n-3$或$n-6$或两种脂肪酰基[例如18∶2FA、20∶4FA和22∶6FA,作为最常见的$n-6$(前两种)和$n-3$脂肪酸]含量的增加表示细胞外脂肪酸的摄入过量或脂肪酸的氧化降低。脂肪酰基16∶0FA、16∶1FA、18∶0FA和18∶1FA的积累很大程度上表明它们在病理或生理条件下从头合成增加。双键的位置反映了从头合成途径的信息(图16.4),并且可以反映出食物中包含的脂肪酸异构体。关于FA生物合成和代谢的类似信息也可以通过分析能量储存脂质的FA组成获得。

根据双键位置来分析 FA 的生物合成和膳食脂肪酸组成的方法,可以以 18∶1FA 为例说明。大多数生物样品中主要存在三种 18∶1FA 异构体,即 n-7、n-9 和 n-12 18∶1FA 异构体,其他异构体含量极少,尤其是双键在偶数位置的异构体[9]。18∶1(n-9)FA 异构体(通常称为"油酸")是迄今为止发现的植物和动物组织中最丰富的单烯脂肪酸。该异构体还可以作为含有 n-9 末端结构的脂肪酸的合成前体(图 16.4)。18∶1(n-7)FA 异构体(一般称为顺式异油酸)是细菌脂质中常见的单烯脂肪酸,通常在大多数动植物组织中的含量较低。一般来讲,哺乳动物组织中存在的这种异构体是通过 16∶1(n-7)FA 前体的延长得到的。18∶1(n-7)FA 异构体可以进一步延伸成含有 n-7 末端结构的一系列脂肪酸(图 16.4)。18∶1(n-12)FA 异构体(即岩芹酸)在伞形科植物的种子油(包括胡萝卜、欧芹和香菜)中的含量达到 50%或更多[9]。因此,这种 18∶1(n-12)FA 异构体的存在清楚地表明了哺乳动物器官从食物吸收 FA 的程度。总之,通过分析许多储能脂质(例如,TAG、DAG 和 NEFA)的脂肪酰基链中的双键的位置,可以获得关于 FA 的生物合成和 FA 的来源等信息。

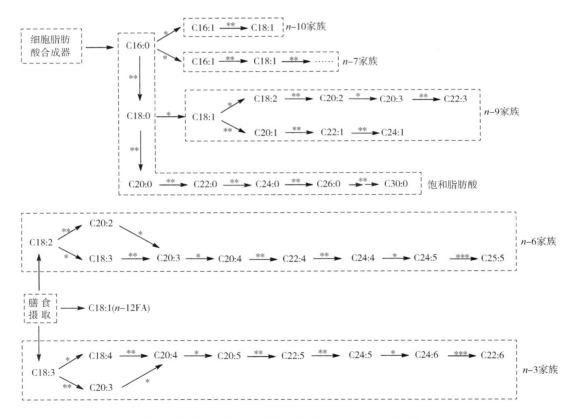

图 16.4 哺乳动物中的长链和极长链脂肪酸的生物合成

n-10、n-7 和 n-9 家族的长链饱和脂肪酸和不饱和脂肪酸(上图)可以由细胞脂内的棕榈酸(C16∶0)合成。n-6 和 n-3 家族的长链脂肪酸只能由从饮食中获得的前体合成。*、** 和 *** 分别表示步骤中涉及的去饱和、延伸和过氧化物酶体 β-氧化的相关反应。目前已经鉴定出许多与这些反应相关的基因亚型[34]。

通常,植物和哺乳动物组织中TAG的组成非常复杂,特别是后者。因此,这些数据并不能直接反映TAG的合成途径和网络。然而,通过对TAG合成途径(图5.2)中的脂质组学数据[17]进行模拟,可以揭示各个途径对TAG合成的贡献。此外,经过广泛验证,这种方法可以作为一种自动化方法用来鉴定样品中的TAG[17]。应该指出的是,尽管可以用此方法在不同时间点对器官进行分析从而进行动力学研究,但是这种方法只考虑器官的稳态。基于此,当前的模拟模型可能不适用于那些动态系统如脂肪组织,因为其中的脂质分解和生成速度非常快。然而,如上所述,这种模型经过简单改进后即可进行脂质分析如DAG含量的分析[35]。

16.4.3 脂质信号分子

在任何生物信号中,大量的脂质都可以作为信号分子。生物体中,涉及脂质的信号途径主要有两种类型。在第一种类型中,脂质直接与蛋白质靶标(例如,受体、激酶或磷酸酶)结合后将其激活,导致特定的细胞功能。在第二类信号事件中,脂质的变化可影响膜结构并影响膜蛋白与膜双层的相互作用(详见16.4.1)。这种类型的信号传导比其他信号传导途径相对较慢且复杂[36]。这里仅简要讨论第一种类型的信号。

这种类型的信号又可以大致分为以下四个方面。

第一类是与鞘脂相关的第二信使,包括Cer、神经酰胺-1-磷酸(C1P)、鞘氨醇、鞘氨醇-1-磷酸(S1P)等等。Cer可以通过从头合成途径产生,也可以由SM水解产生(图1.3)[37]。前者主要由丝氨酸棕榈酰转移酶(SPT)和Cer合成酶在细胞器如ER和线粒体相关膜中催化合成的。后者发生在血浆膜界面和细胞内区室(例如溶酶体)中,通过鞘磷脂酶(SMase)将SM转化为Cer。Cer介导许多细胞应激反应,包括程序性细胞死亡(即细胞凋亡)[38-39]和细胞衰老(即衰老)[40]的调节。对这一领域感兴趣的读者可以进一步查阅介绍Cer介导信号传导的综述[36,41-42]。Cer通过Cer激酶作用产生C1P(图1.3)。C1P可以通过形成离子载体活化PLA_2释放花生四烯酸[43]。C1P还参与许多其他细胞过程,如小泡运输、细胞分裂和存活以及吞噬作用[44-46]。大部分鞘氨醇及其类似物由Cer(图1.3)通过溶酶体中的神经酰胺酶催化产生,并通过翻转和扩散作用从溶酶体释放到细胞液中[36]。鞘氨醇可能通过与蛋白激酶相互作用,在内吞、细胞周期和凋亡的过程中发挥作用[47]。S1P由鞘氨醇激酶催化的鞘氨醇磷酸化(图1.3)形成。S1P可能参与细胞存活、细胞迁移和炎症等相关活动[48]。S1P在这些细胞过程中的参与主要是通过与G蛋白偶联受体(称为S1P受体)的相互作用[48]完成。在细胞内部,S1P可以诱导钙释放,这与S1P受体无关,其机制尚不清楚。其他鞘脂如GluCer和神经节苷脂也参与细胞信号传导过程[36,49]。

第二类信号脂质与PI有关。特别地,PI可被磷酸化成PIP_2,其本身直接调控内向整流钾通道[50]。通过PLC作用可将PIP_2水解成肌醇三磷酸(IP_3)和DAG,二者均作为第二信使。前者与IP_3受体相互作用释放ER中储存的细胞内钙离子。后者与质膜结合,激活蛋白激酶C家族的成员[51-52]。此外,PIP_2可通过磷酸肌醇-3-激酶(PI3K)的作用进一步磷酸化以产生PI(3,4,5)-三磷酸(PIP_3)。研究发现PIP_3能加强蛋白激酶B与细胞外蛋白的结合并最终增强细胞存活率[42]。

第三类是用作 G 蛋白偶联受体激活剂的那些信号脂质,包括 lysoGPL(特别是 lysoPA)、S1P、血小板活化因子(PAF)、内源性大麻素、花生酸类、脂肪酸-羟基脂肪酸和视黄醇衍生物。这些脂质的含量增加可能导致相应的 G 蛋白偶联受体的活化。

最后,类固醇激素、视黄酸、花生酸类、一些 NEFA 等可以与核受体结合以激活转录因子。例如,视黄酸可以激活视黄酸受体,从而控制许多类型细胞在发育过程中的分化和增殖[53]。

总体而言,许多脂质都可以作为信号分子。这些脂质的任何显著变化都应该考虑它们在相应信号通路中的作用并据此加以解释。通过进一步测定细胞和分子的下游变化,例如,激酶活化、转录因子上调和细胞生长或凋亡,即可确定这种类型脂质在细胞内的功能。

16.4.4 脂质在细胞内的其他作用

除了上述功能外,还有一些类别的脂质在细胞中发挥着一些其他独特的功能,这些功能对数据分析非常有用。本节简要介绍这些脂质及其在细胞内的功能(表 16.1)。

酰基肉碱在脂肪酰基转入和转出线粒体过程中发挥着重要作用,其中有两种重要的转移酶参与这一过程,即肉碱棕榈酰转移酶(CPT)Ⅰ和Ⅱ。对于先天性线粒体疾病而言,酰基肉毒碱的产生被认为是一种解毒系统,可以将线粒体内过量的酰基排出[54]。与长链酰基肉碱不同,中链酰基肉碱转移到线粒体基质的过程不依赖于 CPT 系统[55]。

在线粒体产生 ATP 的过程中,CL 在电子传递链(ETC)中发挥着重要作用[56-57]。CL 被称为呼吸链酶复合体的黏合剂[58]。这一重要性在 Barth 综合征中得到证实,与正常人群相比,其 CL 含量降低并且 CL 组成不同[59-60]。这表明 CL 的含量和组成对于维持有效的线粒体呼吸功能是至关重要的。研究表明,四 18∶2CL 的含量及其相关的 CL 组分是上述重要性的关键因素[61]。在大多数哺乳动物体内,线粒体中四 18∶2CL 含量的降低将会导致线粒体功能障碍。造成这种功能障碍的潜在机制可能是由于与 CL 有关的酶复合体的功能丧失后,产生了过量的活性氧(ROS)。用线粒体靶向的抗氧化剂消除线粒体内的 ROS 可在很大程度上挽救线粒体功能障碍[62]。因此,与对照相比,CL 含量(特别是四 18∶2CL)的降低,通常表明线粒体中 ROS 过量产生和该细胞器发生功能障碍。伴随着溶血 CL 含量增加的四 18∶2CL 含量减少表明,CL 的水解活力增加,这可能是由于钙不依赖性 PLA2γ 的活化[63]或单溶血 CL 酰基转移酶的活力增加[64-65]。伴随着溶血 CL 以及含有相对较短的 FA 链(如 16∶0 和 16∶1)的 CL 含量的增加,四 18∶2CL 含量的减少表明 PLA₂激活和 CL 重组活性的丧失(例如,在 Barth 综合征中 tafazzin 突变的病例)。四 18∶2CL 含量的减少加上含有相对较短的 FA 链的 CL 的含量增加表明 CL 重组活性的丧失,例如 ALCAT 活性[66-67]。需要特别指出的是,成熟器官中的 CL 组成与其发育阶段的 CL 组成显著不同。在发育阶段,CL 重组还没有进行完全,并且含有大量相对较短的 FA 链。类似地,从新生儿或新生期后婴儿的器官培养的细胞系可以看出,其 CL 组成与未成熟器官的组成相同。

溶血 PC 是一类重要的生物活性分子,研究显示它与炎症疾病有关[68-71]。与饱和的(如 14∶0 和 16∶0)溶血 PC 相比,一些不饱和的溶血 PC 特别是那些含有 20∶4 和 22∶6

的溶血 PC 可能具有抗炎活性。溶血 GPL 是一类有趣的生物化学中间体,它们参与非溶血性磷脂的合成与代谢,而这些二酰基(或 O-烷基或 O-烯基)GPL 是构成所有动物细胞的脂双层的重要组成部分[74]。

除了充当生物膜组分之外,缩醛磷脂在细胞功能中还起很多作用。研究表明,与其二酰基对应物组成的膜相比,由缩醛磷脂组成的膜具有紧密的膜构象和独特的膜动力学[75-78]。缩醛磷脂 PE 在促进膜融合和细胞间通讯方面发挥着重要作用[79-80],并且其膜融合的倾向与膜的 GPL 酰基链中的双键含量直接相关[81]。缩醛磷脂还可以作为细胞膜中的抗氧化剂[82-87]。研究表明,缩醛磷脂能够显著地延迟多不饱和二酰基 GPL 中链内双键的氧化降解,因为其烯醇醚键能中止氧化自由基的进一步传递。除了氧化损伤外,其他能够诱导膜缺陷的酶促或非酶促因子也可能在引起缩醛磷脂缺乏症方面发挥重要作用[88-89]。因此,与对照相比,缩醛磷脂含量的改变可能表明上述某种细胞功能发生变化,这可以通过研究样本中的细胞、分子、生物化学和生理学变化进一步验证。缩醛磷脂含量的降低表明,PLA_2 活性的激活或氧化应激增加。除了检查包括氧化应激、PLA_2 基因或蛋白质过表达和 PLA_2 磷酸化或活性等相应的细胞反应外,溶血 GPL 的分析(特别是溶血 PC 和溶血 PE 的分析)可以清楚地解析缩醛磷脂含量降低的潜在机制,至少对机制有所了解。具体而言,溶血缩醛磷脂的增加表明 PLA_2 活性的激活,而酰基溶血 GPL(特别是那些含多不饱和脂肪酸的 GPL)的增加表明机体中氧化应激增加。

除了作为膜结构脂质外,PS 还具有许多独特的细胞功能。PS 是哺乳动物细胞中线粒体 PE 的重要前体(详见 16.3.2)[24]。PS 暴露于细胞表面是细胞凋亡的先兆,其被认为是吞噬细胞除去凋亡细胞的识别信号之一[90-91]。PS 还可作为激活几种关键信号蛋白的辅助因子,包括蛋白激酶 C、中性鞘磷脂酶、Na^+/K^+ ATP 酶和发动蛋白-1[23-24]。

还有许多其他类别的脂质。例如,除了参与能量代谢之外,酰基辅酶 A 参与所有与脂质代谢有关的细胞过程;维生素是哺乳动物的必需营养素;蜡作为植物的化学和物理屏障;PA 和 DAG 除了上述的在生物膜、信号转导和能量代谢中的作用之外,还是脂质生物合成的关键中间体。总之,毫无疑问,认识各个脂质所起的特定作用有助于更清楚且更深入地分析数据。

16.5 由于样品不均匀性和细胞区室的存在导致的数据分析复杂性

样品不均匀性和细胞区室的存在可能使数据分析复杂化。在第 13 章中,我们讨论了小心制备样品对准确分析脂质和克服样品不均匀性以获取有意义数据的重要性。在这里,我们介绍另一种可能会影响数据分析的样品复杂性因素。这种复杂性来自含有混合细胞的样品本身,而不管样品在宏观上是否均匀。这种类型的样品包括来自动物和植物的许多组织样品,例如,大脑皮质、海马体、肾、胰腺、植物叶和植物茎。

当这些不同类型的细胞对刺激有不同反应时,数据分析就会变得复杂。因此,脂质的改变只能代表响应细胞的脂质组的变化,而不是整个器官或组织切片中的改变。这种多种细胞脂质组的部分应答变化不仅可以使表观变化最小化,而且使结果复杂化,特别是当不同类型的细胞含有不同类型的脂质时。例如,小鼠海马体因太小必须作为整个切片进行分析,但它包含神经元、神经胶质细胞和髓鞘。与髓鞘不同,虽然所有的神经元细胞体都含有类似的脂质类似物,但不易区分。神经元细胞体的 PE 中含有丰富的多不饱和脂肪酰基,而富含 18∶1 脂肪酰基的 ST、脑啡肽和缩醛磷脂 PE 的存在是髓磷脂的独特特征。在数据分析中,这些特征有助于识别响应刺激细胞亚型。

类似于样品中不同细胞类型对分析脂质组学数据的影响,不同脂质在不同细胞区室和微区中的存在也是使得数据分析复杂化的因素。我们在第 20 章中广泛讨论了亚细胞脂质组学,这可能有助于理解这种复杂化并更好地分析脂质组学数据。

总之,不同层次的样品不均匀性可能会使脂质组学的数据分析变得复杂。认识到这些复杂性以及由此引起的任何独特特征有助于我们更好地分析脂质组学数据。

16.6 整合"组学"数据进行数据验证

数据验证对脂质组学分析很重要。通常可以使用另一种方法来验证获得的结果。例如,通过鸟枪法脂质组学获得的数据可以通过 LC-MS 分析来验证,反之亦然。在某些情况下,也可以采用其他方法,包括 GC-MS、NMR、TLC 或其他色谱分析。

验证脂质组学数据的另一种策略是在基因或蛋白质水平确定改变的脂质途径。从这些改变的脂质组数据,可以推测对应脂质改变的途径。如果基于脂质组学数据的预测是真实的,则基因或蛋白质水平也应相应地改变。且基因或蛋白质水平的这种变化应该与脂质组学结果一致。应该强调的是,酶活性的急性激活不涉及转录和翻译变化,而仅代表翻译后修饰(例如,磷酸化)代谢抑制剂/活化剂的变化,因为基因或蛋白质水平的变化需要的时间相对较长(例如,1d 或更长时间)。因此,如果细胞脂质组的变化发生在很短的时间内,应该检查翻译后修饰以支持脂质组学数据。

事实上,大部分脂质组学实验对样品的测试都要花费相对较长的时间。因此,基因组学和蛋白质组学数据有助于脂质组学数据的解析。现阶段,整体蛋白质组学分析仍然是需要花费大量时间并且非常昂贵的,但最近强大的基因组分析工具已经取得了惊人的发展[92],并且能以经济高效的方式获得基因组数据。因此,我们认为,基因组学数据与脂质组学分析结果相结合不仅可以为脂质组学研究提供强有力的支持,还可以深入理解导致脂质体改变的生化机制。此外,脂质组学数据分析得到的基因表达的变化可以反过来支持基因组分析(详见 5.5.2)。

因此,开发能够整合脂质组学数据与基因、转录、酶学数据的工具,从而实现生化通路的重建与通量分析是脂质组学未来的一个发展方向。脂质通路的重建依赖于对脂质数据的结合分析。鉴于脂质的结构多样性,这些任务将是具有挑战性的,需要结合新型和现有的生物信息学资源。

参考文献

1. Checa, A., Bedia, C., Jaumot, J. (2015) Lipidomic data analysis: Tutorial, practical guidelines and applications. Anal.Chim.Acta 885, 1-16.
2. Vaz, F. M., Pras-Raves, M., Bootsma, A. H., van Kampen, A.H. (2015) Principles and practice of lipidomics. J.Inherit.Metab.Dis.38, 41-52.
3. Niemela, P. S., Castillo, S., Sysi-Aho, M., Oresic, M. (2009) Bioinformatics and computational methods for lipidomics. J.Chromatogr.B 877, 2855-2862.
4. Theodoridis, G., Gika, H. G., Wilson, I. D. (2011) Mass spectrometry-based holistic analytical approaches for metabolite profiling in systems biology studies. Mass Spectrom.Rev.30, 884-906.
5. Sampaio, J.L., Gerl, M.J., Klose, C., Ejsing, C.S., Beug, H., Simons, K., Shevchenko, A. (2011) Membrane lipidome of an epithelial cell line. Proc.Natl.Acad.Sci.U.S.A.108, 1903-1907.
6. Hu, C., Wang, Y., Fan, Y., Li, H., Wang, C., Zhang, J., Zhang, S., Han, X., Wen, C. (2015) Lipidomics revealed idiopathic pulmonary fibrosis-induced hepatic lipid disorders corrected with treatment of baicalin in a murine model. AAPS J.17, 711-722.
7. Vance, D.E., Vance, J.E. (2008) Biochemistry of Lipids, Lipoproteins and Membranes. Elsevier Science B. V., City, Place pp 631.
8. Han, X., Yang, K., Gross, R. W. (2008) Microfluidics-based electrospray ionization enhances intrasource separation of lipid classes and extends identification of individual molecular species through multi-dimensional mass spectrometry: Development of an automated high throughput platform for shotgun lipidomics. Rapid Commun.Mass Spectrom.22, 2115-2124.
9. Christie, W. W., Han, X. (2010) Lipid Analysis: Isolation, Separation, Identification and Lipidomic Analysis. The Oily Press, City, Place pp 448.
10. van Meer, G., Voelker, D. R., Feigenson, G. W. (2008) Membrane lipids: where they are and how they behave. Nat.Rev.Mol.Cell Biol.9, 112-124.
11. Quehenberger, O., Armando, A. M., Brown, A. H., Milne, S. B., Myers, D. S., Merrill, A. H., Bandyopadhyay, S., Jones, K. N., Kelly, S., Shaner, R. L., Sullards, C. M., Wang, E., Murphy, R. C., Barkley, R.M., Leiker, T.J., Raetz, C.R., Guan, Z., Laird, G.M., Six, D. A., Russell, D. W., McDonald, J. G., Subramaniam, S., Fahy, E., Dennis, E.A. (2010) Lipidomics reveals a remarkable diversity of lipids in human plasma. J.Lipid Res.51, 3299-3305.
12. Han, X., Gross, R.W. (2003) Global analyses of cellular lipidomes directly from crude extracts of biological samples by ESI mass spectrometry: a bridge to lipidomics. J.Lipid Res.44, 1071-1079.
13. Han, X., Jiang, X. (2009) A review of lipidomic technologies applicable to sphingolipidomics and their relevant applications. Eur.J.Lipid Sci.Technol.111, 39-52.
14. Henning, P. A., Merrill, A. H., Wang, M. D. (2004) Dynamic pathway modeling of sphingolipid metabolism. Conf.Proc.IEEE Eng.Med.Biol.Soc.4, 2913-2916.
15. Kiebish, M. A., Bell, R., Yang, K., Phan, T., Zhao, Z., Ames, W., Seyfried, T. N., Gross, R. W., Chuang, J.H., Han, X. (2010) Dynamic simulation of cardiolipin remodeling: greasing the wheels for an interpretative approach to lipidomics. J.Lipid Res.51, 2153-2170.
16. Zarringhalam, K., Zhang, L., Kiebish, M. A., Yang, K., Han, X., Gross, R. W., Chuang, J. (2012) Statistical analysis of the processes controlling choline and ethanolamine glycerophospholipid molecular species composition. PLoS One 7, e37293.
17. Han, R.H., Wang, M., Fang, X., Han, X. (2013) Simulation of triacylglycerol ion profiles: bioinformatics for interpretation of triacylglycerol biosynthesis. J. Lipid Res.54, 1023-1032.
18. Pruett, S. T., Bushnev, A., Hagedorn, K., Adiga, M., Haynes, C.A., Sullards, M.C., Liotta, D.C., Merrill, A.H., Jr. (2008) Biodiversity of sphingoid bases ("sphingosines") and related amino alcohols. J.Lipid Res.49, 1621-1639.
19. Levy, M., Futerman, A.H. (2010) Mammalian ceramide synthases. IUBMB Life 62, 347-356.
20. Stiban, J., Tidhar, R., Futerman, A. H. (2010) Ceramide synthases: roles in cell physiology and signaling. Adv. Exp.Med.Biol.688, 60-71.
21. Kapoor, S., Quo, C. F., Merrill, A. H., Jr., Wang, M.D. (2008) An interactive visualization tool and data model for experimental design in systems biology. Conf. Proc. IEEE Eng.Med.Biol.Soc.2008, 2423-2426.
22. Merrill, A. H., Jr., Stokes, T. H., Momin, A., Park, H., Portz, B.J., Kelly, S., Wang, E., Sullards, M.C., Wang, M.D. (2009) Sphingolipidomics: a valuable tool for understanding the roles of sphingolipids in biology and disease. J.Lipid Res.50, S97-S102.
23. Vance, J. E. (2008) Phosphatidylserine and phosphatidylethanolamine in mammalian cells: two metabolically related aminophospholipids. J. Lipid Res. 49, 1377-1387.
24. Vance, J. E., Steenbergen, R. (2005) Metabolism and functions of phosphatidylserine. Prog. Lipid Res. 44, 207-234.
25. Sohlenkamp, C., Lopez-Lara, I. M., Geiger, O. (2003) Biosynthesis of phosphatidylcholine in bacteria. Prog. Lipid Res.42, 115-162.

26. Yang, K., Zhao, Z., Gross, R. W., Han, X. (2007) Shotgun lipidomics identifies a paired rule for the presence of isomeric ether phospholipid molecular species. PLoS One 2, e1368.
27. Bartz, R., Li, W. H., Venables, B., Zehmer, J. K., Roth, M. R., Welti, R., Anderson, R. G., Liu, P., Chapman, K. D. (2007) Lipidomics reveals that adiposomes store ether lipids and mediate phospholipid traffic. J. Lipid Res. 48, 837-847.
28. Yang, K., Jenkins, C. M., Dilthey, B., Gross, R. W. (2015) Multidimensional mass spectrometry-based shotgun lipidomics analysis of vinyl ether diglycerides. Anal. Bioanal. Chem. 407, 5199-5210.
29. Gross, R. W., Han, X. (2011) Lipidomics at the interface of structure and function in systems biology. Chem. Biol. 18, 284-291.
30. Unger, R. H., Orci, L. (2000) Lipotoxic diseases of non-adipose tissues in obesity. Int. J. Obes. 24, S28-S32.
31. Lelliott, C., Vidal-Puig, A. J. (2004) Lipotoxicity, an imbalance between lipogenesis de novo and fatty acid oxidation. Int. J. Obes. Relat. Metab. Disord. 28 Suppl 4, S22-S28.
32. Schrauwen, P. (2007) High-fat diet, muscular lipotoxicity and insulin resistance. Proc. Nutr. Soc. 66, 33-41.
33. Drosatos, K., Schulze, P. C. (2013) Cardiac lipotoxicity: molecular pathways and therapeutic implications. Curr. Heart Fail. Rep. 10, 109-121.
34. Guillou, H., Zadravec, D., Martin, P. G., Jacobsson, A. (2010) The key roles of elongases and desaturases in mammalian fatty acidmetabolism: Insights from transgenicmice. Prog. Lipid Res. 49, 186-199.
35. Wang, M., Hayakawa, J., Yang, K., Han, X. (2014) Characterization and quantification of diacylglycerol species in biological extracts after one-step derivatization: A shotgun lipidomics approach. Anal. Chem. 86, 2146-2155.
36. Hannun, Y. A., Obeid, L. M. (2008) Principles of bioactive lipid signalling: lessons from sphingolipids. Nat. Rev. Mol. Cell Biol. 9, 139-150.
37. Dbaibo, G. S., El-Assaad, W., Krikorian, A., Liu, B., Diab, K., Idriss, N. Z., El-Sabban, M., Driscoll, T. A., Perry, D. K., Hannun, Y. A. (2001) Ceramide generation by two distinct pathways in tumor necrosis factor alpha-induced cell death. FEBS Lett. 503, 7-12.
38. Obeid, L. M., Linardic, C. M., Karolak, L. A., Hannun, Y. A. (1993) Programmed cell death induced by ceramide. Science 259, 1769-1771.
39. Haimovitz-Friedman, A., Kolesnick, R. N., Fuks, Z. (1997) Ceramide signaling in apoptosis. Br. Med. Bull. 53, 539-553.
40. Venable, M. E., Lee, J. Y., Smyth, M. J., Bielawska, A., Obeid, L. M. (1995) Role of ceramide in cellular senescence. J. Biol. Chem. 270, 30701-30708.
41. Perry, D. K., Hannun, Y. A. (1998) The role of ceramide in cell signaling. Biochim. Biophys. Acta 1436, 233-243.
42. Prokazova, N. V., Samovilova, N. N., Golovanova, N. K., Gracheva, E. V., Korotaeva, A. A., Andreeva, E. R. (2007) Lipid second messengers and cell signaling in vascular wall. Biochemistry (Mosc.) 72, 797-808.
43. Pettus, B. J., Bielawska, A., Subramanian, P., Wijesinghe, D. S., Maceyka, M., Leslie, C. C., Evans, J. H., Freiberg, J., Roddy, P., Hannun, Y. A., Chalfant, C. E. (2004) Ceramide 1-phosphate is a direct activator of cytosolic phospholipase A2. J. Biol. Chem. 279, 11320-11326.
44. Gomez-Munoz, A., Kong, J. Y., Salh, B., Steinbrecher, U. P. (2004) Ceramide-1-phosphate blocks apoptosis through inhibition of acid sphingomyelinase in macrophages. J. Lipid Res. 45, 99-105.
45. Gomez-Munoz, A., Kong, J. Y., Parhar, K., Wang, S. W., Gangoiti, P., Gonzalez, M., Eivemark, S., Salh, B., Duronio, V., Steinbrecher, U. P. (2005) Ceramide-1-phosphate promotes cell survival through activation of the phosphatidylinositol 3-kinase/protein kinase B pathway. FEBS Lett. 579, 3744-3750.
46. Hinkovska-Galcheva, V., Boxer, L. A., Kindzelskii, A., Hiraoka, M., Abe, A., Goparju, S., Spiegel, S., Petty, H. R., Shayman, J. A. (2005) Ceramide 1-phosphate, a mediator of phagocytosis. J. Biol. Chem. 280, 26612-26621.
47. Smith, E. R., Merrill, A. H., Obeid, L. M., Hannun, Y. A. (2000) Effects of sphingosine and other sphingolipids on protein kinase C. Methods Enzymol. 312, 361-373.
48. Spiegel, S., Milstien, S. (2003) Sphingosine-1-phosphate: an enigmatic signalling lipid. Nat. Rev. Mol. Cell Biol. 4, 397-407.
49. Bektas, M., Spiegel, S. (2004) Glycosphingolipids and cell death. Glycoconj. J. 20, 39-47.
50. Hansen, S. B., Tao, X., MacKinnon, R. (2011) Structural basis of PIP2 activation of the classical inward rectifier K+ channel Kir2.2. Nature 477, 495-498.
51. Irvine, R. F. (1992) Inositol lipids in cell signalling. Curr. Opin. Cell Biol. 4, 212-219.
52. Nishizuka, Y. (1995) Protein kinase C and lipid signaling for sustained cellular responses. FASEB J. 9, 484-496.
53. Duester, G. (2008) Retinoic acid synthesis and signaling during early organogenesis. Cell 134, 921-931.
54. Ramsay, R. R. (2000) The carnitine acyltransferases: modulators of acyl-CoA-dependent reactions. Biochem. Soc. Trans. 28, 182-186.
55. Steiber, A., Kerner, J., Hoppel, C. L. (2004) Carnitine: a nutritional, biosynthetic, and functional perspective. Mol. Aspects Med. 25, 455-473.
56. Hoch, F. L. (1992) Cardiolipins and biomembrane func-

tion.Biochim.Biophys.Acta 1113,71-133.
57. Chicco,A.J.,Sparagna,G.C.(2007)Role of cardiolipin alterations in mitochondrial dysfunction and disease. Am.J.Physiol.Cell Physiol.292,C33-C44.
58. Zhang, M., Mileykovskaya, E., Dowhan, W. (2002) Gluing the respiratory chain together.Cardiolipin is required for supercomplex formation in the inner mitochondrial membrane.J.Biol.Chem.277,43553-43556.
59. Schlame,M.,Towbin,J.A.,Heerdt,P.M.,Jehle,R.,DiMauro, S., Blanck, T.J. (2002) Deficiency of tetralinoleoyl-cardiolipin in Barth syndrome. Ann. Neurol. 51, 634-637.
60. Hauff, K. D., Hatch, G. M. (2006) Cardiolipin metabolism and Barth Syndrome. Prog. Lipid Res. 45, 91-101.
61. Schlame, M., Ren, M., Xu, Y., Greenberg, M. L., Haller,I.(2005) Molecular symmetry in mitochondrial cardiolipins.Chem.Phys.Lipids 138,38-49.
62. He, Q., Harris, N., Ren, J., Han, X. (2014) Mitochondria-targeted antioxidant prevents cardiac dysfunction induced by tafazzin gene knockdown in cardiac myocytes.Oxid.Med.Cell.Longev.2014,654198.
63. Mancuso, D. J., Sims, H. F., Han, X., Jenkins, C. M., Guan, S. P., Yang, K., Moon, S. H., Pietka, T., Abumrad,N.A.,Schlesinger,P.H.,Gross,R.W.(2007) Genetic ablation of calcium-independent phospholipase A2gamma leads to alterations in mitochondrial lipid metabolism and function resulting in a deficient mitochondrial bioenergetic phenotype. J. Biol. Chem. 282, 34611-34622.
64. Ma, B.J., Taylor, W.A., Dolinsky, V.W., Hatch, G.M. (1999) Acylation of monolysocardiolipin in rat heart.J. Lipid Res.40,1837-1845.
65. Taylor, W. A., Hatch, G. M. (2003) Purification and characterization of monolysocardiolipin acyltransferase from pig liver mitochondria. J. Biol. Chem. 278, 12716-12721.
66. Cao,J.,Liu,Y.,Lockwood,J.,Burn,P.,Shi,Y.(2004) A novel cardiolipin-remodeling pathway revealed by a gene encoding an endoplasmic reticulum-associated acyl-CoA: lysocardiolipin acyltransferase (ALCAT1) in mouse.J.Biol.Chem.279,31727-31734.
67. Li, J., Romestaing, C., Han, X., Li, Y., Hao, X., Wu, Y.,Sun,C.,Liu,X.,Jefferson,L.S.,Xiong,J.,Lanoue, K.F.,Chang,Z.,Lynch,C.J.,Wang,H.,Shi,Y.(2010) Cardiolipin remodeling by ALCAT1 links oxidative stress and mitochondrial dysfunction to obesity. Cell Metab.12,154-165.
68. Sevastou, I., Kaffe, E., Mouratis, M. A., Aidinis, V. (2013) Lysoglycerophospholipids in chronic inflammatory disorders:the PLA(2)/LPC and ATX/LPA axes.Biochim.Biophys.Acta 1831,42-60.
69. Hung,N.D.,Kim,M.R.,Sok,D.E.(2011)2-Polyunsaturated acyl lysophosphatidylethanolamine attenuates inflammatory response in zymosan A-induced peritonitis in mice.Lipids 46,893-906.
70. Hung,N.D.,Sok,D.E.,Kim,M.R.(2012) Prevention of 1-palmitoyl lysophosphatidylcholine-induced inflammation by polyunsaturated acyl lysophosphatidylcholine. Inflamm. Res.61,473-483.
71. D'Arrigo, P., Servi, S. (2010) Synthesis of lysophospholipids.Molecules 15,1354-1377.
72. Hung,N.D.,Kim,M.R.,Sok,D.E.(2009) Anti-inflammatory action of arachidonoyl lysophosphatidylcholine or 15-hydroperoxy derivative in zymosan A-induced peritonitis.Prostaglandins Other Lipid Mediat.90,105-111.
73. Huang,L.S.,Hung,N.D.,Sok,D.E.,Kim,M.R.(2010) Lysophosphatidylcholine containing docosahexaenoic acid at the sn-1 position is anti-inflammatory.Lipids 45, 225-236.
74. Vance, J. E., Vance, D. E. (2004) Phospholipid biosynthesis in mammalian cells. Biochem. Cell Biol. 82, 113-128.
75. Pak, J. H., Bork, V. P., Norberg, R. E., Creer, M. H., Wolf, R. A., Gross, R. W. (1987) Disparate molecular dynamics of plasmenylcholine and phosphatidylcholine bilayers.Biochemistry 26,4824-4830.
76. Han, X., Gross, R. W. (1990) Plasmenylcholine and phosphatidylcholine membrane bilayers possess distinct conformational motifs.Biochemistry 29,4992-4996.
77. Han, X., Gross, R. W. (1991) Proton nuclear magnetic resonance studies on the molecular dynamics of plasmenylcholine/cholesterol and phosphatidylcholine/cholesterol bilayers.Biochim.Biophys.Acta 1063,129-136.
78. Han, X., Chen, X., Gross, R. W. (1991) Chemical and magnetic inequivalence of glycerol protons in individual subclasses of choline glycerophospholipids: implications for subclass-specific changes in membrane conformational states.J.Am.Chem.Soc.113,7104-7109.
79. Glaser,P.E.,Gross,R.W.(1995) Rapid plasmenylethanolamine-selective fusion of membrane bilayers catalyzed by an isoform of glyceraldehyde-3-phosphate dehydrogenase: discrimination between glycolytic and fusogenic roles of individual isoforms.Biochemistry 34, 12193-12203.
80. Glaser,P.E.,Gross,R.W.(1994) Plasmenylethanolamine facilitates rapid membrane fusion: a stopped-flow kinetic investigation correlating the propensity of a major plasma membrane constituent to adopt an HII phase with its ability to promote membrane fusion.Biochemistry 33,5805-5812.
81. Han,X.,Gross,R.W.(1992) Nonmonotonic alterations in the fluorescence anisotropy of polar head group labeled fluorophores during the lamellar to hexagonal phase transition of phospholipids.[see comment].Bio-

phys.J.63,309-316.

82. Zoeller, R.A., Morand, O.H., Raetz, C.R. (1988) A possible role for plasmalogens in protecting animal cells against photosensitized killing.J.Biol.Chem.263,11590-11596.

83. Brosche, T., Platt, D. (1998) The biological significance of plasmalogens in defense against oxidative damage. Exp.Gerontol.33,363-369.

84. Hahnel, D., Beyer, K., Engelmann, B. (1999) Inhibition of peroxyl radical-mediated lipid oxidation by plasmalogen phospholipids and alpha-tocopherol. Free Radic. Biol.Med.27,1087-1094.

85. Sindelar, P.J., Guan, Z., Dallner, G., Ernster, L. (1999) The protective role of plasmalogens in iron-induced lipid peroxidation.Free Radic.Biol.Med.26,318-324.

86. Zoeller, R.A., Lake, A.C., Nagan, N., Gaposchkin, D.P., Legner, M.A., Lieberthal, W. (1999) Plasmalogens as endogenous antioxidants:somatic cell mutants reveal the importance of the vinyl ether. Biochem.J.338,769-776.

87. Murphy, R.C. (2001) Free-radical-induced oxidation of arachidonoyl plasmalogen phospholipids: Antioxidant mechanism and precursor pathway for bioactive eicosanoids.Chem.Res.Toxicol.14,463-472.

88. Farooqui, A.A., Horrocks, L.A., Farooqui, T. (2000) Glycerophospholipids in brain: their metabolism, incorporation into membranes, functions, and involvement in neurological disorders.Chem.Phys.Lipids 106,1-29.

89. Klein, J. (2000) Membrane breakdown in acute and chronic neurodegeneration: Focus on choline-containing phospholipids.J.Neural Transm.107,1027-1063.

90. Fadok, V.A., de Cathelineau, A., Daleke, D.L., Henson, P.M., Bratton, D.L. (2001) Loss of phospholipid asymmetry and surface exposure of phosphatidylserine is required for phagocytosis of apoptotic cells by macrophages and fibroblasts.J.Biol.Chem.276,1071-1077.

91. Balasubramanian, K., Mirnikjoo, B., Schroit, A.J. (2007) Regulated externalization of phosphatidylserine at the cell surface: implications for apoptosis. J.Biol. Chem.282,18357-18364.

92. Metzker, M.L. (2010) Sequencing technologies - the next generation.Nat.Rev.Genet.11,31-46.

第四篇 脂质组学在生物医学及生物学领域的应用

关于健康和疾病的脂质组学

17.1 引言

正如我们所讨论的,基于质谱的脂质组学具有从几乎任何类型的样品中大规模、完整地分析脂质的能力和灵活性,并提供了适当的萃取、纯化及衍生化程序(详见第13章)。另一方面,由于脂质在代谢网络内和网络间受到严格的调控(详见第16章),干扰任何单一的合成或降解途径都会导致整个系统的脂质平衡发生变化。因此,利用脂质组学研究刺激前后生物系统的脂质平衡,将有助于深入理解刺激响应引起的脂质变化相关的机制、基础。

研究疾病引起的脂质状态改变、探寻发病机制已成为脂质组学研究的一项主要任务(也是通常脂质研究的主要任务)(图17.1)。除了揭示不同状态间脂质平衡变化的响应机制外,脂质组学还可以作为一种强有力的工具,如通过模型系统(如动物、细胞、植物)来概括这些变化,通过基因操纵来验证所揭示的潜在机制(图17.1)。更进一步,基于发现的致病机制,脂质组学有助于脂质平衡干预药物的开发,对于测试开发药物的疗效也是非常有

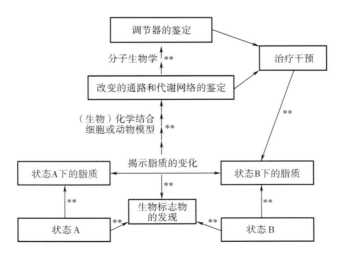

图 17.1 脂质组学在健康和疾病中的应用示意图

状态 A 和 B 表示成对条件下的对照。理想情况下,只有一个变量,例如一种疾病,用一种营养/激素/药物治疗,以及基因突变只在两种状态间展开。脂质组学研究涉及许多过程,如 ** 所示。

用的(图17.1)。最后,作为"组学"家族的一员,脂质组学在任何水平上,不论是细胞器、细胞、器官还是整个机体,都可以用于生物标记的发现(图17.1)。例如,在动物体内心磷脂(CL)含量、组成或组合的变化,均可灵敏地反映线粒体电子传递链的效率,因此CL是反映线粒体功能的良好生物标记物。

总之,从观察研究到药物、营养补充的评估,从基因表型到发现生物标记物,从一个特定的器官到完整的机体,从稳态过程到疾病等,脂质组学的应用已经跨越了诸多领域。本章不打算全面回顾脂质组学在健康和疾病方面的应用,因为主题过于宽泛,无法在一章中讨论。任何对某一疾病领域感兴趣的读者建议参考文献给出的原始报告和有价值的综述[1-19]。在此,只概述了少数疾病和健康相关的脂质组学,并选择性举了一些例子。

17.2 糖尿病和肥胖症

脂质组学研究已广泛应用于探讨糖尿病和肥胖并发症的代谢起源。例如,研究人员从不同体重、幼龄健康、同卵双生双胞胎的白色脂肪组织中提取了脂质,并进行脂质组学分析[20]。研究发现,与瘦小的同卵双胞胎相比,肥胖组尽管膳食中多不饱和脂肪酸摄入量较低,但其含醚甘油磷脂含量较高,并含有丰富的长链多不饱和脂肪酸(PUFA),尤其是花生四烯酸。而且,在肥胖双胞胎的白色脂肪组织中,由双键数目少、链长短的脂肪酸组成的GPL含量较低,表明这些GPL存在一个明显的无效循环重构。虽然引起这种重构的原因尚不清楚,但目前的基因组、脂质组和临床数据表明,PUFA摄入减少可能起到了潜在的信号作用,并且膜脂质在引发代谢综合征发病方面起重要作用[20]。研究证明,肥胖者的膜脂质重构过程涉及三种类型的结构变化。

- 极性头基[如质量水平:磷脂酰乙醇胺(PE)与磷脂酰胆碱(PC)]。
- 脂肪链在sn-1位的连接方式(即缩醛磷脂与二酰磷脂含量的变化)。
- sn-2位脂酰基的不饱和度。

这些变化会影响细胞膜的生物物理性质,包括膜的流动性[20]。研究人员将观察到的重构解释为一种非稳态适应的形式,其目的是保持脂肪细胞膨胀过程中的膜特性。然而,同种非稳态适应也有代价。以白色脂肪细胞脂质重塑为例,由于肥胖的同卵双生双胞胎体内富含缩醛磷脂,而花生四烯酸在缩醛磷脂中含量丰富,并且是促炎症脂质介质前体,因此非稳态负荷可能导致炎症的敏感性增加[21-22]。显然,有必要进一步研究,以阐明肥胖人群白色脂肪细胞组织中驱动脂质重构的真正机制,并确定其与代谢疾病的联系。

在一项类似的研究中,选取肥胖状态不同的同卵双生双胞胎作为研究对象以排除遗传因素,结果表明,肥胖与全血脂水平的显著变化相关[23]。与非肥胖型双胞胎相比,肥胖同卵双生双胞胎血清中溶血卵磷脂(lysoPC)水平较高,而含醚GPL(如缩醛磷脂)含量较低。更进一步讲,这些脂质的变化与胰岛素抗性密切相关,而胰岛素抗性是这些健康成年双胞胎后天肥胖的典型代谢特征。lysoPC与促炎症和促动脉粥样硬化有关,而缩醛磷脂具有抗氧化作用详见第16章。根据研究结果,研究人员推荐采用针对脂质和亚类脂代谢途径的新一代疗法干预肥胖,可能会纠正这些异常,并且有助于改变糖尿病和肥胖风险及结果。靶向脂质组学或鸟枪法脂质组学的研究表明,摄入鱼油会降低肥胖人群的各种血脂水平[24-25]。

脂质组学的研究还表明,注射链脲佐菌素诱导小鼠产生Ⅰ型糖尿病时,四18:2CL急剧减少[26-27]。在早期阶段出现了大量重组的CL,得到了多种CL分子[27]。CL的中18:2和18:1等脂酰基尤其是前者的含量急剧减少;相反,22:6的含量大幅度增加[28]。因此,含有高于18碳长链脂肪酸链的CL急剧增加[27]。类似于Ⅰ型糖尿病,Ⅱ型糖尿病小鼠心脏中的CL也有明显变化(如抗胰岛素性、瘦素缺乏的ob/ob小鼠)[27]。这些类型的CL广泛分布于Ⅱ型糖尿病(T2DM)小鼠的心脏中,如高脂肪诱导模型、db/db或蛋白激酶AKT2基因敲除模型T2DM小鼠。研究表明,四18:2CL在心脏线粒体功能中发挥关键作用[29]。因此,糖尿病模型心肌中出现的大量CL重构现象会对线粒体及心脏功能障碍产生连续影响。

线粒体和过氧化物酶体中的磷脂酶在调控细胞生物能量和信号传递方面起重要作用[30-31]。钙不依赖型磷脂酶$PLA_2\gamma$(即$iPLA_2\gamma^{-/-}$)缺乏小鼠对高脂饮食引起的体重增加和高胰岛素血症具有抗药性[32]。具体来说,对野生型小鼠的白色脂肪组织中的脂质进行鸟枪法脂质组学分析发现,野生型小鼠喂食高脂饲料后,甘油三酯含量比$iPLA_2\gamma^{-/-}$小鼠增加了两倍。众所周知,组织巨噬细胞炎症通路会促进肥胖相关胰岛素抗性[33]。

Ⅰ型糖尿病是一种自身免疫性疾病,其特点是在明显发病前有较长的无症状期,并由胰腺β细胞胰岛素分泌能力的逐渐丧失所致。虽然对这种疾病的遗传风险因素已有广泛研究,但是导致其发生和发展的生化机制尚不清楚。诸多脂质组学研究显示,与对照组相比,后天发展的Ⅰ型糖尿病的儿童出生时脐带血中PC含量较低,并且含醚的GPL在后续过程中不断减少[34-36]。研究发现,这些脂质组变化与Ⅰ型糖尿病的形成有关,但与一般的自身免疫疾病无关[35]。机制研究表明,胆碱在早期发育中起着重要作用,因此可能是该病诱发因素。

17.3 心血管疾病

脂质组学在心血管疾病方面的研究是多样化的,包括血清/血浆或心肌脂质组的分析、揭示导致疾病的潜在分子机制、评估营养和药物治疗疗效、发现和开发用于疾病的早期诊断的脂质标记物。如利用脂质组学来探索$n-3$多不饱和脂肪酸($n-3$ PUFA)在心血管健康中有效性的生化基础[37-39]。研究发现,新型抗炎介质包括来自二十二碳六烯酸(DHA, 22:6FA)的消退素和保护素,与膳食DHA对预防心血管疾病方面的有益作用有关[37-38]。通过对比,脂质组学研究进一步证实了各种类花生酸、脂质氧化物和内源性大麻素与心血管疾病的发生和发展的内在联系[39]。这些研究表明,$n-3$ PUFA和$n-6$ PUFA的水平应当保持较好的平衡。

血浆样本的脂质组学分析发现,在不稳定性冠状动脉综合征和动脉内膜切除术患者中存在血脂紊乱现象[10,40]。研究表明,紊乱的血脂参数是急性冠脉综合征发病的诱因。因此,许多脂质都可以作为区分不稳定性冠状动脉疾病严重程度的有效生物标记。心肌样品的脂质组学分析表明,线粒体特异性脂质(即心磷脂)含量的改变可能发生在糖尿病诱发的心肌病早期[27],其他的脂质改变发生在相对较晚的阶段[26-27,41-42]。这些发现表明,线粒体功能障碍应该发生在糖尿病性心肌病或其他心力衰竭疾病的最早期阶段。

高血压是心血管疾病发病的一个关键风险因素。研究人员采用鸟枪法脂质组学分析了高血压患者的血浆脂质组[43],发现高血压患者血浆中含醚 GPL 和游离胆固醇的水平较低,与肥胖和抗胰岛素病相比,含醚 GPL 的含量低是高血压患者特有的。最近,基于液质联用(LC-MS)和基质辅助激光解吸电离质谱(MALDI-MS)的脂质组学被用于评估抗高血压药物的疗效[44-45]。研究发现,高血压患者血浆中 PC 和 TAG 含量均发生了改变,表明了高血压发病机制对血脂代谢的影响。具体地,高血压患者中 PC 和 TAG 的含量均显著增加,而降压治疗后则逐渐下降[44]。此外,还发现药物治疗后高血压患者总胆固醇酯的含量显著降低。

17.4 非酒精性脂肪肝

非酒精性脂肪肝(NAFLD)是影响不同年龄段个体的慢性肝病的常见形式[46-48]。NAFLD 与肝脏脂肪过度累积有关,包括脂肪变性到非酒精性脂肪肝炎,或以脂肪堆积在肝脏为特征的非酒精性脂肪肝炎,同时伴有肝细胞损伤、炎症和不同程度的瘢痕或纤维化[48]。虽然 TAG 的积累在 NAFLD 中十分普遍[49],但其他类脂质,包括未酯化脂肪酸(NEFA)、甘油二酯(DAG)、游离胆固醇、胆固醇酯、神经酰胺(Cer)和甘油磷酸脂(GPL)也同时在肝中蓄积[50]。因此,脂质组学有利于分析所有脂质的变化并揭示脂质蓄积的潜在机制。

例如,研究人员以正常人为对照,采用 GC 测定了 NAFLD 患者肝组织中的脂质变化[2],发现在 NAFLD 中,DAG(正常/NAFLD:1922/4947)、TAG(13,609/128,585)的平均含量(nmol/g)显著增加,但 NEFA 的含量基本保持不变(5533/5929)。该研究表明,从健康发展到 NAFLD 的过程中,TAG/DAG 的比率逐步提高($7/26, p<0.001$)。NAFLD 患者体内的总 PC 含量降低,游离胆固醇/卵磷脂的比率逐渐增加($0.34/0.69, p<0.008$)。总之,NAFLD 与肝细胞脂质组的许多变化有关。

在另一项研究中,对 37 名胰岛素抵抗、肥胖、非糖尿病个体来源的速冻肝脏活组织进行了分析[51],发现细胞质脂滴中的肝脏 DAG 含量是胰岛素抵抗的最佳预测因子($\gamma=0.80, p<0.001$),胰岛素敏感度变化的 64% 是由其导致的。机制研究表明,肝脏 DAG 含量与肝脏蛋白激酶 Cε(PKCε)的活化密切相关($\gamma=0.67, p<0.001$),肝脏蛋白激酶会损伤胰岛素信号通路,并且胰岛素耐受与其他公认的脂质代谢物、血浆、肝脏的炎症信号之间没有显著关联。研究人员因此认为脂滴中的肝脏 DAG 含量是人体胰岛素耐受的最佳预测因子,研究数据也支持了该假设,即 NAFLD 相关的肝胰岛素抵抗是由肝脏 DAG 含量增加引起的,DAG 含量增加活激活了 PKCε。

采用脂质组学分析个体的血清样品前,采用 ^{1}H 核磁共振(^{1}H NMR)或肝活体组织检查法测定了肝脂肪含量。结果发现,两类含 PUFA 的 PC(24:1~20:4 含醚 PC 类,18:1 至 22:6 PC)和一类 TAG(即 48:0 TAG)可充当最佳的血清脂质标记物,以评估肝脏脂肪组成,其中 PC 与肝脏脂肪含量呈负相关,而 TAG 与肝脏脂肪含量呈正相关。当这种脂质特征用于诊断 NAFLD 时,得到了 >69% 的敏感性和 >75% 的特异性[3]。这一结果可与先前建立的包含多种临床参数的模型相比[52]。此外,血清48:0的TAG含量与NAFLD的正相关可以解释该脂质与糖尿病[41,53]和胰岛素耐受[54]风险增加的相关性,因为NAFLD是已知的糖尿病和代谢综合征的风险因子[55]。

循环系统中NEFA利用率是决定非酒精性脂肪肝患者肝脂质沉积的主要因素[56]。越来越多的实验证据表明,肝细胞中的脂质区室化特别是脂质积累方式可能在疾病发展过程中起关键作用[57]。在考虑对NAFLD患者采用潜在的替代治疗方案时,这一新概念具有重要的应用价值。

17.5 阿尔茨海默病

阿尔茨海默病(AD)是世界上引起痴呆的最常见原因,是一种渐进性神经衰退性疾病,其临床特征为进行性认知障碍[58],神经病理学上表现为弥散性β淀粉样蛋白(Aβ)、神经炎斑和神经元间神经纤维结节[59]。目前没有有效的治疗方法可以延缓AD的发病或进展。在过去的十年中,多项大规模AD临床试验失败,包括多种策略主要集中在以淀粉样前体蛋白分泌酶或其裂解产物(Aβ)为靶标,因此我们对认知障碍和AD发病机制缺乏完整的认识[60-62]。尽管目前仍没有有效的AD预防方案,但早期疾病检测依然是重要的,如通过药物治疗、改变生活方式或评估AD治疗药物的潜在功效,这起到了延缓疾病发生的作用。AD相关的脂质组学已经有大量研究[1,12,63-66]。这些研究结论各不相同。研究结果之间的差异主要有三种可能:分析方法不同,使用不同AD阶段的样品,或未考虑大脑样本的非均一性。不同的脂质组学分析平台针对不同的脂质类别、亚类及各个分子。显然,利用这些不同的平台会有不同的发现。当AD发展到晚期,神经衰退得越来越严重,神经元损失变得更加明显。因此,病理学的发展涉及到更广泛的脂质信号和膜破坏。而且,随着AD病情的加重,营养状况也会改变。所有这些因素都可能导致脑脂质成分和信号发生变化。传统的脂质分析方法发现,晚期AD患者脑组织中的脂质发生了显著改变[67-69]。13.2详细讨论了脑样品的不均匀性对脂质组学分析的影响。建议研究人员和读者应该认识到这些特定研究方法的局限性,并据此做出相应的解释。

尽管过去十多年的脂质组学研究并没有得出什么具体结论,但是发现了AD患者的脂质代谢发生了变化。以下总结了应用脂质组学研究AD时取得的发现:

利用MDMS-SL测定了轻度AD[即轻度认知障碍(MCI)]患者不同脑区域的灰质和白质中脂质含量的变化(即考虑样品不均匀性)[70-72]。分析MCI患者死亡脑样品发现有三种显著的脂质变化。这些变化包括大量特定硫苷脂的损失[70-71]、Cer显著增加[70]及其分子组分变化,以及明显的缩醛磷脂含量损失[72]。缩醛磷脂的损失与AD的严重程度密切相关[72]。有趣的是,脑脊液中硫苷脂(ST)水平与AD严重程度的变化趋势有着密切关联[73]。通过使用MDMS-SL技术可以进一步研究中枢神经系统(CNS)中载脂蛋白(apoE)介导的ST代谢途径[74]。这一发现将apoE介导的脂质运输及代谢和AD发病机制紧密联系在了一起[64]。

最近,为了验证在亚临床AD阶段ST、Cer和PE缩醛磷脂发生了改变这种假设(即死亡时认知正常但已产生了 AD 神经病理学病变),MDMS-SL 被进一步用于分析亚临床 AD 患者死后大脑脂质萃取物中的脂质类型和各个分子[75]。结果发现①亚临床 AD 患者的 ST 水平显著低于对照组;②在此阶段,PE 缩醛磷脂的水平略低;③Cer 的浓度保持不变。这些结果不仅表明 AD 发病早期存在细胞膜缺陷,而且还表明 ST 损失是 AD 发展的最早标志之一,而 PE 缩醛磷脂和 Cer 的浓度变化发生在 AD 后期。

为了探索 AD 潜在的脂质生物标志物,研究人员采用 MDMS-SL 方法分析了 AD 患者血浆 GPL、神经鞘磷脂(SM)、Cer、TAG、胆固醇和胆固醇酯中 800 多种成分[76]。从 26 例 AD 患者(17 例轻度和 9 例中度)和 26 例对照者的血浆中发现,AD 患者 SM 浓度明显低而 Cer 浓度增加。此外,还发现 SM 和 Cer 含量变化的程度与 AD 严重程度密切相关($p<0.004$),这与其他报道一致[77-79]。AD 患者与正常对照组相比,血浆 Cer 含量升高[76,80],不同样本(包括中间额叶皮质[81]、白质[70]和脑脊液[77])中发现了同样的结果。总之,不同分析方法及不同样品来源(脑组织、脑脊液和血浆)的结果均表明,AD 患者神经鞘脂质通路受到了干扰。

传统的脂质分析方法表明,晚期 AD 患者体内缺乏 PE 缩醛磷脂[82-84]。MDMS-SL 发现,在早期 AD 患者和动物模型中,PE 缩醛磷脂均在分子水平上发生了缺乏[72]。进一步的脂质组学研究显示,AD 患者在非常早期阶段就存在血浆中缩醛磷脂偏低的现象[85-86]。上述现象表明,血浆缩醛磷脂含量的缺乏很可能作为诊断 AD 的生物标志物。进一步的研究还发现,过氧化物酶体功能障碍可能是潜在的分子机制,改善过氧化物酶体缩醛磷脂的生物合成可以作为治疗药物的靶标[87]。也有研究人员推断导致缩醛磷脂缺乏的原因可能是它扮演了内源抗氧化剂的角色[1]。AD 患者存在严重的氧化应激为该推断提供了强有力的证据[88]。髓鞘中含有丰富的缩醛磷脂,因此缩醛磷脂缺乏可以作为髓鞘损失的有力证据。该领域需要进一步的研究。

关于 AD 后期 PC 含量降低的报道已有很多[69,89]。胆碱是 PC 生物合成的限速因子,这也许可以解释 AD 患者胆碱缺乏与 PC 降低之间的关联。诸多脂质组学研究均发现 AD 患者血浆中 PC 含量减少,即使是对于非常早期 AD 患者亦是如此[76,86,90-92]。这些发现暗示了胆碱在 AD 病情发展中的重要作用,并且可能意味着人体血浆中 PC 的缺乏可以作为 AD 的生物标志物,而且补充胆碱有可能成为延缓 AD 发展的营养途径[92]。

二维液质联用(2D LC-MS)法被用来检查 AD 患者和对照组的血浆固醇[93]。最初在对 10 个 AD 病例和 10 个对照的血浆样品分析时,研究者发现 AD 患者血浆中 24-脱氢胆固醇(胆固醇的前体)含量显著低于对照组($p<0.009$)。这一发现由进一步的实验(包括 26 个 MCI 个体、41 个 AD 患者和 42 个年龄匹配的对照)结果所证实。同时,研究人员发现,24-脱氢胆固醇浓度降低水平与 AD 的严重程度密切相关,而且 24-脱氢胆固醇的浓度变化也许最能代表 AD 的病理发展。

脂质组学研究表明 DHA 浓度降低与 AD 有潜在联系[94],因为许多研究表明由 $n-3$ PUFA 的代谢产物(包括来源于 DHA 的神经保护素)具有抗炎的神经保护功能[95-97]。长期以来人们已认识到神经节苷脂在 AD 发病中发挥着重要作用[98]。最近的一项研究[99]显示,神经节苷脂含量的降低可以暂时被当作潜在的 AD 标志物。

17.6 精神疾病

众所周知,脂质异常与精神疾病有关[5]。例如,甘油磷脂(GPL)代谢异常或大脑膜脂质组成改变与精神分裂症形成有关[100]。重要的是,长链 $n-3$ 脂肪酸干预研究的结果清楚地表明了脂质在精神疾病进展中的重要性,因为该研究表明使用长链 $n-3$ 脂肪酸修复可以降低发展为精神病性障碍的风险[101]。

脂质分析表明,精神分裂症与特定的血清TAG(含饱和度高、链长相对短的脂酰基)含量的增加有关[102]。该研究表明,脂质组学作为一种有力的工具,在剖析复杂疾病相关的代谢通路和鉴定精神病学研究中的诊断、预后标志物方面发挥着重要作用。针对同卵双胞胎的脂质组学研究提供了进一步的证据和可能的机制。研究发现精神分裂症患者的TAG含量较高,并且比其孪生兄弟更易发生胰岛素抵抗[4]。磁共振图像与脂质组学的综合分析揭示血浆中TAG含量的升高与灰质密度降低显著相关。这些结果明确表明,血液中的分子标志物可能与大脑结构变化有关并且十分敏感。在其他患有精神分裂症和抑郁症病人的血液中,也发现了内源性大麻素含量降低的现象[103-104],表明这些病症也涉及脂质信号的参与。

对精神病(包括精神分裂症)患者死后脑组织的脂质提取物进行脂质组学分析发现,病人中存在许多脂质异常现象,包括灰质和白质中NEFA和PC浓度改变,以及白质中Cer含量增加[105]。类似的发现还包括抑郁模型小鼠的脑组织样品中含花生四烯酸的PC浓度增加[106]。

脂质组学还可以用来评估药物对精神病的疗效[107-108]。研究发现患者使用抗精神病药物治疗不到2周时间,其血清脂质组就发生了显著变化。使用不同抗精神病药物治疗时,血清脂质变化也不同。有趣的是,这些脂质组学研究结果与基因表达研究的结果非常吻合,基因研究发现抗精神病药能刺激并激活参与脂质代谢的基因[109-110]。

由于精神障碍研究的固有复杂性和挑战性,迫切需要开发敏感的生物标志物来识别精神病高发人群,并为其开发有效的预防措施以及预测治疗效果。因此,脂质组学研究能够鉴定精神病学中具有诊断潜力的脂质,该脂质既可作为对疾病发展和结果的敏感标记,也可作为预测治疗效果的标记[13]。

17.7 癌症

通常认为,癌症是一种遗传性疾病。但最近的研究表明,致瘤表型是由于一系列基因突变引起的,这些基因突变的组合通过改变包括内源和外源在内的多信号通道,最终改变了细胞的核心代谢,最终满足了细胞分裂的三种基本需求:快速产生ATP以保持能量状态;增加大分子的生物合成;加强维持适当的细胞氧化还原状态。脂质在这些所有肿瘤发展所必需的基本过程中起着关键作用[111](详见第16章)。例如,NEFA是脂质生物合成和重构的主要结构单元;胆固醇、GPL和鞘脂代表了细胞膜的主要结构成分;TAG作为能量储存物质,与酰基辅酶 A 和酰基肉碱一起参与能量代谢和 ATP 产生;而 CL 则可以促进线粒体呼吸链的效率。生物活性脂质在癌细胞信号通路中发挥重要作用,而且可以作为第二信使和激素。例如,lysoGPL 通过调节 G 蛋白偶联受体参与细胞增殖、存活和迁移[112]。而 lysoPA 的异常产生则会引发癌症的产生和发展[113]。NEFA 的水平与脂质激素合成有关,影响着肿瘤促进信号的传导过程[114]。磷脂酰肌醇(PI)的水解产物及其磷酸化衍生物(例如,PIP、PIP2 和 PIP3)或其自身均是活化 PI3K/AKT 信号通路的第二信使和细胞调节因子[115]。而这条通路在人类癌症的化疗和放疗中的重要性是公认的[115]。在肿瘤发生中,脂质代谢的变化影响许多细胞过程,包括细胞生长、增殖、分化和运动。因此,癌细胞的脂质代谢发生了显著的变化,为利用脂质组学提供新的诊断和治疗提供了机会。

人体体液中的脂质侧面反映了整个机体的基本状况,其中的一些脂质可以作为生物标志物并用于预测各种癌症。除了鉴定用于早期诊断某种癌症的新型生物标志物,定性和定量评估血液和其他体液中的脂质对于监测癌症治疗的有效性和毒性也是很有帮助的。

近年来已经开展了一系列与癌症相关的脂质组学研究,如前列腺癌[116-117]、乳腺癌[118-120]、肝癌[121-122]、肾细胞癌[123]、甲状腺乳头癌[124]和结肠癌[125]。考虑到脂质分子有详尽的代谢通路及其作为生物标志物的潜力,可以据此得出一些相当确切的结论。如溶血甘油磷脂(lysoGPL)与卵巢癌有关[126],尿液中 GPL 的含量可能对前列腺癌的诊断有帮助[116]。由于不论在组织还是细胞系中特定的 GPL 表达均明显不同,因此 GPL 也已用于乳腺癌的诊断[118-119]。类花生酸水平的增加则与癌症升级紧密相关并引起炎症[127-129]。为此,研究人员对 n-3 PUFA 的抗炎保护性质具有极大的兴趣并探索将其为化学治疗剂。抗炎症的花生酸类和二十二烷酸类物质的形成会降低一些癌症发生风险,如肝癌、神经癌和结肠癌[130-132]。现有的脂质组学数据在确定新型生物标志物方面具有很好的前景,而确定小规模的研究发现需要通过涉及多个中心的大型群体研究来验证。

迄今为止最大的一项癌症脂质组学研究检查了 267 例人乳腺肿瘤组织样本(涵盖不同程度恶性肿瘤组织和正常乳腺组织)[118]。结果发现,肿瘤细胞中主要的磷脂质,即含有那些从头合成脂肪酸(如棕榈酸和肉豆蔻酸)的 GPL 含量高于对照组,并且其含量还与癌症发展及患者存活率有关。进一步的研究证实,乳腺癌中 FA 生物合成相关的基因(硬脂酰辅酶 A 脱饱和酶和 FA 合成酶)表达过度,这可能会影响癌细胞分化[118]。另一项借助 MALDI-MS 手段的脂质组研究分析发现,乳腺肿瘤细胞中 PC(32∶0)、PC(34∶1)和 PC(36∶2)含量升高,并确定这些磷脂主要含棕榈酸。因此,这两项研究发现是一致的。

另一项研究采用脂质组学分析了前列腺癌患者和对照组鲜冻的组织及血浆脂质组成[117]。与对照组相比,癌症条件下脂质种类发生了显著变化。具体而言,78 种血浆脂质的浓度增加,27 种的浓度减少;组织样品中 56 种脂质的含量升高,而 12 种的含量降低。与对照组相比,患者的血浆和癌变组织中 lysoPC 的含量均有增加。在癌变组织中,神经酰胺磷酸乙醇胺降低显著。采用脂质组学研究前列腺癌患者尿液中的 GPL 时发现,患者与对照组间 1 个 PC、1 个 PE、6 个 PS 和 2 个 PI 间均存在显着差异[116]。上述结果表明,脂质变化可能成为诊断前列腺癌的潜在生物标记。

17.8 营养学中的脂质组学

脂质组对诸如宿主基因型（即代谢途径）、肠道微生物菌群和饮食等许多致病相关的因素较为敏感,因此精确分析生物体液、组织及细胞中的各种脂质有可能彻底改变营养学研究。众所周知,饮食与"代谢综合征"直接相关[134-135]。然而,特定的饮食与健康之间的关系尚不清晰。代谢调节因人而异,也因不同年龄而有所差异。一个个体的最佳饮食未必适合另一个个体。因此,营养学研究的基本目标是了解特定的饮食与健康的结果之间的联系,并优化膳食营养以造福人类,从而延缓或预防饮食相关的疾病。因此,脂质组学是研究基因、饮食、营养素和人体代谢对健康和疾病方面贡献的有力平台。

具体而言,脂质组学对于以下领域营养研究非常重要[136]。
- 监测个人营养状况。
- 跟踪饮食指导、膳食干预的执行、进展和效果。
- 鉴定副作用、不利的代谢相应,或对特定饮食变化应有的响应缺乏。
- 识别由于环境变化或生活习惯调整引起的个体代谢变化。
- 正常的衰老和成熟进程。
- 应用于食品研究,例如,食品产品开发和对食品质量、功能、生物活性和毒性的评估。

17.8.1 脂质组学在特殊膳食或挑战性试验研究中的应用

脂质组学被广泛应用于研究脂质组对热量限制的响应。例如,适度的热量限制会加速小鼠心脏中 GPL 的水解、膜重组及 TAG 累积[137]。具体来说,经过短暂的禁食期(即 4h 和 12h)后,小鼠心脏中的胆碱和乙醇胺 GPL 显著减少(禁食 12h 后,共减少 39nmol GPL/mg 蛋白质,占总 GPL 含量的 25%)。而且,禁食后,主要的 GPL 中 FA 链长明显缩短,进而降低了储存在 GPL 中 FA 链中的内源性心肌能量,最终导致心肌膜物理性质的变化。与 GPL 含量的降低相反,禁食期间 TAG 含量不仅没有降低,甚至在继续喂食 12h 后含量增加了近三倍。与心肌相比,禁食 12h 后,骨骼肌 GPL 的含量没有变化,但 TAG 的含量急剧减少。这些结果表明,当小鼠心脏热量发生适度损失时,GPL 可以作为快速动员的能量来源,而 TAG 则是骨骼肌中能量储备的主要来源。与对照组相比,经过 6 个月热量限制后,受试个体空腹至餐后血浆酰基肉碱浓度表现出较大的差异[138]。该差异与胰岛素敏感性的改善有关[138]。鸟枪法脂质组学研究发现,对于经过长期限制热量摄入的小鼠来说,大脑皮层唯一的变化就是 ST 平衡的改变,而外周系统与此相反[139]。

采用富含脂肪的鱼肉和较瘦的鱼肉膳食干预 8 周后[24,140],分析心肌梗死或不稳定的缺血性发作人群的脂质组发现,高脂鱼膳食组中包括 Cer、lysoPC、lysoPE、DAG 和 PC 在内的许多脂质显著降低;而低脂鱼膳食组中胆固醇酯和特定的长链 TAG 显著增加[24]。由于 lysoPC 和 Cer 都是炎症相关的主要生物活性脂质[141],因此高脂鱼肉膳食组 lysoPC 和 Cer 含量的降低很可能与 n-3 PUFA 的抗炎作用有关。

众所周知,植物甾醇干预可以降低人体内总胆固醇和低密度脂蛋白胆固醇[143],因此脂质组学已经用于分析植物甾醇对脂质代谢的影响[142]。在一项研究中,患有轻度高胆固醇血症的健康人群服用两种脂肪含量不同的富含植物甾醇的酸乳饮料4周后,开展血清脂质组学分析[142],发现两种饮料均可降低总胆固醇和低密度脂蛋白胆固醇水平[144]。此外,低脂饮料组还发现几种SM含量降低。这种减少与低密度脂蛋白(LDL)胆固醇的含量减少有关,很可能是由于SM和胆固醇共存于低密度脂蛋白(LDL)表层而引起的。

脂质组学被用于确定益生菌干预对人体的全脂质组的影响[145]。益生的鼠李糖乳杆菌GG(*Lactobacillus rhamnosus* GG)干预3周后,检测发现lysoPC、SM和几种PC的浓度降低了。产生这些变化的原因可能是由于鼠李糖乳杆菌GG对肠道屏障功能产生了有益作用后,上述几种脂质的代谢增强了[146]。

17.8.2 脂质组学在食品质量控制方面的应用

脂质组学也是控制食品质量和检测食品掺假的有力工具。基于质谱分析方法用于检测食品掺假、食品加工不良操作的特异性和敏感性已经得到国际质量体系控制机构的官方认可[147]。这里提出"食物组学"概念,定义"为研究食品和营养领域的科学问题、改善消费者的健康和福利而采用的先进的'组学'技术"[148]。最近已有基于质谱策略的食品组学研究综述[149]。

存在于油脂和脂肪中的脂质,特别是TAG是人类饮食的重要组成成分,其重要程度主要取决于FA的饱和程度。为此,MDMS-SL和多级MS/MS联用技术都已用于表征复杂混合物中这些脂质的饱和度和区域专一性[150-153]。这方面的研究范例包括:橄榄油和赤豆中TAG脂肪酸的立体专一性分析[154-155];牛乳质量的GPL标志物分析[156];稻谷品种成像分析[157];鳄梨、鸡蛋、各种肉类和鱼油(包括进行营养补充与否的动物源制品)中的GPL和NEFA的定量分析[158-160];婴儿配方乳粉的大豆蛋白分离物中lysoGPL的含量分析[161]。此外,人乳中SM分析揭示了该脂质中脂肪酸的分布,并发现鱼油营养补充剂干预后,人乳中n-3 PUFA的水平含量增加[162]。

鱼类储存期间GPL组成的变化是影响其新鲜度的最重要变化之一,因为GPL的氧化和水解是质量变差的主要原因。鸟枪法脂质组学可以用于分析室温储存鱼肉中的GPL[163]。例如,研究发现PE在新鲜样品中浓度较低,储存时间延长时浓度升高。研究人员认为,这些物质可能来自于肌肉中的微生物繁殖,但这种现象从未鉴定过[163],这意味着PE可以作为质量标志物。MALDI-TOF/MS也用于分析包括牛乳、豆浆和鸡蛋在内的膳食产品的粗脂质提取物[164]。最后,脂质组学可以阐明食源微生物单核细胞增生李斯特菌的GPL脂肪酸组成[165]。该结果有助于鉴定用于监测细菌生长的标志物,从而改进食品储存方法。

参考文献

1. Han, X. (2005) Lipid alterations in the earliest clinically recognizable stage of Alzheimer's disease: Implication of the role of lipids in the pathogenesis of Alzheimer's disease. Curr. Alzheimer Res. 2, 65–77.

2. Puri, P., Baillie, R. A., Wiest, M. M., Mirshahi, F., Choudhury, J., Cheung, O., Sargeant, C., Contos, M.J. and Sanyal, A.J. (2007) A lipidomic analysis of nonalcoholic fatty liver disease. Hepatology 46, 1081–1090.

3. Oresic, M., Hyotylainen, T., Kotronen, A., Gopalacharyulu, P., Nygren, H., Arola, J., Castillo, S., Mattila, I., Hakkarainen, A., Borra, R. J., Honka, M. J., Verrijken, A., Francque, S., Iozzo, P., Leivonen, M., Jaser, N., Juuti, A., Sorensen, T. I., Nuutila, P., Van Gaal, L. and Yki-Jarvinen, H. (2013) Prediction of non-alcoholic fatty-liver disease and liver fat content by serum molecular lipids. Diabetologia 56, 2266-2274.

4. Oresic, M., Seppanen-Laakso, T., Sun, D., Tang, J., Therman, S., Viehman, R., Mustonen, U., van Erp, T.G., Hyotylainen, T., Thompson, P., Toga, A. W., Huttunen, M. O., Suvisaari, J., Kaprio, J., Lonnqvist, J. and Cannon, T. D. (2012) Phospholipids and insulin resistance in psychosis: A lipidomics study of twin pairs discordant for schizophrenia. Genome Med. 4, 1.

5. Berger, G. E., Smesny, S. and Amminger, G. P. (2006) Bioactive lipids in schizophrenia. Int. Rev. Psychiatry 18, 85-98.

6. Fernandis, A.Z. and Wenk, M.R. (2009) Lipid based biomarkers for cancer. J. Chromatogr. B 877, 2830-2835.

7. Ekroos, K., Janis, M., Tarasov, K., Hurme, R. and Laaksonen, R. (2010) Lipidomics: A tool for studies of atherosclerosis. Curr. Atheroscler. Rep. 12, 273-281.

8. Smilowitz, J. T., Zivkovic, A. M., Wan, Y. J., Watkins, S. M., Nording, M. L., Hammock, B. D. and German, J. B. (2013) Nutritional lipidomics: Molecular metabolism, analytics, and diagnostics. Mol. Nutr. Food Res. 57, 1319-1335.

9. Stock, J. (2012) The emerging role of lipidomics. Atherosclerosis 221, 38-40.

10. Stegemann, C., Drozdov, I., Shalhoub, J., Humphries, J., Ladroue, C., Didangelos, A., Baumert, M., Allen, M., Davies, A. H., Monaco, C., Smith, A., Xu, Q. and Mayr, M. (2011) Comparative lipidomics profiling of human atherosclerotic plaques. Circ. Cardiovasc. Genet. 4, 232-242.

11. Watson, A. D. (2006) Thematic review series: Systems biology approaches to metabolic and cardiovascular disorders. Lipidomics: A global approach to lipid analysis in biological systems. J. Lipid Res. 47, 2101-2111.

12. Trushina, E. and Mielke, M.M. (2014) Recent advances in the application of metabolomics to Alzheimer's disease. Biochim. Biophys. Acta 1842, 1232-1239.

13. Hyotylainen, T. and Oresic, M. (2014) Systems biology strategies to study lipidomes in health and disease. Prog. Lipid Res. 55, 43-60.

14. Li, M., Yang, L., Bai, Y. and Liu, H. (2014) Analytical methods in lipidomics and their applications. Anal. Chem. 86, 161-175.

15. Murphy, S.A. and Nicolaou, A. (2013) Lipidomics applications in health, disease and nutrition research. Mol. Nutr. Food Res. 57, 1336-1346.

16. Han, X. and Zhou, Y. (2014) Application of lipidomics in nutritional research. In: Metabolomics as a tool in nutritional research (Sebedio, J.-L., Brennan, L. eds.). pp. 63-84, Elsevier Ltd, Cambridge, UK.

17. Kolovou, G., Kolovou, V. and Mavrogeni, S. (2015) Lipidomics in vascular health: Current perspectives. Vasc. Health Risk Manag. 11, 333-342.

18. Dehairs, J., Derua, R., Rueda-Rincon, N. and Swinnen, J.V. (2015) Lipidomics in drug development. Drug Discov. Today Technol. 13, 33-38.

19. Dawson, G. (2015) Measuring brain lipids. Biochim. Biophys. Acta 1851, 1026-1039.

20. Pietilainen, K. H., Rog, T., Seppanen-Laakso, T., Virtue, S., Gopalacharyulu, P., Tang, J., Rodriguez-Cuenca, S., Maciejewski, A., Naukkarinen, J., Ruskeepaa, A.L., Niemela, P.S., Yetukuri, L., Tan, C. Y., Velagapudi, V., Castillo, S., Nygren, H., Hyotylainen, T., Rissanen, A., Kaprio, J., Yki-Jarvinen, H., Vattulainen, I., Vidal-Puig, A. and Oresic, M. (2011) Association of lipidome remodeling in the adipocyte membrane with acquired obesity in humans. PLoS Biol. 9, e1000623.

21. Murphy, R.C. (2001) Free-radical-induced oxidation of arachidonoyl plasmalogen phospholipids: Antioxidant mechanism and precursor pathway for bioactive eicosanoids. Chem. Res. Toxicol. 14, 463-472.

22. Schmitz, G. and Ecker, J. (2008) The opposing effects of n-3 and n-6 fatty acids. Prog. Lipid Res. 47, 147-155.

23. Pietilainen, K. H., Sysi-Aho, M., Rissanen, A., Seppanen-Laakso, T., Yki-Jarvinen, H., Kaprio, J. andOresic, M. (2007) Acquired obesity is associated with changes in the serum lipidomic profile independent of genetic effects - a monozygotic twin study. PLoS One 2, e218.

24. Lankinen, M., Schwab, U., Erkkila, A., Seppanen-Laakso, T., Hannila, M.L., Mussalo, H., Lehto, S., Uusitupa, M., Gylling, H. and Oresic, M. (2009) Fatty fish intake decreases lipids related to inflammation and insulin signaling--a lipidomics approach. PLoS One 4, e5258.

25. McCombie, G., Browning, L. M., Titman, C. M., Song, M., Shockcor, J., Jebb, S. A. and Griffin, J. L. (2009) o-mega-3 oil intake during weight loss in obese women results in remodelling of plasma triglyceride and fatty acids. Metabolomics 5, 363-374.

26. Han, X., Yang, J., Cheng, H., Yang, K., Abendschein, D.R. and Gross, R.W. (2005) Shotgun lipidomics identifies cardiolipin depletion in diabetic myocardium linking altered substrate utilization with mitochondrial dysfunction. Biochemistry 44, 16684-16694.

27. Han, X., Yang, J., Yang, K., Zhao, Z., Abendschein, D. R. and Gross, R. W. (2007) Alterations in myocardial cardiolipin content and composition occur at the very earliest stages of diabetes: A shotgun lipidomics study.

Biochemistry 46,6417-6428.
28. He,Q.and Han,X.(2014)Cardiolipin remodeling in diabetic heart.Chem.Phys.Lipids 179,75-81.
29. Schlame,M.,Ren,M.,Xu,Y.,Greenberg,M.L.and Haller,I.(2005)Molecular symmetry in mitochondrial cardiolipins.Chem.Phys.Lipids 138,38-49.
30. Kinsey,G.R.,McHowat,J.,Beckett,C.S.and Schnellmann,R.G.(2007)Identification of calcium-independent phospholipase A2gamma in mitochondria and its role in mitochondrial oxidative stress. Am. J. Physiol.Renal Physiol.292,F853-F860.
31. Gadd,M.E.,Broekemeier,K.M.,Crouser,E.D.,Kumar,J.,Graff,G.and Pfeiffer,D.R.(2006)Mitochondrial iPLA2 activity modulates the release of cytochrome c from mitochondria and influences the permeability transition.J.Biol.Chem.281,6931-6939.
32. Mancuso,D.J.,Sims,H.F.,Yang,K.,Kiebish,M.A.,Su,X.,Jenkins,C.M.,Guan,S.,Moon,S.H.,Pietka,T.,Nassir,F.,Schappe,T.,Moore,K.,Han,X.,Abumrad,N.A.and Gross,R.W.(2010)Genetic ablation of calcium-independent phospholipase A2gamma prevents obesity and insulin resistance during high fat feeding by mitochondrial uncoupling and increased adipocyte fatty acid oxidation. J. Biol. Chem.285,36495-36510.
33. Xu,H.,Barnes,G.T.,Yang,Q.,Tan,G.,Yang,D.,Chou,C.J.,Sole,J.,Nichols,A.,Ross,J.S.,Tartaglia,L.A.and Chen,H.(2003)Chronic inflammation in fat plays a crucial role in the development of obesity-related insulin resistance. J. Clin. Invest. 112, 1821-1830.
34. Oresic,M.,Simell,S.,Sysi-Aho,M.,Nanto-Salonen,K.,Seppanen-Laakso,T.,Parikka,V.,Katajamaa,M.,Hekkala,A.,Mattila,I.,Keskinen,P.,Yetukuri,L.,Reinikainen,A.,Lahde,J.,Suortti,T.,Hakalax,J.,Simell,T.,Hyoty,H.,Veijola,R.,Ilonen,J.,Lahesmaa,R.,Knip,M.and Simell,O.(2008)Dysregulation of lipid and amino acid metabolism precedes islet autoimmunity in children who later progress to type 1 diabetes.J.Exp.Med.205,2975-2984.
35. Oresic,M.,Gopalacharyulu,P.,Mykkanen,J.,Lietzen,N.,Makinen,M.,Nygren,H.,Simell,S.,Simell,V.,Hyoty,H.,Veijola,R.,Ilonen,J.,Sysi-Aho,M.,Knip,M.,Hyotylainen,T.and Simell,O.(2013)Cord serum lipidome in prediction of islet autoimmunity and type 1 diabetes.Diabetes 62,3268-3274.
36. La Torre,D.,Seppanen-Laakso,T.,Larsson,H.E.,Hyotylainen,T.,Ivarsson,S.A.,Lernmark,A.and Oresic,M.(2013)Decreased cord-blood phospholipids in young age-at-onset type 1 diabetes.Diabetes 62,3951-3956.
37. Serhan,C.N.,Hong,S.,Gronert,K.,Colgan,S.P.,Devchand,P.R.,Mirick,G.and Moussignac,R.L.(2002)Resolvins:A family of bioactive products of omega-3 fatty acid transformation circuits initiated by aspirin treatment that counter proinflammation signals.J.Exp.Med.196,1025-1037.
38. Mas,E.,Croft,K.D.,Zahra,P.,Barden,A.and Mori,T.A.(2012)Resolvins D1,D2,and other mediators of self-limited resolution of inflammation in human blood following n-3 fatty acid supplementation.Clin.Chem.58,1476-1484.
39. Balvers,M.G.,Verhoeckx,K.C.,Bijlsma,S.,Rubingh,C.M.,Meijerink,J.,Wortelboer,H.M.and Witkamp,R.F.(2012)Fish oil and inflammatory status alter the n-3 to n-6 balance of the endocannabinoid and oxylipin metabolomes in mouse plasma and tissues. Metabolomics 8,1130-1147.
40. Meikle,P.J.,Wong,G.,Tsorotes,D.,Barlow,C.K.,Weir,J.M.,Christopher,M.J.,MacIntosh,G.L.,Goudey,B.,Stern,L.,Kowalczyk,A.,Haviv,I.,White,A.J.,Dart,A.M.,Duffy,S.J.,Jennings,G.L.and Kingwell,B.A.(2011)Plasma lipidomic analysis of stable and unstable coronary artery disease. Arterioscler.Thromb.Vasc.Biol.31,2723-2732.
41. Han,X.,Abendschein,D.R.,Kelley,J.G.and Gross,R.W.(2000)Diabetes-induced changes in specific lipid molecular species in rat myocardium.Biochem.J.352,79-89.
42. Su,X.,Han,X.,Mancuso,D.J.,Abendschein,D.R.and Gross,R.W.(2005)Accumulation of long-chain acylcarnitine and 3-hydroxy acylcarnitine molecular species in diabetic myocardium:Identification of alterations in mitochondrial fatty acid processing in diabetic myocardium by shotgun lipidomics. Biochemistry 44, 5234-5245.
43. Graessler,J.,Schwudke,D.,Schwarz,P.E.,Herzog,R.,Shevchenko,A.and Bornstein,S.R.(2009)Top-down lipidomics reveals ether lipid deficiency in blood plasma of hypertensive patients.PLoS One 4,e6261.
44. Hu,C.,Kong,H.,Qu,F.,Li,Y.,Yu,Z.,Gao,P.,Peng,S.and Xu,G.(2011)Application of plasma lipidomics in studying the response of patients with essential hypertension to antihypertensive drug therapy. Mol. Biosyst.7,3271-3279.
45. Stubiger,G.,Aldover-Macasaet,E.,Bicker,W.,Sobal,G.,Willfort-Ehringer,A.,Pock,K.,Bochkov,V.,Widhalm,K.and Belgacem,O.(2012)Targeted profiling of atherogenic phospholipids in human plasma and lipoproteins of hyperlipidemic patients using MALDI-QIT-TOF-MS/MS.Atherosclerosis 224,177-186.
46. Angulo,P.(2002)Nonalcoholic fatty liver disease. N. Engl.J.Med.346,1221-1231.
47. Wieckowska, A. and Feldstein, A. E. (2005) Nonalcoholic fatty liver disease in the pediatric population:A review.Curr.Opin.Pediatr.17,636-641.

48. Brunt, E. M. and Tiniakos, D. G. (2005) Pathological features of NASH. Front. Biosci. 10, 1475–1484.
49. Browning, J. D. and Horton, J. D. (2004) Molecular mediators of hepatic steatosis and liver injury. J. Clin. Invest. 114, 147–152.
50. Cheung, O. and Sanyal, A. J. (2008) Abnormalities of lipid metabolism in nonalcoholic fatty liver disease. Semin. Liver Dis. 28, 351–359.
51. Kumashiro, N., Erion, D. M., Zhang, D., Kahn, M., Beddow, S. A., Chu, X., Still, C. D., Gerhard, G. S., Han, X., Dziura, J., Petersen, K. F., Samuel, V. T. and Shulman, G. I. (2011) Cellular mechanism of insulin resistance in nonalcoholic fatty liver disease. Proc. Natl. Acad. Sci. U. S. A. 108, 16381–16385.
52. Kotronen, A., Peltonen, M., Hakkarainen, A., Sevastianova, K., Bergholm, R., Johansson, L. M., Lundbom, N., Rissanen, A., Ridderstrale, M., Groop, L., Orho-Melander, M. and Yki-Jarvinen, H. (2009) Prediction of non-alcoholic fatty liver disease and liver fat using metabolic and genetic factors. Gastroenterology 137, 865–872.
53. Rhee, E. P., Cheng, S., Larson, M. G., Walford, G. A., Lewis, G. D., McCabe, E., Yang, E., Farrell, L., Fox, C. S., O'Donnell, C. J., Carr, S. A., Vasan, R. S., Florez, J. C., Clish, C. B., Wang, T. J. and Gerszten, R. E. (2011) Lipid profiling identifies a triacylglycerol signature of insulin resistance and improves diabetes prediction in humans. J. Clin. Invest. 121, 1402–1411.
54. Kotronen, A., Velagapudi, V. R., Yetukuri, L., Westerbacka, J., Bergholm, R., Ekroos, K., Makkonen, J., Taskinen, M. R., Oresic, M. and Yki-Jarvinen, H. (2009) Serum saturated fatty acids containing triacylglycerols are better markers of insulin resistance than total serum triacylglycerol concentrations. Diabetologia 52, 684–690.
55. Adams, L. A., Waters, O. R., Knuiman, M. W., Elliott, R. R. and Olynyk, J. K. (2009) NAFLD as a risk factor for the development of diabetes and the metabolic syndrome: An eleven-year follow-up study. Am. J. Gastroenterol. 104, 861–867.
56. Donnelly, K. L., Smith, C. I., Schwarzenberg, S. J., Jessurun, J., Boldt, M. D. and Parks, E. J. (2005) Sources of fatty acids stored in liver and secreted via lipoproteins in patients with nonalcoholic fatty liver disease. J. Clin. Invest. 115, 1343–1351.
57. McClain, C. J., Barve, S. and Deaciuc, I. (2007) Good fat/bad fat. Hepatology 45, 1343–1346.
58. Waldemar, G., Dubois, B., Emre, M., Georges, J., McKeith, I. G., Rossor, M., Scheltens, P., Tariska, P. and Winblad, B. (2007) Recommendations for the diagnosis and management of Alzheimer's disease and other disorders associated with dementia: EFNS guideline. Eur. J. Neurol. 14, e1–e26.
59. Montine, T. J., Phelps, C. H., Beach, T. G., Bigio, E. H., Cairns, N. J., Dickson, D. W., Duyckaerts, C., Frosch, M. P., Masliah, E., Mirra, S. S., Nelson, P. T., Schneider, J. A., Thal, D. R., Trojanowski, J. Q., Vinters, H. V. and Hyman, B. T. (2012) National Institute on Aging-Alzheimer's Association guidelines for the neuropathologic assessment of Alzheimer's disease: A practical approach. Acta Neuropathol. 123, 1–11.
60. Galimberti, D., Scarpini, E. (2011) Disease-modifying treatments for Alzheimer's disease. Ther. Adv. Neurol. Disord. 4, 203–216.
61. Mangialasche, F., Solomon, A., Winblad, B., Mecocci, P. and Kivipelto, M. (2010) Alzheimer's disease: Clinical trials and drug development. Lancet Neurol. 9, 702–716.
62. Salomone, S., Caraci, F., Leggio, G. M., Fedotova, J. and Drago, F. (2012) New pharmacological strategies for treatment of Alzheimer's disease: Focus on disease modifying drugs. Br. J. Clin. Pharmacol. 73, 504–517.
63. Fonteh, A. N., Harrington, R. J., Huhmer, A. F., Biringer, R. G., Riggins, J. N. and Harrington, M. G. (2006) Identification of disease markers in human cerebrospinal fluid using lipidomic and proteomic methods. Dis. Markers 22, 39–64.
64. Han, X. (2010) Multi-dimensional mass spectrometry-based shotgun lipidomics and the altered lipids at the mild cognitive impairment stage of Alzheimer's disease. Biochim. Biophys. Acta 1801, 774–783.
65. Wood, P. L. (2012) Lipidomics of Alzheimer's disease: Current status. Alzheimer's Res. Ther. 4, 5.
66. Touboul, D. and Gaudin, M. (2014) Lipidomics of Alzheimer's disease. Bioanalysis 6, 541–561.
67. Svennerholm, L. and Gottfries, C. G. (1994) Membrane lipids, selectively diminished in Alzheimer brains, suggest synapse loss as a primary event in early-onset form (type I) and demyelination in late-onset form (type II). J. Neurochem. 62, 1039–1047.
68. Roth, G. S., Joseph, J. A., Mason and R. P. (1995) Membrane alterations as causes of impaired signal transduction in Alzheimer's disease and aging. Trends Neurosci. 18, 203–206.
69. Klein, J. (2000) Membrane breakdown in acute and chronic neurodegeneration: Focus on choline-containing phospholipids. J. Neural Transm. 107, 1027–1063.
70. Han, X., Holtzman, D. M., McKeel, D. W., Jr., Kelley, J. and Morris, J. C. (2002) Substantial sulfatide deficiency and ceramide elevation in very early Alzheimer's disease: Potential role in disease pathogenesis. J. Neurochem. 82, 809–818.
71. Cheng, H., Xu, J., McKeel, D. W., Jr. and Han, X. (2003) Specificity and potential mechanism of sulfatide deficiency in Alzheimer's disease: An electrospray ionization mass spectrometric study. Cell. Mol. Biol. 49, 809–818.

72. Han, X., Holtzman, D.M. and McKeel, D.W., Jr. (2001) Plasmalogen deficiency in early Alzheimer's disease subjects and in animal models: Molecular characterization using electrospray ionization mass spectrometry. J. Neurochem. 77, 1168–1180.

73. Han, X., Fagan, A.M., Cheng, H., Morris, J.C., Xiong, C. and Holtzman, D.M. (2003) Cerebrospinal fluid sulfatide is decreased in subjects with incipient dementia. Ann. Neurol. 54, 115–119.

74. Han, X., Cheng, H., Fryer, J.D., Fagan, A.M. and Holtzman, D.M. (2003) Novel role for apolipoprotein E in the central nervous system: Modulation of sulfatide content. J. Biol. Chem. 278, 8043–8051.

75. Cheng, H., Wang, M., Li, J.-L., Cairns, N.J. and Han, X. (2013) Specific changes of sulfatide levels in individuals with pre-clinical Alzheimer's disease: An early event in disease pathogenesis. J. Neurochem. 127, 733–738.

76. Han, X., Rozen, S., Boyle, S., Hellegers, C., Cheng, H., Burke, J.R., Welsh-Bohmer, K.A., Doraiswamy, P.M. and Kaddurah-Daouk, R. (2011) Metabolomics in early Alzheimer's disease: Identification of altered plasma sphingolipidome using shotgun lipidomics. PLoS One 6, e21643.

77. Satoi, H., Tomimoto, H., Ohtani, R., Kitano, T., Kondo, T., Watanabe, M., Oka, N., Akiguchi, I., Furuya, S., Hirabayashi, Y. and Okazaki, T. (2005) Astroglial expression of ceramide in Alzheimer's disease brains: A role during neuronal apoptosis. Neuroscience 130, 657–666.

78. Mielke, M.M., Haughey, N.J., Ratnam Bandaru, V.V., Schech, S., Carrick, R., Carlson, M.C., Mori, S., Miller, M.I., Ceritoglu, C., Brown, T., Albert, M. and Lyketsos, C.G. (2010) Plasma ceramides are altered in mild cognitive impairment and predict cognitive decline and hippocampal volume loss. Alzheimers Dement. 6, 378–385.

79. Mielke, M.M., Haughey, N.J., Bandaru, V.V., Weinberg, D.D., Darby, E., Zaidi, N., Pavlik, V., Doody, R.S. and Lyketsos, C.G. (2011) Plasma sphingomyelins are associated with cognitive progression in Alzheimer's disease. J. Alzheimers Dis. 27, 259–269.

80. Mielke, M.M., Bandaru, V.V., Haughey, N.J., Rabins, P.V., Lyketsos, C.G. and Carlson, M.C. (2010) Serum sphingomyelins and ceramides are early predictors of memory impairment. Neurobiol. Aging 31, 17–24.

81. Cutler, R.G., Kelly, J., Storie, K., Pedersen, W.A., Tammara, A., Hatanpaa, K., Troncoso, J.C. and Mattson, M.P. (2004) Involvement of oxidative stress-induced abnormalities in ceramide and cholesterol metabolism in brain aging and Alzheimer's disease. Proc. Natl. Acad. Sci. U.S.A. 101, 2070–2075.

82. Ginsberg, L., Rafique, S., Xuereb, J.H., Rapoport, S.I. and Gershfeld, N.L. (1995) Disease and anatomic specificity of ethanolamine plasmalogen deficiency in Alzheimer's disease brain. Brain Res. 698, 223–226.

83. Ginsberg, L., Xuereb, J.H. and Gershfeld, N.L. (1998) Membrane instability, plasmalogen content, and Alzheimer's disease. J. Neurochem. 70, 2533–2538.

84. Farooqui, A.A., Rapoport, S.I. and Horrocks, L.A. (1997) Membrane phospholipid alterations in Alzheimer's disease: Deficiency of ethanolamine plasmalogens. Neurochem. Res. 22, 523–527.

85. Goodenowe, D.B., Cook, L.L., Liu, J., Lu, Y., Jayasinghe, D.A., Ahiahonu, P.W., Heath, D., Yamazaki, Y., Flax, J., Krenitsky, K.F., Sparks, D.L., Lerner, A., Friedland, R.P., Kudo, T., Kamino, K., Morihara, T., Takeda, M. and Wood, P.L. (2007) Peripheral ethanolamine plasmalogen deficiency: A logical causative factor in Alzheimer's disease and dementia. J. Lipid Res. 48, 2485–2498.

86. Oresic, M., Hyotylainen, T., Herukka, S.K., Sysi-Aho, M., Mattila, I., Seppanan-Laakso, T., Julkunen, V., Gopalacharyulu, P.V., Hallikainen, M., Koikkalainen, J., Kivipelto, M., Helisalmi, S., Lotjonen, J. and Soininen, H. (2011) Metabolome in progression to Alzheimer's disease. Transl. Psychiatry 1, e57.

87. Wood, P.L., Smith, T., Lane, N., Khan, M.A., Ehrmantraut, G. and Goodenowe, D.B. (2011) Oral bioavailability of the ether lipid plasmalogen precursor, PPI-1011, in the rabbit: A new therapeutic strategy for Alzheimer's disease. Lipids Health Dis. 10, 227.

88. Markesbery, W.R. (1997) Oxidative stress hypothesis in Alzheimer's disease. Free Radic. Biol. Med. 23, 134–147.

89. Nitsch, R.M., Blusztajn, J.K., Pittas, A.G., Slack, B.E., Growdon, J.H. and Wurtman, R.J. (1992) Evidence for a membrane defect in Alzheimer disease brain. Proc. Natl. Acad. Sci. U.S.A. 89, 1671–1675.

90. Mapstone, M., Cheema, A.K., Fiandaca, M.S., Zhong, X., Mhyre, T.R., MacArthur, L.H., Hall, W.J., Fisher, S.G., Peterson, D.R., Haley, J.M., Nazar, M.D., Rich, S.A., Berlau, D.J., Peltz, C.B., Tan, M.T., Kawas, C.H. and Federoff, H.J. (2014) Plasma phospholipids identify antecedent memory impairment in older adults. Nat. Med. 20, 415–418.

91. Whiley, L., Sen, A., Heaton, J., Proitsi, P., Garcia-Gomez, D., Leung, R., Smith, N., Thambisetty, M., Kloszewska, I., Mecocci, P., Soininen, H., Tsolaki, M., Vellas, B., Lovestone, S. and Legido-Quigley, C. (2014) Evidence of altered phosphatidylcholine metabolism in Alzheimer's disease. Neurobiol. Aging 35, 271–278.

92. Hartmann, T., van Wijk, N., Wurtman, R.J., Olde Rikkert, M.G., Sijben, J.W., Soininen, H., Vellas, B. and Scheltens, P. (2014) A nutritional approach to ameliorate altered phospholipid metabolism in Alzheimer's disease. J. Alzheimers Dis. 41, 715–717.

93. Sato, Y., Suzuki, I., Nakamura, T., Bernier, F., Aoshima, K. and Oda, Y. (2012) Identification of a new plasma biomarker of Alzheimer's disease using metabolomics technology. J. Lipid Res. 53, 567-576.
94. Astarita, G. and Piomelli, D. (2011) Towards a whole-body systems [multi-organ] lipidomics in Alzheimer's disease. Prostaglandins Leukot. Essent. Fatty Acids 85, 197-203.
95. Stark, D. T. and Bazan, N. G. (2011) Synaptic and extrasynaptic NMDA receptors differentially modulate neuronal cyclooxygenase-2 function, lipid peroxidation, and neuroprotection. J. Neurosci. 31, 13710-13721.
96. Niemoller, T. D. and Bazan, N. G. (2010) Docosahexaenoic acid neurolipidomics. Prostaglandins Other Lipid Mediat. 91, 85-89.
97. Ji, R. R., Xu, Z. Z., Strichartz, G. and Serhan, C. N. (2011) Emerging roles of resolvins in the resolution of inflammation and pain. Trends Neurosci. 34, 599-609.
98. Yanagisawa, K. (2007) Role of gangliosides in Alzheimer's disease. Biochim. Biophys. Acta 1768, 1943-1951.
99. Valdes-Gonzalez, T., Goto-Inoue, N., Hirano, W., Ishiyama, H., Hayasaka, T., Setou, M. and Taki, T. (2011) New approach for glyco- and lipidomics-molecular scanning of human brain gangliosides by TLC-Blot and MALDI-QIT-TOF MS. J. Neurochem. 116, 678-683.
100. Horrobin, D. F. (1998) The membrane phospholipid hypothesis as a biochemical basis for the neurodevelopmental concept of schizophrenia. Schizophr. Res. 30, 193-208.
101. Amminger, G. P., Schafer, M. R., Papageorgiou, K., Klier, C. M., Cotton, S. M., Harrigan, S. M., Mackinnon, A., McGorry, P. D. and Berger, G. E. (2010) Long-chain omega-3 fatty acids for indicated prevention of psychotic disorders: A randomized, placebo-controlled trial. Arch. Gen. Psychiatry 67, 146-154.
102. Oresic, M., Tang, J., Seppanen-Laakso, T., Mattila, I., Saarni, S. E., Saarni, S. I., Lonnqvist, J., Sysi-Aho, M., Hyotylainen, T., Perala, J. and Suvisaari, J. (2011) Metabolome in schizophrenia and other psychotic disorders: A general population-based study. Genome Med. 3, 19.
103. De Marchi, N., De Petrocellis, L., Orlando, P., Daniele, F., Fezza, F. and Di Marzo, V. (2003) Endocannabinoid signalling in the blood of patients with schizophrenia. Lipids Health Dis. 2, 5.
104. Hill, M. N., Miller, G. E., Carrier, E. J., Gorzalka, B. B. and Hillard, C. J. (2009) Circulating endocannabinoids and N-acyl ethanolamines are differentially regulated in major depression and following exposure to social stress. Psychoneuroendocrinology 34, 1257-1262.
105. Schwarz, E., Prabakaran, S., Whitfield, P., Major, H., Leweke, F. M., Koethe, D., McKenna, P. and Bahn, S. (2008) High throughput lipidomic profiling of schizophrenia and bipolar disorder brain tissue reveals alterations of free fatty acids, phosphatidylcholines, and ceramides. J. Proteome Res. 7, 4266-4277.
106. Green, P., Anyakoha, N., Yadid, G., Gispan-Herman, I. and Nicolaou, A. (2009) Arachidonic acid-containing phosphatidylcholine species are increased in selected brain regions of a depressive animal model: Implications for pathophysiology. Prostaglandins Leukot. Essent. Fatty Acids 80, 213-220.
107. Kaddurah-Daouk, R., McEvoy, J., Baillie, R. A., Lee, D., Yao, J. K., Doraiswamy, P. M. and Krishnan, K. R. (2007) Metabolomic mapping of atypical antipsychotic effects in schizophrenia. Mol. Psychiatry 12, 934-945.
108. Kaddurah-Daouk, R., Bogdanov, M. B., Wikoff, W. R., Zhu, H., Boyle, S. H., Churchill, E., Wang, Z., Rush, A. J., Krishnan, R. R., Pickering, E., Delnomdedieu, M. and Fiehn, O. (2013) Pharmacometabolomic mapping of early biochemical changes induced by sertraline and placebo. Transl. Psychiatry 3, e223.
109. Ferno, J., Raeder, M. B., Vik-Mo, A. O., Skrede, S., Glambek, M., Tronstad, K. J., Breilid, H., Lovlie, R., Berge, R. K., Stansberg, C. and Steen, V. M. (2005) Antipsychotic drugs activate SREBP-regulated expression of lipid biosynthetic genes in cultured human glioma cells: A novel mechanism of action? Pharmacogenomics J. 5, 298-304.
110. Polymeropoulos, M. H., Licamele, L., Volpi, S., Mack, K., Mitkus, S. N., Carstea, E. D., Getoor, L., Thompson, A. and Lavedan, C. (2009) Common effect of antipsychotics on the biosynthesis and regulation of fatty acids and cholesterol supports a key role of lipid homeostasis in schizophrenia. Schizophr. Res. 108, 134-142.
111. Santos, C. R. and Schulze, A. (2012) Lipid metabolism in cancer. FEBS J. 279, 2610-2623.
112. Murph, M., Tanaka, T., Pang, J., Felix, E., Liu, S., Trost, R., Godwin, A. K., Newman, R. and Mills, G. (2007) Liquid chromatography mass spectrometry for quantifying plasma lysophospholipids: Potential biomarkers for cancer diagnosis. Methods Enzymol. 433, 1-25.
113. Mills, G. B. and Moolenaar, W. H. (2003) The emerging role of lysophosphatidic acid in cancer. Nat. Rev. Cancer 3, 582-591.
114. Nomura, D. K., Long, J. Z., Niessen, S., Hoover, H. S., Ng, S. W. and Cravatt, B. F. (2010) Monoacylglycerol lipase regulates a fatty acid network that promotes cancer pathogenesis. Cell 140, 49-61.
115. Fresno Vara, J. A., Casado, E., de Castro, J., Cejas, P., Belda-Iniesta, C. and Gonzalez-Baron, M. (2004) PI3K/Akt signalling pathway and cancer. Cancer

Treat. Rev. 30, 193–204.
116. Min, H. K., Lim, S., Chung, B. C. and Moon, M. H. (2011) Shotgun lipidomics for candidate biomarkers of urinary phospholipids in prostate cancer. Anal. Bioanal. Chem. 399, 823–830.
117. Zhou, X., Mao, J., Ai, J., Deng, Y., Roth, M. R., Pound, C., Henegar, J., Welti, R. and Bigler, S. A. (2012) Identification of plasma lipid biomarkers for prostate cancer by lipidomics and bioinformatics. PLoS One 7, e48889.
118. Hilvo, M., Denkert, C., Lehtinen, L., Muller, B., Brockmoller, S., Seppanen-Laakso, T., Budczies, J., Bucher, E., Yetukuri, L., Castillo, S., Berg, E., Nygren, H., Sysi-Aho, M., Griffin, J. L., Fiehn, O., Loibl, S., Richter-Ehrenstein, C., Radke, C., Hyotylainen, T., Kallioniemi, O., Iljin, K. and Oresic, M. (2011) Novel theranostic opportunities offered by characterization of altered membrane lipid metabolism in breast cancer progression. Cancer Res. 71, 3236–3245.
119. Doria, M. L., Cotrim, Z., Macedo, B., Simoes, C., Domingues, P., Helguero, L. and Domingues, M. R. (2012) Lipidomic approach to identify patterns in phospholipid profiles and define class differences in mammary epithelial and breast cancer cells. Breast Cancer Res. Treat. 133, 635–648.
120. Denkert, C., Bucher, E., Hilvo, M., Salek, R., Oresic, M., Griffin, J., Brockmoller, S., Klauschen, F., Loibl, S., Barupal, D. K., Budczies, J., Iljin, K., Nekljudova, V. and Fiehn, O. (2012) Metabolomics of human breast cancer: New approaches for tumor typing and biomarker discovery. Genome Med. 4, 37.
121. Gorden, D. L., Ivanova, P. T., Myers, D. S., McIntyre, J. O., VanSaun, M. N., Wright, J. K., Matrisian, L. M. and Brown, H. A. (2011) Increased diacylglycerols characterize hepatic lipid changes in progression of human nonalcoholic fatty liver disease; comparison to a murine model. PLoS One 6, e22775.
122. Hou, W., Zhou, H., Bou Khalil, M., Seebun, D., Bennett, S. A. and Figeys, D. (2011) Lyso-form fragment ions facilitate the determination of stereospecificity of diacyl glycerophospholipids. Rapid Commun. Mass Spectrom. 25, 205–217.
123. Del Boccio, P., Raimondo, F., Pieragostino, D., Morosi, L., Cozzi, G., Sacchetta, P., Magni, F., Pitto, M. and Urbani, A. (2012) A hyphenated microLC-Q-TOF-MS platform for exosomal lipidomics investigations: Application to RCC urinary exosomes. Electrophoresis 33, 689–696.
124. Ishikawa, S., Tateya, I., Hayasaka, T., Masaki, N., Takizawa, Y., Ohno, S., Kojima, T., Kitani, Y., Kitamura, M., Hirano, S., Setou, M. and Ito, J. (2012) Increased expression of phosphatidylcholine (16:0/18:1) and (16:0/18:2) in thyroid papillary cancer. PLoS One 7, e48873.
125. Li, F., Qin, X., Chen, H., Qiu, L., Guo, Y., Liu, H., Chen, G., Song, G., Wang, X., Guo, S., Wang, B. and Li, Z. (2013) Lipid profiling for early diagnosis and progression of colorectal cancer using direct-infusion electrospray ionization Fourier transform ion cyclotron resonance mass spectrometry. Rapid Commun. Mass Spectrom. 27, 24–34.
126. Sutphen, R., Xu, Y., Wilbanks, G. D., Fiorica, J., Grendys, E. C., Jr., LaPolla, J. P., Arango, H., Hoffman, M. S., Martino, M., Wakeley, K., Griffin, D., Blanco, R. W., Cantor, A. B., Xiao, Y. J. and Krischer, J. P. (2004) Lysophospholipids are potential biomarkers of ovarian cancer. Cancer Epidemiol. Biomarkers Prev. 13, 1185–1191.
127. Freedman, R. S., Wang, E., Voiculescu, S., Patenia, R., Bassett, R. L., Jr., Deavers, M., Marincola, F. M., Yang, P. and Newman, R. A. (2007) Comparative analysis of peritoneum and tumor eicosanoids and pathways in advanced ovarian cancer. Clin. Cancer Res. 13, 5736–5744.
128. Chang, S. H., Liu, C. H., Conway, R., Han, D. K., Nithipatikom, K., Trifan, O. C., Lane, T. F. and Hla, T. (2004) Role of prostaglandin E2-dependent angiogenic switch in cyclooxygenase 2-induced breast cancer progression. Proc. Natl. Acad. Sci. U.S.A. 101, 591–596.
129. Mal, M., Koh, P. K., Cheah, P. Y. and Chan, E. C. (2011) Ultra-pressure liquid chromatography/ tandem mass spectrometry targeted profiling of arachidonic acid and eicosanoids in human colorectal cancer. Rapid Commun. Mass Spectrom. 25, 755–764.
130. Gleissman, H., Yang, R., Martinod, K., Lindskog, M., Serhan, C. N., Johnsen, J. I. and Kogner, P. (2010) Docosahexaenoic acid metabolome in neural tumors: Identification of cytotoxic intermediates. FASEB J. 24, 906–915.
131. Hawcroft, G., Loadman, P. M., Belluzzi, A. and Hull, M. A. (2010) Effect of eicosapentaenoic acid on E-type prostaglandin synthesis and EP4 receptor signaling in human colorectal cancer cells. Neoplasia 12, 618–627.
132. Weylandt, K. H., Krause, L. F., Gomolka, B., Chiu, C. Y., Bilal, S., Nadolny, A., Waechter, S. F., Fischer, A., Rothe, M. and Kang, J. X. (2011) Suppressed liver tumorigenesis in fat-1 mice with elevated omega-3 fatty acids is associated with increased omega-3 derived lipid mediators and reduced TNF-alpha. Carcinogenesis 32, 897–903.
133. Kim, I. C., Lee, J. H., Bang, G., Choi, S. H., Kim, Y. H., Kim, K. P., Kim, H. K. and Ro, J. (2013) Lipid profiles for HER2-positive breast cancer. Anticancer Res 33, 2467–2472.
134. Moller, D. E. and Kaufman, K. D. (2005) Metabolic syn-

drome: A clinical and molecular perspective. Annu. Rev. Med. 56, 45–62.

135. Unger, R. H. and Scherer, P. E. (2010) Gluttony, sloth and the metabolic syndrome: A roadmap to lipotoxicity. Trends Endocrinol. Metab. 21, 345–352.

136. Stella, C., Beckwith-Hall, B., Cloarec, O., Holmes, E., Lindon, J. C., Powell, J., van der Ouderaa, F., Bingham, S., Cross, A. J. and Nicholson, J. K. (2006) Susceptibility of human metabolic phenotypes to dietary modulation. J. Proteome Res. 5, 2780–2788.

137. Han, X., Cheng, H., Mancuso, D. J. and Gross, R. W. (2004) Caloric restriction results in phospholipid depletion, membrane remodeling and triacylglycerol accumulation in murine myocardium. Biochemistry 43, 15584–15594.

138. Huffman, K. M., Redman, L. M., Landerman, L. R., Pieper, C. F., Stevens, R. D., Muehlbauer, M. J., Wenner, B. R., Bain, J. R., Kraus, V. B., Newgard, C. B., Ravussin, E. and Kraus, W. E. (2012) Caloric restriction alters the metabolic response to a mixed-meal: Results from a randomized, controlled trial. PLoS One 7, e28190.

139. Kiebish, M. A., Young, D. M., Lehman, J. J. and Han, X. (2012) Chronic caloric restriction attenuates a loss of sulfatide content in the PGC-1α-/- mouse cortex: A potential lipidomic role of PGC-1α in neurodegeneration. J. Lipid Res. 53, 273–281.

140. Schwab, U., Seppanen-Laakso, T., Yetukuri, L., Agren, J., Kolehmainen, M., Laaksonen, D. E., Ruskeepaa, A. L., Gylling, H., Uusitupa, M. and Oresic, M. (2008) Triacylglycerol fatty acid composition in diet-induced weight loss in subjects with abnormal glucose metabolism--the GENOBIN study. PLoS One 3, e2630.

141. Aiyar, N., Disa, J., Ao, Z., Ju, H., Nerurkar, S., Willette, R. N., Macphee, C. H., Johns, D. G. and Douglas, S. A. (2007) Lysophosphatidylcholine induces inflammatory activation of human coronary artery smooth muscle cells. Mol. Cell. Biochem. 295, 113–120.

142. Szymanska, E., van Dorsten, F. A., Troost, J., Paliukhovich, I., van Velzen, E. J., Hendriks, M. M., Trautwein, E. A., van Duynhoven, J. P., Vreeken, R. J. and Smilde, A. K. (2012) A lipidomic analysis approach to evaluate the response to cholesterol-lowering food intake. Metabolomics 8, 894–906.

143. De Smet, E., Mensink, R. P. and Plat, J. (2012) Effects of plant sterols and stanols on intestinal cholesterol metabolism: Suggested mechanisms from past to present. Mol. Nutr. Food Res. 56, 1058–1072.

144. Noakes, M., Clifton, P. M., Doornbos, A. M. and Trautwein, E. A. (2005) Plant sterol ester-enriched milk and yoghurt effectively reduce serum cholesterol in modestly hypercholesterolemic subjects. Eur. J. Nutr. 44, 214–222.

145. Kekkonen, R. A., Sysi-Aho, M., Seppanen-Laakso, T., Julkunen, I., Vapaatalo, H., Oresic, M. and Korpela, R. (2008) Effect of probiotic Lactobacillus rhamnosus GG intervention on global serum lipidomic profiles in healthy adults. World J. Gastroenterol. 14, 3188–3194.

146. Ng, S. C., Hart, A. L., Kamm, M. A., Stagg, A. J. and Knight, S. C. (2009) Mechanisms of action of probiotics: Recent advances. Inflamm. Bowel Dis. 15, 300–310.

147. Aiello, D., De Luca, D., Gionfriddo, E., Naccarato, A., Napoli, A., Romano, E., Russo, A., Sindona, G. and Tagarelli, A. (2011) Review: Multistage mass spectrometry in quality, safety and origin of foods. Eur. J. Mass Spectrom. 17, 1–31.

148. Cifuentes, A. (2009) Food analysis and foodomics. J. Chromatogr. A 1216, 7109.

149. Herrero, M., Simo, C., Garcia-Canas, V., Ibanez, E. and Cifuentes, A. (2012) Foodomics: MS-based strategies in modern food science and nutrition. Mass Spectrom. Rev. 31, 49–69.

150. Han, X., Yang, K. and Gross, R. W. (2012) Multi-dimensional mass spectrometry-based shotgun lipidomics and novel strategies for lipidomic analyses. Mass Spectrom. Rev. 31, 134–178.

151. Wang, M., Han, R. H. and Han, X. (2013) Fatty acidomics: Global analysis of lipid species containing a carboxyl group with a charge-remote fragmentation-assisted approach. Anal. Chem. 85, 9312–9320.

152. Hsu, F.-F. and Turk, J. (1999) Structural characterization of triacylglycerols as lithiated adducts by electrospray ionization mass spectrometry using low-energy collisionally activated dissociation on a triple stage quadrupole instrument. J. Am. Soc. Mass Spectrom. 10, 587–599.

153. Lin, J. T. and Arcinas, A. (2008) Analysis of regiospecific triacylglycerols by electrospray ionization-mass spectrometry (3) of lithiated adducts. J. Agric. Food Chem. 56, 4909–4915.

154. Vichi, S., Pizzale, L. and Conte, L. S. (2007) Stereospecific distribution of fatty acids in triacylglycerols of olive oils. Eur. J. Lipid Sci. Technol. 109, 72–78.

155. Yoshida, H., Tomiyama, Y., Yoshida, N., Shibata, K. and Mizushina, Y. (2010) Regiospecific profiles of fatty acids in triacylglycerols and phospholipids from Adzuki beans (Vigna angularis). Nutrients 2, 49–59.

156. Calvano, C. D., De Ceglie, C., Aresta, A., Facchini, L. A. and Zambonin, C. G. (2013) MALDI-TOF mass spectrometric determination of intact phospholipids as markers of illegal bovine milk adulteration of high-quality milk. Anal. Bioanal. Chem. 405, 1641–1649.

157. Zaima, N., Goto-Inoue, N., Hayasaka, T. and Setou, M. (2010) Application of imaging mass spectrometry for the analysis of Oryza sativa rice. Rapid Commun. Mass

Spectrom.24,2723-2729.
158. Pacetti, D., Boselli, E., Lucci, P. and Frega, N. G. (2007) Simultaneous analysis of glycolipids and phospholids molecular species in avocado (Persea americana Mill) fruit. J.Chromatogr.A 1150,241-251.
159. Zhou, L., Zhao, M., Ennahar, S., Bindler, F. and Marchioni, E. (2012) Liquid chromatography-tandem mass spectrometry for the determination of sphingomyelin species from calf brain, ox liver, egg yolk, and krill oil. J.Agric.Food Chem.60,293-298.
160. Pacetti, D., Boselli, E., Hulan, H.W. and Frega, N.G. (2005) High performance liquid chromatography-tandem mass spectrometry of phospholipid molecular species in eggs from hens fed diets enriched in seal blubber oil. J.Chromatogr.A 1097,66-73.
161. Fang, N., Yu, S. and Badger, T.M. (2003) LC-MS/MS analysis of lysophospholipids associated with soy protein isolate. J.Agric.Food Chem.51,6676-6682.
162. Dunstan, J.A., Roper, J., Mitoulas, L., Hartmann, P.E., Simmer, K. and Prescott, S.L. (2004) The effect of supplementation with fish oil during pregnancy on breast milk immunoglobulin A, soluble CD14, cytokine levels and fatty acid composition. Clin.Exp.Allergy 34,1237-1242.
163. Wang, Y. and Zhang, H. (2011) Tracking phospholipid profiling of muscle from Ctennopharyngodon idellus during storage by shotgun lipidomics. J. Agric. Food Chem.59,11635-11642.
164. Calvano, C.D., Carulli, S. and Palmisano, F. (2010) 1H-pteridine-2,4-dione (lumazine): A newMALDI matrix for complex (phospho) lipid mixtures analysis. Anal.Bioanal.Chem.398,499-507.
165. Mastronicolis, S.K., Arvanitis, N., Karaliota, A., Magiatis, P., Heropoulos, G., Litos, C., Moustaka, H., Tsakirakis, A., Paramera, E. and Papastavrou, P. (2008) Coordinated regulation of cold-induced changes in fatty acids with cardiolipin and phosphatidylglycerol composition among phospholipid species for the food pathogen *Listeria monocytogenes*. Appl. Environ. Microbiol.74,4543-4549.

植物脂质组学

18.1 引言

随着脂质组学的发展,植物脂质的质谱分析也有了相应的发展。利用质谱分析法对植物细胞脂质进行分析,将这一脂质组学的分支称作"植物脂质组学"[1]。所有基于质谱的脂质组学分析方法都适用于植物脂质组学分析,特别是基于 ESI-MS 或 ESI-MS/MS 的分析方法(详见第 3 章)。与植物脂质的传统分析方法相比,基于 ESI-MS 分析方法的优点已被广泛讨论[1-3]。

基于直接进样法的鸟枪法脂质组学和 LC-MS 在植物脂质组学中都有应用。经碰撞诱导解离(CID)后的产物离子分析是植物脂质鉴定和表征的必要方法。前体离子扫描(PIS)和中性丢失扫描(NLS)应用广泛,可根据相同的碎片(例如,脂质的头基)有效地筛选脂质分子。此外,这种扫描方式可以作为 LC-MS 后使用 MRM 进一步靶向分析脂质的一种初步扫描方式。大多数用于植物脂质的 PIS 和 NLS 同样可用于动物脂质的分析[4-5],但还有一些扫描方式是专门为植物特异性脂质而设计的[6-8]。

PIS、NLS 和 MRM 分析,通常是把目标脂质的强度同用于定量的一个或多个内标的强度进行比较(详见第 3 章和第 14 章)。但第 15 章提到,由于待测脂质和内标的碳原子数存在差异,因此在与内标强度比较前,需要进行稳定性同位素分布校正和基线校正。在大多数植物脂质组学研究中,直接进样后一般不进行 MDMS 分析;因此,同峰或同质异构体问题并没有得到解决。在直接进样分析后,可以得到植物组织中极性脂质的详细组成[9]。

随着植物脂质组学的发展,高通量脂质分析可以用于检测由于生长发育、环境和应激变化引起的代谢变化。通过对自然和转基因细胞或者生物体中的各个脂质分子进行快速分析,可以得到所需要的详细信息,来阐明影响脂质代谢、信号传递和维持稳态等基因的功能。此外,脂质组学分析也可以用于质量控制,从而提高经基因改造后的植源性食物的品质。

不同类型的基于质谱的脂质组学分析方法(详见第 2 章和第 3 章)也被用于植物脂质组学分析。例如,傅里叶变换离子回旋共振质谱法(FTICR-MS)由于其质量准确度高、灵敏度高和光谱分析简单的优点[11],在植物脂质组学分析中常用于分析完整脂质离子的化学

Spectrom. 24, 2723-2729.

158. Pacetti, D., Boselli, E., Lucci, P. and Frega, N. G. (2007) Simultaneous analysis of glycolipids and phospholids molecular species in avocado (Persea americana Mill) fruit. J. Chromatogr. A 1150, 241-251.

159. Zhou, L., Zhao, M., Ennahar, S., Bindler, F. and Marchioni, E. (2012) Liquid chromatography-tandem mass spectrometry for the determination of sphingomyelin species from calf brain, ox liver, egg yolk, and krill oil. J. Agric. Food Chem. 60, 293-298.

160. Pacetti, D., Boselli, E., Hulan, H. W. and Frega, N. G. (2005) High performance liquid chromatography-tandem mass spectrometry of phospholipid molecular species in eggs from hens fed diets enriched in seal blubber oil. J. Chromatogr. A 1097, 66-73.

161. Fang, N., Yu, S. and Badger, T. M. (2003) LC-MS/MS analysis of lysophospholipids associated with soy protein isolate. J. Agric. Food Chem. 51, 6676-6682.

162. Dunstan, J. A., Roper, J., Mitoulas, L., Hartmann, P. E., Simmer, K. and Prescott, S. L. (2004) The effect of supplementation with fish oil during pregnancy on breast milk immunoglobulin A, soluble CD14, cytokine levels and fatty acid composition. Clin. Exp. Allergy 34, 1237-1242.

163. Wang, Y. and Zhang, H. (2011) Tracking phospholipid profiling of muscle from Ctennopharyngodon idellus during storage by shotgun lipidomics. J. Agric. Food Chem. 59, 11635-11642.

164. Calvano, C. D., Carulli, S. and Palmisano, F. (2010) 1H-pteridine-2, 4-dione (lumazine): A newMALDI matrix for complex (phospho) lipid mixtures analysis. Anal. Bioanal. Chem. 398, 499-507.

165. Mastronicolis, S. K., Arvanitis, N., Karaliota, A., Magiatis, P., Heropoulos, G., Litos, C., Moustaka, H., Tsakirakis, A., Paramera, E. and Papastavrou, P. (2008) Coordinated regulation of cold-induced changes in fatty acids with cardiolipin and phosphatidylglycerol composition among phospholipid species for the food pathogen *Listeria monocytogenes*. Appl. Environ. Microbiol. 74, 4543-4549.

植物脂质组学

18.1 引言

随着脂质组学的发展,植物脂质的质谱分析也有了相应的发展。利用质谱分析法对植物细胞脂质进行分析,将这一脂质组学的分支称作"植物脂质组学"[1]。所有基于质谱的脂质组学分析方法都适用于植物脂质组学分析,特别是基于ESI-MS或ESI-MS/MS的分析方法(详见第3章)。与植物脂质的传统分析方法相比,基于ESI-MS分析方法的优点已被广泛讨论[1-3]。

基于直接进样法的鸟枪法脂质组学和LC-MS在植物脂质组学中都有应用。经碰撞诱导解离(CID)后的产物离子分析是植物脂质鉴定和表征的必要方法。前体离子扫描(PIS)和中性丢失扫描(NLS)应用广泛,可根据相同的碎片(例如,脂质的头基)有效地筛选脂质分子。此外,这种扫描方式可以作为LC-MS后使用MRM进一步靶向分析脂质的一种初步扫描方式。大多数用于植物脂质的PIS和NLS同样可用于动物脂质的分析[4-5],但还有一些扫描方式是专门为植物特异性脂质而设计的[6-8]。

PIS、NLS和MRM分析,通常是把目标脂质的强度同用于定量的一个或多个内标的强度进行比较(详见第3章和第14章)。但第15章提到,由于待测脂质和内标的碳原子数存在差异,因此在与内标强度比较前,需要进行稳定性同位素分布校正和基线校正。在大多数植物脂质组学研究中,直接进样后一般不进行MDMS分析;因此,同峰或同质异构体问题并没有得到解决。在直接进样分析后,可以得到植物组织中极性脂质的详细组成[9]。

随着植物脂质组学的发展,高通量脂质分析可以用于检测由于生长发育、环境和应激变化引起的代谢变化。通过对自然和转基因细胞或者生物体中的各个脂质分子进行快速分析,可以得到所需要的详细信息,来阐明影响脂质代谢、信号传递和维持稳态等基因的功能。此外,脂质组学分析也可以用于质量控制,从而提高经基因改造后的植源性食物的品质。

不同类型的基于质谱的脂质组学分析方法(详见第2章和第3章)也被用于植物脂质组学分析。例如,傅里叶变换离子回旋共振质谱法(FTICR-MS)由于其质量准确度高、灵敏度高和光谱分析简单的优点[11],在植物脂质组学分析中常用于分析完整脂质离子的化学式[10]。但这种方法缺少结构鉴定,因此,需要更多的数据来鉴定特定化合物。其他的质谱分析方法,包括QqQ[2]和QqTOF[12-13],是否与LC-MS联用均可,也常用于植物脂质组学的分析。直接进样法在许多植物脂质种类分析中应用十分成功,如甘油磷脂(GPL)和糖脂[1,9,14]。

在本章中,首先描述了与哺乳动物细胞脂质相比植物脂质组学中相对特异的一些脂质类别。因为在第6章只总结了个别脂质种类的断裂模式。其次,简要介绍了植物脂质组学在植物研究中的应用。

18.2 植物脂质组中的特殊脂质

大多数植物脂质与哺乳动物中的脂质很相似。第二篇介绍了断裂模式可用于鉴别脂质,如甘油磷脂(GPL)、鞘脂、甘油脂和生物活性脂等,此外也可用于植物脂质组学分析。但是,还有一些亚类脂质在哺乳动物中不存在或含量极低,例如,半乳糖脂、松脂、半乳糖鞘脂和植物甾醇。本节阐述了这些特殊类别脂质的断裂特征。

18.2.1 半乳糖脂

半乳糖脂是一种糖脂,一般由一个甘油单酯(MAG)或甘油二酯(DAG)的疏水核心和含有一个、两个或多个半乳糖基的极性头部基团组成。它们是植物膜脂质的主要成分,单半乳糖甘油二酯(MGDG)和双半乳糖甘油二酯(DGDG)是植物膜中两类最丰富的半乳糖脂。

根据电荷倾向分类,单半乳糖甘油二酯(MGDG)和双半乳糖甘油二酯(DGDG)都属于仅有共价键的极性脂质(即在生理条件下不带电荷)(图2.3)。因此,这些脂质在正/负离子模式下都很容易发生离子化,形成加合物。

在正离子模式下,这些脂质会形成碱性(如$[M+Alk]^+$)或者铵加合物(如$[M+NH_4]^+$)。形成哪一种加合物取决于基质中加合阳离子的浓度。在鸟枪法脂质组学分析中,优选加合阳离子用于样品的鉴定,应该在脂质提取时或进样前加入。在LC-MS分析中,流动相中需要加入优选的加合阳离子(例如,铵)。

形成的半乳糖脂加合物可以在正离子模式下检测,产物离子分析模式下通过碰撞诱导解离(CID)可以在各种质谱上产生碎片。第9章中提到MGDG的断裂模式与己糖基DAG的相同,因为在正离子模式下,MS不能区分糖环结构的不同构象。强度最大的碎片是己糖加合阳离子。第9章中简要介绍了DGDG的断裂模式。氨化的DGDG会产生两种高强度的碎片$[M+NH_4-341]^+$和$[M+NH_4-359]^+$,分别为失去一分子水的氨化双半乳糖(中性丢失)和氨化双半乳糖。在直接进样后,这些特征碎片可以用来分析植物脂质中的DGDG碎片[7]。此外,脂肪的酰基组分也可以通过一种或两种高强度的碎片离子来鉴定,对应甘油酯上的FA取代基的质子化形式减去一分子水,取决于DGDG含有相同的脂肪酸链还是两条不同的脂肪酸链[15]。DGDG碱性加合物的产物离子分析也可用来确定脂肪酰基组分[16](详见第9章)。

在负离子模式下,半乳糖脂可以被离子化形成阴离子加合物形式[即[M+Y]$^-$(Y$^-$=Cl$^-$、HCOO$^-$、OCOCH3…)]。当离子源的电离条件变得更加苛刻时,由[M+Y]$^-$的经中性丢失 HY 后产生的[M−H]$^-$离子的强度就会上升。与正离子模式下的离子化相似,离子加合物的形成取决于基质中加合阴离子的浓度。在鸟枪法脂质组学分析中,加合阴离子用于样品的鉴定,应该在脂质提取期间或进样前加入。在 LC-MS 分析中,加合阴离子(例如,甲酸盐)应该存在于流动相中。因此,在 LC-MS 分析中,流动相中常加入甲酸铵作为改性剂。但在鸟枪法脂质组学中,可在基质中加入少量的(挥发性)盐(例如,NH_4HCO_2、NH_4Cl、HCO_2Li)。值得注意的是,与 PC 相似(详见第 7 章),在某种程度上氢氧根很难和半乳糖形成加合物。

在负离子模式下,可以利用四极杆分析器选择性分析半乳糖脂形成的阴离子加合物,经过 CID 后的产物离子分析可以在多种质谱仪上进行[6,17]。半乳糖脂阴离子加合物的产物离子(即[M+Y]$^-$)质谱一般呈现两种形式的离子,一种为 HY 的中性丢失,另一种为脂肪酸离子。羧酸根离子的数量取决于每个半乳糖脂分子中的脂肪酸酰基取代基是否相同。只有脂肪酸离子在产物离子质谱中大量存在时,才能选择半乳糖脂的[M−H]$^-$离子进行产物离子分析。这些脂肪酸碎片有利于单个半乳糖酯的鉴定。

半乳糖环碎片通常在产物离子质谱中的强度很低,特别是由[M−H]$^-$前体离子产生的碎片。但是,阴离子加合物的碎裂可能会产生有用的特征碎片离子,进而用来鉴定这些环状结构,正如之前所阐述的在负离子模式下己糖神经酰胺的鉴定[18]。

18.2.2 鞘脂

植物含有很多种鞘脂,包括神经酰胺、羟基神经酰胺、葡糖神经酰胺、肌醇磷酸神经酰胺(IPC)、糖基肌醇磷酸神经酰胺(GIPC)(即鞘糖脂)[19]。但是,植物中不存在鞘磷脂和神经节苷脂。与哺乳动物鞘脂或其他植物脂质的提取方法相比,目前仍不确定这些植物鞘脂是否需要采用特殊的提取方法来提取。但是,利用异丙醇:正己烷:水(11:4:5, $V/V/V$)的下层相是提取鞘脂的最佳方法[20]。为了富集脂质提取物中的鞘脂,同时减少直接进样后质谱分析时的"离子抑制作用"对离子化的影响,在脂质分析之前应在碱性条件下将脂质提取物水解,如加入甲胺孵育[19]。这个过程与通过加碱水解来富集动物鞘脂类似[21-22]。

在第 7 章已经详细介绍了用 ESI-MS 法和 ESI-MS/MS 法对神经酰胺、羟基神经酰胺、葡糖神经酰胺的分析。下面将对肌醇磷酸神经酰胺(IPC)和糖基肌醇磷酸神经酰胺(GIPC)这两种与动物脂质不同的特殊植物脂质进行讨论。

IPC 在甘油磷脂内是一种磷脂酰肌醇(PI)类似物。IPC 分子在弱碱性条件下带负电荷。因此,这种脂质在负离子模式下比在正离子模式下更易离子化(图 2.3)。这些脂质分子在负离子模式下通常会产生[M−H]$^-$离子,但是在正离子模式和特定条件下,也可能形成[M+Alk]$^+$和[M−H+2Alk]$^+$(Alk=Li、Na、K…)。

Hsu 等[23]对 IPC 在正、负离子模式下的产物离子质谱分析进行了广泛研究。[M−H]$^-$碰撞诱导解离(CID)后串联质谱分析(负离子模式)呈现出许多特征碎片离子,可分为以下三种。

- 来源于磷酸肌醇分子的碎片,包括主要离子 m/z 241,对应肌醇-1,2-环磷酸负离子;m/z 259 对应肌醇单磷酸负离子;还有由 m/z 241 离子进一步脱 H_2O 后形成的 m/z 223 离子。[这些离子是 IPC 的特征离子,与 PI 观察到的相似(详见第 7 章)]。
- 分别丢失脱水肌醇(162u)和肌醇(180u)残基产生的碎片离子。
- 18∶0-脂肪酰基取代基产生的烯酮碎片。(这种碎片离子的存在有利于 IPC 中脂肪酸结构的鉴定,进而确定长链鞘氨碱的结构。)

[M+Alk]$^+$ 经碰撞诱导解离(CID)后,串联质谱分析(正离子模式)也呈现了大量的特征碎片[23]。

- 主要的裂解过程来自于肌醇单磷酸残基裂解,产生的主要离子对应去除肌醇单磷酸后的结构,及 m/z(260+Alk)$^+$ 离子,对应肌醇单磷酸的碱性加合离子。
- 其他离子来源于碱性加合神经酰胺离子及其进一步脱水形成的离子。
- 来源于脂肪酰基和长链鞘氨醇的两种碎片离子(即由 d16∶1-18∶0 产生的 m/z 308 离子和 m/z 236 离子[23])。

Hsu 等[23]研究发现,在正离子或负离子模式下,来源于其他 IPC 离子的碎片也可以提供非常有价值的信息。但实际上,这些碎片对于分析植物脂质体中的 IPC 可能并没有用。

GIPC 在生理条件下带负电荷,因此在负离子模式下应该很容易电离。但是其实它在负离子模式下的研究较少。目前的研究主要是在正离子模式下开展的[20]。尽管在分析中质子化形式会和其他碱性加合离子共存,GIPC 的钠加合物是分析扫描中的主要产物[20]。结果表明,GIPC 的钠加合物经低能碰撞诱导解离(CID)后会碎裂产生大量的特征碎片离子[20]。当基质中存在铵盐时,可检测到氨化 GIPC。这些 GIPC 离子主要产生两种高强度的碎片,对应于和头基相关的 179u 和 615u 的中性丢失。在直接进样后,这些特征碎片可以用来分析植物脂质体中的 GIPC。

18.2.3　固醇及其衍生物

动物主要含有胆固醇,真菌主要含有麦角固醇,而植物则不同,能产生一些复杂的甾醇混合物,如谷甾醇、菜油甾醇、豆甾醇和其他甾醇等[24]。这些甾醇可以被糖基化,有的甚至能进一步被酰基化。与分析动物固醇的方法相似,甾醇可通过衍生化,如利用 N-氯化甜菜碱酰氯,来加强离子化的效率[8,25]。但它们糖基化和酰基糖基化衍生物[即甾醇糖苷(SG)和酰基甾醇糖苷(ASG)]对植物十分特殊。因此,需要进一步讨论这些主要的植物甾醇衍生物的分析和鉴定。

近来,Schrick 等[8]在正离子模式下通过低能 CID 对氨化的甾醇糖苷 SG 和酰基甾醇糖苷 ASG 进行了表征和鉴定。与氨化的胆固醇和胆固醇酯分析相似,他们发现氨化的甾醇糖苷和酰基甾醇糖苷离子都可以诱导产生高强度的碎片离子,它们分别是由于丢失 197u(即葡萄糖胺)和丢失葡萄糖酰胺(中性丢失的质量取决于脂肪酰基链)产生的。最终的碎片为甾醇阳离子。因此,研究人员得出结论,在基质中加入铵盐,直接进样之后 197 和(197+酰基烯酮)的中性丢失扫描可有效地分析植物样品脂质提取物中的 SG 和 ASG。

18.2.4 硫脂

硫脂是一类硫酸糖脂,在植物中含量适中。硫酸基团的存在使这类脂质在生理条件下带负电荷,因此在负离子模式下易电离形成去质子化的物质。如前所述,通过直接进样 ESI-MS 和 LC-MS 质谱法可以对这类脂质进行分析[14]。

经过低能 CID,去质子的硫脂离子在负离子模式下的产物离子质谱分析中产生了两种丰富的碎片离子。

- 对应 FA 羧酸阴离子的碎片离子,它以一种或两种离子的形式存在,取决于每个分子中的两种脂肪酸取代基团是否相同[26-27]。
- 对应脱氢磺酸基糖基阴离子的 m/z 225 特征碎片离子。(因此,在负离子模式下,这种离子的 PIS 可以用来分析植物样品脂质提取物中的硫脂质[7]。)

18.2.5 脂质 A 及其中间体

脂质 A 是细菌中一类复杂的葡萄糖胺的六酰化二糖。LC-MS 证实了植物中脂质 A 的代谢途径的存在。利用 QqTOF-MS 产物离子分析可确认与脂质 A 相关化合物的结构[28]。

18.3 脂质组学在植物生物学中的应用

18.3.1 应激诱导的植物脂质体变化

当植物暴露于不同应激条件下,例如,冷、热、机械损伤和缺磷等时,植物膜脂质会发生许多变化。脂质组学为研究人员揭示脂质在应激条件下的变化提供了可能。并且在很多情况下,能够深刻了解引起这些变化的内在机制。下文总结了植物脂质体应激诱导变化的一些研究实例。

18.3.1.1 温度变化引起的植物脂质变化

植物在不同季节条件下经历的温度差异很大。目前认为植物细胞膜重建是应对温度变化的主要手段之一[29]。植物细胞通过上调膜脂(含有不同不饱和度脂肪酰基)的含量和组成,从而调节细胞膜的流动性来适应环境温度的变化。脂质含量和组成的调节通常通过细胞生物合成或重组或结合的方式进行。这种通过细胞调控来适应环境变化的观点被广泛认同[30-31]。为了适应低温环境,细胞反应之一是增加膜的流动性并降低细胞膜产生(冷冻诱导)的非二层膜倾向,从而保持膜的完整性使细胞存活。而为了适应高温环境,细胞将增加膜的刚性来保持细胞中的含水量,优化光合作用和其他的细胞活动[32-36]。脂质组学为监测由温度变化引起的植物中细胞脂质变化和揭示其内在分子机制提供了一个有力的工具。

例如,Welti 等[6]的研究表明,脂质组学不仅可以用来观察在低温刺激下拟南芥(*Arabidopsis*)中特定脂质分子的变化,还揭示了磷脂酶 Dα 在冻害诱导处理下的细胞脂质重组变化中的关键作用。研究人员还发现,在适应寒冷的过程中,植物中含有两种多不饱和酰基链的脂质种类显著增加,例如,18∶2-18∶3 和 di18∶3 PC、18∶2-18∶3 和 di18∶3 PE、18∶3-16∶3MGDG 和 di18∶3 DGDG。此外,脂质中过饱和水平降低,例如 18∶0-18∶2 PC、di18∶1 PC、18∶1-18∶2 PC 和 18∶0-18∶3 PC。研究还明确表明,磷脂酶 A 和磷脂酶 D 活性的增加,使脂质去饱和功能增强,同时伴随着质体外膜脂(PC 和 PE)和质体膜脂(MGDG 和 DGDG)重建的增强。在这项研究中,科学家还观察到脂质代谢物[包括溶血磷脂酰胆碱(lysoPC)、溶血磷脂酰乙醇胺(lysoPE)和磷脂酸(PA)]的特定分子质量水平在寒冷条件下显著增加。这些现象表明在冷应激条件下,脂质的改变可能发挥了信号传递的作用,因为 PA 和 lysoGPL 是具有潜在调节功能的重要活性脂,如激活靶信号蛋白,调节细胞骨架组织和调节离子通道等功能[37]。总之,脂质组学分析揭示了脂质在植物应对低温时适应环境和生存过程中可能发挥了结构和调节的作用。

采用 LC-FTMS 法对北半球各地的 15 种拟南芥中的脂质进行进一步对比分析表明,这种方法可以检测到 180 种脂质[38]。据研究显示,植物在 4℃冷应激条件下储存 14d 之后,会积累大量贮藏油脂,其中含有长链不饱和脂肪酰基链的甘油三酯(TAG)物质发生很大变化,而膜脂总量却只有轻微变化。这是有力地证明了脂质相对强度与植物材料抗冻性高度相关,从而可以鉴定出与植物抗冻性有关的脂质标志物。

为了提高植物耐热性并研究植物耐热性的内在机制,采用正向遗传方法来找出拟南芥温度敏感突变植株(atts),这些突变植株在短暂暴露于热应激(如 38℃)下将失去耐热性[39]。这种热刺激条件可能会诱发野生型幼苗获得耐热性,使野生型植物能够在不同的致命高温环境中生存。通过这种方法,研究者发现双半乳糖甘油二酯合酶1(DGD1)是引起突变(atts)的原因之一[40]。DGD1 是催化叶绿体中 MGDG 转化为 DGDG 的主要酶。研究发现 DGD1 的突变导致植物的耐热性缺失而容易受高温影响[40]。进一步的研究表明,耐热性的缺失不在于 DGD1 基因转录水平上的改变,而是由于基因水平上单个氨基酸的替换引起,进而导致 DGD1 蛋白局部构象和突变体 DGD1 功能变化[40]。这些结果表明植物的耐热性与 DGD1 突变产生的半乳糖脂的含量和组成紧密相关。

为证实上述基因发现,研究通过脂质组学分析技术测定 DGD1 突变诱导的脂质含量及脂肪酸谱的变化[6,17]。研究表明,常温下生长的 DGD1 突变植株中 DGDG 总含量水平相当于野生型的 60%~66%。突变植株质体膜和内质网(ER)中 DGDG 也相应减少。尽管常温下突变植株中 MGDG 总含量水平没有显著变化,但其质体合成的 MGDG 含量减少,ER 合成的 MGDG 含量增加。因此,突变植株中 DGDG 与 MGDG 之比下降。研究进一步发现,DGD1-1 无效突变植株中 DGDG 含量显著低于 DGD1 突变植株,表明 DGD1 突变植株并非失去 DGD1 功能,而是因错义突变发生 DGD1 功能变化。

为理解 DGDG 以及 DGDG 与 MGDG 之比在植物耐热性中的作用,研究通过 ESI-MS/MS 分析野生型植株经 38℃高温驯化 24h 之后叶片组织中脂质组成的前后变化[6,17]。结果发现植株经热处理后,体内 DGDG 相对含量显著高于 21℃环境下。具体来说,野生型植株经热处理后,DGDG 摩尔分数增加了 23%,同时 MGDG 的摩尔分数由原来的 47%降至 38%,意味着体内 DGDG 与 MGDG 的比例显著增加,由原来的 0.27 增至 0.42。这与其他研究结果一致[41-42]。例如,豆类植物(菜豆)在升温处理下,体内 DGDG 与 MGDG 之比增加,而且研究者认为这增加的比率对植株获得耐热性中起到重要作用[41]。此外,野生型植株中 DGDG 与 MGDG 之比的急剧增加对植物忍受和适应高温环境的能力起着关键作用。从生物物理化学角度理解,DGDG 分子的头部基团极性比 MGDG 分子的大,因此 DGDG 在水环境中更易形成双分子层并对水分子具有更高的亲和力,而 MGDG 分子头部基团极性较小,有利于形成六方相结构,只能保留少量水分子[42-43]。因此,DGDG 与 MGDG 之比的增加有利于植株在高温环境下维持叶绿体膜的完整性和正常膜蛋白功能。

根据前文和已发表的研究[34-35,44],植株耐热性与其所含脂质的脂肪酰基饱和度密切相关。在高温驯化相关研究中,野生型植株经高温驯化后,以半乳糖脂中双键指数为表征的脂肪酰基饱和度也有所增加[6,17]。具体来说,经 38℃ 高温驯化 24h 后,DGDG 脂质的双键指数由 2.58 降至 2.34,MGDG 脂质的双键指数由 2.98 降至 2.84。研究还发现其他主要极性脂质的脂肪酰基在热处理后饱和度增加[6,17]。总之,上述发现及相关研究[40]都表明野生型植株经高温驯化后获得的耐热性与其体内 DGDG 相对含量、DGDG 与 MGDG 之比以及植株脂质的脂肪酰基饱和度增加有关。

据报道,DGD1 突变(DGD1-2 和 DGD1-3)植株不能在 30℃ 及以上的高温环境下生长,经 38℃ 高温驯化 90min 也不能获得耐热性[40]。为确定 DGD1 温敏型突变植株是否与其半乳糖脂含量及组成的变化有关,研究通过脂质组学来观察植株应对高温驯化而发生的脂质变化,并与野生型植株进行比较[6,17]。结果表明,与野生型植株相反,两种突变植株经高温驯化后体内 DGDG 含量并没有增加,反而有轻微减少。DGD1 突变植株叶片中 DGDG 含量仅是野生型植株 DGDG 的 41%。无论是野生型还是 DGD1 突变植株经高温驯化后,体内 MGDG 含量水平没有显著变化。这些发现和 DGD1 突变植株中 DGDG 与 MGDG 之比降低,而野生型植株中比率由 0.27 增至 0.42。此外,研究发现 DGD1 突变植株经高温驯化不会增加体内半乳糖脂的脂肪酰基饱和度。上述结果进一步证实,DGDG 含量、DGDG/MGDG 以及半乳糖脂的脂肪酰基饱和度对拟南芥的基础耐热性及获得性耐热性有重要作用。

另一项研究通过 LC-MS 探究植株在不同温度(即在 4℃,21℃,32℃)下的脂质体变化[13]。除与上文类似的结果外,还发现高温环境下(即 32℃)生长的植株体内不饱和磷脂酰甘油(PG)含量立即减少。这说明植株体内不饱和 PG 的减少可能是其适应热应激条件的第一阶段。

如前文所述,大多数研究认为植物适应温度变化的主要策略是在高温环境下降低膜脂质的不饱和程度,在低温环境下增加其饱和程度。由于脂质不饱和度的变化很复杂且需要大量能量输入,所以研究者们推测植物仅靠这一策略无法适应温度频繁变化的生态系统和环境。采用脂质组学探究两组不同植物样品中膜甘油脂分子的变化来证实上述推测,一组的两种植株样品采样自高山环境下,另一组的两种植株样品采样于生长室中,且环境温度进行每日冷热循环[45]。研究表明,六种甘油磷脂(GPL)和两种半乳糖脂含量发生显著变化,但总脂质的不饱和程度和三类溶血甘油磷脂(lysoGPL)含量保持不变。这种膜脂变化模式不同于之前所提到的环境温度缓慢改变下的变化模式。科学家们根据这些结果提出了两种植物适应温度变化模型:①膜脂质重塑,但维持不饱和度不变以适应环境温度的频繁变化;②既重塑膜脂质组成又改变其不饱和度,以适应环境温度变化不大的条件[45]。

植物含有丰富的鞘脂质。拟南芥植物叶片中85%~90%的鞘脂长链碱基(LCB)含有由鞘脂 LCB Δ8 脱氢酶(SLD)催化形成的 Δ8 双键。脂质组学除可用于 GPL 和糖脂研究外,还能分析鞘脂含量及组成变化对植物应对冷热环境变化挑战的重要作用。例如,利用 LC-MS 对 SLD 突变莲座(叶)丛中的鞘脂进行全面分析[46],发现其中葡糖神经酰胺 GluCer 含量减少了50%,GIPC 含量相应增加。并且突变体长时间暴露于低温环境中会发生显著变化。这些结果与神经酰胺选择通道中 LCB Δ8 不饱和在拟南芥合成复杂鞘脂及其生理功能中的作用一致。鞘脂质的脂质组学还可用于鉴别参与鞘脂代谢基因的功能[46-52]。

18.3.1.2 损伤诱导的质体脂质变化

植物损伤是否涉及脂质是植物生物学中的一个重要课题。如果是,哪些脂质与此过程相关。脂质组学分析技术促进了植物生物学在此领域的研究[53]。研究人员采用 CID 电喷雾电离-四极杆-飞行时间质谱(ESI-QqTOF-MS 分析)结合前体离子模式 ESI-MS/MS 分析来鉴定包含脂肪酰基链的复杂脂质结构。已鉴定出 17 种 PG、MGDG 以及含有 DGDG 的氧化脂质[53],包括($9S,13S$)-12-氧-植二烯酸(OPDA)、($7S,11S$)-10-氧-植物二烯酸(dnOPDA)、十八碳酮酸和十六碳酮酸。

ESI-MS/MS 定量分析表明,机械损伤的植物叶片中五种含 MGDG 的 OPDA-和/或 dnOPDA-和两种含 OPDA 的 DGDG 会随时间显著增加[53]。而未损伤叶片中,所有含氧化脂的脂质分子的含量均很低。而拟南芥植物叶片在机械损伤后 15min 内会显著积累大量含有氧化脂的脂质。有趣的是,同分子内含有两种氧化脂的极性脂质分子,如含 di-OPDA 和 OPDA-dnOPDA,积累速度很快,远远超过只含一种氧化脂的脂质。这些现象表明分子内脂质过氧化要快于分子间脂质过氧化,原因可能与自由基传递有关。但仍需要进一步研究去证明。

18.3.1.3 缺磷导致的甘油磷脂和半乳糖脂变化

磷是植物生长和发育中一种重要的常量营养素。当植株缺乏该营养素时,相较于正常条件下生长的植株,其体内的甘油磷脂减少而半乳糖脂增加(大多数是 DGDG)[54]。脂质组学可为植物由于缺磷导致的脂质分子具体变化进行定量分析[55]。

研究发现植株在缺磷条件下,根部中的 DGDG 总含量增加了 10 倍,PC 含量减少了51%;莲座叶中 DGDG 含量增加了 72%,PC 含量减少了 17%。这一结论不仅证实了其他研究结果,而且表明植株在缺磷条件下其根部中的脂质水平变化要比莲座叶中的剧烈。此外,研究还发现缺磷条件下莲座叶中半乳糖脂质量水平的增加定量补偿了 GPL 损失的部分。具体而言,在自然生长条件下,拟南芥其莲座叶中含有 GPL 86.7nmol/mg 干重(包括PC、PE、PI、PG、PS 和 PA),以及半乳糖脂 78.5nmol/mg 干重(包括 MGDG 和 DGDG)。因此,自然生长条件下的植株莲座叶中脂质总含量(包括 GPLs 和半乳糖脂)为 165nmol/mg 干重。而缺磷条件下莲座叶 GPL 和半乳糖脂总含量分别为 67.0nmol/mg 干重和 97.7nmol/

干重,脂质总含量仍为 165nmol/mg 干重。这些结果表明至少在莲座叶中膜脂平衡对细胞功能的重要性。

分子种类的脂质组学分析揭示了自然生长和缺磷条件下植物莲座叶和根部中植物脂质合成途径可能发生的变化[55]。植物中 DGDG 通常可分为三类:质体库,来源于原核合成途径并位于质体内;ER-质体外库,来源于真核合成途径并位于质体外;ER-质体库,来源于真核合成途径但位于质体内。研究显示植株在缺磷条件下,无论是莲座叶还是根部中,GPL 主要分子种类,包括 34∶2、34∶3、36∶4、36∶5 和 36∶6,含量普遍减少。增加的 DGDG 包含上述脂肪酰基结构,但不包括原核合成途径质体库中的 34∶6 和 34∶5 DGDG。这些发现表明植株在缺磷条件下,GPL 脂质会发生水解,为 DGDG 的生物合成提供甘油二酯(DAG)。而且缺磷下植株莲座叶和根部中增加的 DGDG 部分,本质上是通过真核合成途径获得的。

18.3.2　植物生长发育过程中脂质体的变化

18.3.2.1　棉花纤维生长发育过程中脂质的变化

棉纤维细胞是棉花开花时胚珠表皮部分表面的单细胞[56]。棉纤维伸长期主要是开花后的 15d 内,且细胞长度超过 2cm。然后,细胞在开花后 15~40d 内厚度会增加(即纤维成熟期)[35-36]。最终,开花后 45d 左右,棉纤维细胞质破裂而成熟纤维外露变干。显然,纤维的生长发育过程与细胞质膜和液泡的快速膨胀密切相关,因此纤维细胞会合成大量膜脂质来适应生长发育。通过脂质组学可以测定棉纤维细胞生长发育过程中脂质含量及组成的变化,这对更好理解棉纤维细胞中脂质的代谢及其功能十分重要。

研究通过 ESI-MS/MS 发现棉纤维细胞伸长期和成熟期中,GPL(纤维细胞中主要的极性成分)含量很相近,特别是棉纤维细胞生长发育各个过程中的主要成分 PC、PE 和 PI,三者含量占总极性脂质含量 70% 以上[57]。而 PG、MGDG 和 DGDG 是相对较少。但不同生长发育时期这些主要 GPL 的分子组成有显著差异。通常,含饱和脂肪酰基链的 GPL 在成熟期纤维细胞中多于伸长期。例如,相对伸长期棉纤维细胞,成熟期细胞含有更高比例的 34∶2 PC 和 34∶2 PE。相反,伸长期细胞中则 36∶6、36∶4 PC 和 34∶3、36∶6 PE 含量相对较高。结合这些脂质组学数据与其他相关基因研究数据,可从分子水平上描绘出棉纤维细胞膜脂质合成的重要途径[57]。

18.3.2.2　马铃薯块茎衰老和发芽过程中脂质的变化

马铃薯块茎收获后在低温环境下可存活三年,因此有关衰老的研究常将其作为模型。研究采用 ESI-MS/MS 分析马铃薯块茎中 GPLs 和半乳糖脂质脂质,发现块茎发芽过程中 PC、PE、PI、DGDG 和 MGDG 含量减少[58]。亚油酸含量的减少与其代谢产物如 9-氢过氧化亚油酸含量的相关性很好。这些现象表明结合半乳糖脂酶、磷脂酶的脂氧合酶合成途径在块茎发芽过程中起到重要作用。

18.3.3 脂质组学在基因功能表征中的应用

18.3.3.1 脂肪酸去饱和酶和磷酸二羟丙酮(DHAP)还原酶在系统获得性抗性中的作用

系统获得性抗性(SAR)是植物中可广谱抗病的诱导防御机制[59-60]。SAR 在拟南芥 SSI2 突变植株中高表达。SSI2 基因可编码硬脂酰基载体蛋白脱氢酶,催化质体中酰基载体蛋白-共轭硬脂酸转化为油酸[61]。产生的酰基载体蛋白中的油酸酰基部分转移到质体内合成甘油糖脂,部分作为 18:1-CoA 分流到细胞溶质然后在 ER 中合成甘油糖脂。总之,SSI2 突变导致的脂质变化对 SAR 十分重要。

因此,采用 ESI-MS/MS 分析 SSI2 突变导致的脂质变化。研究发现,SSI2 突变导致质体钟合成的分布的甘油脂总量减少[62]。此外,一些在质体外脂质的组成也发生了一定程度的改变。例如,SSI2 突变植株的叶片中,含复合 34:2 脂肪酰基链的 PC、PE 和 PI 含量低于野生型对照组;相反,含复合 36:2 和 36:3 脂肪酰基链的 PC、PE 和 PI 类含量高于野生型。这些结果表明,不管 SSI2 突变植株催化 18:0 载体蛋白转化为 18:1 载体蛋白的活性降低,其他代偿性的变化都会发生。SSI2 突变对 SAR 的影响可能是在代谢产物中产生了调节植物防御的信号分子[61]。

与 SSI2 突变植株中 SAR 的高表达相反,SFD1 突变植株中 SAR 表达受阻[63]。ESI-MS/MS 分析显示 SFD1 突变植株相对于野生型,其质体内的甘油糖脂(特别是半乳糖脂)的组成发生了改变,表明质体中脂质的生物合成需要 SFD1。具体来说,SFD1 突变植株中质体脂质(即拟南芥植物叶片中最丰富的复杂脂质 34:6MGDG)含量低于野生型植株。相反,SFD1 突变植株叶片中 36:6MGDG(源自 DAG 并由 ER 运往质体的质体脂质)含量显著高于野生型。后一结果表明,SFD1 突变植株中可能通过增加 ER 合成脂质运往质体的通量来补偿质体中脂质成分的缺陷。

脂质组学不仅促进了基因功能的鉴定,而且为识别突变基因提供了一定基础。例如,SSI2 和 SFD1 突变植株中极性脂质变化的 ESI-MS/MS 分析表明,SFD1 基因参与质体脂质的合成[62]。SFD1 单突变植株的脂质谱证实了质体脂质变化诱导的 SFD1 突变[63]。从这些互补实验可以确定 SFD1,作为磷酸二羟基丙酮还原酶,参与了植物防御。同样,脂质组学分析技术鉴定识别了含 SFD4 突变的基因[62]。此种突变植株中,含单不饱和脂肪酸[如棕榈油酸(16:1)和油酸(18:1)]的半乳糖脂含量较高,而含多不饱和十六碳和十八碳脂肪酰基链的半乳糖脂含量较低。这些发现表明,SFD4 基因可能编码 ω-6 去氢酶,生成十六碳二烯酸(16:2)和亚油酸(18:2),随后进入质体中合成半乳糖脂。比较 SFD4 突变体与 ω-6 去氢酶功能缺失的 FAD6 突变体的脂质谱,可进一步证实脂质组学分析中的发现。

18.3.3.2 磷脂酶在植物冷冻应激中的作用

脂质的变化是由参与脂质分解和新陈代谢的酶来调节的。磷脂酶是参与 GPL 分解和新陈代谢的主要酶类[64]。根据不同切割位点,磷脂酶可分为磷脂酶 A(PLA)、磷脂酶 C(PLC)和磷脂酶 D(PLD)。其中,可将 GPL 转化为 PA 的 PLD 是植物中最普遍的一类磷脂酶[37]。拟南芥有 12 个 PLD 基因,通常分为六类,分别编码三种 PLDα 亚型、两种 PLDβ 亚型、三种 PLDγ、一种 PLDδ、一种 PLDε 和两种 PLDζ 亚型。每种亚型 PLD 都有着不同的生化特性,如对 Ca^{2+} 的需求不同,对 GPL 底物偏好不同以及对油酸活性的要求等。这些磷脂酶在植物应对不同应激条件下的作用不同。

利用脂质组学分析比较 PLD 突变植株和野生型植株的样本,可以深入了解不同亚型 PLD 细胞的功能[17,55]。例如,脂质组学分析技术揭示了冷冻诱导脂质水解中 PLDs 的不同作用[6,65]。

研究发现,−8℃(低温诱导拟南芥的亚致死温度)条件下,植株中主要由 PC、PE、PG(含复合 36∶4、36∶5 脂肪酰基链)合成的 GPL 含量下降最多,同时其代谢物如 PA、lysoPC、lysoPE 含量急剧增加[6]。PI 分子质量水平变化最小,但其中一些 PI 类脂质含量实际上增加了。此外,在该亚致死温度下,植株中 MGDG 和 DGDG 含量少量减少,或没有变化。这些脂质组学结果明确地表明磷脂酶活性高于半乳糖脂酶。并且 PLA 催化的代谢产物(即 lysoGPLs)含量低于 PLD 催化的代谢产物(即 PA),这表明在冷冻植物组织脂质变化中,PLD 起主要作用。将 PA 与其他脂质的变化谱相比较,可以确定生成 PA 的底物。脂质组学研究分析显示,PA 的增加与 PC 的减少相对应,表明冷冻条件下,PC 是 PLD 催化和 GPL 水解的主要底物。

那么是哪种亚型 PLD 在植株应对低温环境中起到至关重要作用,使得 PA 类含量增加呢?研究通过脂质组学进一步揭示了抑制 PLDα1 会使得 PC 含量增加,而 PA 含量减少[6]。这表明冷冻条件下,PC 是 PLDα1 在体内的主要催化底物。事实上,PLDα1 在冷冻条件下只水解大约 50% PC[6]。研究发现野生型和 PLDα1 失效型植株中 PE 和 PG 含量没有差异,表明除 PLDα1 外还有其他酶可以在冷冻下水解 PE 和 PG。

18.3.3.3　PLDζ 在缺磷诱导的脂质变化中的作用

缺磷会导致植物体内 GPL 含量减少,产生 DAG 来合成半乳糖脂,以满足其他细胞功能所需的磷酸盐(详见 18.3.1.3)。那么,是什么造成缺磷条件下植物中 GPL 含量的降低呢?研究通过脂质组学分析[65-66]进一步揭示,缺磷条件下,PLDζ2 失活(而非 PLDζ1),会导致植株根部中 PA 含量的累积显著降低,并抑制植株水解 GPLs 和提高半乳糖脂含量的能力。此外,在缺磷条件下,没有 PLDζ1 和 PLDζ2 的植株相对于野生型,其初生根更短。这些结果表明在营养限制条件下 PLDζ1 和 PLDζ2 对调节植物根的生长发育起到重要作用。

植株在多种不同含磷条件下的生长也有一定研究[55,67]。研究发现,在自然生长条件下(500μmol/L 磷),PLDζ1 或 PLDζ2 失活,或是两者都失活的植株,其 PC、PA、DGDG 含量以及根系生长情况与野生型没有差异。而在缺磷生长条件下(如 25μmol/L 磷),PLDζ1 和 PLDζ2 都失活的植株,其根部中 PA 含量降低且根系生长缓慢,但根部中的 PC 和 DGDG 含量没有变化[67]。在无磷生长条件下(0μmol/L 磷),PLDζ1 和 PLDζ2 都失活的植株,其根部中 PC 含量降低,但 DGDG 含量相应增加。这些结果表明,在中等缺磷条件下(25μmol/L 磷),植株 PLDζ1 和 PLDζ2 可能是通过提高 PA 含量来刺激和调节根系生长发育,促进营养吸收。但在严重缺磷条件下(例如,0μmol/L 磷),植株 PLDζ1 和 PLDζ2 可能是调节 GPLs 和半乳糖脂之间脂质的转变,来更高效地利用体内的可吸收磷。总之,在不同缺磷生长条件下,植株中 PLDζs 起到信号和代谢作用[55]。

18.3.4 脂质组学有助于改善转基因食品的质量

脂质组学分析技术可帮助人们深入了解转基因植物中有关脂质代谢基因的功能,来引导生产高质量的食品[68],如 ω-3 脂肪酰基链含量高的植物。这需要许多不同的酶相互协作去生成所需要的脂肪酸,还需要脂质组学对参与脂质代谢的个体基因或多个基因组合表达的产物进行全面评估(即脂质谱)。例如,在种子特异性启动子控制表达外源脱氢酶和延长酶下,采用 ESI-MS/MS 分析对油籽中 PC 进行评估[68]。评估表明 PC 是脱氢酶的催化底物。并且,脂质谱分析显示转基因酶作用于所有 PC 分子,而不是其中的一种。总之,脂质组学为改善食品质量提供了重要的脂质种类信息。

参考文献

1. Welti, R., Shah, J., Li, W., Li, M., Chen, J., Burke, J.J., Fauconnier, M.L., Chapman, K., Chye, M.L. and Wang, X. (2007) Plant lipidomics: Discerning biological function by profiling plant complex lipids using mass spectrometry. Front. Biosci. 12, 2494–2506.
2. Welti, R. and Wang, X. (2004) Lipid species profiling: A high-throughput approach to identify lipid compositional changes and determine the function of genes involved in lipid metabolism and signaling. Curr. Opin. Plant Biol. 7, 337–344.
3. Isaac, G., Jeannotte, R., Esch, S.W. and Welti, R. (2007) New mass-spectrometry-based strategies for lipids. Genet. Eng. (N Y) 28, 129–157.
4. Brugger, B., Erben, G., Sandhoff, R., Wieland, F.T. and Lehmann, W.D. (1997) Quantitative analysis of biological membrane lipids at the low picomole level by nano-electrospray ionization tandem mass spectrometry. Proc. Natl. Acad. Sci. U.S.A. 94, 2339–2344.
5. Yang, K., Cheng, H., Gross, R.W. and Han, X. (2009) Automated lipid identification and quantification by multi-dimensional mass spectrometry-based shotgun lipidomics. Anal. Chem. 81, 4356–4368.
6. Welti, R., Li, W., Li, M., Sang, Y., Biesiada, H., Zhou, H.-E., Rajashekar, C.B., Williams, T.D. and Wang, X. (2002) Profiling membrane lipids in plant stress responses. Role of phospholipase Da in freezing-induced lipid changes in Arabidopsis. J. Biol. Chem. 277, 31994–32002.
7. Welti, R., Wang, X. and Williams, T.D. (2003) Electrospray ionization tandem mass spectrometry scan modes for plant chloroplast lipids. Anal. Biochem. 314, 149–152.
8. Schrick, K., Shiva, S., Arpin, J.C., Delimont, N., Isaac, G., Tamura, P. and Welti, R. (2012) Steryl glucoside and acyl steryl glucoside analysis of Arabidopsis seeds by electrospray ionization tandem mass spectrometry. Lipids 47, 185–193.
9. Shiva, S., Vu, H.S., Roth, M.R., Zhou, Z., Marepally, S.R., Nune, D.S., Lushington, G.H., Visvanathan, M. and Welti, R. (2013) Lipidomic analysis of plant membrane lipids by direct infusion tandem mass spectrometry. Methods Mol. Biol. 1009, 79–91.
10. Iijima, Y., Nakamura, Y., Ogata, Y., Tanaka, K., Sakurai, N., Suda, K., Suzuki, T., Suzuki, H., Okazaki, K., Kitayama, M., Kanaya, S., Aoki, K. and Shibata, D. (2008) Metabolite annotations based on the integration of mass spectral information. Plant J. 54, 949–962.
11. Southam, A.D., Payne, T.G., Cooper, H.J., Arvanitis, T.N. and Viant, M.R. (2007) Dynamic range and mass accuracy of wide-scan direct infusion nanoelectrospray fourier transform ion cyclotron resonance mass spectrometry-based metabolomics increased by the spectral stitching method. Anal. Chem. 79, 4595–4602.
12. Esch, S.W., Tamura, P., Sparks, A.A., Roth, M.R., Devaiah, S.P., Heinz, E., Wang, X., Williams, T.D. and Welti, R. (2007) Rapid characterization of the fatty acyl composition of complex lipids by collision-induced dissociation time-of-flight mass spectrometry. J. Lipid Res. 48, 235–241.
13. Burgos, A., Szymanski, J., Seiwert, B., Degenkolbe, T., Hannah, M.A., Giavalisco, P. and Willmitzer, L. (2011) Analysis of short-term changes in the *Arabidopsis thaliana* glycerolipidome in response to temperature and light. Plant J. 66, 656–668.
14. Samarakoon, T., Shiva, S., Lowe, K., Tamura, P., Roth, M.R. and Welti, R. (2012) *Arabidopsis thaliana* membrane lipid molecular species and their mass spectral analysis. Methods Mol. Biol. 918, 179–268.
15. Moreau, R.A., Doehlert, D.C., Welti, R., Isaac, G., Roth, M., Tamura, P. and Nunez, A. (2008) The identification of mono-, di-, tri-, and tetragalactosyl-diacylglycerols and their natural estolides in oat kernels. Lipids 43, 533–548.

16. Wang, W., Liu, Z., Ma, L., Hao, C., Liu, S., Voinov, V. G. and Kalinovskaya, N. I. (1999) Electrospray ionization multiple-stage tandem mass spectrometric analysis of diglycosyldiacylglycerol glycolipids from the bacteria Bacillus pumilus. Rapid Commun. Mass Spectrom. 13, 1189–1196.

17. Devaiah, S. P., Roth, M. R., Baughman, E., Li, M., Tamura, P., Jeannotte, R., Welti, R. and Wang, X. (2006) Quantitative profiling of polar glycerolipid species from organs of wild-type Arabidopsis and a phospholipase Dalpha1 knockout mutant. Phytochemistry 67, 1907–1924.

18. Han, X. and Cheng, H. (2005) Characterization and direct quantitation of cerebroside molecular species from lipid extracts by shotgun lipidomics. J. Lipid Res. 46, 163–175.

19. Markham, J. E. and Jaworski, J. G. (2007) Rapid measurement of sphingolipids from Arabidopsis thaliana by reversed-phase high-performance liquid chromatography coupled to electrospray ionization tandem mass spectrometry. Rapid Commun. Mass Spectrom. 21, 1304–1314.

20. Markham, J. E., Li, J., Cahoon, E. B. and Jaworski, J. G. (2006) Separation and identification of major plant sphingolipid classes from leaves. J. Biol. Chem. 281, 22684–22694.

21. Merrill, A. H., Jr., Sullards, M. C., Allegood, J. C., Kelly, S. and Wang, E. (2005) Sphingolipidomics: High-throughput, structure-specific, and quantitative analysis of sphingolipids by liquid chromatography tandem mass spectrometry. Methods 36, 207–224.

22. Jiang, X., Cheng, H., Yang, K., Gross, R. W. and Han, X. (2007) Alkaline methanolysis of lipid extracts extends shotgun lipidomics analyses to the low abundance regime of cellular sphingolipids. Anal. Biochem. 371, 135–145.

23. Hsu, F. F., Turk, J., Zhang, K. and Beverley, S. M. (2007) Characterization of inositol phosphorylceramides from Leishmania major by tandem mass spectrometry with electrospray ionization. J. Am. Soc. Mass Spectrom. 18, 1591–1604.

24. Benveniste, P. (2004) Biosynthesis and accumulation of sterols. Annu. Rev. Plant Biol. 55, 429–457.

25. Wewer, V., Dombrink, I., vom Dorp, K. and Dormann, P. (2011) Quantification of sterol lipids in plants by quadrupole time-of-flight mass spectrometry. J. Lipid Res. 52, 1039–1054.

26. Cedergren, R. A. and Hollingsworth, R. I. (1994) Occurrence of sulfoquinovosyl diacylglycerol in some members of the family Rhizobiaceae. J. Lipid Res. 35, 1452–1461.

27. Basconcillo, L. S., Zaheer, R., Finan, T. M. and McCarry, B. E. (2009) A shotgun lipidomics approach in Sinorhizobium meliloti as a tool in functional genomics. J. Lipid Res. 50, 1120–1132.

28. Li, C., Guan, Z., Liu, D. and Raetz, C. R. (2011) Pathway for lipid A biosynthesis in Arabidopsis thaliana resembling that of Escherichia coli. Proc. Natl. Acad. Sci. U.S.A. 108, 11387–11392.

29. Berry, J. A. and Bjorkman, O. (1980) Photosynthetic response and adaptation to temperature in higher plants. Annu. Rev. Plant Biol. 31, 491–543.

30. Uemura, M., Joseph, R. A. and Steponkus, P. L. (1995) Cold acclimation of Arabidopsis thaliana (Effect on plasma membrane lipid composition and freeze-induced lesions). Plant Physiol. 109, 15–30.

31. Thomashow, M. F. (1999) Plant cold acclimation: Freezing tolerance genes and regulatory mechanisms. Annu. Rev. Plant. Physiol. Plant. Mol. Biol. 50, 571–599.

32. Marcum, K. B. (1998) Cell membrane thermostability and whole plant heat tolerance of Kentucky bluegrass. Crop. Sci. 38, 1214–1218.

33. Gorver, A., Agarwal, M., Katiyar-Argarwal, S., Sahi, C. and Argarwal, S. (2000) Production of high temperature tolerance transgenic plants through manipulation of membrane lipids. Curr. Sci. 79, 557–559.

34. Falcone, D. L., Ogas, J. P. and Somerville, C. R. (2004) Regulation of membrane fatty acid composition by temperature in mutants of Arabidopsis with alterations in membrane lipid composition. BMC Plant Biol. 4, 17.

35. Larkindale, J. and Huang, B. (2004) Changes of lipid composition and saturation level in leaves and roots for heat-stressed and heat acclimated creeping bentgrass (Agrostis stolonifera). Environ. Exp. Bot. 51, 57–67.

36. Barkan, L., Vijayan, P., Carlsson, A. S., Mekhedov, S. and Browse, J. (2006) A suppressor of fab1 challenges hypotheses on the role of thylakoid unsaturation in photosynthetic function. Plant Physiol. 141, 1012–1020.

37. Wang, X., Devaiah, S. P., Zhang, W. and Welti, R. (2006) Signaling functions of phosphatidic acid. Prog. Lipid Res. 45, 250–278.

38. Degenkolbe, T., Giavalisco, P., Zuther, E., Seiwert, B., Hincha, D. K. and Willmitzer, L. (2012) Differential remodeling of the lipidome during cold acclimation in natural accessions of Arabidopsis thaliana. Plant J. 72, 972–982.

39. Burke, J. J., O'Mahony, P. J. and Oliver, M. J. (2000) Isolation of Arabidopsis mutants lacking components of acquired thermotolerance. Plant Physiol. 123, 575–588.

40. Chen, J., Burke, J. J., Xin, Z., Xu, C. and Velten, J. (2006) Characterization of the Arabidopsis thermosensitive mutant atts02 reveals an important role for galactolipids in thermotolerance. Plant Cell Environ. 29, 1437–1448.

41. Suss, K. H. and Yordanov, I. T. (1986) Biosynthetic cause of in vivo acquired thermotolerance of photosyn-

thetic light reactions and metabolic responses of chloroplasts to heat stress.Plant Physiol.81,192-199.

42. Webb,M.S.and Green,B.R.(1991) Biochemical and biophysical properties of thylakoid acyl lipids.Biochim.Biophys.Acta 1060,133-158.

43. Quinn,P.J.(1988) Effects of temperature on cell membranes.Symp.Soc.Exp.Biol.42,237-258.

44. Alfonso,M.,Yruela,I.,Almarcegui,S.,Torrado,E.,Perez,M.A.and Picorel,R.(2001) Unusual tolerance to high temperatures in a new herbicide-resistant D1 mutant from Glycine max(L.) Merr.cell cultures deficient in fatty acid desaturation.Planta 212,573-582.

45. Zheng,G.,Tian,B.,Zhang,F.,Tao,F.and Li,W.(2011) Plant adaptation to frequent alterations between high and low temperatures:Remodelling of membrane lipids and maintenance of unsaturation levels. Plant Cell Environ.34,1431-1442.

46. Chen,M.,Markham,J.E.and Cahoon,E.B.(2012) Sphingolipid Delta8 unsaturation is important for glucosylceramide biosynthesis and low-temperature performance in Arabidopsis.Plant J.69,769-781.

47. Tsegaye,Y.,Richardson,C.G.,Bravo,J.E.,Mulcahy,B.J.,Lynch,D.V.,Markham,J.E.,Jaworski,J.G.,Chen,M.,Cahoon,E.B.and Dunn,T.M.(2007) Arabidopsis mutants lacking long chain base phosphate lyase are fumonisin-sensitive and accumulate trihydroxy-18:1 long chain base phosphate.J.Biol.Chem.282,28195-28206.

48. Chen,M.,Markham,J.E.,Dietrich,C.R.,Jaworski,J.G.and Cahoon,E.B.(2008) Sphingolipid long-chain base hydroxylation is important for growth and regulation of sphingolipid content and composition in Arabidopsis. Plant Cell 20,1862-1878.

49. Chao,D.Y.,Gable,K.,Chen,M.,Baxter,I.,Dietrich,C.R.,Cahoon,E.B.,Guerinot,M.L.,Lahner,B.,Lu,S.,Markham,J.E.,Morrissey,J.,Han,G.,Gupta,S.D.,Harmon,J.M.,Jaworski,J.G.,Dunn,T.M.and Salt,D.E.(2011) Sphingolipids in the root play an important role in regulating the leaf ionome in *Arabidopsis thaliana*.Plant Cell 23,1061-1081.

50. Roudier,F.,Gissot,L.,Beaudoin,F.,Haslam,R.,Michaelson,L.,Marion,J.,Molino,D.,Lima,A.,Bach,L.,Morin,H.,Tellier,F.,Palauqui,J.C.,Bellec,Y.,Renne,C.,Miquel,M.,Dacosta,M.,Vignard,J.,Rochat,C.,Markham,J.E.,Moreau,P.,Napier,J.and Faure,J.D.(2010) Very-long-chain fatty acids are involved in polar auxin transport and developmental patterning in Arabidopsis.Plant Cell 22,364-375.

51. Markham,J.E.,Molino,D.,Gissot,L.,Bellec,Y.,Hematy,K.,Marion,J.,Belcram,K.,Palauqui,J.C.,Satiat-Jeunemaitre,B.and Faure,J.D.(2011) Sphingolipids containing very-long-chain fatty acids define a secretory pathway for specific polar plasma membrane protein targeting in Arabidopsis.Plant Cell 23,2362-2378.

52. Saucedo-Garcia,M.,Guevara-Garcia,A.,Gonzalez-Solis,A.,Cruz-Garcia,F.,Vazquez-Santana,S.,Markham,J.E.,Lozano-Rosas,M.G.,Dietrich,C.R.,Ramos-Vega,M.,Cahoon,E.B.and Gavilanes-Ruiz,M.(2011) MPK6,sphinganine and the LCB2a gene from serine palmitoyltransferase are required in the signaling pathway that mediates cell death induced by long chain bases in Arabidopsis.New Phytol.191,943-957.

53. Buseman,C.M.,Tamura,P.,Sparks,A.A.,Baughman,E.J.,Maatta,S.,Zhao,J.,Roth,M.R.,Esch,S.W.,Shah,J.,Williams,T.D.and Welti,R.(2006) Wounding stimulates the accumulation of glycerolipids containing oxophytodienoic acid and dinor-oxophytodienoic acid in Arabidopsis leaves.Plant Physiol.142,28-39.

54. Hartel,H.,Dormann,P.and Benning,C.(2000) DGD1-independent biosynthesis of extraplastidic galactolipids after phosphate deprivation in Arabidopsis.Proc.Natl.Acad.Sci.U.S.A.97,10649-10654.

55. Li,M.,Welti,R.and Wang,X.(2006) Quantitative profiling of Arabidopsis polar glycerolipids in response to phosphorus starvation.Roles of phospholipases D zeta1 and D zeta2 in phosphatidylcholine hydrolysis and digalactosyldiacylglycerol accumulation in phosphorus-starved plants.Plant Physiol..142,750-761.

56. Stewart,J.D.(1975) Fiber initiation on the cotton ovule (Gossypium hirsutum).Am.J.Bot.62,723-730.

57. Wanjie,S.W.,Welti,R.,Moreau,R.A.and Chapman,K.D.(2005) Identification and quantification of glycerolipids in cotton fibers:Reconciliation with metabolic pathway predictions from DNA databases.Lipids 40,773-785.

58. Fauconnier,M.L.,Welti,R.,Blee,E.and Marlier,M.(2003) Lipid and oxylipin profiles during aging and sprout development in potato tubers (Solanum tuberosum L.).Biochim.Biophys.Acta 1633,118-126.

59. Durrant,W.E.and Dong,X.(2004) Systemic acquired resistance.Annu.Rev.Phytopathol.42,185-209.

60. Shah,J.(2005) Lipids,lipases,and lipid-modifying enzymes in plant disease resistance. Annu. Rev. Phytopathol.43,229-260.

61. Kachroo,P.,Shanklin,J.,Shah,J.,Whittle,E.J.and Klessig,D.F.(2001) A fatty acid desaturase modulates the activation of defense signaling pathways in plants.Proc.Natl.Acad.Sci.U.S.A.98,9448-9453.

62. Nandi,A.,Krothapalli,K.,Buseman,C.M.,Li,M.,Welti,R.,Enyedi,A.and Shah,J.(2003) Arabidopsis sfd mutants affect plastidic lipid composition and suppress dwarfing,cell death,and the enhanced disease resistance phenotypes resulting from the deficiency of a fatty acid desaturase.Plant Cell 15,2383-2398.

63. Nandi, A., Welti, R. and Shah, J. (2004) The Arabidopsis thaliana dihydroxyacetone phosphate reductase gene SUPPRESSSOR OF FATTY ACID DESATURASE DEFICIENCY1 is required for glycerolipid metabolism and for the activation of systemic acquired resistance.Plant Cell 16,465-477.

64. Vance, D. E. and Vance, J. E. (2008) Biochemistry of Lipids, Lipoproteins andMembranes. Elsevier Science B.V., Amsterdam.pp 631.

65. Li, W., Li, M., Zhang, W., Welti, R. and Wang, X. (2004) The plasma membrane-bound phospholipase Ddelta enhances freezing tolerance in Arabidopsis thaliana.Nat.Biotechnol.22,427-433.

66. Misson, J., Raghothama, K. G., Jain, A., Jouhet, J., Block, M. A., Bligny, R., Ortet, P., Creff, A., Somerville, S., Rolland, N., Doumas, P., Nacry, P., Herrerra-Estrella, L., Nussaume, L. and Thibaud, M.C. (2005) A genome-wide transcriptional analysis using *Arabidopsis thaliana* Affymetrix gene chips determined plant responses to phosphate deprivation. Proc. Natl. Acad.Sci.U.S.A.102,11934-11939.

67. Li, M., Qin, C., Welti, R. andWang, X. (2006) Double knockouts of phospholipases Dzeta1 and Dzeta2 in Arabidopsis affect root elongation during phosphate-limited growth but do not affect root hair patterning. Plant Physiol.140,761-770.

68. Abbadi, A., Domergue, F., Bauer, J., Napier, J. A., Welti, R., Zahringer, U., Cirpus, P. and Heinz, E. (2004) Biosynthesis of very-long-chain polyunsaturated fatty acids in transgenic oilseeds: Constraints on their accumulation.Plant Cell 16,2734-2748.

酵母菌和结核分枝杆菌的脂质组学

19.1 引言

随着脂质组学的发展,同植物脂质组学研究一样(详见第 18 章),基于 MS 分析的酵母和细菌脂质组学方法也相应得到快速发展。酵母细胞膜脂质组学分析的分支特别命名为"酵母脂质组学"。所有类型的基于 MS 的脂质组学分析方法在第 3 章进行了描述,当然,特别是基于 ESI-MS 或 ESI-MS/MS 的分析方法,也可用于酵母和分枝杆菌脂质组的研究。

因为有着完整的基因组和详细的蛋白质数据库,对酿酒酵母(一种常规的面包酵母)的研究最多。酿酒酵母含有相对简单但保守的脂质代谢/分解代谢途径网络,该代谢网络调控数百种脂质分子的合成[1],因此是全脂质组。酵母中 GPL 的生物合成和代谢与高等真核生物中 GPL 生物合成和代谢非常相似(详见第 16 章),除了三个主要方面例外。

• 酵母中 PS 主要通过 CDP-DAG 途径合成,而不是通过 PS 合成酶作用 PE 合成;

• 通过 CDP-胆碱的 Kennedy 途径和由 N-甲基转移酶催化 PE 转化为 PC 的连续甲基化途径在酵母菌中 PC 生物合成中发挥同样的重要作用[2-3],而甲基化途径在哺乳动物的正常生理条件下不起关键作用[4-5];

• 酵母菌通常含有相对低强度的 PUFA,其中酿酒酵母中完全不存在 PUFA。这是由于酵母菌中脂肪酸合酶[6]、Δ9 脱氢酶[7]和脂肪酸延长酶[6,8]的活性高,这些酶催化多种脂质的合成,并且仅产生饱和或单不饱和脂肪酸。

另外,由于酿酒酵母的脂质合成代谢网络相对简单和保守,关于脂质代谢的大量基因由于发生突变或缺失而没有明显的生理学行为。因此,酿酒酵母作为重要的模式生物,长期用来研究真核生物脂质组的分子组织和调控回路以及脂质组学[9-11]。在本章中,介绍了一种基于 MS 分析酵母菌脂质组的通用方法,并举例说明了酵母菌脂质组的分析方法。本章还讨论了酵母脂质组学在酵母基因突变和缺失脂质表型测定中的应用。

另一方面,细菌是原核生物的一个结构域。地球上大约有 5×10^{30} 个细菌[12],形成的生物量超过了所有动植物的生物量,其中大多数细菌还没有被鉴定出来。然而,大量研究表明,细菌中存在一些特殊的脂质,它们在细菌的生理功能中起着至关重要的作用。例如,脂多糖(又称脂聚糖和内毒素)由类脂 A 和核心多糖组成,位于革兰氏阴性细菌细胞壁的外壁层,在动物体内引起强烈的免疫应答。这类脂质化合物通过 MS 进行表征,并得到了广泛的研究[13]。细菌中富含并且特殊的另一类脂质是缩醛磷脂。从细菌到原生动物的生物体都含有缩醛磷脂,具有独特的功能,但还没有完全被了解。它们在许多厌氧细菌中的生物合成途径与有氧和厌氧生物不同。此外,对这类脂质的脂质组学分析也进行了深度地综述[14]。本章不再进一步讨论这些内容。如果读者对这部分脂质组学研究感兴趣,建议阅读相关参考文献。然而,脂质组学研究最多的细菌之一是结核分枝杆菌。结核分枝杆菌是结核病的致病因子,除细胞膜脂质外,还合成和分泌多种具有生物活性的多酮类脂质(这类脂质的结构参见脂质代谢途径研究计划中的分类[15])。本章概述了结核分枝杆菌的脂质组学研究。

19.2 酵母脂质组学

19.2.1 酵母脂质组质谱分析策略

已有人系统地介绍了一种通过质谱分析酵母菌脂质组的研究方法,对从事酵母菌脂质组学的研究人员非常有帮助[16]。下面结合其他研究,对该研究方案进行了总结。

酵母菌通常在商品化的合成培养基上培养[17]。在 500mL 摇瓶中加入 50mL 培养基培养酵母菌,通过吸光度法在 600nm 波长处测定酵母的生长量。OD_{600nm} 值为 1.0 时,细胞干重约为 0.17g/L,当 OD_{600nm} 达到 10 时,离心($3000×g$,5min)收集酵母细胞进行脂质分析。酵母菌需放置保持在冰上,防止磷脂酶水解作用。

为了方便比较样品间的最终结果,需选择一个确定的归一化参数(例如,细胞干重或蛋白质含量)[16]。不管是进行脂质定量分析、定性分析还是相对比较分析,建议在提取脂质之前,至少应在细胞裂解液中添加一种每类脂质和亚类脂质的内标。通常使用溶剂从收集酵母中提取的脂质,可采用溶剂萃取法(例如,Bligh-Dyer 提取法[18]、两步提取法[19] 和乙醇提取法[16])(详见第 13 章)。

对酵母菌培养物的脂质提取物,可以采用鸟枪脂质组学或 LC-MS(或 LC-MS/MS)方法进行脂质分析。一般来说,鸟枪法脂质组学方法更适合于全脂质组学分析[19],而 MRM 模式下的 LC-MS/MS 通常更适合脂质类别或单个脂质分子的靶向分析[16]。然而,应用 FTICR-MS 的高精准性 LC-MS 应适合于全脂质分析,如前所述[18],该仪器能提供元素组成的精确质量测定。值得注意的是,尽管 MDMS-SL 平台仅用于分析酵母菌的心磷脂分子种类[20-21],该平台应该能够分析酵母中存在的大多脂质类别、亚类和各个分子。

不同的方法使用不同的数据处理工具来处理获得的质谱数据,从而定性和定量分析脂质离子或分子。一些商品化的软件包可用于此目的(详见第 5 章)。例如,Sciex 的 LipidView 可用于基于离子峰的脂质组学(例如,基于串联 MS 的鸟枪法脂质组学)、自上而下的鸟枪脂质组学和靶向的脂质(分子离子)分析(例如,MRM 模式下 LC-MS/MS);Oliver Fiehn 博士实验室提供的 Lipid-Blast 可以用于基于精确质量测定的分析方法(基于高质量精确度的 MS 或自上而下的分析方法);赛默飞世尔科技公司的 LipidSearch 可用于处理任何基于产物离子分析的脂质组学数据(例如,自上而下的鸟枪脂质组学和数据依赖性模式的 LC-MS/MS)。但是,许多实验室用自己开发的软件来处理获得的脂质组学数据。例如,MDMS-SL 平台使用自己的 AMDMS-SL 软件程序[22],Welti 实验室也开发了自己的软件程序来处理基于串联 MS 的鸟枪法脂质组学数据[23]。

19.2.2 酵母脂质组的定量分析

近年来,应用基于高精度质谱技术的鸟枪法脂质组学对酵母菌脂质组进行了定量分析[19]。研究人员采用了两步提取法,基于不同脂质分子的极性,最大化回收率和相对分离度。这一步骤大大提高了分析的覆盖面。具体而言,首先用氯仿:甲醇(17:1,V/V)提取添加了脂质内标的酵母细胞裂解液,然后用氯仿:甲醇(2:1,V/V)萃取残余水相。通过该两步法提取过程,首先回收了 80%~99% 的非极性脂质,包括麦角固醇、甘油三酯(TAG)、甘油二酯(DAG)、卵磷脂(PC)、溶血卵磷脂(lysoPC)、脑磷脂(PE)、磷脂酰甘油(PG)、鞘氨醇长链碱和神经酰胺(Cer);在第二步骤中回收了 74%~95% 的极性脂质,包括甘油磷脂酸(PA)、溶血甘油磷脂酸(lysoPA)、磷脂酰丝氨酸(PS)、溶血磷脂酰丝氨酸(lysoPS)、磷脂酰肌醇(PI)、溶血磷脂酰肌醇(lysoPI)、心磷脂(CL)、长链磷酸鞘氨醇、肌醇磷脂酰神经酰胺(IPC)、甘露糖肌醇磷脂酰神经酰胺(MIPC)和甘露糖二肌醇磷脂酰神经酰胺[M(IP)$_2$C]。研究结果表明,两步脂质提取法可使 M(IP)$_2$C 的回收率提高 4 倍。研究人员通过添加内标进一步研究发现,同一类别中的不同脂质分子在不同溶剂相分配的差异很小,这种差异分配的影响可以忽略不计。

对两步提取法提取的脂质进行 6 次连续和自动 MS 和 MS/MS 分析,然后用专用软件进行数据处理[24]。通过加入少量的改性剂(0.2mmol/L 乙胺),可以得到跨越 3~4 个数量级的动态线性定量范围,检出限可以低至皮摩尔级别。定量分析涵盖了野生型酿酒酵母 BY4741 中的 30 种脂质中的 21 种主要脂质类别和 162 种脂质分子,估计超过酵母脂质总含量的 95%。在此分析过程中,还检测到几种低含量的生物合成中间体,包括磷脂酰肌醇和麦角固醇酯[9],但由于缺乏适用的内标而未定量。

在所分析的脂质中,麦角固醇含量最高,占脂质组摩尔分数的 12.0%(相当于 481pmol/0.2 吸光度单位),其次为 8.9% M(IP)$_2$C 18:0;3/26:0;1,摩尔分数为 8.9% M(IP)$_2$C 相关的鞘脂中间体 Cer、IPC 和 MIPC 的含量分别为低强度鞘脂含量的 128、14 和 6 倍。该结果表明,IPC、MIPC 和 M(IP)$_2$C 合成酶在稳态条件下能有效地利用相应的底物。

通过脂质组学分析,研究人员发现野生型酵母菌株 BY4742、BY4743、NY13 和 CTY182、中的主要脂质是 PI,占总脂质的 17%~30%,与之前人们认为 PC 是酵母甘油磷脂中主要组分的观点正好相反[25]。研究还发现 C16:1、C18:1 和 C16:0 脂肪酸是 GPL 中含量最丰富的脂肪酸,这与前人的研究结果一致[25-26]。

脂质组学分析还揭示了酿酒酵母对升高生长温度(例如,37℃)的响应,与 24℃ 的生长温度相比,以三种主要方式调节其脂质组成。首先,它产生了更高含量的 PI,但 PE 和 TAG 的含量较低;其次,GPL 中 16:0 和 18:1 脂肪酸的含量升高;最后,鞘磷脂的含量升高,其中含有长链鞘氨醇碱基(即 20:0;3)。例如,在研究中发现 20:0;3/26:0;1M(IP)$_2$C 的含量增加了 18 倍。

19.2.3 不同酵母菌株的脂质组学

近年来,脂质组学分析技术用来研究系统发育不同的酵母菌株是否具有不同的 GPL,

以及遗传密切关系的菌株在 GPL 组成上是否有类似性。研究人员采用如之前所述[27-28]的 HPLC/LIT-FTICR-MS 技术，对 5 种不同的酵母菌株的 GPL 进行了分析，其中包括：酿酒酵母(S. cerevisiae)、贝酵母(Saccharomyces bayanus)、耐热克鲁维酵母(Kluyveromyces thermotolerans)、毕赤酵母(Pichia angusta)和解脂耶酵母(Yarrowia lipolytica)，尽量让它们在完全相同的环境条件下生长，以减少外部条件对 GPL 变化的影响[18]。其中，由于 S. cerevisiae 和 S. bayanus 遗传关系接近，因此选择了遗传相似性低且彼此不密切相关的四株酵母菌株。在该研究中，对 9 类 GPL 中的超过 100 种分子进行了定量分析。研究结果表明，各菌株均有其特征的 GPL，但遗传相关的酵母菌菌株(如 S. cerevisiae 和 S. bayanus)的 GPL 有很高的相似性。

对上述五种酵母菌菌株中存在的 CL、PA、PE、N-单甲基磷脂酰乙醇胺(MMePE)、N,N-二甲基磷脂酰乙醇胺(DMePE)、PC、PI、PS、PG 等 100 多个 GPL 分子进行了比较分析研究。系统发育不同的酵母菌株的 GPL 比较分析显示，不同的酵母菌株之间的 GPL 在数目、分布和相对水平上存在显著差异。一般来说，S. cerevisiae 和 S. bayanus 中检测到的 GPL 种类数量较少，而 K. thermotolerans、P. angusta 和 Y. lipolytica 中的 GPL 具有更多的种类。除了数量差异外，遗传多样性酵母菌在 GPL 组成上也存在显著差异，而遗传相似性酵母菌株间则显示出高度的相似性。具体来说，S. cerevisiae 和 S. bayanus 的 GPL 类别非常相似，它们都包含四大类 GPL，脂肪酸链相对较短，双键数量较少，例如，S. bayanus 中主要的 GPL 为 C32：2 和 C34：2 的 PE 和 C32：2 和 C34：2 的 PC。Y. lipolytica 的 GPL 拥有更长的脂肪酸链和更高的不饱和程度。相比而言，与 K. thermotolerans 和 P. angusta 中的脂质组成相比，其他三种菌株的更加复杂，含有更长的脂肪酸链和更多的双键。

19.2.4 酵母脂质组学对脂质合成及功能的影响

作为一种模型生物，将酵母菌用于脂质生物学研究具有许多优势，主要如下。

- 与哺乳动物细胞相比，生长条件简单、遗传操作容易、实验操作简便。
- 酵母菌在培养基中培养时，可以精确控制物理和生化参数；而哺乳动物细胞通常需要在含脂质丰富的血清培养基上进行培养，可以从培养基中直接吸收营养物和脂肪酸分子，使得表型的解释不太清楚，这对于研究脂质代谢尤其重要。
- 高质量的数据库以及大量可用的质粒和基因组文库。
- 酵母和哺乳动物中许多基本代谢途径的高度保守。

大量可获得的酵母菌突变体为发现和表征突变体的脂质代谢、转运和转化等提供了有利的工具。Daum 等[25]系统地分析了酵母菌株脂质代谢中的潜在缺陷；Proszynski 等[29]确定了鞘脂和麦角固醇与细胞表面传递的关系；Hancock 等[30]鉴定了大量的突变体，发现肌醇过量合成与 GPL 生物合成基因(包括编码肌醇-3-磷酸合成酶的 INO1[31])的失调相关。此外，科学家可以利用现有的酵母缺陷型在不同的生长条件下在全基因组范围内测定基因丢失和基因相互作用的影响[2]。尽管研究酵母脂质组中特定脂质分子在细胞信号传递中的作用尚存在一定的局限性，但在这一领域，尤其是结合代谢组学和脂质组学等新兴技术的研究，仍有很大的发展机遇。

通过对酵母脂质组学的研究,证明了这些关键的真核生物过程的基本分子机制和各个成分是保守的。甚至在哺乳动物细胞生物学中涉及到这些过程的许多基因,现在也源自于它们在酵母中的同源发现。例如,酵母 OLE1 基因编码酵母菌中唯一的 Δ9 脂肪酸去饱和酶,并可被大鼠中硬脂酰-CoA 去饱和酶基因取代[32];存在于仓鼠和人中的 HMG-CoA 还原酶基因可用于挽救 hmg1/hmg2 酵母细胞的致死性[33]。

应该认识到,尽管酵母菌中脂质的许多基础代谢与哺乳动物细胞中的类似,但酵母和哺乳动物细胞之间存在一些关键差异。例如,
- 酵母鞘脂含有肌醇而不是胆碱,与哺乳动物细胞中的鞘磷脂类似[34]。
- 与哺乳动物不同,酵母菌合成植物鞘氨醇和植物神经酰胺[34]。
- 酵母菌含有的脂肪酸混合物(除非提供营养来源,否则缺乏 PUFA)比哺乳动物细胞的简单,这使得酵母的脂质组中只有几百种脂质[19,35],而哺乳动物细胞中有数千种[1,36]。
- 酵母通过 CDP-DAG 与游离丝氨酸的反应合成 PS,但哺乳动物细胞通过与 PE 的交换反应合成 PS。因此,在酵母中,CDP-DAG 不仅可以作为 PI 及其衍生物、PG、PGP 和 CL 的前体,同哺乳动物细胞一样,也作为 PS、PE 和 PC(通过 PE 甲基化)的前体。
- 酵母菌合成的麦角固醇是主要的固醇[37],而哺乳动物细胞中胆固醇是主要固醇。

这些酵母菌和哺乳动物细胞之间基础脂质代谢的差异对潜在的信号传导机制有影响[38]。

总之,由于脂质是生理过程中不可或缺的分子,研究脂质稳态控制机制、代谢、转运和功能,是细胞生物学中的一个重要课题。为此,最近发表了许多关于 GPL、鞘脂和固醇代谢的详细综述。任何对这些主题感兴趣的读者都可参考这些文章来了解更多的细节[11,39-40]。

以下是一些通过使用脂质组学方法研究脂质稳态、代谢、运输和功能改变,以及导致这些改变的潜在分子机制的例子。

Boumann 等[41]利用 ESI-MS/MS 和稳定同位素标记技术分析了两种 PC 生物合成途径对新合成的 PC 的脂肪酸组成的不同贡献。PC 生物合成途径包括 PE 甲基化途径和 CDP-胆碱途径(又称 Kennedy 途径)[42]。研究人员利用这两条途径中的一条途径阻断了,并只能利用剩下的途径合成 PC 分子的突变体研究 PC 的合成。研究发现,由于含有两个 C16:1 脂肪酸链的 PE 分子优先被用作甲基化的前体[41],CDP-胆碱途径合成的 PC 相较于 PE 甲基化途径合成的 PC 富含二不饱和脂质。在这项研究中,研究人员还发现 PC 分子在甘油骨架的 sn-1 位置经历了重构,这种重构是实现稳态 PC 所必需的。

Guan 和 Wenk[35]采用 ESI-MS/MS 对野生型和突变型酿酒酵母菌通过简单提取的脂质中 GPL 和鞘磷脂进行了半定量测定。突变体的研究包括 slc1Δ-酰基转移酶缺陷型和 scs7Δ(脂质羟化酶缺陷型)。结果表明,slc1Δ 菌株合成的 GPL 谱与野生型菌株相似,一般不会合成脂肪链短而饱和的 PI 分子,除非当细胞在培养基中添加鞘氨醇长链碱。在研究中还发现了鞘脂质脂质的差异,包括短链鞘脂、植物神经酰胺和 IPC 种类的增加。与此相反,研究表明 scs7Δ 的突变体含有类似野生型的 GPL 谱,但其含羟基和复杂的 Cer 分子的水平显著降低。

在另一项研究中,Boumann 等[43]利用 cho2Δopi3Δ 突变株,其中缺失两种能催化 PE 三

步甲基化合成 PC 的甲基转移酶,采用 ESI-MS/MS 技术分析当酵母细胞缺失 PC 细胞生物合成途径时的 GPL 类脂质的含量,发现该突变菌株的 PC 生物合成完全依赖于 CDP-胆碱途径(即 Kennedy 途径)。当 PC 水平降至 GPL 总量的 2% 以下时,该突变株在不添加胆碱的培养条件下停止生长[43]。随着 PC 水平降低,PE 和 PI 水平增加,保留的 PC 分子会进行酰基链重构,其中二不饱和 PC 被单不饱和 PC 取代。研究人员发现,这种重构过程不需要 PLD1/SPO14 基因编码的 PLD。此外,在 PC 消耗的过程中,细胞脂肪酸的组成也发生了变化,PC 脂质中脂肪酸链变短,且不饱和度增加。具体而言,PC 脂质中 C16 脂肪酸含量相对于 C18 脂肪酸的增加了 40%,同时脂肪酸的不饱和度增加了 10%。随着脂肪酸组成的变化,由 OLE1 基因编码的脂肪酸去饱和酶的表达水平增加[43]。此外,随着 PC 耗尽,PE 在脂肪酸组成中发生巨大的变化,而中性脂质受到的影响较小。最后,脂质组学结果表明,酵母细胞具有维持固有膜曲率的调节机制,因为含有链短和饱和度高脂肪酸的 PE 类脂质含量升高,难易形成非双层结构[43]。

探讨缺乏或补充营养(例如,肌醇或胆碱)对脂质代谢的影响一直脂质学中一个热点,酵母菌是一项研究这些影响的有力工具[44-45]。脂质组学可以深入阐明不同营养条件下脂质发生变化的生化机制。例如,通过 ESI-MS/MS 分析测定肌醇缺乏对脂质代谢的影响,结果发现当培养基中肌醇缺乏时,酵母菌合成含有两个肉豆蔻酸酰基链的 PC 即二肉豆蔻酰基 PC(DMPC)的量显著升高,占 PC 总含量的 40%[46];当培养基中含有肌醇时,无论是否存在胆碱,细胞中的 DMPC 水平都明显较低;当培养基中同时缺乏肌醇和胆碱时,细胞中的 DMPC 水平也很低。这些研究结果表明,在肌醇缺乏条件下生长的细胞中存在的高水平的 DMPC 与胆碱存在下的生长有独特的联系。此外,研究人员还观察到肌醇的缺乏也会对 GPL 和中性脂的合成和转化产生影响,说明肌醇对酵母的整个脂质组的影响比较大。

Elo1、Elo2 和 Elo3 是存在于在内质网上的 3-酮脂酰-CoA 合成酶[8],参与 4 个步骤的循环,可连续催化脂酰 CoA 延伸 2 个亚甲基。Ejsing 等[19]对 $elo1\Delta$、$elo2\Delta$、$elo3\Delta$ 和野生型菌株的脂质组进行比较分析,对 21 类脂质中的 250 个脂质分子进行了定量分析。结果发现,$elo1\Delta$ 细胞中 $M(IP)_2C$、MIPC 和 IPC 的含量升高 1.4~3.8 倍,而 PI、PC 和 PE 含量降低。对 LOL 1Δ 脂质组的分析表明,Elo1 的缺失促进了 Elo2 和 Elo3 催化短链酰基 CoA 向 C26:0 CoA 的延伸[19],同时促进鞘氨醇合成的鞘氨醇长链碱,并且反过来降低了底物 PI 的浓度。此外,该研究表明 $elo1\Delta$ 突变体中含有较多的结构中含 C14:0 和 C14:1 脂肪酸的 GPL,证实了 Elo1 对已知底物的偏好性[47-48]。对 $elo2\Delta$ 和 $elo3\Delta$ 突变株的脂质组的分析发现,鞘脂和 GPL 的含量和组成均发生了显著的变化[19]。例如,与野生型相比,$elo2\Delta$ 和 $elo3\Delta$ 突变体的鞘脂体组织中 MIPC 和 $M(IP)_2C$ 含量较少,但 IPC 的含量高了 2.4~9.0 倍。此外,研究人员还发现,尽管 $elo2\Delta$ 和 $elo3\Delta$ 细胞中 PI 和 PC 的水平与野生型相似,但 PI 和 PC 分子的化学组成显著不同。$elo2\Delta$ 突变体中具有 C16:0、C16:1 和较短链的脂肪酸的 PI 和 PC 的含量较少,含有 C18:1 和 C18:0 脂肪酸的 PI 和 PC 的含量升高。相比之下,$elo3\Delta$ 脂质组与野生型的差异主要表现为 PC 的组成上(在 PE、PS 和 PA 中差异较小),其特征是 C16:1-C16:1 和 C14:1-C16:1 型 PC 的含量增加,而 C16:0-C16:1 和 C16:0-C18:1 型 PC 的含量降低。

19.2.5 生长条件对酵母脂质组的影响

Klose 等[49]考察了温度(即 15、24、30、37℃)、碳源(葡萄糖、棉子糖和甘油)、生长阶段(即对数期早期和中期,稳定期早期和后期)、酵母浸出粉胨葡萄糖培养基和全合成培养基、半乳糖诱导的胞浆蛋白和跨膜蛋白的过表达,以及存在或不存在选择性药物 G418 等生长条件对野生型酵母 BY4741 中脂质组的影响,系统地研究了各种常规生长条件对酵母脂质组的影响。

主要研究结果有以下四个方面。
- 碳源对总脂质组成影响显著。具体来说,在棉子糖和甘油中生长的细胞,其脂质组会聚集在一起,而在葡萄糖中生长的细胞,其脂质组则形成一个单独的簇。
- 酵母菌的脂质组在不同的生长阶段(即从对数期前期到稳定期)会发生显著变化。因为对数生长期中期(OD_{600nm}=3.5)、稳定期前期(OD_{600nm}=6)和稳定期后期的酵母培养物中的脂质组会形成相距较远的簇。
- 生长温度降至 15℃后对脂质组有显著影响。生长在 24、30、37℃的细胞脂质组具有很大的相似性,处于"葡萄糖簇"中,与生长在 15℃的细胞脂质组有显著差异。
- 半乳糖诱导的胞浆蛋白或跨膜蛋白的过度表达(诱导时间为 3h)、添加选择性药物 G418 以及不同的杂交类型均未引起酵母细胞脂质组成的显著变化。半乳糖诱导型细胞的脂质组处于"非葡萄糖簇"中,而不同杂交类型的脂质组则会与葡萄糖生长型细胞的脂质组紧密地聚集在一起。

19.3 结核分枝杆菌的脂质组学

结核分枝杆菌(*M. tuberculosis*)是分枝杆菌科的一种致病菌,也是大多数结核病例的致病因子。脂质在结核分枝杆菌的生物学中起着重要作用。结核分枝杆菌中的大多数脂质与哺乳动物、植物和酵母中的脂质基本相同,因此可以采用相同的裂解方式和方法分析其中的脂质。然而,结核分枝杆菌含有一些特殊的脂质[50],至今还没有讨论过,例如,分枝菌酸和甲基葡萄糖脂多糖。事实上,在已鉴定出的结核分枝杆菌中的 58 类脂质中,其中有 40 个都没有在真核细胞或革兰氏阴性菌中报道过。

分枝菌酸是这些特殊脂质中的一种。分枝菌酸是一种长链脂肪酸(图 19.1),存在于一类包括结核分枝杆菌在内的分枝杆菌群的细胞壁中,是其细胞壁的主要组成部分。在结核分枝杆菌中分枝菌酸主要有 3 类结构:α-、甲氧基-和酮-(图 19.1)。α-分枝菌酸结构含有几个环丙基环,至少占机体中分枝菌酸的 70%。甲氧基-分枝菌酸含有多个甲氧基,占总分枝菌酸的 10%~15%,酮-分枝菌酸含有几个酮基,占总分枝菌酸的 10%~15%。含羧酸的分枝菌酸在负离子模式下容易电离,特别是在基本条件下(详见第 3 章)。Hsu 等[52]全面地表征了负离子模式下经过 CID 后的分枝菌酸,发现 α-分枝菌酸的霉菌酸结构主链上丢失部分醛基,产生了丰富的碎片离子,形成含有 α-烷基链的羧酸根阴离子。这些碎片离子的结构信息提供了分枝菌酸包括主链和 α-分支长度的结构分布。因此,这些碎片离子的 PIS 可为分枝菌酸的分类提供了一种简单且具体的方法,而甲醛残基的 NLS 作为一种简单的方法,可以用来揭示混合物中的含有特异主链的分枝菌酸分子,如前所述[52]。

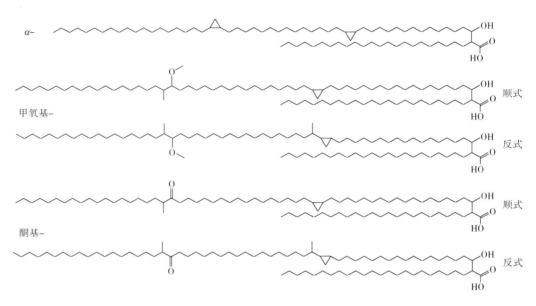

图 19.1　分枝菌酸的分子结构

图中所示为 α-、甲氧基-和酮基-分枝菌酸三种不同类型的分枝菌酸的典型结构。注意,主链和 α-分支链中的碳原子数量都可能发生变化。

已有人对甲基葡萄糖脂多糖以及细菌中一般脂多糖的表征和分析进行了全面综述,其中涵盖了各种基于 MS 用来脂多糖的结构解析的应用[13]。该综述对脂质 A、脂多糖的内毒素的分析方案和串联质谱方法给出了特别说明,对具体细节感兴趣的读者可以查阅这篇非常有价值的综述。

存在于结核分枝杆菌中的特殊聚酮类脂质与宿主相互作用是其发挥毒性的关键。采用质谱法对这种类型的脂质进行了分析[53],研究发现,结核菌醇二分枝菌酸(PDIM)和硫脂-1 两种脂质毒力因子的大小和含量均受共同前体甲基丙二酰 CoA 控制。这些结果表明,在感染过程中,结核分枝杆菌利用脂肪酸的生长过程促进了脂质生物合成途径中甲基丙二酰 CoA 的积累,进而增加了毒性脂质的合成。

值得注意的是,虽然 Lipid MAPS 数据库中包含了关于甘油磷脂(GPL)和甘油三酯(TAG)等常见脂质的丰富信息,但数据库中没有包含许多在分枝杆菌中发现的独特脂质,如硫脂和酚糖脂。为此,Layre 等[50]建立了一个类似于 Lipid MAPS 的数据库,命名为 MycoMass,可用来将 MS 鉴定的离子与已知的化学结构离子进行匹配。随着结核分枝杆菌和其他富含脂肪的细菌中越来越多的脂质结构被解析出来,该数据库可作为结核分枝杆菌脂质组学研究的有力工具,对研究细菌的科研人员非常有利。一个全面的数据库有助于解析脂质分子结构,鉴定其生物合成途径,并确定它们在结核分枝杆菌生物学中的作用。

参考文献

1. Yetukuri, L., Ekroos, K., Vidal-Puig, A. and Oresic, M. (2008) Informatics and computational strategies for the study of lipids. Mol. Biosyst. 4, 121-127.
2. Gaspar, M. L., Aregullin, M. A., Jesch, S. A., Nunez, L. R., Villa-Garcia, M. and Henry, S. A. (2007) The emergence of yeast lipidomics. Biochim. Biophys. Acta 1771, 241-254.
3. Carman, G. M. and Henry, S. A. (1999) Phospholipid biosynthesis in the yeast Saccharomyces cerevisiae and interrelationship with other metabolic processes. Prog. Lipid Res. 38, 361-399.
4. Vance, D. E., Li, Z. and Jacobs, R. L. (2007) Hepatic phosphatidylethanolamine N-methyltransferase, unexpected roles in animal biochemistry and physiology. J. Biol. Chem. 282, 33237-33241.
5. Wang, M., Kim, G. H., Wei, F., Chen, H., Altarejos, J. and Han, X. (2015) Improved method for quantitative analysis of methylated phosphatidylethanolamine species and its application for analysis of diabetic-mouse liver samples. Anal. Bioanal. Chem. 407, 5021-5032.
6. Tehlivets, O., Scheuringer, K. and Kohlwein, S. D. (2007) Fatty acid synthesis and elongation in yeast. Biochim. Biophys. Acta 1771, 255-270.
7. Martin, C. E., Oh, C. S. and Jiang, Y. (2007) Regulation of long chain unsaturated fatty acid synthesis in yeast. Biochim. Biophys. Acta 1771, 271-285.
8. Denic, V. and Weissman, J. S. (2007) A molecular caliper mechanism for determining very long-chain fatty acid length. Cell 130, 663-677.
9. Daum, G., Lees, N. D., Bard, M. and Dickson, R. (1998) Biochemistry, cell biology and molecular biology of lipids of Saccharomyces cerevisiae. Yeast 14, 1471-1510.
10. Carman, G. M. and Henry, S. A. (2007) Phosphatidic acid plays a central role in the transcriptional regulation of glycerophospholipid synthesis in Saccharomyces cerevisiae. J. Biol. Chem. 282, 37293-37297.
11. Dickson, R. C. (2008) Thematic review series: sphingolipids. New insights into sphingolipid metabolism and function in budding yeast. J. Lipid Res. 49, 909-921.
12. Whitman, W. B., Coleman, D. C. and Wiebe, W. J. (1998) Prokaryotes: the unseen majority. Proc. Natl. Acad. Sci. U. S. A. 95, 6578-6583.
13. Kilar, A., Dornyei, A. and Kocsis, B. (2013) Structural characterization of bacterial lipopolysaccharides with mass spectrometry and on- and off-line separation techniques. Mass Spectrom. Rev. 32, 90-117.
14. Rezanka, T., Kresinova, Z., Kolouchova, I. and Sigler, K. (2012) Lipidomic analysis of bacterial plasmalogens. Folia Microbiol. (Praha) 57, 463-472.
15. Fahy, E., Subramaniam, S., Brown, H. A., Glass, C. K., Merrill, A. H., Jr., Murphy, R. C., Raetz, C. R., Russell, D. W., Seyama, Y., Shaw, W., Shimizu, T., Spener, F., van Meer, G., VanNieuwenhze, M. S., White, S. H., Witztum, J. L. and Dennis, E. A. (2005) A comprehensive classification system for lipids. J. Lipid Res. 46, 839-861.
16. Guan, X. L., Riezman, I., Wenk, M. R. and Riezman, H. (2010) Yeast lipid analysis and quantification by mass spectrometry. Methods Enzymol. 470, 369-391.
17. Verduyn, C., Postma, E., Scheffers, W. A. and Van Dijken, J. P. (1992) Effect of benzoic acid on metabolic fluxes in yeasts: a continuous-culture study on the regulation of respiration and alcoholic fermentation. Yeast 8, 501-517.
18. Hein, E. M. and Hayen, H. (2012) Comparative lipidomic profiling of S. cerevisiae and four other hemiascomycetous yeasts. Metabolites 2, 254-267.
19. Ejsing, C. S., Sampaio, J. L., Surendranath, V., Duchoslav, E., Ekroos, K., Klemm, R. W., Simons, K. and Shevchenko, A. (2009) Global analysis of the yeast lipidome by quantitative shotgun mass spectrometry. Proc. Natl. Acad. Sci. U. S. A. 106, 2136-2141.
20. Claypool, S. M., Whited, K., Srijumnong, S., Han, X. and Koehler, C. M. (2011) Barth syndrome mutations that cause tafazzin complex lability. J. Cell Biol. 192, 447-462.
21. Baile, M. G., Sathappa, M., Lu, Y. W., Pryce, E., Whited, K., McCaffery, J. M., Han, X., Alder, N. N. and Claypool, S. M. (2014) Unremodeled and remodeled cardiolipin are functionally indistinguishable in yeast. J. Biol. Chem. 289, 1768-1778.
22. Yang, K., Cheng, H., Gross, R. W. and Han, X. (2009) Automated lipid identification and quantification by multi-dimensional mass spectrometry-based shotgun lipidomics. Anal. Chem. 81, 4356-4368.
23. Zhou, Z., Marepally, S. R., Nune, D. S., Pallakollu, P., Ragan, G., Roth, M. R., Wang, L., Lushington, G. H., Visvanathan, M. and Welti, R. (2011) LipidomeDB data calculation environment: online processing of direct-infusion mass spectral data for lipid profiles. Lipids 46, 879-884.
24. Ejsing, C. S., Duchoslav, E., Sampaio, J., Simons, K., Bonner, R., Thiele, C., Ekroos, K. and Shevchenko, A. (2006) Automated identification and quantification of glycerophospholipid molecular species by multiple precursor ion scanning. Anal. Chem. 78, 6202-6214.
25. Daum, G., Tuller, G., Nemec, T., Hrastnik, C., Balliano, G., Cattel, L., Milla, P., Rocco, F., Conzelmann, A., Vionnet, C., Kelly, D. E., Kelly, S., Schweizer, E., Schuller, H. J., Hojad, U., Greiner, E. and

Finger, K. (1999) Systematic analysis of yeast strains with possible defects in lipid metabolism. Yeast 15, 601-614.

26. Schneiter, R., Brugger, B., Sandhoff, R., Zellnig, G., Leber, A., Lampl, M., Athenstaedt, K., Hrastnik, C., Eder, S., Daum, G., Paltauf, F., Wieland, F. T. and Kohlwein, S. D. (1999) Electrospray ionization tandem mass spectrometry (ESI-MS/MS) analysis of the lipid molecular species composition of yeast subcellular membranes reveals acyl chain-based sorting/remodeling of distinct molecular species en route to the plasma membrane. J. Cell Biol. 146, 741-754.

27. Hein, E. M., Blank, L. M., Heyland, J., Baumbach, J. I., Schmid, A. and Hayen, H. (2009) Glycerophospholipid profiling by high-performance liquid chromatography/mass spectrometry using exact mass measurements and multi-stage mass spectrometric fragmentation experiments in parallel. Rapid Commun. Mass Spectrom. 23, 1636-1646.

28. Hein, E. M., Bodeker, B., Nolte, J. and Hayen, H. (2010) Software tool for mining liquid chromatography/multi-stage mass spectrometry data for comprehensive glycerophospholipid profiling. Rapid Commun. Mass Spectrom. 24, 2083-2092.

29. Proszynski, T. J., Klemm, R. W., Gravert, M., Hsu, P. P., Gloor, Y., Wagner, J., Kozak, K., Grabner, H., Walzer, K., Bagnat, M., Simons, K. and Walch-Solimena, C. (2005) A genome-wide visual screen reveals a role for sphingolipids and ergosterol in cell surface delivery in yeast. Proc. Natl. Acad. Sci. U.S.A. 102, 17981-17986.

30. Hancock, L. C., Behta, R. P. and Lopes, J. M. (2006) Genomic analysis of the Opi- phenotype. Genetics 173, 621-634.

31. Greenberg, M. L. and Lopes, J. M. (1996) Genetic regulation of phospholipid biosynthesis in Saccharomyces cerevisiae. Microbiol. Rev. 60, 1-20.

32. Stukey, J. E., McDonough, V. M. and Martin, C. E. (1990) The OLE1 gene of Saccharomyces cerevisiae encodes the delta 9 fatty acid desaturase and can be functionally replaced by the rat stearoyl-CoA desaturase gene. J. Biol. Chem. 265, 20144-20149.

33. Basson, M. E., Thorsness, M., Finer-Moore, J., Stroud, R. M. and Rine, J. (1988) Structural and functional conservation between yeast and human 3-hydroxy-3-methylglutaryl coenzyme A reductases, the rate-limiting enzyme of sterol biosynthesis. Mol. Cell. Biol. 8, 3797-3808.

34. Perry, R. J. and Ridgway, N. D. (2005) Molecular mechanisms and regulation of ceramide transport. Biochim. Biophys. Acta 1734, 220-234.

35. Guan, X. L. and Wenk, M. R. (2006) Mass spectrometry-based profiling of phospholipids and sphingolipids in extracts from Saccharomyces cerevisiae. Yeast 23, 465-477.

36. Sampaio, J. L., Gerl, M. J., Klose, C., Ejsing, C. S., Beug, H., Simons, K. and Shevchenko, A. (2011) Membrane lipidome of an epithelial cell line. Proc. Natl. Acad. Sci. U.S.A. 108, 1903-1907.

37. Zinser, E., Paltauf, F. and Daum, G. (1993) Sterol composition of yeast organelle membranes and subcellular distribution of enzymes involved in sterol metabolism. J. Bacteriol. 175, 2853-2858.

38. Sturley, S. L. (2000) Conservation of eukaryotic sterol homeostasis: new insights from studies in budding yeast. Biochim. Biophys. Acta 1529, 155-163.

39. Hannich, J. T., Umebayashi, K. and Riezman, H. (2011) Distribution and functions of sterols and sphingolipids. Cold Spring Harb. Perspect. Biol. 3, a004762.

40. Carman, G. M. and Han, G. S. (2011) Regulation of phospholipid synthesis in the yeast Saccharomyces cerevisiae. Annu. Rev. Biochem. 80, 859-883.

41. Boumann, H. A., Damen, M. J., Versluis, C., Heck, A. J., de Kruijff, B. and de Kroon, A. I. (2003) The two biosynthetic routes leading to phosphatidylcholine in yeast produce different sets of molecular species. Evidence for lipid remodeling. Biochemistry 42, 3054-3059.

42. Kennedy, E. P. and Weiss, S. B. (1956) The function of cytidine coenzymes in the biosynthesis of phospholipides. J. Biol. Chem. 222, 193-214.

43. Boumann, H. A., Gubbens, J., Koorengevel, M. C., Oh, C. S., Martin, C. E., Heck, A. J., Patton-Vogt, J., Henry, S. A., de Kruijff, B. and de Kroon, A. I. (2006) Depletion of phosphatidylcholine in yeast induces shortening and increased saturation of the lipid acyl chains: evidence for regulation of intrinsic membrane curvature in a eukaryote. Mol. Biol. Cell 17, 1006-1017.

44. Kelley, M. J., Bailis, A. M., Henry, S. A. and Carman, G. M. (1988) Regulation of phospholipid biosynthesis in Saccharomyces cerevisiae by inositol. Inositol is an inhibitor of phosphatidylserine synthase activity. J. Biol. Chem. 263, 18078-18085.

45. Loewen, C. J., Gaspar, M. L., Jesch, S. A., Delon, C., Ktistakis, N. T., Henry, S. A. and Levine, T. P. (2004) Phospholipid metabolism regulated by a transcription factor sensing phosphatidic acid. Science 304, 1644-1647.

46. Gaspar, M. L., Aregullin, M. A., Jesch, S. A. and Henry, S. A. (2006) Inositol induces a profound alteration in the pattern and rate of synthesis and turnover of membrane lipids in Saccharomyces cerevisiae. J. Biol. Chem. 281, 22773-22785.

47. Toke, D. A. and Martin, C. E. (1996) Isolation and characterization of a gene affecting fatty acid elongation in Saccharomyces cerevisiae. J. Biol. Chem. 271, 18413-18422.

48. Schneiter, R., Tatzer, V., Gogg, G., Leitner, E. and Kohlwein, S. D. (2000) Elo1p-dependent carboxy-terminal e-

longation of C14:1Delta(9) to C16:1Delta(11) fatty acids in Saccharomyces cerevisiae. J. Bacteriol. 182, 3655–3660.

49. Klose, C., Surma, M. A., Gerl, M. J., Meyenhofer, F., Shevchenko, A. and Simons, K. (2012) Flexibility of a eukaryotic lipidome--insights from yeast lipidomics. PLoS One 7, e35063.

50. Layre, E., Sweet, L., Hong, S., Madigan, C. A., Desjardins, D., Young, D. C., Cheng, T. Y., Annand, J. W., Kim, K., Shamputa, I. C., McConnell, M. J., Debono, C. A., Behar, S. M., Minnaard, A. J., Murray, M., Barry, C. E., 3rd, Matsunaga, I. and Moody, D. B. (2011) A comparative lipidomics platform for chemotaxonomic analysis of Mycobacterium tuberculosis. Chem. Biol. 18, 1537–1549.

51. Chow, E. D. and Cox, J. S. (2011) TB lipidomics--the final frontier. Chem. Biol. 18, 1517–1518.

52. Hsu, F. F., Soehl, K., Turk, J. and Haas, A. (2011) Characterization of mycolic acids from the pathogen Rhodococcus equi by tandem mass spectrometry with electrospray ionization. Anal. Biochem. 409, 112–122.

53. Jain, M., Petzold, C. J., Schelle, M. W., Leavell, M. D., Mougous, J. D., Bertozzi, C. R., Leary, J. A. and Cox, J. S. (2007) Lipidomics reveals control of Mycobacterium tuberculosis virulence lipids via metabolic coupling. Proc. Natl. Acad. Sci. U.S.A. 104, 5133–5138.

细胞器和亚细胞膜中的脂质组学

20.1 引言

生物体内细胞的功能与它们的内部组织密切相关,在这个组织中多个亚细胞结构具有特殊的作用。这些亚细胞结构在维持细胞的正常功能、疾病的发展以及生物分子间的相互作用中发挥着重要作用。最初在单细胞生物中观察到的亚细胞结构被称为细胞器,细胞器的字面意思是"小器官",这是因为它与多细胞生物的器官与身体的关系是类似的[1]。在细胞生物学中,细胞器是细胞内具有特定功能的特殊亚单位。单独的细胞器通常包裹在其自身的双层脂质中。真核细胞含有多种细胞器,例如,细胞核、内质网、高尔基体、线粒体和叶绿体(质体)。然而,并不是所有细胞或生物体都含有这些细胞器。例如,植物细胞中含有丰富的叶绿体,但动物细胞中没有叶绿体;红细胞(又称红血球)中不含线粒体。原核生物在以前被认为是没有细胞器的生物,但在最近的研究中发现原核生物也含有细胞器,例如,羧酶体(某些细菌中用于固定碳的蛋白质壳区室)、绿色体(绿色硫细菌的捕光复合物)、在趋磁细菌中发现的磁小体和某些蓝藻细菌中的类囊体[2]。为了了解膜脂组成对细胞膜结合过程中功能的贡献,细胞器中脂质结构的定性和定量至关重要。

另一方面,亚细胞膜是指细胞中存在的任何膜或膜成分。与整个细胞器相比,亚细胞膜的研究更关注于分离膜的结构、组成和功能。与细胞器不同的是,尽管大多数亚细胞膜都具有其特征性的蛋白质,但是它们可能不具有特定的细胞功能。亚细胞膜可以是一种细胞器的膜,也可以是细胞膜的一部分。例如,对于线粒体,除了线粒体膜外,线粒体的外膜、内膜以及其接触点的膜部分都属于亚细胞膜。除了前面提到的细胞器膜之外,质膜和脂筏也是经常研究的例子。对于非细胞器膜的分离,一种广泛用于表征细胞膜系统的方法是对保留在单个细胞膜上的酶活性或标记蛋白进行定位[4-6]。

本章对细胞器和亚细胞膜的脂质组学研究进行了概述,并讨论了细胞器和亚细胞膜的脂质组成特性。

20.2 高尔基体

高尔基体是大多数真核细胞中存在的一种细胞器,由意大利医生卡米洛·高尔基于

1897年发现,因此以卡米洛·高尔基的名字命名。高尔基体将蛋白质包裹在细胞内具有膜结构的囊泡中,然后将蛋白质运送到目的地。高尔基体位于分泌腺、溶酶体和内吞途径的交叉处。这种细胞器在细胞功能中扮演着多种角色,包括脂质的合成和运输、蛋白质的修饰和分选、溶酶体的形成等。高尔基体的独特功能和膜组成使其成为脂质组学的研究热点。

例如,在基于高质量精准度质谱的鸟枪法脂质组学研究中,通过以FusMid和GFP蛋白融合构建的FusMidGFP融合基因在该酵母中高效表达,对该酵母中来源于高尔基体的囊泡中的脂质组成进行评价[9]。在该项研究中,采用密度梯度离心将高尔基体分泌的囊泡和高尔基体分离后,然后使用FusMidGFP的抗体进行免疫富集,进而研究脂筏中的脂质运输和FusMid的作用。在该研究中,利用免疫分离法来提取酿酒酵母的高尔基体到细胞表面的囊泡转运跨膜蛋白(即FusMid)是至关重要的。结果显示,该囊泡中含有摩尔分数为22.8%的麦角固醇和11.1%的含鞘脂的肌醇磷酸,而高尔基体含有摩尔分数为8.5%的磷脂酰肌醇和9.8%的麦角固醇;磷脂酸、麦角固醇、肌糖磷脂酰神经酰胺和鞘脂甘露糖基磷酸肌醇神经酰胺在囊泡中的含量分别是其在高尔基体中的3.2、2.3、2.6、2.2倍。另一方面,磷脂酰丝氨酸、磷脂酰乙醇氨、甘油二酯和磷脂酰胆碱在高尔基体中的含量分别是其在囊泡中的3、2.5、2、1.5倍。实验中经免疫分离得到的囊泡比晚期高尔基膜具有更高的膜秩序,这表明脂筏在高尔基体分选机制中起着重要作用[9]。

鞘磷脂和胆固醇可以组装成微结域并与膜中的其他脂质隔离,这可以作为蛋白质运输和信号传递的平台[10]。高尔基体膜中是否存在这些类型的微结构域,以及蛋白质的分泌是否需要这类微结构域,这都是Duran等进行的另一项关于高尔基体膜上脂质组学的研究内容[11]。他们利用C6-神经酰胺来调控高尔基体膜上的脂质稳态,将海拉细胞用C6-神经酰胺处理后,把高尔基体膜分离出来然后进行脂质组学分析。研究结果表明,C6-SM、C6-GluCer和甘油二酯的含量有所提高,这是由于海拉细胞经神经酰胺-C6处理后,抑制了高尔基体膜上的运输载体的形成,但却不会影响外来载体的融合。此外,形成的C6-SM阻止了巨型单层囊泡中的液体有序域的形成,并降低了海拉细胞中高尔基膜的脂质秩序。上述结果表明,SM的合成和组装对高尔基膜上的运输载体具有重要的生物学意义[11]。

在高等真核生物中,GPL和胆固醇的生物合成主要在内质网中进行[12]。神经酰胺在内质网中合成后被转运到高尔基体,鞘糖脂(包括鞘磷脂和神经节苷脂)在高尔基体中合成。这些脂质是如何通过分泌途径从内质网和高尔基体中被分选和转运到质膜的,这是脂质生物化学和细胞生物学中一个有趣的研究课题。蛋白质和大多数脂质经分泌途径的转运和分选是由囊泡转运介导的,其中COPI被膜小泡在早期的分泌途径中起重要作用。这些作为运输中间体的蛋白质组成已经比较明确,脂质组学分析揭示了这些囊泡的脂质含量和组成[14]。通过采用纳喷雾串联质谱对COPI被膜小泡及其亲本高尔基膜中的脂质种类进行了定量,发现与其供体高尔基膜相比,COPI被膜小泡中仅含有少量的鞘磷脂和胆固醇[15],这表明了COPI被膜小泡能够隔离一些脂质,并且存在一种鞘磷脂分子的筛选机制。此外,脂质组学数据还提供了这种隔离的可能分子机制及其对COPI被膜小泡功能的影响。

20.3 脂滴

脂滴的核心是由中性脂质组成,主要包括甘油三酯和胆固醇酯,核心外由一层单层磷脂膜(主要是极性甘油磷脂)和蛋白质包裹[16-18]。脂滴不仅是疏水化合物的储存场所,而且还可以作为脂质代谢的主动功能单元,包括能量代谢、信号传导、基因调控和自噬[19-22]。脂质组学分析有助于深入了解脂滴的结构和功能以及这些细胞器中的特定成分。

Hartler 等[23-24]采用超高液相色谱-质谱联用及串联质谱对小鼠肝细胞脂滴进行脂质组学分析,接着进行质谱数据的自动分析。经过干预条件包括营养胁迫(例如,长时间喂食高脂肪饮食或短期禁食)、基因胁迫(即敲除脂肪细胞 TAG 的脂肪酶基因)或二者的双重胁迫(即"超级胁迫")后,将细胞器分离出来进行脂质组学分析。结果表明,在脂质类别和单个分子水平上,甘油三酯、甘油二酯与磷脂酰胆碱不同都变化很大。

研究者发现,小鼠肝细胞脂滴含有大量的甘油三酯(约占其总脂质的98%),而其他脂质的含量从高到低的顺序为:甘油二酯>磷脂酰胆碱>其他磷脂质。脂质组学分析发现,甘油三酯的分子种类从 C28:0 到 C62:15 不等,各种条件下的甘油三酯分子种类均有所不同。对甘油三酯的含量进行主成分分析后就很容易地将这些样本分为营养胁迫、基因胁迫或超级胁迫组。同时,在这些动物中的每种生理或代谢条件下,甘油三酯中的酰基组成的平均碳数和双键数存在显著不同。该研究还测定了在不同生理(病理)条件下的脂滴中 26 种甘油二酯分子组成和 24 种磷脂酰胆碱分子组成[23-24]。

另一项研究将野生型陆地棉(成熟的棉花)和其转基因品种 Bnfad2(脂肪酸脱氢酶基因)胚胎中的脂滴分离出来后进行脂质组分析。该基因修饰的成熟陆地棉比野生型拥有更大的脂滴[25]。在显微镜下挑选出单个脂滴,采用一种被称为"直接细胞器质谱"的新型技术分析了这些脂滴中脂质含量。这种新技术可以将细胞器的可视化技术与质谱分析结合起来。文献报道了一种用于提取单个树脂珠中肽的多层面纳米操作器,配备有预先装满有机溶剂[10mmol/L 醋酸铵溶于氯仿和甲醇(1:1,V/V)中]的玻璃纳喷雾喷针,能够从脂滴中提取脂质[26]。结果发现,野生型和转基因陆地棉中的甘油三酯组成不同。在 Bnfad2 变异动物的脂滴中,甘油三酯含量明显较高。该研究也测定了拟南芥种子和叶子中脂滴的脂质,研究发现这些种子的甘油三酯中含有较多的二十碳烯酸(C20:1)。对拟南芥叶子中脂滴的进一步研究表明,这些脂滴的甘油三酯含有较多的 16:3 和 18:3 脂肪酸,而这些甘油三酯在拟南芥种子中的含量非常少。

20.4 脂筏

脂筏是富含胆固醇和鞘脂质的动态纳米蛋白微结构域[27]。通过特定的脂质-脂质、蛋白质-脂质和蛋白质-蛋白质的相互作用可以刺激脂筏从亚稳态聚集形成更大、更稳定的脂筏结构域[28]。当聚集在一起时,由于双层组分对先前存在的筏组件具有潜在的亲和力,双层结构被认为是横向稳定的。换言之,聚集有利于成筏蛋白质的融入,且隔离了非成筏蛋白质。此外,脂筏不仅存在于质膜中,同时还作为颗粒内膜、高尔基体,甚至是吞噬体的一部分[29-30]。脂质组学是了解脂筏上脂质组成的一种强有力工具[31]。

脂筏含有丰富的胆固醇和鞘糖脂,早期的研究主要关注脂筏抵抗非离子去污剂的萃取能力[32]。后来的实验表明,脂筏是一种由不同蛋白质和脂质组成的异质结构域,并且是一种动态结构[33-34]。利用脂质组学对膜筏中独特脂质成分的分析有助于更清楚地认识膜筏。

研究表明,脂筏中的胆固醇水平是质膜中的两倍[35],而且脂筏中的鞘磷脂含量比质膜中的含量高出约50%。有趣的是,神经鞘磷脂含量的增加抵消了磷脂酰胆碱含量的降低。因此,脂筏和质膜中的含胆碱脂质的总含量是相似的。与周围的质膜相比,由于鞘磷脂和胆固醇紧密包裹在一起,脂筏中的这种脂质组成导致其流体状态较差。

膜筏的脂质组学分析得到了一些意想不到的发现。首先,与质膜相比,膜筏中磷脂丝氨酸的含量增加了2~3倍[34-35]。这表明在细胞凋亡、血小板激活或信号转导的过程中,脂筏可能是磷脂丝氨酸这种信号分子快速外排的来源。第二,脂筏富含磷脂酰乙醇胺缩醛磷脂,尤其含有花生四烯酸的分子[34-35]。缩醛磷脂可以作为抗氧化物质,在脂筏中富集后可以阻止脂筏或质膜微囊内分子的氧化。此外,脂筏也是富含花生四烯酸的 GPL 类信号分子的丰富来源。

用无去垢剂和含去垢剂的方案分别处理脂筏后,开展了脂筏的脂质组学研究[34]。结果表明,不同处理方法(即是否添加去垢剂)得到脂质含量和组分存在显著差异[34]。例如,采用不同去垢剂得到的结果显示,胆固醇和鞘脂的含量和组分存在显著差异[33]。因此,在进行脂筏的脂质组学研究时需要谨慎。

脂筏的脂质组学研究大多数是针对样品经离心后收集的部分组分来进行的。因此,分离得到的脂筏数量通常不均一。然而,在 Brugger 等[37]进行的一项研究中,利用一种抗糖基磷脂酰肌醇锚定的朊蛋白或糖基磷脂酰肌醇锚定的 Thy-1 蛋白的免疫亲和力的方法来分离脂筏。对这些分离得到的脂筏进行脂质组学分析表明,含有 Thy-1 蛋白和朊蛋白的脂筏之间,二者的胆固醇、磷脂酰胆碱、己糖苷神经酰胺和 N-硬脂酰胺含量存在显著差异。这些发现证实,脂筏在蛋白质和脂质含量方面均存在差异。而且,脂筏在分离后至少保留了它们部分的生物差异。

用任何方法分离得到的脂筏,都可能由于分离方法引起一些假象,从而不能真实地反映脂筏中脂质和蛋白质的含量和组成。然而,Brugger 等[38]的研究结果与此不符,他们利用质谱分析了 HIV 病毒的脂质。HIV 病毒是一种包膜的逆转录病毒,从感染细胞的膜上出芽。由于 HIV 包膜中存在脂筏标记蛋白,因此有观点认为出芽是由脂筏产生[39]。在这项研究中,Brugger 等[38]将出芽 HIV 病毒分离出来后,经过分析证明出芽 HIV 病毒富含胆固醇、鞘脂、磷脂酰丝氨酸和缩醛磷脂酰乙醇胺。结果表明,HIV 病毒的膜结构与病毒出芽的细胞中的脂筏具有类似脂质组成,并且表明含有这种独特组成的膜结构域一定存在于细胞中病毒萌芽的位置。因此,这项研究为完整细胞中膜筏的存在提供了强有力的证据。

脂筏的脂质组学研究有利于解析病理生理学病症发展的分子机制,例如 β 细胞凋亡,因此有助于解析由于长期接触饱和脂肪酸导致的 2 型糖尿病[40]。通过脂质组学研究，Boslem 等人[40]揭示了内质网中的游离胆固醇是通过棕榈酸酯和葡糖基神经酰胺合成酶的长期过度表达而相互调节。这与已知的神经鞘磷脂和脂筏上丰富的游离胆固醇的共同调控和缔合是一致的。通过抑制神经鞘磷脂水解进一步研究由棕榈酸酯慢性暴露引起的 ATF4/CHOP 信号通路上调的局部保护。这些发现表明，内质网中神经鞘磷脂的损失是引发 β 细胞脂毒性的关键因素，这破坏了内质网中的脂筏、干扰了蛋白质运输并启动了内质网应激。

通常认为，抗去垢剂膜（DRMs）指的是质膜中普遍存在的微结构域。这些抗去垢剂膜微结构域是否也存在于亚细胞器中，这引起了生物化学家和生物学家的兴趣。抗去垢剂膜与其亲代膜中的脂质含量和组分差异可以通过脂质组学来研究。例如，采用脂质组学表征高尔基膜上的微结构域[29]。研究发现，与细胞来源的抗去垢剂膜相比，高尔基体来源的去垢剂不可溶性微结构域具有较低的浮力密度，其中包含了高尔基体中 25% 的 GPL（包括高尔基体中 67% 的神经鞘磷脂）和 43% 的胆固醇。与细胞来源的抗去垢剂膜相比，这些高尔基体来源的微结构域仅含有 10 种主要的蛋白质（含量基本相等），包括异三聚体 G 蛋白的 α 和 β 亚基、flotillin-1 蛋白、微囊蛋白以及液泡中三磷酸腺苷酶的亚基。有趣的是，这些高尔基体来源的微结构域的完整性并不依赖于它们的膜环境，因为这些微结构域仍然可以从一个融合的高尔基体-内质网细胞器中分离出来。这一发现表明，高尔基体来源的微结构域与邻近的膜蛋白和脂质之间并不存在动态平衡。

20.5 线粒体

线粒体是在大多数真核细胞中存在的一种有细胞膜包裹的细胞器[41]。细胞内线粒体的数量因生物体、组织和细胞类型不同而相差很大。例如，红细胞不含线粒体，而肝细胞有成千上万个线粒体[42]。线粒体为大部分细胞提供了能量（即 ATP），因此被称为"细胞的动力工厂"。此外，线粒体还参与其他细胞功能，如信号传导、细胞分化、细胞死亡以及维持细胞周期和细胞生长的控制[43]。因此，线粒体的功能障碍会关系到许多人类疾病，包括线粒体疾病[44]、心脏功能障碍和心力衰竭[45]以及神经退行性疾病[46-47]。

线粒体不断地发生分裂和融合[48]，因此，它们要求稳定的 GPL 供应以保证膜结构的完整性[49]。此外，线粒体在 GPL 合成通路的中间体和产物、神经酰胺和胆固醇代谢以及糖鞘脂合成代谢产物的跨细胞器运输中也起着重要作用[49-50]。例如，线粒体中磷脂酰丝氨酸的脱羧作用生成磷脂酰乙醇胺，这在哺乳动物中起着至关重要的作用[51]。此外，线粒体还有一类独特的 GPL（即心磷脂）。

CL 的含量和组分都与正常的线粒体功能密切相关[52-55]。因此，对 CL 种类的分析有助于研究线粒体的生物能量学。例如，在最近的一项研究中，用改性脂肪酸（即三苯基十八烷酸）处理小鼠胚胎细胞，并在导致细胞凋亡的条件下进行研究[56]，采用 LC-MS 分析 CL。该研究表明，当以改性脂肪酸处理细胞时，CL 中的硬脂酸含量增加。该研究还表明，与未经处理的细胞和用未改性的十八烷酸处理的细胞相比，改性脂肪酸处理赋予了细胞更强的细凋亡抗性。

脂质组学研究还揭示,在长链酰基辅酶 A 脱氢酶缺乏(图 20.1)或过氧化物酶体增殖物激活受体 γ 共激活因子-1(PGC-1)缺失等线粒体功能障碍状态下,小鼠心肌线粒体中的磷脂酰胆碱和磷脂酰乙醇胺分子种类发生了显著转变,从含 22∶6(n-3)脂肪酸的转变为含 22∶4 和 20∶4(n-6)脂肪酸[57]。前期有研究报道证明 n-3 多不饱和脂肪酸的降低与 GPL 存在关联[58]。有研究认为,线粒体是 n-3 多不饱和脂肪酸从头生物合成的场所,合成通路是依赖肉碱的酶促催化过程,然而对其认识尚不够清楚[59-60],而 n-6 多不饱和脂肪酸是在内质网中合成的。与此观点相一致,线粒体脂肪酸 $β$-氧化中的遗传缺陷与 22∶6 脂肪酸的含量低有关(图 20.1)[61-62]。在 PGC-1 缺失的情况下,线粒体多不饱和脂肪酸合成途径中基因的下调[63]可能导致小鼠心脏中含 n-3 多不饱和脂肪酸的磷脂酰乙醇胺和磷脂酰胆碱的种类减少。

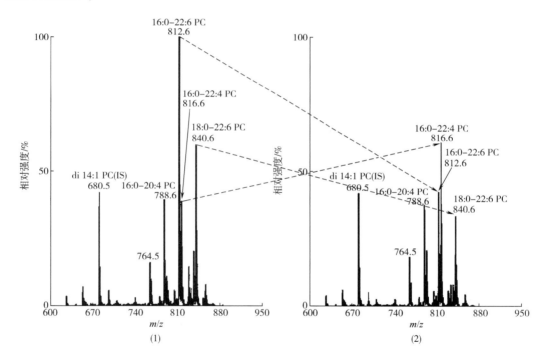

图 20.1 野生型和长链酰基辅酶 A 脱氢酶敲除小鼠心肌脂质提取物的质谱分析结果

质谱结果显示,野生型小鼠(1)和长链酰基辅酶 A 脱氢酶敲除小鼠(2)的心肌磷脂酰胆碱存在显著差异。如虚线所示,图中所示为按照内标的离子峰归一化处理后的结果。箭头指示从野生型小鼠心肌到长链酰基辅酶 A 脱氢酶敲除心脏的磷脂酰胆碱的变化。与野生型小鼠相比,在基因敲除的小鼠心脏中,含有 22∶6 脂肪酰基链的磷脂酰胆碱的含量明显降低。相反,与野生型小鼠相比,基因敲除小鼠中含有 16∶0-22∶4 脂肪酰基链的磷脂酰胆碱含量有所增加。这些发现具有四个方面的意义。首先,这些结果进一步验证了以前的结果。其次,这些结果表明长链酰基辅酶 A 脱氢酶不仅涉及脂肪酸氧化,还影响膜组分。第三,膜脂的组成对膜的流动性和信号传导都有很大影响,这可能导致膜功能障碍或线粒体功能障碍,因为线粒体脂质是膜脂的重要组成部分,并且是最终促进长链酰基辅酶 A 脱氢酶基因敲除小鼠的病理发展。最后,这些特定的脂质变化可以作为早期检测长链酰基辅酶 A 脱氢酶缺陷引起的病理状态的生物标志物。

Seyfried 课题组与作者的实验室合作研究了非突触和突触线粒体中的脂质组[64-67]。在第一项研究中,研究人员实现了将两种线粒体分离而不被髓磷脂污染的目的[66]。具体而言,首先采用 Ficoll 密度梯度离心法对非突触体线粒体与突触体进行分离;然后破坏突触体,并通过蔗糖梯度离心法进一步纯化释放的线粒体。相反,在 Ficoll 密度梯度离心法后通过蔗糖梯度离心法直接纯化得到非突触线粒体。然后,从每种线粒体中提取脂质,并采用 MDMS-SL 进行分析[68-69]。研究发现,突触线粒体中存在的磷脂酰丝氨酸和神经酰胺含量较高,而非突触线粒体中 CL 含量高于突触线粒体。

在第二项研究中,研究人员分析了 VM 和 B6 小鼠中非突触线粒体的脂质[64]。值得注意的是,VM 小鼠的脑肿瘤发病率比 B6 小鼠高 210 倍。脂质组学分析显示,尽管 VM 和 B6 小鼠非突触线粒体中的总 CL 含量相当,但是这两种小鼠中的 CL 种类存在显著差异。根据质荷比的分析结果,B6 小鼠的非突触线粒体中含有 95 种 CL,均匀分布在七个大组中。相反,VM 小鼠的非突触线粒体仅包含 42 种不对称分布的 CL。此外,与 B6 小鼠相比,VM 小鼠模型含有较高水平的二酰基和缩醛磷脂酰乙醇胺、二酰基和缩醛磷脂酰肌醇、二酰基和缩醛磷脂酰丝氨酸和神经酰胺。然而,VM 小鼠的磷脂酰胆碱含量较低。生化分析显示,与 B6 小鼠相比,VM 小鼠线粒体中复合物 I、I/III 和 II/III 的酶活性较低,而复合物 IV 的活性较高。这些结果表明,与 B6 小鼠相比,VM 小鼠的线粒体脂质组成与电子传递链的活性变化及脑癌发病率之间紧密相关。

在第三项研究中,研究人员比较了小鼠的癌变脑皮质和正常脑皮质中的线粒体脂质,分析了从培养的星形胶质细胞和小鼠肿瘤细胞中分离的非突触小鼠线粒体脂质[67]。线粒体的分离和纯化如上所述。脂质组学分析的结果表明,与体内生长的实体瘤相比,体外细胞培养环境会导致线粒体中脂质组成发生显著变化。结果发现,体外生长环境会使培养的非致瘤性星形胶质细胞的脂质和电子传递链产生异常,这些异常与致瘤性星形胶质细胞的情况相似。培养环境导致克勒勃屈利效应和沃伯格效应的界限难以分辨。这些结果表明,体外生长环境能使线粒体脂质和电子传递链活动产生异常,从而导致 ATP 的产生对糖酵解的依赖性增加。

脂质学研究也应用于测定大鼠脑组织中非突触线粒体中的脂质变化,所用大鼠是经他克林及其类似物(用于治疗阿尔茨海默病的胆碱酯酶抑制)治疗的大鼠[70]。在该研究中,首先通过薄层色谱法将线粒体中脂质提取物按类别分离开,测定总磷含量后,采用电喷雾电离质谱鉴定脂质种类。本研究确定了鞘磷脂、磷脂酰胆碱、磷脂酰肌醇、磷脂酰丝氨酸、心磷脂和神经酰胺等脂质。研究发现,他克林可以引起线粒体中的 GPL(包括磷脂酰胆碱、磷脂酰乙醇胺、磷脂酰肌醇和心磷脂)发生显著变化,并且会导致氧化磷脂酰丝氨酸的产生。研究还发现,与他克林治疗组相比,其类似物诱导的大鼠脑组织中线粒体 GPL 的含量和分子组成的变化程度较低。此外,结果清楚地表明,心磷脂含量的异常和氧化磷脂酰丝氨酸的含量与线粒体生物能量(主要是复合物 I)损伤有显著联系。总的来说,该研究表明,他克林及其类似物会损伤线粒体功能和生物能量,从而损害脑细胞的活性。该研究有助于阐明他克林及其类似物的治疗效果和治疗时间窗。

值得注意的是,研究者建立了一种用于检测线粒体脂质的简化方法,该方法不需要脂质提取步骤[71]。在该方法中,直接将线粒体片段与 MALDI 基质 9-氨基吖啶混合,通过

MALDI-TOF/MS 分析其中的脂质。研究者利用这种方法分析了各种来源(包括牛心脏和酿酒酵母)的线粒体脂质。该方法能够检测 CL、PA、磷脂酰乙醇胺、PG、磷脂酰丝氨酸和磷脂酰肌醇。显然,该方法可用于快速筛选线粒体组分中的脂质。

此外,Bird 等[72]采用配备 Q-Exactive 质谱仪的 LC-MS 并结合高能 CID 对线粒体中的脂质进行了广泛的 MS/MS 分析。其中脂质包括孕烯醇酮脂、固醇、鞘脂、脂肪酰基、心磷脂、磷脂酰胆碱、lysoPC、磷脂酰乙醇胺和磷脂丝氨酸。

20.6 细胞核

细胞核是存在于真核细胞中的膜结合细胞器,它包含了细胞的大部分遗传物质[42],它的主要功能是保持基因的完整性并通过调节基因表达来控制细胞的活性。细胞核通常被称为细胞的控制中心。细胞核的主要结构包括核膜(包裹整个细胞器并将细胞内物质与细胞质隔离的双层膜)和核骨架(增加机械支持的核内网络结构)[42]。大分子物质无法通过核膜,需要核孔来调节分子穿过核膜的核运输。因此,核膜的完整性在正常细胞核功能中发挥着重要作用,并且细胞核脂质可能在基因表达的分子调控中起关键作用,尽管最近的研究也表明特定的 GPL 可以结合和调节特定的转录因子[73]。

细胞核内的脂质称为核内脂质。其中一个重要的脂质是甘油二酯(由磷脂酰肌醇和磷脂酰胆碱水解产生),在核内磷脂酰胆碱的生物合成途径中起关键作用[74]。经稳定同位素标记后,研究人员建立了一种利用 ESI-MS/MS 监测细胞核内磷脂酰胆碱合成的方法[75]。具体而言,用胆碱-d_9 处理小鼠胚胎的成纤维细胞,引起细胞内氘标记的脂质的积累。然后,在细胞中加入 Triton X-100 后匀浆,通过差速离心法除去核膜和污染的磷脂酰胆碱。分离核沉淀后,采用 ESI-MS/MS 分析提取到的脂质,包括磷脂酰胆碱(氘代标记组和野生型组)、神经鞘磷脂、磷脂酰乙醇胺和磷脂酰肌醇(标记组和野生型组)。研究发现,与全细胞匀浆相比,细胞核内的磷脂酰胆碱、磷脂酰乙醇胺和磷脂酰丝氨酸中含有的饱和脂肪酸较多。

文献详细阐述了大鼠和家兔心肌细胞核中的脂质提取过程及脂质组学分析[76]。结果表明,与大鼠相比,家兔心肌细胞核中的脂质所含的缩醛磷脂酰胆碱与二酰基磷脂酰胆碱的比例较高。此外,与家兔相比,大鼠心肌细胞核的脂质组的磷脂酰胆碱含有较多的 20∶4 和 22∶6 脂肪酸。家兔心肌细胞核的磷脂酰乙醇胺含有丰富的 20∶4 脂肪酸和缩醛磷脂,而大鼠心肌细胞核的磷脂酰乙醇胺中的缩醛磷脂则相对较少,但 22∶6 脂肪酸的含量较高。最后,研究发现,家兔心肌细胞核与线粒体的磷脂酰乙醇胺存在显著差异。这些研究清楚地提供了细胞核中脂质组的分子组成信息,有助于进一步认识心肌细胞核脂质在心脏细胞功能中的潜在作用。

20.7 结论

脂质在细胞器功能中起着关键作用。不同的细胞器中的脂质在含量与组成方面均存在显著差异。此外,任何生理学或病理学变化都会导致细胞器中的脂质组发生显著变化。

因此,利用脂质组学详细分析细胞器中脂质组,有利于揭示各个细胞器可能的起源、结构和功能。通过对病理扰动后的细胞器中的脂质变化进行指纹分析,可以将细胞功能与病理变化联系起来,从而在一定程度上认识脂质变化和功能改变的分子机制。动态标记有助于确定各个脂质在特定条件下的转化率,从而进一步认识各个细胞器在生命活动中的功能。应该意识到,由于细胞器的高纯度分离仍然存在困难,所以对大多数实验室来说,对细胞器脂质组学的研究仍然是一个挑战。然而,随着高灵敏度质谱仪的发展和分离技术(如利用磁珠和免疫亲和试剂等)的进步,这些困难势必将被克服。另一方面,脂质组学分析方法正变得越来越先进和成熟。这些技术和平台可以很容易地应用于细胞器的脂质组学研究。因此,可以预见,细胞器和亚细胞膜水平的脂质组学将成为常规的实验室工作,并可以在不久的将来作为细胞表征的关键组成部分。

参考文献

1. Satori, C. P., Henderson, M. M., Krautkramer, E. A., Kostal, V., Distefano, M. D. and Arriaga, E. A. (2013) Bioanalysis of eukaryotic organelles. Chem. Rev. 113, 2733-2811.
2. Murat, D., Byrne, M. and Komeili, A. (2010) Cell biology of prokaryotic organelles. Cold Spring Harb. Perspect. Biol. 2, a000422.
3. Klose, C., Surma, M. A. and Simons, K. (2013) Organellar lipidomics--background and perspectives. Curr. Opin. Cell Biol. 25, 406-413.
4. Pasquali, C., Fialka, I. and Huber, L. A. (1999) Subcellular fractionation, electromigration analysis and mapping of organelles. J. Chromatogr. B 722, 89-102.
5. Pertoft, H. (2000) Fractionation of cells and subcellular particles with Percoll. J. Biochem. Biophys. Methods 44, 1-30.
6. Lee, Y. H., Tan, H. T. and Chung, M. C. (2010) Subcellular fractionationmethods and strategies for proteomics. Proteomics 10, 3935-3956.
7. Fabene, P. F. and Bentivoglio, M. (1998) 1898-1998: Camillo Golgi and "the Golgi": one hundred years of terminological clones. Brain Res. Bull. 47, 195-198.
8. van Meer, G. (1989) Lipid traffic in animal cells. Annu. Rev. Cell Biol. 5, 247-275.
9. Klemm, R. W., Ejsing, C. S., Surma, M. A., Kaiser, H. J., Gerl, M. J., Sampaio, J. L., de Robillard, Q., Ferguson, C., Proszynski, T. J., Shevchenko, A. and Simons, K. (2009) Segregation of sphingolipids and sterols during formation of secretory vesicles at the trans-Golgi network. J. Cell Biol. 185, 601-612.
10. Vance, D. E. and Vance, J. E. (2008) Biochemistry of Lipids, Lipoproteins and Membranes. Elsevier Science B. V., Amsterdam. pp 631.
11. Duran, J. M., Campelo, F., van Galen, J., Sachsenheimer, T., Sot, J., Egorov, M. V., Rentero, C., Enrich, C., Polishchuk, R. S., Goni, F. M., Brugger, B., Wieland, F. and Malhotra, V. (2012) Sphingomyelin organization is required for vesicle biogenesis at the Golgi complex. EMBO J. 31, 4535-4546.
12. Fagone, P. and Jackowski, S. (2009) Membrane phospholipid synthesis and endoplasmic reticulum function. J. Lipid Res. 50 Suppl, S311-S316.
13. Gault, C. R., Obeid, L. M. and Hannun, Y. A. (2010) An overview of sphingolipid metabolism: from synthesis to breakdown. Adv. Exp. Med. Biol. 688, 1-23.
14. Walsby, A. E. (1994) Gas vesicles. Microbiol. Rev. 58, 94-144.
15. Brugger, B., Sandhoff, R., Wegehingel, S., Gorgas, K., Malsam, J., Helms, J. B., Lehmann, W. D., Nickel, W. andWieland, F. T. (2000) Evidence for segregation of sphingomyelin and cholesterol during formation of COPI-coated vesicles. J. Cell Biol. 151, 507-518.
16. Tauchi-Sato, K., Ozeki, S., Houjou, T., Taguchi, R. and Fujimoto, T. (2002) The surface of lipid droplets is a phospholipid monolayer with a unique fatty acid composition. J. Biol. Chem. 277, 44507-44512.
17. Brasaemle, D. L. and Wolins, N. E. (2012) Packaging of fat: An evolving model of lipid droplet assembly and expansion. J. Biol. Chem. 287, 2273-2279.
18. Thiam, A. R., Farese, R. V., Jr. and Walther, T. C. (2013) The biophysics and cell biology of lipid droplets. Nat. Rev. Mol. Cell Biol. 14, 775-786.
19. Thiele, C. and Spandl, J. (2008) Cell biology of lipid droplets. Curr. Opin. Cell Biol. 20, 378-385.
20. Walther, T. C. and Farese, R. V., Jr. (2012) Lipid droplets and cellular lipid metabolism. Annu. Rev. Biochem. 81, 687-714.
21. Liu, K. and Czaja, M. J. (2013) Regulation of lipid stores and metabolism by lipophagy. Cell Death Differ. 20, 3-11.
22. Sahini, N. and Borlak, J. (2014) Recent insights into the molecular pathophysiology of lipid droplet formation in

hepatocytes.Prog.Lipid Res.54,86-112.
23. Chitraju, C., Trotzmuller, M., Hartler, J., Wolinski, H., Thallinger, G. G., Lass, A., Zechner, R., Zimmermann, R., Kofeler, H. C. and Spener, F. (2012) Lipidomic analysis of lipid droplets from murine hepatocytes reveals distinct signatures for nutritional stress. J. Lipid Res.53,2141-2152.
24. Hartler, J., Köfeler, H. C., Trötzmüller, M., Thallinger, G. G. and Spener, F. (2014) Assessment of lipidomic species in hepatocyte lipid droplets from stressed mouse models.Scientific Data 1,140051.
25. Horn, P. J., Ledbetter, N. R., James, C. N., Hoffman, W. D., Case, C. R., Verbeck, G. F. and Chapman, K. D. (2011) Visualization of lipid droplet composition by direct organelle mass spectrometry. J. Biol. Chem. 286, 3298-3306.
26. Brown, J. M., Hoffmann, W. D., Alvey, C. M., Wood, A. R., Verbeck, G. F. and Petros, R. A. (2010) One-bead, one-compound peptide library sequencing via high-pressure ammonia cleavage coupled to nanomanipulation/nanoelectrospray ionization mass spectrometry. Anal. Biochem.398,7-14.
27. Lingwood, D. and Simons, K. (2010) Lipid rafts as a membrane-organizing principle.Science 327,46-50.
28. Lingwood, D., Ries, J., Schwille, P. and Simons, K. (2008) Plasma membranes are poised for activation of raft phase coalescence at physiological temperature. Proc.Natl.Acad.Sci.U.S.A.105,10005-10010.
29. Gkantiragas, I., Brugger, B., Stuven, E., Kaloyanova, D., Li, X. Y., Lohr, K., Lottspeich, F., Wieland, F.T. and Helms, J. B. (2001) Sphingomyelin-enriched microdomains at the Golgi complex. Mol. Biol. Cell 12, 1819-1833.
30. Dermine, J. F., Duclos, S., Garin, J., St-Louis, F., Rea, S., Parton, R. G. and Desjardins, M. (2001) Flotillin-1-enriched lipid raft domains accumulate on maturing phagosomes.J.Biol.Chem.276,18507-18512.
31. Shevchenko, A. and Simons, K. (2010) Lipidomics: Coming to grips with lipid diversity. Nat. Rev. Mol. Cell Biol.11,593-598.
32. Brown, D. A. and Rose, J. K. (1992) Sorting of GPI-anchored proteins to glycolipid-enriched membrane subdomains during transport to the apical cell surface. Cell 68,533-544.
33. Schuck, S., Honsho, M., Ekroos, K., Shevchenko, A. and Simons, K. (2003) Resistance of cell membranes to different detergents.Proc.Natl.Acad.Sci.U.S.A.100,5795-5800.
34. Pike, L. J., Han, X. and Gross, R. W. (2005) Epidermal growth factor receptors are localized to lipid rafts that contain a balance of inner and outer leaflet lipids: a shotgun lipidomics study. J. Biol. Chem. 280, 26796-26804.
35. Pike, L. J., Han, X., Chung, K. N. and Gross, R. W. (2002) Lipid rafts are enriched in arachidonic acid and plasmenylethanolamine and their composition is independent of caveolin-1 expression: a quantitative electrospray ionization/mass spectrometric analysis.Biochemistry 41,2075-2088.
36. Fridriksson, E. K., Shipkova, P. A., Sheets, E. D., Holowka, D., Baird, B. and McLafferty, F. W. (1999) Quantitative analysis of phospholipids in functionally important membrane domains from RBL-2H3 mast cells using tandem high-resolution mass spectrometry. Biochemistry 38,8056-8063.
37. Brugger, B., Graham, C., Leibrecht, I., Mombelli, E., Jen, A., Wieland, F. and Morris, R. (2004) The membrane domains occupied by glycosylphosphatidylinositol-anchored prion protein and Thy-1 differ in lipid composition.J.Biol.Chem.279,7530-7536.
38. Brugger, B., Glass, B., Haberkant, P., Leibrecht, I., Wieland, F. T. and Krausslich, H. G. (2006) The HIV lipidome: A raft with an unusual composition.Proc.Natl. Acad.Sci.U.S.A.103,2641-2646.
39. Ono, A. and Freed, E. O. (2005) Role of lipid rafts in virus replication.Adv.Virus Res.64,311-358.
40. Boslem, E., Weir, J. M., MacIntosh, G., Sue, N., Cantley, J., Meikle, P. J. and Biden, T. J. (2013) Alteration of endoplasmic reticulum lipid rafts contributes to lipotoxicity in pancreatic beta-cells. J. Biol.Chem.288,26569-26582.
41. Henze, K. and Martin, W. (2003) Evolutionary biology: essence of mitochondria.Nature 426,127-128.
42. Alberts, B., Johnson, A., Lewis, J., Margan, D., Raff, M., Roberts, K. and Walter, P. (2014) Molecular Biology of the Cell.Garland Science,New York.pp 1464.
43. McBride, H. M., Neuspiel, M. and Wasiak, S. (2006) Mitochondria: more than just a powerhouse. Curr. Biol. 16, R551-R560.
44. Gardner, A. and Boles, R. G. (2005) Is a 'mitochondrial psychiatry' in the future? A review Curr. Psychiatry Rev.1,255-271.
45. Lesnefsky, E. J., Moghaddas, S., Tandler, B., Kerner, J. and Hoppel, C. L. (2001) Mitochondrial dysfunction in cardiac disease: Ischemia--reperfusion, aging, and heart failure.J.Mol.Cell.Cardiol.33,1065-1089.
46. Sherer, T. B., Betarbet, R. and Greenamyre, J. T. (2002) Environment, mitochondria, and Parkinson's disease. Neuroscientist 8,192-197.
47. Schapira, A. H. (2006) Mitochondrial disease. Lancet 368,70-82.
48. Twig, G., Elorza, A., Molina, A. J., Mohamed, H., Wikstrom, J. D., Walzer, G., Stiles, L., Haigh, S. E., Katz, S., Las, G., Alroy, J., Wu, M., Py, B. F., Yuan, J., Deeney, J. T., Corkey, B. E. and Shirihai, O. S. (2008) Fission and selective fusion govern mitochondrial segre-

gation and elimination by autophagy. EMBO J. 27, 433–446.
49. Osman, C., Voelker, D. R. and Langer, T. (2011) Making heads or tails of phospholipids in mitochondria. J. Cell Biol. 192, 7–16.
50. Lebiedzinska, M., Szabadkai, G., Jones, A. W., Duszynski, J. and Wieckowski, M. R. (2009) Interactions between the endoplasmic reticulum, mitochondria, plasma membrane and other subcellular organelles. Int. J. Biochem. Cell Biol. 41, 1805–1816.
51. Steenbergen, R., Nanowski, T. S., Beigneux, A., Kulinski, A., Young, S. G. and Vance, J. E. (2005) Disruption of the phosphatidylserine decarboxylase gene in mice causes embryonic lethality and mitochondrial defects. J. Biol. Chem. 280, 40032–40040.
52. Dowhan, W. (1997) Molecular basis for membrane phospholipid diversity: why are there so many lipids? Annu. Rev. Biochem. 66, 199–232.
53. Zhang, M., Mileykovskaya, E. and Dowhan, W. (2002) Gluing the respiratory chain together. Cardiolipin is required for supercomplex formation in the inner mitochondrial membrane. J. Biol. Chem. 277, 43553–43556.
54. Chicco, A. J. and Sparagna, G. C. (2007) Role of cardiolipin alterations in mitochondrial dysfunction and disease. Am. J. Physiol. Cell Physiol. 292, C33–C44.
55. He, Q. and Han, X. (2014) Cardiolipin remodeling in diabetic heart. Chem. Phys. Lipids 179, 75–81.
56. Tyurina, Y. Y., Tungekar, M. A., Jung, M. Y., Tyurin, V. A., Greenberger, J. S., Stoyanovsky, D. A. and Kagan, V. E. (2012) Mitochondria targeting of non-peroxidizable triphenylphosphonium conjugated oleic acid protects mouse embryonic cells against apoptosis: role of cardiolipin remodeling. FEBS Lett. 586, 235–241.
57. Lai, L., Wang, M., Martin, O. J., Leone, T. C., Vega, R. B., Han, X. and Kelly, D. P. (2014) A role for peroxisome proliferator-activated receptor gamma coactivator 1 (PGC-1) in the regulation of cardiac mitochondrial phospholipid biosynthesis. J. Biol. Chem. 289, 2250–2259.
58. Ovide-Bordeaux, S., Bescond-Jacquet, A. and Grynberg, A. (2005) Cardiac mitochondrial alterations induced by insulin deficiency and hyperinsulinaemia in rats: targeting membrane homeostasis with trimetazidine. Clin. Exp. Pharmacol. Physiol. 32, 1061–1070.
59. Infante, J. P. and Huszagh, V. A. (1997) On the molecular etiology of decreased arachidonic (20:4n-6), docosapentaenoic (22:5n-6) and docosahexaenoic (22:6n-3) acids in Zellweger syndrome and other peroxisomal disorders. Mol. Cell. Biochem. 168, 101–115.
60. Infante, J. P. and Huszagh, V. A. (2001) Impaired arachidonic (20:4n-6) and docosahexaenoic (22:6n-3) acid synthesis by phenylalanine metabolites as etiological factors in the neuropathology of phenylketonuria. Mol. Genet. Metab. 72, 185–198.
61. Harding, C. O., Gillingham, M. B., van Calcar, S. C., Wolff, J. A., Verhoeve, J. N. and Mills, M. D. (1999) Docosahexaenoic acid and retinal function in children with long-chain 3-hydroxyacyl-CoA dehydrogenase deficiency. J. Inherit. Metab. Dis. 22, 276–280.
62. Gillingham, M., Van Calcar, S., Ney, D., Wolff, J. and Harding, C. (1999) Dietary management of long-chain 3-hydroxyacyl-CoA dehydrogenase deficiency (LCHADD). A case report and survey. J. Inherit. Metab. Dis. 22, 123–131.
63. Lai, L., Leone, T. C., Zechner, C., Schaeffer, P. J., Kelly, S. M., Flanagan, D. P., Medeiros, D. M., Kovacs, A. and Kelly, D. P. (2008) Transcriptional coactivators PGC-1alpha and PGC-1beta control overlapping programs required for perinatal maturation of the heart. Genes Dev. 22, 1948–1961.
64. Kiebish, M. A., Han, X., Cheng, H., Chuang, J. H. and Seyfried, T. N. (2008) Brain mitochondrial lipid abnormalities in mice susceptible to spontaneous gliomas. Lipids 43, 951–959.
65. Kiebish, M. A., Han, X., Cheng, H., Chuang, J. H. and Seyfried, T. N. (2008) Cardiolipin and electron transport chain abnormalities in mouse brain tumor mitochondria: Lipidomic evidence supporting the Warburg theory of cancer. J. Lipid Res. 49, 2545–2556.
66. Kiebish, M. A., Han, X., Cheng, H., Lunceford, A., Clarke, C. F., Moon, H., Chuang, J. H. and Seyfried, T. N. (2008) Lipidomic analysis and electron transport chain activities in C57BL/6J mouse brain mitochondria. J. Neurochem. 106, 299–312.
67. Kiebish, M. A., Han, X., Cheng, H. and Seyfried, T. N. (2009) In vitro growth environment produces lipidomic and electron transport chain abnormalities in mitochondria from non-tumorigenic astrocytes and brain tumours. ASN Neuro 1, e00011.
68. Yang, K., Cheng, H., Gross, R. W. and Han, X. (2009) Automated lipid identification and quantification by multi-dimensional mass spectrometry-based shotgun lipidomics. Anal. Chem. 81, 4356–4368.
69. Han, X., Yang, K. and Gross, R. W. (2012) Multi-dimensional mass spectrometry-based shotgun lipidomics and novel strategies for lipidomic analyses. Mass Spectrom. Rev. 31, 134–178.
70. Melo, T., Videira, R. A., Andre, S., Maciel, E., Francisco, C. S., Oliveira-Campos, A. M., Rodrigues, L. M., Domingues, M. R., Peixoto, F. and Manuel Oliveira, M. (2012) Tacrine and its analogues impair mitochondrial function and bioenergetics: A lipidomic analysis in rat brain. J. Neurochem. 120, 998–1013.
71. Angelini, R., Vitale, R., Patil, V. A., Cocco, T., Ludwig, B., Greenberg, M. L. and Corcelli, A. (2012) Lipidomics of intact mitochondria by MALDI-TOF/MS. J. Lipid Res.

53, 1417-1425.

72. Bird, S.S., Marur, V.R., Sniatynski, M.J., Greenberg, H.K. and Kristal, B.S. (2011) Lipidomics profiling by high-resolution LC-MS and high-energy collisional dissociation fragmentation: focus on characterization of mitochondrial cardiolipins and monolysocardiolipins. Anal.Chem.83, 940-949.

73. Chakravarthy, M.V., Lodhi, I.J., Yin, L., Malapaka, R.R., Xu, H.E., Turk, J. and Semenkovich, C.F. (2009) Identification of a physiologically relevant endogenous ligand for PPARalpha in liver.Cell 138, 476-488.

74. Hunt, A.N., Clark, G.T., Attard, G.S. and Postle, A.D. (2001) Highly saturated endonuclear phosphatidylcholine is synthesized in situ and colocated with CDP-choline pathway enzymes.J.Biol.Chem.276, 8492-8499.

75. Hunt, A.N. and Postle, A.D. (2006) Mass spectrometry determination of endonuclear phospholipid composition and dynamics.Methods 39, 104-111.

76. Albert, C.J., Anbukumar, D.S., Monda, J.K., Eckelkamp, J.T. and Ford, D.A. (2007) Myocardial lipidomics.Developments in myocardial nuclear lipidomics. Front.Biosci.12, 2750-2760.

索引

A

阿尔茨海默病　103,182,276,322
癌症　2,196,278,279

B

BHT　见　丁羟甲苯　209,217
Bligh-Dyer 萃取法　215
　　　　改进的萃取法　215
BUME 萃取法　216
靶向脂质组学　235
半乳糖神经酰胺　7
　　　质谱　150
　　　结构　9
半乳糖脂　见　糖基二酰基甘油　163,291
比例比较　20,68,223,235,247

C

菜油甾醇　见　植物类固醇　293
长链鞘氨醇碱基　见　鞘氨醇碱基　5
超高效液相色谱　47
臭氧分解　170
串联质谱
　　　产物离子分析　28
　　　前体离子扫描　28
　　　相互关系　31
　　　选择反应监测　29
　　　中性丢失扫描　28

D

代谢通路
　　　甘油磷脂　256
　　　鞘脂　256
　　　缩醛磷脂　258
代谢组学　10,93,95,97
单半乳糖甘油二酯　162
单糖基神经酰胺　见　己糖基神经酰胺　18

胆固醇(和其他固醇)酯
　　　结构　6
　　　物理特性　2
　　　质谱　184
胆酸　6
电荷驱动裂解　125
动能　24
动态范围　242-244
　　　测定　242
　　　多维质谱　243
　　　上限　242
　　　下限　242
豆甾醇　见　植物甾醇　293
多反应监测　见　选择反应监测　48
多磷酸肌醇　217
　　　结构　217
　　　组织提取　217
多维质谱　40-46
　　　两步定量法　46

E

二级离子质谱　195
　　　成像　195
　　　原理　195
二磷脂酰甘油　见　心磷脂　136-137
二氢神经酰胺　5,51,146-147
二十二烷酸　5
　　　分类　5
　　　功能　279

F

Folch 萃取　214
法拉第电流　71
反相 LC-MS　49-51
非酒精性脂肪肝　275-276
非酯化脂肪酸
　　　非酒精性脂肪肝　275

索引

　　裂解机制　167-169
　　人为产物　217
　　四氧化锇处理　169
　　质谱　167-168
肥胖　273
复杂脂质　3

G

改性剂　65-69
　　碱性　66
　　酸性　65
　　中性　66
甘油单酯　3
　　分类　3
　　裂解机制　158
　　质谱　158
甘油磷脂　见　各个甘油磷脂　5,7
　　合成途径　256
　　裂解机制　125
甘油磷脂酰丝氨酸　3
　　功能　265
　　结构　4
　　裂解机制　134,135
　　亚类　3
　　质谱　133
甘油三酯　3
　　反相色谱　49
　　非酒精性脂肪肝　275
　　分类　5
　　分子　119
　　结构　8
　　裂解机制　119,161
　　物理性质　1
　　银离子 LC-MS　51
　　质谱　18,119,161
甘油二酯　158-161
　　非酒精性脂肪肝　275
　　分类　3
　　结构　7-8
　　裂解机制　158-161
　　人为产物　217
　　生物合成　265
　　信号传导　263
　　衍生化产物　159
　　异构体　160
　　质谱　158
甘油酯　见　各个甘油酯　5
　　裂解机制　157-164
　　质谱　157-164

甘油酯　见　鞘脂或各个甘油酯　5
高尔基体　316
谷甾醇　见　植物类固醇　293
固醇　见　胆固醇及其酯　5
固醇　见　维生素 D　6
固相萃取柱　63
　　甘油磷脂的分离　51
　　前列腺素　212
　　神经节苷脂　212
寡糖基神经酰胺　152

H

合成途径　256
　　甘油磷脂,动物　256-258
　　甘油磷脂,酵母　256-258
　　甘油磷脂,细菌　256-258
　　甘油磷脂,植物　256-258
　　甘油酯　259
　　鞘脂　258
　　缩醛磷脂　261
　　相互关系　259
花生酸　52
　　反相 LC-MS　52
　　分类　3
　　裂解机制　170
　　手性 LC-MS　52
　　信号传导　264
　　质谱　170
化学噪声　见　基线噪声　197
环状磷脂酸　141-142

J

肌醇磷酰神经酰胺　153
基线　98
　　校正　94
　　噪音　95
基于 LC-MS 的脂质组学　65-74
　　定量　234
　　反相 LC-MS　49-51
　　概述　47-48
　　鉴定　52
　　亲水作用 LC-MS　51
　　数据分析　48
　　选择反应监测　48
　　选择离子监测　47
　　正相 LC-MS　47
基质辅助激光解吸电离质谱　22
　　成像　193-194
　　大气压　22

329

基质　79
　　　　纳米颗粒　192
　　　　无基质方法　56
　　　　新型基质　54
　　　　与(HP)TLC耦合　56
　　　　原理　22
　　　　脂质组学　53
　　　　中性基质　54-55,191
基质在成像质谱中的应用　191
　　　　点样　191
　　　　喷雾　191
　　　　升华作用　191
己糖基甘油二酯　161-162
甲基葡萄糖脂多糖　311
简单脂质　3,170
酵母脂质组学　305
　　　　菌株比较　308
　　　　实验方案　306
　　　　脂质类别　308
　　　　脂质合成　308
结构单元　7
　　　　概念　7
　　　　监测　72
　　　　数据库　88
结核杆菌脂质组学　305
　　　　甲基葡萄糖脂多糖　311
　　　　霉菌酸　311
　　　　数据库　312
解吸电喷雾电离　32-33
　　　　成像　196-197
　　　　原理　32-33
进样条件　66
精神疾病　278
聚集体　10,20,64,69
　　　　浓度　241
　　　　二聚体　233
聚酮化合物　3

L

LipidBlast　92
LipidSearch　98
LipidView　98
蜡　2,3
类固醇　3
　　　　分类　3
　　　　结构　5,9
　　　　信号传导　263
离子化条件　69
　　　　流速　70

　　　　喷雾电压　70
　　　　温度　69
　　离子淌度质谱　80
　　　　成像　197-198
　　　　漂移时间　80
　　　　神经节苷脂　81
　　　　原理　31
　　离子抑制　245-246
　　　　动态　233,246
　　　　稳状　243,245
　　理想溶液　71
　　立体定向编号　7
　　两步定量法　46
　　两亲性　2
　　裂解机制　见　质谱和各类脂肪酸　45
　　　　模式识别　110
　　　　热力学　20,110
　　　　原理　110
　　磷脂　见　甘油磷脂及各个脂质　3
　　　　结构　4,7-8
　　　　裂解机制　125-142
　　　　质谱　125-142
　　磷脂酶　190
　　　　磷脂酶A　258,274
　　　　植物　300-301
　　磷脂酸　3
　　　　结构　7-8
　　　　裂解机制　136
　　　　人为形成　见　源内裂解　208,217
　　　　生物合成　256,259
　　　　亚类　3
　　　　质谱　18,135
　　磷脂酰胆碱　见　甘油磷脂酰胆碱　3
　　　　定义　3
　　　　结构　4
　　　　裂解机制　126-129
　　　　亚类　3
　　　　质谱　126
　　磷脂酰肌醇及其衍生物　18
　　　　结构　4,8
　　　　裂解机制　133
　　　　提取　210-217
　　　　信号传导　264
　　　　质谱　18,133
　　磷脂酰丝氨酸,N-酰基　141
　　磷脂酰丝氨酸　见　甘油磷脂酰丝氨酸　3
　　磷脂酰乙醇胺,N-酰基　140
　　磷脂酰乙醇胺　3
　　　　定义　3

结构　4,8
　　　裂解机制　130-132
　　　亚类　3
　　　质谱　18,130
磷脂酰乙醇胺　见　甘油磷脂酰乙醇胺　139-140
硫代葡萄糖神经酰胺　见　硫苷脂　151
硫苷脂　151
　　　阿尔茨海默病　276
　　　结构　8-9
　　　裂解机制　151
　　　质谱　18
氯化脂质　183

M

METLIN　93
MTBE 提取　63
MultiQuant　99
Mzmine 2　98
霉菌酸　311
醚脂　见　各种类型　110
　　　合成途径　258
　　　人为水解(缩醛磷脂)　208
　　　缩醛磷脂　见主标题　3
　　　烷基-和烯基甘油　159,161
　　　质谱　161

N

纳米电喷雾　21
囊泡　261,317
脑苷脂　半乳糖基神经酰胺和葡糖基神经酰胺　149-151
内标　212-214
　　　LC-MS　214
　　　估计值　214
　　　含量　214
　　　选择　212
　　　最低值　249-250
内源性大麻素　180-181
　　　定义　151
　　　精神分裂症和抑郁症　278
　　　信号传导　263
　　　质谱　151
能量代谢　265,279
能量脂质　3
鸟枪法脂质组学　38-46
　　　定量　225-237
　　　定义　38
　　　方法　40-44
　　　软件　97
　　　特点　39

　　　装置　38

P

喷嘴　33
碰撞诱导解离　28
　　　电压　70
　　　碰撞能量　73
　　　碰撞气压　74
　　　气体类型　76
葡萄糖神经酰胺　151

Q

气相碱性　125
前体离子扫描　8,24,27
鞘氨醇-1-磷酸　154
　　　信号传导　263
鞘氨醇碱基　3-9
　　　结构　7
　　　裂解机制　153
　　　生物合成　5
　　　质谱　153
鞘氨醇　7,51
　　　信号传导　263
鞘磷脂　5,7,18,32,96
　　　结构　9
　　　裂解机制　115,149
　　　神经酰胺衍生物　9
　　　质谱　115,149
鞘糖脂　5
　　　LC-MS 分析　51
　　　结构　9
　　　质谱　18
鞘脂　见　各个鞘脂　3
　　　定义　3
　　　分离　51
　　　合成途径　256
　　　结构　4
　　　信号传导　263
　　　亚类　3
　　　质谱　146-155
亲水的(亲水性)　2
取样　208
　　　不均一性　265
去同位素　见　碳-13 去同位素　228

R

热力学　110
人类代谢组数据库　93
人为产物　208,217

萃取 208,217
　　污染物 217
溶剂 217
　　污染物 217
　　质量 251
溶血甘油磷脂 137
　　LC-MS 分析 51
　　癌症 278
　　结构 7-8
　　裂解机制 137
　　人为产物 208,217
　　溶解度 3
　　提取 217-218
　　信号传导 264,265
溶血磷脂酸　见　阴离子溶血甘油磷脂 18,140
溶血磷脂酰胆碱　见　溶血甘油磷脂酰胆碱 295
溶血磷脂酰乙醇胺 295
溶血磷脂酰乙醇胺　见　溶血甘油磷脂酰乙醇胺 295
溶血鞘磷脂 155
乳糖苷 7

S

4-羟基烯醛 181,182
SimLipid 99
神经节苷脂 152
　　结构 9
　　水中的溶解度 3
　　质谱 17
　　组织提取 217
神经鞘氨醇半乳糖苷 154,155,213
神经酰胺-1-磷酸 263
神经酰胺 146
　　HILIC LC-MS 51
　　阿尔茨海默病 276
　　非酒精性脂肪肝 275
　　分子 232
　　结构 8
　　裂解机制 146-148
　　生物合成 6
　　信号传导 256
　　质谱 17,147
　　组织脂质 233
神经酰胺磷酸乙醇胺 7-8
　　癌症 280
生物活性脂质 3,178-188
　　信号传导 263
生物信息学 86
　　LC-MS 工具 94
　　建模 100

可视化 95
模拟 100
通路分析 100-103
统计 96
视黄酸 264
疏水性 2-3,241
数据处理软件(成像 MS) 263
　　Biomap 192
　　DataCube Explorer 192
　　FlexImaging 193
　　imzML 193
　　MITICS 193
数据处理软件(脂质组学) 97-99
　　LipidSearch 98
　　LipidView 98
　　MultiQuant 99
　　MZmine 2 97
　　SimLipid 99
　　XCMS 97
　　基线校正 98
　　鸟枪法脂质组学 99
数据分析 256
　　功能 259-265
　　其他组学 266
　　双键位置 261-262
　　通路 255
　　细胞成分 259
　　样本不均匀性 265
数据库　见　脂质数据库 98
数据依赖型获取 231-234
双(单酰甘油)磷酸酯 141
双半乳糖基甘油二酯 163
双键重叠效应 236,248
缩醛磷脂　见　醚脂 5,8
　　阿尔茨海默病 276
　　合成途径 258
　　结构 4-5
　　抗氧化 264-265,274
　　裂解 168,171
　　磷脂 4-5
　　氯代脂肪醛 184
　　膜融合 264
　　酸敏感 63,216
　　特殊功能 265
　　细胞核 323
　　线粒体 322
　　脂筏 318

T

碳-13 同位素分布 69

糖基二酰基甘油 见 己糖基二酰基甘油 181
糖基肌醇磷酰神经酰胺 7
糖尿病 273
糖脂 291
提取 63
 pH 条件 63
 步骤 210
 多磷酸肌醇 216
 多重提取 63
 人为产物 217
 溶剂极性 63
 神经节甘脂 216
 污染物 217
 样品储存 208
 原理 210
 脂质化学性质 64
同位素 221
同位素体 221

W

烷基-和烯基甘油 258
微结构域 10
维生素 D 6,265
污染物 见 人为产物 217
芴基甲氧基羰基(Fmoc)氯化物 41

X

XCMS 97
烯基脂质 见 缩醛磷脂和醚脂质 110
细胞核 323
细胞膜 2
 接触点 260
 流动性 260
 融合 260
 渗透性 260
 脂质 2
细胞器 316
 定义 316
 高尔基体 316
 细胞核 323
 线粒体 320
 脂滴 318
细菌脂质 311-312
酰基辅酶 A 180
 功能 264-265
 裂解机制 179
 溶解度 2
 脂质合成与重构 259
酰基磷脂酰甘油 141

酰基肉碱 178
 脂质转运 264
线粒体 320
响应因子 222
心磷脂 136
 裂解机制 136
 线粒体功能 264,274
 亚类 3
 质谱 15
心血管疾病 274
选择反应监测 28-29,48,50
 定量 233
 转变 28,233
选择离子监测 50,70
 定量 231
血小板活化因子 264
 结构 4
 信号传导 264

Y

亚类,定义 3,5
衍生化 64
氧固醇 184
 结构 9
 质谱 184
氧化脂肪酸 见 类二十烷酸 170
样品储存 208
异戊烯醇 3
阴离子溶血甘油磷脂 18.140
阴离子脂质 18
营养 9
预防措施 208
 存储和提取 208
 自动氧化 208
源内分离 245
源内裂解 250

Z

增塑剂 217,251
正相 LC-MS 48
脂蛋白 8,102,255,276,280,281
脂滴 275,318
脂多糖 2,6,305,312
脂筏 261,316-320
脂肪 2
脂肪醇 5
脂肪腈 5
脂肪醚 5
脂肪醛 5

脂肪酸-羟基脂肪酸 264
脂肪酸 见 脂肪酸组学 172
　　臭氧分解 170
　　定义 5
　　多不饱和脂肪酸 273
　　非酯化脂肪酸 166-175,208
　　分类 3
　　生物合成 2,247
　　异构体 175
　　支链 175
　　质谱 18,166-175
　　组分 175
脂肪酸酯 5
脂肪酸组学 172-175
脂肪酰 5
脂肪酰胺 5
脂质 A 6,294
脂质代谢途径研究计划 5
　　定义 2
　　数据库 87-88
　　脂质分类 3
脂质分子 3,4
脂质 见 各类脂质
　　LC 分离 79
　　定义 1-2
　　聚集体 10
　　空间构型 260-261
　　离子淌度分离 80-81
　　源内分离 77-78
　　重构 256,258
　　注释 96-97
脂质类别,定义 3-4
脂质数据库 87
　　LipidBlast 92-93
　　METLIN 93
　　结构单元 88-92
　　人类代谢组数据库 93-94
　　脂质代谢途径研究计划 87-88
　　注释 96-97
脂质体 2
脂质组 9
　　定义 9-10
　　历史 10-11
脂质组学 9
　　LC-MS 见 基于 LC-MS 的脂质组学 47
　　阿尔茨海默病 276
　　癌症 278
　　定义 2,9
　　非酒精性脂肪肝 275

肥胖 273
高尔基体 316
技术 10
酵母 306
结核分枝杆菌 311-312
精神病 278
历史 9
鸟枪法 见 鸟枪法脂质组学 40
其他组学 103
生物信息学 86
数据库 86
糖尿病 273
细胞核 323
细胞器 320-323
线粒体 320
心血管疾病 274
应用 272
营养 280
与代谢组学相关性 9
脂滴 445
脂筏 318
植物 290-301
子分类 9
植烷酸 173
植物脂质 见 植物脂质组学 290-301
　　半乳糖脂 291
　　单半乳糖甘油二酯 291
　　二半乳糖基甘油二酯 291-293
　　固醇 293
　　肌醇磷脂酰神经酰胺 292-293
　　硫苷脂 293
　　糖基肌醇磷酰神经酰胺 292-293
　　组织提取 216
植物脂质组学 290-301
　　刺激诱导 294
　　发展 298
　　基因功能 299
　　磷缺陷 298,300
　　磷脂酶 299
　　食品质量 301
　　损伤 297
　　温度 294
质量分析器 23
　　飞行时间 24
　　轨道离子阱 25
　　离子阱 25
　　四极杆 23
　　原理 23-25
质量检测器 26

质量控制 255
  相对比例 255
质谱 15-33
  4-羟基烯醛 181
  N-酰基氨基酸 181
  N-酰基磷脂酰乙醇胺 141
  N-酰基乙醇胺 181
  不带电的极性脂质 17-18
  产物离子分析 见 裂解机制 73
  成像 189-198
  串联质谱 见 裂解机制 29, 225, 244
  胆固醇酯 18
  电荷性质 17-20
  电喷雾 16
  定义 15
  多维 见 多维质谱 29
  二(单酰基甘油)磷酸酯 141
  二半乳糖基甘油二酯 291-293
  甘油二酯 18, 158
  甘油单酯 158
  甘油磷脂 17-18, 125-142
  甘油酯 157-164
  固醇 184
  环状磷脂酸 141
  含离子键的化合物 18
  环氧脂肪酸 173-174
  肌醇磷酸神经酰胺 153, 291-292
  己糖基甘油二酯 161
  类二十烷酸 170-175
  离子淌度 见 离子淌度质谱 31-33
  磷脂酸 136
  磷脂酰甘油 135
  磷脂酰肌醇及其衍生物 133
  磷脂酰丝氨酸 133
  硫苷脂 151-152
  脑苷脂 149-151
  内源性大麻素 180
  葡糖基神经酰胺 18
  羟基脂肪酸 174, 175
  1-磷酸鞘氨醇 154

  鞘氨醇半乳糖苷 155
  鞘氨醇碱基 153
  鞘磷脂 115
  其他糖脂 163, 291
  鞘脂 146-165
  溶血鞘磷脂 155
  肉毒碱 178
  弱阴离子脂质 77
  甘油三酯 18, 119, 161
  神经酰胺 18, 146-148
  生物活性脂质 178
  糖基甘油二酯 见 己糖基甘油二酯 161
  糖基肌醇磷酰神经酰胺 18
  特征 20-21
  酮脂肪酸 见 类花生酸 170-175
  酰基肉碱 18, 178
  心磷脂 136
  氧化脂肪酸 见 类二十烷酸 170, 208
  乙酰辅酶 A 180
  阴离子溶血甘油磷脂 140
  阴离子脂质 18
  源内裂解 110
  支链脂肪酸 174
  脂肪酸 166
  脂肪酸-羟基脂肪酸 185
质谱成像 189-198
质谱定量 223
  串联质谱 225, 244
  方法 225
  高质量精确度 235
  条件 223
  原理 223
中性丢失扫描 9, 28
重复性 255
注释, 脂质分子 95-97
准分子离子 22
自动氧化, 最小化 208
组学, 整合 103
组织和脂质存储 208, 216